U0243252

让 我 们 一 起 追 寻

利维坦 LEVIATHAN

The History of Whaling in America

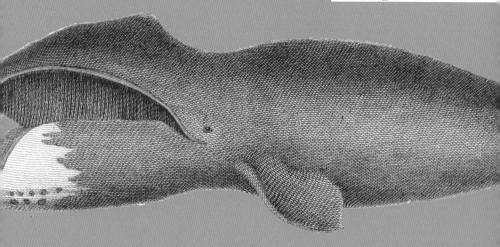

美国捕鲸史

Eric Jay Dolin

〔美〕
埃里克·杰·多林　　　　著

冯　璇　　　　　译

野性北美·多林作品集-II

社会科学文献出版社
SOCIAL SCIENCES ACADEMIC PRESS (CHINA)

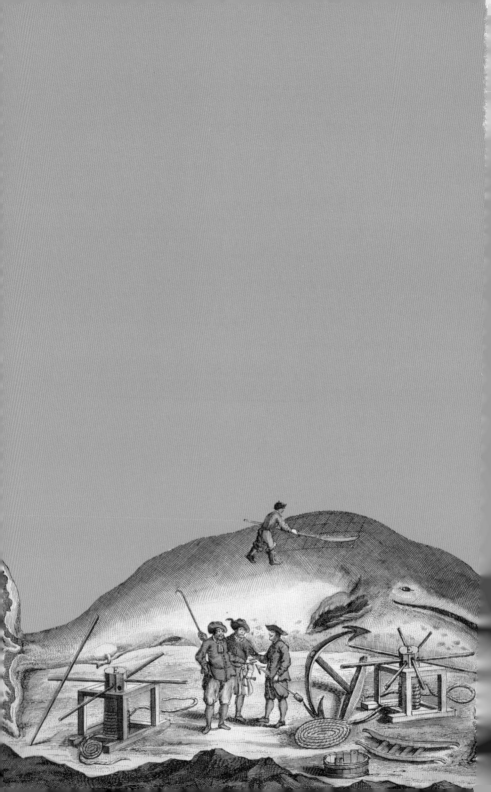

本书（及作者）获誉

埃里克·杰·多林被新贝德福德捕鲸博物馆授予 2007 年伯恩·沃特曼奖，以表彰其在艺术、人文和科学研究及教学法方面的突出贡献。

当代最好的关于美国捕鲸历史的书籍。
——纳撒尼尔·菲尔布里克（Nathaniel Philbrick）

多林既是一位历史学家，也是一位作家。他凭借高超的技巧，将一个漫长、复杂的历史故事讲述得……引人入胜。
——《华尔街日报》，约翰·斯蒂尔·戈登（John Steele Gordon）

全面详尽、细节丰富的历史著作……多林的成功令人敬佩。
——《纽约时报》书评版，布鲁斯·巴科特（Bruce Barcott）

完美的夏日阅读体验。

——《纽约太阳报》，亚当·基尔希（Adam Kirsch）

异域风情的场景，丰富多彩的人物，还有戏剧性的血腥杀戮，不失为一部优秀的精神食粮。

——《洛杉矶时报》，黛比·阿普尔盖特（Debby Applegate）

一段有意思的历史逸闻……关于一项野蛮产业的一本温和作品。

——《纽约客》，凯莱布·克雷恩（Caleb Crain）

［多林］的作品融合了权威的历史研究和顺畅的叙事风格，足以与梅尔维尔和《约拿》相媲美。

——《波士顿》杂志，杰弗里·加尼翁（Geoffrey Gagnon）

我以为自己已经从梅尔维尔那里了解到了关于捕鲸的一切知识，但是我想错了。埃里克·杰·多林的《利维坦》展示了依靠这种深海巨兽而发展起来的这项产业的起起伏伏……这段研究深入的历史传奇里蕴含的故事环环相扣、引人入胜……我一字不漏地读完了整本书。

——达瓦·索贝尔（Dava Sobel），著有《经度》（*Longitude*）和《伽利略的女儿》（*Galileo's Daughter*）

捕鲸行业的历史是一段格外独特的传奇，这段传奇中充满了探索、危险和利益——这是一段人类驾驶船只到海洋上捕杀世上最强大的生物的历史。埃里克·杰·多林把这段故事讲得引人入胜……多林先生凭借他作为历史学家，同时也是作家的高超技巧游刃有余地把握了这样一个漫长而复杂的题材（书中的参考资料和插图也都非常棒）。多亏了他在叙述上的有力控制，《利维坦》才得以成为一本让人不忍释卷的佳作。

——《华尔街日报》，约翰·斯蒂尔·戈登（John Steele Gordon）

引人入胜的描写……集恢宏大气与诡异离奇于一身，既是愉快的阅读体验，也包含丰富的信息。

——《出版者周刊》

任何对于捕鲸的了解仅局限于《白鲸》一书的人都能够从多林先生的书中学到丰富的知识。

——《纽约时报》，威廉·格里梅斯（William Grimes）

埃里克·杰·多林讲述的这段鲜活而全面的历史涵盖了曾经是新英格兰独特产业之一的捕鲸活动从兴起、繁盛到衰败的整个过程……多林选择以最广阔的视角来记述这一题材，读后让人感觉意犹未尽，好的历史作品就应该达到这样的效果。

——《波士顿环球报》，大卫·瓦尔特施特莱歇尔（David Waldstreicher）

他对于捕鲸行业复杂历史的叙述是独一无二和备受推崇的……《利维坦》是关于美国捕鲸时代的优秀单卷本历史作品。

——《地球岛杂志》，马克·J. 帕尔默（Mark J. Palmer）

很少有一本科普类读物能够在几乎回答了就其研究对象可能提出的所有问题的同时，又让读者真切地感受到它经久不衰的神秘气息。……多林的作品是第一本就美国历史上这一伟大主题而创作的极具可读性的当代作品。

——《旁观者》（英国），莎拉·波顿（Sarah Burton）

对捕鲸历史的一次精彩回顾……作品内容建立在详实研究的基础上，并且附有大量的脚注，为读者提供了他们最想要知道的补充信息……本书无论从内容质量、编校水平，还是组织一致性上来说都是相当出色的。

——《海洋哺乳动物科学》，兰德尔·R. 里夫斯（Randall R. Reeves）

欢乐愉悦、内容充实……包含了讲一个好故事所需要的一切元素。

——《明尼阿波利斯星坛报》，伊桑·拉瑟福德（Ethan Rutherford）

埃里克·杰·多林为美国捕鲸事业的兴衰编写了一部优

秀的大事记……这是一个全面、细致、文笔优美的故事。

——《查尔斯顿邮政信使报》，本·麦克莫伊兹（Ben McC. Moise）

多林讲述了一个精彩绝伦、令人兴奋的捕鲸探险故事，并向我们展示了这个职业有多么危险……即便是那些坚决反对捕鲸活动的人也会认可本书是关于那个曾经发展迅速的行业的出色记录。

——《书单》，杰·弗里曼（Jay Freeman）

一段研究细致、内容详实的描述，精美的档案图片和照片让阅读体验更佳。

——《柯克斯书评》

《利维坦》的故事同它所描述的主题一样宏大，书中记载了捕鲸行业在美国历史上扮演的英雄般的、悲剧性的和很大程度上不为人知的角色。

——迪克·拉塞尔（Dick Russell），著有《鲸鱼的眼睛和条纹鱼之战》（Eye of the Whale and Striper Wars）

这本书读起来像是通过捕鲸审视美国历史……既有历史学家的严谨，又有稀奇古怪的冷知识。他钓起来的是一条大鱼。

——《娱乐周刊》，特洛伊·帕特森（Troy Patterson）

埃里克·杰·多林创作了一本精彩的著作，内容广泛，焦点清晰。……过去一百年来有无数人尝试过一次性概括所有主题，然而只有多林成功地将无穷无尽的历史材料整合成了一段流畅的叙述。

——新贝德福德捕鲸博物馆图书馆馆长和海洋史专家，迈克尔·P. 戴尔（Michael P. Dyer）

引人入胜……最终让《利维坦》一书高于同类作品的原因是多林揭示真相的能力，他向人们展示了捕鲸并不是人们（过去和现在）通常想象的那种浪漫的冒险，反而是一种帮助一个年轻国家从充满野心但备受压迫的殖民地发展为世界强国的无可非议的经济引擎。……多林的作品充满了杀戮与死亡，勇敢与智慧，贪婪与狂妄，将一段阴郁黑暗、如传说般神秘的过去活灵活现地展现在了我们眼前。

——《沙龙》，本·科斯格罗夫（Ben Cosgrove）

本书的成就是让一个执拗着不肯结束的题材顺畅地走向完结。

——《圣地亚哥联合论坛报》，尼尔·马修斯（Neal Mathews）

引人入胜……精彩绝伦……出色的研究。

——《旗帜时报》（马萨诸塞州新贝德福德），托尼·刘易斯（Tony Lewis）

让人无法释卷的百科读物……一个无与伦比的故事。

——《读卖新闻》（日本），马克·奥斯丁（Mark Austin）

一个引人入胜的故事，足以引发关于人类在世界海洋范围内捕杀历史的讨论。

——《海洋历史》，蒂莫西·J. 鲁尼恩（Timothy J. Runyan）

献给莉莉和哈里

很少有人意识到我们其实忽视了捕鲸人在我们的历史上曾经扮演的极为重要的角色，也忽视了他们为刚刚建立的共和国带来的繁荣与财富，更忽视了他们付出的艰辛和努力给地球上的文明、探索和贸易带来的影响。

——A. 海厄特·维里尔，《捕鲸人的真实故事》，1916

（A. Hyatt Verrill，*The Real Story of the Whaler*，1916）

上帝就造出大鱼。

——《创世记》1：21

目　录

引　言

人类猎捕深海中的利维坦的历史已经超过 1000 年了，　11
然而在所有参与捕鲸活动的国家里，没有哪个国家的捕鲸历
史能比美国的更令人着迷。从清教徒移民登陆直到 20 世纪
初期的这段时间里，捕鲸一直是这个国家演变的重要动力之
一。无论从字面意义还是从象征意义来讲，美国的文化、经
济，甚至精神都可以说是从鲸鱼身上得来的。成千上万名渔
民驾驶着上千艘美国捕鲸船捕杀了数以 10 万计的鲸鱼，由　12
此产生的丰富产品和巨大财富促进了这个国家的形成和
壮大。

美国生产的鲸鱼油点亮了整个世界。它还被用来生产肥
皂、纺织品、皮革、颜料和清漆，也能润滑工具和机器，正
是这些工具和机器推动了工业革命的发展。从鲸鱼口中割下
的鲸须被用来制作女士裙装的裙撑，或束紧腰身的胸衣，由
此确立了当时的女性时装潮流。鲸脑油这种蜡状物质是从抹
香鲸的头部提取出来的，用它可以制造出人们见过的最纯净
明亮的蜡烛；抹香鲸肠道内分泌出来的龙涎香能够让香水的
香味更持久，其价值可以与黄金相提并论。

美国捕鲸人那些充满英雄主义通常也具有悲剧色彩的壮丽故事也是久负盛名的。他们走遍了世界各地的汪洋大海，带回了无数关于勇敢、顽强、坚韧和生存的故事。他们抗争、杀戮、暴动、逃离、高歌纵饮、编写故事，还会做手工活以解闷消遣，也有人把自己的思考和观察写进日记和书信中。捕鲸人要忍受无聊乏味的海上时光，进行繁重的体力劳动，还要面对波涛汹涌的大海、鞭笞的惩罚、海盗的威胁、腐坏的食物和难以想象的严寒带来的考验。战争年代里有敌人追捕他们；和平年代里有竞争者嫉妒他们。很多捕鲸人在捕鲸过程中丧生，有的是遭遇了鲸鱼的猛烈回击，也有的是低估了大自然无情的本性。即便如此，那些被形容为"木船上的钢铁之人"的捕鲸人还是为我们留下了无数充满戏剧性、时而悲怆时而恐怖的故事，这些故事总是能够搅动我们的情绪，激活我们想象力中最原始的那部分。赫尔曼·梅尔维尔（Herman Melville）曾经说："要创作一本非凡的书，你必须选择一个非凡的题材。"而关于捕鲸的史诗般的故事无疑就是美国历史上最非凡的题材之一。[1]

创作这本书的灵感来源于一幅图画。我家里有一个大大的椭圆形木箱，箱子上的装饰图展现的正是一个原始的、壮烈的捕鲸场面。图中有一艘收起了风帆的捕鲸船、三条满载着捕鲸人的小艇，还有两头鲸鱼一反常态地漂浮在海浪之上。我曾经无数次凝视着这幅图画，脑海里想象着真正的捕鲸活动是怎样的。《白鲸》是我们学生时代的必读书目，所以我已经了解了一些关于捕鲸的内容，尤其是 19 世纪中期捕鲸黄金时期的那段历史。但是这幅图画仍然激发了我的好奇心，很快我就发现了一些专门关注捕鲸内容的图书馆，那里能够为我提供几乎无穷无尽的关于这一问题的历史记录。所以，我创作这本书的目的就是试图梳理航海时代的文献，尝试将丰富的美国捕鲸历史遗产真实地呈献给读者。

在当代，捕鲸是一个充满争议且容易引起情感爆发的热点问题。支持商业性捕鲸和认为这项野蛮的事业必须被停止的两派之间的争论几乎天天出现在新闻中。虽然美国在这个辩论中的意见很重要也很明确，但那并不是本书要关注的内容。《利维坦》要做的是重现捕鲸曾经的历史，而不是介绍它现在的情况或是论证它该成为什么样子。同理，本书也不会用当代人的道德、伦理和文化敏感来对美国捕鲸人的行为品头论足，毕竟他们仅存在于遥远的过去，那个时代在美国兴起的保育运动初期就结束了，环境保护主义更是那之后很久才出现的概念。当时肯定也有捕鲸人担心捕鲸活动会造成鲸鱼灭绝，不过他们的担心更多是出于对本行业可持续性的考虑而非保护物种的需要。对于捕鲸人来说，鲸鱼就是游动的利益，是要被获取的，而不是被保护的。所以，如果你想要看的是对捕鲸行业是否应当存续下去的讨论，那么你一定会失望；但是如果你想了解捕鲸如何影响了美国历史的走向，那么就请往下读吧。

第一部分

出现与兴起
1614 ~ 1774

第一章

约翰·史密斯出海捕鲸

1614 年，约翰·史密斯船长（Capt. John Smith）年仅 17
34 岁，可他经历过的冒险比别人几辈子能遇到的加在一起
还要多。他是一艘沉船上的幸存者，在地中海当过海盗，往
来于欧洲各地，还参加了荷兰与西班牙、匈牙利与土耳其之
间的战争。他曾在战斗中两次负伤，还在决斗中砍下过 3 个
人的头颅。他甚至给一个土耳其帕夏做过奴隶。此外，他还 18
协助发现了弗吉尼亚殖民地的詹姆斯敦（Jamestown），并在
那里遇到了印第安公主宝嘉康蒂（Pocahontas），这段故事
后来一直被传为佳话。即便有人怀疑史密斯的某些探险经历
是不足为信的传言，但是他的人生仍然称得上惊险有趣、丰
富多彩。

此时，史密斯正渴望着踏上新的冒险之旅。他最想做的
事莫过于驾船返回美洲。他的首选目的地是弗吉尼亚殖民
地，但那已经不可能实现了，因为在 1609 年他离开那里的
时候，那里的监管者就已经明确地表示他们不欢迎史密斯回
来。不过，北美大陆上北纬 38°至 45°之间广大的地域范围
都还是向他敞开大门的，这片地域被统称为北弗吉尼亚，是

由英国国王詹姆斯一世在八年前特许设立作为殖民地的。[1]史密斯后来写道:"我非常喜欢弗吉尼亚,但受不了他们的繁文缛节;我还想去看看这个地方,花点时间试试能找到些什么。"[2]① 最终,在1614年3月3日这一天,史密斯驾船起航返回新大陆。

史密斯的目的地正是北纬38°至45°之间的北弗吉尼亚,这片地区以后会被他重新命名为新英格兰。4位英国商人为这趟航行出资,他们分别是马默杜克·罗伊登(Marmaduke Royden)、乔治·兰根(George Langam)、约翰·布利(John Buley)和威廉·斯凯尔顿(William Skelton)。[3]他们对于这次探险的热情源于找到黄金的美梦。这种宝贵而难寻的金属曾经是世界上无数探险行动背后真正的动因。关于新英格兰有黄金的消息很大程度上源自1611年时就流传到英国的一个故事。故事说的是有一位爱德华·哈洛船长(Capt. Edward Harlow)抓住了4名美洲印第安人,并把他们强行带回了伦敦。其中一名印第安人名叫埃佩诺(Epenow),史密斯说他"身材魁梧……被当作一个奇观来供人付费观看"。[4]不过,最令抓住他的人印象深刻的还不是埃佩诺的壮硕身材,而是他讲述的关于马撒葡萄园(Martha's Vineyard)有黄金的故事。马撒葡萄园是一个岛屿,埃佩诺就是从那里被强行抓走的。鉴于从没有人在马撒葡萄园岛发现过金子,人们都很想知道埃佩诺到底在说什么。他也许是把岛屿西部

---

① 本书中引用的内容,特别是很多引自古老文献中的内容,会存在一些令人疑惑的拼写方式,凡是遇到这类情况的,(在原英文书中)都依照原文予以保留。

尽头一个叫盖伊头（Gay Head）的悬崖上缕缕亮黄色的细沙误认为是那里有黄金存在的证据，实际上那只是风化和侵蚀作用的副产品。另一种猜想是埃佩诺编造了这个故事，告诉英国人只有他知道哪里能找到黄金，这样就能确保自己可以被安全地送回家乡。如果第二种说法属实的话，这无疑是绝妙的一招。因为后来果然有一支英国探险家队伍雇用埃佩诺为向导前去寻金。埃佩诺在临近马撒葡萄园岛的地方从船上跳入水中，游回了岸上。无论埃佩诺的动机为何，他的故事的确产生了令人无比兴奋的效果。当罗伊登听说了这个故事并告诉了自己的一些同事之后，雇用史密斯前往美洲的计划就启动了。如果马撒葡萄园岛有黄金，说不定新英格兰的其他地方也会有。要是这几个商人运气好的话，没准史密斯和他的船员真能为他们找到财富。[5]

无论黄金有多么诱人，把一次航行的成功与否全部系在这一根纤细的芦苇上终究是不保险的。所以，此次航行的目标就被扩大为也可以使用更多传统方法赚钱。史密斯最终接到的命令是"捕鲸……并尝试寻找金矿和铜矿"，如果这些目标都没能实现的话，就以"打鱼和交易皮毛"为最后一道"保险措施"。史密斯并不认为他们能找到金矿或铜矿，他相信让商人们对这种可能性信以为真只是引诱他们为航海活动出资的"策略"。[6]不过捕到鲸鱼的可能性可不像寻找黄金一样虚无缥缈，史密斯已经从之前航行到那里的人们口中得知，新英格兰附近的水域里的确有鲸鱼游过。

之前见到过鲸鱼的航行者之一名叫巴塞洛缪·戈斯诺尔德（Bartholomew Gosnold），他是1602年春天从英格兰的法

19

尔茅斯（Falmouth）起航的，他的目标是在美洲的殖民地上建立一个落脚点。[7]戈斯诺尔德给科德角（Cape Cod）如此命名的原因是他在当地的海水中发现了大量的鳕鱼（cod）。戈斯诺尔德和他的船员们在科德角另一面的卡提绉克岛（Cuttyhunk Island）登陆，并在那里的海岸边发现了"许多鲸鱼的巨大骨架"。[8]3 年之后，另一位英国人乔治·韦茅斯（George Waymouth）也决心前往美洲殖民地，他先是在科德角附近看到了陆地，然后又沿缅因海岸沿线向北航行。之前的戈斯诺尔德只见到了一些鱼骨，而韦茅斯则带回了一个印第安人捕鲸的故事，他的一个船员是这样描述这个故事的。

> 他们捕杀鲸鱼的方式非常特别。印第安人管鲸鱼叫波达维（Powdawe），他们会描述以下内容：鲸鱼的体型；它如何露出水面呼吸；它大约有 12 英寻长；印第安人在领头者的带领下划着大批的小船一起行动。他们把兽骨制成标枪（鱼叉）的样子，枪杆上连着绳子，绳子都是用树皮制成的，非常强韧。人们用这种标枪攻击鲸鱼，然后拽紧绳子。等鲸鱼露出水面，所有船只一拥而上，人们会向鲸鱼射箭将它杀死。把成功捕杀的鲸鱼拖回岸边之后，印第安人就会请来他们的部落首领，所有人一起唱歌庆祝。[9]

20

关于戈斯诺尔德和韦茅斯航行的相关文献中还收录了一个高价值货物的清单，上面列出来的都是勇敢无畏的美洲殖民地定居者们能够从自然界里掠夺到的资源，其中占据显要位置的一项就是鲸鱼。[10]史密斯对于这些之前的航行都很了解，但这些并不是他关于美洲鲸鱼的唯一情报来源。[11]欧洲渔民过去很多年里一直都在新英格兰北部海岸附近往来航行，为的是打捞鳕鱼等其他鱼类。鳕鱼在鱼类产品中的价值相当高，就像黄金在金属中的地位一样。虽然几乎没有任何关于这些航行的书面记录，但是要说这些渔民无数次航行返家之后没有任何一人提及见到鲸鱼的事似乎太不合理了。[12]史密斯不仅知道新英格兰地区海域中有鲸鱼，还确信捕鲸能够给自己和自己的资助人带来巨大的经济回报。

我们可能永远也无法确切知晓人类是从何时开始将鲸鱼视为值得捕杀的对象的。历史学家戈登·杰克逊（Gordon Jackson）曾经打趣道："捕鲸的起源深藏在神话的迷雾当中，我们或许还是不要去探究为好。"[13]人类和鲸鱼的第一次近距离接触很可能并不是在海上，更可能的情况是：在某个不知名的海岸边，一头已经死去或是奄奄一息的鲸鱼被海浪冲上了沙滩，它的出现无疑会让当地人觉得既惊讶又恐惧。后来人们学会了如何利用这种自己送上门的资源，切割鱼肉作为食物，把鱼骨当成建筑材料或满足其他用途。再后来，人类逐渐开始主动出海去捕鲸。古代人居住的洞穴中有也许能证明此类与鲸鱼有关的接触已经出现的石刻或图画；希腊人、罗马人和腓尼基人都吃过鲸鱼肉，这些肉很可能是主动猎捕的成果，而非鲸鱼搁浅的意外收获。不过，这些断断续续的历史碎片只能为我们提供一点点猜想的空间，并不能描绘出一幅捕鲸活动究竟是如何开始的清晰画面。要想获得对

21　这一问题更切实的了解，我们必须去关注一下巴斯克人（Basques）这个古老的民族，他们曾经居住在西班牙和法国之间的山脉地区，并被广泛地认定为最先开始出于商业目的而捕鲸的人。早在 7～8 世纪，巴斯克人可能就开始在海岸边搭建石塔并爬上去眺望比斯开湾里何时有鲸鱼出没。一旦发现了目标，瞭望者就会通过敲鼓的声音或点燃火堆产生的烟雾来报信，捕鲸人接到消息就会跑向水边，准备好捕鲸叉划着小船出发。他们猎捕的对象是露脊鲸。[14]

　　从外形上看，露脊鲸能够长到 60 英尺长，体重能够达到 80～100 吨，似乎是一种笨拙丑陋的动物。事实上，露脊鲸虽然体型庞大，行动却非常优雅，在水中游弋时慵懒而不失灵活。它的嘴非常大，占到整个身体长度的 1/4 左右，这是一种最适合捕食的精妙构造。从上颌垂下的几百根鲸须都是角蛋白物质，从侧面看就像一把内侧带齿的梳子。这些鲸须也被捕鲸人称为"鲸骨"或"鲸鳍"，长度能够达到 10 英尺。露脊鲸既可以在接近水面的地方，也可以在一定深度之下捕食。它捕食的方法就是张开嘴四处游，吃进大量富含桡足类动物、磷虾和其他浮游生物的海水。鲸鱼把这些食物都圈进口中之后就会闭上嘴，用巨大的舌头用力挤压，密集的鲸须会像筛子一样拦住食物，海水则迅速从缝隙中流出。一旦把留在口中的食物咽下，鲸鱼还要继续重复以上的动作。一条成年的鲸鱼要想满足自己巨大的食欲，每天都要捕食两三吨重的食物才行。[15]

　　赫尔曼·梅尔维尔注意到在南部海洋中的露脊鲸喜欢觅食聚集在一起的黄色桡足类动物，所以他形容这些鲸鱼

"像清晨的割草人一样，肩并肩慢慢地挥动着镰刀向前，穿过湿漉漉的沼泽地……发出一种奇特的割草一样的声音；在这片黄色的海水中留下无尽的蓝色印迹"。[16]这种有点温和，甚至有点土气的形象与露脊鲸在水面上捕食的画面形成了鲜明的对比，后一种景象对于一个没有经验的捕鲸人来说，完全可能引发强烈的恐慌。第一次看到鲸鱼张开大嘴，甚至上颌都露出水面捕食的人难免会被吓得魂飞魄散，根本顾不上想到露脊鲸既没有兴趣也没有能力吃人，因为它们的喉咙太细了，大于一堆稀烂的微小生物的东西都咽不下去。[17]

　　露脊鲸（right whale，即"对的鲸鱼"）的名字也有点让人疑惑。被提及次数最多的解释是名字中的"对"（right）是"正确"的意思，也就是说这种鲸鱼"适宜作为捕杀的对象"。露脊鲸总体上性情温顺，相对来说游速不快，可以被划着小船的捕鲸人轻松追上。它们也不能过长时间潜水，而且习惯于选择距离前一次换气的地点不远的位置露出水面换气，这使得它们特别容易被追踪。露脊鲸被杀死之后，也不会像其他许多鲸鱼一样沉入水底，反而大都会漂浮在水面上，这使得捕鲸人能够有时间给尸体拴上绳子并拖到岸上进一步加工。最好的一点是，从露脊鲸身上能够获得丰富的鲸鱼油、鲸须和大量的鱼肉，这些全都是很有市场的产品。[18]尽管这样的说法非常合情合理，但还是没有人真正知道露脊鲸的名字从何而来。最早的提到露脊鲸的文献里也没有就这个问题给出任何解释，研究过这一问题的一些人指出，露脊鲸名字中的"right"很可能是想暗示"'标准的'

22

或'恰当的'之意，意味着它是种群中的典型"。[19]

尽管有性情温顺的名声在外，露脊鲸也不总是那么好捕获的。一旦被捕鲸叉插中，它们就会立刻变身为最危险的对手。被激发出惊人的速度、力量和敏捷性的露脊鲸会把强有力的尾鳍挥成一个巨大的弓形，轻易就能拍碎一条小船。[20] 虽然捕杀露脊鲸是有很多潜在危险的工作，但巴斯克人只要发现了这种生物，就会义无反顾地展开捕杀。我们不清楚是怎样的供求关系推动了巴斯克人从公认的捕鱼好手转型为捕鲸人，但是天主教教会在其中的作用无疑是相当突出的。历史学家马克·库兰斯基（Mark Kurlansky）指出，教会颁布了法令来禁止信徒"在宗教节日期间食用'红肉'……理由是红肉'性热'，总是被与性联想到一起，而在宗教节日期间是要禁欲的"。不过，教会并不反对信徒食用生活在水中的动物，因为这些食物被认为"性寒"，不会引发性欲。这种宗教特赦的范围甚至被扩大到将河狸的尾巴也包括在内，理由是河狸总是出现在水中，因此它们也是"性寒"的。教会对于鲸鱼，还有河狸的定性当然都是错的，但这种生物学角度的错误给巴斯克人带来了发财的机会。他们立即展开了活跃的肉类生意，在天主教教徒的宗教节日期间向他们兜售各种鲸鱼肉，以及其他"性寒"的产品，比如鳕鱼。在当时，像这样的宗教节日一年中有 166 天。[21]

在随后的几个世纪中，巴斯克人持续不断地在整个欧洲售卖各种鲸鱼的相关产品，包括新鲜或腌制的鲸鱼肉（craspois or lard de Carême）。英格兰人和法国人消费了大量的鲸鱼肉，西班牙人也把鲸鱼肉当成熬汤的配料。柔韧又坚固的鲸须可以制作裙撑，让女士的裙装更有型，也可以制作骑士头盔上的装饰物，还可以做刷子的硬毛。巨型的鲸鱼脊椎和肋骨被用来制作椅子和篱笆。珍贵的鲸鱼舌头是专供神职人员和贵族享用的美食。鲸鱼油可以作为润滑剂，也可以与沥青混合在一起，再添上些麻絮作为填船缝的材料，还可以用来制作肥皂、颜料，或用来清洗制作布料用的粗羊毛。鲸鱼油点燃后是重要的照明材料，在市场上被称作"鲁米拉"（Lumera）。即便是鲸鱼的排泄物也可以被用来制作纺织品的红色染料。[22]

中世纪时，佛兰德人、冰岛人、挪威人和法国人都会捕鲸，但是巴斯克人一直主导着这个发展迅速的行业。[23]我们可以确定的是，在 1540 年前后，巴斯克人捕杀鲸鱼的范围就已经穿越了北大西洋，并扩大至拉布拉多半岛和纽芬兰岛附近的水域。据估算，在 16 世纪 60~70 年代，每年，超过 1000 名巴斯克捕鲸人生产出的鲸鱼油多达 50 万加仑。[24]英国人充满嫉妒地看着巴斯克人的成功，所以到 16 世纪末，他们也加入了捕鲸人的行列，以此作为满足本国对于鲸鱼相关产品需求的手段，同时也可以发展本国的经济。[25]早期的英国捕鲸船也曾航行至纽芬兰岛和冰岛，不过直到 1611 年英国人将他们的目光放远至北极圈边缘，英国人的捕鲸行业才算真正诞生了。

让英国人意识到捕鲸活动存在可能性的是一位名叫亨利·哈德孙（Henry Hudson）的探险家。1607 年，总部位于伦敦的贸易巨头莫斯科公司（Muscovy Company）雇用哈德孙去寻找前往远东地区的传说中的北方航线。他没能完成这个任务，因为北极地区有大片令人望而却步，根本无法驾船通过的浮冰群。不过哈德孙倒是在斯匹次卑尔根岛（Spitsbergen）周围发现了大批聚集的鲸鱼。[26]这些鲸鱼看起来像是露脊鲸，但实际上是弓头鲸，它们属于不同的种类。

24 弓头鲸的体型比露脊鲸大一些，也更圆润，长度能够达到65英尺，体重有时能超过100吨。[27]弓头鲸体表也有一层鲸脂，最厚的地方能接近20英寸，所以弓头鲸身上平均每英尺产出的鲸鱼油比露脊鲸多；弓头鲸嘴里的鲸须也是所有鲸之中最长的，能够达到14英尺。由于弓头鲸对于欧洲经济的重要性越来越大，它的重要地位也不断上升，以至于当时的人干脆使用"鲸"这个概括名词来指代弓头鲸。[28]

　　莫斯科公司的领导对于哈德孙没能找到北方航线很失望，但同时也对他发现鲸群的事表现出了浓厚的兴趣。1610年，另一批向北方航行的人进一步证实了哈德孙的发现，于是莫斯科公司下定决心要进行捕鲸活动。在接下来的几年里，公司的捕鲸船将捕鲸范围扩展到了斯匹次卑尔根岛沿岸。但是来这片水域里捕鲸的并不只有它一家，因为莫斯科公司成功的消息很快就传了出去，所以荷兰人和巴斯克人的捕鲸船也都向北驶来，打算分享这里的利益。这些"不请自来的闯入者"让莫斯科公司大为光火，为了保护自己新开发的这项捕鲸业务的收益，莫斯科公司向国王詹姆斯一世申请特许授权，结果竟然真的于1613年获得了独家捕杀斯匹次卑尔根岛鲸鱼的权利。有了特许授权在手，莫斯科公司下定决心保卫自己的地盘。1613年的捕鲸季到来之后，公司派出了7艘全副武装的战舰前往斯匹次卑尔根岛，领队的底格里斯号（*Tigris*）上配备了 21 门炮，并被指定为主要执法者。[29]

　　尽管莫斯科公司做好战斗准备的消息已经传出去了，但是闯入者们可不是那么容易就会被吓跑的。1613 年夏天的北方可以说是异常拥挤，除了英国的 7 艘战舰之外，还有来自各个国家的接近 20 艘捕鲸船都聚集到了这里。之后的整个捕鲸季里都充斥着各种冲突、威胁和强行登船，全部由英国人一手导演。很多闯入者被迫逃走，其他船的货物遭到了扣押；还有一艘部分船员是英国人的荷兰船直接被拖回了伦敦，之后虽然获释，但是荷兰人对于自己的船只受到英国人这样的对待表示格外气愤，他们争论说英国人根本无权独占斯匹次卑尔根，因为哈德孙并不是发现斯匹次卑尔根的人，发现这里的人是一个叫威廉·拜伦茨（Willem Barents）的荷兰人，时间是 1596 年。和哈德孙一样，拜伦茨当时也是被派去寻找从北方通往远东的航线的，不过这种尝试注定要以失败告终。当拜伦茨穿过北纬 80°的地方时，他发现了一片多山和峭壁林立的陆地，于是他利用这个特殊的地形作为一个路标，并将之命名为斯匹次卑尔根，这个词在荷兰语中是"尖尖的山坡"（或山脉）的意思。所以，从荷兰人的角度来看，英国人才是闯入者。为了重申自己对这片地区的权利，荷兰人采取了和英国人一样的办法。他们也组建了一个捕鲸公司，然后向本国政府申请了针对斯匹次卑尔根的垄断许可。到 1614 年夏天，荷兰人决定行使自己的垄断权，于是派出 14 艘捕鲸船到北方捕鲸，同时安排 4 艘战舰护送，每艘战舰上配备了 30 门炮。荷兰人的船

25

队遇到了同样意志坚定的莫斯科公司捕鲸船队及他们的战舰。不过为了避免引发战争，英国人和荷兰人就共同占有这个捕鲸点达成了一致，并联合起来确保其他国家的闯入者都被拒之门外。[30]

约翰·史密斯和资助他前往新英格兰的出资人都了解关于捕鲸活动的大致历史，以及英国为了将自己打造成捕鲸行业巨头而做出的努力。因此，将捕鲸作为这次航行的主要目标之一其实是非常有吸引力的，这也许可以为英格兰提供另一个潜在的提升自己在这个不断发展壮大的行业中分量的途径。于是，约翰·史密斯带领着 45 名怀揣雄心壮志的男性船员，驾驶两艘帆船沿着泰晤士河出发，穿过英吉利海峡，开启了穿越大西洋的航行。1614 年 4 月，两艘船抵达了缅因海岸之外的蒙希根岛（Monhegan Island），但是他们关于捕鲸的梦想很快就被现实击碎了。为了捕鲸，史密斯还专门挑选了一位技巧娴熟的捕鲸人塞缪尔·克拉姆顿（Samuel Cramton）参加此次航行，除他之外的其他船员也都是"这方面的专家"，但是史密斯记录说，他和他的船员们"发现捕鲸是一笔赔钱的买卖。我们虽然能看到很多鲸鱼，花了很多时间追逐它们，但是始终无法杀死一条。这里的鲸鱼可能是某种朱巴特（Jubartes），而不是我们希望能够生产鲸须和鲸鱼油的那些品种"。[31]史密斯盼望的要么是露脊鲸，要么是弓头鲸。而这些"朱巴特"很可能是长须鲸或座头鲸。[32]当时的水手对于这两种鲸都不感兴趣，因为它们口中的鲸须很短，产出的鲸鱼油也很少。长须鲸尤其难以捕杀，它是除

了蓝鲸之外世界上体型第二大的鲸鱼，有"水中灵猩"的　26
称号，游速能够达到 20 节，最久能够保持高速游动 15 分
钟，所以完全有能力躲避划着小船来捕鲸的史密斯和他的船
员们。[33]

　　既捕不到鲸，又找不到贵金属，史密斯和他的船员们只
好将目标转移到其他鱼类和动物皮毛上；即便是就这两样来
说，他们也错过了最佳机会。"我们本来就来晚了，又在捕
鲸上浪费了一些时间，"史密斯这样说道，"［无论是打鱼还
是交易皮毛的］好时节在我们意识到之前就已经过去了。"
史密斯的船员最终捕捞到了重量将近 5 万磅的鱼类，还购买
了很多皮毛，也算是小有收获。但总体来说，这次航行是入
不敷出的。[34]然而物质回报上的表现平平并没有让史密斯感
到困扰，也丝毫没有影响他对于新英格兰的热情。当船员们
忙着捕鱼的时候，或是在他尝试用一些"没什么价值的小
东西"和印第安人交换动物皮毛之外的时间里，史密斯划
着小船，带领 8 名船员以极大的热情考察了新英格兰地区的
海岸线。[35]探险和测绘本来就是史密斯最热爱的事业，在进
行考察的同时，他肯定也在设想这片地区能为后来发展为大
英帝国的这个国家的扩张做出什么贡献，他肯定还在想自己
在这样的发展中能扮演什么样的角色。最能激发史密斯想象
力的地方莫过于马萨诸塞湾殖民地的一段海岸线，具体来说
是围绕着波士顿附近的一片区域，史密斯称其为"那一整
片地方里最美好的天堂"。史密斯对于临近的普利茅斯的评
价是"卓越的港口，土地富饶，除了勤劳的人民，这里什
么也不缺"。[36]

史密斯于 1614 年 7 月 18 日起航返回了英格兰。如果他运气好一些的话，他很可能就不回去了。很多年后他写道，如果当时能够成功捕到鲸的话，他一定会留在新英格兰，"只留 10 个人和我一起管理这一大片殖民地"。[37]人们不禁会想如果史密斯和他的船员们当时捕到了鲸，美国的历史会发生怎样的改变。可惜鲸鱼没有给史密斯提供留下来的理由，到当年 8 月底的时候，史密斯已经抵达了伦敦。

这次经历更加点燃了史密斯重返美洲的愿望。他对于伟大冒险的渴求无比强烈，以至于写下了他"最想留在〔新英格兰〕……生活"，如果那片殖民地"不能满足我们的生存需要……我们宁可饿死"之类的话语。[38]史密斯第一次重返美洲的机会出现在 1615 年 3 月，不过他的船驶出英格兰的普利茅斯没多远就遭遇了狂风，不但桅杆被刮断了，连船身也开始以极快的速度进水。继续航行是不可能了，新的目标变成了保住性命——设法回到港口。史密斯和他的船员们给船装了一个新桅杆，又填补了船身上的破损，最后总算是实现了这个目标。尽管有这次失败的经历在前，史密斯还是想办法说服了出资者再次资助他远航。同年 6 月，他就再度站上了前往新英格兰的帆船甲板。不过这一次的航行并没有比前一次顺利。行驶了仅仅几个星期之后，史密斯的船就被法国海盗劫持了，他本人也从此开始了在绍瓦热号（*Sauvage*）上的囚徒生活。[39]

与其为自己的处境而怨天尤人，史密斯觉得倒不如开始写点东西来"避免让自己困惑不解的思维过于沉浸在对眼下悲惨处境的纠结中"。[40]史密斯写的正是他最热衷的主题——新英格兰，以及那里代表的殖民活动的前景。被囚禁了 3 个月之后，史密斯大胆地逃跑了。他把自己的手稿塞进上衣里，从绍瓦热号上偷了一条小艇，一直划到了法国岸边。法国的官员询问了史密斯漫长而艰辛的奇遇，然后就把他放了。不久之后，史密斯怀揣着自己的手稿启程返回伦敦，最终于 1616 年 1 月抵达。[41] 他本想再鼓动别人资助他前往新英格兰，却发现已经没有出资人愿意冒风险把钱投给他这个连续两次航行都以灾难告终的人了。于是史密斯决定采取另一种手段来解决这个问题。他继续丰富自己的手稿，并于 1616 年 6 月出版了这本名为《新英格兰纪行》（*A Description of New England*）的作品。史密斯希望这本书能够激发人们对于殖民地的兴趣，特别是能够鼓动投资者雇用他领导新的航行。

《新英格兰纪行》既是一本见闻录，又是一份自我推销的广告。书中还包含了一张精致的新英格兰地区的详细地图，涵盖范围是从今天的科德角一直延伸到缅因北部。看着这份 400 多年前绘制的地图，人们无法不为它的精确性而感到惊讶。虽然也有不少细节是偏离实际的，其中一些还偏离得很严重，但考虑到当时史密斯使用的工具，这幅地图无疑已经是一份非常出色的测绘成果，足以超越同时期制作的关于这一地区大多数地图。在地图的一角还有一张帅气的画像，画中的史密斯穿着他最好的军队制服，左手轻轻扶在腰间的佩剑上，脸上蓄着络腮胡和唇髭，浓密的头发向后梳，露出了前额。画中史密斯的眼神坚定冷硬，足以看出他是一个自信、脚踏实地的人。[42] 地图中心左侧显示为海洋的地方，28

还画着一条海蛇，或者也可能是一头非写实派的鲸鱼，从图上能够看到怪物的头露出了海面，从它鼻子里喷出的水形成了一个拱形。

这幅地图最突出的特点之一是其中的地名。为了拉近新英格兰在公众眼中与英格兰的关系，同时也是为了提升那里作为殖民地的前景，史密斯邀请查理王子（Prince Charles，即后来的国王查理一世，当时他 16 岁）为新英格兰那些"非凡的地方"重新命名，"把那里原本粗俗的名字改掉，好让将来那里英国人的子孙后代能够说查理王子就是他们的教父"。[43] 就这样，科德角变成了詹姆斯角，阿可麦克（Accomack）变成了普利茅斯，马萨诸塞河变成了查尔斯河。虽然在英格兰甚至整个欧洲都有不少对《新英格兰纪行》很感兴趣，也很认可的读者，但是这些都没能促成史密斯再次返回那里。实际上，人们也可以说正是因为写了这本书，史密斯很可能亲手扼杀了最有可能让他再度穿越大西洋，带领一群被称作清教徒的宗教反对派前往新大陆的机会。

17 世纪初，清教徒们已经将自己与英国国教分割开来，并在英国北部获得了相当程度的认可。这种大胆、违法、叛国的邪教异端行为难免为他们招来轻视和报复。因为不愿留在一个显然不欢迎自己的国家里，清教徒们选择在 1608 年移民荷兰。虽然荷兰人对于不同宗教信仰的态度比较宽容，但是在那里生活了 10 年之后，清教徒们还是认定，他们如果想作为一个群体获得充分的发展，就必须离开这里。如历史学家塞缪尔·埃利奥特·莫里森（Samuel Eliot Morison）写的那样，清教徒们心中"有一种关于大洋彼岸的殖民地的设想，认为自己可以在那里有尊严地生活，可以按照自己认为正确的方式进行宗教活动，可以按照《新约》的标准生活"。[44]这样的憧憬促使清教徒的领导们返回了英格兰，向弗吉尼亚公司申请了一份许可，批准他们到哈德孙河河口附近定居。[45]

　　清教徒们约见了史密斯来讨论航行的事，虽然后者更愿意带领一批有经验、有技能的先驱者前往新英格兰，但是想要返回美洲的愿望已经迫切到让他愿意接受任何形式，所以即便是这样一趟显然是充满了问题与风险的航行也足以让史密斯欣然接受。[46]再说他当时也没有别的差事可做，自然对这个职位更加充满渴望。不过，史密斯提出作为向导和军事领袖带领清教徒前往美洲的提议被拒绝了，这个职务最后归属于迈尔斯·斯坦迪什（Myles Standish）。史密斯后来说，他自己创作的包括《新英格兰纪行》在内的多部作品至少在某种程度上剥夺了他获得这一职位的机会。"我的书和地图就能给他们提供足够的信息，这可比让我亲自带领他们省钱多了。"[47]

　　1620年9月6日，清教徒们登上五月花号（*Mayflower*），从英格兰的普利茅斯起航了。史密斯没能参与该航行这件事充满了讽刺意味，因为在清教徒们抵达美洲的时候，他们也看到了大量的鲸鱼，不过与1614年史密斯在缅因海岸遇到的不同，清教徒们看到的这些鲸鱼恰恰是最受捕鲸人垂涎的品种。

第二章 "海洋之王，
把大海扛在肩上的鲸鱼"

　　1620 年 11 月 9 日黎明时分，在波涛汹涌的大海上航行了两个多月之后，五月花号上的乘客终于看到了陆地，他们认为这片"有茂密的树林一直延伸至海岸边"的地方是"极好的"。然而，他们也意识到自己不幸地走错了地方。他们获得的许可是在哈德孙河河口附近定居，可是现在他们来到了科德角附近，这里还在他们应该前往的目的地以北很远的地方。虽然乘客们为安全靠岸感到欣喜，但是清教徒们

还是决定继续向南行驶，前往他们本来认定的目的地。不过仅仅一天之后，船长就调转了五月花的船头，因为尝试之后他认为船无法通过科德角突出的岬角处的险滩。如果他们想在新大陆定居，那么他们就只能在新英格兰登陆，而顾不得许可上如何规定了。为了让自己的新征程更像样子，清教徒们迅速起草并签订了一份《五月花号公约》，其中公告了他们"计划在弗吉尼亚北部建立第一个殖民地"的意图，并规定组建一个"政治自制团体，为团体成员谋求良好秩序和持久发展"。11 月 11 日上午，这份历史性的文件签署完毕之后，疲惫的远行者们在相当于今天的普罗温斯敦港

（Provincetown Harbor）的地方抛锚。船刚停，就有鲸鱼围了
上来。[1]

　　鲸鱼的数量之多引起了人们巨大的挫败感。一位乘客写
道："我们每天眼睁睁地看着那个地方的鲸鱼在我们不远处
游得欢畅，要是我们有捕杀鲸鱼的工具和技能，我们很可能
借此挣到大钱，我们现在最缺的就是钱。船长和他的副手，
还有一些有过捕鱼经验的人都说，我们如果捕到鲸，就能卖
出价值三四千英镑的鲸鱼油。"一条游到船边出水换气的鲸
鱼懒洋洋地浮在水面上，任凭阳光照射在它背上反射出点点
光辉。有两个人猜想这头鲸也许已经死了，显然也是为了证
明这个猜想，他们拿来枪支要向鲸鱼射击。其中一人开火之
后，毛瑟枪的枪管和枪膛都"炸裂成了碎片"。神奇的是尽
管旁边有不少人围观，却没有任何人受伤。完全不知晓船上
发生了什么骚乱的鲸鱼此时终于"喷喷气，游走了"。[2]

　　五月花号上的乘客缺乏捕杀鲸鱼的"工具和技能"这
点并不令人惊奇。虽然清教徒一直有在新大陆以捕鱼为生的
打算，但是他们的目标可不是这些在英格兰被标榜为"皇
室之鱼"的鲸鱼，而是那些体型上小得多，但是价格和鳕
鱼不相上下的鳕鱼。[3]从清教徒的书面记录中无法确定游到五
月花号附近的是什么鲸，但最有可能是露脊鲸，因为清教徒
似乎对他们看到的那些鲸很熟悉，而露脊鲸正是过去几个世
纪中英国捕鲸活动的支柱型捕杀对象，所以对于那些"有
过捕鱼经验的人"来说一定不陌生。当时的人们还提到自
己更愿意捕杀这种鲸，而不是"到格陵兰岛捕鲸"。[4]这样的
对比结论也是符合逻辑的。露脊鲸和弓头鲸（亦称格陵兰　32

鲸，也被概括地称为"鲸"）实际上就是当时最重要的两种捕杀对象。尤其是弓头鲸，不久前才刚刚成为英国人、荷兰人及其他国家捕鲸人最偏爱的目标，所有人都想在斯匹次卑尔根的捕鲸场里占据一些优势。[5]假设当时在五月花号周围游来游去的鲸鱼是露脊鲸的话，那么人们说自己偏爱捕杀这个种类的鲸实在是再合理不过了。从捕鲸人的角度来看，露脊鲸和弓头鲸有很多类似的优点——最主要的是它们相对来说都游得不快，容易捕杀，被杀死后都能够漂浮在水面上，也都能产出大量的鲸鱼油和鲸须——但是它们最大的区别就在于活动区域不同。别说是捕杀，就是想看到弓头鲸，人们也必须前往它生存的范围内才行，那意味着捕鲸人要不畏艰难地穿越冰冷险恶的北方高纬度水域。

五月花号上的人们不仅表明了自己对于在科德角沿岸水域捕鲸的偏好，还大胆地声称他们第二年冬天就要"在这里捕鲸"。不过，在畅想下一个冬天来捕鲸之前，清教徒们先要解决的是如何熬过眼前这个冬天。此时的天气已经越来越冷，五月花号携带的补给也已经越来越少。很多乘客都开始生病，最常见的症状是"剧烈的咳嗽"。一些人于是提议不要再向内陆前进了，不如就先在离他们登陆地点不远的海角附近居住下来。这里有一个优良的海港，而且这片地区看起来也比较易于防卫。实际上，去寻找其他更适合居住的地方似乎是一个鲁莽的行动，因为"严酷的寒冬和反复无常的天气"已经近在眼前了。再说，人们还要考虑到鲸鱼的因素。一些乘客认为"科德角似乎是一个适宜捕鱼的地方，因为我们每天都会看到能产出最好的鲸鱼油和鲸须的鲸鱼品种游到船只附近，天气好的时候还能看到它们在水中嬉戏"。但是，大部分的人还是同意五月花号上的副手罗伯特·科平（Robert Coppin）的看法，后者认为在做出这样决定命运的选择之前，他们至少应该再考察一个候选地点，"在海湾另一侧有一个优良的港口，那里还有能通行船只的大河"。科平清楚地记得那个地方。几年前他和他的同行船员们就是在那里登陆的，在他们和印第安人进行交易的时候，一个"蛮荒之人"偷了一根捕鲸叉，所以英国人就给那里取名为"窃贼港"。最终，在 12 月 6 日这天，一队探路者驾驶着一艘五月花号上的小船，沿着科德角内侧的海岸向西划去，希望自己能够抵达"窃贼港"。到了傍晚时分，他们的探索取得了重大进展，虽然船员身上的衣物都冰冷得"像用铁皮做成的一样"，但他们至少成功地接近了岸边，并看到岸上有人在活动。[6]

33

大约十几个印第安人正在"围着一个黑色的东西忙活"，至于那个黑色的东西是什么，这些探路者们一时还不能确定。看到有白人靠近的印第安人更加忙碌了，跑前跑后地像是在收拾自己的东西，然后就躲进树林里消失不见了。探路者们把船拉上海滩，并在那里草草地搭建了一个防御壁垒作过夜之用。他们安排了人员放哨，以防有不受欢迎的人来打扰。到了第二天早上，探路者们开始探查这片区域，发现"沙滩上躺着一条体型巨大的死鱼，就是人们常说的'灰海豚'（Grampus）"。再往前走，他们又在海湾凹处发现两条同样的死鱼，躺在几英尺深的水中。"这种鱼大约五六步长，身上有大约两英寸厚的脂肪层，肉质和猪肉差不多。"当天晚些时候，探路者们弄清楚了之前印第安人围绕着的"黑色东西"是什么。原来那也是一条灰海豚，印第安人把鱼肉切成了"一条一条的，每条大约一肘寸①长，两手围握那么粗"。因为印第安人急着躲起来，所以有些切好的肉条都没来得及拿走。因为当天发现了这么多灰海豚，所以探路者们决定给这个地方取名为灰海豚湾。[7]

人们后来还用过各种各样的名字来称呼灰海豚，包括"黑鱼"、"牛鱼"、"罐子头"和"海猪"，不过今天这种动物为人们所知的名称是领航鲸。[8]与露脊鲸和弓头鲸不同，领航鲸嘴里没有鲸须，而是长着牙齿；它们以乌贼和鱼群为食，是一种体型相对较小的鲸，能够长到 20 英尺长，4 吨重。亨利·大卫·梭罗对于领航鲸的描述有点不怎么厚道，他说它"作为动物来说，样子出奇的蠢笨，前额圆且向前突出，与吻部几乎无明显界线，样子似鲸鱼，鳍足已退化，看起来短小僵硬"，它的皮肤"是光滑得能够反射点点亮光的黑色，有点像印度橡胶"。[9]领航鲸的下颌轮廓线向上扬起，一直延伸到嘴的后面，这使得它如另外一位作者写的那样"仿佛总是在真诚地微笑"，这种特征在其他一些小型鲸和海豚身上也可以找到。[10]

清教徒们见过领航鲸，而且还知道它叫什么名字这点是说得通的，因为这种鲸在大西洋两岸都有分布。在猜测这些"大鱼"的死因时，这几个探路者们认为它们"是在涨潮时被推上了高水位，后来因为霜冻和结冰而无法返回海中

---

① 一种长度单位，即中指指尖到手肘的长度，各国数值不同。——译者注

了"。[11]这确实有可能是阻止领航鲸返回开阔水域以保住性命
的原因，但另一种可能其实是，这种动物的死亡是由它们自
己造成的。这不是说领航鲸会像人类可以选择自杀一样主动
追求死亡；而是说领航鲸的某些行为有时候会以导致自己的
死亡为终结，至今没人能解释其中的原因。几个世纪以来，
人们都在为领航鲸定期让自己在海滩上搁浅的行为感到困惑
不已。[12]

　　科学家们为解释这种行为提出了很多理论。也许是因为
鲸鱼生了病或是迷失了方向，又可能是它们体内的导航系统
受到了地面上磁场或声呐的干扰，还有可能是它们过于迫切
地追逐猎物时没有注意到水的深浅，或是干脆迷失在了迷宫
一般的港湾海岸水域里，在退潮之前都没找到游回去的路
线。领航鲸与生俱来的群居性和群体之间强烈的凝聚力也可
能是引发较大规模搁浅情况的部分原因之一。如果有一只或
几只领航鲸搁浅的话，其他那些跟它们同属一群的个体很可
能不会丢下搁浅的同伴独自游走，所以最终这些不肯游走的
领航鲸也都在劫难逃。无论造成领航鲸踏上这条不归路的原
因是什么，这种现象在科德角附近的水域中是非常常见的。
伸入海中的海岬两边蜿蜒曲折的海岸线一直是世界上数一数
二的搁浅现象高发区。[13]

　　清教徒在海岸上发现领航鲸的反应和他们在五月花号甲
板上第一次看到鲸鱼时的差不多。不过这一次，他们缺乏的
不再是捕鲸的工具，而是没有"时间和办法"将鲸脂熔成
油。他们认定那样做一定可以"产出大量的鲸鱼油"。[14]这已
经是初来乍到的殖民地定居者们第二次遇到看着具有重大价

值的鲸鱼摆在眼前却无法利用的情况了。心情沮丧的探路者们只好把注意力重新放到此行的真正目的上，即寻找一处适宜定居的地方。第三天早上，探路者们和印第安人发生了小规模的冲突，之后就回到自己的小船上离开了。他们身后的这片沙滩从那之后就作为"最初相遇的沙滩"而为人们所知。到了晚上，海上波涛汹涌，探路者的小船受损严重，舵和桅杆都坏了，最后他们只能紧紧地扒着船舷，一边感谢上帝，一边勉强撑回了普利茅斯港。这里虽然不是科平想要前往的窃贼港，但也算是个安全的优良港口，它最终成了清教徒们永久定居的地方。[15]

35　　没有证据表明五月花号上的任何人在抵达美洲之后的第二年进行了捕鲸活动，甚至没有任何资料暗示在 17 世纪 20 年代或 30 年代初这段时间里有任何在新英格兰地区登陆的殖民地定居者曾拿起捕鲸叉，划着小船下海捕鲸。在殖民地定居者来到这里的最初一段时间里，他们还有很多其他的事要做，比如在近岸水域里打鱼和在岸上种植庄稼。虽然他们既没有愿望，也没有基本的设施供他们到海上捕杀鲸鱼，他们无疑还是会在海岸上寻找，海流和潮汐给他们送来什么就领受什么。[16]更何况，他们这么做绝对是有充足的理由的。几个世纪以来，鲸鱼油一直被视为绝佳的照明材料，尤其是与其他可供选择的方法对比之后，鲸鱼油就变得更加令人向往了。燃烧剖成两半的木材或油松树干上大量生长的木瘤是最便利的选择，也是殖民地定居者和印第安人普遍使用的方法。如那个时代的人发现的那样，这些"蜡烛材"或"易燃木"中大量含有"松脂和柏油里的液态物质，燃烧起来像火炬一样明亮"。[17]但是，在燃烧过程中没有被完全消耗的松脂和柏油会顺着木材滴下来，形成一摊黏糊糊、黑漆漆的污渍。再说，木材燃烧时还会产生大量炭黑色的浓烟，这些特性都使得它们不适宜作为在室内使用的照明材料。还有一些人对于蜡烛材发出的光亮也不满意，认为它会"让人看起来很苍白"。[18]另一种照明用的油是鱼肝油，主要是鳕鱼的。鳕鱼的肝油也很充足，但是它燃烧时有腐臭味，而且亮度一般。

还有一种可以作为照明材料的物质是动物脂肪，人们用它来制作蜡烛，不过最初的那些殖民地定居者没什么机会获得这种材料。因为动物脂肪主要来自动物，而当时人们蓄养的动物数量还太少了。[19]当然他们也可以从英国进口动物脂肪制作的蜡烛，但是除了最有钱的个别人外，没人承担得起这样的费用。考量了所有的选项之后，难怪殖民地定居者们会对鲸鱼油偏爱有加，因为只要把油倒进当时一种很原始的灯具里，或是就直接倒在一个盘子里，再在油中立一根灯芯，人们就能获得足够亮的优质照明光。

殖民地定居者第一次剥下搁浅鲸鱼的鲸脂，将它熔化成油的确切时间已经无从考证，但是到了1635年，建立马萨诸塞湾殖民地的第一位总督约翰·温斯罗普（John Winthrop）在日记中写下了这样的内容："我们的人去了科德角，并从搁浅的鲸鱼身上弄到了鲸鱼油。岸边大概有三四头鲸，而且似乎每年都会有。"[20]这种对鲸的主动利用很符合英国殖民活动倡导者的计划。新英格兰地区委员会是在1620年获得对本地区的特许授权的，到1622年，委员会给

36

国王的儿子发去了一份报告，在报告中，他们想尽办法渲染在新英格兰进行殖民活动的好处，将其描绘成能为英格兰带来巨大利益的经济引擎。关于从海洋中能够获得的丰厚资源，委员会特意强调了"这里有大量的鲸鱼，以及其他可以被勤劳的居民或精明的商人用来赚钱的东西"。[21]鲸鱼对于新英格兰未来繁荣的重要性在 7 年之后的 1629 年又被提了出来。马萨诸塞湾公司从国王那里获得的特许授权不但授予了他们海岸地区大片的土地，还许可他们在马萨诸塞湾以内及周围捕捞"上述海域中所有的鱼，包括皇室之鱼、鲸鱼、濑鱼、鲟鱼和其他品种"。[22]

殖民地定居者们充满激情地致力于将漂到岸上的鲸鱼转化为财富，不过他们并不是最先这样做的美洲人。清教徒们在"最初相遇的沙滩"发现的被屠宰的领航鲸就是证据。在此之前很多年，甚至是很多个世纪里，印第安人无疑已经将漂到海岸上的鲸鱼视为一种商品了，他们给鲸鱼开膛破肚，充分利用了这种动物能提供的一切，包括鱼肉、鲸脂、鲸须、肌腱、牙齿、尾鳍和鲸鱼皮。[23]印第安人利用鲸鱼搁浅的事实给我们提出了一个充满争议的疑问：他们可曾去海上捕鲸？如果只是因为不断有人说就可以让一个说法变成真的，那么答案是印第安人曾经出海捕过鲸。无数作者斩钉截铁地断定印第安人就是美洲最早的捕鲸人。[24]有一个人写道："第一批到新英格兰海岸附近探索的白人就看到了红色的捕鲸船正在水上作业。沿海地区所有氏族和部落中的成员对于捕杀鲸鱼都不陌生。"[25]另一个作者给出的结论更加具体而且大胆，声称美洲印第安人善于捕杀的不是随便什么品种的鲸,而是海洋中最令人畏惧的抹香鲸。[26]这些观点的问题在于几乎没有任何证据可以支持它们的真实性。唯一提及新英格兰的印第安人在欧洲人到来之前就进行了捕鲸活动的文字记载,出自一本记录韦茅斯的探险经历的书,其中有描述印第安人捕鲸活动的内容。虽然这段描述非常精彩,而且关于如何进行捕鲸活动的过程也合情合理,但是单凭这本书并不足以支持这样的观点。况且,如一位历史学家注意到的那样,书中描述的内容"似乎并不是作者亲眼所见",所以其真实性更加存疑。[27]至于证明新英格兰地区印第安人能够捕鲸的考古学方面的证据也是不足的,虽然在该地区发现了以削尖的兽骨或石块作矛头的长矛和捕鲸叉,且这些工具也确实有几千年的历史了,但是它们很可能是被用来猎捕海豹而非鲸鱼的。[28]

37

仅有的另一份关于美洲东部海岸地区印第安人捕鲸活动的书面记录来自1590年出版的《西印度群岛历史》(*History of the Indies*),作者是何塞·德·阿科斯塔(Joseph de Acosta)。书中讲述了佛罗里达海岸附近发生的非凡的捕鲸故事。阿科斯塔称印第安人把他们的独木舟划到鲸鱼身侧,一个印第安人会跳到鲸鱼脖子上,"向鲸鱼的鼻孔〔喷气孔〕……里插进一根锋利坚硬的木桩",受伤的鲸鱼会"疯狂地击打海水……〔并〕以惊人的力量向深处游去,但很快就不得不再次〔浮出水面〕"。而印第安人仿佛是拥有什么超自然的神力一般,能够自始至终紧紧地扒在鲸鱼背上。等鲸鱼重新浮出水面的时候,印第安人会再次发动攻击,将第二根木桩插进另一个喷气孔,让鲸鱼"彻底无法呼吸"。

印第安人随后会在鲸鱼尾部拴上绳子，好将它拖到浅水区。到了那里之后，他们会围绕在"被征服的野兽周围"分割自己的"战利品"，将鲸鱼"切成一块儿一块儿的……鱼肉来食用"。虽然阿科斯塔的故事被无数人引用过，但是并没有多少人相信这个故事的真实性。不仅仅是因为其中的细节太过传奇，更是因为这个故事不是基于作者的亲身观察记录下来的，而是由一些所谓的"专家"向阿科斯塔讲述的。[29]

新英格兰的印第安人在殖民地定居者到来前就会捕鲸的说法绝不是完全没有依据的。拥有和这些东部部落的原住民类似工具的其他原住民民族很可能在欧洲人还不知道新英格兰的存在之前就已经开始捕鲸了。早在 1000 年前，图勒（Thule）的因纽特人就划着用兽皮包边的小船，使用削尖的兽骨制成的捕鲸叉，到加拿大的北极地区捕杀弓头鲸和白鲸。[30]韦茅斯遇到的印第安人使用的是弓箭，这种武器可能也是被用来捕鲸的，亲眼见过这种弓箭的人描述说它们是用白蜡树或北美金缕梅的木材制作的，"很大很长，上面绑着三根羽毛……箭头是鹿的胫骨，削成了两个尖头，样式好像标枪一样。他们也有类似飞镖的武器，飞镖头上也是兽骨……印第安人能够灵活地利用这些工具抓鱼、海鸟和其他野兽"。[31]至于如何能够在水中接近鲸鱼并抵挡住它的激烈反抗，最好的解释应当是新英格兰海岸地区的印第安人掌握了精巧地驾驶独木舟的技能。问题在于，既然新英格兰地区的印第安人拥有独立的捕鲸传统，那么在殖民地定居者来到后，他们理应保持这一传统继续捕鲸，然而殖民时期之初欧洲人留下的关于这一地区的文献中没有任何关于印第安人进行捕鲸活动的描述。缺乏证据当然并不绝对意味着印第安人就没有捕鲸的传统，只是说我们还不能确切地认定他们有。[32]

当新英格兰的殖民地定居者，很可能也包括当地的印第安人，还将自己的注意力放在漂到岸上的鲸鱼身上时，荷兰人则将在美洲进行的捕鲸事业推进了一个新的阶段。[33]1630年12月12日，两艘分别名为鲸鱼号（*Walvis*）和鲑鱼号（*Salm*）的荷兰船从荷兰泰瑟尔（Texel）的港口起航，驶向特拉华河河口的一小块陆地亨洛彭角（Cape Henlopen）附近。荷兰西印度公司是这两艘船的所有者，它派遣这两艘船出海有两个目的：第一个也是最主要的目的是在特拉华湾附近捕鲸，然后把鲸脂熔成鲸鱼油，运回荷兰生产肥皂；第二个目的则是在该地区建立一个荷兰人的永久性殖民地定居点。

在该地区建立定居点的计划进行得比较顺利，人们选中了特拉华海岸上一片被称作天鹅谷（Swanendael）的地方，并在那里修建了一些建筑和防御工事。相较之下，捕鲸活动则是一次彻底的失败。船长彼得·海斯（Pieter Heyes）的工作本来是监督捕鲸，后来他干脆抛弃了这项职责，宣称捕鲸的时节已经过了。实际上在距离海岸不远处明明有许多鲸鱼游来游去，可是海斯能够近距离接触到的只有那些躺在岸上的死鲸，他和他的船员从这些鲸鱼尸体上只收集到了极少量的鲸鱼油。所以当鲸鱼号在1631年9月返回泰瑟尔的时候，海斯几乎没有任何可以拿出来炫耀的收获。

荷兰西印度公司对于这第一次捕鲸之旅的结果相当失

望，但它还是决定要再组织一次。公司任命有丰富航海经验的船长大卫·德·弗里斯（David de Vries）统揽全局。鲸鱼号和松鼠号（Eikhoorn）一起重新起航，经历了一系列的小事故和延误之后，最终于 1632 年 12 月抵达天鹅谷。在这里登陆并协助建立了沿海海岸的捕鲸站之后，德·弗里斯就驾驶松鼠号出海考察这一区域的情况去了，另一位船长则留在鲸鱼号上监督捕鲸工作。从当年 12 月到次年 3 月的这段时间里，鲸鱼号的船员们对 17 头鲸鱼尝试了捕杀，最终只杀死并拖回了其中的 7 头，还都是个头最小的。德·弗里斯对此的评价是："如果只能捕到这么小的鲸鱼，捕鲸活动的成本就太高了。"[34] 虽然德·弗里斯对结果感到失望，但是他的航行已经创造了历史，这是欧洲人第一次在美洲成功捕杀到鲸鱼。

尽管荷兰人表现不佳，以及新英格兰地区捕鲸活动本身存在局限性，但是捕鲸将在美洲的发展过程中扮演越来越重要的角色这一点毋庸置疑。鲸鱼太多了，人们无法对它们视而不见。移民们在前来美洲的船上就会看到鲸鱼，定居者在岸上也会看到鲸鱼。1629 年，一艘驶向新英格兰的船经过新斯科舍（Nova Scotia）南部尽头外的塞布尔角（Cape Sable）附近时，牧师弗朗西斯·希金森（Francis Higginson）在自己的日记中写道："下午的时候，我们能够清楚地看到附近的岛屿和海岸上的山坡。此时我们还看到……大量的巨型鲸鱼游来游去，不时露出水面换气，有一些会游到离船很近的地方。对于从没见过鲸鱼的我们来说，这样的景象非常令人惊奇。鲸鱼的脊背看起来巨大得像一座小岛。"[35]希金森于 1630 年抵达马萨诸塞湾殖民地不久之后又写道:"海里的鱼多得让人不敢相信,反正要不是我亲眼看见了,我就肯定不会相信。我见到了大量的鲸鱼和海豚。"[36]5 年之后,在一个天气晴朗的 7 月午后,牧师理查德·马瑟(Richard Mather)说他在新英格兰海岸附近水域见到了"巨大的鲸鱼向空气中喷水,水雾像烟囱里喷出的烟一样,它们周围的海水都变成了灰白的,就像《圣经·约伯记》中记载的一样……看到鲸鱼竟是这样巨大,我再也不会怀疑它可以把约拿整个吞入腹中了"。[37]

每一条鲸鱼都代表着一条潜在的谋生之路。第一批来访者之中最先注意到这种联系的人是威廉·莫雷尔(William Morrell),他是一位圣公会的神职人员,1623 年来到普利茅斯。发现当地人并不缺乏宗教引领之后,莫雷尔放弃了自己最初的使命,在接下来几年里一直致力于潜心研究本地的动物、植物和人群。他为身边的一切事物感到着迷,甚至写了一首华丽的长诗来赞颂新英格兰,该作品于 1625 年被公开发表。[38]在一个致敬鲸鱼的对偶句中,莫雷尔出神地捕捉到了这种将要推动美洲未来捕鲸活动发展的活跃的原始动力。

> 巨大的鲸鱼在海港畅游,
> 精明的商人会买它的油。[39]

大约是在莫雷尔的诗篇发表 5 年之后,另一位年轻的英国人威廉·伍德(William Wood)来到了马萨诸塞湾殖民地。他也把自己看到的一切记录了下来,并于 1634 年返回英格兰

40

之后出版了一本名为《新英格兰的前景》（*New England's Prospect*）的著作。这是一部篇幅不长，但涉猎内容很广的作品，书中记录了正在发展的殖民活动。在关于鱼类的章节中，伍德引用了一首诗来说明新英格兰海岸线外物种的丰富程度。那首诗的开头是这样写的："海洋之王，把大海扛在肩上的鲸鱼。"[40]在接下来的很多年里，"海洋之王"果然没有让人们失望。

第三章

整条海岸边

寻找自己漂到岸边的鲸鱼的殖民地定居者都是很有耐心的人。他们没有别的选择。这是一种没有任何确定性的追寻。鲸鱼何时会漂上岸是没有保证也不可预计的。不过这种随机事件在美洲出现的频率已经足够高到激发生活在海边的人们浓厚的兴趣。寻找漂来的鲸鱼已经成为殖民地里一项重要职业的显著标志就是政府监管的出现。随着沿海地区新殖民地和定居点的不断涌现，当地的管理者们开始将漂来的鲸鱼视为一种需要被管理的事业，这样才能平息争议、保证收益和维持秩序。就这方面而言，没有哪个地方的管理者比马萨诸塞和长岛的管理者更活跃。这两个地方的地理位置决定了，这里的人们对于利用被冲上岸的鲸鱼牟利这件事中充满的不确定性和无规律性最为敏感。

第一个与漂上岸的鲸鱼相关的地方法令很可能是在 17世纪 30 年代出现在马萨诸塞湾殖民地。温斯罗普总督在 1635 年的一篇日记中不经意地提到"我们的人去了科德角，并从搁浅的鲸鱼身上弄到了鲸鱼油"，除此之外他还评论说每年大概能有 4 头鲸鱼被冲上岸，存在出现争议的潜在可能，将来恐怕会需要政府部门介入协调。温斯罗普所说的"我们的人"指的是属于马萨诸塞湾殖民地的定居者，而科德角的土地和定居者则归属于普利茅斯殖民地。虽然这两片殖民地最终会合并为马萨诸塞州，但在当时它们还是两个各自独立的个体。既然没有任何关于普利茅斯殖民地反对马萨诸塞湾殖民地的同胞们获取普利茅斯辖区内宝贵的鲸鱼的记录，我们就完全有理由推测两个殖民地之间签署过一些正式的协议来批准和/或规范这种跨境的获取行为。[1]我们还确切地知道在 1641 年，马萨诸塞湾普通大法院规定"任何被冲上岸的鲸鱼或类似的大鱼都要被安全地保存，如条件不允许，可由城镇或该土地的所有权人进行增值处置，普通法院最终将就该标的所有权做出判定"。[2]这个法令的内容有些模糊，而且我们完全可以想象，幸运地发现鲸鱼的人肯定不希望只是看好动物，或对其进行"增值处置"（熔成鲸鱼油），然后等待接到通知的殖民地官员前来对收益进行处分。当长岛南安普敦的定居者开始应对这个问题的时候，他们给出的指示可比北方同胞们的明确多了。

南安普敦是在 1640 年由来自马萨诸塞湾殖民地的林恩（Lynn）的一小拨定居者建立起来的。这些人起初主要是看上了这里的耕地，后来他们很快就发现这里还存在另一个由大海提供的馈赠——漂上岸的鲸鱼。在接下来的 4 年里，关于争夺鲸鱼所有权的案件屡见不鲜，以至于南安普敦普通法院不得不介入调停。1644 年 3 月 7 日，法院颁布了法令，内容是将整个镇子划分为 4 个区，每个区里有 11 个人，每发现一头漂上岸的鲸鱼，每个区都要以抽签的方式选出两人参与切割鲸鱼的工作。参与切割的人可以获得双份鲸脂，作为他们付出劳动的"报酬"，剩下的利益则由其他身体健全的居民平分。为了确保对每头冲上岸的鲸鱼都及时宣称所有权，法院还建立了一套早期通报体系。每次暴风雨之后，豪厄尔先生（Mr. Howell）、戈斯莫先生（Mr. Gosmer）和邦德先生（Mr. Bond）都会安排两个居民"去搜寻有没有鲸鱼被冲上岸"。[3]如果搜寻者不履行这样的义务，还会被判缴纳 10 先令的罚款或接受鞭刑——南安普敦人向来是说一不二的。一年之后，为了鼓励人们在发现漂上岸的鲸鱼之后主动汇报，法院又设立了一项支付给发现者的奖金。第一个向地方治安官通报海岸上有鲸鱼的人可以获得 5 先令的奖金，但是如果这头被发现的鲸鱼太瘦小，加工后的收益都不够 5 先令的话，发现者就得不到奖金，但是可以独自占有鲸鱼尸体。另外，在星期日报告发现鲸鱼也是没有奖励的，法律中设定这样一个条款就是为了防止人们把主日用来在海岸上找鲸鱼。有了这样一系列详细的规定之后，南安普敦就成了美洲第一个至少是松散地规定了对漂上岸的鲸鱼进行程序化处理的城镇。这样的情况最先出现在长岛是合情合理的，因为这一段延伸出来的陆地从形状上就酷似一头鲸鱼，鲸鱼的头部在靠近纽约市的地方，它巨大的尾鳍则伸展在另一端。[4]

要想罗列出殖民地上每一次对于漂上岸的鲸鱼相关规定的改进和变更是一项冗长乏味的工作。不过，假如我们暂且将过往法律中那些微小的细节抛开不谈，就能发现一条清晰的主线。大体上说，所有法规关注的重点都是如何确定谁有资格从鲸鱼身上获利。排在最前面的是发现鲸鱼的人，他要么直接获得金钱上的奖励，要么获得鲸鱼利益中的一定份额。有了这样的利益驱使，很多居住在海岸附近的居民都成了带着任务的海滩拾荒者。排在其次的是参与切割鲸鱼的人，有些时候印第安人也会参与这项工作，他们负责对鲸鱼进行切割和加工，这样才能产出可供分配的鲸鱼油和鲸须。切割人既可以由大家轮流担任，也可以接受指定和任命，付出劳动后会获得相应的报酬。[5]切割鲸鱼可不是什么令人愉快的差事，于是有些人就想出了逃避这个工作的办法。比如在长岛上的东汉普顿就有一位名叫托马斯·詹姆斯（Thomas James）的牧师和一位名叫莱恩·加德纳（Lion Gardiner）的拥有广大地产的地主，他们都希望只参与寻找鲸鱼的工作，而不承担切割鲸鱼的任务，为此他们愿意"每次切割一头鲸鱼，送给每个切割人一夸脱烈酒，以此来免除自己的切割义务"。可见当时也和现在一样，财富可以给人带来特权。[6]对于漂上岸的鲸鱼进行分配的体系中的下一环节是鲸鱼被发现地点所在的镇子，鉴于鲸鱼被视为公共财产，所以鲸鱼油往往是在镇上居民之中平均分配的，这后一批获得分配的人通常被定义为在该镇居住或拥有土地的人。[7]

不过，城镇对于鲸鱼的所有权有时也不是涵盖一切的。在很多情况下，印第安人虽然将自己的土地卖给了殖民地定居者，但是有限制条款规定他们仍可以保留对被冲上岸的鲸鱼身上某些部分的所有权。有些时候，这意味着印第安人可以获得鲸须和鲸鱼的尾鳍，因为他们认为这些物品是应当受崇敬的，并且会把它们使用在宗教仪式和庆典上。[8]另一些时候，印第安人则会要求获得一些更具有实质价值的东西。比如马撒葡萄园岛上的一位酋长在把一块土地卖给英国人时，随财产一起转让的只有"这一小片海岸上每头被冲上岸的鲸鱼身体中部四掌宽①的一段的所有权，除此之外再无其他"。⁹当然也不是被冲上岸的所有鲸鱼都要受城镇官员的管辖。毕竟在那个时代，海岸上大部分地区都还无人定居。对于在这些开放地带发现的鲸鱼，人们仍然秉持着先到先得的原则。¹⁰谁处理了鲸鱼，谁就获得利益，这对鲸鱼搜寻者们来说绝对是巨大的激励。

在发现者、切割者、镇上居民、印第安人以及鲸鱼搜寻者获得了属于自己的那份利益之后，还有其他人排在后面等待继续分享。1652 年，马萨诸塞的普利茅斯殖民地政府决定要站出来分一杯羹。维护殖民地的成本一直在上升，"感谢上帝的仁慈才会有许多鲸鱼"被冲上属于自己管辖范围的海岸，殖民地政府认为自己没有理由不要求分享其中的利益。换句话说，政府会继续管理殖民地，但是城镇必须出资分担一部分管理成本。为了实现这个目的，法院颁布了法令，殖民地财政部有权就每一头被冲上岸的、从印第安人手里购买的或"在海上漂浮并被拖回岸边的"鲸鱼征收一木桶（约合 31.5 加仑）"可销售的鲸鱼油"，收上来的鲸鱼油随后会被运到波士顿，在那里出售并被运回英格兰。¹¹

不过，殖民地政府后来开始变得贪婪。到 1661 年 6 月，

①　一种长度单位，即手掌张开时，大拇指指尖到小拇指指尖的距离，各国数值不同。——译者注

原本为公众所接受的被冲上岸的鲸鱼属于发现地所在的城镇所有，只有一小部分利益归属殖民地政府的观念被彻底颠倒了。殖民地政府提出自己应当享有鲸鱼油中的绝大份额，城镇只能占一小部分，其标准是每加工一头鲸鱼，城镇只能获得两个猪头桶或四个木桶的鲸鱼油。城镇当然都不同意这种分配方式，它们对此进行了坚决的抗议。针对这样的抱怨，殖民地政府重新考虑了自己的位置，最终只得屈服。1661年10月1日，殖民地财政部部长康斯坦特·索斯沃斯（Constant Southworth）给巴恩斯特布尔、桑威奇、伊斯特姆和雅茅斯几个城镇去信以期改善彼此间的关系。信件开头就是安抚性的问候，称各个地方的人民为"亲爱的朋友们"。索斯沃斯接着又说鉴于各镇不能接受殖民地政府的提议，那么他有义务提出一条新的解决之道。他承诺在眼下这个时间，所有争议都将被搁置一旁，只要各镇同意就每头被冲上岸的鲸鱼"按时按量交付殖民地政府"一个猪头桶的鲸鱼油就可以。这实际上是将以前支付一木桶鲸鱼油的要求变成了两木桶，但还是比殖民地政府原本的提议好多了。[12]各城镇基本都可以接受这个结果，这一标准自此之后保持了很多年。

1662年，普利茅斯殖民地又提出，牧师们也应当被许可从漂上岸的鲸鱼身上分享利益，并获得城镇生产的鲸鱼油的一部分以供养本地的神职人员。然而，法院的说服力显然很有限，至少从短期来说，响应这一号召的城镇只有伊斯特姆。[13]将近200多年之后，亨利·大卫·梭罗在评价伊斯特姆的决定时写道：

不可否认，让牧师们依靠上帝的仁慈过活似乎是有一些道理的，牧师们毕竟是上帝的仆人，而上帝掌控着暴风雨；所以，当被冲上岸的鲸鱼变少了之后，牧师们难免会怀疑是不是自己的祈祷没有被上帝接受。牧师们在每场暴风雨中肯定都会到悬崖上坐下，焦虑地观察着海岸上的情况。就我自己而言，如果我是一位牧师，我宁愿相信科德角背面的暴风雨能够为我冲来一头鲸鱼，也不愿指望我知道的那些乡村教区会展现什么慷慨。你不能说乡村牧师的工资在通常情况下"差不多和鲸鱼一样（时有时无）"。然而，那些盼着鲸鱼被冲上海岸的牧师们心中肯定也是充满了纠结……想想那些鲸鱼，被暴风雨夺去了性命，还要被拖到岸上、被分食殆尽，就是为了供养牧师们！[14]

本地获取的鲸鱼油和鲸须很快就被投入了国内和国际的贸易。到 17 世纪 40 年代，也可能还要更早些，鲸鱼油就已经成了重要商品，许多地方的商店里都有鲸须出售。鲸鱼油作为一项国际贸易的重要内容，很快就引起了大批对于购买英国商品感兴趣的企业家的注意。毫无疑问，这些人当中的先驱是一个叫塞缪尔·马弗里克（Samuel Maverick）的英国人，他从 17 世纪 20 年代末开始就在诺德尔斯岛（Noddles Island，今天的东波士顿）定居了。1641 年，他开始将殖民地生产的鲸鱼油送到英格兰布里斯托尔的港口，他在那里的代理人会用出售鲸鱼油得来的货款购买其他商品运回大西洋彼岸。[15]

殖民地定居者们最终厌倦了等待鲸鱼自己送上门。为什么要把上帝的仁慈、狂风暴雨或无法解释的领航鲸的送死行为当作获得鲸鱼油和鲸须的仅有途径？鉴于此，殖民地定居者渐渐开始划着小船主动出海捕鲸，或者更准确地说是在距离海岸仅几英里的范围之内捕鲸。起初人们还只是偶尔进行这样的活动，后来逐渐变得越来越频繁而有规律。虽然在海岸附近的捕鲸人偶尔也能杀死一头座头鲸，肯定也采取过轰赶成群的领航鲸游上岸的策略，但是他们心中真正渴望的终极目标还要数露脊鲸。[16]

殖民地定居者第一次进行沿海岸水域捕鲸的确切时间和地点已经无人知晓。[17]但是它很可能发生在 1647 年的康涅狄格殖民地附近，因为当时哈特福德（Hartford）普通法院通过了一项决议，授予一位怀廷先生（Mr. Whiting）"继续进行其捕杀鲸鱼的计划"的权利，此项权利为独占权利，有效期 7 年。[18]不过并没有关于怀廷先生实践这项垄断权利的相关记录存在。第一次在沿海岸水域捕鲸的航行也可能是在1650 年从南安普敦出发的，当时普通法院授予了约翰·奥格登（John Ogden）"不受南安普敦居民干扰地捕杀鲸鱼的权利"，范围限于本镇界内的大西洋水域，有效期也是 7年。[19]然而，证明奥格登的捕鲸事业获得成功的证据也是缺乏的。不管怎样，人们至少可以确定在沿海岸水域捕鲸的活动最晚在 17 世纪 50 年代已经出现了。证明这一点的证据来自 1672 年人们向英格兰国王查理二世递交的一份请愿书，位于长岛东部顶端的三个城镇在请愿书中向国王汇报说"虽然过去的 20 多年中他们一直致力于"在捕鲸活动上获得成功，但是"直到最近两三年，他们才逐步走上正轨"。[20]
从这个无可争议的不祥之兆开始，沿海岸水域的捕鲸事业渐渐覆盖了整条海岸线，从 17 世纪末到 18 世纪初，参与沿海岸水域捕鲸事业的船只数量不断上升，同样上升的还有被拖上岸的鲸鱼尸体的数量。

　　沿海岸水域捕鲸活动的壮大并不意味着漂上岸的鲸鱼就无人问津了。相反，殖民地定居者们只是将沿海岸水域捕鲸作为他们的一种新技能，同时也没有停止在岸上寻找惊喜的工作。再说，沿海岸水域的捕鲸活动很可能还为有更多鲸鱼漂上岸做出了贡献。那些在海上受到攻击的鲸鱼，就算能从追击者手中脱身，最终也仍会因为伤势过重而难逃被冲上岸的结局。一份 1700 年的记录里说，有位妇女沿着东汉普顿到布里奇汉普顿之间的海岸行走时，共发现了 13 头搁浅的鲸鱼，其中有一些无疑被小船上的捕鲸人的捕鲸叉刺伤过。沿海岸水域捕鲸活动的发展也引起了一些组织结构上的变化。处置漂上岸的鲸鱼一直是一项处理公共财产的活动，而在沿海岸水域捕鲸则是一小拨人自发进行的主动追求利益的行动，他们当然不会把自己的劳动果实拿来和没有参与捕鲸的人一起分享。于是就出现了小部分人联合起来，集中各自的资源，成立捕鲸公司的情况。[21]

　　这样的公司通过向雇员承诺，后者将获得所捕鲸鱼带来的收益中的一定比例来激励他们努力工作。这部分报酬被称作"拆账"，通常是以货币、鲸鱼油或鲸须的形式来支付的，偶尔也会采取其他形式。沿海岸水域捕鲸活动的主要劳动力是印第安人，很多声称印第安人就是美洲最初的捕鲸人的作者都暗示说，正是印第安人教会了殖民地定居者如何捕鲸，不过并没有任何证据能够证明这一点。更有可能的情况其实是，殖民地定居者雇用印第安人作为捕鲸的劳动力而非传授技艺的老师，因为雇用印第安人的成本很低，而且他们身强力壮，技艺娴熟，能够出色地完成通常安排给他们的那些报酬较低的简单工作，比如摇桨划船，或者加工岸上的鲸鱼。[22]印第安人很受青睐还因为这里并没有什么其他的劳动力来源可供选择。非洲裔美国人最终会成为捕鲸事业的主要劳动力，但那将会是很久之后的事。当时唯一的其他劳动力来源是欧洲白人，但他们并不总是乐意充当沿海岸水域里的捕鲸人。历史学家 T. H. 布林（T. H. Breen）说过："美洲殖民地经济的问题就在于，没有人愿意踏踏实实地做一名劳动者。"[23]

印第安劳动力被证明是推动捕鲸事业发展的核心动力，因此，殖民地还通过了特别法来保证印第安人能够参与捕杀鲸鱼的活动。举例来说，1708 年，纽约通过了一个《鼓励捕鲸法案》，其中提到任何报名参加捕鲸活动的印第安人"在每年 11 月 1 日至次年 4 月 15 日这段时间内，应当免于被任何个人或群体起诉、逮捕、骚扰、关押或妨碍其进行捕鲸工作"。[24]随着印第安劳动力越来越稀少，争夺技术娴熟的印第安人的竞争愈演愈烈，雇主们纷纷提出额外的激励措施来吸引他们加入。比如 1672 年，南安普敦有一个叫约翰·库珀（John Cooper）的人雇用了两批印第安人船员为他捕鲸，期限是当年 11 月 16 日至次年 4 月 16 日。他和印第安人之间的合同规定，印第安人的报酬是不仅要占有此次捕鲸活动收获的鲸鱼油的一半，还能得到"宽幅布料、工装裤、碗、勺子、粗盐和面粉，如果他们需要，每批船员还可以按每及耳①6便士的价格购买3及耳的烈酒"。[25]一年之后南安普敦的普通法院不得不通过给印第安人的工资设置上限的方法来遏制不断升级的竞价大战。法院规定，任何人要雇用印第安人进行捕鲸，"他支付印第安人的报酬都不能超过……每杀死一头鲸获得一件工装外套及不算鲸须在内的一半鲸脂"。[26]尽管很多印第安人是自愿参加沿海岸水域捕鲸活动的，甚至还有机会为获得更好的报酬而讨价还价，但是印第安人和他们的雇主之间的关系绝对不是这么单纯。烈酒常常会被用来作为吸引劳动者的诱惑，殖民地定居者尤其善于利用印第安人对于烈酒的强烈渴望甚至是嗜酒成癖。所以印第安人反而总是欠着捕鲸公司所有者一屁股账，很多人没有别的办法还钱，就只能继续受雇于这些公司，直到有钱买回自己的自由。[27]

无论沿海岸水域捕鲸的根源在何处，它所使用的技巧并没有什么特殊的。人们在岸边的沙丘里钉进一根高高的木桩，顶部加装一个平台。瞭望者就站在这上面搜寻海里有没有露出水面的鲸鱼或是能够暴露鲸鱼位置的喷水行为。他一看到鲸鱼就会大喊"鲸鱼出现了!"或者"鲸鱼进湾了!"有时瞭望者也会把一块"纬纱"绑在一根杆子上作为信号，捕鲸人看到了就会跑来准备工作。有时是一两条船，有时更

49

---

① 旧制液体计量单位，英美数据不一，原意是一茶杯的量，通常换算为118毫升或142毫升。——译者注

多。每条船上通常有 6 名船员，他们把小船推下水，然后摇着船桨朝远处划去。当小船接近鲸鱼的时候，所有人都会安静下来，以免把鲸鱼吓跑。如果还需要划水，他们也会非常轻柔地摇桨，或者改为使用更小一些的划水工具。一旦船只足够接近目标，鱼叉手就会抓起自己的工具站到船头，摆好袭击的姿势，随时准备出手。他们手中的捕鲸叉都是铁质的双头叉，叉头部分长 2 英尺，被固定在一根长长的硬木小树干上，树干的粗细要合适一个成人单手抓握，长度最多可达 6 英尺。这些手柄通常只会经过简单的削磨，连树皮都还保留着，能够防滑，更容易被握紧。捕鲸叉的叉头被捕鲸人称为"铁头"，铁头上系着麻绳或马尼拉绳，绳子有 100 多英寻长，团起来放在船底的一个盆里。虽然最优秀的鱼叉手从几十英尺之外投掷捕鲸叉也能准确地插中目标，但是捕鲸的宗旨还是越接近鲸鱼越好，这样鱼叉手掷出或插下去的捕鲸叉才能有力到足以刺穿鲸鱼纤维质的皮肤和厚厚的鲸脂。如果鱼叉手有足够的时间和精湛的技能，他还会向受伤的鲸鱼再插入第二根捕鲸叉作为双保险。虽然捕鲸叉的尺寸可观，叉头也很锋利，但是捕鲸叉的设计用途并不是杀死鲸鱼，而是要牢牢地牵制住鲸鱼防止它逃脱。要实现这个功能，捕鲸叉必须足够坚固，否则将无法与鲸鱼尝试挣脱时使出的惊人力道相抗衡。实践中，捕鲸叉在鲸鱼扭动时被甩落的情况并不罕见。[28]

捕鲸叉插到鲸鱼的那一刻是捕鲸过程中最危险的时候。暴怒的鲸鱼只要挥动一下巨大的尾鳍就可能将小船击碎，将船上人都抛进水中，有些船员还可能会被直接拍死或击伤，剩下的也只能拼命想办法浮在水面上，因为他们之中大多数人并不会游泳。更常见的情况是，受伤的鲸鱼会选择游走，这时发生什么往往取决于船员们怎样处理系在捕鲸叉上的绳子。有人会在绳子上拴一块巨大的浮木，也叫浮锚。浮锚产生的巨大浮力让鲸鱼无法潜入深水，会渐渐耗尽它的力气。也有捕鲸人把绳子直接拴在船上，这样他们的小船本身就发挥了一个浮锚的作用。采取后一种方法的船员们必须特别小心，如果鲸鱼往深处潜水而船员没有及时放长绳子的话，小船很容易被鲸鱼拖入水中。为了避免这种情况发生，船上通常会专门安排一名船员握着斧头时刻观察着鲸鱼的动向，有必要的话立刻砍断绳子。

　　被一头在水面上疯狂游动的鲸鱼拖着走的经历被戏称为坐上了楠塔基特岛雪橇，这绝对是一种惊心动魄、随时面临粉身碎骨的风险，但有时无疑也会是令人血脉偾张的水上历险。[29]一旦鲸鱼没力气了，船员们就会拉着绳子"驾着木船接近黑色皮肤的鲸鱼"。这时候，一位捕鲸人会抓起一把长矛，长矛顶部有非常锋利的水滴形钢制矛头，是专门用来完成最后一击的。长矛必须插得又深又重，目标是刺穿鲸鱼的肺部，彻底结束鲸鱼的性命。捕鲸人把长矛刺入之后还会用力搅动，好给鲸鱼造成最大的损伤。目标达成的标志就是鲸鱼的喷气孔中会喷出大量殷红的鲜血，这总会令捕鲸人兴奋地大喊："烟囱冒火了！"[30]此时的鲸鱼会再做最后一次垂死挣扎，它会在已经缩小的包围圈里疯狂地游动，同时甩动尾鳍，给捕鲸人施加最后一点威胁。后者会驾驶小船略微退后一些以躲避将死的鲸鱼最后的反攻。鲸鱼彻底断气之后，就会侧翻在水面上，露出短小的胸鳍。有船员会在鲸鱼尾部戳一个洞，往里面插进一根连着绳子的 T 字形木质套索钉，然后捕鲸船就可以开启将鲸鱼拖拽上岸的漫长而费力的航程了。保罗·达德利（Paul Dudley）是马萨诸塞湾殖民地一位声名显赫的法学家和博物学家，他在 1725 年写道："有的鲸鱼受一下重击就丧命了，有的鲸鱼却能和举着长矛的捕鲸人缠斗半天时间，哪怕已经被长矛刺中，喷出鲜血也不断气，甚至还能最终逃脱。游走的时候身上还插着铁头（捕鲸叉）或连着浮锚，也就是大小约 14 平方英寸的厚木板。"[31]

接下来的加工过程也遵循着类似的例行程序。捕鲸人只把鲸鱼拖到水边的沙滩上，切割人就在那里开始工作。他们用锋利的尖刀把厚厚的鲸脂一条一条地剥下来，然后用绳子，很多时候还依靠一种类似于绞盘一样，需要用力转动来进行拖拽的，被称作螃蟹机的工具将鲸脂拖到离水边远一些的岸上。人们还要割下鲸鱼的嘴唇以获得它嘴里的鲸须，鲸须都是从鲸鱼的上颌上剪下来的。这些工作又脏又累，往往要持续好几天。人们身上沾满了血污和油渍，还要浸在含盐的海水里。除此之外他们还不得不和天气做斗争，冬天有刺骨的寒风，夏天有难耐的高温。如果切割工作不及时，尸体就会腐败，产生令人作呕的恶臭，那样人们就更得忍着恶心加班加点了。最糟糕的经历莫过于不得不去切割一头漂到岸上好几天的鲸鱼。此时的尸体会因为腐败产生的气体而膨胀起来，就像一个充满了令人无法想象的难闻气体的气球一般。被安排去戳破这个"气球"的人真是再倒霉不过了，伴随着"噗"的一声巨响，获得释放的气体立刻就会让整片地方都笼罩在一片恶臭中。

从鲸鱼身上取得的鲸须和鲸脂会被装上车运到别的地方进行加工，剩下的尸体各部分，包括所有的鱼肉则被扔在水里任其继续腐烂。殖民地定居者们为什么不把这么巨大且现成的蛋白质来源利用起来，这一点让人不解。经计算，一头领航鲸所含的热量相当于 36 头鹿，一头巨大的露脊鲸能提供多少热量就可想而知了。[32]殖民地定居者的人数越来越多，对食物的需求越来越大，可他们为什么对这笔丰厚的海洋馈赠视而不见？他们的欧洲祖先食用鲸鱼肉已经有几个世纪的历史了，在他们之前，还有希腊和罗马等其他文明中也都出现过食用鲸鱼肉的先例。更何况有很多人描述说鲸鱼肉，或者至少是某些品种的鲸鱼肉即便算不上鲜美，起码也是可食用的。[33]有个别定居者是食用鲸鱼肉的，不过这样的情况属于极少数。我们也许可以从英国著名捕鲸人威廉·斯科斯比（William Scoresby）的话中找到解释这个现象的原因，他发现："对于提高了口味的近代欧洲人来说，把鲸鱼肉作为食物会让他们感到厌恶。"[34]尽管斯科斯比是在 1820 年才写下这段话的，但他描述的完全有可能是一种已经延续了很长时间的品位变化。

并不是所有人都对漂浮在浅水区的鲸鱼尸体视而不见的。虽然鲸鱼肉已经不可能被端上殖民地定居者的餐桌，但是它也许还能有别的用途。当别人将鲸鱼肉视为废料的时候，一位波士顿的商人托马斯·霍顿（Thomas Houghton）却看到了商机。在 18 世纪初，他想出了一些利用鲸鱼肉的新鲜点子，并称之为"优化鲸鱼瘦肉利用率"。[35]其中最有意 52

思的一项内容是使用鱼肉和"其他东西"混合来制造硝石，也就是火药中的主要成分。霍顿没有提供任何实现其所谓优化利用的具体方法，但是地方政府仍然授予了他一份为期4年的垄断许可来证明这个计划可行。如果霍顿以任何方式使用了这份许可，那么结果显然是失败的。因为殖民地定居点的鲸鱼瘦肉最终还是和以前一样被视为没有价值的东西，一旦鲸脂和鲸须被取干净并拿去进一步加工提炼之后，剩下的部分就无人问津了。[36]

送到提炼点的鲸须晾干后就可以准备运走了，鲸脂则会被切成小块，放到挂在柴火上的大铁锅里进行"提炼"。[37]鲸脂都会被熔化成油，剩在锅里的鲸鱼皮和肉则被称为"炸肉皮"。有的时候人们会把堆在锅底的废料直接倒进火中，也有些时候，工人们会把废料当作食物吃掉。对鲸鱼进行"提炼加工"是一个漫长的过程。一个提炼点要不分昼夜地烧好多天才能提炼完一头大鲸鱼所有的鲸脂。[38]当锅里炼出的油冷却之后，人们会把油倒进木桶中储存或运走。一头鲸鱼产出的油量取决于它的体型大小。关于加工露脊鲸的工作，纽约总督在1708年写道："一岁左右的鲸鱼能够产出大约40桶油，特别肥的或两岁的有时能够产出50桶或60桶。我听说过的在这一地区最大的一头鲸鱼产出了110桶，外加1200磅的鲸须。"[39]

加工鲸鱼是一个令人欣喜的过程，因为它代表着巨大的利益，但与此同时，它也引发了人们严重的困扰和关切。提炼点里面的人干得热火朝天，造成附近地区都充斥着加热鲸脂发出的恶臭，更不用说它带来的火灾隐患。南安普敦的境况越来越糟，以至于到 1669 年 3 月 4 日，镇上颁布了一项公共法令来限制鲸鱼油工厂给人们造成的不便及降低火灾发生的潜在危险。[40] 即便是提炼点不开工的时候，它们周围堆积的鲸鱼加工废料仍然是个麻烦。为了解决这一问题，东汉普顿于 1674 年 4 月通过了一项法令来减少"令人作呕的难闻气味"。法令要求"所有提炼点必须于本月 15 日前将自己的鲸鱼废料埋进地下，违反者罚款 5 先令"。[41]

沿海岸水域捕鲸的最佳季节是从前一年的秋末或初冬开始，至次年的早春结束，其他月份里，人们还可以进行耕种、打鱼和其他活动。采取多样的谋生方式是非常重要的，因为虽然沿海岸水域捕鲸的一次丰收就能带来可观的利益，但它仍然只被人们视为一种补充，而非唯一的收入来源。有的城镇采取了鼓励捕鲸的措施，比如东汉普顿就规定应当确保年轻男孩儿有学习驾船及参加鲸鱼提炼工作的机会。到 1675 年，镇上雇用了一位新的学校校长，他规定每个学年从 8 月 16 日开始至 12 月底结束，此后直到来年的 4 月 1 日这段时间，年轻的学生们都可以去参加捕鲸，新一学年则依然从 8 月份开始。[42] 沿海岸水域捕鲸是一项对本地劳动力需求很大的活动，所以每到捕鲸季节，你很难再找到男劳力去进行其他工作。约翰·撒切尔上尉（Capt. John Thacher）在 1694 年遇到的就是这样的情况，他本打算在科德角征召兵士加入法国 - 印第安人战争。后来他在给斯托顿总督（Governor Stoughton）的书信中写道："所有年轻力壮的小伙子都去捕鲸了，其中大多数人都在离镇子很远的海上。"不过，即便是后来撒切尔找到了这些人，他也很难激发他们入伍的兴趣。这不仅仅是因为他们对捕鲸活动格外投入，更是因为他们本身就不想加入军队服役。"只要看到有人靠近"，撒切尔接着写道，他们"就会表现出不信任感，相互召唤着躲进林子里去了"。[43]

事实证明，沿海岸水域捕鲸是一项变数很大的工作，有的年份收获特别多，有的年份则很少。根据最近一项对历史数据的普查结果来看，单年捕获露脊鲸数量最多的一次是1701 年在长岛捕获的 111 头，当年生产出了令人震惊的4000 桶鲸鱼油。然而紧接着的一年，同样是在长岛，捕鲸人捕到的鲸鱼就少了很多，最终只生产出 600 桶鲸鱼油。[44]尽管有这样的不确定性，沿海岸水域捕鲸仍然是一种非常吸引人的商业机会。比如，1683 年，威廉·佩恩（William Penn）向一群地产开发商通报了鼓舞人心的消息："在特拉华湾湾口有许多巨大的鲸鱼在海岸附近游弋；一个捕鲸季就抓到了 11 头鲸鱼并全部用来加工成鲸鱼油。我们完全有理由认定捕鲸能带来丰厚的利益，因为鲸鱼的数量数不胜数，这个海湾也非常适宜捕鲸活动。"[45]

人们对于捕鲸事业也许存在过于乐观的经济期待，不过接近 17 世纪末，捕鲸确实已经成为海外贸易收入中一项不断增长的收入来源。从一位波士顿船主约翰·赫尔（John Hull）的记录中我们可以简略了解一下当时跨大西洋贸易的情况。1675 年，赫尔派约翰·哈里斯船长（Capt. John Harris）带领海洋之花号（*Sea Flower*）商船前往长岛，到达那里之后，哈里斯要把船上的货物卖给当地人，再从他们手中购入鲸鱼油和鲸须，运到英格兰去卖个好价钱。如果收

54

来的货款足够支持他继续航行，他也许会去法国大肆采购一番，不然就直接从英国装上货物返回波士顿。[46]

英格兰人对于殖民地的捕鲸贸易带来的财富也不是一无所知的。1688 年，国王派遣的专员爱德华·伦道夫（Edward Randolph）视察了各个殖民地后向国王汇报那里的经济发展情况。马萨诸塞湾殖民地是一个受关注的重点，伦道夫就此写道："新普利茅斯殖民地的捕鲸活动利润丰厚。鉴于河狸皮毛的生意如今已经每况愈下，我相信捕鲸会成为我们最好的收益来源之一。"[47]伦道夫完全有理由为殖民地捕鲸活动的崛起而感到欣喜，因为那里生产的鲸鱼油刚好填补了英格兰经济中的一片空白。当伦敦的莫斯科公司在 17 世纪初第一次将自己的船队派到斯匹次卑尔根岛的时候，他们曾经抱着创立一个捕鲸帝国的巨大期望，不过这样的梦想很快就被荷兰人击碎了，后者成了那个时代里最杰出的捕鲸人。[48]相反，英国的捕鲸活动一直发展得磕磕绊绊，产出的产品也极为有限。鉴于自己人的船只表现很差，英格兰不得不从别处购买鲸鱼油和鲸须来满足国内需求。英格兰和殖民地之间不仅存在紧密的贸易联系，前者更为后者设置了比荷兰人更优惠的关税政策。为了阻碍荷兰鲸鱼油流入英国，从1673 年开始，英格兰决定就荷兰人生产的鲸鱼油征收每吨 9英镑的关税。相比之下，从殖民地进口鲸鱼油的关税只有每吨 3 先令。[49]其中的政治和经济因素是不容回避的：是支付更高的价款从一个过往的敌人和竞争者那里购买鲸鱼油，还是从自己的同胞手中购买价格便宜的鲸鱼油，英国商人们自然越来越倾向于后者。

　　沿海岸水域捕鲸活动的成功也引起了波士顿北部教会著名的公理会牧师科顿·马瑟（Cotton Mather）的注意，在他于 1702 年出版的代表作《基督光辉在美洲：新英格兰基督教会史》（*Magnalia Christi Americana*; *or*, *the Ecclesiastical History of New-England*）中，马瑟赞叹"捕鲸人驾驶着他们简陋的小船，冒着巨大的风险捕杀鲸鱼……鲸鱼油已经成了这里的一项支柱型商品"。[50]14 年之后，马瑟认定捕鲸人应当感谢上帝创造了鲸鱼，表达感谢的方式就是成为更好的基督徒，并与教会分享他们的经济利益。马瑟在 1716 年 10 月 18 日的日记中写道："如果我给这许多捕鲸人群体布道，是不是可以引导他们通过适当的思考来体会他们对上帝负有的义务？"[51]在一篇名为"感恩的基督徒"的文章中，马瑟写道："所有承蒙上帝恩赐的人，特别是那些在捕鲸季节中大有收获之人，都应当向上帝——他们的救世主——表达感恩。"在这篇长达 43 页的文章中，马瑟不仅罗列了大量"鲸鱼这类鱼"的生物、行为和宗教历史信息，还明确论述了为什么捕鲸人在决定为教会捐多少钱时最应当慷慨无私：

　　　　鲸鱼是鱼，有些个体非常庞大。教友们，你们当中与这些庞大的海洋怪物打过交道的那些人是将人类的王国扩展了的人，你们成功地主宰了这种令人敬畏的动物；自然而然地，你们也应当成为最高级的基督徒……把自己交付给上帝，服从于万能的主……是他创造和管理着这些庞大的鱼类，也是他把鲸鱼送到了你们的手

> 上……成功度过了一个捕鲸季的你们要感恩，要体会到
> 那都是上帝的功劳，是上帝让我们见证这一切壮丽
> 之事。

马瑟极尽所能地想要说服读者们拿出实际行动，所以在文章的结尾，他再次敦促人们至少要将收入的"1/10"拿出来捐给教会。[52]

　　沿海岸水域捕鲸很快也变成了一种充满争议的行业，人们对于在海上被杀死的鲸鱼的所有权问题尤其敏感。在鲸鱼能够被成功拖拽上岸的情况下，所有权归属往往是明确的。然而，在鲸鱼已经被捕鲸叉插中，但是没被捕鲸人抓住，之后尸体才被冲上岸边的情况下，要确定所有权就没那么容易了，要是鲸鱼身上的捕鲸叉掉了，处理起来就会更加麻烦。[53]究竟是谁杀死了鲸鱼？就算是鲸鱼身上还插着捕鲸叉，人们仍然会对所有权提出异议，因为在最开始的时候，没有多少捕鲸人会在自己的捕鲸叉上做标记。为了尝试解决这个问题，普利茅斯殖民地在 1688 年提出要求："为防止发生争议，每个公司的捕鲸叉和长矛的叉头及接口上都必须添加公示的标记。"[54]这项措施肯定是有一定效果的，但是并没能彻底解决问题。所以到 1690 年，殖民地决定派遣专人到现场收集相关事实。法院不仅指定专人负责"检查并评估鲸鱼的情况"，还为"避免杀死鲸鱼的人提出异议和诉讼"而订立了一系列法规，目的就是在出现争议的时候能够依法确认鲸鱼的所有权归属。除此之外，任何在检查人员前来调查之前以"切割、用刀或长矛戳刺"的方式破坏鲸鱼状态的人

56

将被剥夺其对鲸鱼享有的任何权利，还要向殖民地缴纳 10 英镑罚款。[55]另一种引发争议的情况是沿海岸水域中的盗捕行为。有时属于一个殖民定居点的捕鲸人会邀请来自另一个定居点的捕鲸人来自己的水域中捕鲸，条件是后者将获取利益的一部分上交给捕鲸水域所在殖民地的政府。当来自区域外的捕鲸人不肯为这种特权而支付费用的时候，自然就会产生争议。[56]

最有意思的沿海岸区域捕鲸争议发生在长岛的捕鲸人和纽约的多个总督之间。这两方人对于鲸鱼的定位差别很大。简单来说，捕鲸人认为自己有权按照自己的意愿随意处置鲸鱼，但总督们对此则不以为然。这种本质上的意见分歧从 17 世纪 70 年代早期两部法律被通过之后就存在了。第一部法律的主要依据是鲸鱼是"皇室之鱼"，所以当长岛居民从漂到岸上的鲸鱼身上获利时，他们应当向纽约的总督们，也就是国王正式任命的代理人支付 1/16 的鲸鱼油和鲸须。第二部法律要求长岛居民出口鲸鱼油和鲸须时必须从纽约的港口进行运输。[57]长岛居民对这两部法律非常不屑，大部分人根本不遵循其中的规定。在长岛东部那些以捕鲸为业的镇子上，人们出于亲缘关系和原本的所有权专属关系，对位于自己西部和北部的康涅狄格殖民地和马萨诸塞湾殖民地的同胞比对纽约人更有亲切之感，所以他们总是把自己的鲸鱼油和鲸须全都送到这两个殖民地去。这种违反法律规定的贸易很快就成了一种公开的秘密，自然会让纽约的总督们怒火中烧。虽然他们努力了好多年，想尽了各种办法，依然没能阻止这些情况的发生。

当科恩伯里勋爵（Lord Cornbury）爱德华·海德 （Edward Hyde）在 1702 年被任命为纽约总督之后，他重申了政府认为鲸鱼是"皇室之鱼"的说法，并且额外加入了一些他自己的新要求：长岛的捕鲸人如今必须向他购买沿海岸水域捕鲸的许可才能进行捕鲸；政府对于漂到岸上的和自主捕杀的鲸鱼都有权分享一定比例的收益；所有鲸鱼油和鲸须的出口都必须从纽约出发。[58]科恩伯里的决定不仅是恢复，更是扩大了他的前任们对于鲸鱼主张的权利，这样的做法在很大程度上都是为了满足个人私利。他作为总督的任期一直持续到 1708 年，这期间他犯下的种种恶行可以用一位历史学家的话来概括："他不仅令人厌恶，更是招人鄙夷……他来到这里的时候极度贫困，是为了躲避众多急着追债的债主才离开英格兰的，有些债主甚至因为他的荒淫无度、欠债不还而濒临破产。他来这里就是为了尽可能从被他欺压的群众口袋里榨出更多的钱。"[59]不幸的是，科恩伯里想要榨取长岛捕鲸人钱财的计划并不成功。他在 1703 年写给贸易委员会的信中抱怨说：

> 纽约市和长岛东部之间很长时间都没有贸易往来，那里是生产鲸鱼油最多的地方。实际情况是，长岛东部的人不愿意承认自己隶属于纽约地区。他们还保留着新英格兰人的本性，宁愿和波士顿、康涅狄格或罗德岛（Rhode Island）的人打交道，也不愿与纽约人做生意。[60]

不管科恩伯里的法律有效与否，法律的内容本身已经让很多长岛捕鲸人火冒三丈，其中就包括塞缪尔·马尔福德（Samuel Mulford）。马尔福德 1644 年出生于波士顿，他人生的最初几年是在南安普敦度过的，后来他搬到了东汉普顿。在这些镇上长大的马尔福德身边都是捕鲸人，他的父亲拥有几条捕鲸船，他自己掌握的那些捕鲸技巧就是在这些船上学到的。马尔福德在 1681 年就开始自己组织捕鲸船进行沿海岸水域捕鲸了。到 17 世纪与 18 世纪之交的时候，他掌管的捕鲸公司已经壮大到拥有 24 名雇员。从各个方面看，马尔福德的个性都是超乎寻常的。批评者说他危险、鲁莽、顽固；而那些真正了解他的人则说，他是一个正直的人，意志坚定，为人坦率，会为自己的信念而战，绝不轻易认输，最重要的是，他坚定地维护自己和长岛同胞们的利益。马尔福德认为科恩伯里和他之前的各位总督都是冷酷无情的剥削者。科恩伯里对于捕鲸人提出的要求在马尔福德看来，无非是在长岛人民长期以来被迫忍受的各种欺压中新添的一项。[61]

不过，马尔福德并没有与科恩伯里发生正面冲突，而是于 1704 年乘船前往了英格兰，向科恩伯里的上级提出请愿，要求废除科恩伯里关于捕鲸活动的新法。历史学家罗伯特·里奇（Robert Ritchie）认为这是"一次创新且大胆的义举"。[62]马尔福德只是一个鲜为人知的殖民地小镇里一位鲜为人知的市民代表，却向一位皇家总督发起了迂回的进攻，有必要指出的是，后者还是安妮皇后及英国政府中多位高级别要员的近亲。可惜我们找不到任何关于马尔福德这次英国之行中进行的活动和受到的接待的相关记录，只知道他此行最主要的目的并没有实现。这项法律仍然被保留了下来，但捕鲸人们也继续无视它的存在。虽然科恩伯里一直想要迫使人们遵守他的法律，但是始终没有什么成效。到 1708 年科恩伯里即将离任的前夕，他还给自己在伦敦的上级去信旧事重提，不过这次他的抱怨几乎变成了可悲的哀叹，那就是"新英格兰、康涅狄格和长岛东部之间进行的非法贸易"从未有过任何缩减。[63]后来的事证明，马尔福德与科恩伯里的小摩擦以及他 1704 年的伦敦之行不过是为后来更加关键的一次交战进行的演练。这一次，他的对手变成了 1710 年到任的罗伯特·亨特总督（Governor Robert Hunter）。

　　亨特追随了科恩伯里的脚步，继续要求长岛的捕鲸人必须申请许可，必须从纽约出口鲸鱼油和鲸须，同时必须向政府缴纳分成。除此之外，政府还施行了其他措施，目的都是限制长岛居民按照自己的意愿选择交易对象和交易方式的权利。所有这些加在一起，引发了东部城镇居民的新一轮抗议。亨特后来还派遣了治安官前去扣押鲸鱼以确保皇室获得自己那份分成，这使得情势更加恶化。此时在纽约地区议会中作为东汉普顿民意代表的马尔福德重新发起了自己的维权战斗，亨特就是他要挑战的目标。1714 年 4 月 2 日，马尔福德在议会上做了一次激动人心的演讲，控诉了亨特颁发的法律。他谴责对捕鲸活动进行限制和征收重税的行为，认为这是未经人民的同意而强加在人民身上的。他尤其感到气愤的是纽约地区政府宣称自己财政困难，但是纽约地区总督的工资比马萨诸塞、康涅狄格和罗德岛总督的工资加在一起的总和还多得多。他暗示人民缴纳的税款其实并没有被用来支

59

付政府的开支，反而是被某些官员挪作私用了。[64]必须使用纽约的港口作为长岛货物中转的唯一途径的要求更令他感到义愤填膺，因为他相信这样的做法不但不能促进，反而会阻碍相关贸易。因为这不仅是要求长岛人在卖出货物之前就得逆流行驶上百英里前往港口，更意味着他们要被迫忍受那里官僚主义的烦琐手续。

即便是马尔福德只做到这一步，由此引发的他与亨特的战争就已经足够激烈了。然而马尔福德并没有就此收手，反而是将自己的演讲内容制成印刷品散发了出去，这样等于自动放弃了作为被选举官员，在议会的闭门会议上陈述自己观点可以不受打击报复的豁免权。亨特抓住了这个机会，下令逮捕马尔福德，并在纽约地区最高法院上控告他印刷和"传播虚假诽谤内容……意在煽动人民叛乱"。[65]虽然马尔福德在议会中的一些同事都同意他的观点，但是他们也认为将演讲内容公开传播的行为不够妥当，最终，马尔福德被驱逐出了立法机构。这还不是马尔福德面临的唯一问题。与此同时，他还不得不在法庭上为亨特指控他的另一项罪名进行辩护，那就是马尔福德进行捕鲸活动一直没有申请许可，所以是非法占有皇室财产。[66]

不过，马尔福德并没有被这一切击垮，他回到东汉普顿，那些仍然忠诚且与他坚持同样想法的支持者们立即重新选举他为代表。马尔福德在 1716 年重返议会，说服他的同事们帮助他撤销了针对自己的指控。议会于是向亨特提出请愿，强调这些诉讼给马尔福德造成了"巨大的伤害、损失和不便"，并请求总督考虑到马尔福德"年事已高"，他的住所地又与纽约市相距甚远等"其他因素",同意放弃追究他的法律责任。[67]亨特对此的回应是,如果马尔福德为自己的过错公开道歉,就可以撤销对他的指控。[68]与其为自己不认为有错的事而认错,马尔福德选择提高赌注,悄悄地前往英格兰再次请愿。

60

　　为了不泄露自己的行踪,71 岁高龄的马尔福德先是坐船到纽波特,再经陆路到波士顿,并从那里登上了前往伦敦的船。事情发展到此,很多传闻和史实就开始混合到一起,有些无从辨别了。马尔福德很可能就是在这趟行程中获得了"鱼钩"这个外号的。据说他的穿着很朴素,在伦敦下船的时候,外表"非常随意"的马尔福德很快就成了当地扒手的目标,并被偷走了一些财物。马尔福德为此非常不快,于是找到当地一个裁缝,让他在自己的每个衣袋里缝上鱼钩,这样下一个把手伸进去的小偷就得付出一点意外的惨痛代价了。当地的报纸注意到了马尔福德所谓的"新英格兰人的把戏",于是他的名字很快就在伦敦传开了,连国王都成了他的崇拜者。[69]虽然没有证据能证明这件事真的发生过,但是这样的做法似乎确实很符合马尔福德的性格。不管有没有鱼钩的事,马尔福德起码是充分地利用了在伦敦的这段时间,向国王提交了请愿书,同时敦促所有自己见到的官员协助他推翻亨特的法律。

　　在这份请愿书中,马尔福德提到纽约地区法律一直要求捕鲸人就漂到岸上的鲸鱼支付税费。抛开历史不谈,马尔福德补充说他和其他长岛居民并不反对这样的制度,并乐意"就所有漂上岸的鲸鱼向皇室缴纳收益"。马尔福德说他们真正反对的是总督企图进一步分享捕鲸人自主捕杀的鲸鱼带来的利益，并限制他们的处置权。他指出，自纽约殖民地创建之初，自他们从国王手中获得特许权利之时，东汉普顿和邻近地区的人民就一直享有"捕杀鲸鱼并自主利用的权利，这是他们无可争议的权利和财产"。马尔福德提出，新的许可制度、出口条件和税费要求剥夺了当地人的这项权利和财产，而且总督在施行这些规定之前并没有先征求被管理者的同意。在请愿书的结尾，他提出除非废除这项法律，否则捕鲸行业会受到打击，因为"相关人士不会再辛辛苦苦地到海上去花几个月时间捕鲸，然后费力地将鲸鱼送到纽约，最后把收益的一大部分交给政府"。[70]

亨特一得知马尔福德前往伦敦的事就马上给贸易委员会写信陈述自己的理由，并敦促他们不要听信马尔福德的话，还称后者是"到处添乱的穷老头"或"公众的敌人……疯子"。[71]亨特说马尔福德是唯一"抗议"皇室分享捕鲸利益的人，他的很多同行都是"自愿"购买许可的。[72]为了让马尔福德讲真话，亨特建议贸易大臣们"吓唬吓唬他"。[73]不过亨特低估了自己的敌人。大臣们认为马尔福德的抗辩理由很充分，因为如历史学家布林指出的那样，大臣们将马尔福德和他的同胞们视为"为古老的权利和自由"而"与一帮腐败的政府雇员"斗争的"真正的英国人"——这样的观点让那些统治英格兰的人感同身受。[74]就这样，大臣们认定总督应当承担举证的义务，这样的反转自然让亨特怒火中烧。大臣们在给亨特的回信中说："你在来信中表示你颁发授权是在为皇室保留捕鲸权，但是皇室对你的任命中并没有这项内容，我们希望你解释一下你的行为。"此外，贸易大臣们还要求亨特提供他收缴的所有税款的账目，以及这些款项被用到了什么地方。为了明确表示贸易委员会对殖民地捕鲸活动的支持，大臣们还补充道："鉴于现在的情况，我们必须告知你：贸易委员会希望你尽一切可能鼓励这项贸易。"[75]

在接下来的几年里，言辞激烈的信件一直在伦敦和纽约之间往来传递，其中充斥着各种责难、提出法律意见、要求重新考虑和建议解决方法等内容。亨特一直在攻击马尔福德，在他得知后者只获得了少数几个认同他事业的支持者的签名之后，亨特写道："如果整个地区的声音都不足以被视为反对一个疯老头的随意指控的有力证据的话，我也没必要再努力证明我的清白了。"[76]与此同时，马尔福德一直坚决不肯就自己进行捕鲸活动而获得的收益向皇室支付哪怕一个先令的分成。遗憾的是，我们不知道这场纷争最终的结果是什么。1719 年亨特返回英格兰之后，就这一问题的往来通信和争辩就迅速减少了。不过，看起来到 1720 年时，事情还是获得了部分解决，威廉·博内特总督（Governor William Burnet）在写给贸易委员会的书信中说自己决定降低皇室就捕鲸活动收益所享有的分成比例，但是他仍打算继续推行开展捕鲸活动必须先获得许可的制度，因为这样可以保持国王权力的威严并"对这个地区产生良好的影响"。[77]

至死都很有骨气的塞缪尔·马尔福德于 1725 年去世，享年 81 岁。从他身上，也是从那些支持他的长岛居民身上，我们已经可以看出未来会促使美国独立战争爆发的那种精神，我们仿佛听到了后来人团结一致的呐喊声："无代表，

62

不纳税。"由此我们还能发现捕鲸历史中的一个时代即将走向终结的征兆。虽然在接下来的几个世纪里人们还会继续在沿海岸水域里捕鲸,但是从 18 世纪 20 年代起,美洲的捕鲸活动出现了一个根本性的转变。这个行业开始朝着一个新的方向发展了。引领这一潮流的正是楠塔基特岛。

第四章

楠塔基特岛——边远之地

楠塔基特岛是当地的万帕诺亚格印第安人（Wampanoag Indians）对这个岛屿的称谓，意思是"边远之地"或"遥远的地方"，这个名字绝对算得上名副其实。[1]赫尔曼·梅尔维尔曾经感叹："拿出你的地图看看这个岛，看看它是不是真正的天涯海角；它离海岸那么远，绝世而立，甚至比爱迪斯通灯塔还要孤单。"[2]这个半月形的岛屿最长处才不过 13 英里，最宽处只有 7 英里；距离科德角的伍兹霍尔（Woods Hole）大约 30 英里，距离比它略大一些的马撒葡萄园岛 15 英里。

根据万帕诺亚格印第安人的传说，楠塔基特岛源于一位伟大巨人的愤怒。这个巨人的名字叫马绍普（Mashop），有 一天晚上他躺在科德角形成的巨大睡床上休息，本来一切都好好的。可是到了夜里，他穿的鹿皮鞋里进了好多沙子。马绍普醒来之后发现了这个恼人的情况，一气之下把两只鞋都扔到了海里。落到距离科德角近一些位置的那只变成了后来的马撒葡萄园岛，远一些的那只则变成了楠塔基特岛。[3]

楠塔基特岛真正的地质成因虽然没有传说这么充满幻想

色彩，但是也算得上很有意思了。在大约 15000～20000 年前，也就是冰川期即将结束的时候，随着地球上温度的逐渐升高，劳伦泰德冰川的南端停止了继续扩张的脚步，巨型冰川的边缘大约停在了今天楠塔基特岛所在的位置，覆盖在这片区域上的坚冰足有 1500 英尺厚。接下来的几千年里，地球上反复经历着间冰期和冰期的交替，冰川先是融化并退缩，之后又重新结冰并扩张，如此循环往复。每当冰川消融的时候，融水汇成的冰河会夹带着淤泥、黏土、砂砾甚至是巨石从冰川上流下。这些物质都是在冰川向南扩张的过程中从地面上冻到冰层里的。冰河把这些物质裹挟到冰川边缘，堆积在缓慢扩张并连成一片的淤积平原上。等到冰川重新结冰和扩张的时候，就会将这些淤积而成的平原推挤成山岭、山坡或其他一些地形地貌。当冰川最后一次消退之后，融水的汇入使得海平面升高，只剩楠塔基特岛、长岛、科德角和马撒葡萄园岛这些由冰川创造的产物还能在海面之上露出一小片陆地。[4]

楠塔基特岛变成殖民地的过程始于 17 世纪 40 年代，马撒葡萄园岛的托马斯·梅休（Thomas Mayhew）蒙受圣灵感召，并希望传播福音，于是他来到楠塔基特岛传教，想让万帕诺亚格印第安人都改信基督。本来马撒葡萄园岛上的人习惯于将这里当作放牧牛羊的草场，但是到 17 世纪 50 年代末，殖民地定居者开始将楠塔基特岛视为适宜英国人永久定居的地点。一小拨来自梅里马克河河谷（Merrimack Valley）的英国人向梅休提出求购岛上的土地。他们会来找梅休是因为他刚刚买下了岛上大部分地方。梅里马克河河谷横跨在今

天的马萨诸塞州和新罕布什尔州交界处，这些潜在的购买者
中有很多在当地还是兴旺富足的大户人家，要搬到海岛上生
活对于他们而言并不是没有损失的，不过如历史学家爱德
华·拜尔斯（Edward Byers）指出的那样，这些人拥有绝对
充足的理由想要重新选择定居点。[5]有的人感觉到大陆上的人
口越来越多，商业机会愈发有限，竞争愈发激烈；也有人是
受到了按照自己的意愿建立一个群体的想法的吸引，在这个
群体中，所有参与者都将平等地共同分担成功与失败；还有
些人是为了逃避严格的清教徒生活或者是自己同胞的责难，
才想到要换个地点定居的。在 1659 年 7 月 2 日，总共 9 人
联合从梅休手里买下了楠塔基特岛上的一大片土地，总价是
30 英镑外加两顶河狸皮帽子——一顶给梅休，另一顶给他
的太太。[6]

　　于是，第一批定居者于 1659 年 10 月乘坐一条体积不
大，但是装满了补给的小船前往了楠塔基特岛。船上的人包
括托马斯·梅西（Thomas Macy）、他的妻子萨拉（Sarah）
和他们的 5 个孩子，爱德华·斯塔巴克（Edward Starbuck），
詹姆斯和特里斯特拉姆·科芬（James and Tristram Coffin），
最后还有 12 岁的艾萨克·科尔曼（Isaac Coleman）。直到小
船起航之后，梅西一直悬在嗓子眼的心才算彻底放下，因为
他是为了躲避一些麻烦事才不得不离开的。事情发生在当年
早些时候，起因是梅西这个浸礼会教徒向 4 个贵格会教徒表
示了善意。那时正逢夏季，梅西看到外面开始下雨，就邀请
4 个刚好从他家门口经过的贵格会教徒到自己家避雨。虽然
他们只待了很短一段时间，但当地的清教徒官员还是注意到

了这件事，这令他们感到非常不快。梅西被告知自己触犯了不得款待贵格会教徒的法律，因此要为款待他们的行为支付每小时 5 英镑的罚款。法院要求梅西出庭并缴清罚款，不过梅西给法院写信说，虽然他想要出庭应诉，但是他目前"重病在身"，也没钱"租用马匹"作为交通工具。最后，梅西虽然缴纳了罚款，但是一直没有出庭，反而是选择仓促地逃往楠塔基特岛，开始一种不受清教徒监视的新生活。[7]

梅西和他的同行者们沿着海岸线向南行驶到科德角，然后从船草地小湾（Boatmeadow Creek）横穿岬角而过，这是一条可以从伊斯特姆附近穿越岬角的水路，但是 1770 年被暴风雨切断了。[8]之后，一行人在马撒葡萄园岛停靠了一下，雇用了一位向导引领他们走完最后一段行程。离开风平浪静的马撒葡萄园岛大港口之后不久，小船就被卷入了一场狂风暴雨，来势汹汹的恶劣天气甚至让萨拉惊恐地大喊一定是女巫和恶魔召唤了这场灾难来惩罚他们。据说当时梅西转身怒斥了萨拉，他不得不用最大的声音喊出来才能让后者听清："女人，下去向上帝祈祷。我既不害怕地上的女巫，也不畏惧地狱中的恶魔！"[9]没过多久，小船平安抵达楠塔基特岛的海岸，在接下来几年中，又有其他人陆续来到岛上，英国人的人数渐渐增多起来。

楠塔基特岛四面环水，还比大陆更靠近鲸鱼迁徙的路线，所以这里自然会有数量不定，但几乎是持续不断的鲸鱼漂上岸。当地的万帕诺亚格印第安人从很早就开始利用这些漂上岸的鲸鱼了，他们会将鲸脂和鲸鱼肉切下来，剩下的骨头可以用来制作各种工具。因此，当英国人开始到楠塔基特岛定居之时，漂上岸的鲸鱼就已经是一个为人关注的问题了。那之后的很多年里，印第安人依然小心翼翼地维护着自己对于漂上岸的鲸鱼的权利。虽然他们会向英国人出售土地，但通常会保留对于被冲上岸的鲸鱼的权利。[10]大概是在17世纪60年代末的某个时候——具体时间已经无法确定——一头"排骨鲸"游进了楠塔基特岛的港湾。这个称呼可能是指尚未成年或非常瘦弱的露脊鲸，也可能指大西洋灰鲸。[11]这个意外的来客令岛上的定居者们感到无比激动，他们之中没有人，或者只有极少人曾经有过捕鲸的念头，更没有人真正参与过这项活动。根据楠塔基特岛历史学家奥贝德·梅西（Obed Macy）的说法，这些准捕鲸人"［锻造］了一把捕鲸叉"。[12]这需要耗费一些时间，令他们庆幸的是时间似乎并不是问题，因为那头鲸鱼在海港里停留了三天之久。对这头鲸鱼来说这显然是一个致命的决定。到了第三天，几个男人带着捕鲸叉上了一条小船，紧张地去和鲸鱼对决了。最终他们成功杀死了鲸鱼并将它拖回岸边。这样的结果令楠塔基特岛上的定居者备受鼓舞，他们开始考虑在沿海岸水域进行捕鲸的可能，不过他们清楚光靠自己是做不成这件事的。这次抓住一头排骨鲸的事只能算是新手的侥幸，并不能让他们立刻化身为捕鲸能手，毕竟这些定居者之中大多数人此前都是商人和农民。他们如果想要去捕鲸，就必须寻求专业人士的帮助。最终被选定的这位专业人士就是来自长岛东汉普顿的詹姆斯·洛佩尔（James Loper）。[13]

　　楠塔基特岛上的定居者会向长岛人请教捕鲸问题是可以理解的。当时的楠塔基特岛隶属于纽约殖民地，而且长岛东部顶端的居民都是出了名的捕鲸能手。选择洛佩尔这个人也很合理。他的家族在 17 世纪 40 年代从荷兰移民到长岛，家族成员掌握着高超的捕鲸技能，正是这些技能使得荷兰成为捕鲸行业中的世界强国。他们在东汉普顿定居之后不久，洛佩尔就充分地利用了自己的技能，成为该区域里最成功的捕鲸人之一。[14] 楠塔基特岛人极尽所能地恳请洛佩尔来他们的岛上"开展一项捕鲸计划"。[15] 岛上人向洛佩尔承诺了土地、牲口，还有计划由他帮助建立的捕鲸公司 1/3 的所有权，该公司还可以在岛上享有短期的独家捕鲸权利。作为回报，洛佩尔必须在岛上居住两年。通过这样的方式获得劳动力是楠塔基特岛的发展大计中必不可少的一部分。岛屿殖民地的创建者们清楚自己并不掌握能够充分利用这个岛屿提供的所有获利机遇的必要技能。所以，在最初的时候，他们采取了通过优厚的待遇来吸引大陆上有技能的人到岛上生活一段时间的策略。岛上的人希望这些有技术的人利用这段时间在岛上建立起自己擅长的事业，重要的是还要将他们掌握的技能传授给更多人。在创建者之间最初的协议或者说契约中，他们提出要招募 10 名"必要的工匠和海员"，洛佩尔无疑是其中一个前途无量的选择。[16]

　　洛佩尔接受了这个待遇优厚的职位，但是随后不知出于什么原因又反悔了。楠塔基特岛上的人没有立即追求新的目标，而是等到整整 18 年之后的 1690 年，他们才邀请了来自科德角雅茅斯镇的伊卡博德·帕多克（Ichabod Paddock）负责"指导他们如何以最好的方式捕杀鲸鱼并提炼鲸鱼油"。[17] 发出这份邀请之时，楠塔基特岛人正处于一个危急的关头。

至此，他们已经愈发感到局限于岛内是无法实现繁荣昌盛的。这个由冰川融化而偶然形成的岛屿上的土地中有太多沙子和碎石，却没有多少有机物，所以一点也不肥沃。更糟糕的是，即便下了雨，雨水也会从沙石土壤中迅速渗透，位于浅处的作物根部根本来不及吸收，所以一直缺水。几十年来的耕种、放牧和砍伐进一步降低了土地的肥力，与此同时，人口数量却在不断增长，需要土地创造出更多的资源来满足人们的生存需要。楠塔基特岛上的人一直依靠丰富的海洋资源来弥补陆地上的不足，即便如此，仍然不能完全解决问题。所以 1690 年楠塔基特岛人与帕多克签订合同的时候，他们已经明确地把捕鲸看作了实现未来兴旺的救生素。根据当地流传的说法，当时一些岛上居民站在岛屿南部边缘的山坡上观看海中的鲸鱼 "喷水嬉戏，其中一个人指着大海说：'看那儿，那就是能为我们的子孙后代提供面包的绿色牧场。'"[18]

我们都知道帕多克的传奇故事，对于他本人的了解则相对有限，只有一些概略的情况，比如他是在 1690 年离开雅茅斯来到楠塔基特岛的，最晚不超过 1710 年返回了雅茅斯，早于这个时间的可能性很大。[19]我们可以推断他一定是一位颇有名望的捕鲸人，因为精明的楠塔基特岛人可不会雇用什么业余人士。相比之下，关于伊卡博德·帕多克的传说就丰富得多了。[20]故事都是从一头 "身上带着打斗留下的伤疤的" 雄性抹香鲸讲起的，这头抹香鲸的名字叫 "歪下巴"，"人们都说如果这个怪物被杀死，至少能产出 200 桶鲸鱼油"。就像一个完全处于下风的拳击手一样，帕多克虽然多次尝试

68

捕杀"歪下巴",但始终无法给出致命一击。他的捕鲸叉对于这头庞然大物来说顶多是一根粗牙签,就算碰到老鲸鱼也刺不透它的皮肤,甚至都不会留下一点儿痕迹。不过帕多克绝不是惧怕挑战的人,他尤其不希望自己作为捕鲸人的一世英名毁在一头看似不可战胜的鲸鱼身上。所以当他再一次看到"歪下巴"的时候,帕多克抓起一把刀纵身跃入了海中。他接近"歪下巴"之后并没有急着刺杀,反而是等到鲸鱼张开大嘴时直接游了进去。帕多克本以为自己会游进鲸鱼的肚子,然而意外地看到眼前有一扇门。帕多克推门进入就看到一张被微光照亮的桌子,桌子旁边有两个人正在玩纸牌:其中一个是绿眸金发的美人鱼,另一个则是撒旦。帕多克看到撒旦"把纸牌摔到桌上,灯火燎到了纸牌的边缘,升起了一小股盘绕的蓝色烟雾"。撒旦生气地盯着帕多克看了一会儿,愤恨地发出诅咒,然后就消失了。帕多克为误闯进来而向美人鱼道歉,还问美人鱼和撒旦玩牌的赌注是什么。美人鱼笑着回答说"就是你"。美人鱼和自己赢得的赌注一起做了什么后人不得而知,但是帕多克是直到第二天早上才离开的,人们难免会猜想他们该不会是玩了一夜的纸牌吧。至于帕多克的船员们,虽然认为帕多克恐怕凶多吉少,但他们都是训练有素的捕鲸人,并没有贸然行动,而是留在看起来没有什么生气的鲸鱼身边等了一夜。第二天黎明之后,当帕多克重新出现的时候,大家都为他的平安无事而喜悦,同时也为他脸上挂着的灿烂笑容而感到惊讶。

帕多克在水下与人幽会的消息最终传到了他妻子的耳朵里。她是一位非常美丽的女子,而且嫉妒心很强。帕多克再

第四章 楠塔基特岛——边远之地

一次出海捕鲸的时候，他的妻子给了他一根新捕鲸叉，并要求帕多克带着岳父一起去捕鲸，帕多克同意了。他们离开港口不久，"歪下巴"就出现了。帕多克的岳父抓起那把新捕鲸叉，使出全身力量向鲸鱼掷去。帕多克此时并没有感到担 69 忧，因为他之前向"歪下巴"投掷过无数根捕鲸叉，没有一次不是直接被弹飞的，所以他确信这根捕鲸叉也一定扎不进去。然而事实正好相反，捕鲸叉深深地扎进了"歪下巴"的身体一侧，受了致命一击的鲸鱼没过多久就在水面上翻了个儿。看着自己的船员切割鲸鱼的时候，帕多克为他们可能发现自己的秘密而提心吊胆。但是最后人们只在鱼腹中发现了"一缕颜色已经淡得像伊斯特姆的玉米一样的海藻，一个梅花粉的贝壳，还有两个翡翠绿的圆形水母"。很多年后帕多克的妻子才终于承认自己在杀死"歪下巴"，更准确地说是杀死偷走她丈夫的心的美人鱼这件事中扮演的角色：那根由她交给帕多克，后来被她父亲掷向"歪下巴"的捕鲸叉其实是银质的，"银是唯一能够刺穿女巫心脏的金属"。[21]

无论帕多克是怎么向楠塔基特岛上的人传授捕鲸技能的，反正他们都学得很好。在接下来40多年的时间里，这里的沿海岸水域捕鲸活动以惊人的速度发展着，并且很快就成了岛上人最大的就业机会来源。历史学家纳撒尼尔·菲尔布里克（Nathaniel Philbrick）写道："截至1700年，无论是英国人还是印第安人，只要是会划桨的，都投入了捕鲸活动中。"[22]沿海岸水域捕鲸对于楠塔基特岛人来说变得如此重要，他们虽然也非常担心无所顾忌地砍伐树木会加重整个岛屿的水土流失，但还是在1694年决定许可人们继续砍伐雪松，只要其用途是为了"制作捕鲸船只等相关物品"。[23]

印第安人在沿海岸水域捕鲸的发展壮大中扮演了重要的角色，这主要体现在两个方面。第一，他们将海岸附近位置优质的土地都卖给了定居者，这样后者就可以在这些地方建立很多捕鲸点。第二，也是更重要的一点是，印第安人为定居者提供了他们最需要的劳动力。18世纪初，楠塔基特岛上大约有300名英国人，而印第安人的数量则是800左右。这样的比例许可并鼓励了定居者们利用印第安劳动力来壮大自己的捕鲸事业。[24]虽然800人看起来是个大数目，但是四十几年前第一批定居者来到岛上的时候，印第安人的数量原本是在大约1500~3000人的，所以约翰·温斯罗普在当时提到楠塔基特岛时还会称之为一个"住满了印第安人的岛屿"。[25]在17世纪中期，楠塔基特岛上的印第安人人数出现了大幅下降的趋势，摧毁了其他与欧洲人进行过接触的印第安部落的破坏力也同样影响到了他们——那就是新疾病的蔓延，印第安人体内没有针对这些疾病的先天免疫力，患病后也没有应对之策，只能等死。楠塔基特岛上印第安人数量的减少还会持续很多年，但是在1700年前后，也就是楠塔基特岛沿海岸水域捕鲸事业发展壮大的那段时间，岛上还是有足够的劳动力来驾船出海的。更何况，从任何角度说，印第安人都是最好的员工。按照奥贝德·梅西的说法："印第安人非常适合捕鱼的工作，任何鱼都可以，他们已经准备好了和白人一起进行捕鲸这项新事业，无论被分配什么工作都任劳任怨……几乎每条船上都有印第安人，很多船上甚至全部船员都是印第安人。"[26]

第四章　楠塔基特岛——边远之地

楠塔基特岛上的白人与印第安人在沿海岸水域捕鲸活动中的关系远远算不上平等。根据历史学家丹尼尔·维克斯（Daniel Vickers）的说法："英国人是主人，印第安人是仆人；而且这两个层级之间完全没有任何流动性。"[27] 印第安人对于由他们划桨的船只没有所有权，对于由自己的劳动带来的利益不享有相应的份额。和他们在其他殖民地的同胞一样，印第安人只能获得白人船主赏给他们的拆账或其他什么好处。虽然这个体系允许印第安人分得那么一点点利益，但是这和白人实际获得的数目相比还是太少了。[28] 楠塔基特岛上流传的一个老印第安人参加沿海岸水域捕鲸活动的故事最能凸显两个群体之间的不平等性。根据扎凯厄斯·梅西（Zaccheus Macy）的讲述：

> 曾经有一支小型捕鲸船队出海捕鲸，他们刚刚离开海岸不久，就刮起了夹杂着雪花的强风，把他们的船向北吹去。虽然所有人都在用力划桨，但还是没有什么效果。船队中有一艘船上的船员是四个印第安人和两个白人。这艘船上的领头者是一位年长的印第安人，他发现自己的船员们已经开始灰心丧气，于是就用印第安人自己的语言对他们大声喊道："拿出勇气，用力划桨，不要灰心，我们现在不能有闪失，船上有太多英国人，他们可不能死（*Momadichhator auqua sarshkee sarnkee pinchee eyoo sememoochkee chaquanks wihchee pinchee eyoo*）。"[29]

这番话激励了船员们，于是大家更加用力地划船，最终成功返回了岸上。表面上，这个故事显示了印第安人和白人之间几乎形成了一种家长式的关系，不过依照菲尔布里克的观点，这个故事其实是"沿海岸水域捕鲸人群体内部的某种笑话"，要表达的完全是另一个意思："年长的印第安人说'船上有太多英国人，他们可不能死'，这暗示了楠塔基特岛上的英国人和印第安人之间存在不同的标准。印第安捕鲸人可以丧命，但是英国捕鲸人不行。"换句话说，在楠塔基特岛人对鲸鱼的追求中，印第安人是"可以被牺牲的"。[30]

从 17 世纪晚期到 18 世纪初期，楠塔基特岛上的沿海岸水域捕鲸产业非常繁荣。涉足捕鲸行业的家族都成了岛上最有名望的大家族，包括斯温家族、科芬家族、加德纳家族和福尔杰家族。[31]沿海岸水域捕鲸带来的利益对于当地经济的发展也有益处。一头体型巨大的鲸鱼产生的利益分配到每个船员头上的数目都相当于陆上劳动者半年的工钱。[32]捕鲸的影响已经深深地渗透到楠塔基特岛人的性格和偏好里，这一点从当时报纸上的一篇新闻里可见一斑。1744 年 10 月 4 日的《波士顿新闻信》（*Boston News-Letter*）上报道了一头 40 英尺长的鲸鱼被冲上楠塔基特岛岸边的事。[33]三个当地人碰巧发现了鲸鱼，他们不是简单地看看，也不是赶紧去通知别人。相反，他们的第一反应就是尽快想办法占有这块天上掉下来的馅饼。因为没有携带"适当的工具"，这三个人就掏出身上的折叠小刀来立即切割。沿海岸水域捕鲸收获最大的一年是 1726 年，人们总共捕杀了 86 头鲸鱼，其中 11 头竟是在一天之内捕到的，简直令人不可思议。然而自此之后，楠塔基特岛沿海岸水域捕鲸活动的运势开始衰落。和在他们之前的长岛人经历过的情况一样，沿海岸水域捕鲸的成功同时也会给失败埋下祸根。海岸附近水域里的鲸鱼一年比一年少。如奥贝德·梅西说的那样，到 1760 年，楠塔基特岛的沿海岸水域捕鲸时代走到了尽头。[34]

　　楠塔基特岛人最重要的一趟捕鲸航行的确切时间无人可知，不过那很可能发生在 1712 年前后。梅西认为克里斯托弗·赫西船长（Capt. Christopher Hussey）就是在那时带领船员从楠塔基特岛的主港口起航，出海寻找露脊鲸的。行驶了没多久他们就遭遇了强劲的北风，小小的捕鲸船根本无法抵抗自然的力量，所以他们很快就被吹出了一大段距离，已经完全看不到陆地了。恰恰就是在此时，他们"遇到了"一大群抹香鲸。[35]船员们没有把时间浪费在抱怨自己的艰难处境上，反而是抓住机会袭击并杀死了一头抹香鲸。待天气情况好转之后，他们顺利地将鲸鱼拖回了岸边。

　　这个说法中最大的问题在于克里斯托弗·赫西在 1712 年时只有 6 岁。虽然楠塔基特岛人的捕鲸能力广受推崇，但是说一个 6 岁的孩子能够捕鲸也未免太不合理了，就算他是楠塔基特岛人也不可能。在楠塔基特岛历史学家伊丽莎白·利特尔（Elizabeth Little）讲述的另一个版本中，第一个用捕鲸叉捕杀抹香鲸的人不是克里斯托弗，而是巴彻勒·赫西（Bachellor Hussey）。巴彻勒当时大约 27 岁，他和另外几名楠塔基特岛人一起在 1712～1714 年与一个本地商人进行交易的账目中有一项内容被标记为"permaseta"，似乎指的就是抹香鲸的鲸脑油。[36]除了这些证据，梅西的说法中还存在

72

其他让人质疑其真实性的地方，甚至让人怀疑赫西是否真的是以他描述的方式"遇到"了抹香鲸。足以引发质疑的是深度和行为习惯的问题。抹香鲸是一种深海物种，喜欢待在至少几百英尺深的海水中，而且它在几千英尺深的地方更常见。虽然我们并不知道赫西被风吹出了多远之后才遇到那群抹香鲸，但是我们知道楠塔基特岛30英里左右之外的海水才有可能达到300英尺深，即使是这个深度对于抹香鲸来说仍然只能算是一个很不舒服的浅水坑，而且说赫西的船员能拖着死鲸鱼划这么远返回岸边也完全不可信。当然，抹香鲸在离岸近一些的地方被发现的先例也不是没有过，也可能真的有一群抹香鲸恰好在赫西和他的船员被吹到大海上时靠近了楠塔基特岛。不过，归根结底，这个故事的真实性并不是问题关键所在，如海洋历史学家和艺术家理查德·埃利斯（Richard Ellis）指出的那样，克里斯托弗·赫西的故事"被讲述了太多次，它是不是真的发生过可能已经不重要了"。[37]就算不是赫西发现了游弋在远方海平面上的抹香鲸，肯定也是大约同一时期的其他什么事件，或者是一次深海的偶然相遇使楠塔基特岛人开始有意识地捕杀抹香鲸，而不再是顺其自然地靠天吃饭。[38]

赫西的经历并不是楠塔基特岛人第一次见到抹香鲸。几年前曾经有一头抹香鲸被冲上了岛屿西南部的海岸，几乎引起了像淘金热一样的疯狂。很多人都跳出来主张自己对这笔大宝藏享有权利。[39]印第安人是第一个到场的，他们认为鲸鱼理应归自己所有，因为鲸鱼是他们发现的，所以他们认为适用"谁找到就归谁"的理论最合理。然而，英国人提出

73

反对意见说，他们在当初买下岛屿的原始权利的同时获得了对此类事物的所有权。接下来，当地的鲸鱼检查员又提出了异议，试图以"皇室之鱼"的理由为国王占有这份利益。[40]最后一个提出权利要求的人是理查德·梅西（Richard Macy），也就是奥贝德·梅西的祖父。他是听到自己的印第安仆人在谈论鲸鱼才得知这件事的。梅西身材魁梧，据说是"当地……最强壮的人"。他比所有人都先到了现场，用一柄大锤敲掉了鲸鱼嘴里所有美丽的牙齿，然后把它们藏了起来，因为"他觉得那些牙齿会值很多钱"。接下来，各方进行了激烈的争辩，每一方都提出自己应当分享一部分利益。人们还特别注意到了鲸鱼牙齿的问题，现场很多人都威胁梅西他要是不把鲸鱼牙齿交出来就要对他处以"鞭刑"。梅西回答说如果他们逼他交出牙齿，他就要"像妇女管教孩子一样，一一管教在场的所有人"。[41]毫不意外地，所有想要鲸鱼牙齿的人都立马放弃了自己的要求。至于鲸鱼的其他部分，"人们最终达成了由所有白人居民平均分享利益的协议"。这显然是另一个印第安人的权利被随意践踏的例子。协议达成之后，鲸鱼被切割并送到了提炼点。工人们对于"从抹香鲸头部获得的"鲸脑油处理得格外小心，他们认为其具有极高的药用价值，"像银子一样贵重"。[42]

虽然赫西的故事被视为美国捕杀抹香鲸历史的起始标志，但是它绝不是人类第一次捕杀抹香鲸的实践。有一位历史学家声称腓尼基人早在公元前 1000 年就在地中海东部水域里捕杀抹香鲸了，这也为《圣经》中的约拿的故事提供了素材。[43] 马可·波罗在 13 世纪时写到马达加斯加岛上的人们捕杀过大量的抹香鲸。[44] 1611 年莫斯科公司派遣捕鲸船前往斯匹次卑尔根岛时就告诉船长们在航行过程中要注意寻找抹香鲸，因为它是"适宜"捕捉的品种，这样的建议当然是基于既有的捕杀经验才获得的。[45] 由此可见，人们在赫西之前很久就开始捕杀抹香鲸了。实际上，赫西甚至不能称自己为第一个打算捕杀抹香鲸的殖民地定居者，何况他遇到抹香鲸完全是个意外。纽约城外有一个名叫蒂莫西·范德伦（Timotheus Vanderuen）的人，他是一艘双桅帆船——幸福返航号（*Happy Return*）的船长。早在 1688 年，范德伦就向管辖新英格兰地区的皇室总督埃德蒙·安德罗斯（Edmund Andros）申请了一份"许可和执照"，要求带领 12 名捕鲸人"到巴哈马群岛和佛罗里达海角捕杀抹香鲸"。不过没有记录证明这次计划最终成行。因此，且不论这个广为流传的故事是真是假，也不论是克里斯托弗还是巴彻勒，反正一个姓赫西的人就这样被广泛地认定为第一个杀死海洋中最著名的鲸——抹香鲸的殖民地捕鲸人了。

第五章

鲸鱼中的鲸鱼

《白鲸》中的莫比·迪克必定是一头抹香鲸。这不仅是
因为抹香鲸是已知的唯一故意撞沉过船只的鲸鱼——这当然
是一个非常关键的因素，但更重要的是只有抹香鲸的经历能
精彩到配得上以它来命名一本影响深远的著名小说。从任何
角度来说，抹香鲸都算得上是一种令人震撼的动物。它的体
型、样貌、行为、生理特性、长满牙齿的巨大下颌、强有力
的尾巴，还有它展现出的优雅与美丽都令人叹为观止。这个
巨型利维坦死去之后还会给捕鲸行业留下一种最为特殊，也
是利益最丰厚的产品。抹香鲸比其他任何鲸鱼都更能激发人
们的想象力，以至于当一个普通人想到鲸鱼的时候，脑海中
最常浮现出的就是抹香鲸的形象。这究竟是《白鲸》的巨
大名气产生的影响，还是抹香鲸天生固有的威力？这一问题
可以听凭人们去争论，但无论真正的原因为何，抹香鲸都绝
对称得上是鲸鱼中的鲸鱼。

抹香鲸的专长是走向极致，这为它赢得了一系列"之
最"的头衔。它是世界上体型最大的齿鲸，同属于此类的
还有领航鲸、虎鲸和诸多种类的海豚。体型最大的雄性抹香

鲸身长超过 60 英尺，体重可达 50 吨。没有任何种类的鲸比抹香鲸在两性之间存在的差别更巨大。雌性抹香鲸的体型比雄性小很多，通常只有 40 英尺长，18 吨重。抹香鲸还是所有鲸中颅骨最大的，是所有动物中脑袋最大的，是所有物种中大脑最重的，能够达到 20 磅。抹香鲸潜水的深度也比其他鲸都深，通常会有几千英尺——有时甚至能超过一英里，它停留在水中的时间最长能够达到一小时。抹香鲸的皮肤也是所有动物中最厚的，能够达到 14 英寸；就尾巴与整个身体的比例来说，抹香鲸的尾巴是所有鲸里最大的，也有人认为它是所有鲸里最漂亮的。赫尔曼·梅尔维尔就写道："没有任何生物能够比这些尾鳍上的半月形轮廓更精巧地定义什么是线条之美了。"[1]

　　抹香鲸的名字在各个语言中都不相同，在英语中是 "*sperm whale*"，在法语中是 "*cachalot*"，在德语中是 "*Pottfisch*"，在挪威语中是 "*spermhval*"，在日语中是 "*makko-kuzira*"。从科学角度上讲，分类学和系统学发挥着统一标准的作用，人们希望一种动物能够拥有一个特定的、唯一的、科学意义上的名字，能体现出该动物的种和属，而且应当全球通用。总体来说，抹香鲸的学名是符合这个原则的。虽然在过去漫长的时间里，人们曾经对抹香鲸进行过一连串让人晕头转向的分类，但如今，大多数科学家普遍将之归类为抹香鲸属抹香鲸种（*Physeter macrocephalus*）。属名 "*Physeter*" 是希腊语，有 "喷气" 的意思，种名 "*macrocephalus*" 也是希腊语，意思是 "大脑袋"。但是，仍有少数人提到抹香鲸的种属时使用了另一个希腊语单词（*Physeter catodon*），"*catodon*" 的意思是"下牙"或"长在下颌上的牙齿"。这个名字并非不好，因为这个描述也是相当正确的，不过用"大脑袋" 77 (*macrocephalus*) 看起来更恰当的原因是，抹香鲸最醒目的特征就是它那个巨大无比、圆圆胖胖的头部，这个部位几乎占据了它身长的 1/3，所以曾经有一段时间，英国人称抹香鲸为"铁砧头鲸"。[2]

仔细观察过抹香鲸之后，人们也许会觉得称它的头为头似乎并不是那么贴切。因为它的头部与通常被人们称为头的那部分身体结构相比似乎差别很大。抹香鲸的大脑、眼睛、大块的头骨以及耳朵都没有出现在通常应该出现的地方，反而是全都集中在接近头顶，或者至少说是中部的位置，距离鲸鱼的前端有很远的距离。此外，更让人困惑的是，抹香鲸的喷气孔或者说鼻子，长在了几乎是头顶前端尽头的位置，而且还有一点偏，并不是在身体的中线上。抹香鲸的头部重量巨大并呈现一种类似鱼雷形状的原因是这里存在两个特殊构造："抹香鲸脑油器"和"隔间"。抹香鲸脑油器是一个装满了液体的又大又深的空腔，周围包裹着"闪闪发光的筋膜"和一层厚厚的肌肉。[3]这个空腔里最多可以储存 3 吨重，或者说 23 桶之多的鲸脑油（spermaceti），"spermaceti"是一个拉丁语单词，意思是"鲸鱼的精子"。[4]抹香鲸脑油器之下是隔间，隔间里面也储存着鲸脑油，只不过储存在这里的鲸脑油数量较少，而且是处于一种固化的状态。[5]实际上，鲸脑油并不是鲸鱼的精子，不过最开始如此认为并以此命名它的人会犯这样的错误是可以理解的，因为鲸脑油在鲸鱼体内适当的体温条件下，本身呈一种半透明、玫瑰色或略微发黄的液体状态，一旦被暴露在寒冷空气或海水中，就会结成乳白色的蜡状大块，看上去确实很像精子。约翰·史密斯在提到一头 17 世纪 20 年代被冲到百慕大海岸边的抹香鲸时就注意到了这种由液体到蜡状物的转化过程，称"鲸鱼尸体所在的整个海湾的海水都油汪汪的，岸边的石头上也都溅满了鲸脑油，但是鲸脑油已经像结冰一样凝成了固体"。[6]

关于抹香鲸脑油器的功能存在很多理论，包括调节浮力、发声，或进行回声定位。有些人相信它能吸收氮气，从而避免鲸鱼在潜水和上升期间因压力变化而受到伤害。还有一种最有意思的理论称，抹香鲸的头原本是作为攻城锤来用的，脑油器和隔间里的液体都是为了吸收和减轻巨大撞击的冲击力。这种进化式的设计为的是让雄性抹香鲸可以通过撞击头部来赢得雌性抹香鲸的感情，或者至少是激发交配意愿。这个理论也解释了为什么抹香鲸能够用头猛撞体型相对较大的捕鲸船，船沉了，抹香鲸自己却可以全身而退，还能择日再战。[7]

抹香鲸脑油器只是我们对抹香鲸还缺乏了解的证明之一。实际上，我们对于整个鲸目的认识都还很欠缺。一生致力于研究大型鲸鱼的罗杰·佩恩（Roger Payne）曾经总结道："对这个最复杂的群体进行研究就好像是从一个钥匙孔里看鲸鱼一样。它庞大的身躯时不时从眼前掠过，剩下我们拼命地寻找解释问题的答案。"在人类研究过的所有鲸鱼之中，抹香鲸很可能是最深藏不露的一个。赫尔曼·梅尔维尔早在 150 多年前就写道："无论是科学研究还是诗歌文章中都没有多少关于抹香鲸的内容。与其他被人类捕杀的鲸不

78

同，抹香鲸是一种尚未被书写过的生物。"这种状况可以说至今仍未改变。[8]

抹香鲸脑油器和隔间都位于抹香鲸头骨中像勺子一样凹陷下去的地方，捕鲸人习惯称这里为"雪橇"、"战车"、"马车"或"水槽"。[9]在头骨之下是抹香鲸另一个最出名的特征——又长又窄的下巴，下颌上布满了巨大、微带弧度的圆锥形牙齿，牙齿的数量为 39～50 颗，分成两排。体型巨大的雄性鲸鱼的牙齿也很大，最长可达 10 英寸，最小的也有 2 磅重。位于下巴顶端的牙齿相对发育不全，有的略向外凸出牙龈线。人们自然会认为抹香鲸这些巨大的牙齿是用来嚼碎食物的，然而实际情况并非如此。抹香鲸的下巴只能咬住食物，并不能进行咀嚼。更何况抹香鲸大部分的猎物个头都比较小，根本不会经过咀嚼就被完整地吞下去了。进一步驳斥了人们对牙齿功能假设的证据是年幼的还没有长牙的抹香鲸或下巴严重扭曲变形的成年抹香鲸都没有任何进食困难，可见他们并不需要牙齿的帮助。从进化的角度来看，这些牙齿在打斗方面的作用远远超过在进食方面的作用。很多雄性抹香鲸的头上都有不少纵横交错的裂纹或伤疤，足以证明牙齿是打斗中使用的武器，如果不是这样的话，那只能说鲸鱼之间的嬉戏可真暴力。[10]

抹香鲸的眼睛位于身体两侧，一边一只，在下巴后面略靠上一些的地方，有人认为它有点像牛的眼睛。整条鲸鱼从前向后的皮肤质感也不是完全相同的，头部的皮肤平滑，身体上的大部分则凹凸不平，有浅浅的褶皱。这种波纹状皮肤的作用还不为人所知，但是有些人认为它们可以减轻浮力或有助于鲸鱼的身体承受向深处潜水时受到的越来越大的压力。[11]在鲸鱼身体的最末端就是优雅华丽又强壮无比的尾巴。捕鲸人威廉·M. 戴维斯（William M. Davis）曾经写道："鲸鱼的尾巴几乎像铁一样坚硬，比钢更柔韧，挥动起来有1000 马力的功率，它是不很结实的木船上脆弱的人类最为恐惧的武器。"[12]

关于抹香鲸的解剖，或者更准确地说是对雄性抹香鲸进行解剖时，另一个令人着迷的关注焦点就是它的生殖器。当然这很可能与它的英文名字中有"精子"一词有一定关系，但更可能的原因是亨德利克·霍尔齐厄斯（Hendrik Goltzius）在 1598 年创作的一幅被无数人临摹过的画作。[13]当年有一头体型相当巨大的抹香鲸被冲到了荷兰的卡特韦克（Katwijk），并侧躺在了岸边。如一幅当时依照霍尔齐厄斯画作制作的雕版印刷品上显示的那样，这头搁浅的鲸鱼引发了当地居民极大的兴奋。无论男女都赶来看热闹，有的人指点着鲸鱼的一些特征发表议论，有的则只是充满好奇地围观。在画面上鲸鱼身体中段的位置有一个最有意思的场景，两位男士和一位女士正站在那里惊叹于抹香鲸巨大的生殖器，这个器官足有 5 ~ 7 英尺长，尖端已经拖到了沙地上。其中一位男士倾身向前，显然是在用自己的手杖丈量该器官的长度；与此同时，另一位男士的左臂搂在女士的背后将她拉近，右手则指向鲸鱼的生殖器，手心朝上，仿佛在说"快看"。除他们之外，还有另外一个人认为这个向外伸出的器官虽然没什么可看的，但是很有用，可以让他当梯子踩着爬到鲸鱼身上。

第五章　鲸鱼中的鲸鱼

400 多年之后，另一头抹香鲸的生殖器再一次引发了观察者浓厚的兴趣。2004 年 1 月 17 日，一头全长 56 英尺的雄性抹香鲸被冲上了中国台湾岛的海岸。当地的一批海洋生物学家认为可以把鲸鱼的尸体用作很好的教育素材，于是就雇用了 50 名工人和几架重型起重机来将这个重量为 50～60 吨的鲸鱼搬上平板卡车，运到临近的自然保护区去，并打算在那里对鲸鱼尸体进行解剖。然而，吊装工作进行了足足 9 天，到卡车终于可以启程之时，鲸鱼尸体已经腐败得很严重，尸体内部积存的有毒气体已经达到了非常危险的程度，当卡车正在附近一个城市的中心街道上行驶时，鲸鱼的尸体突然爆炸了，鲜血和内脏四处喷溅，弄脏了机动车、摩托车、街道和两边房屋的门窗，当时的情景令人毛骨悚然，还有媒体拍下了这一幕并在全世界范围内播放了这条新闻。剩下的鲸鱼尸体仍然被铁链固定在平板卡车上，并最终送到了自然保护区，在那里竟又发生了令人意想不到的一幕。据《台北时报》（*Taipei Times*）报道，有上百名当地居民，"大多是男性，前往观看鲸鱼的尸体，据说是要'见识'一下鲸鱼生殖器的尺寸"。同荷兰卡特韦克的抹香鲸一样，这头鲸鱼的生殖器也是伸出身体之外很长一段的。[14]

梅尔维尔在《白鲸》中专门用了完整的一章来介绍抹香鲸的生殖器，他注意到，捕鲸人都管这个器官叫"庞然大物"（grandissimus）。他这样写道："要是你在解剖鲸鱼尸体过程中的某一刻登上裴廓德号，并且信步走近绞车的话，我肯定你会万分惊讶地看到一件被放在后甲板排水孔旁边的、怪异的、无法解释的东西。无论是抹香鲸大头上那个奇

91

妙的空腔，还是巨大的已经被卸下了铰链的下颌，又或者是它奇迹般优美对称的尾鳍，都不及瞥一眼那个令人费解的圆锥形庞然大物带给你的一半诧异。最高大的肯塔基壮汉平躺下来也不及这个东西的长度，它的根部直径近 1 英尺，颜色就像魁魁格的檀木偶像约约一样乌黑。"接下来梅尔维尔还描述了船上负责将鲸脂分切成块的"切割人"如何把鲸鱼生殖器上的皮肤切下来，拉平、晾干，在两边割开两个洞，就将它制成了一件法衣或者外套。梅尔维尔继续写道："现在站在你面前的切割人就是个穿上全套法衣的牧师了。按照他遵循的古老法则来说，他在进行这项特殊的仪式时，单这件法衣就足以保障他不受任何伤害。"[15]

　　抹香鲸的颜色很多，有黑的、灰的、蓝灰的和棕色的，这取决于鲸的种类和提供描述的人。少数一些是纯白色，于是人们自然而然又会想到莫比·迪克，不过莫比·迪克并不是真正的患有白化病的鲸鱼。梅尔维尔在描述自己小说中的这个深海怪物明星时说它有"一个独特的雪白、带褶皱的前额，一个高高的、像金字塔一样竖起来的白色背峰"，但是，"它身体的其他部分则布满了同样颜色的条纹、斑点和大理石纹，所以最后它就得到了白鲸这个独特的称呼"。[16]因此，虽然莫比·迪克的颜色白到会被人们称为白鲸，但它并不是通体白色的。除了莫比·迪克，最有名的白鲸是一头叫莫查·迪克（Mocha Dick）的鲸鱼，据说它就是梅尔维尔创作小说中这个长着利齿的主角时依照的原型。莫查·迪克生活在智利海岸附近，靠近莫查岛，当时的编年史作者记录说它的颜色"像羊毛一样白"。莫查·迪克是一头巨型雄性抹香鲸——"全长超过 70 英尺"。它是一头"出了名的怪物"，曾经击毁过无数船只，在 19 世纪初期至中期的那段时间里，多次战胜了想要捕杀它的人类。

传闻越来越多，莫查·迪克的名气也越来越大。它给人们造成的恐慌已经覆盖了整片太平洋海域。绕过合恩角的捕鲸船上的船员都会互相打听："有没有莫查·迪克的新消息？"没有谁不梦想着能亲手杀死这个传奇。[17]莫查·迪克的名字还从捕鲸人中间传到了大众媒体上，后来又成了普通百姓聊天时的谈资，拉尔夫·沃尔多·爱默生（Ralph Waldo Emerson）就在日记中写到自己坐马车时遇到一个水手，水手给他和车上其他乘客们讲述了"一头被他称为白鲸的成年雄性抹香鲸……冲向他们的捕鲸小艇，袭击了船员并凭借其强有力的下巴将几条小艇咬成了碎片"的事。[18]关于莫查·迪克的材料之多，宣称与这个凶猛残暴的怪物有过近距离接触的人数之众似乎足以证明它是真正存在的。不过，要想确定传言的真假可就不是什么泛泛之辈能够完成的任务了。连它的死亡时间也有五花八门的说法，彼此之间相差几年甚至几十年。至于究竟是谁杀死了这位"强壮的绅士"，答案就更加众说纷纭，所谓的征服者人名可以列出一大串。最终，莫查·迪克也和它在文学作品中的化身一样，成了超越生命本身的传奇。

抹香鲸展现过很多有意思的行为。它是一种高度社会化的群居动物，一个群体里的个体数量也很多，但都是雌性抹香鲸和未成年的幼鲸。成年的雄性抹香鲸则是独居动物，只有在交配的时候才会重新加入群体。人们曾经见过一个鲸鱼 82

群里就集合了五六百头抹香鲸。[19]19 世纪一位经验丰富的观察者说："一大群抹香鲸在海面上跳跃嬉戏的场景是捕鲸过程中能够看到的最有意思、最壮观的画面：海中巨兽的惊人体积和它具有的灵活性成了一种集壮丽和滑稽于一身的奇特组合。"[20]

抹香鲸还是一种很吵闹的动物。它们会发出一连串的滴答声，然后通过回声定位。人们相信当鲸鱼相互沟通时，就是这种有一定模式的滴答声（被称作"尾声"，coda）在发挥作用。有的滴答声非常有力，声波在水中传播的强度很大，甚至会让靠近的潜水者感到强烈的震动。捕鲸人经常会听到透过船体传来的滴答声，就像有人在用锤子连续敲击，所以他们给抹香鲸起了个外号叫"木匠鱼"。[21]抹香鲸的所有行为中最激动人心的莫过于像被弹弓弹出一般腾空而起，跃到水面之上的动作。查尔斯·达尔文在乘坐比格尔号进行环球航行时，就在火地岛海岸外目睹了鲸鱼跃出水面的景象。达尔文写道："有一个景象特别有意思，当时有很多抹香鲸，其中一些从水中直直地跃出海面；除了鳍和尾巴，鲸鱼的整个身体都清晰可见。它侧身落回水中的时候发出了巨大的声响，就像远处有大炮在开火一样。"[22]抹香鲸的另一些行为还包括：窥跳——就是头部露出水面伸向空中；拍浪——就是把尾鳍高举出水面，然后重重向下击打，发出雷鸣般的拍水声；沉水——就是不使用尾巴和胸鳍助力而迅速下沉。[23]这最后一种行为最让捕鲸人发愁。"我曾经见过原本停在船头位置静止不动的鲸鱼突然像巨大的铅块一样以极快的速度沉入水中，"戴维斯写道，"扔出去的捕鲸叉都没能命中目标。"[24]

第五章　鲸鱼中的鲸鱼

抹香鲸的行为中最令人着迷的还要数它的进食，这很可能也是人类了解得最少的一点。关键的谜题不在于它们在哪里进食或吃什么东西。我们已经知道抹香鲸可以下潜到很深的水中，主要以乌贼为食，其次也会吃各种鱼类，包括鲨鱼、鳐鱼和金枪鱼。[25]在所有抹香鲸追求的美食中，没有什么比大王乌贼更能激发人们的惊叹与想象了。这种很难见到的体型硕大的动物体长能够接近 60 英尺，体重最多能够达到 1 吨。抹香鲸和大王乌贼之间激烈的争斗绝对可以算得上深海中最富有戏剧性的故事之一。19 世纪探险故事作家兼捕鲸人弗兰克·T. 布伦（Frank T. Bullen）声称自己见证过这样的大事件，并且对争斗的过程进行了夸张的描述："一头巨大的抹香鲸和一只几乎跟它一样大小的鱿鱼或者叫乌贼，进行了一场殊死搏斗。乌贼长长的触角几乎将鲸鱼的整个身体缠绕了起来，尤其是在鲸鱼的头上密布着网一样的蠕动着的触手……一群鲨鱼就围绕在两个交战者周围，就像围绕在狮子身边的豺狗一样，时刻准备分享一顿大餐。它们无疑也参与了对这个巨型头足类动物的攻击，并加速了它的死亡。水中这场超大规模的激战依我们看来仿佛是在完全的寂静中愈演愈烈，因为就算它们在水里发出了什么声音，我们离得这么远也听不见。"[26]

虽然这个讲述很有虚构之嫌，但抹香鲸和大王乌贼之间的斗争是真实存在的，不过通常是发生在极深的地方，而不会出现在海洋表面。证明这种争斗存在的证据是鲸鱼头上经常能看到一些较大的碟形伤疤，这些都是乌贼强有力的带有倒钩的吸盘留下的。不过，抹香鲸捕食最多的还是其他那些体型小得多，也就几英尺长，通常不超过 3 磅重的乌贼品种。[27]

我们仍然不能完全理解的是抹香鲸究竟是怎么抓到这些猎物的。没有任何抹香鲸进食的图片或影像存在，因为我们还无法追随它们下潜到那么深的地方进行拍摄。它们吃掉的相对较小的乌贼都是能够发出生物性冷光的，所以鲸鱼在一片漆黑的深海中也可以看到目标；不过看到和抓到完全是两码事。乌贼是靠喷射动力移动的，非常灵活，能够随时改变方向，抹香鲸不可能追得上。那么抹香鲸究竟是怎么把乌贼吃到嘴里的？和关于抹香鲸的其他问题一样，存在的理论很多，但是几乎没有确切的答案。有人认为抹香鲸发出的声波也许能够形成强烈的脉冲或是声爆，将乌贼震晕，这样鲸鱼就可以轻易地将它们一网打尽了。也有人认为可能是鲸鱼的白色牙齿或嘴巴内部和边缘的白色皮肤能够像灯塔一样吸引乌贼自投罗网，直接游进鲸鱼的嘴里，只不过在周围没有光源的情况下，抹香鲸要去反射谁的光呢？对于白色光亮这种理论还存在另一种略有不同的说法，即猜想大概是乌贼的生物光不知怎么地蹭到了鲸鱼的嘴里，这样就放大了灯塔的效应。此外还有一种理论说鲸鱼会把下颌张开到接近 90°，当鲸鱼游动时，乌贼会主动扒在鲸鱼的下颌上，一旦鲸鱼突然合上嘴，乌贼就都被吃掉了。不管抹香鲸是怎么做到的，反正它们绝对是非常成功的捕食者。人们在解剖抹香鲸的胃时，总共发现了大约 30000 个乌贼的喙，就是乌贼身上用来磨碎食物的坚硬的部分。一只乌贼有两个喙，也就等于总共 15000 个乌贼。[28]

在抹香鲸的胃里还能发现各种奇奇怪怪的东西，包括鞋子、橡胶靴、玩具车、玩具枪、成捆的绝缘线、玩偶、椰子、化妆品罐、须鲸的皮肉和渔网。[29]不过最不寻常的发现当然还要数人类。有些人声称吞下约拿的"大鱼"无疑就是抹香鲸，这完全有可能，因为抹香鲸的食道足够宽到可以吞下一个成年男子。[30]

抛开约拿和"大鱼"不谈，还有很多距今更近的抹香鲸吃人事件，其中最令人难以置信的莫过于詹姆斯·巴特利（James Bartley）被吃掉的故事。根据 1947 年 4 月有人写给《自然历史》（*Natural History*）杂志的一封信中的内容，年轻的巴特利先生曾经是一艘名为东方之星号（*Star of the East*）的捕鲸船上的水手，这艘捕鲸船于 1891 年去过马尔维纳斯群岛（英称福克兰群岛）附近。有瞭望者发现一头巨型雄性抹香鲸在不远处露出水面之后，立即大声通知了其他船员，于是巴特利等人迅速跳上了一条捕鲸小艇开始了捕杀行动。不过鲸鱼向捕鲸人做自我介绍的方式就是将多只小艇击成了碎片。在这个过程中，巴特利彻底消失在了人们的视线中。第二天一早，这头鲸鱼终于被杀死并拖上了岸。在切割鲸鱼的过程中，人们发现鲸鱼的胃里似乎有东西在动。他们马上划开了这个起伏蠕动的器官，并惊讶地发现巴特利蜷成一个球似的躺在里面，虽然失去了意识，但是确实还活着。经过了长达 4 周的漫长恢复期，巴特利才终于能够告诉别人当时究竟发生了什么。显然鲸鱼是将他整个人囫囵吞了下去。巴特利说他在船上苏醒之前能记得的最后一件事是顺着鲸鱼的咽喉滑进了它的食道——"食道内壁在碰触之下会发生颤动"——接着他就发现自己已经进入了鲸鱼的胃里。那里的高温"让他浑身无力"。除此之外，鲸鱼胃里强力的酸性消化液"把巴特利的脸、手掌、脖子和胳膊永久性地漂白成了雪一样的颜色"。至于巴特利是怎么能在这样看似毫无生机的情况下保住一条性命的，很多人提出了各种可能的解释，而且应该是这些条件的共同作用才实现了最终的结果。首先，鲸鱼的牙齿"没有咬到"巴特利；其次，因为他失去了意识，所以一直很"安静"；最后，鲸鱼在吞下他之后很快就被杀死了，所以鲸鱼的体温迅速降低，这才让巴特利没有耗尽最后一点点生命力。给杂志写信的人在信件结尾提出，希望专家评判一下这个故事是否合情合理。[31]

85　　位于纽约市的美国自然历史博物馆的科学家罗伯特·库什曼·墨菲（Robert Cushman Murphy）回复了这封信，虽然他本身是一位著名的鸟类学家，但是他关于鲸鱼和捕鲸的知识也极为渊博，他本人在1912年曾经登上一艘新贝德福德的雏菊号（Daisy）捕鲸船到南极地区寻找抹香鲸（墨菲并不是作为捕鲸人前往的，而是作为受博物馆雇用的科学家前去收集当地的鸟类和其他动物标本的）。[32]墨菲承认抹香鲸可以吞下一个成年人，而且很可能曾经吞下过捕鲸人。但是他补充说，这个故事"是一段不折不扣的'胡话'"，人类在鲸鱼胃里能存活的时间不会比"人类被困在水下"能存活的时间更长。此外，墨菲对这封信件的内容还存在其他的疑问，包括所谓的东方之星号是否真的存在都不能确定，所以这个故事很可能纯粹是"胡编乱造"的。[33]

　　毫无疑问，有些捕鲸人在看到抹香鲸时会震惊于它们的形态和美感，虽然他们要做的事正是准备杀死这样的鲸鱼。无论这样的念头是常见还是罕有，都绝不是捕鲸人最主要的想法。他们看到鲸鱼的时候，脑子里通常只能想到三件事——鲸脂、鲸脑油和龙涎香。抹香鲸的鲸脂虽然不如露脊鲸和弓头鲸厚，但是用它提炼成的鲸鱼油在燃烧时更加清洁，因此比别的鲸鱼产出的油都值钱。鲸脑油不仅可以作为高价的照明材料，还具有药用价值，威廉·莎士比亚在他创作的历史剧《亨利四世》的第一幕中就有所暗示，提到了"鲸脑油是世上最好的治疗内伤的药物"。[34]鲸脑油还被认为是"能应对多种问题的万金油"，包括治疗哮喘和缓解分娩后感到的不适。鲸脑油作为药物出售之前需要经过加工，方法是加热提炼之后灌入圆锥形的模具。随着模具中的物质冷却下来，多余的油脂也被去除了。这个过程会进行多次，模具经过反复加热再冷却后，油脂才能去除干净，最后剩下的是一种白色的坚硬物质。药剂师们每次会用小刀从这上面刮下一些碎末出售给前来求药治病的顾客。鲸脑油还可以被用来制作外涂的霜膏或乳液，在 18 世纪早期，称鲸脑油外用可以软化皮肤及治疗"乳房肿块"的说法非常盛行。[35]而使鲸脑油最出名的原因是，后来制造商们学会了用它来制造蜡烛，这种技能成了殖民地贸易中利润最丰厚也最有吸引力的一种行业分支的根基所在。最后还不得不提的一样是龙涎香，它有时也被称为"海神的财宝"，它才是从抹香鲸身上

86

获得的产品中最神秘的一种。[36]

    龙涎香是一种灰色或黑色的蜡状物，形成于抹香鲸的胃部或大肠之中，通常会随粪便一起排出体外。有些可能只有棒球大小，有些则可能固结在一起形成重量超过百磅的大块。龙涎香其实是乌贼的喙在通过鲸鱼消化系统的过程中引起刺激而形成的副产品，或者也可能是其他病变产生的结果。这种简单且不怎么美好的描述绝对无法显示出关于龙涎香哪怕一丝一毫的光辉历史。其实，它作为极度稀有、广受追捧的商品而令人趋之若鹜已经有 1000 多年的历史了，真正算得上堪比黄金的珍贵物质。[37]埃及人在庙宇中点龙涎香；中国人认为它是最强有力的催情药；[38]英格兰国王查理二世最喜欢的一道菜就是加了龙涎香的鸡蛋。阿拉伯人把小块的龙涎香放在咖啡杯里增加咖啡的香气；意大利人使用龙涎香制作巧克力；在 1747 年出版的一本英国菜谱里，作者提出把龙涎香放到糖霜里能做出"最棒的蛋糕"；还有其他人把它加到葡萄酒或果汁饮料里。[39]不过，龙涎香最出名的也是使用最广泛的功用还要数作为香水的定香剂，在香水里混合龙涎香能够让香气保持得更持久。

    比起龙涎香各种不同的用处，人们提出的龙涎香成因的理论才更是数不胜数。光是确定龙涎香和抹香鲸之间存在因果关系就花了很长的时间，那之前的很多年里，无数自然哲学家都在试图解释龙涎香的来源。会出现众多猜想在某种程度上是因为被找到的龙涎香都是漂在水面上或是被冲到岸边的，所以人们并不能确定其切实的来源。1666 年，一位作者在进行文献检索的时候就发现至少存在 18 种关于龙涎

87

香成因的不同观点,[40]包括海洋泡沫、鱼类肝脏、印度东部一种鸟类的粪便、水下植物的果实、某种石脑油、海床上分离出来的含有沥青的物质、某种硫黄、一种海洋真菌、鲸鱼的排泄物或是某种人造物质。到 1672 年,"尊敬的"罗伯特·波义耳(the Honorable Robert Boyle)提出,在最近俘虏的一艘荷兰船上找到的文件记录为这个问题提供了答案。"龙涎香不是什么浮渣或鲸鱼的排泄物,而是某种无论如何肯定是生长在陆地上的树木的种子,这种树木喜欢海洋的温暖,总是向着海水伸展,因此其上产出的最厚重的树脂就落入了水中。"[41]在 1685 年,又有人提出龙涎香"不过是一种蜡,混合了蜂蜜,后来掉进了海里,在热带水域中四处漂浮"。[42]最后还有一种古老的中国观点认为龙涎香是水中龙王咳嗽时喷出的唾沫。[43]

虽然存在各种各样的理论,但是人们越来越无法回避龙涎香确实来源于鲸鱼,而且具体来说就是抹香鲸的事实。马可·波罗在 13 世纪晚期就意识到了二者之间的联系,他绝对是最早提出这一理论的人之一,甚至可能就是第一个提出龙涎香"产生于抹香鲸腹中"的那个人。[44]在 17 世纪早期,莫斯科公司告诉自己派出的捕鲸船的船长们龙涎香是从抹香鲸身体里找到的,还说这种物质"存在于抹香鲸的内脏和肠道里,颜色和形状都很像牛粪",因为龙涎香"价值很高",所以"一定要仔细寻找"。为了保证不遗漏任何龙涎香,公司还命令船长在解剖此类鲸鱼时必须在场,监督工人把剩下的内脏也装进小木桶一并带回英格兰。[45]一个多世纪之后的 1742 年,波士顿的一位名收博伊尔斯顿的医生(Dr.

Boylston）在英国皇家学会的《哲学学报》（*Philosophical Transactions*）上发表了一封书信，进一步确定了这样的理论。"即便是最博学的人，对于哪怕是已经被引入医疗用途的事物，也仍然会感到困惑不解，对于一种被称作龙涎香的物质尤其如此。直到三四年前，来自新英格兰楠塔基特岛的捕鲸人，在切割一头雄性抹香鲸时发现它体内有一块 20 磅重的龙涎香。"[46]

88　　关于龙涎香成因的争论因为博伊尔斯顿的贡献而被大大地平息了，到 18 世纪晚期，进一步的调查彻底消除了认为龙涎香来自抹香鲸之外的其他来源的可能。[47]最有说服力的证据当然还是由捕鲸人提供的。19 世纪，捕鲸人保持的一项最良好的记录，那就是在每年返港的美国捕鲸船中，至少有一艘船上收获了龙涎香。特别是 1858 年，一艘名为守望者号（*Watchman*）的楠塔基特岛捕鲸船带回了 800 磅重的龙涎香，装满了 4 个小木桶，最终卖出了 1 万美元的高价，相当于这条船出海一年获得的收益的一半还多。[48]

在捕鲸人能够检查抹香鲸体内是否含有龙涎香之前，他们必须先杀死鲸鱼，这可不是什么容易的差事。第一个要克服的障碍是如何找到抹香鲸。只有最敏锐的瞭望者才能完成这个任务。露脊鲸和座头鲸的头顶上都有两个喷气孔，换气时会向空中喷射出高高的水柱，但抹香鲸则不是这样。它的喷气孔位于头顶左侧，所以它喷出的水柱更贴近海面，更不容易被发现。在随后的追逐中，捕杀行动迟缓的露脊鲸所面临的危险与抹香鲸的速度和难以预测带来的危险更是形成了

鲜明的对比。如托马斯·杰斐逊注意到的那样，抹香鲸
"是一种灵活、凶猛的动物，要求捕鲸人拥有过硬的技巧和
巨大的勇气"。[49]捕杀抹香鲸的人必须行动更加迅速，投掷捕
鲸叉的时候要更加坚决果断，对于受伤后发怒的巨兽可能会
发起的反击也要有更加充足的准备。就露脊鲸来说，捕鲸人
最要提防的是被鲸鱼尾巴击中；就抹香鲸来说，它既可以用
尾巴，也可以用头部攻击，所以捕鲸人之间流传着一种常见
的说法是抹香鲸的"两头一样危险"。

　　一头发怒的抹香鲸可能向上冲顶，或带着惊人的力量用
尾部击打船只，任何被顶翻或击中的小艇都会顷刻间裂成碎
片。捕鲸人对抹香鲸的尾鳍充满恐惧和敬畏，所以称之为
"上帝之手"。[50]然而，抹香鲸的下巴其实是比它的尾鳍还要
危险得多的武器。要使用这个威力巨大的武器，抹香鲸通常
会背部朝下，高高抬起长满了牙齿的下巴瞄准目标。所以一
看到抹香鲸"翻身抬下巴"的景象，捕鲸人们就会纷纷从
小艇上跳进水中，一直等到鲸鱼离开或是合上它可怖的
嘴。[51]在一些非常罕见的情况下，抹香鲸也会直接将小艇咬
成两段，然后再接着将剩下的残骸，也许还连带着倒霉的船
员一起咬在嘴里，直到它满意为止。还有一些时候，抹香鲸
只是把下巴悬在小艇上一小会儿，当然这一小会儿对于小艇
上的船员来说一定比永恒还要漫长难熬。之后，没有发起最
后一击的抹香鲸就合上嘴巴，侧身潜入水中游走了。除了让
船员担心不已的下巴之外，抹香鲸圆胖的大头也能像攻城锤
一样发起猛攻，不但能轻易撞碎捕鲸小艇，甚至还能撞坏
母船。

89

18 世纪初期的殖民地捕鲸人因为赫西偶然的发现而燃起了捕杀抹香鲸的强烈愿望，他们当时并不了解自己的猎物，也不知道该如何捕杀它们，更不知道要如何推销相关的产品。不过事实证明，时间和经验就是最好的老师。

第六章

向"深海"进发

在赫西进行了他传奇的 1712 年航行之后不久，楠塔基特岛人就展开了向"深海"进发的新航程。为此人们需要建造新船只，所以需要大批的劳动力，包括造船匠、木匠和填船缝的工匠。主港口上建起了新码头，为的是方便捕到鲸鱼的船只卸货。箍桶匠制作了更多的木桶，用来存储鲸脂或将鲸鱼油运输到市场上。无论是制造捕鲸叉还是装配船体都需要更多的铁，于是铁匠的作坊也总是加班加点。船帆和绳子都是必需品，所有制造船帆和绳子的人都有接不完的生意。捕鲸船出海还需要食物等补给，所以有专门的商人团队时刻为他们供应物资。进入深海捕鲸需要的船员数量增多了，他们还必须甘愿在海上连续停留几天、几周，甚至几个月的时间，许多加入这一迅速发展起来的行业的人员都是受到了可以分享捕鲸航行收益承诺的吸引。从 1712 年前后到 1750 年这将近 40 年的时间里，楠塔基特岛人主宰了深海捕鲸行业，他们最主要的捕杀目标就是抹香鲸，其次也捕杀露脊鲸和座头鲸。岛上捕鲸船的数量从 1715 年的 6 艘增长到了 1748 年的 60 艘；每年加工的鲸鱼油产量也从 600 桶增长到了 11250 桶，几乎是原来的 20 倍。[1]楠塔基特岛人当然不是唯一将目标转向深海的人。马萨诸塞湾殖民地的其他捕鲸港口和罗德岛人也都开始进入更广阔的海域寻找鲸鱼，并扩建了配套的基础设施。只不过他们出海的广度和深度都比不上楠塔基特岛的捕鲸船队。

楠塔基特岛的成功背后有很多原因。这个岛屿的位置本身就非常适合发起深海航行，而且岛上的人在沿海岸水域捕鲸活动中掌握的技巧后来被证明同样适用于深海捕鲸的新探险。由于地理位置孤立，楠塔基特岛上的人内部联系十分紧密，他们非常团结。这些捕鲸人常年出海，被他们留在岛上的家属，特别是妇女们也都能够维持群体之间的紧密联系。[2]这种相互支持的关系网络还因为贵格会的扩张进一步加强了。到 18 世纪中期，贵格会成了楠塔基特岛上最主要的教派，尤其是岛上一些最成功的捕鲸行业领头人都是这个教派的信徒。梅尔维尔称他们为"好斗的贵格派"或是"报复心强的贵格派"。他们心中强烈的职业道德和敏锐的商业头脑在这项新兴行业中极为有效。[3]此外，他们还很节俭，这种普遍的良好风尚发挥了极大的作用，保证他们遇到艰难的年份也能安稳度过。1737 年，一位贵格会牧师托马斯·乔克利（Thomas Chalkley）到楠塔基特岛上访问时就见识到了岛上的人有多节俭："牧师靠布道过活，律师靠诉讼，医师靠看病开药方；然而他们在岛上都挣不到钱。"[4]

贵格会这个教派有很多优点，坚定地秉持和平主义就是其中之一，但是它在将楠塔基特岛推向殖民地捕鲸行业最前线方面发挥了重要的作用，这一点实在让人感到有些奇怪。
毕竟，从本质上说，捕鲸绝对是一种血腥、暴力且致命的危
险活动，和平主义者更该唯恐避之不及。[5]然而，实际情况却
是巨大利益的诱惑足以打消任何道德或宗教上的顾虑。梅尔
维尔在《白鲸》里借以实玛利之口评论说，"现在这个虔诚
的比勒达［船长］到了好沉思的垂暮之年……他要怎样在
自己的信仰与捕鲸活动"之间获得良心上的平衡？以实玛
利的结论是："我可不大清楚；不过他看起来并不很把这些
事放在心上，他可能很久之前就得出了一种明智又合理的结
论：一个人的宗教信仰是一回事，这个现实的世界又是另外
一回事。现实世界是有利可图的。"[6]

　　楠塔基特岛的成功还源于岛上的劳动制度和层级体系。
捕鲸行业中占据上级地位的仍然只能是白人岛民，他们生来
就要被培养为专业的捕鲸人。这个行业在当地的影响体现在
方方面面，没有哪个岛上出生的男孩儿不梦想着有朝一日成
为一名捕鲸船船长。岛民沃尔特·福格勒（Walter Folger）
发现："他们刚学会说话，就会使用'*townor*'之类的常用
语，这是个印第安语单词，意思是他们已经见过两次鲸鱼
了；到不了 10 岁，他们就能学会划船变向，所以他们将来
都会成为划船能手，这是捕鲸的必备技艺。"[7]根据当时一位
观察者的观察，培养一个捕鲸人的过程从男孩儿长到 12 岁，
完成了正规的学校教育之后就开始了。最开始他们要学习做
木桶，到 14 岁就开始出海，学习驾船和航海的技巧。"他
们要一个位置接一个位置的都体验到，开始是摇桨，然后是
掌舵，再然后是投掷捕鲸叉，这样他们就能学会如何攻击、

92

追捕、制伏、切割和处理这些巨型猎物的全套流程。参与了几次这样的航行之后，他们就几乎完全掌握了这个行业所需的技能，既可以继续捕杀鲸鱼，也可以到账房管理相关的生意。"[8]那些被选中参加捕鲸活动的男孩儿之中的佼佼者就是未来的捕鲸船船长候选人——捕鲸活动的收益如何，很大程度取决于船长们的能力。

接受楠塔基特岛的白人领导的是印第安人。持续不断的印第安人劳动力是楠塔基特岛捕鲸活动获得成功不可或缺的因素，对于其他捕鲸群体来说也同样如此。虽然从整个殖民地的层面来说，印第安人人口在持续下降，但至少还可以找到足够的原住民水手驾驶这么多的捕鲸小艇。和以前一样，

93　印第安人所处的位置还是最低级的。授予他们借贷信用的方式是让印第安人失去自由的最关键手法之一，他们为此不得不出卖劳力、参与捕鲸，直到还清了自己的欠账为止。[9]

大多数印第安人都得不到公平的对待，但这也不是绝对的。楠塔基特岛人的账目记录显示在 1721 ~ 1756 年，有些印第安捕鲸人的年收入相当于波士顿水手平均工资的 4倍。[10]此外至少有一个例子中的印第安人因为参与捕鲸而避免了其他更加危险的工作。在 18 世纪 20 年代中期，马萨诸塞湾殖民地与阿布纳基印第安人（Abenaki Indians）在缅因殖民地南部开战，这是殖民地定居者和印第安人之间因为争夺土地而长期敌对的进一步升级。马萨诸塞的军队中包括了巴恩斯特布尔（Barnstable）和科德角的印第安人，后者应招参战的前提是到了秋天就要许可他们返回家乡捕鲸。为此马萨诸塞湾殖民地总督威廉·达默（William Dummer）还在

第六章 向"深海"进发

1724 年给负责组织军事行动的托马斯·韦斯特布鲁克上校（Col. Thomas Westbrook）写了一张条子，内容是"见到此条请立即遣散伯恩斯上尉（Capt. Bournes）手下的印第安人连队，并用帆船将他们送回此处，这样他们才能赶上即将到来的捕鲸季节，这是我在他们入伍时承诺满足他们的条件"。接下来的一年里，达默仍然信守着自己的诺言，再次写了一份类似的赦免，敦促军方"不得以任何借口扣留"印第安人。[11]

虽然印第安人是在捕鲸活动中占主要地位的少数族裔，但他们并不是唯一的。黑人也参与了捕鲸活动，有自愿的，也有被强迫的，而且他们几乎总是被安排在最差的工作环境里。[12]考虑到当时的黑人都是被当作财产和廉价劳动力看待的，这样的情况并不令人惊讶。在捕鲸活动物资供应的广告旁边看到贩卖奴隶的信息一点也不稀奇，就如 1723 年 11 月的《波士顿新闻信》广告版上刊登的那些内容。第一则广告说波士顿有一位商人"最近从伦敦进口了一些特别结实的捕鲸船麻绳……都是用最好的麻纤维编成的"，有"大量"现货出售，价格公道，只要 16 便士一磅；第二则广告说的是"出售黑人女奴，可在城中做女仆，也可在乡下干粗活；可联系发布广告者获取更多信息"。由此可知，一个黑人和一捆绳子在人们眼里是等同的：都是可以随意买卖的商品而已。此外广告版里还有一则公告，说几天前有一名"20 岁左右的黑人奴隶，名叫西皮奥（Scipio）"，他从自己的"主人"手下逃跑了，如果有人能抓住并将他送回，就可以获得丰厚的奖金。[13]

94

随着深海捕鲸活动在 18 世纪初发展起来，沿海岸水域捕鲸活动就极大地衰落了。要么是之前的捕鲸活动已经严重减少了鲸鱼的数量，要么是鲸鱼都放弃了传统的捕食区域，转移到其他地方以避免遭到人类的无情捕杀，总之无可辩驳的实际情况就是，沿海岸水域里几乎已经找不到鲸鱼的踪影了。1762 年有人在自己的日记里记录了这样一个故事，说特鲁罗（Truro）有一位 60 岁的老人记得自己还很年轻的时候，"曾经在科德角的［普罗温斯敦］港口见过很多很多鲸鱼，多到足以在科德角顶端和特鲁罗海岸之间连成一座桥。这两个地点之间的距离足有 7 英里，至少要 2000 头鲸鱼才能达到这样的效果"。[14]不过在写下这篇日记的时候，那样的日子早已经一去不复返了。

近处的鲸鱼变少了，所以从 18 世纪 20~40 年代，捕鲸活动的趋势是捕鲸船不得不到离岸越来越远的地方，在海上待越来越长的时间才能找到猎物。起初是几天，然后是几周，再后来就变成了几个月，捕鲸人的航行范围东至墨西哥湾暖流边缘，南至北卡罗来纳殖民地，北至格陵兰岛和巴芬岛之间的戴维斯海峡。相应地，捕鲸船也从相对较小的 38 吨重的单桅帆船发展到近百吨重的单桅或双桅大船，每艘船一般能载 13 名船员和 2 条捕鲸小艇。捕鲸小艇的长度是 20~25 英尺，由雪松木木板制成，自重很轻，两个人就能轻松抬着走。[15]轻便的特性在海上非常重要，这样捕鲸小艇才能被随时放入海中或拉上母船。轻便加上吃水浅的特点使得捕鲸小艇能在水中迅速移动。在沿海岸水域捕鲸阶段及深海捕鲸的最初阶段，很多捕鲸小艇的尾部都是平的，所以小艇只能向一个方向，也就是向前行驶。这样的设计一直被沿用到 18 世纪中期。之后，旧的船型开始越来越多地被一种更加灵活的，头和尾都是 V 字形的设计所取代，这样的小艇向前向后都可以行驶——这在捕鲸小艇被发怒的鲸鱼拖着走的时候尤其有用，不但可以保持小艇的稳定性，还可以在鲸鱼张嘴猛咬或是挥动着尾鳍拍下来的时候迅速撤退。[16] V 字形双头船的设计是从早期的欧洲设计中借鉴来的，但是殖民地定居者进一步完善了这种设计，从那时起，这种样式就成了捕鲸行业的标准船型——堪称样式和功能的完美组合。[17]

95

深海捕鲸的节奏和流程与沿海岸水域捕鲸大不相同。依据出海时间长短的不同，船上的成员形成了一个漂流着的群体，他们必须依靠彼此的陪伴和支持，连性命安危都要仰仗彼此。群体的范围有时也会随着伙伴关系的增进而扩展，比如两三条船联合出海，共同捕鲸并分享最终的利益。至于被水手们留在陆地上的城镇和乡村里生活的家人也不得不学会面对这样的新情况。在一些捕鲸港口地区，大部分十几岁到三十几岁的男性人口都去捕鲸了，留在陆地上的主要是女性。[18] 不过，捕鲸人的生活在那时还不像后来一样全年无休，只要每年的捕鲸季一结束，男人们就会回归家乡的社会群体，享受一段相对轻松的时光。

在深海捕鲸和在沿海岸水域捕鲸有很多不同。当甲板上或桅杆上的人发现鲸鱼的踪影并发出警告时，船员们要立即登上捕鲸小艇，载着人的小艇被放入水中后追击就算开始了，人们一边追一边还大喊着"不是鱼死就是船破!"的口号。小艇上的舵手会在船头处摇桨，而领导整条小艇行动的指挥官则是母船上的某位高级船员，他总是在艇尾大声指挥全体船员行动。一旦小艇距离猎物足够靠近，舵手会放下手里的船桨，拿起捕鲸叉，左侧大腿抵着船头坐板上一个半圆形的凹槽借力（这块有凹槽的板子被称为系缆板）。此时，小艇舵手全身的肌肉都绷紧了，心跳也加速了，整个身体就像一把绷紧的弓，等待最佳时机掷出捕鲸叉，插进鲸鱼的背部或侧面。把插在鲸鱼身上的绳子的另一头系紧在小艇上之后，舵手和高级船员就会做出一个非常令人意外的奇怪举动，这两人要在船上互换位置，这样舵手就可以在接下来追击鲸鱼的过程中负责掌舵，而高级船员则站在船头，随时准备用长矛刺杀鲸鱼。就算是一条捕鲸小艇稳稳地停在水面上不动，周围也没有鲸鱼的时候，要在船上站立或交换位置都不是什么轻而易举的事情，而舵手和高级船员却要在鲸鱼刚刚被捕鲸叉插中之后采取这样的行动，这自然是格外危险的。此时的小艇上坐满了人，散落着各种工具，海面上也总是波浪起伏，鲸鱼的行为通常会让情况更加复杂，因为它不是在水中翻滚挣扎，就是拖着捕鲸船迅速游走。即便如此，这种传统还是一直保留着，无论多么危险和困难，人们仍然要这样交换位置，那之后，对鲸鱼的追逐就开始了。[19]

原本缠在艇尾圆柱上的绳子会被放出，绳子放出去的速度非常快，快到船员们得向绳子上泼洒海水来防止绳子因摩擦生热而自燃。追逐的过程可能会持续数小时，一条或多条捕鲸小艇也许会被拖出数英里远，甚至超出了母船上人们的视线范围。当小艇终于可以靠近鲸鱼之后，高级船员会把长矛深深插入鲸鱼的身体，彻底杀死猎物。之后鲸鱼会被拖回母船，由高级船员们负责挥舞着锋利的铲子，从漂浮在水面上的尸体上割下鲸脂，再由母船上的船员负责转动绞车把手，控制滑轮组把鲸脂拉上甲板。再之后要如何处理这些鲸脂取决于捕鲸船船长的喜好，及船上是否配备了提炼鲸鱼油的工具。鲸脂可以被切成小块储存在船上的木桶里，最终运回港口，到岸上再进行加工。不过存储的时间越长，鲸脂腐坏的气味就越重，尤其是当船只行驶在温暖气候下的水域中时情况更甚；而且鲸脂腐坏越严重，产出的鲸鱼油等级就越差。只有去北方捕鲸的船只能够在严寒的环境中最大限度地减少鲸脂的腐坏，所以他们才能够把相对新鲜的、未经加工的鲸脂运回港口。对于持续时间较长的航行来说，无论船是向南还是向北，船上通常都会配备可携带的鲸鱼油提炼设备，一有机会船员就会靠岸登陆，架起锅、点起火，进行提炼。鲸脂被熔成油之后就可以储存在木桶里了。这样既能保证鲸鱼油的品质，也使得捕鲸船能够在外停留更长的时间，因为储存油比储存鲸脂省地儿多了。鲸脑油比鲸脂更好处理，因为它本身就是液体状态的，可以被方便地舀到桶里。如果它已经凝固了，捕鲸人们也可以通过加热的方法使之熔化，然后再进行储存。

　　深海捕鲸是一项充满危险的职业。当人们以沿海岸水域捕鲸为主时，人员受伤的情况很少，而且每次出现的时间间隔都很长。[20]如今航行的距离变长了，要返回岸边寻求帮助或是躲避恶劣天气的机会都没有了，受伤的情况就变得常见起来，船员死亡率也上升了。比如说，从 1722 年到 1742 年这段时间，3 艘从楠塔基特岛出发的捕鲸船在海上彻底失

97

踪，全体船员无一人生还。其中一艘船的船长是伊莱沙·科芬（Elisha Coffin）。他本打算出海一个月，或最多不超过六周，结果他的船遭遇了恶劣天气，根据他的妻子黛娜（Dinah）的说法，"他和他的船员很可能都被暴风雨吞噬了，因为从此再没有一丁点儿他们的音信了"。[21]

其他危险也时刻隐藏在捕鲸人身边。远离家乡港口的捕鲸船有时会成为武装私掠船的袭击目标。比如说，所罗门·斯特吉斯船长（Capt. Solomon Sturgis）和他的船员在1741年从巴恩斯特布尔出海后就遭遇了西班牙私掠船，后者立刻控制了他们的捕鲸船，好在斯特吉斯和大部分船员都被释放了。3年之后，另一艘载着330桶鲸鱼油的楠塔基特岛捕鲸船出发前往波士顿，航行途中，船上的人发现与自己结伴航行的船突然不见了踪影。接着，另一条小船进入了捕鲸船的视线范围，乍一看那似乎是一艘人数不多的英国单桅帆船，因为它一边向捕鲸船靠近，一边升起了英国旗帜。但是楠塔基特岛捕鲸船的船长认定这是个诡计，于是下令自己的船员将一些必备物资装上捕鲸小艇，所有人转移到小艇上，然后划了2英里的距离返回岸边。这个决定是非常英明的。就在楠塔基特岛人弃船不久，那艘靠近他们的帆船就露出了自己法国私掠船的真面目，并派出一艘满载着全副武装的船员的小艇前去霸占了捕鲸船。[22]

我们唯一掌握的关于1750年以前深海捕鲸活动的亲历者描述是由来自马萨诸塞湾殖民地布鲁斯特（Brewster）的本杰明·班斯（Benjamin Bangs）留下的。[23]从1742年开始，班斯保持了长达 20 年的写日记的习惯，日记内容不仅包括捕鲸活动，还涵盖了他自己的生活和殖民地的发展过程，既有各种平凡无奇的小事，也有一些重要的历史时刻。这样的日记总共可能有 8 本，可惜只有 4 本留存了下来。日记本的尺寸是 4 英寸宽，6 英寸长，每本大约 1/4 ~ 1/2 英寸厚。考虑到当时的纸张价格非常昂贵，所以班斯在每一页都写上了密密麻麻的内容，连边边角角都占满了。他的字迹优美流畅，虽然距离他写最后一篇日记的日子已经过去了 200 多年，但是日记本的纸张并没有什么破损，深棕色的字迹也仍然清晰分明。这个储存了 18 世纪历史的时间胶囊能够保存得如此完好让人感到格外惊讶，因为日记本可是班斯随身携带之物，在海上待的时间很长，是经历过大西洋上的波涛汹涌的。

班斯 1721 年出生在科德角，22 岁开始记日记。在第一 98 本日记的第一页他就宣告了这是"本杰明·班斯人生的备忘录和短记述，还会包括一些交易及作者自己最满足和难忘的时刻"。在所有留存下来的日记中，第一本时间跨度为 1742 年 1 月 1 日到 1749 年 5 月 31 日的日记中包含了最丰富的捕鲸方面的内容。班斯的家族最初是在 1623 年来到殖民地定居的，对于早期的沿海岸水域捕鲸活动非常了解。在第一本日记开头的时候，班斯其实还在上学，但是到了 1743 年 3 月 18 日，他认为自己已经接受了足够多的正规教育，可以彻底"告别学校"了。[24]班斯的新目标是参加深海捕鲸，为此他接受了航海和"在平静水域驾船"的训练。对自己海上航行能力的信心有所提升之后，他加入了"塞缪尔·帕多克（Sam'l Paddock）［船长］的捕鲸航行，登上了一艘由佩因先生（Esq. Paine）装备的土里土气的单桅帆船"，这就是他在 1743 年 5 月 9 日参与的第一次深海捕鲸活动。

15 天之后，班斯和他的队友们停靠在普罗温斯敦的港口，等待暴风雨结束。当他们靠近北卡罗来纳殖民地海岸附近的水域时，发现水中有"许多抹香鲸"。这片水域是一个捕鲸的热门地点，除他们之外，已经有另外 3 艘单桅帆船在附近"切割鲸鱼"了。迫切想要加入竞争的帕多克船长下令立刻下水进行捕鲸。船员们成功地杀死了他们用捕鲸叉插住的第一头抹香鲸，尸体被拖到船边之后，船员们立即着手切割。这样成功的开端显然是个吉利的好兆头。很多时候，捕鲸人可能追了半天鲸鱼却没有机会投掷捕鲸叉，或是捕鲸叉已经插到了鲸鱼但没法将其彻底杀死；还有很多时候，捕鲸人可能辛辛苦苦追寻几天甚至几周都抓不到鲸鱼，收获的唯有灰心和沮丧。这艘"土里土气的单桅帆船"当然也逃不开捕鲸活动本身的起起伏伏，更少不了经历白做工的艰难时刻。班斯在 5 月 30 日的日记中写道："我们周围的鲸鱼多得像飞舞的蜜蜂一样，然而它们也像蜜蜂一样纷乱，我们竟一头也插不到。"就算能插到鲸鱼，他们仍然不能确保将鲸鱼杀死。从 5 月 24 日船只抵达捕鲸点开始到 6 月 2 日启程返回的这段时间里，班斯和他的队友们至少插到了 9 头抹香鲸，但是最终只杀死了其中的 4 头。捕鲸船返回哈威奇（Harwich）卸下一桶桶的鲸脂和鲸鱼油并补充了物资，然后于 6 月 14 日重新起航捕鲸去了，班斯也再次参与其中。不过这次航行因为要送一名生了重病的船员回家而不得不提前结束，即便如此，船员们还是成功捕杀了 2 头抹香鲸。回顾整个 1743 年捕鲸季时班斯写道："总体来说，今年有一些非常棒的航行"，此外他也受到了历练。在他参加的这两次航行中，船员们总共捕杀了 6 头抹香鲸，产出了 73 桶鲸鱼油，依照每个船员的拆账比例不同，每个人能挣到15 ~ 25 英镑的收入。

之后，班斯没有继续追随帕多克船长一起出海捕鲸，而是决定留下来照管家族的农场。虽然班斯这一年的深海捕鲸经历已经够丰富了，不过当新的沿海岸水域捕鲸的机会出现在他面前之时，他还是决定要抓住。这次他捕杀的目标并不是露脊鲸，因为截至此时，沿海岸水域中的露脊鲸数量已经极为稀少。班斯的目标是领航鲸，它们也被称为黑鱼，这个品种的数量此时仍很充足。班斯参与的这次捕鲸活动仅1743 年 9 月一个月就杀死了大约 80 头领航鲸，"每份分成约合 12 英镑"。10 月他又写道："哈威奇的捕鲸人在马尔福德的悬崖附近杀死了四五百头领航鲸，每份分成约合 79 英镑。我们的老船也分到了一份。"这样丰硕的成果源自一种新的捕鲸方式。一位 18 世纪晚期的观察者注意到："生活在远离海岸地区的人们在听到杀死领航鲸的方式之时难免会感到惊讶。这种鲸成年个体的体重能够达到四五吨。当它们游进我们的港湾之后，我们会驾驶小艇将他们包围起来，之后领航鲸就会像牛群或羊群一样被赶上陆地。潮水退去后它们就搁浅在岸边，很容易就都被杀死了。它们算是鲸鱼里体积很小的，平均每头鲸鱼能产出一桶鲸鱼油。"[25]有很多例子都证明，一次成功的领航鲸捕杀就可以拯救一个收获微薄的年份，1741 年的情况就是如此。当年在科德角向海中延伸出去的一段陆地沿岸，人们总共捕杀了 1000 多头领航鲸。《波士顿新闻信》的报道说："这份意外的收获是直到当年即将结束时才来临的，总算让在这一季辛苦劳作却几乎颗粒无收的捕鲸人们松了口气。"[26] 美国历史上捕杀领航鲸数量最多的一年是 1874 年，当年共有 1405 头领航鲸被驱赶到特鲁罗的海滩上。[27]

1744 年，班斯再一次投入深海捕鲸活动。这一次，他的身份已经变成了自家单桅帆船的船长。[28] 正当他准备出发的时候，令人困扰的消息传到了科德角。在当年 4 月的第一篇日记里，班斯提到他听说了"英法之间的交战"。这里指的正是乔治王之战，英国刚一宣战，殖民地的船只就成了法国巡洋舰和私掠船的潜在目标。虽然害怕会被劫持，但班斯还是在 4 月 19 日这一天启程了，他们在捕鲸的同时不忘小心地观望海平面远方，躲避可能出现的麻烦。

1744 年对于班斯来说是不怎么顺遂的一年。他的单桅帆船刚离开哈威奇不久就开始漏水，所以他不得不返回港口。几天之后他重新出发，但漏水问题又出现了，而且越来越严重，最终他的单桅帆船不得不被拖回楠塔基特岛进行维修。不过即便是班斯和他的船员们没有损失这么长时间，当年的捕鲸成果也未必能好多少。不知是什么原因，获得成功同时需要的技巧和运气都抛弃了他们。从 4 月中旬到 6 月底的这段时间里，他们在北卡罗来纳和马萨诸塞之间的海岸附近看到了许多抹香鲸，结果却只杀死了两头。幸好他们后来发现了一头漂浮在水上的已经死去的抹香鲸，并从它身上收获了 12 个猪头桶的"优质鲸脂"。当季最终的收获是 48.5 桶鲸鱼油。其他捕鲸船的收获比班斯的单桅帆船好。实际上，班斯的船返回楠塔基特岛维修的那天，他就在日记中记录"今天共有 45 头抹香鲸被拖回这里"。

　　船上的漏洞，船员的能力有限，以及明显的运气欠佳还不是班斯遭遇一个失败的捕鲸季的全部原因，战争也是其中一个重要的阻碍。1744 年 4 月 28 日，当班斯的单桅帆船在马撒葡萄园岛南—西南方向发现两头抹香鲸并开始进行追逐的时候，班斯和他的船员本身也成了被追逐的目标。"一艘单桅帆船向着我们驶来，"班斯记录道，"顺风追击了我们 4 个小时，我们的船后面还拖着几条捕鲸小艇，所有人都吓坏了。那艘船距离我们只有不足一英里的距离，而且从外表来看，我们判断那是敌方帆船。他们一直没追上我们，到了晚上就放弃了。"将近两个月之后，班斯把他的鲸鱼油送到了波士顿。他没有驾船马上返回，而是选择在港口停留一段时间，"因为沿海地区敌人太多了，所以我们不敢轻易行动"。一周之后，班斯在总结这个捕鲸季的情况时写道："捕鲸航行的收获不如去年，战争给所有人带来了负面的影响。"

　　第一本日记涵盖的时间段一直延伸到 1749 年，在 1744～1749 年，班斯又进行了几次捕鲸航行。他的主要目标是抹香鲸，他甚至说有一次在弗吉尼亚的海岸边看到了"几千头抹香鲸"，但是事实证明他们根本无法捕杀这些鲸鱼，因为它们的行为"像海豚一样"，而且"格外狂野"。班斯多[101]次提到自己加入其他捕鲸船出海捕鲸的事，不过至少根据日记的内容来看，这些捕鲸船都不是联合行动的。战争中的敌人一直是一个大问题，他们不但多次影响了班斯的航行，甚至还抓走了一些捕鲸人作囚犯。虽然班斯的日记内容大部分是关于捕鲸的，但是其他一些内容很有意思。他还记录了一些婚礼的情况和很多人去世的消息，当提到一位姓霍普金斯的寡妇的儿子时，他说这个人是"用犁头扯出了自己的内脏而死的"。在 1747 年 10 月的一天，他"看到罗克斯伯里（Roxbury）的一个黑人因为向别人开枪而被吊死了"。1749 年 4 月 20 日，他听说"查塔姆（Chatham）的迪肯·泰勒（Deacon Taylor）上吊了，不过在还没断气之前被救了下来"。班斯喜欢喝朗姆酒，提到"痛饮"的时候意犹未尽，提到不得不"保持清醒"的时候满腹牢骚。他很害怕被强迫征兵为英格兰而战，他还对一次"动静大到整个新英格兰都能听见的地震感到敬畏"。班斯在 1749～1759 年这段时间里有没有参加捕鲸我们不得而知，因为记录这段时间的那本日记已经找不到了。不过，到 18 世纪 60 年代，或者是还要早一些的时候，班斯就已经成了哈威奇的一位成功商人，开始装备船并雇用船员出海捕鲸，这些船当然也都是归他所有的。[29] 1769 年他去世的时候只有 48 岁，他给自己的继承人留下了一笔巨额遗产，这些财富的主要来源之一当然就是捕鲸。

到 18 世纪中期，殖民地的捕鲸行业一直在起起伏伏中曲折前进，有的年景好些，有的则不太好。人们将遇到很多鲸鱼，船员们的捕鲸叉也很准的航行称为"油腻"（greasy）的航行，因为捕鲸人从这些航行里能够获得很多鲸鱼油；反之，没有什么收获的航行就被形容为"干净"（clean）的，意思是捕鲸人要么是没有找到鲸鱼，要么是没能成功追到。船员们眼睁睁看着鲸鱼逃脱，只能骂骂脏话出气。不幸的是，"干净"的航行已经成了此时的常态。

需求的变化也会影响收益。有的时候捕杀收获丰厚，造成供大于求，鲸鱼油和鲸须的价格就会下降；另一些时候需求增加，商品的价格也会随之回升；尽管价格总是摇摆不定，但总体的趋势是在朝更好的方向发展。越来越多的捕鲸船带回了越来越多的产品，产品价格也是稳中有升，虽然其间也经历了一些波动，但是在 1730 年每吨鲸鱼油的售价为 7 英镑，到 1748 年已经上升到了 14 英镑。托马斯·哈钦森（Thomas Hutchinson）在他同时期的著作《马萨诸塞湾殖民地历史》（*The History of the Colony and Province of Massachusetts-Bay*）中就注意到了这种成功，他说捕鲸行业 102 "比之前发展得更好了……欧洲人点灯和进行各种生产时消耗的鲸鱼油越来越多，这对于我们的捕鲸业来说是个不小的激励。楠塔基特岛的繁荣就得益于此。向大不列颠输出鳕鱼和鲸鱼是我们最主要的收入来源，因此这些事业不仅应当受到地方政府的重视，更应当受到整个国家的重视"。这些"向大不列颠输出产品获得的收入"尤其重要，随着时间的推移，殖民地拖欠宗主国的债务越积越多，如历史学家亚瑟·M. 施莱辛格（Arthur M. Schlesinger）指出的那样，这很大程度上是因为"《贸易法案》将美洲视为英国产品的市场和原材料供应地，而非一个可以发掘自身潜力的自由国家，所以殖民地的贸易活动会受到很多限制"。到 1721 年，美洲与英国的贸易逆差已经达到 20 万英镑，并且还在持续增长。[30] 捕鲸收入是帮助殖民地定居者减缓债务增长速度的主要收入来源。

虽然殖民地定居者自己也要消耗相当数量的鲸鱼油和鲸须，但是英国人的需求才是推动捕鲸活动不断增长的主要动力。其实英国人的本意并不是这样的，从 17 世纪晚期开始，英国人就一直想要成为捕鲸行业中的霸主，但是这样的希望被强大的荷兰捕鲸力量击碎了。英国人始终梦想着重返这一行业，他们要组建自己的捕鲸船队并从英国的港口出发作业。1724 年，英国南海公司决定复兴濒临绝境的捕鲸行业，于是他们装备了一批捕鲸船到格陵兰岛的捕鲸点捕鲸。[31] 为了鼓励此类活动，议会批准免除英国捕鲸船到格陵兰岛捕杀鲸鱼并运回英国的鲸脂、鲸鱼油和鲸须的关税，有效期为 7 年。所谓的英国捕鲸船要满足的条件是由英国船长率领，且英国籍船员人数不得少于船员总数的 1/3。受到这样的鼓励之后，南海公司为 1725 年的捕鲸季订购了 12 艘捕鲸船，每艘重 306 吨。南海公司也许只是将这样的尝试视为对公司和股东都大有利益可图的商业机遇，但议会是从更广阔的层面上来看待这件事的。如果英国捕鲸业能够得以复兴，这个国家就能借此实现许多议会迫切盼望实现的好处。英国将不必再为购买鲸鱼油和鲸须支出大笔的费用，英国的造船厂也可以有船可造，为出海航行的船只进行装备的工匠和劳动者也都能找到工作。另外捕鲸船还是培养英国水手的关键"营地"，能够训练出将来可以为皇室效力的海军人才。综上所述，无论是南海公司的管理者们，还是他们在议会中的那些靠山，无不对 1725 年的捕鲸活动充满了期待和渴望。

　　不过，这样的热情并没能持续多长的时间。公司的第一艘船都还没有出港，问题就已经出现了。截至此时，英国的捕鲸活动已经消失超过 50 年了，所以，几乎找不到任何拥有驾驭捕鲸船相关经验的英国人。劳动力的缺乏使得公司不得不雇用大批外国船员，其中多数来自德国。虽然德国人很擅长捕鲸，但 1725 年的捕鲸季最终还是以失败告终了。公司的捕鲸船杀死了 20.5 头鲸鱼，那个 0.5 头的出现是因为有一头鲸鱼是他们和别的捕鲸船合力杀死的，按照惯例应当由两艘船平分。依公司事先的计算，它派出的这批捕鲸船每艘至少要捕获 3 头鲸鱼才能实现盈利，而实际结果显然远远低于这个数目。公司的所有者可以将这一年的失败经历当作必须缴纳的学费，并寄希望于来年情况能够有所改善。毕竟，捕鲸是一项看平均数的生意，有一句古老的捕鲸格言就说，7 年里面有 1 年成功就足够弥补另外 6 年的不成功。然而，随着时间的流逝，船只所有者获得成功的希望也越来越渺茫。1725 年失败之后的连续 7 年里，捕鲸收获一次比一次糟。尤其是 1730 年的数据最为刺眼，22 艘捕鲸船只捕到 12 头鲸鱼。这 8 年间南海公司的捕鲸活动没有一次是盈利的，但公司还在不断投入，导致一年比一年债台高筑。到 1732 年，最终审判的日子终于降临。南海公司为这项注定以失败告终的事业先后投入了 262000 英镑，获得的各项收入则只有 84000 英镑，分别来自销售鲸鱼油和鲸须，以及最终卖掉了船只和库存——亏损总值达到了惊人的 178000 英镑。

没有人比英国人自己更震惊于英国重振捕鲸事业的惨败。按照斯克斯比的说法，当时人们最普遍的反应是"震惊"。[32]这一系列事件让英国人更加郁闷的原因还在于，就在英国人失败的同时，荷兰人的捕鲸活动却获得了极大的成功。自从英国人在17世纪末从与荷兰人的竞争中败下阵来之后，荷兰的捕鲸事业一直进行得风生水起。在1675~1721年，荷兰人总共杀死了32907头鲸鱼，获得了巨额的利益。南海公司在这一领域中艰难探索并最终一败涂地的那段时间里，荷兰人继续占据着捕鲸行业的统治地位。解释英国和荷兰在捕鲸方面的境遇为何差距如此大的原因很多。有人说荷兰人受益于国内较低的利率，他们比英国人节俭，还能以更低廉的成本造船，也不用承担高额的开销来雇用外国劳动力驾驭船只，因为荷兰人已经捕鲸一个多世纪了，他们有大批经验丰富的同胞可以胜任这样的工作。荷兰人把大部分鲸鱼产品都出口到其他国家，以此来维持一个相对较高的产品价格，从而获取源源不断的稳定收入。但也有一些观察者认为这些都不是主要原因，捕鲸人的能力才是唯一的决定因素。依他们看来，英国人和他们雇用的外国船员根本不擅长捕鲸，这才是问题的关键。[33]

不愿彻底放弃捕鲸行业，又迫切地想与自己的殖民地竞争的英国人决定通过补贴的方式来实现成功。于是从1733年开始，议会为每艘从英国装备出海的船都提供了慷慨的奖励，标准是船重超过200吨的船，1吨补贴20先令，但是这样的举措依然没能激发起多少人捕鲸的愿望。又过了7年，议会将奖金提高到了30先令，希望能够力挽狂澜，但是英国人仍然不买账,这个国家的捕鲸行业仍然毫无起色。一方面不能满足国内对于鲸鱼油和鲸须的需求,另一方面又不愿高价购买荷兰人出口的被征重税的产品,所以英国人只能维持他们多年来一直采取的做法,也就是从殖民地进口。殖民地的捕鲸人并没有受到一直阻碍英国捕鲸人获得成功的那些因素的困扰。他们生活简朴、技艺娴熟、吃苦耐劳,所以像荷兰人一样获得了成功,并且迅速夺走了荷兰在这个行业中的部分统治力。[34]在18世纪30年代初,英国人对于从殖民地进口的鲸鱼产品需求还不是特别大,但是至少一直很稳定。可是到了18世纪30年代中期,英国人的需求和殖民地鲸鱼油的价格就开始逐渐上涨了。

18世纪初期,伦敦已经逐渐成了当时世界上最繁华同时也是最黑暗的城市之一。实际上,白天的伦敦和夜晚的伦敦判若两地。当自然光照亮城市的街道,人们在这里进行各种各样的活动;到了夜晚,太阳落山之后,这些街道就成了漆黑而危险的地方。晚间点灯的时间段是从圣米迦勒节(9月29日)到天使报喜节(3月25日)之间。在此期间,城市要雇用专门人员负责给街道点灯,灯与灯的间隔是每10户人家一盏,点在房子门前。只有"月光不明"的夜晚才会点灯,这样的夜晚每月有20天左右,点燃的灯火在午夜之前还要被熄灭。[35]所以就大多数时间来说,如果一个伦敦人非要在夜晚冒险出门,他就只能在黑暗中加紧脚步,时刻提防身边的情况,一路都免不了担心自己会被窃贼偷盗或暴徒抢劫,因为后者往往会利用夜色作为自己的帮凶。英国历史学家描述了该时期最臭名昭著的夜间犯罪团伙在伦敦作恶的事，情节令人胆战心惊：

> 1712 年，一群来自上流社会的年轻男子组成了一
> 个帮派，称他们自己为莫霍克（Mohocks）。这些人一
> 到晚上就喝得醉醺醺地上街攻击路过的行人。他们的行
> 为充满了纯粹的恶意和令人发指的残暴。他们最喜欢的
> 一种消遣方式叫作"逗狮子"，就是用力按压受害者的
> 鼻子，直到与脸平齐，他们还会用手抠出受害者的眼
> 球。他们中间还有些人被称为"毛衣"，这些"毛衣"
> 会把受害人团团围在中间，然后一起用长剑戳刺他的身
> 体，直到受害者不支倒地。[36]

到 1736 年，伦敦改变了打击夜间犯罪行为的策略。从
这一年开始，市政府征收了一项新的税款，用以在全市范围
内安装和维护油灯，这种灯也称教区油灯。这些油灯要从日
落一直点到日出。几年之间，城中街道上油灯的数量就达到
了 15000 盏。依照旧的城市照明制度，城市每年点灯的时间
仅有 750 小时；实行了新制度之后，这个数字变成了 5000
小时。夜间犯罪的情况虽然没有彻底消失，但是确实出现了
大幅下降。伦敦城的市民并不是唯一受益于这项新措施的群
106 体，因为教区油灯要消耗大量的鲸鱼油。每多安装一盏油
灯，就意味着城市对于从殖民地进口鲸鱼油的需求又大了一
些，所以增长的自然还有殖民地获得的利益。[37]

随着捕鲸事业的发展，殖民地的各个捕鲸港口和波士顿
之间的商贸联系进一步加强了，因为后者是殖民地之间及殖

民地和英国之间鲸鱼油贸易的主要中转站。不过，并不是所有人都对这样的安排感到满意，一些楠塔基特岛上的捕鲸商人看到波士顿人购买岛上生产的鲸鱼油运回波士顿，再从那里运到海洋对岸赚取丰厚的利益，于是他们开始思考是不是有更好的办法来实现这样的跨大西洋贸易？岛上人意识到，如果他们能把自己的鲸鱼油和鲸须直接运到伦敦，就可以避开波士顿的中间商，很可能就可以以更高的价格出售自己的产品。为了试验这条道路的可行性，同时避免冒太大风险，楠塔基特岛人决定在 1745 年先派遣一艘船前往伦敦。这次航行的成功鼓励了其他船只在接下来很多年里纷纷效仿。这样的新方式不仅可以让楠塔基特岛人更好地向伦敦推销自己的鲸鱼油和鲸须，还让他们有机会从供应商手中直接采购帆布和铁器，这比他们以前在波士顿购买相同物品所需的花销少多了。尽管如此，楠塔基特岛人并没有完全抛弃波士顿的中间商。虽然这些中间商确实分走了岛上人的一部分利益，但是他们也提供了不少极为重要的服务，其中最主要的莫过于使用归他们自己所有的船只将鲸鱼油和鲸须运输到大洋彼岸，这种情况下，包括船舶失事和被劫持之类的国际贸易可能面临的风险就都由中间商来承担了。[38]

托马斯·汉考克（Thomas Hancock）曾经是波士顿的一位中间商，他做这一行的时间不长，不过看看他的活动有助于我们了解这份工作的性质。[39]1731 年，28 岁的汉考克迫切地想要投身于与英国的海外贸易，不过他必须先决定倒卖哪种商品才能够让他赚到足够的钱来购买带回殖民地销售的英国商品。很快他就决定自己应该销售鲸鱼油和鲸须。不过，在汉考克和他的合伙人开始第一笔买卖之前，他们必须先在伦敦找一家代理商代表他们出售鲸鱼产品。选对代理商是一个很关键的大问题，这个人必须能够当机立断，以最高的价格卖出委托人的产品。他没机会跟自己的老板商议，因为后者还留在3000英里之外的波士顿。1737年11月，汉考克通过书信的方式将这一重任委托给了自己在伦敦的代理人："随信附上42捆鲸鱼鳍［鲸须］的提货单，我希望这批货物能够被安全地运送到你的手上，也希望你能赶上一个交易的好时机，何时出手就要靠你的判断了。"[40]除了代为出售货物，汉考克在伦敦的代理人还要向他汇报欧洲鲸鱼油和鲸须市场的动向。

和中间人一样重要的是负责运输货物的船长，他们当然必须是经验丰富的水手。对于鲸鱼产品交易来说，谁的货物能率先抵达伦敦是一个非常关键的因素，所以，第一个到岸的船长还能获得相应的奖励。一艘满载货物安全抵达的船会使港口市场上的供应变得充足，鲸鱼油和鲸须的交易价格自然就会下降，后抵达的船就不得不以比预期价更低的价格来出售产品。如果出现很多船同时到达的情况，供过于求的结果还可能会迫使船长做出选择，要么是停在港口等待时机，观望价格能否回升；要么就得继续行驶到别的港口去寻找买家。比如1734年7月，汉考克的船到晚了，结果就不得不付出一些代价。先到的船只以每吨15英镑的价格出售了鲸鱼油，但是等汉考克的船靠岸时，另外两艘满载着鲸鱼油的船也刚好靠岸，产品价格随即跌至14英镑。虽然遇到了这样或那样的小问题，但是汉考克在鲸鱼油和鲸须生意上的总体收益还是非常可观的。可是到了 1739 年，不知出于什么原因，他突然放弃了这份事业，改做别的买卖去了。

到 18 世纪中期，殖民地的捕鲸人对于如何寻找和杀死鲸鱼比如何加工鲸鱼更在行。当时提炼鲸鱼油有两种方式——将鲸脂运回港口或随船携带可移动的提炼工具。这两种办法都算可行，但都不是特别有效率。所以，为了从捕鲸活动中榨取更多的利益，殖民地的捕鲸人开始研究如何提高这项工作的效率。结果他们找到的办法既简单又省事，甚至连他们自己都为怎么没早想出这个主意而感到诧异。为什么不在捕鲸船上安装固定的提炼工具？在主甲板正中用砖块砌一个火炉，再装上几口大铁锅，捕鲸船不就转变为一个漂浮的工厂了吗？那样，船只就成了一个集切割鲸鱼、提炼并储存鲸鱼油的功能于一身的地方。[41]

据推测可能会有人对此持反对意见。虽然可以通过加厚 108 的砖块来围住提炼时点燃的炉火，更有无尽的海水可以随时取来灭火，但是木材和火焰距离船员的生活区会不会还是太近了？尽管存在这样的担忧，不过如维克多·雨果后来观察到的那样，这个设计的施行已经是大势所趋。殖民地捕鲸船上的第一个固定提炼工具是在何时何地安装的已经无从查证，但是到 1750 年前后，殖民地的大批捕鲸船都开始将这个想法付诸实践了，随后这个做法也发展成了整个行业的通行做法。至此，殖民地的捕鲸人不但参与了一项国际性的重要贸易，还是较早一批，甚至就是最早一批建立起一条可以被称作完整产业链条的殖民地劳动者。这条产业链始于第一个发现鲸鱼踪迹的人，下一步是将捕鲸小艇放下水，然后是杀死鲸鱼，将鲸鱼拖回，切割鲸鱼尸体，将鲸脂和鲸须拉上甲板，提炼鲸鱼油，将鲸鱼油储存在船只货舱的木桶里，清理甲板，然后等着下一次有人大喊："鲸鱼喷水了！"

18世纪中期，另一项技术进步对捕鲸行业的影响同样极为深远——殖民地定居者第一次开始用鲸脑油制作蜡烛。他们做出来的可不是什么普通的蜡烛，这种蜡烛燃烧时发出的光最耀眼、最明亮、最纯净，它将给世界带来一道最美丽而独特的光彩。

第七章
蜡烛战争

鲸脑油蜡烛产业的历史总是蒙着一副神秘的面纱，有些历史学家提出第一个制造这种蜡烛的人是葡萄牙人亚伯拉罕·罗德里格斯·里塞拉（Abraham Rodriguez Ricera），他是一名葡萄牙籍犹太人，后来在纽波特定居，在1751年前后制造了鲸脑油蜡烛。不过，有其他证据指出创建了这项产业的人其实是马萨诸塞湾殖民地里霍博斯（Rehoboth）的本杰明·克拉布（Benjamin Crabb）。因为克拉布于1751年向马萨诸塞湾殖民地普通法院申请了生产鲸脑油蜡烛的"专有权利"。[1]他证明了"自己是本殖民地内唯一一个掌握了压制、熔化和结晶鲸脑油或粗鲸脑油，并使用该原料制作蜡烛的人"。[2]他还说自己拥有必要的工具来制作"燃烧时发出的烛光比其他蜡烛的都更清澈明亮的蜡烛"。[3]法院批准了克拉伯的请求，但不知是出于什么原因，克拉布没过多久就搬到普罗维登斯（Providence）居住了。他在那里建造了自己的蜡烛工厂，开始向当地的商人供应蜡烛。然而他的好运并没能持续多长时间，因为工厂开业后不久就被一场大火烧了个精光。

如果里塞拉和克拉布是仅有的两个争夺最先制造鲸脑油蜡烛的企业家这个名头的人，那么这个故事虽然有趣，但也不会太扑朔迷离。然而早在 1748 年 3 月 30 日，《波士顿新闻信》上就刊登过这样一则广告，这个登广告的人显然比另外两个人更有资格接受这个头衔。

鲸脑油蜡烛。由迈诺特（Minot's T.）的詹姆斯·克莱门斯（James Clemens）出售。与其他任何蜡烛相比，鲸脑油蜡烛造型更美观，熄灭时的气味更芳香；持续时间更长，是同体积的由其他动物油脂制作的蜡烛燃烧时间的两倍以上；光照的范围更大，是其他蜡烛的四倍以上，光线发散均匀柔和，让景物更清晰，而不是像其他动物油脂蜡烛一样只能发出一点昏暗的光亮，照亮眼前一点点范围。[4]

没有文献记录能说明这个生产商究竟是谁，但是 1743 年版的《议会百科全书》（*Chambers' Cyclopædia*）中有内容暗示，鲸脑油蜡烛的出现还在比这则广告更早的时候。在第二卷字母 S 项下中间的地方，有一个最能说明问题的词条："鲸脑油蜡烛是当代的工业产品：蜡烛成品光滑亮泽、没有纹路或划痕，无论颜色还是烛光都比最好的石蜡蜡烛还高级。高纯度的鲸脑油蜡烛燃烧充分，不会在丝绸、布料或亚麻上留下任何污渍。"[5]鉴于殖民地在这段时期没有任何已经开始生产鲸脑油蜡烛的相关证据，所以人们完全有理由认为这种"高级"产品的发源地其实是欧洲。至于具体究竟是哪一个欧洲国家，这个答案还有待研究者们耐心地梳理欧洲各个图书馆的文献，寻找这个当时的新兴产业留下的蛛丝马迹。

《议会百科全书》称"鲸脑油蜡烛"是"当代的工业产品"这一点暗示了这种事物出现的时间不会比 1743 年早太多，然而令人惊奇的恰恰是人们竟然没有早一些制造出鲸脑油蜡烛。这种可凝固的像蜡一样的物质已经为人所知很长时间了，同样为人所知的还有鲸脑油可作为照明材料的特性。早在《议会百科全书》第一次提到鲸脑油蜡烛几十年甚至几百年之前，药剂师和其他研究医药的人员就已经知道如何将鲸脑油转化成硬一些的蜡状物，然后从上面刮些碎屑给病人治病。这种奇特的物质可以被制成任何形状，加个灯芯就可以明亮地燃烧，所以我们很难不去想象当时理应有一些充满创造力的发明者已经注意到鲸脑油可以作为蜡烛的主要原料。不过，无论鲸脑油蜡烛的诞生可以追溯到多久以前，让它成为价值高昂的国际货物的人绝对就是美洲殖民地的定居者们。

殖民地最早的蜡烛作坊是由里塞拉和克拉布建造的，这些作坊毫无疑问会引起很多关注，还会刺激其他有钱人也投资这项事业。其中的先行者就是奥巴代亚·布朗（Obadiah Brown），他是一位贵格会商人，也是后来建立了布朗大学的富有家族的一员。布朗于 1753 年在普罗维登斯建立了一家蜡烛作坊。为了在这一行业中获得更多竞争力，布朗雇用克拉布向自己传授这个新行业相关的知识，但这个商业决策并不成功。虽然克拉布为布朗工作了 3 年，但是布朗并没有

133

从当时的老师身上学到多少有价值的东西。后来布朗写到这件事时说他"对于从克拉布那里获得的信息非常失望，最后还得靠自己摸索［将鲸脑油加工成蜡烛的］奥秘"。[6]

从鲸鱼头部取得的鲸脑油和鲸鱼油被统称为脑物质。每年秋天，人们将脑物质取出来送到蜡烛作坊之后，提纯的过程就开始了。工人们会把脑物质先放在大铜壶里加热，让鲸脑油熔化成液态，再去除其中的水分或其他可能是在船上运输时混进去的杂质，最后将高温黏稠的液体从铜壶倒进木桶里，在仓库中储存一个冬天。低温条件下的鲸脑油会凝结成半固体的颗粒状物质。等温度升高，这种颗粒状物质开始软化的时候，工人们就会把木桶里储存的鲸脑油取出来装进羊毛编织袋并扎紧袋口，然后把它们放到巨大的木质螺旋压榨机里进行压榨。这种压榨机能够施加几百吨的压力。从羊毛编织袋中压榨出的油将被集中起来出售，这种冬天里压榨出的抹香鲸油是所有鲸鱼油中价值最高的。

剩在麻袋中的物质会被重新倒进壶里加热，再重新倒进木桶里储存，直到早春时节天气转暖之后，桶里的物质会被装进棉布袋子里再度进行压榨。这次榨出来的油叫作春榨抹香鲸油，比冬榨油的品质略低一些，但仍然能卖出不错的价钱。二次压榨之后袋子里只剩一些又干又脆的灰色、棕色或黄色物质。这样的材料是造不出受到消费者追捧的白色蜡烛的。为了达到那样的品质，蜡烛制造者们会再次给这些蜡状物加热，并在煮沸的溶液里加入一些碱性物质，比如碳酸钾，这样就可以将液体漂白。当锅中液体的温度升高到一定程度之后，这些碱性物质都从溶液中蒸发出去了，剩下的已经重新变为白色的蜡就可以被灌注进模具里制成蜡烛或干脆凝固成大块储存起来日后再用。[7]

最早的鲸脑油蜡烛制造商都是非常神秘的。他们将蜡烛的加工方法视为一种独占权利，并想尽办法阻碍潜在的竞争者涉足这一领域。即便如此，还是会有其他人掌握到"提纯的秘密"，然后另立门户，创建自己的压榨作坊。所以到18世纪50年代末期，殖民地上至少出现了10家鲸脑油蜡烛作坊。为了应对这样的激烈竞争，每个制造商都不得不绞尽脑汁让自己的产品在市场上脱颖而出。他们采取的策略是使用高档的包装纸和包装盒来吸引顾客的眼球，并且凸显自己产品的稀有品质。以普罗维登斯的布朗家族为例，他们使用蓝色褶皱纸包裹蜡烛，然后放进装饰着精美雕刻标签的盒子里。标签上的图像是一头嬉戏的鲸鱼和一条载着船员的捕鲸小艇，标签四周有装饰性的框线，还分别用英法两种语言宣扬了蜡烛的优良品质。[8]

仅凭精美的标签和色彩艳丽的包装自然不足以为制造商带来稳定的市场份额。蜡烛本身的质量也必须是无可指摘的，因为这种奢侈品的价格已经超过了每磅1先令。愿意花大价钱购买这种奢侈品的顾客可不会接受低档货。这一点绝对不假，购买鲸脑油蜡烛的顾客是一个非常有鉴赏力的群体，包括那些在美洲殖民地、欧洲、加勒比海岛屿上和非洲奴隶贸易港口中生活的富有的人们，本杰明·富兰克林就是一位对产品非常满意的顾客。他在1751年11月给一个朋友写信时说自己对这些"新品种"蜡烛印象深刻，因为它能提供"通透的白色亮光……适宜阅读；可以直接手持，即使是在炎热的天气里也不会熔化；它的烛泪也不会像其他蜡烛那样留下油腻的污渍；而且这种蜡烛燃烧更持久，几乎不需要剪灯芯"。[9]制造商煞费苦心地让顾客感觉他们出售的商品物有所值。布朗家族在 1759 年向费城运输一批格外精致的蜡烛时就给接货的商人附上了一张字条，称这些蜡烛是"依照最精湛的工艺为伦敦的绅士们制造的"，这些蜡烛能够"与欧洲或美洲制作出来的任何蜡烛媲美，它们与普通蜡烛的区别在于质地更坚硬，永远不会产生油腻的污渍，发出的光线更白、更亮、更纯净"。[10]

到 1760 年，蜡烛制造者们意识到自己正面临一个严重的问题。尽管殖民地的捕鲸船队一直在发展壮大，捕杀抹香鲸的数量也在持续上升，但是人们对于鲸脑油蜡烛的需求太大了，远远超过了脑物质的供应量。仅有少数几个最大的蜡烛制造商有能力开足马力，迅速加工殖民地捕鲸人能够提供的所有脑物质。如历史学家詹姆斯·赫奇斯（James Hedges）指出的那样，制造商们面对这种情况时可选择的应对方法很有限。他们无法为争夺有限的脑物质而竞相提高收购价，因为提高原材料价格的必然结果是蜡烛成品的价格更高。虽然富人们愿意花比购买普通蜡烛多一些的钱来购买鲸脑油蜡烛，但这也有个限度。如果高得太离谱，富人们完全可以选择别的照明物来替代鲸脑油蜡烛，比如露脊鲸鲸鱼油、海豹油或其他动物脂肪制作的蜡烛。[11]

制造商们无法再给自己的产品涨价，但是他们还有另一个办法可选。抑制蜡烛价格的同时让自己仍然有利可图，核心在于防止收购脑物质的成本上涨过快，只要做到这一点，制造商就可以实现自己的目标。起初只有 4 个蜡烛制造商联合了起来，他们对脑物质的主要供应者——楠塔基特岛人约瑟夫·罗齐（Joseph Rotch）说，他们愿意为购买他的产品而支付一个确定的数目，超过就不买了。然而这个计划的失败之处很快就显现出来了，这 4 个制造商想如何设定这个封顶价格是他们自己的事，但是他们没有办法限制其他愿意支付高价的竞争者竞相购买，所以脑物质的价格还是迅速上涨了。到 1761 年 11 月 5 日，殖民地 8 家最大的蜡烛制造商试图通过联合起来建立寡头型组织来解决这个问题，于是他们组建了“鲸脑油蜡烛联合公司”，后来也被人们称为鲸脑油托拉斯。根据各成员之间的协议，制造商们设定了他们肯为购买脑物质支付的最高吨价，即比“可交易的抹香鲸身体部分提炼的普通棕色鲸鱼油”（以下简称“棕色油”）在英国交易时的吨价高 6 英镑。成员们还同意“使用所有公平诚信的方式”来阻止潜在的竞争者建立新的蜡烛作坊。托拉斯的成员宣誓承诺，如果最终不能阻止脑物质的价格超过他们认同的上限，他们就将出资“组建一条不少于 12 艘船的捕鲸船队”自行捕鲸以确保脑物质的供给。托拉斯组织的有效存续时间是 17 个月，在这段时间内，所有成员每年要在“（马萨诸塞）陶顿（Taunton）最好的酒馆里”开两次会，其间各成员可以分享情报，并评估他们行动的实施效果。[12]

　　鲸脑油托拉斯是殖民地上最早成立的行业垄断组织之一，根据某位作者的观点，这个“世界上第一个能源卡特尔"从成立之初就受到了各种问题的困扰。[13]托拉斯的成员之间总是相互指责对方破坏协议，其中最严重的违约行为当然就是支付比规定价格更多的钱来购买脑物质。但是托拉斯组织并没有因为累积了各种抱怨就一蹶不振，相反，成员们选择重组机构，明确协会的规定，并于 1763 年 4 月 13 日签署了经过修订的新章程。新章程中的最高吨价被规定为比"棕色油"高 10 英镑，而且成员只能从进入供应商名单的入选者处购买原料，这样可以最大限度地降低成员以超标准价格私下采购情况的出现。所有成员还将继续致力于消除竞争，并指示自己的代理商"第一时间向自己汇报任何人试图建立新鲸脑油作坊的消息"，这样他们就可以采取措施阻碍后来者获得开设作坊所需的技术和工具，其中主要是螺旋压榨机。新章程中最关键的内容其实是关于如何在成员中分配脑物质的部分。根据旧章程，只要不高出限定价格，各成员就可以想买多少脑物质就买多少。如今，殖民地上能找到的所有脑物质都要被集中到一起，分成 100 份，每个成员可以获得其中的一部分。按照这个方针，尼古拉斯·布朗公司（Nicholas Brown and Company）作为最大的制造商，可以获得每 100 桶脑物质中的 20 桶，其他制造商能分享的比例都比它少。[14]

　　在接下来的十几年里，鲸脑油托拉斯一直存续着，只是其中存在的问题从未被彻底解决。成员之间的信任及成员对托拉斯本身的信任时不时就会受到动摇。成员想要阻止新蜡烛作坊开业的努力也总是没有效果。到 1774 年，鲸脑油蜡烛制造商的数量已经上升到了 24 家，而且全部都加入了这个托拉斯。不过所有问题之中最棘手的依然是脑物质价格和蜡烛价格之间的差距被不断拉大。[15]

虽然有这样或那样的问题，但成员们还是坚定地维系着托拉斯的存在，他们相信一旦托拉斯解体，自己面临的处境只会更糟。保留一个不完美的联盟总好过放开无限竞争的洪水闸门，那样的话鲸脑油蜡烛的价格一定很快就会被抬高到连奢侈品市场都不能承受的价格。只要托拉斯的成员还能以合理的价格获得脑物质，他们就还能维持运转。尽管脑物质的价格连续上涨了许多年，但托拉斯至少没让这个价格被抬高到制造商们要做赔本买卖的地步。

托拉斯成员心中最大的担忧就是某一个或某几个供应脑物质的捕鲸商人也加入蜡烛制造行业，那样就会将这个已经过度资本化的行业引领到新一轮更高级别的竞争中。托拉斯的成员都不想和捕鲸人转行的蜡烛制造商竞争，因为后者实际上是一种最强大的综合公司，能够自己为自己提供原材料，自己生产蜡烛，自己销售自己的产品。所以当约瑟夫·罗齐决定进军蜡烛制造业的时候，托拉斯成员们的噩梦终于变成了现实。

罗齐是美洲最著名的捕鲸家族的大家长。据历史学家约瑟夫·劳伦斯·麦克德维特（Joseph Lawrence McDevitt）观察："罗齐家的人在捕鲸行业的地位就相当于卡内基和洛克菲勒在钢铁和石油行业的地位。"罗齐本是鞋匠出身，1725年前后从塞勒姆迁居到了楠塔基特岛。他很快就将制鞋的手艺扔到了一边，全身心地参与到当地经济的主流活动中，投资了多项海上事业，其中就包括捕鲸。虽然罗齐凭借自己的

116

努力也完全可以跻身于楠塔基特岛的商人阶层，但是他在1733 年迎娶洛夫·科芬·梅西（Love Coffin Macy）这件事对他而言无疑是更上一层楼。他妻子的祖先是托马斯·梅西和特里斯特拉姆·科芬，他们都是这个岛屿社群的创建者。这门婚事不仅让罗齐成为岛上最显赫家族的一员，从而立即提升了自己的社会地位，更重要的是让他有机会进入岛上捕鲸行业的最高阶层。罗齐进一步巩固自己在本地区社会地位的措施还包括在结婚的同一年成了一名贵格会教徒。[16]

罗齐通过家族企业一路攀升，到1753 年，他决定另立门户，带着自己的儿子威廉、小约瑟夫和弗朗西斯做起了生意。到18 世纪60 年代初，罗齐家已经成了鲸脑油托拉斯的主要脑物质供应商，他们既销售自己的产品，也为其他捕鲸人做代理。罗齐家族和托拉斯之间的关系是充满火药味的，因为双方经常要为产品价格进行争论。不过到了1768 年，摩擦的原因转向了一个全新的来源。当时约瑟夫开始监督在阿卡什河（Acushnet River）西岸建造的蜡烛作坊，这条河流经马萨诸塞湾殖民地里一个叫达特茅斯（Dartmouth）的小村庄，那里就是后来的新贝德福德。虽然这个作坊的所有者是约瑟夫·拉塞尔（Joseph Russell）及艾萨克·豪兰（Isaac Howland），但是罗齐深入地参与到了它的经营中，这让托拉斯感到尤为担忧，因为这一系列事态的发展表明，罗齐显然是要将到此时为止一直界限分明的脑物质供应商和蜡烛制造商这两个身份合二为一。从托拉斯的角度来看，再没有哪个竞争者比罗齐家族更具有威胁性了。

罗齐前往新贝德福德的行程从1765 年就开始了，当时他在那里购买了大片的地产。选择新贝德福德这个地方是经过深思熟虑的。拉塞尔已经为将这里打造为未来的捕鲸活动中心进行了细致的规划，留出了修建造船厂、铁匠铺、制桶铺和进行其他买卖的地方。实际上，在过去10年，甚至更久以前，拉塞尔就开始从这个地方安排少量的捕鲸船出海了。新贝德福德还拥有很多楠塔基特岛不具备的颇具吸引力的优点。首先，楠塔基特岛的主港口外有一个沙洲，阻碍了大型船只及满载货物后吃水较深的船只的通行；而新贝德福德港口的水就深得多了，船只可以轻松驶入。其次，楠塔基特岛上的木材也已经被用光了；而新贝德福德四周则围绕着浓密的森林，能够为建造大型捕鲸船队提供充足的木材。再次，楠塔基特岛是一个四面环水的孤立岛屿，任何方向都可能受到海军的攻击；而新贝德福德背靠大陆，如果人们有需要，完全可以撤退回内陆躲避来自海洋的敌人。最后，楠塔基特岛上的农业生产能力非常有限，大部分粮食要靠进口；相比之下，新贝德福德有大片的耕地。综合考虑以上及其他因素，新贝德福德被证明是进一步扩大罗齐帝国的绝佳选择。在1767年，约瑟夫·罗齐带着儿子小约瑟夫和弗朗西斯一起动身前往了新贝德福德，只把大儿子威廉留在楠塔基特岛上主持家族的生意。[17]

　　新贝德福德蜡烛作坊刚建立就给鲸脑油托拉斯对殖民地蜡烛制造业公认但有限的控制力带来了潜在的威胁。托拉斯迫切地想要将这种威胁转化为可利用的资源，于是邀请这个才组建的公司加入自己的组织。这个策略起到了理想的效果，新贝德福德的蜡烛作坊很快就加入了托拉斯。然而后来

117

的事实证明，托拉斯选错了担忧的对象，他们真正该小心应对的其实是另一个姓罗齐的人。

约瑟夫的儿子威廉·罗齐从小就被培养成了捕鲸商人，他在家族公司里学会了关于这个行业的所有秘诀。虽然他的学徒生涯里缺少了平常人都要经历的一小段出海捕鲸的亲身体验，但是威廉对于这个行业的其他所有方面都了如指掌，他尤其擅长的就是经营一份效率高、盈利多的生意。他能管账，能雇用可靠的船长和船员，能安排航行计划，能估算货币兑换率，还能决定将鲸鱼油和鲸须运到市场上的最适宜时机。更重要的是，他还掌握着一项捕鲸商人能够掌握的最宝贵的技能——给鲸鱼油分级。[18]

给鲸鱼油准确地划定级别非常重要，因为会购买这种产品的客户群体是非常挑剔和苛刻的。一个代表美洲供应商出售鲸鱼油的英国商贩曾对自己收到的货物表达过不满，他给供应商写信请求他"一定要……让自己的工人对鲸鱼油的分类、特点、价值进行准确和精细的描述，那将给我们出售这些产品提供很大帮助，也省去我们很多麻烦。[请你]明确区分棕色油和白色油，而且不同等级的鲸鱼油要分开放置"。[19]

除此之外，威廉还是一个精明而自信的人，在18世纪70年代早期，他已经成了这一行业最重要的一位参与者。当他于1771年开始在楠塔基特岛上建造蜡烛作坊时，托拉斯毫不意外地对此事表现出了高度关注。起初，威廉和他的父亲一样，决定遵循规则办事，加入托拉斯，接受协会分配给他的脑物质份额。但是到了1775年，他觉得这样的安排是不公平的，于是决定自行解决。在 1 月 24 日的一封信件中他提出，自己已经建议楠塔基特岛上的蜡烛作坊应当获得"和大陆上的蜡烛作坊一样份额的脑物质"，但是托拉斯分配给他的份额一直远少于其他成员，因为托拉斯是按照"规模和数量〔而非〕需求的大小"来分配脑物质的。让威廉尤其气愤的是，托拉斯分配给他的脑物质的数量甚至比他自己的捕鲸船队送回港口的脑物质的历年平均量还少。威廉可不愿意受一个自己本来就不喜欢的托拉斯的章程约束，于是他在信中发出威胁："如果你们考虑后还坚持按照那么低的比例给我分配脑物质，我会遵从你们的意见。不过我相信逼迫我接受这样不合理的条款对你们而言是没有好处的。"[20]威廉的威胁无疑会成为托拉斯计划于 1775 年 3 月 29 日召开的会议上首先要讨论的问题，因为没有哪个成员想看到托拉斯的分裂。不过当天的会议因为出席人数不够而被改为在 4 月 26 日重新举行。这场会议最终也没能如期召开，因为在预定日期的一周之前，也就是 4 月 19 日，美国独立战争的第一枪在马萨诸塞的莱克星顿打响。虽然鲸脑油蜡烛行业在战争之后很快复苏且更加壮大了，但是托拉斯这个组织并没能存续下去，3 月 29 日的那次会议就成了它的最后一次会议。

鲸脑油蜡烛行业的崛起和鲸脑油托拉斯充满争议的存在都为殖民地的捕鲸行业提供了助力，这段时期是殖民地捕鲸行业最令人振奋的一段时期——殖民地的捕鲸人引领了全世界的捕鲸活动。

第八章
光辉时代

119   18世纪50年代至70年代初这段时期对于殖民地的捕鲸行业来说是一段风起云涌的传奇时代。曾经只持续几天、几周或几个月的捕鲸航行延长到了接近一整年。捕鲸人最远可以行驶到格陵兰岛、几内亚和马尔维纳斯群岛等地，这样他们就可以捕到更多的鲸鱼，他们获得的收益也水涨船高。

120   18世纪中期，随着城市的爆炸式发展，欧洲城市都在经历深刻的社会转型，各个殖民地被越来越多的鲸鱼油灯迅速点亮起来。美洲海岸沿线上还建造了越来越多的灯塔，好为水手们照亮安全返航的路线，灯塔里面用的当然也是鲸鱼油。富人家里或商业场所的鲸脑油蜡烛也燃烧得格外耀眼。鲸鱼油还是这个越来越机械化的世界上主要的润滑剂，也是加工整个欧洲的军人制服布料的主要原料。鲸须制成的衬裙或紧身胸衣的支架是当时最时尚的设计，因为它迎合了上流社会普遍认定的女性美的标准。[1]举例来说，从1768年到1772年，销售鲸鱼油和鲸须的收入是新英格兰地区最大的收入来源，占其从宗主国收到的直接汇款总额的50%以上。[2]即便是在很多人认为鳕鱼才是当地王牌产

144

品的马萨诸塞湾殖民地，捕鲸对地区经济拥有的影响力其实也要大得多。[3]

为了满足人们对于鲸鱼产品的需求，这一时期内捕鲸船的数量从刚过 100 艘猛增到超过 300 艘。这些船此时可以从多个港口出发，因为殖民地的港口数量也增多了，包括历史悠久的楠塔基特岛、马撒葡萄园岛、科德角、长岛及建成时间晚一些的新贝德福德、林恩、波士顿、普罗维登斯、纽波特、萨格港、威廉斯堡和北卡罗来纳的纽伯格。[4]这样的增长在楠塔基特岛上尤为明显，因为那里的捕鲸船数量差不多占到了殖民地所有捕鲸船总数的一半。

一个在此时到访楠塔基特岛的人会看到大批的捕鲸船靠岸、卸货，或是在为新的航行做准备。空气中总是悬浮着浓重的、提炼鲸脂产生的刺激性气味。这很可能会让一些新来的人感到不舒服，不过对于岛上的人来说，这恰恰是生意兴隆的标志。对楠塔基特岛最惟妙惟肖的描述出自一个名叫克雷夫科尔（Crevecoeur）的法国人笔下。克雷夫科尔于 1760 年前后来到殖民地并走遍了各个地方。他使用 J. 赫克托·圣约翰（J. Hector St. John）的化名进行创作。一位历史学家称他为"18 世纪的梭罗"。克雷夫科尔在 1782 年创作了《一位美国农夫的来信》（*Letters from an American Farmer*）这本书，描绘了一种乐观向上甚至是有些理想化的美国田园生活景象。[5]该书中有大量篇幅是在描述楠塔基特岛的生活，其重点就是捕鲸行业。克雷夫科尔说楠塔基特岛是"一个贫瘠的沙洲，唯独盛产鲸鱼油"。克雷夫科尔还为鲸鱼油的产量而感到震惊：

121

你能相信吗？一片只有 23000 英亩的沙地，既没有石料也不产木材，既不能放牧也不能种田，却建起了有 500 多栋房屋的大城镇，拥有超过 200 艘船，常年雇用的水手人数超过 2000 名，还养了超过 15000 只羊、500 头牛和 200 匹马。一些居民的身家财富超过 20000 英镑！所有这些都是无可争议的事实……他们劳作的场地是充满艰险的海洋，他们要航行到极其遥远的地方，要付出异乎寻常的辛劳，才能从海面上收获海洋赐予他们的财富。他们出海捕杀的是一种体型巨大的鱼，无论是从它的力量还是速度来说，这样的大鱼都超出了人类捕杀能力范围。

所以捕鲸对于楠塔基特岛的影响是体现在方方面面的，克雷夫科尔认为，实际上连岛上人的体格样貌都已经发生了变化。"一个在岛上土生土长的人被放到 100 个人里也照样能被轻易辨认出来，因为他们的肌腱格外柔韧，行动尤其敏捷，即便上了年纪也依然如此。"至于究竟是什么让楠塔基特岛人青春常驻，克雷夫科尔注意到有些人的答案是鲸鱼油，"在产品可以被送到欧洲市场或是蜡烛工厂之前，岛上人总是要在各个作坊里对它们进行加工，每天都满身油脂"。克雷夫科尔还发现岛上的妇女们也应当受到赞美和崇拜，因为她们是维系岛上经济和社会关系网的核心角色。"因为［捕鲸人］在海上航行的时间非常长，所以他们的妻子们就必须在丈夫不在的时候担负起打理生意、监管账目等工作，简而言之，就是既要管家又要养家……这些差事让她们在做出决断时更加成熟，也让她们理所应当地享有比其他妻子更多的权利……［当丈夫们回家的时候，］他们会满怀着信任与爱意，高高兴兴地认可自己不在时进行的每项交易"，并告诉自己的妻子，"你干得很不错"。6

虽然楠塔基特岛的捕鲸人常年在外，不得不把很多事都扔给妻子打理，但他们仍然被很多人视为理想的结婚对象。在 1834 年出版的《捕鲸人米里亚姆·科芬》（*Miriam Coffin or the Whale-Fisherman*）中，作者约瑟夫·C. 哈特（Joseph C. Hart）宣称成功的捕鲸人很受追捧，"岛上一些最富有人家的女儿们……达成了一项协定，除了出海捕过鲸，并且能够提供充足的证据来证明自己成功杀死过鲸鱼的倾慕者之外，她们不会听取其他任何人的说辞，更不会与其他任何人缔结婚约"。7尽管哈特的书是虚构作品，似乎也没有任何证据证明这样的协定确实存在过，但这背后的动机是合情合理的，即便没有过这种协定，肯定也有不少楠塔基特岛姑娘将嫁给一位成功的捕鲸人当作改变社会地位的好途径。

楠塔基特岛上的捕鲸行业发展迅速，所以需要的劳动力也比以往更多，因此劳动力市场上对于捕鲸人的需求也随之发生了巨大的改变。捕鲸行业在过去很长时间以来一直依靠的印第安人以令人惊骇的速度减少着，他们之中大部分都是由于持续蔓延的疾病而丧命的。1700 年，岛上还住着 800 个印第安人；到 1763 年 8 月，仅剩 358 人；之后又爆发了一场流行病。人们并不确定究竟发生了什么，但是有一种说法是一艘停靠在楠塔基特岛主港的爱尔兰双桅帆船把死亡带到这里的。麻烦降临的第一个征兆是船上两名女乘客的尸体被冲上了岸。怀疑她们死于天花的镇上人决定派出一支侦查小队到双桅帆船上视察一番。侦察队的成员都是已经得过天花的男性，对这种疾病具有免疫力。结果他们发现船上流行的其实是更危险、更致命的黄热病。镇上人于是将这艘船隔离了起来，不过在那之前，已经有几位乘客下船去寻求医治，并暂住在了一对本地夫妇的家中。疾病以此为起点，迅速蔓延开来，几乎杀死了镇上所有的印第安人，却不知为何只有一个白人被感染。

虽然这个故事广为流传，但是几乎没有什么证据能够证明这个说法是真的。疾病有可能是经过别的途径传播的，也许就是某艘出海捕鲸的船带回来的。具体是什么病本身也有争议，无论是黄热病还是斑疹伤寒都有可能。不管是什么原因引发的何种疾病，总之最后的结果是 222 名印第安人丧命。到 1764 年，岛上仅剩 136 名印第安人。到 18 世纪末，岛上的印第安人几乎绝迹了。[8]

考虑到楠塔基特岛印第安人的迅速消亡，捕鲸商人们被迫到一些更远的地方去寻找劳动力。沿海岸地区的所有劳动力都很抢手，捕鲸行业收益的不断上涨在保证商人们能够招到劳动力上发挥了很大作用，因为船员的拆账比例提高了，所以做船员通常比在陆地上工作挣的钱多。[9]早些年，白人本来是看不上任何捕鲸船提供的除船长或副手之外的工作的，不过到此时，受到高报酬的吸引，这些人也都开始大批投身于捕鲸行业。根据历史学家丹尼尔·维克斯的观点：到殖民地时代将近结束的时候，楠塔基特岛捕鲸船上大约 75% 的船员和舵手都是白人了。[10]

123

黑人在捕鲸船上的存在感也越来越强，他们分享的收益也越来越多。一个来自楠塔基特岛的名叫普林斯·波士顿（Prince Boston）的黑人捕鲸人曾经在威廉·罗齐的友谊号（*Friendship*）单桅帆船上当舵手。他在一次为期3个半月的航行中挣到了28英镑的报酬。维克斯指出，这样的回报率已经与当时英国最大贩奴船的船长一样了。[11] 不过，让人们永远记住波士顿的还不是这次航行，而是另外一次同样乘坐友谊号进行的航行。[12] 1769年，波士顿结束了一段为期6个月的航行返回港口。靠岸后不久，坚决反对贩奴的罗齐让伊莱沙·福格勒船长（Capt. Elisha Folger）直接把波士顿的拆账支付给他本人，而不是交给他所谓的主人约翰·斯温（John Swain）。这样的做法让斯温大为震怒，因为波士顿一家曾经是斯温父亲的奴隶，所以斯温本人宣称自己对波士顿拥有所有权，因此有权获得这个黑人的工资。斯温后来到普通诉讼法院提起诉讼，要求重获对波士顿和他的工资的所有权，但是法官判定波士顿为自由人，并且有权占有自己的工资。之后斯温又上诉到马萨诸塞湾殖民地最高法院。罗齐雇用了约翰·亚当斯为律师并发誓要抗争到底。因为惧怕与亚当斯的唇枪舌剑，更不用说马萨诸塞湾殖民地反对奴隶制的思想越来越盛行，斯温迫于压力选择撤诉，称自己"为人民的情绪和这个地方的氛围而感到灰心丧气"。[13] 没过多久，马萨诸塞和楠塔基特岛都废除了奴隶制。

在殖民地捕鲸人不断获得成功的同时，竞争者则在他们眼皮底下搞起了动作。英国人想要再一次尝试建立以本土为基地的捕鲸行业。这次激起英国人再次尝试该愿望的那些理

124

论与 18 世纪 20 ~ 30 年代被提出过的那些没什么区别。英国人对于自己不得不依赖从其他国家进口鲸鱼油和鲸须这件事充满疑虑，担心这样的依赖会让英国更容易受到外部冲击。同时，在英国港口建造并装配捕鲸船可以促进当地的经济发展。英国人还相信捕鲸船队是培养本国水手的摇篮，国家处于危难之中时可以召集这些人才为国效力。鉴于帝国经历的战争和冲突之多，对于经验丰富的水手和强大的海军的需求更是格外迫切。荷兰渔业的衰退是另一个鼓舞了英国人的动力。到 18 世纪中期，曾经伟大的荷兰捕鲸船队已经显露日薄西山之势。造成这一结果的原因是综合性的，包括连续几年的捕鲸收获不佳，还有生产肥皂和某些布料的厂商开始使用籽油替代鲸鱼油，而这两个市场恰恰都是荷兰人占据最大份额的地方。鉴于所有这些原因，此时似乎正是英国人重新振作的最佳时机。

议会将支付给在英国装配的捕鲸船的补贴提高到了每吨 40 先令，哪怕是那些曾经持观望态度的投资者们此时也全都受到了高额补贴的吸引。在新补贴政策实施的前一年，英国人只建造了 2 艘捕鲸船；然而到 1756 年，也就是补贴政策实施仅 6 年之后，捕鲸船的数量激增到超过 80 艘。[14]不过，即便是政府已经尽了最大努力支持这项事业，英国的捕鲸船队再一次失败了。

在 18 世纪 50 年代至 60 年代初这段时间，很多因素共同发挥作用，最终导致了英国的野心受挫。[15]当时在北美洲有法国－印第安人战争，在欧洲有英法七年战争，所以英国的捕鲸船总是面临着被法国人劫持的风险，捕鲸船会被征用，船上的水手会被迫为敌军提供服务、被囚禁，甚至是被杀死。就算没有敌军的侵扰，英国捕鲸船也总是捕不到多少鲸鱼，连续几年的航行都收获不佳，再加上价格不稳定（通常是走低）的影响，英国捕鲸事业一直没能兴旺起来。除此之外，英国的捕鲸人也确实不像殖民地的捕鲸人一样善于捕鲸。不过，问题的根本原因也许并不是缺乏天赋，而是因为没有恰当的能够激励船员的措施。与殖民地的捕鲸人不同，包括船长在内的英国捕鲸人通常是领取固定工资，而非拆账。既然不可能分得利益，也就难怪英国捕鲸人们每次出海都不能全情投入了。固定费率几乎从来不可能激发劳动者的工作热情。

因为这些重大的缺陷，到 1763 年，英国的捕鲸行业迅速衰败，还在作业的船仅剩下 40 艘，与此同时，殖民地的捕鲸活动却进行得红红火火，而且越来越发展壮大。英国人对于这个情况是有所了解的，特别是在英国国内对于鲸鱼油和鲸须的需求越来越大的背景下。所以英国政府在 1764 年修订了本国关于捕鲸的规定，取消了对殖民地鲸鱼产品加征的一些高额关税。英国首相乔治·格伦维尔（George Grenville）很清楚不受任何压制的殖民地捕鲸行业更会让英国人的努力相形见绌，但是出于一些实用主义的原因，他还是支持了修订法规内容的提议。"虽然我们在这项非常重要的贸易上让他们享受到了好处，"格伦维尔说，"……但我们是从国家层面上考虑才给出这样的优惠的，无论是美洲的还是欧洲的居民都应当被视为同一个民族。"[16]

格伦维尔的表态给殖民地人民带来的乐观情绪并没能持

续多久。到 1765 年夏天，休·帕利泽（Hugh Palliser）颁布了一项法案，对在他的辖区内进行的捕鲸活动加以限制。帕利泽的头衔是"纽芬兰岛、拉布拉多海岸及附属区域的总督和总司令"，他在法案中规定所有捕鲸船"必须把鲸鱼切割后不可利用的剩余部分丢弃到离岸边至少 3 里格之外的地方"，以免对附近水域中捕捞鳕鱼和捕猎海豹的活动造成影响。这就意味着，捕鲸人把鲸鱼拖到岸边切下鲸脂之后，还要把剩下的尸体拖回海里。另外，捕鲸船也"不得在这个海岸附近捕捞除鲸鱼之外的任何［鱼类］"。[17]帕利泽认为这样的政策很英明，因为它不仅防止了鳕鱼和海豹的猎场被腐烂的鲸鱼尸体污染，还把宝贵的鳕鱼资源都留给了来自英国本土的捕鱼船。[18]

不过，殖民地定居者对于这样的政策可没法认同，对于只能捕杀鲸鱼这一点尤为不满。向北航行到纽芬兰岛和拉布拉多半岛的殖民地捕鲸船从来都是抱着两个目的前往的。鲸鱼稀少的时候，船员们就靠捕捞鳕鱼来弥补损失。帕利泽的法令禁止了捕鲸人的这项保本措施。该法令一经生效，其对于殖民地捕鲸船的影响就立刻显现了出来，返回捕鲸港口的船只都是半空的。殖民地捕鲸人的愤怒愈发强烈还因为北方捕鲸点能够重新开放与他们的努力是分不开的。英国渴望在法国－印第安人战争中实现的目标之一就是把加拿大从法国人手中夺走。这个目标在 1760 年终于实现了，不过与法国人战斗并击败他们的重任实际上大部分落在了殖民地士兵的身上，他们与英国人一起并肩战斗，甚至英勇地献出了生命。最后，法国人终于被赶走了，在战时不得不避开加拿大水域的殖民地捕鲸船又可以重返那片水域了。可是此时这项法案出于各种实际目的，竟然禁止为解放这片水域而付出过血的代价的殖民地捕鲸人进入。更让捕鲸人感到受辱的是，违反了《帕利泽法案》的殖民地捕鲸船一旦被发现就会遭到扣押，还会有英国军舰的船员登上捕鲸船。他们不但奚落嘲笑捕鲸人，还会没收他们捕捞的鳕鱼。[19]

　　为了纠正这些不公的现象，殖民地的捕鲸船所有者们联合起来向英国议会申请推翻帕利泽的法案。投资了殖民地捕鲸行业的那些英国商人们也参与了这项行动，共同号召议会采取措施。然而，并不是只有议会听到了这些意见，帕利泽本人也听到了。于是在 1766 年 8 月，他又颁发了一份补充法案，其中虽然回应了殖民地人民的关切，但是完全没有做出任何让步。帕利泽先是宣称自己和自己的下属对于在这一地区捕鲸的殖民地捕鲸船从来都是持协助和鼓励态度的，他还争论说自己对于捕鲸活动的限制与以前实行过的那些为保护捕捞鳕鱼而规定的限制措施没有什么不同，因此其中大部分条款都将继续有效。在先给出了一些安抚性的说辞之后，帕利泽开始谈论他的不满并做出了新的威胁。他指责殖民地捕鲸人"会掠夺……海岸上任何没有能力抵抗他们的人"，不但破坏当地的捕鱼活动，还会"劫持或谋杀可怜的印第安人"。帕利泽的结论是"海岸地区非常混乱，印第安人一直处于战争状态"。要想解决这些问题，他提出国王的士兵必须被安排到海岸沿线巡逻，这样他们才能及时逮捕实施此类恶行的罪犯，并将他们"带到我面前接受审判"。为了确保他想警告的人都被警告到，帕利泽下令将他的声明张贴到

127

"马萨诸塞湾殖民地的各个港口中，因为大多数捕鲸人都来自那里"。[20]

议会对于帕利泽和殖民地定居者之间的矛盾越来越感到担忧，所以很快就中止了这项法案，待全面审核后再做定夺。不过，虽然这项法案仅仅生效了一年多的时间，但它造成的破坏已经显现了出来。既然北方有一个充满敌意的政府，殖民地的捕鲸人干脆改为去南方捕鲸了，多年来他们在南方的捕鲸活动一直很成功。在低纬度地区的美洲海岸，捕鲸人们可以不受任何干扰地作业，帕利泽的权限可管不到这里。就算帕利泽因为把捕鲸人赶走而真的获得了什么益处的话，这样的益处也并没能维持多久。1767年议会废除了帕利泽的法案之后，殖民地港口的捕鲸船马上就返回加拿大海岸捕鲸了，船的数量还比之前更多了。[21]

在那一段时期里，帕利泽并不是殖民地捕鲸人遇到的唯一障碍。实际上，无论他们到哪儿捕鲸，都要面临被袭击的危险。在法国-印第安人战争期间，到拉布拉多半岛、新斯科舍和圣劳伦斯湾捕鲸对于任何与英国有关的船只来说都是充满凶险的。仅1756~1757年，就有6艘楠塔基特岛捕鲸船受到法国人攻击并被烧毁，船长和船员都被抓走做了囚犯。捕鲸船不仅在加拿大附近水域有被截获的危险，在南边一些地方，法国和西班牙的私掠船及海盗也会以缺少武器装备、船速相对较慢的殖民地捕鲸船为袭击对象。比如1771年，3艘从马萨诸塞湾殖民地的达特茅斯出发的捕鲸船就在伊斯帕尼奥拉岛附近被西班牙军队劫持，但所有的船员都被安排搭乘另一艘捕鲸船返回了家乡。[22]

第八章　光辉时代

殖民地捕鲸人面临的危险不仅来自敌人的船只，也来自被他们追捕的鲸鱼，这一点从报纸上刊登的虽不算常见但也绝不算罕有的与捕鲸相关的伤亡消息就可以得到证实。比如1764 年 7 月 26 日的《马萨诸塞公报》 （*Massachusetts Gazette*）上报道了"达特茅斯的乔纳森·尼格尔斯（Jonathan Negers）"在鲸鱼撞击他所在的捕鲸小艇时落水并被鲸鱼拖入水中，手臂和大腿都骨折了，他被救起之后"没几天就去世了，死前忍受了极大的病痛"。[23] 1766 年的《波士顿新闻信》上刊登了一篇抹香鲸在乔治海岸（George's Bank）附近袭击捕鲸小艇的事，当时鲸鱼"猛烈地"撞击捕鲸小艇，以至于船长的儿子被抛到空中，然后落进了鲸鱼"大张着的嘴里"。据说人们听到了男孩儿"在［鲸鱼］闭嘴时……发出的尖叫。当鲸鱼转身游走时，人们还能看到他身体的一部分露在鱼嘴外面"。[24] 4 年之后，一个来自马撒葡萄园岛的捕鲸人约翰·克莱格霍恩（John Claghorn）丧命于海上，这件事后来被写成一首小诗，永远地刻在马撒葡萄园岛一个坟墓的墓碑上，埋在这里的是约翰的妻子，在他最后一次出海前，两人结婚还不到一年。

约翰和莉迪亚

本是一对璧人

丈夫被鲸鱼咬死了

妻子的遗骨埋在这里[25]

当然，也不是所有被鲸鱼袭击的人都非死即伤。1752

年，海之花号（*Seaflower*）① 上一名 19 岁的摇桨人在自己的日记中记录了一头已经被捕鲸叉插中的鲸鱼盛怒之下"立即对我们的小艇发起攻击"的事。虽然有几个人"稀里糊涂地落水了"，但是好在没人受伤。[26]1771 年，波士顿一家报纸报道了一条捕鲸小艇被抹香鲸咬成两截的故事。一个叫马歇尔·詹金斯（Marshal Jenkins）的船员"被鲸鱼咬在嘴里并随它一起沉入了水中，可是当鲸鱼再度浮出水面时"，却将詹金斯吐了出来。虽然詹金斯身上有很多严重的挫伤，但是他后来"彻底恢复了健康"。为防止有人怀疑这个故事的真实性，文章声称这个故事来自"不可置疑的权威"。[27]甚至还有传闻说，詹金斯身上留有明显的鲸鱼牙印，直到他去世的时候都没有消退。

自然因素本身也非常危险，尤其是在遥远的北方，坚冰和严寒一直是巨大的威胁。一个最令人恐惧的故事发生在1775 年 8 月，沃伦斯（Mr. Warrens）船长的捕鲸船在靠近格陵兰岛北部的地方发现了惊人的一幕。当时沃伦斯的船正小心地躲避着浮冰航行，一个船员看到远处有一艘船，于是沃伦斯和几个船员就乘坐一条捕鲸小艇前去探查。这艘神秘的船随着水流轻柔地上下起伏，仿佛一条幽灵船一般。桅杆上已经没有了船帆，船身也已经破损，甲板上还覆盖着冰雪。沃伦斯向船上喊话但是没有人应答。他们登上船之后，沃伦斯下到舱房里，发现一个男人拿着一支笔，一动不动地坐在写字台前的椅子上。这个人已经被冰冻住了，他的脸上

___

① 与前文的海洋之花号（*Sea Flower*）并非同一艘船。——译者注

有一层泛着铜锈色的霉斑。在他面前的写字台上摆着一本航行日志，打开的那页上写着这样的内容："1762 年 11 月 11 日。我们至今已经被困冰面 17 天了，昨天开始就没有火了，我们的船长一直在努力重新把火点起来但是没能成功。他的妻子今天早上去世了。没有任何救援将至的迹象。"沃伦斯和他的船员们经过进一步检查，在船上各处发现了其他人的尸体，13 年来，没有任何人被移动过 1 英寸。虽然很多人有充足的理由怀疑这个故事的真实性，认为它不过是一种人云亦云的传说，但由此传达的信息是毋庸置疑的。[28]冰天雪地的北方曾经而且还将继续让许许多多捕鲸人提早迎来生命的终结。

除了这些危险之外，捕鲸航行在大部分时间是单调乏味的。水手们有时一连几个星期或几个月也捕不到一头鲸鱼，捕到之后就是连续数日的忙碌加工过程，之后可能又要继续忍耐长期的无事可做。这样的循环也许会反复很多次。为了打发时间或找点事解闷，水手们可以雕刻、聊天或进行船只维护。他们还会喝酒，想要让船员们满意的船长往往会随船携带酒。朗姆酒是最佳选择，船上要带多少朗姆酒在一定程度上取决于航行路线的纬度范围：向北越远的航行需要的朗姆酒越多，因为它可以缓解寒冷的感觉。[29]

另一种消遣是写航海日记，大多数人的日记里记录的无非是一些简短的观察或随意的想法。不过，也有一些作品具有一定的文学性，甚至有一些令人震惊的优秀作品就是以这样的方式创作出来的。最突出的一个例子是从楠塔基特岛出海的捕鲸人皮莱格·福格勒（Peleg Folger）。他在 1751 年年仅 18 岁的时候就开始写日记。福格勒在第一篇日记里写下了这样的声明："很多出海的人在日记里记录的都是一些琐事，我［提议］在接下来的页面里，不要流水账般地记录每天发生的鸡毛蒜皮的小事；而是只偶尔记录一些特殊的大事件，只将那些有数学性的、神学意义的、历史性的、哲学意义的、诗意的或其他符合我的倾向的题材记录于此。"[30] 像所有捕鲸人一样，福格勒也常常会想家。在 1754 年 8 月 18 日他乘坐菲比号（*Phebe*）单桅帆船前往戴维斯海峡中的捕鲸点时，他为被自己留在家中的亲人写了一篇文章："今天天气很好，气候舒适宜人，阳光非常灿烂，如果家乡今天的天气也这么好的话，年轻的女士们应该出来聚会……我心中挂念着家中所有的亲人……祝他们健康、幸福、富裕……我们正喝着'富丽普'（Flip，一种由啤酒、糖浆或砂糖及朗姆酒混合后加热而成的饮品），追赶鲸鱼……希望我能早日见到你们大家。"[31]

鉴于航行时间都很长，殖民地捕鲸人可以有充足的时间来了解海流和航道。实际上，本杰明·富兰克林要不是凭借这些捕鲸人在航行中收集到的丰富知识，可能就绘制不出穿过大西洋的温暖水流形成的墨西哥湾流海图了。然而富兰克林并不是第一个解释这一自然现象成因的人。在富兰克林的时代几个世纪以前，墨西哥湾流的存在就已经为人所知了，还有人画过几张简略而片面的海图来描述该片水域的情况。很多航海者和探险家都亲身经历过强大的水流推动船只或阻碍船只前行的情况。不过只有当伟大的科学家和政治家富兰克林被邀请来解答其中的奥妙时，才终于有人对墨西哥湾流的真正范围进行了第一次测绘。[32]

当时的谜题是这样的：伦敦和殖民地的海关官员多年来一直不明白为什么从英格兰的法尔茅斯到纽约的邮政船的航行时间，总是比从伦敦前往罗德岛的殖民地商船的航行时间多两周。这两段航程的距离并没有相差到应该出现这么长的时间差距的程度。纽约和罗德岛之间的距离只有不到一天的航行里程；商船离开英国前还要先穿过泰晤士河和英吉利海峡，而邮政船从英格兰的西南海岸出发，可以直接进入开阔的海域；更让人不解的是，商船通常搭载了更多的货物，船上的水手也比邮政船上的少一些，所以理应是二者之中航行速度较慢的才对。百思不得其解的官员们想到的第一个解决办法是把邮政包裹都送到罗德岛而不是纽约，希望靠改变航行的目的地来缩减航行的时间。但是在采纳这个措施之前，他们先找到了时任殖民地邮政长官的本杰明·富兰克林，想看看他是否了解究竟是什么原因导致了这样的结果。

实际上，这已经不是富兰克林第一次思考海上的奇怪洋流的问题了。早在 20 多年前，他就曾为从殖民地前往英格兰的航行时间比从英格兰返回殖民地的航行时间"短得多"这个问题而疑惑。他还说过自己希望"能有足够的数学性证据来说服自己"这不是"地球每天自转而导致的"。[33] 到18 世纪 60 年代晚期被重新问及此事的时候，富兰克林还和海关官员一样困惑不解。不过他很快就否决了将包裹改为运送到罗德岛而不是纽约的提议，这样做最多只能够缩减一天的航程，而不是两个星期。富兰克林认为解决问题最好的办法是从最了解大西洋的人那里获取更多的详情，于是他去拜访了自己的表亲蒂莫西·福格勒（Timothy Folger），后者是一位楠塔基特岛的捕鲸船船长。福格勒认为这种时间上的差距是因为罗德岛的商船船长们都知道墨西哥湾流，虽然他们不这么称呼它；相反，从英国出发的邮政船船长们则不了解这个情况。福格勒认为人们对于湾流的了解来源于捕鲸，因为鲸鱼很喜欢在湾流边缘活动，但是不喜欢进入湾流。为了捕杀鲸鱼，罗德岛的船长们得从湾流的一边跨到另一边，在这个过程中，他们都感受过"海洋中的大河"强有力的水势。实际上，当捕鲸人搭乘进入了墨西哥湾流的英国邮政船时，他们总是会提醒英国人，船正在逆着时速近 3 英里的水流行驶，如果他们想节省时间，就应该避开水流。福格勒指出，在风平浪静的时候，逆流而行意味着船的速度受到了减损而非增进；即便是在船顺风的时候，只要它还行驶在这个洋流里，它前进的速度就会被抵消一部分，最多能达到每天 70 英里。福格勒还告诉富兰克林，那些邮政船的船长们"自命不凡，才不会听取一个美洲渔民的建议"，所以他们总是顽固地不肯改变航线。[34]

132　　听到了这个非常合理的解释之后，富兰克林觉得"海图上没有对这股洋流进行标记真是太遗憾了"，于是他要求福格勒画出一个大致的轮廓。[35]福格勒不但照做了，还附赠了几点在从欧洲驶向北美洲时应该如何避开这股洋流的建议。获得这些宝贵的信息之后，富兰克林说服殖民地邮政局绘制了一份新海图，并分发给从法尔茅斯出发的英国邮政船船长们。然而令富兰克林失望的是，那些船长们仍然无视这份新的海图，也无视上面关于墨西哥湾洋流的任何建议，他们显然还是认定，像自己这么聪明的人是不需要接受美洲殖民地定居者的建议的。过了将近 250 年之后，这份富兰克林和福格勒共同绘制的海图经受住了时间的考验。虽然人们对于海洋的理解已经有了突飞猛进的进展，但是我们不得不承认，这份海图上显示的关于墨西哥洋流的流域和速度的信息惊人的准确。[36]

在美国独立战争之前的几十年里，殖民地捕鲸业迅速扩张，吸引了大批的投资，很多通过交易其他产品而富起来的美洲商人也都愿意把鲸鱼产品添加到自己的贸易清单中，以赚取更丰厚的利益。托马斯·汉考克也是这些人当中的一员，他远离鲸鱼油市场已经超过 20 年了，但是到 18 世纪 60 年代初，他决定重操旧业，而且他还不是孤身一人来创业的。[37] 和他并肩作战的是他的侄子约翰·汉考克（John Hancock），后者同时还是托马斯的合伙人兼养子。此时法国-印第安人战争已经结束，对于鲸鱼油的需求又多了起来，两位汉考克都相信此时正是重新投入鲸鱼油生意的好时机。1763 年，汉考克一家联合其他投资者装备了一艘新船，将其取名为波士顿包裹号（*Boston Packet*），船上装载了超过 200 吨的抹香鲸鲸鱼油和普通鲸鱼油，这些都是要送到伦敦的市场上销售的。汉考克一家对于这第一次航行寄予了厚望，希望它能带来高额的回报，所以后来当这艘船只带回了一点儿少得可怜的收入时，他们难免感到非常沮丧。其中可指出的问题很多。首先，卖家没有尽早将鲸鱼油送到波士顿，错过了人们最需要照明材料，鲸鱼油价格也最高的冬季市场；其次，波士顿包裹号船长航行的速度太慢，在别的船都已经到岸并卸货之后才抵达，那时的价格又下跌一些了；最后，这艘船上装载的本来就多是没有什么价值的普通鲸鱼油，自然卖不出高价。

汉考克一家没有因此而重新考虑自己销售鲸鱼油的决定，反而加倍投入了更多。他们认为要成功就必须能在鲸鱼油市场上占据统治地位，这就意味着要先打败自己的竞争对手们。最好的途径莫过于购买尽可能多的鲸鱼油，并第一个送到市场上去。于是在1764年春，汉考克一家又购买了大量的鲸鱼油和鲸须。他们最主要的竞争对手是威廉·罗齐。随着旺季的临近，为汉考克和罗齐的公司收购鲸鱼油的代理陷入了争抢货源的价格战，收购价飙升到了不可想象的地步。竞争的下一个阶段转移到了码头上，双方的目标都是让自己的船最先抵达伦敦。当汉考克的船最终先于罗齐的船起航之后，他们忍不住为此而欢呼雀跃。截至此时，汉考克一家似乎受到了幸运女神的青睐。然而事实并非如此。尽管伦敦市场上的鲸鱼油和鲸须售价已经很高了，但是因为约翰和他的叔叔收购产品的成本价实在太高，和最终的销售价格相差无几，所以几乎没有什么利润空间。托马斯·汉考克没有听到这个坏消息，因为他在这些船抵达伦敦之前就去世了。

此时27岁的约翰·汉考克成了这个家族的领头人，因为获得了托马斯遗赠给他的10万英镑而成了美洲最富有的人之一。然而，他仍然没有反省自己和叔叔在商业决策上的失误，反而还要一条路走到黑，再一次不计成本地购买了尽可能多的鲸鱼油和鲸须并运往英国，花费的成本接近17000

英镑，全部由他个人投资。然而，结果再一次令他失望了。完全意识不到自己错误的汉考克依然有的是钱，所以到了1765年，他打算再次不计代价地购买尽可能多的鲸鱼油。不过这一次，终于有比他精明的人介入了。汉考克和罗齐在英国的代理们为最近鲸鱼产品的价格趋势而感到担忧，他们知道如果这两位商人继续无限制地竞价的话，最终的结果只能是两败俱伤。因此，代理们都督促汉考克和罗齐一定要控制住鲸鱼油的价格，而他们二人也确实接纳了这个建议。事实证明，1765年的收购战比前一年要缓和得多。

　　然而，到了1766年，汉考克打算故伎重施，决定迅速而坚决地先下手为强。他敞开自己的保险箱，向任何有鲸鱼产品的商人购买货物，在所有地方都比自己的竞争对手敢花钱，这一次，汉考克花费了大约25000英镑。对自己的策略一向信心满满的汉考克告诉自己在伦敦的代理商，今年他们将有权决定交易价格，因为他们几乎掌握了所有的供给。 134

　　汉考克的最后一批货都还没有运出波士顿，坏消息就先一步传来了。伦敦市场上的鲸鱼油价格不升反降。汉考克在伦敦的代理不但没有资格定价，反而要被迫赔本甩货。汉考克没有考虑到的问题是，殖民地捕鲸人并不是海上唯一的捕鲸人。在汉考克的货船加紧驶向伦敦的同时，装载着类似产品的船只也从荷兰、德国及包括英国在内的其他捕鲸国家驶向了同一个目的地。因此，就算汉考克能够买下殖民地市场上所有的鲸鱼油和鲸须，他还是不能垄断这种产品的销售。最终，汉考克不但没能像自己希望的那样统治整个市场，反而让产品的供应量大到形成了买方市场，所有卖家只能郁闷地看着自己的利益凭空蒸发。

汉考克平静地面对了这样的情况，不过他不可能不为再一次失败而感到痛苦。当他的代理们婉转地建议他今后购买鲸鱼油之前要先"验货"以确保产品的质量，这样才能避免在伦敦市场上受挫时，汉考克的怒火爆发了："你们的意思我不能理解，[先生们]。如果我需要靠监护人替我做决定，法律会为我指定一位……我永远不会接受让他人来检验我怎么做生意，或是让我成为其他商人的笑柄。"虽然嘴上不服输，但是 1766 年的这次惨败无疑重重地击碎了汉考克对于捕鲸行业的野心。接下来一年，他派往伦敦的货船数量缩减了一半，随后更是一年比一年少。汉考克没能成为捕鲸行业的巨头，他将自己的精力转而投向了政治——这样的转变后来被证明是对他自己及他帮助建立的这个国家都大有益处的。

革命爆发之前的那个时期，托马斯和约翰不是唯一在捕鲸行业上赔钱的商人。不过，有输家就会有赢家。数不胜数的捕鲸船船长或捕鲸商人由此发家致富，还变成了自己社会群体里的中流砥柱。鲸鱼产品在国内和国际贸易中的重要性与日俱增。殖民地捕鲸船已经能够到达大西洋上最远的地方，甚至把目标投向了更遥远的地方。殖民地定居者仅仅用了 150 年就实现了如此伟业，这不得不说是一件令人震惊的壮举。在这段相对不长的时间里，美洲捕鲸行业从最初的一个想法演化为殖民地生活中的主要动力，促进了殖民地的进一步独立。这个行业似乎已经准备好继续发展壮大了。

135

第二部分

悲伤与狂喜
1775 ~ 1860

第九章
革命前夕

时间的脚步来到了 1775 年，殖民地的捕鲸商人们怀着 139
既期待又恐惧的心情迎接了新一年的开始。从 1771 年到
1774 年间，他们经历了一段无与伦比的高产高利的美好时
光。从殖民地的港口出发的捕鲸船达到了年均约 360 艘，累
计载货 33000 吨。在船上工作的船员有 5000 人，他们每年 140
运回港口的货物数量大约是 45000 桶抹香鲸鲸鱼油，8500
桶普通鲸鱼油和 75000 磅鲸须。[1]这些产品不仅让国内和国际
贸易活跃起来，也让殖民地的捕鲸人成了这里的骄傲和其他
捕鲸国家艳羡的对象。

不过，在这些成功的背后，也隐藏着巨大的忧虑和恐
惧。殖民地和英国之间日积月累的摩擦已经逼近了临界点，
大西洋两岸间言辞上的相互指责和各种报复措施也格外激
烈。据此看来，只要有一件大事发生，就可以成为点燃革命
烈焰的星星之火。无论捕鲸商人对于拿起武器战斗的可能性
有何感想，可以确认的一点是，只要爆发革命，他们的生意
一定会受到毁灭性的打击。

英国和殖民地之间的问题由来已久，尤其是当皇室采取

一些被殖民地定居者认为是对他们不公平的或有惩罚性的保护措施时，这种矛盾就愈发突出。对鲸鱼产品加征税费就属于这一类问题，曾经的"鱼钩"塞缪尔·马尔福德拒绝遵守不公平的法律就是一个最好的例子。不过，大部分时候紧张局势还是可控的，并没有威胁到殖民地和英国之间稳固的联系。实际上，直到 18 世纪中期，几乎还没有什么殖民地定居者会否认自己是忠诚于英国皇室的子民。到 18 世纪 60 年代，本杰明·富兰克林还强调了类似的观点，说自己无法想象那些观点迥异的殖民地定居者们能有团结一心，联合起来脱离英国统治的那一天。[2] 不过，他也没有绝对否定这种可能性，而且还在最后的结论中加入了一段警告，称英国和殖民地能够继续维持团结的预测是建立在不出现"严重的暴政和压迫的前提下"，只要英国的"政府是温和、公正的，并且能够确保殖民地定居者享有一些重要的人权和宗教权利……那么［殖民地定居者们］就会保持本分和恭顺。没有风吹就不会起浪"。[3]

1763 年，法国 - 印第安人战争结束之后，英国和殖民地之间的关系加速恶化了。殖民地定居者本来还为协助击退法国人而感到欢欣鼓舞，然而在接下来的和平时期里，英国人的行为却迅速将殖民地人民的这种喜悦转化为了愤怒。英国人在很短的时间内相继通过了一系列法律，进一步激怒了殖民地定居者。这些法律之中有一项是禁止殖民地定居者到俄亥俄河谷中的阿巴拉契亚山脉以西定居，殖民地定居者则认为这样的权利是他们协助将法国人赶出这片大陆后理应享有的回报。另一项法律禁止殖民地定居者铸造自己的货币；

还有一项是强迫他们为英国军队提供住宿和物资。不过在殖民地定居者的眼中，所有法律中最糟糕的莫过于那些旨在让殖民地分担战争开销和承担一支用来随时镇压印第安人起义的军队的费用的法律。1764 年通过的《蔗糖法案》就是这一系列法规中的第一项，根据这项法案，殖民地从英国进口蔗糖、蜜糖及其他一些物资时要缴纳重税，英国还可以派遣海军来打压殖民地和其他国家之间的贸易活动，让他们无法从其他国家获得这些物资。接下来获得通过的是 1765 年的《印花税法案》，这项法案要求殖民地定居者为几乎所有的商业和法律文件支付税费，包括报纸、法案、广告和捕鲸船及其他所有船只出港前必须获得的出港许可证。

英国议会认为《蔗糖法案》和《印花税法案》都是恰当的。毕竟，保卫殖民地的花销非常庞大，已经从 1748 年的大约 7 万英镑上升到了 1764 年的 35 万英镑还多。受益于这种保卫的殖民地定居者难道不应该分担一些成本吗？尤其是在英国的国家债务迅速膨胀，英国的国民已经为本国连续不断的战争活动承担了过高税费的情况下。然而，殖民地定居者们可完全不是这样看待这个问题的。殖民地也牺牲了很多年轻人，定居者们已经被迫承担了自己的战争费用，数额总计 250 万英镑左右，他们觉得自己已经付出得足够多了，凭什么还要继续为英国人买单？《印花税法案》的颁布尤其令他们怒火中烧，因为通过该法案的根本前提就有违殖民地定居者关于公平的理念——英国的议会里并没有殖民地定居者的代表，然而这个机构在没有获得殖民地定居者同意的前提下，通过了直接向后者征收国内税的法案。[4]

如"自由之子社"这样的组织及包括萨缪尔·亚当斯（Samuel Adams）、詹姆斯·奥蒂斯（James Otis）在内的一些伟大的爱国者一时之间全都行动了起来，点燃了殖民地定居者的抗争热情，人们集合起来，大声呼喊着"无代表，不纳税"的口号，动荡的局势迅速覆盖了整个殖民地。在波士顿、纽约和查尔斯顿，愤怒的民众涌上街头进行抗议。他们把象征印花税征收人的假人吊在树上，还有很多征收人为了避免受到人身伤害而纷纷提出辞职。殖民地的商人及他们的顾客联合起来抵制英国商品，让许多英国商人陷入了亏损。

面对着人民强烈的怒火和激烈的抗议，议会只得在1766 年 3 月废除了《印花税法案》。然而，殖民地定居者们还没来得及高兴，议会就想出了从殖民地榨取收入的新办法。1767 年 6 月，议会通过《唐森德税法》，对出口到殖民地的茶叶、玻璃、纸张、铅和油漆征收关税。议会自以为针对向殖民地出口的货物征收的关税不同于《印花税法案》征收的国内税，也许会更容易被殖民地定居者们接受，然而事实是《唐森德税法》引发了新一轮的抗议，紧接着是对更多英国商品的抵制，因为殖民地商人们联合起来达成了拒绝进口的协议。想要征税的海关官员往往会受到攻击。英国人向殖民地派出强行执法及维持安定的军队的做法无异于火上浇油，只能让殖民地人民的怒火更炽。3 年之后的 1770 年 3 月，议会只好又废除了臭名昭著的《唐森德税法》。这些法案的实施并没有为英国政府带来任何收入，却引发了大规模抵制英国货的运动，不但使得海关收取的关税直线下降，还让英国商人的处境更加糟糕，因为他们几乎是被自己最大的市场拒之门外了。不过，议会对于《唐森德税法》的废除并不彻底，他们保留了征收茶叶税的规定，为的是让殖民地的暴发户们知道英国政府仍然有权按照自己认为适当的方式管理这里。虽然议会愿意承认这个法案失败了，但是他们绝不会放弃自己向殖民地定居者征税的权力。[5]

《唐森德税法》基本上被废止并没能结束英国人在殖民地面临的困难。《蔗糖法案》、《印花税法案》和《唐森德税法》及另外几个由英国人发起的不受欢迎的法案已经不可挽回地改变了越来越多的殖民地定居者心中对于自己与原本的祖国之间关系的定位。对于很多人来说，分割不再是什么不可考虑的问题。这些殖民地定居者如今已经自称为美洲人，并逐渐形成了一种属于他们自己的身份认同感。他们之中大部分人都出生在这里，并且从没离开过这片殖民地。随着时间一年年地流逝，殖民地定居者也越来越能够自给自足，他们自己生产粮食，自己制作衣物，还可以自己建造社会进步所需要的基础设施。

就连殖民地需要英国军队保护的说法也越来越有待商榷。法国－印第安人战争结束之后，法国人对于殖民地定居者来说已经不再是威胁。殖民地定居者在过去的最后一次战争中与英国正规军并肩作战，并证明了自己在战场上的能力。鉴于这些原因，到 18 世纪 70 年代初，英国面对的越来越难以驾驭的美洲已经不再是过去几十年里那个对宗主国百依百顺的殖民地了。[6]

143

1770 年 3 月 5 日晚，波士顿的天气还很寒冷，地上铺着厚厚的一层积雪。不过当晚早些时候，让那个在海关大楼前站岗的英国哨兵烦恼的并不是天气，而是一小拨聚集在他面前奚落嘲笑他的平民。后来约翰·亚当斯宣称这些人是"一群衣着随意的乌合之众，包括一些顽劣的男孩儿、几个黑人、几个黑人和白人的混血、一些爱尔兰人和稀奇古怪的水手"。[7]这种事在当时并不鲜见。英国士兵和波士顿人之间的紧张气氛已经持续了一段时间，口角更是司空见惯。大约到了晚上 9 点的时候，教堂的钟声响了起来，意思是有地方着火了。人们于是都跑到了大街上，但是并没有发现哪里需要救火。从码头上赶来的人也让街上的人群不断扩大，最后他们把注意力转移到了站岗的哨兵和随后到此支援他的 8 名英国士兵身上。这支队伍的出现令人群更加愤怒，他们开始咒骂士兵，并朝他们投掷石块和雪球。[8]据说有一个美洲定居者大喊着："你们这群狗娘养的，开火呀，你们不可能杀死我们所有人。"[9]紧接着枪声就响了起来，而且是一声接一声。最终共有 5 名殖民地定居者死亡，另有 6 人受伤。死者中有一人名叫克里斯普斯·阿塔克斯（Crispus Attucks），他曾经是一名奴隶，后来在波士顿附近的捕鲸船上工作。[10]塞缪尔·亚当斯评价这次事件为"血腥的屠杀"，殖民地定居者后来称之为"波士顿惨案"。[11]惨案发生时的情景被生动地反映在了保罗·里维尔当时制作的雕版上。这一事件进一步加强了人们反对英国统治的决心，按照约翰·亚当斯的说法，它"为美洲的独立奠定了基础"。[12]

3 年之后的 1773 年，为帮助英国的东印度公司改善财政状况，议会通过了《茶税法》，许可该公司将过剩的茶叶低价倾销到殖民地。为了实现这一目的，议会同意放弃对出口殖民地的茶叶征税，还许可东印度公司不必依照通过美洲的代理商代理的传统，而可以将这些茶叶直接卖给殖民地定居者。在议会看来这个政策对大家都有好处，既可以为东印度公司积压的 2000 万磅茶叶找到销路，又可以让殖民地定居者以比英国消费者低一半的价格买到茶叶。当然，《唐森德税法》规定对茶叶征收的那一点点税费还是要继续缴纳的，即便如此，这些茶叶的最终价格仍然会格外便宜。然而，议会错估了一件最重要的事情：激进派的领袖提出，《茶税法》的实施就是英国试图占领美洲茶叶市场的手段，它会使美洲商人无法参与这项利润丰厚的交易。还有很多殖民地定居者虽然希望买到价格低廉的茶叶，但是他们无论如何不愿意继续支付令他们深恶痛绝的《唐森德税法》中规定的茶叶税，即便数额再微不足道也不行。[13]

144

茶叶引发的不安最终促成了著名的"波士顿倾茶事件"。1773 年 11 月底，一艘名为达特茅斯号（*Dartmouth*）的船抵达了波士顿，随后不久又来了一艘埃莉诺号（*Eleanor*）和一艘河狸号（*Beaver*），每艘船上都满载着茶叶。起初，本地的激进派人士要求船只载着茶叶返回伦敦，却遭到了对方的无视，于是他们决心采取一个更能引发关注的举措。1773 年 12 月 16 日晚，大约 50 名殖民地定居者乔装成印第安人的模样，从旧南方会议厅出发，来到了前述船只停泊的滨水区。他们登上船，拆开装茶叶的箱子，然后将超过 90000 磅的茶叶全部倒进了海中。这样英王乔治三世就完全清楚殖民地定居者的立场了。

茶党具有捕鲸方面的背景。达特茅斯号与河狸号分别归弗朗西斯和威廉·罗齐所有，曾经是用来定期从楠塔基特岛运送鲸鱼油到伦敦的。实际上，这两艘船此前就是从楠塔基特岛运送鲸鱼油到伦敦去，并在返航时把茶叶送到波士顿的。在达特茅斯号与河狸号被突袭之后，两艘船就回到了楠塔基特岛，它们将从那里继续装载鲸鱼油运往伦敦。[14]

英国对于波士顿倾茶事件的反应是迅速而强硬的，立即派出了更多军队前往殖民地，并于 1774 年春末通过了一系列《强制法案》，主要目的就是向马萨诸塞湾殖民地发动反击，并惩罚殖民地人民持续抵制英国征税的行动。除此之外，这些法案还宣布马萨诸塞湾殖民地宪章无效，让殖民地的英国总督对定居者享有更多管辖权力。总督们立即封锁了波士顿港口，除非殖民地定居者赔偿波士顿倾茶事件造成的损失，否则这个港口就永远不能对外开放。议会和国王都相信《强制法案》会击溃马萨诸塞湾殖民地人民的抵抗，并终结关于除了马萨诸塞湾殖民地之外，还有其他殖民地也在奋起反抗的传言。

但是，局势显然已经升级到不受控制的程度了。到 1774 年年底，美洲各地的领导人在费城集结召开了第一届大陆会议，主要议题就是反对《强制法案》，殖民地定居者们通常称其为《不可容忍法案》，认定它们都是"不公正、残忍和违宪的"。[15]当这些领导者们在一起商讨如何组织抗议、抵制和起义活动的时候，英国皇室也没有任何让步的打算，反而决定要继续维持，甚至是加强自己对殖民地的控制。考虑到渔业对于殖民地的重要性，英国会选择这一行业作为反击的对象一点也不令人意外。1775 年 2 月 10 日，《新英格兰贸易和渔业法案》被提交给议会。这项法案通常被简称为《限制法案》，旨在通过限制贸易活动的办法来"让新英格兰走投无路"，法案不但要禁止殖民地和英国、爱尔兰及英属西印度群岛之间的贸易，还禁止殖民地渔民到纽芬兰附近水域及北大西洋任何水域捕鱼。就这一系列事件，19 世纪历史学家乔治·班克罗夫特（George Bancroft）评论说："世界上最好的造船匠都在波士顿，但这里的船坞都被关闭了；新英格兰的渔民是世界上最好的渔民，却被禁止从事这项他们最擅长的营生。正因为如此，维护捕鱼的共同权利成了美洲抗争的重要组成部分之一。"[16]如果这项法案最终获得通过，那么美洲的捕鲸行业将受到非常严重的打击。

支持《限制法案》的势力在英国根深蒂固，然而也有一拨立场坚定的少数派打算阻止这个法案获得通过，"虽然人数不多，但是他们会用热忱和行动来弥补这个不足"。[17]在听到有人说英格兰掌控着美洲的渔业，可以按照自己的意愿为所欲为的观点时，一位英国政治家指出："上帝和自然把渔业赐给了新英格兰，而不是旧英格兰。"[18]有些人争辩说，这项法案的实施最终会让在新英格兰生活的渔民，也包括捕鲸人都迁移到英格兰的对手国家去，因为他们在那里可以不受限制地从事自己的职业。还有些人相信，这项法案违反了人们长期秉持的报复原则："法案的严苛性超越了对以往那些公开宣战的敌人的严苛程度：在我们经历过的最危险的战

146 争和暴力中，我们的海军树立了不伤害宣战对象海岸地区捕鱼船只的原则；永远铭记我们宣战的对象是一个国家，而不是个人。"持反对立场的人之中还有人用多米诺（骨牌）理论解读殖民地问题："邪恶的原则生命力反而旺盛；波士顿港口法案催生了新英格兰法案；新英格兰法案又将催生弗吉尼亚法案；弗吉尼亚法案还会催生其他法案；就这样一个恶法接一个恶法的持续下去，议会终将毁掉整个殖民地。"[19]

如果这个法案得以通过，很多英国商人也将面临失去大笔生意的危险，所以他们也都坚决反对这项法案。殖民地商人雇用了一位英国贵格会商人大卫·巴克利（David Barclay）在议会中捍卫他们的权利。巴克利甚至亲自去拜访了英国首相诺思勋爵（Lord North）并向他陈述了自己代理人的诉求。巴克利告诉诺思这项法案一旦被通过，必将带来严重的后果，很可能挑起殖民地的起义。尽管巴克利为自己的观点据理力争了近两个小时，他还是没能说服诺思收回自己对这项法案的支持。[20]对于这项法案，最激烈的反对声音来自楠塔基特岛和他们的盟友。在美洲所有的捕鲸港口里，楠塔基特岛将会是受法案通过影响最大的地方，因为这里对于捕鲸贸易的依赖最严重，所以岛屿的捍卫者们为反对法案通过而进行的斗争也最坚定。巴克利当然也加入了他们的斗争，称楠塔基特岛人是"和平、勤劳的人民，大多人是接受英国统治的，所有人进行的都是合法职业，所以都是无辜的英国子民，这样严苛的惩罚会使他们的生活非常艰难"。[21]不过，楠塔基特岛的保卫者们采取的并不是全盘通过或彻底否决的策略。他们提出如果法案真的获得了通过，应当对楠塔基特岛的捕鲸人提供某些特殊豁免，这样岛上的人就可以继续捕鲸了。[22]

1775 年 3 月 22 日，著名的英国政治家、哲学家埃德蒙·伯克（Edmund Burke）在议会中做了一次持续 3 小时，内容长达 25000 字的演讲以反对通过《限制法案》。在这份高瞻远瞩的文件中，伯克敦促自己的同胞们通过协商解决与殖民地之间的分歧，选择和平，避免战争。[23]他并不希望殖民地获得独立，而是希望维持那里与英国之间的"利益丰厚且恭顺服从的关系"，他还相信要实现这一目标最好的办法是通过"审慎的管理"而非武力。伯克为殖民地定居者的精神、活动和数量而感到惊奇，但是最让他震惊的还是殖民地的生产力。他告诉议会"殖民地的商贸活动远远超过了殖民地的居民数量理应创造的规模"。伯克的演讲最关注的一个贸易部门就是渔业，他还大大赞扬了当地的捕鲸行业。

> 看看如今的新英格兰人是怎么进行捕鲸的。当我们跟随他们通过翻滚的浮冰，看着他们穿过哈德孙湾和戴维斯海峡冻结最深的隐蔽处，在北极圈搜寻他们的身影时，却听说他们已经穿过了北极的极寒之地，抵达了它的对跖点，开始与南方水域中的巨蛇战斗了……我们还知道当有些人在非洲海岸投掷捕鲸叉时，另一些人则沿着巴西的海岸追捕巨型的猎物……无论是荷兰人的不屈不挠还是法国人的活力四射，又或者是英国企业家们的精明睿智，都没能像这个民族一样将这项艰苦的事业推

进如今的高度，更何况，这个民族才处于形成初期，就像身体中的软骨还没有被历练成铮铮铁骨。[24]

伯克的雄辩依然没能发挥任何作用。《限制法案》高票获得了通过，支持与反对的比例超过了 3 比 1，并于 3 月 30 日获得了国王的批准。根据楠塔基特岛人及代表他们利益的请愿者提出的请求，考虑到该岛与英国之间密切的商业联系及长久的忠诚，最终的法案内容里增加了一项优惠规定。楠塔基特岛被排除在了必须遵守法案严苛条款的对象范围之外——也就是说，岛上的捕鲸人仍然可以到北美洲海岸以外捕鲸。[25]

4 月 5 日，格兰比侯爵（Marquis of Granby）号召人们停止针对殖民地的惩罚性立法："以上帝的名义，看看我们现在是怎么对待美洲定居者的？放弃你的财产，抛弃你的权利和自由，舍弃所有让生活安逸的东西，否则我们就将破坏你们的商业，让你的家乡遭受灾难和饥荒；如果你们对这样严厉的威胁恐吓表示异议，我们就要宣布你们为叛乱者，连你们的家人也会被投入火海、推向刀尖。"[26]这样的号召当然也失败了。仅仅 8 天之后，《限制法案》就开始在殖民地所有地区施行。

然而，在《限制法案》生效之前，已经发生了一些会让这一法案成为一张废纸的事件。1775 年 4 月 18 日晚，一支驻扎在波士顿的英国正规军前往康科德（Concord）收缴殖民地定居者储存的军用物资。英国人刚一出发，旧北教堂的钟塔里就点起了两盏灯，看到这一信号，威廉·道斯

（William Dawes）和保罗·里维尔立刻策马飞驰前去提醒当地的民兵"龙虾兵"（亦称"红衣兵"）要来了。第二天清晨，在莱克星顿郊外，民兵们挡在英国军队面前阻止他们继续前进，就是在这里，"震惊世界的革命第一枪"被打响了。在随后进行的交战中，共有 8 名民兵牺牲。战斗的消息很快传播开来，临近乡镇里的民兵也都汇集到此提供支援，使用步枪向英国士兵射击。英军的伤亡人数接近 250 人，最终只有一些残兵败将逃回了波士顿。美国独立战争就此拉开了序幕。

第十章
毁灭

149 　　美国独立战争对于殖民地捕鲸活动的影响是毁灭性的。整条海岸线上的捕鲸活动都暂停了，一方面是因为捕鲸船被英国海军扣押的风险越来越高，另一方面是因为原本参加捕鲸活动的人们都投身到爱国运动中去了。历史学家奥贝德·梅西描述说当莱克星顿的枪声传到楠塔基特岛的时候，"每个人的脸上都露出了哀伤，心中都充满了恐惧，而这都是因为对同一件事的担忧——那就是战争"。[1]这个岛屿太依赖捕鲸行业了，即便是在战争即将降临的前提下，要人们停止捕

150 鲸也是无法想象的。在革命期间，楠塔基特岛是殖民地唯一一个试图躲过敌对双方军力，继续进行捕鲸活动的港口，只不过这样的尝试通常都是失败的。

　　楠塔基特岛的苦难几乎是从战争一爆发就立刻开始了。1775年5月23日，一艘搭载了100多名各殖民地士兵的船停靠在楠塔基特岛，他们在这里停留了5天，征用了大量的面粉和大约50条捕鲸小艇。楠塔基特岛的捕鲸小艇以其可操控性、在复杂天气下的稳定性和在海上的隐蔽性著称，非常适合用来做殖民地军队的摆渡船或是向英国前哨站和英国

舰队发动突然袭击。[2] 到了 5 月 29 日，大陆会议决定采取严格的措施限制向岛上输送物资，规定自那时起，"除马萨诸塞湾殖民地之外，任何地区不得向楠塔基特岛输送粮食和必需品"，而且这些"粮食和必需品"只能"供岛内居民使用"。[3] 到了 7 月，大陆会议又发起了联合抵制从大陆地区向楠塔基特岛输出"任何粮食和必需品"的行动，除非岛上居民能证明"他们此时拥有的粮食和必需品都是供岛内居民消费的，从来没有且在未来也不会用于供外国人消费"。[4] 大陆会议采取这两次行动的原因都是人们强烈怀疑楠塔基特岛人在暗中向英国，或者更确切地说是英国的捕鲸行业提供宝贵的物资。

在殖民地的所有地方里，楠塔基特岛很可能是与英格兰联系最紧密、对英格兰依存度最高的一个地方。岛上所有的鲸鱼产品几乎都销往英格兰，岛上人赖以生存的大部分物资也都是从那里买回来的。因此，虽然楠塔基特岛从地理位置上看距离殖民地更近，但是在经济和文化上的联系与英格兰紧密得多。殖民地定居者对于楠塔基特岛人究竟忠于谁的怀疑还因为臭名昭著的《限制法案》而进一步加深了，因为被通过的法案中加入了对楠塔基特岛的特赦条款，这一条款足以证明岛上居民与伦敦之间存在某种亲密无间的关系。另一个足以显示楠塔基特岛人有可能倾向于英国的迹象在莱克星顿和康科德的战斗爆发之后不久就出现了：当时有 60 名忠于英国政府的人乘船逃到了楠塔基特岛上，并在那里找到了安身之地。一位年轻的岛上居民凯齐娅·科芬·范宁（Kezia Coffin Fanning）在自己日记中写下的内容无疑能够代表许多岛民的想法。在描述 1775 年 5 月发生的一次突袭事件时，她在日记的结尾充满感情地写下："愿上帝拯救乔治国王！"[5]

151   虽然存在这样或那样的因素，但楠塔基特岛上其实并没有多少亲英派托利党人士。实际上，大部分岛民采取了中立的态度，甚至有不少人对于殖民地定居者的事业持同情态度，最终还为革命提供了经济支持或与殖民地人民并肩作战。而且，像楠塔基特岛这样与交战双方都保持关系的例子并不鲜见。殖民地定居者中间同样存在大量反对战争，宁愿继续作为英国子民生活的人。约翰·亚当斯相信殖民地定居者中持有这样想法的人至少能够占到总数的 1/3。[6]不过，这些区别并没有被大陆会议或各殖民地议会考虑在内。楠塔基特岛在他们眼中就是一个生活着很多爱国心应当被怀疑的居民的地方，所以这里的人都需要受到严格的监视和管理。就在大陆会议投票通过限制与楠塔基特岛贸易的一周之前，还真发生了足以支持这一理论的事件。1775 年 5 月 19 日，一艘满载着弗朗西斯和威廉·罗齐的货物的船理应返回楠塔基特岛，但是这艘船却停靠在纽波特购置物资，然后准备驶向波士顿。因为当时的波士顿还处于英国的控制之下，所以罗德岛的州务卿亨利·沃德（Henry Ward）认为："关于这件事的所有情况都显示出他们为敌人购置粮食的重大嫌疑。"[7]

    大陆会议针对楠塔基特岛采取的措施引发了岛内居民的高度关注。岛上的镇民大会在 7 月做出了应对，派遣代表前往殖民地议会，陈述楠塔基特岛的情况。有文件表明岛上的资源根本不够满足哪怕 1/3 "岛民的基本生活需求"，正是

第十章 毁灭

因为楠塔基特岛严重依赖外来物资，所以岛上居民的生命线很容易被"海军力量"切断。至于在眼下的冲突中选边站队的问题，请愿书中指明"[岛屿]居民大部分是贵格会教徒，他们的教义规定了他们在任何情况下都不能出于军事目的拿起武器"。楠塔基特岛的目标就是不冒犯冲突中的任何一方，并祈祷最终能够达成"及时而持久的和解，让双方都能受益"。最后，针对楠塔基特岛是否以任何形式向英格兰捕鲸船提供支持的指控，请愿书称这种说法毫无依据。[8]

请愿书中依据宗教信念而宣布中立的要求是诚恳的。和平主义和避免冲突本来就是贵格会长期以来的标志，在这份请愿书写成之后没多久，就发生了一件不怎么光彩的事件来证明他们的这个特点。实际上，这件事的由头还要追溯到11年前，当时威廉·罗齐从一位去世的波士顿商人那里获得了大量的货物，因为这个商人生前欠了他的债。这些货物中包括一些毛瑟枪，很多还是带刺刀的。罗齐随即将这批枪支出售给了即将到北方捕鲸的捕鲸船船员，这样他们在捕鲸间歇时还可以打打水鸟之类的。不过，每当有人选中带刺刀的步枪时，罗齐这个贵格会教徒都会不顾买家的抗议而扣下刺刀。罗齐把卸下来的刺刀存放在一边，时间一长就把这件事忘了。不过，至少有一个大陆上的人还记着这件事，如今战争爆发，他第一时间找到罗齐，要求后者把这些刺刀提供给殖民地军队使用。因为这样的做法与自己的信仰相抵触，所以罗齐拒绝了这个要求。"这些武器是以夺人性命为目的而制造和使用的，"罗齐宣称，"所以我不能把武器放到一个要去杀死另一个人的人手中，就如我自己不能杀人

152

一样。"

罗齐拒绝为殖民地军队提供装备的消息很快传了出去，让很多本来就认为他是颠覆分子并在暗中破坏革命大业的人愈加愤怒。虽然收到了死亡威胁，但罗齐仍然不肯妥协。后来他谈论到自己希望的处置方式是将这些刺刀都锤打成"修剪树枝的钩子"，不过这样的愿望无法实现，于是他决定将刺刀都沉入大海。这样做的结果是，罗齐不得不于1775 年 8 月到殖民地议会中专门成立的一个委员会面前为自己的行为进行辩护。罗齐并没有为此道歉，反而告诉调查人员说自己"这么做是在遵循原则"，而且他很"高兴"自己这样做了。委员会主席说他相信罗齐已经提供了"坦率的解释"，再说"任何人都有权依照自己的宗教原则行事"。不过，这位主席也补充道："我为我们没能得到那些刺刀而感到可惜，因为我们确实非常需要这些武器。"[9]虽然对罗齐和他的刺刀事件的调查就此结束了，但是这一事件的影响持续了很久，而且经常会被拿来作为证明罗齐，进而引申为整个楠塔基特岛上居民对英国人抱有同情心的证据。

153　　就算楠塔基特岛上没有贵格会教徒，且岛上居民对于战争的反对不是部分出于宗教信仰的原因，请愿书中提出的岛屿地理位置因素也足以说明为什么楠塔基特岛无法在冲突中做出选择。如果楠塔基特岛宣布脱离殖民地，那么他们的独立肯定维持不了多久，因为他们没有自卫的手段，也指望不上英国军队前来守卫，叛变的楠塔基特岛肯定很快就会被殖民地军队打败。同理，如果遵循岛上那些视自己为爱国者的岛民的意愿，把赌注下在起义的美洲定居者身上，楠塔基特岛人面临的威胁也并不会被消除，只是施加威胁的人变换一下而已。届时他们虽不用再担心来自大陆的攻击，但敌对的英国海军随时可能向他们发起报复行动，这一样会让岛上居民天天生活在恐惧之中。如楠塔基特岛的乔纳森·詹金斯（Jonathan Jenkins）在 1775 年 9 月指出的那样："这个岛屿面临的处境是没有任何解决办法的，除非我们收拾行李离开，彻底抛弃这里，否则我们连一条载着 20 个士兵、装备了武器的双桅帆船都抵挡不了。"[10] 这个绝世而立的岛屿，这个"楠塔基特国"从没像此时这样孤立无援过。[11]

在战争期间，楠塔基特岛从未正式宣布支持任何一方，并且一直在尽最大努力维持中立地位，不过大陆上的人们仍然会指责楠塔基特岛人积极支持英国。比如 1775 年 12 月，康涅狄格州的州长乔纳森·特朗布尔（Jonathan Trumbull）就给马萨诸塞普通法院写信暗示楠塔基特岛的船从长岛进口的物资最终流入了英国人的手中。特朗布尔说："受英国政府偏爱的地方采购这么多粮食看起来非常可疑，应当对此进行严格监管。"[12] 虽然威廉·罗齐后来说服特朗布尔相信"没有这样的事情发生"，但其他指责者则从未改变过自己的观点。实际上，对于很多殖民地定居者来说，楠塔基特岛选择中立这件事本身就足以让人们怀疑岛上居民究竟效忠于谁。[13] 他们甚至提出，只要楠塔基特岛不支持殖民地，就一定是殖民地的敌人。

产生这种怀疑的理由足够充分。早在 1775 年年初，弗朗西斯和威廉·罗齐，还有其他几个殖民地捕鲸商人就开始筹划万一爆发战争，他们该如何继续进行捕鲸作业。最终他们选择了位于抹香鲸密集的，位于南方水域中心的马尔维纳斯群岛作为捕鲸活动的基地，并打算向那里派出 15~20 艘捕鲸船。起初商人们打算从一个英国港口装备船只出发，但是这样的计划出于实际原因而不得不被放弃了，因为和敌人关系太密切的话，商人们就很难招到殖民地捕鲸人来充当船员。这些人要么是不愿意选边站队，要么是同情殖民地定居者的革命事业。商人们希望能够摆出一副中立的姿态以说服船员加入他们的船队，这样才好在马尔维纳斯群岛建立起新的殖民地和港口。比选择在哪里装备船只更难的，其实是如何为自己将大部分鲸鱼油和鲸须都运到英国港口的行为辩驳，这个举动显然是不怎么中立的。根据约瑟夫·麦克德维特的说法，捕鲸人给自己找的"正当理由"是"他们只是在做自己的工作"，至于"商人们把渔民的产品卖到了哪里就不是他们操心的事了"。[14] 不过，在商人们还没来得及执行自己的计划之前，马萨诸塞湾殖民地普通法院就让商人们的如意算盘落了空。1775 年 8 月 10 日，法院通过了一项决议，要求从 8 月 15 日起，所有捕鲸船在出海捕鲸前必须先获得法院颁发的许可证。[15] 几周之后，法院又补充说要获得这种许可证，捕鲸船的所有者必须缴纳 2000 英镑的押金，并且所有货物必须在殖民地港口进行卸载，而不能在波士顿和楠塔基特岛的港口。这样做的目的显然就是防止到马尔维纳斯群岛捕鲸的船队将货物卖给英国人，同时也确保殖民地的捕鲸人不会以任何方式为敌人提供帮助。[16]

尽管有法院的限制，罗齐一家和他们的合作伙伴还是想办法获得了许可证，然后在 1775 年 9 月初派出了船。其中

5 艘船一启程就立即被英国海军军舰声望号（*Renown*）和实验号（*Experiment*）扣押并带回了伦敦。这迫使弗朗西斯·罗齐和他的一个同事理查德·史密斯（Richard Smith）立即乘船前往伦敦争取英国人对他们事业的支持，不过他们陈述自己的案例当然不只是为了获得支持，更是为了要回被扣的捕鲸船。罗齐和史密斯向英国政府提交了请愿书，其中强调了为什么英国人应当释放这些船，并为前往马尔维纳斯群岛的捕鲸船队提供保护。他们宣称自己和自己的同事"在美洲发生的动乱中团结一致，用自己的行动证明了对英国的忠诚"，所以这些船队"应当被视为英国船队或非美洲船队"。[17]最重要的是，他们争辩说在英国和美洲之间贸易缩减的情况下，这些船将为英国提供它急需的鲸鱼产品。这份请愿书达到了它想要达到的效果。捕鲸船都被释放了，马尔维纳斯群岛捕鲸船队也开始了在那里的捕鲸作业。这支船队的捕鲸活动是否成功及活动持续了多长时间都已经无法确定，不过有证据证明，他们的活动很可能一直持续到了战争末期。

155

　　随着战争的不断升级，楠塔基特岛的处境每况愈下。虽然起初关于限制与岛上进行贸易的规定有所放松，但岛上居民还是发现满足自己的日常生活需求变得越来越困难。前往大陆的船时刻面临着被英国巡洋舰扣押的风险，届时船上的船员不是被强征为士兵服役，就是要被关押到可怕的监狱船上，最终的结果通常只有死路一条。为了避免在采购物资的航行过程中遭到扣押，楠塔基特岛人通常会选择天气条件最恶劣的时候出发，希望能借此躲过他们的抓捕者。这种策略毫无疑问是非常危险的，因为楠塔基特岛派出的这些往返运送物资的船都是又细又长的，原本的设计意图是追求速度快而非稳定性高和坚固耐用。就算楠塔基特岛的船勉强抵达了大陆，他们还要面临另一个障碍。很多殖民地定居者因为怀疑和厌恶岛屿居民支持托利党的倾向，而不愿与他们进行交易，所以有的船根本买不到物资，只能"一无所获地返回"。[18]

糟糕的天气也加剧了楠塔基特岛人的厄运。1778 年夏天，一场"狂风骤雨"摧毁了岛上近半数的庄稼，那正是岛上人仰仗的粮食来源。同年 12 月，一场暴雪横扫全岛，2/3 的羊被吹进了大海或活埋在了积雪中，很多牛和马也出于类似的原因而不见了踪影。岛上一些上了年纪的居民评价说："在人们的记忆中，楠塔基特岛的牲畜从来没有因为天气而遭受过这么严重的损失"。[19]暴风雨带来的狂猛海浪还摧毁了建筑和码头，岛上的人不得不逃往别处保命。随着物资供应的缩减，物价开始飙升，很多人，尤其是穷人，不得不时刻面临着忍饥挨饿的风险。有些人为了避免更糟糕的未来而离开了岛屿，但大多数人还是选择留下来，并祈祷交战状态能早日结束。有一些殖民地港口即便不太情愿，也还是会为楠塔基特岛的船只提供补给。大陆上的一些商人也经常到岛上以极高的价格兜售产品，岛屿居民除了接受这种价格外也没有别的选择。贵格会的组织会向岛上的教友们提供一些救济。楠塔基特岛的商人们加大了同西印度群岛地区的贸易力度，将鲸鱼油、蜡烛、家畜和烟草贩卖到当地以换取朗姆酒、蔗糖和盐。在楠塔基特岛附近水域，原本因为捕鲸活动

156

的兴起而退居二线的捕捞鳕鱼的活动也重新活跃了起来。

历史学家们普遍认同的一点是，在 1775 年至 1779 年年初这段时间，除马尔维纳斯群岛的捕鲸船队之外，包括楠塔基特岛和其他殖民地港口在内的所有殖民地捕鲸活动基本上都暂停了。虽然有一小拨商人坚持运营，缴纳押金获取捕鲸许可，但是在这些船上的水手们必须时刻保持着警惕，因为他们都知道，那些在大西洋上积极巡逻的英国战舰就是奔着掠夺战利品的目标而来的。除了战利品，英国人还想要捕获尽可能多的俘虏，根据议会通过的一项非常令人不安的法案的规定，任何从殖民地船只上抓来的俘虏都要被强制征作水手在英国战舰上服役。少数一些大臣认为这项法案是非常邪恶的，他们之中还有人称该法案为"被美化的暴政"，因为这项法案"判定的刑罚比死刑还可怕，是强迫那些在这场掠夺性的战争中不幸被俘的人拿起武器，与自己的家庭、亲人、朋友和祖国为敌"。[20]当捕鲸船船长内森·福格勒（Nathan Folger）面对这样的前景时，他坚定地拒绝说："你可以把我吊死在你的横桅杆上，但是你无法让我背叛我的祖国！"[21]

如约翰·亚当斯注意到的那样，在英国战舰上服役并不是殖民地战俘唯一的选择。"每当英国战舰或私掠船俘虏了殖民地船的时候，"亚当斯写道，"政府要求他们必须给被俘船员选择的机会：要么登上英国战舰与祖国交战，要么登上捕鲸船去捕鲸。"[22]这种两难选择背后的逻辑是：战争切断了英国从美国获得鲸鱼产品的供应链，而当时的英国对于这些产品，尤其是作为照明材料的抹香鲸鲸鱼油的需求又十分巨大。虽然政府再一次采取了各种激励措施刺激英国人重新开展捕鲸活动，不过它很快就意识到提升自己捕鲸能力更快捷的方法就是征用美国的捕鲸人才。结果就是，很多来自楠塔基特岛，和包括纽约、罗德岛及科德角在内的其他美国捕鲸港口的捕鲸人都被强行安排到了英国捕鲸船上工作。

亚当斯对这种野蛮的行径感到无比气愤。1777 年 11 月，大陆会议任命他为赴法国特派员，协助本杰明·富兰克林和亚瑟·李与法国结成同盟关系。然而亚当斯在 1778 年 4 月初来到巴黎的时候，这份同盟关系已经受到了一些冲击。亚当斯不愿就此放弃，而是积极参与了各项行政活动，包括与各阶层人士进行往来通信。[23]亚当斯最初就是通过这些书信了解到有一大批英国捕鲸船队到南美洲海岸附近捕鲸这件事的，他还从报信者那里得知这些捕鲸船上有几百名美国水手，都是被迫在船上劳动的（这个说法无从核实，因为美国商人们的那支马尔维纳斯群岛捕鲸船队很可能也和这些船在一起）。亚当斯抱着极大的热情投身到了解救美国捕鲸人的事业当中。在 1778 年 10 月写给大卫·麦克尼尔（David McNeill）① 的书信中，亚当斯恳求这位成功的美国私掠者袭击英国的捕鲸船队。"如果你愿意进行一项值得称道的大业，"亚当斯说，"那么我确定没有什么能比为祖国的荣誉和利益而奋斗更光荣了。"[24]也是在 10 月，亚当斯和富兰克林还给法国政府写信，询问它是否愿意出动一艘护卫

---

① 这个人的名字似乎应为丹尼尔·麦克尼尔（Daniel McNeill），见第十章注释 24。——译者注

舰制服捕鲸船队。到 11 月初，特派员们又给大陆会议主席写信，请求殖民地为相同的目的也派遣一艘舰船。然而，让亚当斯失望的是，谁也不愿意挺身而出。

1779 年 3 月亚当斯返回了美国，他试图再一次号召人们支持他的计划。1779 年 9 月 13 日，他在写给马萨诸塞州议会的书信中全面地阐述了自己的观点。

> 尊敬的大人们：
>
> 当我暂住在巴黎的时候，我有机会从伦敦获得了一些关于英国捕鲸船在巴西海岸作业的确切信息，我请求就此向各位大人做出汇报，以免错失我方能够采取有力措施谋取益处的时机。
>
> 英国人在过去两年的时间里到南美洲拉普拉塔河（River Plate）附近进行捕捞活动，收益颇丰……他们共有 17 艘船，都是九十月份从伦敦出发。船上的水手和高级船员都是美国人。

在列举了船长的姓名并指出这些船并不像传说的那样有英国军舰护送之后，亚当斯提出"一艘护卫舰，或一艘装备 24 门炮，哪怕是 20 门炮也好的私掠船就足够"摧毁或扣押全部渔船，届时"至少可以从英国人手中解救 450 名出色的水手，还有可能动员他们加入抗击敌人的行动"。[25]虽然议会将亚当斯的报告提交了大陆会议，但还是没人采取进一步的行动。看到自己的请求再一次遭到无视的亚当斯最终也放弃了这个提议。

158

随着战争的继续，英国对于自己遭受的伤亡越来越气愤。作为回击，英国海军袭击了无数的沿海岸定居点，说是为了消灭"私掠船只的反动巢穴"，并为英国军队筹集额外的补给。[26]1778 年 9 月 6 日，英国海军来到新贝德福德，将岸上的村子劫掠一空。商店和仓库都被抢光了。枪支、火药、朗姆酒、绳子、咖啡、茶叶、大米、葡萄酒、烟草和其他物品都被装上了英国舰船。让新贝德福德成为一个重要的殖民地港口的那些建筑、码头和小型船队全部被付之一炬。整个地区的损失总计约为 105000 英镑。[27]在新贝德福德满载而归之后，英国舰船又驶向了马撒葡萄园岛。他们于 9 月11 日抵达目的地，在那里如法炮制，毁掉了 6 艘船、1 家制盐作坊、23 条捕鲸小艇，同时还抢走了 10574 只羊、315 头牛、52 吨草料和各种各样的武器和弹药。[28]当英国人开始在马撒葡萄园岛大肆搜刮的时候，楠塔基特岛人收到了他们就是下一个目标的消息。整个岛屿陷入了一片恐慌，人们把能带走的东西都装上车运到镇外。不过，人们惧怕的这次灾难最终并没有降临。英国人登陆马撒葡萄园岛之后不久，岛上就经历了一场狂风暴雨。英国人虽然还想迎风前进，但最终只能在马撒葡萄园岛附近抛锚停泊，等待天气转好。结果他们等了 3 天还没等到机会，却等来海军上将理查德·豪（Adm. Richard Howe）的命令，这些人只好立即返回纽约，楠塔基特岛就这样躲过了一劫。[29]

然而，楠塔基特岛的厄运并没有被延迟多久。到了1779 年 4 月 5 日，亲英派的乔治·伦纳德（George Leonard）带领 7 艘船来到岛上，船上不少船员都是美国人，他们很可能是打算把赌注压在英国人身上碰碰运气。7 艘船中有 5 艘停泊在了港湾入口，2 艘停到了码头边。根据凯齐娅·科芬·范宁的说法，伦纳德接到的命令是要确认岛上居民"究竟是支持战争还是和平；支持乔治国王还是美国独立"。[30]英国政府本来就怀疑楠塔基特岛人在"使用从西印度购置的物资和军需产品"支援殖民地定居者。伦纳德的任务还包括铲除岛上的非法组织，销毁他们的财产，迫使他们"服从"英国的指挥官。[31]与此同时，他们不能对岛上那些忠于英国皇室的居民有任何侵害。在伦纳德与本地领袖会面的同时，他手下的 100 名士兵就成群结队地在岛上乱转，并开始进行掠夺。包括威廉·罗齐和蒂莫西·福格勒在内的一些楠塔基特岛居民试图和伦纳德讲道理，但是毫无结果；其他人则只能满怀忧虑地旁观。然而没过多久，也许是听到了殖民地舰船正向这里驶来的消息，伦纳德和他的手下突然神秘地离开了，走之前还抢走了 260 桶抹香鲸鲸鱼油、1400 磅鲸须和其他一些物品，总价值超过 10000 英镑。[32]

几天之后，楠塔基特岛人听说伦纳德可能打算卷土重来，于是他们向马萨诸塞普通法院提出请求，要状告英国的那些指挥官。[33]楠塔基特岛人在 4 月 14 日收到了积极的回复，不过此时的他们其实已经自行采取行动了。就在几天前，楠塔基特岛居民本杰明·塔珀博士（Dr. Benjamin Tupper）听说伦纳德正在纽波特集结军力，随时可能向楠塔基特岛发起进攻。鉴于这样的情报，楠塔基特岛镇议会决定自己不能坐以待毙，而是应当立即向纽波特派遣一支代表团"尝试化解随时可能发生的"来自英国人的进攻。[34]因此，在 4 月 13

日，威廉·罗齐、塔珀博士和塞缪尔·斯塔巴克（Samuel Starbuck）三人一起乘船来到了纽波特。刚进入港口，这一行人就看到伦纳德和他的手下正在为起航做准备。代表团已经没有一点时间可浪费，于是他们立即要求面见统领海军的威廉·道森上校（Capt. William Dawson）和领导陆军的理查德·普雷斯科特将军（Gen. Richard Prescott）。结果这两个人都拒绝接见代表团并要求他们立即离开。然而塔珀博士并不是会被轻易劝阻的人。他登上了道森的船，对他进行了一番严厉的指责："你命令我们离开。我们绝不会就这么被吓跑，我们也不会离开。我们知道你的权限范围。你也许可以扣押我们的船，或者把我们关进监狱——这样的威胁对我们来说总好过被赶走。我们来这里是为了获得和平，而你本应该鼓励任何这样的尝试。"[35]代表团成功为自己争取到了在此停留的权利，不过在接下来的几天里，英国人还是禁止他们离开自己的船。最终，经过代表团反复催促，他们才终于被许可上岸。几位代表要求延后对该岛进行搜查的时间，好让他们有机会到纽约向英国指挥官申请获得保护。这个要求被批准之后，楠塔基特岛人就继续乘船向南航行了。

代表团在纽约的行动获得了极大的成功，英国海军准将乔治·科利尔爵士（Sir George Collier）发布了一条命令，禁止"所有私掠船……武装舰船或武装士兵到该岛屿上对居民的地产、房屋和人身进行骚扰、破坏或掠夺"。[36]此外，代表团还促成了一些之前被英国船只俘虏的楠塔基特岛人获得释放。在实现了此行的主要目标之后，代表团决定见机行事，超越镇议会授予他们的权限，与英国陆军指挥官亨利·克林顿爵士（Sir Henry Clinton）协商许可重启此前因战争而被彻底中断的贸易活动。如果英国人能够停止向楠塔基特岛发动进攻，允许岛上居民恢复捕鲸和捕捞鳕鱼的作业，并恢复与大陆地区，也包括英国控制的纽波特和纽约之间的贸易，那么楠塔基特岛人愿意视英国私掠船为"朋友"，不会进口"战争用或军用物资"，也"不会成为心系大陆的人员的聚集地"。[37]克林顿接受了这样的交换条件。当代表团返回楠塔基特岛时，岛上居民宣布代表团的行动"完全符合整个镇子的意愿，圆满地完成了他们的任务"。[38]

楠塔基特岛人为代表团的成果而产生的欣慰感转瞬即逝。早在代表团还没有结束行动之前，马萨诸塞普通法院就已经开始审查代表团与英国人会面这个行为本身的正当性。审查背后的推动者是驻扎在新英格兰地区的美国军队指挥官霍雷肖·盖茨上将（Gen. Horatio Gates）。盖茨是从自己手下截获的书信中得知楠塔基特岛人精心策划的与英国人的协商，这令他大为光火："既然［楠塔基特岛］舍本镇（Sherburne）位于你们州，"盖茨在 4 月 16 日写给普通法院的书信中说，"我相信尊敬的议会会马上采取适当措施阻止他们与敌人达成任何独立的条约……这样的行为不仅对美利坚合众国危害极大，更是叛国的行径。"[39]盖茨的信件立即发挥了作用，法院传唤楠塔基特岛代表前来为本岛的行为做出辩护。受派遣前来的人是史蒂芬·赫西（Stephen Hussey），他还携带了一份申诉书，其中辩称楠塔基特岛与英国人协商的事"不应受到指责"，其目的"只是为了避免遭受进一步的抢夺和破坏"。赫西的辩护起到的作用有限。法院于 6 月 23 日判定楠塔基特岛的"一些居民以非法形式与驻扎在纽波特和纽约的英国军队进行了通信和贸易，损害了合众国的大业"，楠塔基特岛"在某种程度上违反了自己对前述合众国的忠诚义务"。[40]鉴于此，法院禁止楠塔基特岛人再与敌人进行通信，无论是通信或会面都不可以，除非事先获得普通法院的许可。这样的决定显示了法院对于岛上居民的爱国之心仍然抱有怀疑。

在 1779 年剩下的时间里，楠塔基特岛居民的处境没能出现任何改善，食物供给不断减少，与大陆的贸易禁令也一直很严格。虽然代表团刚刚与英国军队达成了一些共识，但楠塔基特岛的船只在海上还是面临着受到攻击的切实威胁，也的确有一些船依然遭到了扣押。之后，楠塔基特岛的处境进一步恶化了。奥贝德·梅西写道："岛上居民在 1780 年陷入了更糟糕的处境，那可以说是整个革命战争期间最艰辛的一年。"[41]从 1779 年 12 月底到 1780 年春，这个地区遭遇了一个"严寒的冬天"。港口里结冰的面积不断扩大，一直延伸到人们再看不到一点未被封冻的水面。无论是岛屿、陆地还是沼泽里的冰雪都堆得极厚，连柴火都很难找到。这就是那几年里楠塔基特岛人不得不忍受的艰难困苦。

不过，到了春暖花开的时节，人们似乎又看到了一点希望的曙光。有消息从纽约传来：如果楠塔基特岛人提出要求，英国军队也许会批准他们出海捕鲸。楠塔基特岛上几乎

第十章 毁灭

没人愿意相信普通法院能同意他们派遣特使前去向英国人提出申请。面对这样一个两难处境的楠塔基特岛人选择隐瞒自己的真实意图。他们向普通法院保证，自己返回纽约只是为了取回丢失在那里的财物，于是法院批准他们前往；然而楠塔基特岛人一到纽约就抛弃了他们原本的说辞，转而去向英国人申请并成功获得了 15 份捕鲸许可。后来因为英国方面更换了领导，这些许可证都被作废了。坚持不懈的楠塔基特岛人又以同样的借口说服似乎完全被蒙在鼓里的普通法院再次批准他们前往纽约，并从那里获得了更多的捕鲸许可。

获得这些许可让楠塔基特岛人感到欢欣鼓舞，他们终于有了一个能说服自己继续坚持到战争结束的理由。自此之后，楠塔基特岛的运气还真的开始好转了。人们装备了几艘捕鲸船出海，收获回来的鲸鱼油和鲸须使得岛上居民与大陆，及私下里与伦敦之间的贸易重新兴盛了起来。不过这样的转机还是没能彻底解决楠塔基特岛捕鲸人的问题。无论是否获得了许可证，英国人还是会将楠塔基特岛捕鲸船视为掠夺目标，不仅会抢走船上价值高昂的货物，甚至还击沉了几艘捕鲸船。楠塔基特岛人认定，解决这个问题的最好办法就是再派遣一个代表团去向英国人申请更多的许可证，并要求今后不再发生类似的袭击。普通法院遵循一贯的先例，再一次批准了楠塔基特岛人前往纽约的申请，后者在那里不但获得了 24 份许可证，还获得了英国人关于停止突袭楠塔基特岛的保证。[42]

到 1782 年下半年战争即将结束的时候，楠塔基特岛决定采取一些新的行动。美国私掠船长期以来的掠夺行为给楠塔基特岛捕鲸活动带来了不小的损害，岛上人认为要停止这种情形唯一的办法就是在获得英国许可的基础上再去申请一些美国颁发的许可。1782 年 9 月 25 日，楠塔基特岛人向普通法院提出了申请。岛屿居民在申请书中指出战争给岛上的捕鲸行业造成了极大的损害，如果"英国和美国"不同时授予岛上居民"不受干扰地自由捕鲸的权利"，那么这个曾经辉煌的行业就将走向终结。楠塔基特岛人深入地描述了此时的境况，并且提出了一个毫不掩饰的威胁。他们的结论是：如果楠塔基特岛捕鲸业的现状得不到任何改善，岛上的人将不得不"抛弃这个岛屿……届时曾经最活跃的渔业活动很可能就会转移到其他遥远的国家去，因为在那里他们可以享受各种鼓励措施"。[43]

163　　普通法院对楠塔基特岛的处境深表同情，但是它仍然认为，楠塔基特岛要求的救济措施只有大陆会议才有权批准，因此法院将这份申请书移交给了该机构。威廉·罗齐和塞缪尔·斯塔巴克作为楠塔基特岛事业的倡导者随同被提交的文件一起前往了费城。在为获得捕鲸许可而进行游说活动的过程中，罗齐和一位来自波士顿的马萨诸塞州代表团成员发生了争执，因为后者反对授予楠塔基特岛任何特权。罗齐后来回忆和这位代表对话的结尾部分内容如下：

　　最后我问了他三个问题，分别是：
　　"这个国家的捕鲸行业值得保护吗？

值得。

在目前的情形下，除了楠塔基特岛还有更合适维持这一行业的地方吗？

没有。

如果你们和英国没有都授予我们许可，我们能继续进行这项活动吗？

不能。

那么请问还有什么问题呢？"

之后我们一拍两散。[44]

最终，顽固的波士顿代表被其他议会代表团成员说服了，他们都站在了支持楠塔基特岛利益的一方。就这样，申请书被提交给了大陆会议。最终在 1783 年年初，经投票表决，大陆会议同意向楠塔基特岛颁发 35 份许可。然而这些许可最终还是没有用上，因为就在大陆会议颁发许可的第二天，美国人接到了在巴黎签署了临时条约的好消息。美国独立战争终于结束了，可惜美国的捕鲸业已经完全毁了。

楠塔基特岛受到的冲击是最严重的。在战争初期，岛上曾经拥有 150 艘捕鲸船，到战争结束时只剩不到 30 艘。[45]超过 1000 名楠塔基特岛水手在此期间丧生或被俘，其中大部分是捕鲸人。岛上生活的 800 户人家里，寡妇的数量达到了 202 名，孤儿则有 342 名。财产损失的金额估计超过 100 万美元，这个数字在一个平均日工资只有 67 美分的年代里意味着什么可想而知。[46]虽然楠塔基特岛的捕鲸船队遭

164　受了巨大的损失，但这里也不是唯一经历厄运的地方。包括新贝德福德、普罗温斯敦、马撒葡萄园岛、纽波特和南安普敦在内的其他捕鲸港口也都是被攻击的目标，这些地方的捕鲸船队也已经被损毁殆尽。美国捕鲸业这个曾经的巨人被狠狠地击倒在地，人们等着看他还能不能找回往日的风光。

第十一章
在灰烬中重生

1783 年 2 月 6 日，楠塔基特岛捕鲸船贝德福德号 165
（*Bedford*）停靠在了泰晤士河上一个能够看到伦敦塔的位置，它的到来引发了不小的骚动。起初，本地的海关官员并不知道该怎么办才好。虽然英美之间的战争实质上已经结束，但正式的和平条约还没有被最终签署，因此美国人从理论上说还属于造反者，依法不能运输货物。意识到自己面对的这个独特而尴尬的情况，海关官员们只好到议会去寻求指 166
示，经讨论后，贝德福德号被批准卸载了 487 桶鲸鱼油。

真正引发骚动的原因其实并不是贝德福德号运载的货物，让很多伦敦人跑到码头上围观的其实是船主桅杆顶上悬挂的标志。那里迎风飘扬的正是一面 13 道横条组成的美国国旗，这让贝德福德号成为第一艘在英国港口展示美国新国旗的船。[1]自此之后，又有许多美国捕鲸船纷纷效仿贝德福德号驶向了英国，他们都相信如今战争已经结束，战前曾经活跃且利润丰厚的，与英国人之间的生意往来一定可以复苏，甚至更加壮大。这样的乐观想法也促进了楠塔基特岛、萨格港、新伦敦、波士顿、韦尔弗利特、普利茅斯和其他美国沿海岸城镇中捕鲸活动的恢复。这段时期的捕鲸效率很高，因为在战争期间鲸鱼度过了一段相对不受打扰的安宁时期，数量明显增多，也不那么容易受惊逃跑，所以更容易被捕杀。

起初很短的一段时间里，投入捕鲸活动的船只数量和鲸鱼油的价格都上升了，捕鲸业的前景看似非常乐观。但是紧接着，美国捕鲸人的美梦就以极快的速度被击碎了。战争的结果无可逆转地改变了政治和经济的格局，美英之间的关系也随之发生了根本性的改变，这样的结果并不令人意外。当康华里勋爵（Lord Cornwallis）于 1781 年 10 月 19 日在约克镇向乔治·华盛顿投降的那一刻起，战争即告终结，随后的和平谈判进展迅速，据说英国乐队还演奏了一首名为《天翻地覆》（"The World Turned Upside Down"）的歌曲，歌词尤其引人关注：

> 如果是马骑人，草吃牛，
> 猫被老鼠赶进洞……
> 如果夏变成春而春变成夏，
> 那么整个世界就天翻地覆了。[2]

虽然人们对于这首歌究竟是不是真的在约克镇奏响这件事还存在争议，但它所表达的观点是符合当时人们的感受的。随着战争的结束，美国捕鲸人很快就会痛苦地意识到，他们的世界真的已经天翻地覆了。[3]

战争的结束在英国引发了一场关于如何对待美国人和他们的鲸鱼油的激烈的辩论。一方观点认为英国应当着重发展自己的捕鲸业，同时禁止美国人向英国出售鲸鱼油。持这种观点的人使用的那些论据都是老生常谈，和以前用来鼓励英国发展捕鲸业的理由没什么两样。人们坚定地相信发展本国的捕鲸业能够为英国海军培养优秀的水手；繁荣的捕鲸行业也被视为英国在公海上维持霸权的关键。此外，在英国建造船只，由英国商人直接为本国市场提供鲸鱼油和鲸须能够产生更多的经济利益，当然好过让美国人分走一杯羹。说到底，英国人的目标是要复兴他们自己的捕鲸船队，让美国企业陷入困境，既然如此，他们怎能把钱付给美国人壮大他们的捕鲸行业呢？同时，战争的结束为人们支持英国自己的捕鲸行业提供了一个新的且极为充分的理由，那就是美国人起义并且获得了胜利，这让英国产生了自己曾经的臣民和对手在尝试自治的道路上会一败涂地的希望。因此，很多红脸（red‑faced）的英国人都不想与美国人建立什么友好的贸易关系，尤其是在捕鲸行业内，因为英国人相信就此类产品而言，他们完全可以自给自足。

其他英国人的观点则是反对停止与美国捕鲸人进行贸易。有的商人在战争一结束就迫不及待地将自己的产品送到长期以来资源短缺，所以对各种产品接受度都很高的美国市场上销售。这些商人最担心的就是一旦禁止美国人向英国销售鲸鱼油，那么美国人最主要的收入来源就没了，自然也就没有钱去购买他们要在那里销售的各种产品了。允许英美之间进行鲸鱼油贸易绝对是符合所有相关方利益的。美国捕鲸行业的命运就攥在相互争辩的这两方手中。如果英国鼓励两国之间进行贸易，美国捕鲸行业就会繁荣；如果英国选择相反的路线，美国的捕鲸行业就将受到极大的冲击，因为英国到此时为止一直是美国鲸鱼油最重要的市场，伦敦每年要购买 4000 吨抹香鲸鲸鱼油，支付的货款达到 30 万英镑。[4]

168　　　最终，维护英国本国产业的一方赢得了这场辩论。在 1783 年年末，英国宣布向外国鲸鱼油产品征收每吨 18 英镑 3 先令的关税就是这个结果的证明。在这样的重税之下，就算是售卖最昂贵的抹香鲸鲸鱼油的商人也不可能再有任何利润空间。按照威廉·罗齐的说法，按照这么高的关税核算下来，美国人每销售 1 吨抹香鲸鲸鱼油就要赔 8 英镑。[5]英国向鲸鱼油征收关税引发了广泛的关切，美国政府对此感到惊愕。如果捕鲸业的前景黯淡，那么美国未来的财政状况也会令人担忧。没有哪位政治领袖比约翰·亚当斯更清楚这一点，后者曾经钦佩地称捕鲸行业为"我们的荣耀"。[6]

　　　1785 年 8 月，亚当斯作为驻英国大使拜见了当时的首相小威廉·皮特（William Pitt the Younger），目的是探讨两国之间的贸易状况并询问英国持续实施大范围制裁的原因，其中就提到了对鲸鱼油产品的重税。当谈话的内容转向捕鲸行业的时候，皮特把责任推给了亚当斯，说"美国人不应该认为英国鼓励自己的造船工人建造船只，推动本国的捕鲸行业发展有什么错"。亚当斯的回应自然也是一套外交辞令，说美国人"绝对不会"嫉妒英国人推动国内行业发展的举动。这位未来的美国总统还说："但是让美国人无法理解的是，［英国］……为什么要牺牲整个国家的利益来让少数一些投身于造船或捕鲸的私人获利。"亚当斯进一步陈述了自己的诉求：

第十一章　在灰烬中重生

在所有已知的物质中，抹香鲸的鲸脂造出的蜡烛光线最清亮、火焰最美丽，所以您宁愿让贵国的街道陷入一片漆黑，成为抢劫、盗窃和谋杀滋生的温床，也不肯接受我国的抹香鲸鲸鱼油为兑付方式这件事让我们非常惊讶。据我所知，格罗夫纳广场四周和唐宁街上的路灯在午夜时就开始变暗，到凌晨 2 点就会彻底熄灭；若换作我们的鲸鱼油，这些路灯绝对可以一直亮到早上 9点。闪耀的路灯会在巡夜人到来之前就吓跑那些不法之徒，可以省去您在城中组建新的警察部队的麻烦和危险。[7]

亚当斯的口才最终没能说服皮特和他的政府。英国人决定继续坚持他们自 1783 年年末开始的方针。推动英国捕鲸业发展成了这个国家的首要任务，美国人想要从贸易关系中获利的愿望是不会实现的。

受打击最大的莫过于楠塔基特岛人。他们一直渴盼着战争的结束，希望重新成为国际捕鲸贵族中的精英，然而英国加征的重税及采取的其他航行措施都起到了将美国鲸鱼油拒之门外的作用，楠塔基特岛人的美梦随之变成了噩梦。不过，一直足智多谋的楠塔基特岛人仍不愿意放弃。如果英国人不愿意购买美国鲸鱼油，那么楠塔基特岛就从美国脱离出去行不行？1785 年年初，镇议会指定的一个特别委员会得出结论：楠塔基特岛要想继续存续下去，这就是最好的办法。委员会一致认定"岛上居民要想继续捕鲸活动，或进行任何相关的业务，都要付出巨大的代价，最终的结果只能是贫穷和困苦";唯一的解决办法就是让"这个岛屿和岛上的居民获得中立位置"。到 5 月 1 日,镇上居民一致认可中立地位是"这个岛屿能够采取的最有利的立场",于是他们派遣了由几位岛上的领袖居民组成的队伍前往马萨诸塞州普通法院代表岛屿提出诉求。在法庭上,获得授权可以根据自己的判断行事的岛屿代表们采取了一种双管齐下的办法。他们不仅提出了中立的问题,还进一步要求"政府为岛屿指明一条道路"好让他们能继续捕鲸活动。[8]

毫无疑问,法院对这群分裂主义者的抱怨持反对态度,很多大陆居民也都认为这样的提议无异于叛国,立法委员们立即否决了楠塔基特岛要求中立的任何可能。不过,法院对于捕鲸行业面临的困境还是非常关注的,并且愿意想办法帮助这个行业存活下去。最后的结果是,立法委员们为鲸鱼油设立了一系列补贴——每吨抹香鲸白色油补贴 5 英镑,每吨抹香鲸棕色油或黄色油补贴 60 先令,每吨普通鲸鱼油补贴 40 先令。这种经济鼓励措施的初衷是推动包括楠塔基特岛在内的整个马萨诸塞州捕鲸行业的复兴,但是它取得的效果恰恰相反。为了获得补贴,很多新手也竞相加入这个行业,造成市场上的鲸鱼油供大于求,价格暴跌,完全抵消了经济鼓励措施的效果。出现这种情况的主要原因是美国国内市场对于鲸鱼油的需求非常有限。战争几乎摧毁了美国的所有捕鲸船队,造成战争期间鲸鱼油的供应量锐减。美国人应对这一情况的办法就是改为使用动物脂肪蜡烛,这种物资不但量多,价格还便宜。[9]到了战争结束的时候,鲸鱼油的供应量又变多了,但是美国人不怎么情愿改回旧的照明方式。因此,

第十一章　在灰烬中重生

当获得了补贴的鲸鱼油涌向当地市场时，根本没有什么消费者愿意购买。虽然这个结果令人非常失望，但这还远远不足以让楠塔基特岛捕鲸人彻底放弃。就在岛上人考虑采取中立并向法院申请救济的同时，岛上的捕鲸商人也在思考如何离开这个岛屿到别处去继续捕鲸，最主要的问题是他们该去哪儿？一部分楠塔基特岛人在几年前就开始考虑这个问题了，他们的答案是迁移到距离哈德孙河河口大约 100 英里的地方。

前往这个名叫克拉韦拉克码头（Claverack Landing）的小村庄的过程始于 1783 年。随着战争走向终结，一个由 18 名分别来自楠塔基特岛、普罗维登斯和纽波特的捕鲸人、工匠和商人组成的群体认定迁移的时机已经到来了。在目睹了战争期间英国人是如何破坏了他们的船只，抢光了他们的镇子之后，这群人决定选择一个不再那么容易成为外国侵略者攻击目标，但同时也还能让他们有办法谋生的地方落脚。他们推断美国东海岸沿线各地都不是好的选择，因为那里太容易被暴露在敌人的攻击之下。但是要想继续他们的营生，特别是捕鲸活动，建立一条海上运输航线是必不可少的，所以这个新定居点还必须能够直接通向海洋。克拉韦拉克码头似乎是一个完美的选择。这里远离海洋，拥有许多建好的防御设施，四周围绕着大片树林，为造船提供了绝佳的条件。这里还有数不尽的农场，农场上生产的充足食物是发展兴旺的船运贸易的基础。

就这样，在 1783 年夏天，这 18 名所谓的"楠塔基特岛

171

探路人"派遣了一名代表前去克拉韦拉克码头购买河岸边的土地。这位名叫托马斯·詹金斯（Thomas Jenkins）的代表买下了几片地区，还包括一个码头。之后不久，楠塔基特岛探路人就沿着哈德孙河划船来到这里，准备开始新的生活了。抵达目的地没多长时间，这些人就决定给自己的新定居点取一个名字，最后经投票表决，他们在"新楠塔基特"和"哈德孙"之中选择了后者。[10]没过几年，哈德孙就成了一个兴旺的港口。一个在 1788 年到访这里的人评价这个镇子是"新英格兰移民活力和创业精神的体现……展示了一种……在美国历史上几乎没有什么能与之相提并论的……进步。这里从一个荷兰农场发展成了一个商业城市，人口众多，还有仓库、码头和制绳厂，海运活动兴盛，其他行业也很繁荣"。[11]哈德孙的成功很大部分上源于捕鲸，这里有几十艘捕鲸船出海作业，能够带回大量的鲸鱼油和鲸须。哈德孙捕鲸事业的全盛期出现在 18 世纪 80 年代中期至 19 世纪初期。到 1812 年战争（亦称美国第二次独立战争）结束时，捕鲸行业基本上衰败了，直到 1830 ~ 1845 年才又再次兴盛起来。[12]

这些楠塔基特岛探路人从没考虑过迁移到别的国家去。他们都是坚定的爱国者，虽然他们主动离开了自己的家乡，但他们绝不会离开自己的祖国。如果他们打算继续捕鲸，那也是在美国的海岸边捕鲸，无论这意味着他们要面临多少固有的困难和阻碍。[13]楠塔基特岛探路人的爱国热情与楠塔基特岛上其他捕鲸人的想法显然是截然相反的，后者在战争结束后的这些年中一致认定获得商业利益比效忠美国更重要。

岛上人最主要的目标是找到一个把鲸鱼油卖出去的途径；至于卖到哪里则是次要问题。在这种动力的驱使下，一些楠塔基特岛捕鲸商人于 1785 年夏天来到新斯科舍总督约翰·帕尔（John Parr）面前，申请获得到该殖民地定居的许可。此前已经有成千上万在美国生活的亲英派移居到了这里，如今楠塔基特岛人就是想从位于哈利法克斯（Halifax）港口对面一个名叫达特茅斯的小镇出发，继续进行捕鲸活动。他们希望这个办法可以允许他们使用在英国注册的船只运送自己的鲸鱼油，从而避免缴纳他国产品需要承担的繁重的进口税费，那样他们就可以获得巨大的利润。帕尔总督曾经鼓励楠塔基特岛人提出相关提案，如今自然是热情地回应了他们的请求。从战争结束后，新斯科舍的经济一直非常萧条，帕尔认为，将楠塔基特岛人曾经利润丰厚的捕鲸活动部分迁移至本地区的可能性正是刺激经济复苏的灵丹妙药，他就此写道："楠塔基特岛贵格会教徒进行的生意让新斯科舍迎来了最光辉的时刻，他们每年凭借捕杀抹香鲸获得的收入接近 15 万英镑。"地区议会不仅欢迎楠塔基特岛人迁居到此，还主动向他们提供了多种多样的鼓励措施。除了总计 1500 英镑的补贴和 2000 英亩的土地来协助他们重新定居之外，议会保证将楠塔基特岛人当作亲英派看待，许可他们的船只注册为英国船只，许可他们按照自己的意愿进行宗教活动。在这些利于复兴捕鲸活动的条件的吸引下，楠塔基特岛人从 1786 年春开始向达特茅斯迁居。[14]

可惜，帕尔并没能为自己在国际贸易问题上的洞察力和外交手腕而自豪多久。他在接受楠塔基特岛人申请之前并没

172

有先就这项大胆的政策获得伦敦的批准。这对于帕尔来说是一个重大的失误。许多声名显赫的英国捕鲸商人都将达特茅斯的捕鲸船队视为英国发展迅速的南方捕鲸活动的潜在竞争者，因此强烈反对在那里建立新定居点的提议。他们于1786年3月向贸易委员会提出了反对意见，争辩说楠塔基特岛移民和他们所谓的忠于皇室不过是个借口。"我们知道他们会耍很多手段，"英国商人这样告诉贸易委员会，"……因为在那个地方的任何一个港口进行的任何渔业活动实际上肯定还是由楠塔基特岛人操控的。"英国捕鲸商人敦促委员会叫停达特茅斯的实验，相信届时楠塔基特岛人就只能移民到英格兰或干脆放弃捕鲸事业。商人们还相信，如果楠塔基特岛人能够被吸引到英格兰来，"我们很快就会变成享有共同利益的一家人"。[15]

委员会被说服了，之后不久，英国内政大臣西德尼勋爵托马斯·唐森德（Thomas Townshend）向帕尔传达了这个坏消息。西德尼勋爵写道："政府最终决定不鼓励从楠塔基特岛或美国其他州迁移来的移民在南方进行捕鲸活动，除非他们是直接从大不列颠出海捕鲸。"帕尔对这项命令感到非常失望，尤其是在他认为自己的行动明明是最符合祖国利益的情况下。帕尔写道："我的首要目的就是想将一项最有价值的行业从美国吸引到这里，从而防止他们迁移到任何对英国不利的国家去。"[16]不管怎样，唐宁街已经做出了决定。结果就是，到1786年夏天，从楠塔基特岛涌向达特茅斯的移民潮戛然而止，不过至此已经有40户人家安顿了下来。既然西德尼勋爵并没有提及如何处理已经定居在此的楠塔基特岛移民，帕尔也就同意了让他们留在此地。

楠塔基特岛捕鲸人到新斯科舍请愿的同时，威廉·罗齐和他 20 岁的儿子本杰明则一起登上了前往伦敦的玛利亚号（*Maria*）。罗齐作为楠塔基特岛的代表，此行的主要目标是说服英国政府许可楠塔基特岛的鲸鱼油进入英国市场。罗齐是 1785 年 7 月 25 日抵达伦敦的，但被告知英国政府正忙于处理一些重要的国内事务，接见他的时间只能延后。罗齐于是决定利用这段时间考察一下英国的海岸线，他这么做可绝不是为了观光。如果楠塔基特岛人最终只能选择移民英国的话，那么他就得先在这里找到一个合适的港口。所以罗齐一路都在评估可能的移民地点，不过他心中的感受却是五味杂陈的。"我真心希望［这段漫长的旅途］快点结束，但是我既然大老远来到这里就不应该浪费这个机会，万一将来我们必须移民到这个国家，我理应先评估一下这种举动的可行性。"[17] 罗齐对于自己看到的其他港口都不满意，只有法尔茅斯令他印象深刻。最终他在 11 月返回了伦敦。

当罗齐在外奔波的时候，他的家庭成员、商场熟人以及一些美国官员一直在向他通报国内的政治状况。他已经获悉马萨诸塞州驳回了楠塔基特岛人保持中立的要求，但是即将通过向鲸鱼油支付补贴的政策。他还得知楠塔基特岛人移民到新斯科舍的申请获得了当地政府的批准，但是他已经听到了一些传闻，说有权有势的英国商人和贸易官员都反对这项举措，并希望通过各种鼓励政策将本打算迁移到新斯科舍的楠塔基特岛人吸引到英格兰来。罗齐此时才意识到，英国要发展自己的捕鲸行业的决心有多么坚定。据罗齐的观察：

174

"人们对捕鲸活动的热情已经到了近乎疯狂的地步，如果人员齐备，他们打算派出 30 艘捕鲸船，不过眼下似乎根本找不到足够的船员。"[18]综合考虑了这些因素之后，罗齐决定采取行动。1785 年 11 月终于见到皮特的时候，他已经想好了该如何谈判。

皮特热情地接见了罗齐，并认真听取了他陈述的楠塔基特岛人如何陷入此时这样一个"毁灭性的处境"的历史进程。罗齐提出楠塔基特岛人从来不想参与战争，一直努力保持中立，在整个冲突期间从没有采取过任何反抗宗主国的行动。最后他总结说："因为这些，我们一直接受英国的统治，直到和平条约将我们归入美国。"鉴于楠塔基特岛人在战争期间的倾向，罗齐相信英国对待这个岛屿的态度理应有所不同，尤其是对待岛上的捕鲸人时，更应当适用远好于对待美国人的标准。皮特就罗齐的说法思考了几分钟之后说："您的说法毫无疑问是正确的——既然如此，我们能为您做些什么呢？"这样的回应是罗齐最希望得到的，他立即抓住了这个机会。注意到最近很多楠塔基特岛人都因为那里遭遇的困境而被迫迁移出岛屿，罗齐说很多人"还想继续捕鲸，哪里能捕就到哪里去捕。因此，我的主要任务就是向贵国陈述我们所处的困境及造成这一结果的原因，并弄清贵国是否认为捕鲸行业是一项有价值的事业，值得贵国为这些臣民迁移到英格兰提供他们理应享有的便利条件"[19]

皮特并没有立即就这个提议给出回答，而是将其交由枢密院进行进一步的审议。不过可以确定的是，他对于让楠塔基特岛捕鲸人迁移到英格兰的前景是非常看好的。从美国独

第十一章　在灰烬中重生

立战争爆发开始，英国的捕鲸行业就一直在努力扩大规模，尤其想要在南方的抹香鲸捕鲸点找到立足之地，至少在当时，那里几乎还是被美国捕鲸人，具体来说是楠塔基特岛捕鲸人垄断的。为此，像塞缪尔·恩德比（Samuel Enderby）这样的英国捕鲸商人都雇用了经验丰富的楠塔基特岛捕鲸人到自己的捕鲸船上工作，并向英国人传授捕鲸的秘诀。[20] 这样的人才流动加快了英国捕鲸业向南扩张的脚步。试想如果楠塔基特岛大部分捕鲸行业从业者都来到英国，捕鲸行业的发展必将更加突飞猛进。罗齐当然知道英国人对楠塔基特岛捕鲸人的打算，所以即便是会面结束时皮特并没有给出什么承诺，但罗齐还是确信一旦英国政府深入研究了所有利害关系，就一定会提出优厚的条件来鼓励楠塔基特岛人迁居英格兰。事实证明，这样的自信只是他的一厢情愿。

导致罗齐失败的关键人物是霍克斯伯里勋爵查尔斯·詹金森（Charles Jenkinson），后者受英国政府的任命前来与贵格会的商人们进行谈判。罗齐一听说霍克斯伯里勋爵受任命的消息就意识到了麻烦，在他看来，"在英国政府中，甚至是整个国家里，都找不到比这位勋爵更仇视美国的人了"。罗齐于1786年年初开始了谈判进程，内容是详细说明楠塔基特岛人迁居到英格兰需要获得多少"鼓励"。罗齐说，一个五口之家需要100英镑的路费和100英镑的安置费用，100个家庭迁移的总费用就是20000英镑。霍克斯伯里勋爵显然是被这个数字吓着了："天哪，这可是一笔巨款，在这件事上我们应当力求节俭。"不过罗齐对于霍克斯伯里勋爵的立场可没有什么同感，尤其是在他自己已经在战争期间损失了许多船和大量货物的情况下。他回答说:"你也许觉得自己的国家支付了一大笔费用,但是我认为你们的国家从我个人手中非法且不公地夺走的财物就已经达到这个数字的2/3 了。"几天之后,当二人再次会面并继续谈判时,罗齐又提出了更多的要求,申请许可他将自己的 30 艘捕鲸船带到英格兰去。对此霍克斯伯里勋爵回应道:"这不可能,你必须雇用我们的木匠……[捕鲸船]必须由英国人建造。"谈判双方在此问题上针锋相对,始终达不成共识。罗齐坚决不肯让步,而霍克斯伯里勋爵则强调说,英格兰真正想要的是楠塔基特岛的捕鲸人,不是捕鲸船。[21]

最终,霍克斯伯里勋爵给罗齐的还价条件是提供 13000 英镑迁移补助,而不是罗齐要求的 20000 英镑。他还补充说自己正在起草一项渔业法案,如果罗齐接受这个提议,自己就可以将之一并写入法案,好推动整个过程继续向前发展。罗齐在告辞之前冷冷地回道:"你的还价不值得考虑,你尽管推进你的法案吧,但是别把我写进去。"为罗齐的回应感到沮丧的英国政府很快就做出了让步,同意接受 30 艘美国船前往英格兰,条件是随船共同前来的楠塔基特岛人不少于500 名。然而这样的条件还是不能让罗齐满意,在双方最后一次会面时,他甚至明确地向霍克斯伯里勋爵提出自己考虑到法国去申请移民,看看那里的政府会给楠塔基特岛捕鲸人什么样的优待。罗齐还说自己已经听到关于楠塔基特岛捕鲸人和法国人签订鲸鱼油供应合同的传闻。对此,霍克斯伯里勋爵立即从自己的书桌抽屉里抽出一份文件,开始大声宣读上面写的一些毫无依据的内容,以此来驳斥那些传闻。罗齐

176

才不会为这么明显而拙劣的表演所愚弄，他确信霍克斯伯里勋爵念出来的东西都是编造的，于是他回应说："我听到的只是些模糊的传闻，我并不能断言这些内容的真实性——不过我们现在就像是快要淹死的人，看到每根救命稻草都要努力抓住。因此，我现在更是下定决心要到法国去一探究竟了。"霍克斯伯里勋爵听到这话感到既震惊又意外："什么?! 贵格会教徒要去法国?"罗齐答道："是的，虽然我们很遗憾。"然后他就离开了。[22]

　　罗齐在和霍克斯伯里勋爵谈判时是有所保留的。他转向法国也绝不是基于一些传闻，而是先确认了法国是真的对楠塔基特岛的鲸鱼油感兴趣。在美国独立战争之前，法国对于鲸鱼油的需求并不旺盛。但是到战争结束后，法国已经变成了一个鲸鱼油的主要消费国。法国人也曾尝试通过扩大自己的捕鲸船队来满足日益增长的国内需求，但是没有成功。因此，能够从楠塔基特岛获得鲸鱼油的想法就格外有吸引力。早在罗齐和英国谈判之前，法国人就已经开始从楠塔基特岛进口鲸鱼油了。实际上，早在 1785 年年中，拉法耶特侯爵（Marquis de Lafayette）就作为中间人促成法国政府和美国捕鲸人在巴黎签订了路灯使用的鲸鱼油的采购合同。乔治·华盛顿非常感激侯爵的支持，他在给这位亲密的朋友的书信中写道："您对美国的持续关注和不知疲倦地为这个国家的利益而努力的高贵行为让我们感激不尽，我要向您转达所有人民对您的诚挚问候。在您的帮助下，我们的鲸鱼油才又在市场上赢得了一席之地，对于迫切需要加入这项贸易的国家来说，这无疑是令人欣喜和大有益处的。"[23]楠塔基特岛人表达

177

这种感激之情的方式比美国任何一个地方的群体都更加实在，人们同意将自家奶牛 24 小时内产的牛奶都贡献出来，制成了一块 500 磅重的奶酪送给了拉法耶特，算是一份"虽然微薄，但诚心诚意的"谢礼。[24]

不过，法国想要得到的可不仅仅是美国的鲸鱼油。到 1785 年年末，法国人已经开始和楠塔基特岛捕鲸人协商鼓励他们迁居到法国的事宜了。罗齐给他们列举出了一系列楠塔基特岛人接受法国邀请的前提条件，法国人对此的回应非常积极。所以当罗齐与霍克斯伯里勋爵最后一次会面时说法国人有兴趣加入只是"模糊的传闻"时，他其实是撒了个谎。在英国待了 9 个月之后，罗齐乘船前往了法国，并于 1786 年 4 月抵达，他猜想自己会受到热情的接待，结果也丝毫不出他所料。

罗齐说法国人只用了不到 5 个小时就接受了他所有的条件，此外还答应在敦刻尔克建立造船厂，承诺楠塔基特岛人对捕鲸活动享有完全的控制权，授予楠塔基特岛人进行自己宗教活动的自由，免除他们的兵役，划拨了供他们定居的土地，还规定每艘从敦刻尔克装备出发的捕鲸船都能获得补贴。[25]法国人迫切地想要和楠塔基特岛人达成协议，一个原因是为了满足国内对鲸鱼油的需求，另一个同样重要的原因则是要确保自己的老对手英国无法从楠塔基特岛人的困境中获益。托马斯·杰斐逊回想罗齐和法国人之间的谈判时说："法国政府对于英国人的举动一清二楚，对于事态的严重性也了然于心。他们看到了仅凭一个协议就可能让五六千名最好的水手加入与自己敌对的海上强国这件事有多么危险，更不用说这些水手还具备了一项只有他们才掌握的技能。法国人采取的反制措施就是用优厚的条件吸引楠塔基特岛人来法国定居。"[26]

实现了自己的目标的罗齐渴望尽快到敦刻尔克着手开展自己的捕鲸事业，他准备离开法国的时候，还以为这件事就算尘埃落定了。然而英国人并不愿就此放弃。当罗齐宣布他要到法国去的时候，霍克斯伯里勋爵还并不怎么在意，他当时只是不认为法国人能提出比英国人更优厚的条件，而且他相信美国捕鲸人肯定更愿意到英国而不是法国定居，英美之间毕竟共用一种语言，又有相同的习俗及共同的祖先和历史。[27]然而，在罗齐要去和法国人谈判的威胁真的可能成为现实之后，霍克斯伯里勋爵立刻就慌了神。他通过中间人给还在法国的罗齐送话，说议会很快就会考虑批准美国人带40艘船去英国的提案，这比罗齐原本提出的30艘的要求还多了10艘。然而当罗齐返回伦敦时，他告诉霍克斯伯里勋爵这还不够。为了让罗齐回心转意，英国首相使出了最后一招，他直接派遣了一名特使去见罗齐，告诉他英国愿意满足他的任何条件。然而即便是这张摆在眼前的空白支票也已经无法让罗齐动心了。他的回答是一切都晚了："我向你们提出的条件本是非常合理的，然而你们却拿不出任何值得我考虑的回复。"[28]相反，法国人则配合得多。所以罗齐已经决定：楠塔基特岛人要去法国了。

然而，法国人的慷慨条件并没有如他们所希望的那样将大批的楠塔基特岛人吸引到法国去，最终只有9个捕鲸家庭，总共32人迁居了。对这样的反响感到失望的法国人担心剩下的美国捕鲸人仍然可能投入英国的怀抱，所以采取了进一步的措施。法国人意识到，如果美国捕鲸人可以在美国继续进行捕鲸活动，那么他们就没有必要移居到英国了。要实现这一点的关键就是确保美国的鲸鱼油在国际上有市场，接着要确保的是这个市场只能是法国市场。为了达成这个目标，法国从 1787 年开始对来自美国的鲸鱼油免征任何关税。不过这个计划才生效不久，英国商人就如杰斐逊所说的那样先下手为强，"把自己的鲸鱼油全送到了法国市场上：因为他们享有政府的补贴，所以可以以最低廉的价格销售鲸鱼油，比享受微薄补贴的法国捕鲸人及不享受任何补贴的美国捕鲸人能承受的价格都低"。[29]英国人的主要目标就是让敦刻尔克的捕鲸生意做不下去。对此法国人采取的反击措施就是由政府颁布禁令（arrêt），停止进口任何外国鲸鱼油。这样的政策对于在敦刻尔克的美国捕鲸人来说是个好兆头，然而对于广大的还留在美国的捕鲸人来说则无异于灭顶之灾，因为他们也像英国人一样被法国市场拒之门外了。作为美国驻法国公使的杰斐逊对这件事保持着高度的警惕。随着这条禁令的颁布，他多年来让法国港口向美国鲸鱼油敞开大门的工作就全付诸东流了。杰斐逊要求与政府官员进行会面，并在会面时强烈要求取消这项禁令。法国政府很快又颁发了一条对进口美国鲸鱼油的特许令，其他国家的产品则仍然被排除在外。[30]尽管出现了不少周折，但事实证明，与法国人打交道对于美国人还是有利可图的。罗齐家族主导的敦刻尔克捕鲸船队从 1786 年的 6 艘发展到 1792 年鼎盛时的 26 艘。其他留在美国的捕鲸人也依然可以将他们的产品送到法国港口去。

与此同时，英国人则致力于发展自己的捕鲸业。经过长达几个世纪的尝试之后，英国人终于掌握了捕鲸的秘诀。他们的成功大部分要归功于那些来自楠塔基特岛的身强力壮、虎背熊腰的捕鲸人，以及被高薪聘请到英国人船上的捕鲸能手们。除此之外，也有一部分功劳应当被记到新一代英国捕鲸商人的精明能干上；还有一部分就是英国政府采取的补贴政策，否则捕鲸活动也不会有这么大的经济上的吸引力。美国人身陷战争泥潭当然也是有利于英国捕鲸业发展的因素之一。根据杰斐逊的观察："在战争爆发之前，英国只有不到100 艘捕鲸船，美国有 309 艘。到 1786 年，英国有 151 艘，1787 年是 286 艘，1788 年是 314 艘……与此同时，[美国的捕鲸船] 骤减到 80 艘左右。两国在捕鲸行业上的地位实际上是互换了，英国获得的正是美国损失的。"[31]

除了规模上的扩大，英国捕鲸人的捕鲸范围也扩展到了全球各地。在 1786 年，英国捕鲸人发现经过连续 10 多年的过度捕杀之后，巴西海岸附近的鲸鱼变得"更凶猛"了，所以比以往更加难以捕杀。与此同时，到中国做生意的商船返回英国时带来了太平洋里有很多鲸鱼的消息。一个带领商船前往远东地区的美国捕鲸船船长说自己在"巽他海峡和爪哇岛附近看到的抹香鲸，比自己在任何地方见过的都多，只要给他 3 个月的时间，他就可以装满一艘 300 吨的大船"。 180 这样的情报让英国捕鲸人都做起了驾船绕过合恩角，到太平洋里去捕鲸的美梦。在 1778 年 8 月 7 日，归属于英国最主要的捕鲸家族企业塞缪尔·恩德比父子（Samuel Enderby &

Sons）公司所有的艾米莉亚号（*Emilia*）从伦敦起航，在 7 个月之后的 1789 年 3 月 3 日，艾米莉亚号的大副、楠塔基特岛人阿尔盖卢斯·哈蒙德（Archaelus Hammond）成了第一位成功在太平洋中用捕鲸叉杀死鲸鱼的西方人，具体来说是杀死抹香鲸。大约一年之后，艾米莉亚号满载着鲸鱼油返回了伦敦。回想起这次航行，心满意足的塞缪尔·恩德比后来这样写道："艾米莉亚号到南太平洋捕鲸差不多是利益最丰厚的一趟航行；船员返回时也都身体健康，只有一人在捕鲸时丧生。"[32]自此，在太平洋捕鲸的活动拉开了序幕。

虽然英国的捕鲸行业发展得很成功，但很多英国人仍为没能在 18 世纪 80 年代中期将罗齐及岛上其他捕鲸人吸引到英格兰而感到遗憾。这些人之中的代表就是查尔斯·格雷维尔（Charles Greville），他是一位贵族，也是议会的成员。1785 年，格雷维尔就曾积极鼓动罗齐将自己的捕鲸事业转移到威尔士的米尔福德湾（Milford Haven）。格雷维尔提出的这个建议对于罗齐来说是切实可行的，对于他自己来说也是有利可图的。首先那里有一个优良的港口；其次，米尔福德湾大部分的土地都归格雷维尔所有，如果这里能发展成一个捕鲸行业重镇，那么格雷维尔当然也会获得很大收益。不过，在罗齐仔细考虑格雷维尔的任何提议之前，他与霍克斯伯里勋爵的谈判就中止了，他本人也去了法国。虽然格雷维尔失去了这个机会，但是他从来没有放弃将米尔福德湾改造为捕鲸港口的想法。到 1790 年，他制订了一个新的计划来实现自己的目标。为什么不把迁居到新斯科舍的达特茅斯的

第十一章 在灰烬中重生

楠塔基特岛捕鲸人吸引到米尔福德湾来呢？英国政府对格雷维尔的这个建议反应积极，在很短的时间内就向达特茅斯的捕鲸人提供了优厚的鼓励移民政策。捕鲸人接受了这些条件，从 1792 年夏天起开始向米尔福德湾迁移。这次人口流失的事件给达特茅斯带来了巨大的打击，没过多久，这里的捕鲸行业就衰败了。[33]

当达特茅斯的捕鲸人穿过大西洋前往新家园的时候，威廉·罗齐则在为法国形势的迅速恶化而感到担忧。1789 年爆发的法国大革命显示出了愈演愈烈之势。罗齐写道："在美国革命结束后，我再也不想经历另一场革命了。"结果却事与愿违。为了保护自己的生意，罗齐不得不离开法国。1792 年夏天，罗齐在伦敦两次与格雷维尔会面，讨论将敦刻尔克的捕鲸船队迁移到米尔福德湾的可能性。船队迁来的美好前景让格雷维尔感到欣喜，所以他尽全力敦促政府为罗齐提供优待政策来鼓励他采取行动。然而格雷维尔的恳求并没能起到什么作用。他需要说服的在政府中掌权的人，正是当初向罗齐提出邀请却遭到拒绝的那些人，他们对罗齐本人的敌意本来就很深，再加上，政府对邀请罗齐的建议缺乏热情也确实有经济方面的考量：英国捕鲸船队的扩大自然意味着鲸鱼油产品供给的增多，在英国港口上卸载的大量鲸鱼油使得英国的捕鲸商人们迫切需要为自己的产品打开销路，否则就要遭受经济损失。政府担心如果让罗齐的效率极高的捕鲸船队来到英国的话，只会造成鲸鱼油产品的供应量更多，却不能创造出新的购买力，由此可能会进一步加剧供求之间的差距——更何况这个差距本就因为最近从达特茅斯迁移到米尔福德湾的捕鲸人而拉大了。[34]

　　罗齐意识到英国人已经不想接受他之后，就开始考虑返回美国的计划，他是在 1793 年 1 月 19 日收拾行装从法国登船前往伦敦的。一年之后，他登上了一艘前往波士顿的船，再从那里去了楠塔基特岛。罗齐回到了家乡，不过他关于在岛上复兴自己的捕鲸事业的计划很快也落空了。虽然岛上人对罗齐的接待比他想象的"更加热情"，但还是有很多人从心底对罗齐家族充满怀疑和不满，造成这种结果的主要原因当然就是他们把自己家族生意的利益凌驾于其他岛民之上，为了英格兰和法国的机会而抛弃了楠塔基特岛。[35]罗齐也不想留在这个无论是他本人还是他的家族都不会受欢迎的地方。再说比起同胞的恶意，更重要的问题其实是这里的水深。18 世纪晚期建造的大部分捕鲸船都已经大到不适宜楠塔基特岛港口了，围绕在港湾出口处的沙洲太浅，大船根本浮不起来。罗齐因此决定追随自己父亲的脚步，于 1795 年夏天定居到新贝德福德，那里的水深更深，那里的人们也更欢迎他的到来。

　　对于威廉·罗齐，也是对于整个美国捕鲸业来说，这一时期绝对是一个充满变数的年代。直到 18 世纪 90 年代中期，美国的情况才终于有所好转。对于鲸鱼油的国内需求开始上升，一些在战争期间和战争刚结束时改用动物脂肪蜡烛的人又改回使用鲸鱼油了，所以鲸鱼油的消耗量越来越大，人们使用了设计更合理的油灯，让它能够提供更多光亮，产生的烟雾也更少。鲸脑油蜡烛又重新流行起来，人们觉得多花一些钱买这种蜡烛是值得的，因为它们燃烧起来更持久，照明效果更好，所以使用的人也越来越多。沿海岸地区的灯塔数量增加了，像波士顿、费城和纽约这样的美国城市里的路灯数量也增加了，为的是追赶上伦敦和巴黎的潮流。与此同时，海外市场上的需求也在增长，因为担心国际冲突会影响鲸鱼油的供应，所以一些欧洲国家选择事先囤积美国鲸鱼油以备不时之需。[36]

鉴于此，美国捕鲸船的数量又开始上升了，他们出海的距离也更远了，还追随着英国人的脚步进入了太平洋水域。[37]实际上，新贝德福德的丽贝卡号（Rebecca）就是第一批绕过合恩角的美国捕鲸船之一。船上人称，他们在1791~1793年航行期间，在太平洋上看到的捕鲸船至少有40艘，其中7艘来自楠塔基特岛，来自新贝德福德、哈德孙和波士顿的各有1艘。[38]此时的美国捕鲸人已经不再渴望移居国外去进行捕鲸贸易了；反倒是当初离开的捕鲸人出于各种原因都返回了美国，有些是因为担心国外动荡，有些是因为想家，还有些是因为得知美国的捕鲸行业又重新兴旺起来了。即便如此，美国捕鲸人对于未来还是充满忧虑的，因为他们知道持续的成功主要依靠的都是一些不在他们控制之内的因素。他们最害怕的事莫过于美国再被卷入新的战争。随着欧洲国家间的均势状态迅速瓦解，美国人的噩梦似乎就要变为现实了。

在罗齐离开法国仅仅两天之后，也就是1793年1月21日，革命者在法国人的欢呼声中将路易十六送上了断头台。不久之后，法国的革命政府就向英国、西班牙和荷兰宣战。

后来"警告"自己的国民们要"谨慎对待外国纷争"的乔治·华盛顿总统在当时竭尽全力想要防止美国陷入日趋严重的欧洲各国间的冲突。他一直提防着法国,不过最令他担忧的无疑还是英国。[39]从美国独立战争结束之后,英美之间的关系就一直风波不断。到 1794 年,因为英国海军采取扣押美国船只、强征美国水手的政策,两国之间的紧张局势升级到了很多美国人都以为英美再次交战已经不可避免的地步。然而,华盛顿总统没有宣战,而是派遣最高法院大法官约翰·杰伊(John Jay)到伦敦去就此事进行协商。最终签订的《杰伊条约》于 1795 年获得了政府的批准,虽然它并没能解决多少问题,但至少避免了美国与英国开战,不过,这个条约却让法国人火冒三丈,因为在美国爆发独立战争的困难时期,法国曾与起义的殖民地定居者结成联盟,如今美国却选择与法国的死敌签订条约。这让法国人认为自己有正当理由认定,该条约是对法国在 1778 年与殖民地签订的条约的否认。为了报复外交上受到的羞辱,法国选择对于本国私掠船在西印度地区频繁袭击美国船只的行为视而不见。到 1797 年,法国甚至将这种侵扰行为规定为一项政策,官方许可私掠船袭击美国船只,最终共有超过 600 艘美国船遭到了法国人的扣押。[40]

虽然美国人最初试图让法国人停止这种攻击的努力都失败了,但新上任的总统约翰·亚当斯决定再一次尝试通过外交途径解决这个问题。他派遣了查尔斯·科茨沃思·平克尼(Charles Cotesworth Pinckney)、约翰·马歇尔(John Marshall)和埃尔布里奇·格里(Elbridge Gerry)一起到巴

第十一章 在灰烬中重生

黎去进行休战谈判，但是时任法国外交部部长塔列朗（Talleyrand）决定玩一个危险且带有侮辱性的游戏。他敷衍了事地接见了美国代表团，仅仅出席了 15 分钟，就把剩下的沟通工作都交给了自己的 3 位代表。在美国代表团写给本国议会的汇报书信中，他们分别用 X、Y 和 Z 来指代这 3 位代表，说这 3 人明确表示，虽然塔列朗渴望达成协议，但是他要求收取一笔"贿赂"，法国人选择的说法是"好处"，好处的数目是 25 万美元。除此之外，美国人还必须借给法国一笔 1000 万美元的贷款。[41]平克尼、马歇尔和格里强烈谴责了这种敲诈勒索的行径，并中止了谈判。当这场"XYZ 事件"的消息传到美国，人们得知了法国人敲诈的条件之后，所有美国人都为此感到愤慨。亚历山大·汉密尔顿（Alexander Hamilton）宣称"在大量证据面前，还要为法国辩护的人……就不是美国人，唯一可供他们选择的借口就是他们是傻子、疯子或叛国者"。[42]人们团结一致的呼声是"宁愿为保卫祖国花费几百万，也不会向法国人进贡一分钱"，这样的号召很快就传遍了全国。[43]不过，美国并没有宣战，而是选择采取一种咄咄逼人的进攻性政策，目的在于迫使法国人意识到进攻美国船只并不符合他们自身的利益。美国政府扩大了自己的海军，然后派遣军舰到海上去拦截外国武装船只，并夺回之前被他们俘虏的美国船只。这样的行为无异于将美国带入了一种针对法国的准战争状态，美国的捕鲸人们受到的影响非常大。很多捕鲸船所有者宁愿出售自己的船或将它停靠在港口里，也不愿冒着被俘虏的风险出海。为商船购买保险的费率一飞冲天，

184

225

给装备一艘捕鲸船出海增加了新的障碍。一些派船出海的船只所有者都遭遇了船只被敌人抢走的情况，仅楠塔基特岛一地就损失了 4 艘捕鲸船。[44]

1800 年，准战争状态结束后，美国的捕鲸行业又迎来了一段发展期。对产品的需求扩大了，价格也升高了，新船纷纷从楠塔基特岛、新贝德福德、新伦敦、哈德孙、萨格港和其他港口出海。不过这样欣欣向荣的景象又没能维持多久。到 1803 年，英法之间脆弱的和平状态再一次破裂，大西洋又沦为了战场。1806 年，法国宣布对英国实行海上禁运。翌年初，英国也宣布对法国实行海上禁运作为报复。美国船的中立性越来越被无视，无论是交战双方还是私掠船只都可以随意强占美国船，因为他们怀疑这些船是要和自己的敌人做生意。美国拥有的还很弱小的海军根本没有能力阻止这样的掠夺行为。在得不到足够的安全保障的情况下，担心船被劫的许多美国捕鲸商人都缩小了自己的生意规模；不过他们还是坚持继续捕鲸，一边争取获得利润，一边相信只要美国不进一步被卷入欧洲冲突，自己就一定可以熬过这段艰难时期。然而，随后的事态只能用每况愈下这 4 个字来形容。

185

美国海军舰船切萨皮克号（*Chesapeake*）于 1807 年 6 月 22 日清晨从弗吉尼亚州的诺福克（Norfolk）起航，船长是塞缪尔·巴伦（Samuel Barron）。当天晚些时候，英国皇家海军的美洲豹号（*Leopard*）拦截了切萨皮克号。巴伦服从了对方的命令。很快，美洲豹号上的约翰·米德上尉（Lt. John Meade）就带领一小队人员登上了美国军舰，要求巴伦把所有船员都集合到甲板上，供米德检查其中是否有英国海军逃兵，如果有的话，他就要将逃兵带走。巴伦拒绝了米德的要求，后者于是下了船，之后不久美洲豹号就开始向切萨皮克号近距离开火。切萨皮克号的甲板上堆满了在诺福克装载的补给，所以巴伦和自己的船员几乎无法展开有效的反击。鉴于此，巴伦选择了投降。然而美洲豹号无视这样的表示，仍然派遣了一支小队登上切萨皮克号，强行带走了 4 名被他们称为是逃兵的船员。最终，受损严重的切萨皮克号缓缓地返回了诺福克，船员中共有 4 人在交火中丧生，另有18 人受伤。[45]

切萨皮克号事件让美国公众群情激愤。从 18 世纪 90 年代初开始，美国人就一直为英国采取的越来越激进的压制美国的政策而怒火中烧。英国人声称他们此次采取这样的手段抓走的水手是英国公民，而且是海军逃兵，因此要将其遣送回国。这种情况确实存在，但不可否认的是，被英国海军强征服役的水手里也有很多是美国人。切萨皮克号事件的情况就是如此。被抓走的 4 个人中，只有 1 个是英国逃兵，另外3 人都是美国公民。[46]

切萨皮克号事件引发的愤怒情绪让很多美国人开始号召对英国宣战。但托马斯·杰斐逊总统很清楚美国还完全没有做好战争的准备，所以他决定采取另一种策略——以贸易手段给英国和法国一点教训，因为这两个国家都践踏了美国的中立地位，扰乱了美国的海运。1807 年 12 月 22 日，杰斐逊签署了一项禁令，禁止美国与任何其他国家进行海上贸易，美国的船只所有者必须先缴纳高额的押金才能在美国港

口间运输货物，以此来确保他们不会偷偷将货物运往外国港
口。这项禁令的支持者们希望通过不向英国和法国提供美国
货物的办法让他们的经济陷入混乱，迫使他们尊重美国的中
立地位，停止有损美国利益的政策。

贸易禁令确实对经济产生了巨大的影响，可惜不是对英
国或法国的经济，而是对美国自己的。事实证明，那两个国
家并不是非要依靠美国的货物不可，而美国自身却绝对离不
开英国和法国的市场。禁令通过之后的一年内，美国的出口
额从 1.08 亿美元跌落到 2200 万美元。[47]美国捕鲸人受的影响尤
其大，国外市场被彻底关闭了，要想进入国内市场又得先缴纳
高额的押金，这让很多捕鲸船所有者望而却步，所以很多捕鲸
船都闲置了，这些船上的捕鲸人自然也都失去了工作。

到 1811 年，美国即将与英国开战的兆头越来越明显。
很多美国人对于英国不断践踏美国中立地位的行为感到忍无
可忍，更不用说英国人通过加拿大来为美洲西部的印第安人
提供武器装备，在背后鼓动他们抵抗美国边境扩张这件事。
议会里的鹰派人士比例大增，他们大多来自西部和南部，主
张保护"自由贸易和水手权利"，同时也将战争视为从英国
手里夺得对加拿大的控制权、从西班牙手里夺得对佛罗里达
的控制权的绝佳机会。[48] 1811 年 5 月，美国军舰总统号
（*President*）在弗吉尼亚州海岸向英国军用单桅帆船小贝尔
特号（*Little Belt*）开火。虽然总统号船长称开火原因是认错
了对方船的身份，并做出了道歉，但英国人依旧不肯善罢甘
休。他们要求美国赔偿小贝尔特号的损失，美国人却回应说
英国人应当先赔偿炮击切萨皮克号的损失，结果双方都没有

提供任何赔偿。到了 11 月，詹姆斯·麦迪逊总统要求国会加强军事准备。一个月后，仍然希望避免冲突的麦迪逊总统派遣大黄蜂号（Hornet）军舰到英国送信，请求英国改变对美政策，否则就要面对战争的风险。到 1812 年 4 月初，没有收到英国回应的美国国会在麦迪逊总统的请求下实施了为期 90 天针对所有贸易的禁令，这段时间其实就是用来让所有还在海上的船只在正式宣战之前安全返回港口的。[49]

虽然很多美国人叫嚣着宣战，但是捕鲸商人绝对不是这种想法的支持者。以往糟糕的经历告诉他们，战争会毁掉他们的生意。楠塔基特岛人在 5 月给国会去信说："考虑到当前的国际形势，希望能够避免爆发战争。"信中回顾了独立战争给岛上经济带来的毁灭性打击，并请求国会采取措施避免重蹈覆辙。信中还指出："向他国宣战将把这个岛屿变成荒无人烟的废墟。"楠塔基特岛居民近 90% 的"商业资本"都投入了海上，预计 75% 的船无法在 12 个月以内返回。[50]一旦此时战争爆发，那些船都会成为英国海军攻击的对象。然而捕鲸商人的担忧，也是很多依赖海上贸易为生的美国人都有的担忧，但它终究抵不过人民要求宣战的情绪。推动战争爆发的最后转折发生在 5 月 22 日，返回美国的大黄蜂号带来了英国拒绝麦迪逊总统请求的消息。6 月 1 日，认为自己已经为维护和平尽了全力，却依然不能避免战争的麦迪逊请求国会向英国宣战。在西部和南部各州的积极响应之下，国会同意了这一请求，6 月 18 日，麦迪逊正式签署了宣战书。[51]1812 年战争就此正式打响，美国的捕鲸业即将遭遇又一次衰落。

第十二章
一败涂地

从多个层面来说，1812 年战争就是美国独立战争的重演，只不过规模变小了一些。战争爆发时还在海上的美国捕鲸船中有几十艘都被英国海军劫持或烧毁了。对鲸鱼油和鲸须的需求严重缩水，甚至彻底消失。美国所有的捕鲸港口都 停止了作业，只有楠塔基特岛人还在继续。不过就连这个坚定不移的捕鲸群体也只能安排有限的几次航行，而且每次起航都伴随着深深的恐惧，因为没人知道船和船员这一走还能不能活着回来。虽然 1812 年战争对于美国捕鲸行业来说是一段黑暗的时期，但是有两位英雄人物的事迹尤为突出，可以算是这个几近毁灭的行业中唯一闪耀的光辉。两位英雄之一是美国海军上校大卫·波特（Capt. David Porter），他率领美国军舰埃塞克斯号（*Essex*）在太平洋上巡航，大胆而突然地给了英国捕鲸业者沉重一击，也让美国捕鲸人终于有了一件值得庆祝的事。

波特的父亲在美国独立战争期间曾经是一名私掠者。1796 年，16 岁的波特决定和父亲一道登上一艘前往西印度地区的商船。两年之后，迫切地想要在与法国的准战争中保

第十二章　一败涂地

卫自己国家的航运权利和荣誉的波特应征加入了美国海军，成为一名海军候补军官。自此之后，波特升迁的速度很快，他在战火中的英雄事迹和非凡勇气体现出了他出类拔萃的品质。不过，他的步步高升在 1803 年年底被迫中断了。当时他所在的费城号（*Philadelphia*）在的黎波里（Tripoli）的港口搁浅，所有船员都被的黎波里政府抓捕并囚禁了 19 个月，因为的黎波里和美国在当时处于交战状态。战争结束后，波特等人获得了释放，但他仍然留在地中海水域指挥着两艘美国舰船，直到 1807 年才返回美国。他在纽约短暂居住了一段时间，过了一段花天酒地的日子。在这期间他结识了作家华盛顿·欧文（Washington Irving）和他的社交圈子——"真正的基尔肯尼人"，还得到了"辛巴达第二"的绰号。1808 年，波特结了婚，之后不久被任命为中校，到新奥尔良的海军基地就职。这个职务至关重要，有时还要面临巨大的危险，因为海军要保证禁运令得到执行，还要保护美国商船不受法国和西班牙私掠船的侵害。不过这样的工作缺乏波特渴望的那种刺激、激情和挑战；最重要的是，波特没有一艘属于自己的船可掌控。所以他迫切地想要回到海上去，想要指挥一批船员为自己的祖国而战。就这样，在新奥尔良工作了两年之后，波特北上申请了一个新的职务，最终他被任命为埃塞克斯号的指挥官。[1]

　　埃塞克斯号是一艘拥有光辉历史的军舰，1799 年在马萨诸塞州的萨勒姆下水，它的建造多亏了这个镇上的以及临近的埃塞克斯县（Essex County）的居民。作为这个国家最重要的港口之一，萨勒姆在国际贸易中扮演着重要的角色，所以在美法准战争期间，这里的商船总是在公海上受到法国人的攻击。为了给战争做贡献，同时也是为了给法国人一点教训，萨勒姆镇上的领袖们向公众征集了大约 75000 美元的资金，为美国海军建造了一艘 32 炮护卫舰。1798 年 11 月，造船商伊诺斯·布里格斯（Enos Briggs）在《萨勒姆公报》（*Salem Gazette*）上发布了一份征集造船材料的号召，开头就写道："自由之子们！真正维护国家独立的人们！站出来贡献自己的力量吧，为了建造海军护卫舰，为了抗击法国人的傲慢和掠夺，每个拥有一棵白橡树的人，赶快把木材送到萨勒姆来，满足造船的迫切需要，我们将在那里打造一艘卓越的船，它将守护我们在海上的权益，它将让美国的名字获得世上其他国家的尊重。"[2] 人们真的站出来了，广告刊登出来没多久，萨勒姆的冬岛上就充满了锤子的敲击声、锯木头的刺啦声和打铁铺的叮当声，埃塞克斯号也随之渐渐露出了雏形。1799 年 9 月 30 日，建好的护卫舰在成千上万欢呼雀跃的民众面前举行了下水仪式。第二天的《萨勒姆公报》就宣称埃塞克斯号"将为祖国的防务做出重要的贡献"。[3] 接下来几年里，埃塞克斯号实现了一系列卓越的壮举。1811 年 8 月波特成为该舰指挥官的时候，他确信自己获得了一艘出色的舰船。波特此时需要的是检验自己和船员的机会，紧接着爆发的 1812 年战争为他提供了一个再好不过的考场。

与英国人交战是一项相当艰巨的任务。英国当时在海上仍然具有相当的统治力，拥有超过 600 艘海军舰船，配备近 28000 门炮。当然，英国大部分的海军火力此时都被用到了封锁欧洲和击退拿破仑的掠夺者军队上，但即便是同时兼顾

第十二章　一败涂地

欧洲和美国两个战场的情况下，注意力分散的英国海军仍然比美国海军强大太多，其对比悬殊得近乎可笑。在美法准战争之后，美国决定裁减规模本就不大的海军，这样的政策一直持续到了 1812 年战争前夕才被逆转。结果就是，当埃塞克斯号起航时，美国海军仅仅拥有 17 艘舰船和 442 门炮可供调遣。鉴于自身的弱小，美国海军认定将所有船全部派出是一种鲁莽的策略，因为一场失败的交战就可能摧毁他们大部分甚至是所有的舰船。最终他们采用了一次只派出一艘舰船的策略，希望凭借军舰的隐秘性、速度和船员的卓越技能，在美国海岸被封锁之前给庞大的英国舰队造成一些损失。在这样的背景下，美国宣战之后两周多，埃塞克斯号从纽约驶向了大西洋。起初他们只截获了一些相对不多的战利品，到 8 月 13 日，埃塞克斯号终于获得了一个像样的荣誉，它成为第一艘截获一艘英国军舰的美国海军舰船。被俘虏的警戒号（*Alert*）是一艘 16 炮的军舰，被俘时几乎没有做出任何抵抗。整个过程持续了不过 8 分钟，英国舰船就升起了白旗。波特并不认为这次胜利有什么值得骄傲的地方。他的目标不仅仅是胜利，更是要将自己的名字载入美国海军的史册，是要作为一名在海上领导了伟大战役的指挥官而被人们永远铭记。[4]

1812 年 10 月 28 日，埃塞克斯号离开了特拉华湾的海角，遵照新的指令向南航行，到南大西洋与另一艘美国海军军舰会合。不过，波特多次前往指定位置，却没有一次看到对方航船的身影。到 1813 年 1 月底，波特的处境已经变得艰难，船上的补给已经消耗了大部分，到临近港口进行补给

191

都会面临被俘虏的危险。他不肯返回美国就是因为担心自己的船会被此时正在美国水域里巡逻的英国军舰俘虏。波特写道："情况已经发展到必须违背我接受的指令的地步。因此我决定采取我认为最能给敌人造成损害的，也是让我能够维持航行的策略。"[5] 这个新航线就是绕过合恩角进入太平洋，埃塞克斯号可以在那里获得补给并继续骚扰英国商船。波特没有将自己的计划告知船员，因为他担心船员们会为此感到担忧。不过，随着船越来越接近南美洲最南端，并即将进入合恩角附近的艰险水域，船员们也变得越来越焦虑。为了防止不安情绪的蔓延，波特给全体船员写了一份通告：

> 水手们，海军士兵们！
>
> 由于敌人军力的增加，我们不得不远离海岸航行，那里已经不能为我们提供补给或庇护，在那里继续停留对我们没有任何好处。因此，我们将航行到敌人最意想不到的地方继续对他们进行骚扰。我们要做的事是没有任何一艘单独行动的船尝试过的壮举。太平洋上有很多友好的港口。在智利、秘鲁和墨西哥的海岸上有很多不受保护的英国贸易点，我们将在那里夺取大批的财物；桑威奇群岛上的姑娘们也会弥补你们绕过合恩角所付出的辛苦。[6]

192

这些话语大大地提振了船员们的精神，不过他们还是难免会对穿行合恩角这件事感到恐惧。即便是在今天，绕行合恩角可能也还是一种令人恐惧的经历。那里的水流深不可测，充满了隐蔽的危险，那里的天气也是瞬息万变。[7]然而，当埃塞克斯号开始通过这里时，水流一反常态的平静。波特和他的船员都忍不住相信好运终于眷顾了他们，也许他们真的可以平安抵达太平洋。可惜，好运这种东西是靠不住的。没过多久，天空中就开始有黑云涌动，然后就是暴雨"从我们头顶倾泻而下"。波特回忆说这样的暴风骤雨"大大超乎了我们的想象"。暴风雨"使得海面波涛汹涌，异常危险，每个大浪袭来，都有可能拍断桅杆"。不断渗水的埃塞克斯号在风口浪尖上连续奋战了几个日夜，船员们经历了"刺骨的寒冷"和"几乎从未停歇的雨水及冰雹"。最终，埃塞克斯号在临近二月底的时候平安绕过了合恩角，成为第一艘驶入太平洋的美国军舰。[8]

在莫查岛补充了给养之后，埃塞克斯号继续向智利的瓦尔帕莱索（Valparaiso）航行并于 3 月中旬抵达。波特接近这个港口时非常谨慎，还给自己的船挂上了英国旗帜。当初埃塞克斯号从纽约起航时，西班牙是英国的同盟国。波特担心这会为自己带来麻烦，所以此时才假扮为英国船。不过当波特他们还在海上航行的时候，智利已经宣布脱离西班牙独立，并将自己的港口向所有国家开放。得知了这一消息以后，波特立刻亮出了自己的真实身份，并获得了当地官员的热情接待，后者还说智利"将美国视为榜样，并希望获得它的保护"。接下来几天里，智利方面为波特船长和船员们举办了各种宴会和庆祝活动，让他们尽情享受和放松。当埃塞克斯号准备再次起航时，波特从一艘刚刚抵达这里的美国捕鲸船船长那里获得了一些重要的情报。这位船长刚刚遇到

过两艘配备了武器的英国捕鲸船。英国捕鲸船的船长说自己
还没有接到要攻击美国捕鲸船的指示，不过他们相信这样的
指示过不了多久就会传来。美国捕鲸船的船长还告诉波特，
在科隆群岛附近有很多美国捕鲸船还不知道英美之间已经爆
发战争，所以"很可能已经成为英国船只的攻击目标而不
自知"。[9]听到这些话，波特立即起航向科隆群岛驶去。

　　埃塞克斯号刚一离开瓦尔帕莱索就遇到了一艘楠塔基特
岛捕鲸船查尔斯号（Charles），并从该船船长格拉夫顿·加
德纳（Grafton Gardner）那里得知一艘英国船和一艘西班牙
船在智利港口科金博（Coquimbo）附近袭击并强占了两艘
美国捕鲸船——沃克号（Walker）和巴克利号（Barclay）。
在查尔斯号的陪同下，波特指挥埃塞克斯号去寻找这两艘敌
船并解救美国同胞。3月26日上午，埃塞克斯号发现了远
处的一艘船并开始对其进行追击。被追击的船是一艘伪装成
捕鲸船的秘鲁单桅军舰诺丽达号（Nereyda），波特推测它正
是袭击美国人的船只之一。波特依然是采用悬挂英国国旗的
计策靠近了诺丽达号，当西班牙军舰上的上尉登上埃塞克斯
号之后，他告诉波特自己的目标就是美国捕鲸船，此时船上
就有23名从沃克号和巴克利号上俘虏的船员。波特要求上
尉把沃克号的船长和巴克利号上的一名船员带到埃塞克斯号
上来。对方照做之后，波特就把这位韦斯特船长带到一边，
并告知他自己的船其实是一艘美国海军护卫舰。大大地松了
一口气的韦斯特告诉波特，沃克号和巴克利号上的人都是在
被俘之后才得知英美之间又爆发了战争。另外这些美国捕鲸
船本来都是即将返航的，船上都载满了鲸鱼油；而且两艘船

都是在既没有任何挑衅行为，又没有接到任何警告的情况下
受到攻击的。袭击者不仅袭击了他们的船，还抢光了船上的
财物。听了这些的波特船长决定停止伪装，升起美国国旗，
并向西班牙船发射了两枚加农炮炮弹，后者没有回击就立刻
投降了。波特将诺丽达号的所作所为视为"海盗行为"。他
决定借此机会给秘鲁政府传达一个明确的信息。首先，波特
下令将诺丽达号上的武器、弹药及轻帆全部扔进海里，这样
这艘船就无法再对美国船造成任何威胁了。之后，波特又下
令将船上的船员都送回利马，并给利马的西班牙总督送去一
封措辞严厉的信件，痛斥了秘鲁人袭击美国船只并损害美国
与西属南美洲地区关系的行为。[10]

有一些被解救的美国人决定留在埃塞克斯号上，其余的   194
人则登上查尔斯号返航了。不过在两艘船各自出发之前，波
特让加德纳船长和韦斯特船长把他们所知的，所有在太平洋
上的美国船和英国船的名称写下来。这个名单上共有 23 艘
美国船和 10 艘英国船，其中大部分都在科隆群岛附近。虽
然船长们只能想起 10 艘英国捕鲸船的名字，不过他们确信
在那片水域捕鲸的英国船肯定不少于 20 艘，每艘船上的鲸
鱼油送到英国都能卖出 20 万美元以上。有了这些信息，波
特进一步明确了自己的行动计划。他和他的船员就是要俘虏
这些英国捕鲸船，将船上宝贵的货物卖个好价钱。"如果我
能成功将英国人赶出这片海洋，让这里成为我们自己的船的
天下，"波特写道，"我认为那绝对是送给我的祖国的一份
大礼。实现这个目标就足以弥补我们经历的所有艰难和危
险，也能够为我没有遵从上级命令提供足够的正当理由。"

波特知道大部分英国捕鲸船都配备了武器，而且拥有英国政府颁发的掠夺许可，这种许可就是一种批准他们抢夺美国商船的法律文件。不过波特根本没有把英国的捕鲸船队放在眼里，还吹嘘说"所有英国捕鲸船加在一起也［不是］埃塞克斯号的对手"。就这样，将埃塞克斯号粉刷成一艘西班牙商船的模样之后，波特继续朝科隆群岛出发了。[11]

　　几天之后，埃塞克斯号夺回了巴克利号，然后两艘船一起向科隆群岛驶去，并于 3 月 29 日抵达那里。波特派自己的船员登上其中一个岛屿，因为那里有一个"哈撒韦邮局"，那其实就是一个钉在树上的盒子，捕鲸船上的人可以把信件留在这里，既可以与其他捕鲸船交换信息，也可以给家里寄信。波特的船员从信箱里取回来的信件都是很久以前的了，不过从这些信件来看，在前一年 6 月，至少有 5 艘英国捕鲸船来到过这里，而且很可能至今还停留在这片水域中。附近有满载着价值高昂货物的船的想法让波特和他的船员们做起了从"敌人"手中"大捞一笔"的美梦。然而随后的搜寻时间从几天变成了几周，他们依然没有发现一个目标，人们的希望值开始下降，波特也开始担心他的行动"会以失望告终"。直到 4 月 29 日拂晓时分，海上传来一阵
195　雄赳赳气昂昂的号子声："加油——划呀！加油——划呀！"在自己的行军床上度过了又一个"充满焦虑的不眠之夜"的波特被呼喊声吸引出来一看究竟，原来是英国捕鲸船蒙特祖玛号（*Montezuma*）正朝他们驶来。船上有 22 名船员和 2 门炮，还载着 1400 桶抹香鲸鲸鱼油。波特赶快升起英国国旗，这一招如今已经成了他的招牌策略。蒙特祖玛号船长对

这艘"英国船"没有什么戒心,很快就登上了埃塞克斯号来给自己的"英国同胞"介绍一些临近水域中其他捕鲸船的信息。获得了自己需要的信息之后,波特就将他的客人囚禁了起来,然后下令埃塞克斯号继续前进。很快,他们又俘虏了共计配备了 16 门炮的乔治亚娜号(*Georgiana*)和方针号(*Policy*)两艘英国捕鲸船。波特感觉,在一个月毫无成果的搜寻后终于俘虏了这两条船的经历,给他的队伍上了宝贵的一课,因为此前已经有船员开始哀叹他们的行动没有成果了。急于重新鼓舞士气的波特再一次给全体船员写了一份通告:

> 水手们,海军士兵们!
>
> 幸运女神最终向我们招手了,我们付出的努力对得起这样的回报,这是她第一次帮助我们行使自由贸易和水手的权利,因为你们的良好表现,所以她才会将敌人拥有的价值近 50 万的财物赐给我们。
>
> 我们要保持这样的热情、进取心和耐心,在我们返回美国之前,我们要让敌人,也要让任何其他船都对埃塞克斯号的名字闻风丧胆。

最近俘虏这三艘英国捕鲸船,并获得意外之财的意义远不仅仅是经济上的。每艘船上的物资都非常充足,包括"绳索、帆布、油漆、沥青和其他各种船上用得着的东西",这正是埃塞克斯号急需的。[12]船上还有一些从科隆群岛上抓来的陆龟。自从捕鲸人开始频繁前往科隆群岛捕鲸之后,他们就开始到岛上去捕捉这些体型巨大、寿命很长、行动迟缓的动物作为食物。有的陆龟能够长到 6 英尺长，体重超过 500 磅。在捕鲸人看来，陆龟最大的优点就是在不吃不喝的情况下也能活几个月甚至几年，同时又不会干瘪，仍然够船上人吃好多顿的。把陆龟当食物的做法获得了很多捕鲸人的认可，以至于在 19 世纪中，捕鲸人至少杀死了 13000 只陆龟，对这一物种造成了永久性的伤害。[13]当波特和他的船员们发现这些陆龟的时候，他们都知道自己要有口福了。"虽然这些龟的外表丑陋不堪，"波特这样写道，"但是没有什么动物能够提供比陆龟肉更有益健康又鲜嫩可口的食物了；哪怕最好的海龟和它们相比也是天上地下，就像是用粗牛肉和最好的小牛肉相比一样；一旦尝过了科隆群岛的陆龟，其他动物制成的食物就都不算什么了。"[14]

为了扩大航行的范围，增加获得成功的概率，波特将他眼中"气势宏伟"的乔治亚娜号改装成了一艘带武器的巡洋舰，又将方针号上的 10 门炮搬到了本来只有 6 门炮的乔治亚娜号上，并任命他信任的副手约翰·唐斯（John Downes）指挥这艘改装后的舰船，单独去进行俘虏更多英国捕鲸船的工作。与此同时，埃塞克斯号、蒙特祖玛号、方针号和巴克利号也一起继续寻找目标。4 艘舰船排成一排共同前进，船与船之间的距离很宽，但是如果看到敌船进入视线范围，也完全可以赶过来相互照应。几个星期的时间又过去了，直到 5 月 29 日，经过了一天半的持续追击后，埃塞克斯号终于又锁定了一个新的目标。波特故伎重施，升起了英国国旗。对方是一艘名为大西洋号（Atlantic）的英国捕

鲸船，船上有 24 名船员和 6 门炮。奥巴迪亚·威尔船长
（Capt. Obadiah Wier）是楠塔基特岛人，他的妻子和亲属也
还生活在岛上。以为自己登上了一艘英国军舰的威尔非常兴
奋，而开始喜欢上假扮英国人这个策略的波特也没有很快露
出真面目，反而是任凭前者滔滔不绝好获得更多信息。威尔
告诉波特到哪里可以俘虏到美国捕鲸船，因为那些船"都
是无人保护也没有自卫能力的"。此外他还提到有传闻说埃
塞克斯号已经绕过了好望角。波特仔细地听取了他能获得的
所有信息，然后问威尔："当英美之间爆发战争之后，他怎
么能够从英格兰驾驶悬挂着英国国旗的船出海而不感到内
疚？"威尔回答说他没有什么可惭愧的，因为"虽然他是在
美国出生的，但是在他的心里，自己仍然是一个英国人"。
波特对此感到十分厌恶。"这个人表面上衣冠楚楚、风度翩
翩，"他观察到，"但显然他的内心已经腐坏，和所有叛国
者一样，为了迎合他的新朋友，他一定会拼尽全力给自己的
祖国带来伤害。"波特又装模作样了一会儿之后，就将威尔
介绍给了蒙特祖玛号和乔治亚娜号的船长们，"后者很快就
戳破了威尔以为这是一艘英国护卫舰的妄想"。[15]

197

波特刚刚把威尔带到自己的船舱里谈话，埃塞克斯号的
船员们就在海平面上发现了另一艘船的身影，并立即开始了
追击。没过多久，这艘有 26 名船员和 10 门炮的英国捕鲸船
格林尼治号（Greenwich）成了又一艘被波特俘虏的捕鲸船。
格林尼治号的船长约翰·沙特尔沃斯（John Shuttleworth）
被押上埃塞克斯号的甲板之时酒还没醒。他和威尔辱骂了波
特的军官，表达了相信英国将"派军舰打败"埃塞克斯号

241

的强烈愿望，还说埃塞克斯号"航行到离祖国这么遥远的地方是十分冒失的举动"。当这两位船长被送到囚禁他们的舱房时，二人更加激烈地大叫大嚷起来。"他们的怒火彻底爆发了，"波特写道，"使用了最肮脏的言语来辱骂我们的政府，我们的舰船和军官，用最下流的称呼来侮辱我……他们似乎忘了自己的身份是囚徒，全凭我处置。"[16]

6月24日，波特与唐斯重新会和，后者也在俘虏英国捕鲸船上做出了不小的成绩，组建起了自己的船队，包括3艘捕鲸船，分别是赫克托尔号（*Hector*）、罗斯号（*Rose*）和凯瑟琳号（*Catherine*）。波特在重新审视了自己的迷你舰队之后做出了一些调整。他发现大西洋号比乔治亚娜号"高级得多"，于是又给前者加了20门炮，然后将唐斯上尉和他的船员转移到了大西洋号上，并将乔治亚娜号交给了另一组船员。为了彰显大西洋号在舰队中新地位的重要性，这艘船被正式更名为小埃塞克斯号（*Essex Junior*）。另外，波特还处理了两个因为他的成功而带来的问题：第一个问题是船上囚犯太多了，所以他决定将这些囚犯送上岸。同时，出于对人该具有的荣誉感的信任，波特要求囚犯们承诺，除非他们被用来交换回美国战俘，否则他们不能与美国作战。第二个问题是整合船只。波特派遣唐斯上尉带领赫克托尔号、凯瑟琳号、方针号和蒙特祖玛号拖拽着巴克利号返回瓦尔帕莱索，将巴克利号留在那里，"把其他船卖个好价钱"。和唐斯告别之后，波特就带领着格林尼治号和乔治亚娜号返回了科隆群岛。没过多久，波特就又俘虏了3艘装备了大量武器的英国捕鲸船，分别是查尔顿号（*Charlton*），新西兰人号

（*New Zealander*）和塞林伽巴丹号（*Seringapatam*）。俘虏最
后一艘船让波特感到了"比俘虏其他任何船都更激动的心
情"。这不仅仅因为塞林伽巴丹号是一艘宏伟的舰船，更是
因为该船已经俘虏了一艘来自楠塔基特岛的爱德华号
（*Edward*）捕鲸船。根据波特的推测，要不是自己及时阻击
了这艘船，它肯定还会俘虏更多的美国捕鲸船。不过，最让
波特感到满足的一点其实是他成功制止的是一项被他视为非
法的行动。当波特要求塞林伽巴丹号的船长提供他的捕拿许
可时，船长"面色惊恐地"回答说自己根本没有。在波特
看来，拥有捕拿许可而袭击美国船只的行为就已经足够恶劣
了，更何况塞林伽巴丹号的行为是在没有获得这种法律授
权的情况下私自进行的。结果就是，他将这名船长作为"海
盗"处置，并将他送进了监狱。[17]

至此，波特的船队再次壮大起来，他把所有的囚犯都转
移到查尔顿号上并将他们送到了里约热内卢；然后又派遣乔
治亚娜号载着价值10万美元的抹香鲸鲸鱼油返回美国，希
望这些货物在那里能够卖出一个好价钱。之后，波特还费力
地追击了另一艘英国捕鲸船，但最终没能成功将其俘获。再
之后，他们到科隆群岛中抛锚停船，进行了一些维修和粉
刷，还抓到了大约总重14吨的陆龟。在岛上短暂停留的时
间里，波特的一个船员在一次决斗中丧生。掩埋了这个船员
之后，波特决定借机散布一些虚假消息迷惑敌人。他把一个
装着一张字条的瓶子系在一根指向坟墓位置的木桩上，字条
上的内容是埃塞克斯号到过这一区域，船上爆发了"坏血
病"和"船热病"，已经有43名船员死于疾病。字条上还

说"埃塞克斯号离开这里时船体已经漏水……前桅杆已经泡烂了……主桅杆也损坏了……［如果任何船只来到这里，看到这张字条］请秉持人道主义精神，将这张字条送回美国去，让我们的朋友知道我们陷入了怎样绝望和无助的处境，好为将来可能收到的最坏的消息做好心理准备"。[18]这些内容当然都是编造的，埃塞克斯号保持着良好的作战状态，不过何必要让敌人知道真相呢？

1813 年 9 月 15 日，波特俘虏了他的最后一个战利品——英国捕鲸船安德鲁·哈蒙德爵士号（*Sir Andrew Hammond*）。船只的甲板上堆满了刚刚切好的鲸脂，得知这些鲸脂"能够被提炼成 80 ~ 90 桶鲸鱼油，价值在两三千美元"以后，波特命令自己的船员将鲸脂提炼成鲸鱼油并储存起来。当埃塞克斯号和小埃塞克斯号重逢之后，唐斯上尉给波特带来了一些宝贵的情报，波特得知了 1812 年詹姆斯·麦迪逊竞选连任成功，还有美国海军获得的其他成功的消息。波特还得知英国护卫舰菲比号（*Phoebe*）和单桅战船小天使号（*Cherub*）已经被派遣前来终结埃塞克斯号对英国捕鲸船的掠夺。人们不难想到，英国一直是海上的霸主，从来没有被如此羞辱过，愤怒的英国不展开报复和惩罚是不会罢休的。菲比号和小天使号就是奉命前来执行这个任务的。自己成了别人追击的目标不但不会让波特感到泄气，反而令他更加振奋。与这样两个真正的强敌交战才是他从战争开始之初就渴望的。虽然波特为自己已经获得的成就感到骄傲，但如他自己写到的那样，他还是"希望"能够"在离开太平洋之前再做出些惊天动地的伟业……好让［他的］航行名垂青史"。攻击并截获配备了少许武器、船员数量也不多的捕鲸船毕竟算不上多么高贵、惊险或值得人们称颂的壮举，至少是不能跟与装备了大量加农炮，载着上百名水手的英国军舰较量并获得胜利相提并论。波特想要一场将为子孙后代所传颂的战斗，他希望与菲比号或小天使号的一场正面对决能够给自己提供这样的机会，哪怕是以一敌二也在所不惜。[19]

不过，波特首先要做的是重整旗鼓，让自己的船员们获得他们最需要的休息时间。所以他向着科隆群岛西南方向航行了 2500 英里，于 1813 年 10 月末来到了马克萨斯群岛（Marquesas Islands）进行休整。波特的人在岛上停留了一个多月，其间发生了不少事情。美国人在这里修建了一个小堡垒，卷入了当地 3 个部落之间的战争，波特在一时的爱国主义和帝国主义热忱驱使下，代表美国宣称占有马克萨斯群岛，并将之重新命名为麦迪逊群岛，以纪念刚刚连任的总统。波特还给岛上的一个主港湾取名为马萨诸塞湾（尽管波特做出了这一系列举动，但马克萨斯群岛最后还是成了法国的属地）。之后，当波特打算离开的时候，他不得不先镇压了一场暴动，原因是有水手迷恋上了岛屿原住民妇女而拒绝随船离开。最终，埃塞克斯号和小埃塞克斯号在 12 月初起航朝智利的方向出发了，其余的船都被他们抛在了身后。[20]

对于波特来说，等待他的是不幸的灾祸。1814 年 2 月 3 日，埃塞克斯号抵达了瓦尔帕莱索，几天之后，菲比号和小天使号也来到了这里。埃塞克斯号试图引诱菲比号与自己进

200 行一场一对一的正面对决，但是菲比号始终不肯上钩。随后，当埃塞克斯号想要绕过两艘英国舰船行驶到公海之上的时候，厄运降临了。一阵强风折断了埃塞克斯号的中桅，严重降低了船只的速度和可操控性。菲比号和小天使号抓住这个机会，迅速靠近埃塞克斯号并向其开火。虽然波特和他的船员英勇地进行了反击，不过双方实力相差悬殊。到 1814 年 3 月 28 日晚些时候，波特弃船投降了，埃塞克斯号作为美国海军战舰的生涯也被迫走向了终结。[21]

波特在太平洋上的航行被如何评判取决于讲述故事的人是谁。在波特看来，他取得的成功是令人震惊的。他写道："我们俘虏船只的行动完全阻断了英国海上活动的一条重要分支，也就是在智利和秘鲁海岸线附近的捕鲸活动。"波特还声称自己"从敌人那里夺来的财富总价值达到了 250 万美元，俘虏后有条件释放的水手人数为 360 名，除非经过正式的战俘交换，否则他们不能与美国为敌"。在这个基础之上，波特还提出如果不是埃塞克斯号进入太平洋活动，"很可能会有更多美国捕鲸船被俘虏"，因此由于他而避免的损失也可能达到 250 万美元。[22]西奥多·罗斯福（Theodore Roosevelt）在他影响力巨大的历史著作《1812 年海战》（*The Naval War of 1812*）中写道："一艘小小的护卫舰在敌方水域里航行一年半之久，并且仅仅依靠其俘虏的船上的物资进行补给，这样的壮举是史无前例的……波特的航行活动是此类行动的范例，即在不付出任何代价的同时，切实有效地给敌人造成尽可能多的困扰。"[23]波特曾经的酒友华盛顿·欧文说英国人的"自大……受到了极度的打击，因为他们眼睁睁地看着一艘小小的护卫舰在太平洋上为所欲为……随意挑战几千艘英国船……几乎把悬挂着英国国旗的船只都从这片被它们掌控了很久的海域里赶了出去".[24]还有一名议员甚至说，因为波特俘虏了太多英国捕鲸船，所以伦敦"一年都没有灯油可用".[25]

不过，这些说法未免太夸大其词了。波特和自己的船员总共俘虏了12艘捕鲸船，其中3艘被他烧掉了，有5艘连带船上的大部分货物一起后来又被英国人抢了回去。还有3艘被俘船的结果无从查证，只有剩下的1艘，也就是小埃塞克斯号可以确定是被出售了。波特和他的船员们就是乘坐这艘船回到纽约的，美国政府花了25000美元买下了这艘船。此外，波特还丧失了他最宝贵的埃塞克斯号，那艘船后来被送回了英国，成了一艘关押囚犯用的船。鉴于此，虽然波特的行动无疑是为一大批毫无自卫能力的美国捕鲸船提供了保护，并且给英国的捕鲸业带来了损失，但是波特和他的船员其实还能做得更好。如弗朗西斯·戴安·罗伯帝（Frances Diane Robotti）和詹姆斯·韦康威（James Vescovi）共同撰写的历史著作《埃塞克斯号》中提到的那样："如果波特把每一艘俘虏到的船都烧掉，如果他没有回瓦尔帕莱索，他本可以给大英帝国造成更大的损失，同时让自己的名字更深刻地烙在历史的功劳簿上".[26]

当波特在1813年3月第一次驶入瓦尔帕莱索的时候，迎接他的是负责阿根廷布宜诺斯艾利斯、秘鲁和智利领区的美国总领事乔尔·R. 波因塞特（Joel R. Poinsett）。后者和

201

波特一样，不久也将做出一些英勇的事迹来保护美国的捕鲸人。波因塞特 1779 年出生于南卡罗来纳州的查尔斯顿。他最终来到智利的过程可谓是非比寻常、精彩纷呈。波因塞特先后在英格兰、苏格兰和美国接受了正规的教育，因为不愿意遵循家人的愿望当医生或做律师，他于 1801 年启程前往了欧洲。他进行的可不是什么流浪一般的远足，而是一段历时近 10 年的游历。其间依靠着家族的人脉、个人的魅力和博学，波因塞特受到过世界上那些最有权势的人物的接见，其中就包括俄国沙皇亚历山大一世和拿破仑。即便是波因塞特在欧洲旅行的这些年里，他也从来没有忘记自己的祖国。到 1809 年，他已经认定美国和英国之间将不可避免地发生战争，于是他返回了祖国，自愿入伍服役，希望能够成为某位将军的助手。不过他的祖国决定把他安排到最能发挥他才干的地方去。波因塞特有杰出的外交天赋，能说一口流利的西班牙语，所以最适合接受需要前往南美洲南部的特殊任务。鉴于此，美国国务卿在 1810 年 8 月派遣波因塞特到那个地区去宣传与美国建立稳固贸易关系的好处，并暗中鼓动西班牙的各个殖民地脱离西班牙的统治。[27]

波因塞特热情地接待了波特，两人相处得非常愉快，一起出席宴会，探讨战事与时局。波特离开瓦尔帕莱索之后不久，宣布效忠英国的秘鲁封锁了智利的塔尔卡瓦诺（Talcahuano）港口，还扣押了大批停泊在那里的美国捕鲸船，包括里昂号（*Lyon*）、苏姬号（*Sukey*）、加德纳号（*Gardner*）、总统号（*President*）、毅力号（*Perseverance*）、阿特拉斯号（*Atlas*）、蒙蒂塞洛号（*Monticello*）、辣椒号

202

（*Chili*）、约翰和詹姆斯号（*John and James*）、玛丽安号（*Mary Ann*）和利马号（*Lima*），这些船全部来自楠塔基特岛。[28] 波因塞特得知了此事，又听说秘鲁人打算将这些船全部没收并将捕鲸人送回利马关押起来的时候，他马上拟定了一个进攻的计划。凭借自己与在智利当政的军政府间的紧密关系以及作为智利军队信赖的军事顾问的身份，被智利人称为"智利大人"（*el major chileno*）的波因塞特协助策划了一场对塔尔卡瓦诺港口的袭击。行动的目标有两个，既要解放这个港口，又要救出那里的捕鲸人。[29] 参加行动的 400 名士兵都是经过精挑细选的，虽然仅有 3 门炮，但是他们利用夜色作为掩护，经过 3 个小时的英勇作战，最终击败了人数多达 1500 人的秘鲁军队。战斗结束后，捕鲸人都获得了自由，波因塞特重新行使起了外交官员的职权，向证件被敌人毁掉的捕鲸人重新签发了领事证书。当天获救的捕鲸船并没能全部安全返回楠塔基特岛，其中一大部分后来又被英国人俘虏了。不过这并没有影响波因塞特的英雄事迹在楠塔基特岛人眼中的光辉。1824 年 8 月刊登在《楠塔基特岛问询报》（*Nantucket Inquirer*）上的文章就指出："这次壮举给我们的岛屿带来的好处是无法估量的。200 名英勇的水手重获自由；大量的财富失而复得；更何况这件事还是发生在岛上居民大多经历着困苦的艰难时刻。"[30]

波特和波因塞特救助的都是太平洋水域中的美国捕鲸人，而当时留在国内的捕鲸人则陷入了更深的绝望。即便是那些最成功的捕鲸商人也都遭受了毁灭性的打击，几乎所有生意都彻底停止，曾经受雇于这些商人的大批雇员也只能到乡下去想办法寻找一些暂时的工作来养家糊口。到 1812 年 11 月，战争才刚刚爆发了几个月，一群楠塔基特岛人就已经把请愿书送到了麦迪逊总统面前，文件中概述了岛上人的绝望处境并请求获得援助。对于那些经历过独立战争的人来说，这样的情境并不陌生。"楠塔基特岛……暴露在敌人的野蛮行径之下……自从美国宣战以来，［岛上居民］没有工作可做，因此全都陷入了贫困……我们没有任何选择，只能恭敬地［询问］……有没有什么办法能够保住我们的捕鲸船队……有没有任何可以采取的措施，能让我们在不用担心被敌人俘虏的情况下捕捞鳕鱼。"[31]

政府没有能力给岛上人提供什么帮助，很多楠塔基特岛居民只得选择迁居，其中大部分都前往了位于俄亥俄州的一个贵格会教徒定居点。对于那些留在岛上的人来说，情况还在持续恶化，到 1814 年年初，更是达到了前所未有的危急边缘。即将打败拿破仑的英国人此时有余力将更多的海军舰船调派到新英格兰的海岸边，以加强对这里的封锁。被英国巡逻舰彻底切断了与大陆联系的楠塔基特岛此时得不到任何物资供应，完全要靠自给自足了。在这样艰难的处境下，楠塔基特岛人认定能够避免遭受更多苦难及可能被饿死的结局的唯一办法就是和敌人达成协议。

1814 年春夏，楠塔基特岛人和英国海军指挥官进行了多次会面。双方都希望尽可能从对方那里获得更多让步。楠塔基特岛人想要被许可从大陆获得补给，以及在不被英国军舰攻击的情况下出海捕捞鳕鱼和捕鲸。英国方面则想要实现两个目的：第一个是让楠塔基特岛宣布中立，这样就可以在岛屿和美国政府之间留下嫌隙；第二个是鼓励楠塔基特岛捕鲸人迁居到英国的领土上，最好是新斯科舍。最终，双方都没能实现自己全部的目标。楠塔基特岛宣布了中立，并获得了一些通行证，要求英国军舰和私掠船不得干涉持有此类通行证的船只前往大陆特定港口获得物资并送回岛上。即便如此，楠塔基特岛人的处境还是很艰难，因为获得通行证的船数量太少，满足不了岛上人口的需要；还有一些船即使获得了通行证也不敢离开港口，因为英国和美国的私掠船都不把这样的官方证件放在眼里，船主们担心自己仍然会被掠夺。至于捕鲸的问题，双方更是僵持不下。楠塔基特岛人完全不打算迁居；在不满足这个要求的前提下，英国也完全不打算许可楠塔基特岛人捕鲸。

1814 年 9 月，英国指挥官要求此时已经宣布中立的楠塔基特岛拒绝向美国政府支付任何直接的税费或国内的关税。如果楠塔基特岛人不照做，英国人就会收回通行证，还 204要强制岛上人向英国国王也缴纳一份税款。不愿彻底切断与美国政府联系的楠塔基特岛人不想遵守这个要求，而是寻找到了一条中间道路——他们解雇了岛上的税务官，说没有税务官，就没有人能收税或缴税了。这样的逻辑仍不能让英国指挥官感到满意，楠塔基特岛人只得妥协，在 9 月 28 日经投票表决同意战争结束前不再向美国政府缴税。这样的状况维持了几个月，楠塔基特岛人又度过了一个物资匮乏、与世隔绝的冬天。[32] 这之后楠塔基特岛人和英国人之间的协商本来会如何发展就没人知道了，因为 1815 年 2 月 16 日，岛上

的人一觉醒来就听说前一年的 12 月 24 日，交战双方签署了
《根特条约》 （Treaty of Ghent），战争已经结束的好消息
（只有新奥尔良战役是在两周之后才结束的）。楠塔基特岛
和大陆上的捕鲸人立刻重新投入了工作。海洋里还有那么多
鲸鱼，美国人下定决心要把它们捕回来。

第十三章
黄 金 时 期

　　从 1812 年战争结束之后到 19 世纪 50 年代初，美国捕 205
鲸业经历了一段前所未有的黄金时期，不仅规模扩大、产量
增长，而且连利润也提高了。在这段黄金时期里，美国的捕
鲸商人终于不再受国际冲突的影响，反而是受到国内和国际
需求增长的鼓励，组建起了历史上最大规模的捕鲸船队。
1846 年，这支名副其实的大型美国船队的船的数量达到了
顶峰的 735 艘，包括它们在内，当时全世界的捕鲸船总数为 206
900 艘。[1]在捕鲸船上工作的水手成千上万，他们驾驶这些船
在海上追捕利维坦，航程长达上百万英里，航行的时间也一
次比一次长。他们在大西洋、太平洋、印度洋和北冰洋里追
踪并杀死了成百上千头抹香鲸、露脊鲸、弓头鲸、灰鲸和座
头鲸。在这一过程中，他们会不断发现新的水域和陆地。[2]被
运回港口的鲸鱼油和鲸须价值可观，捕鲸行业在 19 世纪中
期成了马萨诸塞州排在制鞋业和棉花种植业之后的第三大产
业。根据另一份经济分析报告，捕鲸业是美国的第五大产
业，以至于参议员威廉·H. 苏厄德（William H. Seward）
称其为一个重要的"国家财富来源"。[3]在捕鲸业发展的高峰

期，它为 7 万人提供了工作岗位，吸收了 7000 万美元的投资，所有捕鲸船的吨位加起来占全国所有注册商船吨位的 1/5 左右。[4]在 1853 年，也就是这个行业历史上收益最丰厚的一年，捕鲸船队总共杀死了 8000 头鲸鱼，产出了 103000 桶抹香鲸鲸鱼油，26 万桶普通鲸鱼油及 570 万磅的鲸须。所有这些产品的销售收入总计 1100 万美元。[5]

黄金时期就像一个镜头，美国人总是通过它来审视捕鲸行业留下的遗产。新贝德福德就是在这一时期取代楠塔基特岛，成了这个国家新的捕鲸首都，另有不少海岸地区的城镇也发展起了它们自己的捕鲸事业，希望能够借此大赚一笔；也是这个时候，疯狂的亚哈船长遇到了以莫比·迪克这头白鲸的形式降临到他身上的挑战和天命；依然是这个时候，捕鲸行业中最伟大的关于人类的努力和坚韧、成功和失败的故事被人们广为传颂，手持捕鲸叉的美国捕鲸人也成了神话一般的存在。

随着战争的结束，楠塔基特岛上因为 1812 年战争而遭受的苦难和消沉已经被喜悦和乐观所取代。如奥贝德·梅西观察到的那样，熬过了漫长而绝望的日子的商人们都恢复了元气，"抱着极大的热情重新投入了"捕鲸行业。[6]在战争期间，岛上有一半的捕鲸船都被征用了，此时只剩下 23 艘船，不过整个镇子上的人似乎只有一个目标——将这些船，还有正在建造中的那些船全都派到海上去。1815 年年底之前，共有 25 艘捕鲸船从楠塔基特岛出发了。当时的一篇文章注意到了这支小船队的起航，作者称受战争所累的新英格兰捕鲸人"此时和世上任何人一样有足够的理由感到幸福。他们辛苦劳作生产的产品有很大的市场需求，形象地说，他们从海里捕捞的每条鱼，都能换来真金白银"。[7]抹香鲸鲸鱼油和普通鲸鱼油在国内和国际市场上的销路都很好，到 1819 年，楠塔基特岛的捕鲸船队已经扩大到了 61 艘，接下来的一年是 72 艘，再过一年则增长到将近 90 艘。[8]

　　一份报纸的主编在文章中盛赞了楠塔基特岛这个面积小、人口少，而且在战争中经历了重创的岛屿及岛上的人民："这个活跃、勤劳、友善的小群体所具有的战无不胜的坚韧和创造力令我们感到敬佩，他们手中的捕鲸叉在地球上每片海洋的每个角落里都收获过成功。"[9]当后来成为哈佛大学校长的贾里德·斯帕克斯（Jared Sparks）于 1826 年 10 月来到楠塔基特岛的港口时，他发现"港湾两侧都停泊着捕鲸船，没有哪个人不曾乘船环绕世界追逐鲸鱼，他们很可能还在无垠的太平洋里亲手杀死过目标"。虽然岛上还放牧着 10000 只羊这件事也让斯帕克斯很是惊讶，但他毫不怀疑"岛上最吸引人的行业是捕鲸。它不仅让少数人暴富，也给大多数人创造了就业机会"。[10]

　　1830 年 9 月，洛佩尔号（Loper）出海仅 14 个半月就从太平洋返回，船上满载着 2280 桶抹香鲸鲸鱼油。《楠塔基特岛问询报》称此次航行是"历史上最伟大的航行"。[11]其他船可能带回过更多的鲸鱼油，但是从来没有人能在这么短的时间里带回这么多。《楠塔基特岛问询报》的编辑还周到地询问了船长"获得如此无与伦比的成功是不是因为他掌握了什么卓越的捕鲸技巧？如果是那样的话，自己将这些内容公之于众是否合适？毕竟其他那些在海上辛苦劳作的人通常要花三年时间才能实现这位船长仅用了一年多就实现的成果"。[12]对船长感激不尽的洛佩尔号船主为船长和船员们准备了一顿丰盛的大餐。进餐之前，还让他们风光地从楠塔基特岛的各条街上大摇大摆地一路走来，当这些人神气地走在铺着鹅卵石的街道上时，他们肩上扛的可不是枪支，而是捕鲸用的捕鲸叉和长矛。在餐桌上，人们不断举杯庆贺，向奥贝德·斯塔巴克船长（Capt. Obed Starbuck）致敬，因为"没人能够在同样短的时间里为世人提供这么多的光明"。人们也向那些去世的捕鲸人致敬，"祝他们永远不缺少鲸鱼油来让自己的前路平顺"。人们还向捕鲸行业致敬，"这是一场与深海巨怪的战争——不带来伤痛的战争，其胜利也不值得喜悦"。[13]当晚最有意思的一段祝酒词是由一位杰出的楠塔基特岛黑人岛民阿布萨隆·波士顿（Absalom Boston）提出的。他以前也曾是一位捕鲸人，此时，他与洛佩尔号上几乎全部为黑人的船员们分享了他对美国黑人悲惨处境的深思。这一整段话都被《楠塔基特岛问询报》"记录"了下来，但如菲尔布里克注意到的那样，"该报上记录的是令人费解的方言"。[14]波士顿大声地向他的黑人同胞们敬酒："我们在此庆祝敌人的失败和非洲人获得自由……愿敌人的心愿永远得不到实现。"他还向波士顿这个标志性的城市致敬："自由的种子在这里生成——华盛顿将种子种下，拉法耶特为它松土锄草，愿非洲裔美国人能够收获自由的果实。"[15]波士顿的祝酒词情真意切，受到了所有人的欢呼响应，特别是那些黑人船员们。在楠塔基特岛这个群体中生活的黑人是幸运的，因为贵格会的强大影响力，从很久之前这里的人们就决定不再将黑人视为财产，而是有权享受自己应得利益的个人。不过，洛佩尔号这次非比寻常的高回报航行并不是楠塔基特岛上的捕鲸群体在 1830 年见证的唯一一次满载而归。出海三年的萨拉号（*Sarah*）也是在这一年返航的，船上装载的 3497 桶抹香鲸鲸鱼油的价值接近 9 万美元，创下了这个岛屿捕鲸历史上单次航行最大收获的纪录。[16]

楠塔基特岛捕鲸船队在 19 世纪 30 年代到 40 年代初这段时间里持续获得成功，所以岛上数不尽的鲸鱼油和蜡烛加工厂都能有充足的原料来进行生产。威廉·科姆斯托克（William Comstock）在 1838 年以一种生动活泼的笔触描述了当时轻松愉快的氛围，及这个岛屿与捕鲸之间的紧密关系："眼下，楠塔基特岛人所有的能量、思想和渴望都被完全投注到了抹香鲸鲸鱼油和蜡烛上。没有杀死过鲸鱼或者至少一只海豚的男人是得不到别人的尊重的：对于小伙子们来说，出海捕鲸是成为合格恋人的先决条件。到合恩角航行一圈就像是中世纪的年轻骑士们必须出去冒险一样，让自己的宝剑浸透鲜血，凯旋之后才有资格执起美人雪白的柔荑，获得佳人的'青睐'。"[17]

然而，这样的好时光总是稍纵即逝的。楠塔基特岛从幸福的巅峰坠落的原因是多种多样的，这些原因共同发挥作用才让岛上居民成为捕鲸行业贵族的梦想再次破灭。所有问题中排在第一位的就是港湾出口处的沙洲。起初，在楠塔基特岛作为捕鲸港口而崛起的那些年，这个沙洲对航行是没有任何影响的。沙洲距离水面的深度在涨潮和落潮时略有不同，范围为 7 ~ 11 英尺。这样的深度足够让人们最初使用的相对

209

较小的捕鲸船通过。但随后这些年来，航行的时间变长了，人们必须使用更大的船。这些大船的吃水深度，尤其是满载货物之后的吃水深度使得它们无法再像从前一样从沙洲上安全驶过。为了克服这个障碍，楠塔基特岛的捕鲸商人往往会采用重量更轻或体积更小的船作为物资和货物的驳船，而大船就停靠在港湾出口之外，或马撒葡萄园岛的埃德加敦（Edgartown），那里已经逐渐成为楠塔基特岛人的备用港口了。问题是，驳运增加了每次航行在时间和金钱上的成本，会让楠塔基特岛人在与大陆同行的竞争中处于一个不利的位置，因为后者的船可以直接停靠在码头上方便快捷地装船和卸货。这个问题一年比一年更让岛民感到沮丧，他们也一直在为究竟该如何脱离这个困境而进行争论。到 19 世纪初，一个最受欢迎的观点是联合起来筹划挖掘一条穿过沙洲的运河，不过楠塔基特岛人请求国会开展这一工程的要求遭到了拒绝，镇上的人想要自行筹集资金进行挖掘工作的努力也失败了。19 世纪 40 年代初，让楠塔基特岛捕鲸商人无比懊恼的沙洲问题依然没有得到解决。直到 1842 年，彼得·福尔杰·尤尔（Peter Folger Ewer）提出了一个解决办法。[18]

尤尔借鉴一份荷兰人以前的设计，建造了两根浮筒，用结实的铁链将它们连接起来，形成一个漂在水上的干船坞，这样就可以把捕鲸船摆渡过沙洲了。尤尔给浮筒取名为"骆驼"，因为它们能够产生很大的浮力，还能承载很重的货物。原理其实很简单，每根浮筒有 135 英尺长，19 英尺深，29 英尺宽，顶部、底部和外缘都是平的，只有内部呈弧形，为的是符合船身的线条。"骆驼"将捕鲸船拖进或拖出港口的方式是一样的。在浮筒中灌入海水，浮筒就会下沉，让捕鲸船稳妥地贴靠在两个浮筒中间以后，"骆驼"里的蒸汽机会将浮筒中的海水排出，此时"骆驼"上浮，将船托起到足够通过沙洲的高度，再由拖船将"骆驼"连带船一起拖过沙洲。通过之后，让海水重新灌进"骆驼"，使浮筒下沉，船就可以自由地航行到码头或开启自己的新航行了。

　　"骆驼"的首次试运行是在 1842 年 9 月 4 日。实验的船是装满了补给准备出海远航的菲比号（*Phebe*）。"骆驼"先是被放置到理想的位置，上浮之后也顺利地将水中的菲比号高高托了起来。可是人们开始拖拽船的时候发生了事故，菲比号显然还是太重了，浮筒之间的铁链一根接一根地崩裂开来，断成了几节。发出的巨响像加农炮开火一般，在整个镇子中回响，把当地人都吓了一跳。失去了托举的菲比号也沉入了水中，不得不返回码头接受大修，因为船身上的铜包板都被崩断的铁链刮坏了。这样的结果当然算不上什么吉利的首秀，不过尤尔并没有放弃。他认为自己不该使用普通船只上使用的铁链，而是应当等待专门为"骆驼"设计的铁链。菲比号的惨败过后不久，这批定制的铁链就送到了，尤尔又说服了宪法号（*Constitution*）捕鲸船的所有者同意试用"骆驼"。1842 年 9 月 21 日，实验获得了完美的成功，宪法号顺利地越过沙洲进入了开阔水域。不到一个月之后，"骆驼"又通过了另一项更为苛刻的考验，让从印度洋返回的满载着鲸鱼油的秘鲁号（*Peru*）顺利通过了沙洲。一个当时在尤尔的母亲家打杂的男孩儿写道："聚集到岸边观看这种

210

新奇景象的人数超过了 1000 个，还有人大喊：'我们应该为尤尔先生欢呼三声。'"据《新贝德福德水星周报》（*New Bedford Weekly Mercury*）的观察："这件事给楠塔基特岛人带来了巨大的喜悦……人们敲响了铃铛，还鸣礼炮 100 响以示庆祝。"另一份报纸上的报道称，"'骆驼'的最终成功已经毋庸置疑。这个办法将确保楠塔基特岛稳稳地夺回此前被其他地方抢走的生意"。[19]

骆驼为人们提供了一个可以替代驳船的省钱办法，大量的捕鲸船都采用了这个办法通过沙洲。不过到了 1849 年，也就是这个方法被引入仅仅七年之后，"骆驼"就彻底走向了终结。楠塔基特岛人期盼的"骆驼"可能带来的捕鲸行业的复兴也不可能实现了。仅靠"骆驼"是无法抗拒将楠塔基特岛的捕鲸活动推向绝境的巨大力量的。楠塔基特岛在捕鲸行业中的地位一天天降低，一部分是因为捕鲸人不能敏锐地应对市场需求以及鲸鱼分布的变化，而他们的竞争者却能够不断开拓鲸鱼油和鲸须的市场，在传统的水域里已经没有鲸鱼可捕之后也能继续寻找新的捕鲸点，而楠塔基特岛人却还是只捕杀抹香鲸，即便收成一年不如一年，他们也还是一成不变地返回同一片水域捕鲸。[20] 楠塔基特岛船队的境况在 1846 年 7 月更加恶化了，一场"大火灾"烧毁了镇上大部分滨水区和岛上绝大多数的捕鲸相关基础设施。[21] 那之后两年，加利福尼亚发出了召唤。

1848 年 12 月 5 日，总统詹姆斯·K. 波尔克（James K. Polk）通告全国人民，从加利福尼亚传出的令人激动的消息都是事实。波尔克在国会发表年度咨文时说："如果不是有公职人员的切实报告加以佐证，我们真不敢相信在那一地区确实存在大量黄金的说法，因为传闻中描述的规模实在太令人难以置信了。"[22] 黄金热横扫了美国的东海岸，来自楠塔基特岛、新贝德福德、萨格港、新伦敦和其他捕鲸港口的捕鲸人都驾船前往旧金山的金门，怀揣着一夜暴富的美梦沿着一条条大河或溪流驶向加利福尼亚。[23] 东部的捕鲸商人们根本无法阻止捕鲸人才的大量流失。就算不是为了淘金，那些人也可以到加利福尼亚做木匠或出卖劳力，挣到的钱还是比出海捕鲸挣到的多好几倍。[24]

旧金山港一下子成了最拥挤的船只停泊点，包括大量捕鲸船在内，起码有好几百艘船被停放在这里，船长和船员们都上岸前往内陆地区了。从新贝德福德起航捕鲸的密涅瓦号（Minerva）中止行程的事就是证明黄金的吸引力究竟有多大的最好证据。前往太平洋捕鲸的密涅瓦号船长给船只的所有者写信说明他遇到了突发的变故。"我本来是去旧金山招募船员的……但是当地发现了黄金的消息令所有人兴奋不已，我根本没法阻止船员抛下捕鲸船去淘金。有三名打算游上岸逃跑的船员被淹死了，但是选择留下的船员的数量还是很快就减少到无法继续捕鲸航行的地步了。"[25]

楠塔基特岛受到淘金热的影响最为严重。好几百名楠塔基特岛捕鲸人和12艘以上的船驶向了加利福尼亚。[26]《楠塔基特岛问询报》还通过描述各种美好愿景来进一步丰富人们的幻想。加利福尼亚"很可能就是完美的黄金国（El Dorado），"一位编辑这样写道，"那里的部分地方号称遍地

212 是黄金。"[27]虽然黄金热很快就降温了，但是它对楠塔基特岛捕鲸船队造成的损害是深远的。前往加利福尼亚的很多捕鲸人和大部分捕鲸船再也没有返回楠塔基特岛。到 1852 年，一位楠塔基特岛居民描述了岛上捕鲸生意的惨淡景象："拥有光辉历史的捕鲸业似乎再也无法找回往日的荣耀了……最近返回的帝国号（*Empire*）已经被卖给了新贝德福德的捕鲸人，丹尼尔·韦伯斯特号（*Daniel Webster*）也会在下周被出售。那之后，我们的码头上就仅剩 3 艘船了……32 家鲸鱼油工厂里只有 4 家还在进行生产。花费了 5 万美元制造的"骆驼"被扔在海岸边腐烂生锈。最糟糕的是，连我们自己的旅馆里使用的照明和香薰材料都变成了'液体燃料'。"（而非令楠塔基特岛闻名于世的抹香鲸鲸鱼油。）[28]两年之后，鲸鱼油生意又遭到了新的打击，煤气灯头一次出现在岛上。19 世纪 50~60 年代，楠塔基特岛的捕鲸活动已经缩减到每年只进行少得可怜的几次航行的地步，到 1869 年 11 月 16 日，楠塔基特岛的最后一艘捕鲸船橡树号（*Oak*）起航前往太平洋，结果再也没回来，这也是楠塔基特岛捕鲸活动的终结。[29]

楠塔基特岛作为捕鲸港口的衰退与新贝德福德的崛起在时间上是刚好对应的。按照历史学家伦纳德·埃利斯（Leonard Ellis）的说法，1812 年战争即将结束时，新贝德福德的"处境非常凄惨……所有产业都停止运行很久了，曾经为这里带来财富和兴旺的船队都不敢出海了。商店和造船厂也都关闭了，码头上停泊着成排的被吹断了桅杆的船。

因为敌人的封锁，码头已经彻底关闭，无法进行任何商业活动，市民只能在街上无所事事地闲逛"。[30]不过像楠塔基特岛一样，新贝德福德在战后也迅速恢复了生机。1765 年就吸引约瑟夫·罗齐来到此地的那些优势依然存在——优良的深港、茂密的森林和位于大陆之上的便利位置，这里的捕鲸商人利用这些优势扩大了自己的生意规模。从新贝德福德出发的通往各地的新兴的铁路网络为这个城镇提供了源源不断的贸易机会，也保证了这里生产的鲸鱼产品和需要的物资能够更有效地被运出去和运进来。对抹香鲸鲸鱼油、普通鲸鱼油和鲸须需求的增长刺激了对这项产业的投资，新贝德福德的捕鲸船数量以惊人的速度迅速增长，在 19 世纪 20 年代就超越了楠塔基特岛。从那时起，两个港口之间的差距就迅速拉大了，到 1850 年，楠塔基特岛的 62 艘捕鲸船已经无法和新贝德福德的 288 艘相提并论。而且后者的船只数量持续增长到 1857 年，达到了顶峰的 329 艘，大约占当时全美国捕鲸船总数的一半。新贝德福德的地理位置优势是它迅速获得成功的主要原因。还有一部分原因在于这里的船长愿意前往任何地点捕杀任何有销路的鲸鱼品种，而不是像楠塔基特岛捕鲸人那样只肯到固定的地点捕捉同一种鲸鱼。[31]另一个确保了新贝德福德成功的因素是这里的捕鲸人进行捕鲸活动的高强度，他们对这项事业的极端投入让他们占据了一种最有利的竞争优势。如爱默生观察到的那样："新贝德福德距离海洋里的鲸鱼比新伦敦或波特兰都远，但是这里的人时刻准备好了出海捕鲸，他们看见装着鲸鱼油的木桶就像看到自己的兄弟一样亲。"[32]

213

美国人仍然是全世界捕鲸行业的领导者，在捕鲸业最繁荣的黄金时期里，新贝德福德就是这个国家的捕鲸业首都。放眼望去，港口上全是林立的桅杆，它们无声地见证了连续不断地进出港口的船只，见证了大批的船员熟练地将物资搬到船舱里、将货物卸在码头上，周围还有为船只的起航或返航欢呼雀跃的民众。船厂不仅打造新船，也负责维修那些因为年代久远而有所损坏的老船。索具装配工们制造的船帆加起来可以覆盖几千平方英尺的面积；填船缝工人们用麻絮填补的船缝长度连起来能有好几英里长；木匠们给船身钉上铜包板，好防止船被破坏性极强的海水腐蚀，产生船蛆。这种害虫会蛀蚀船身的木质表面，使之软烂多孔，那样船身会非常容易进水。[33]码头上总是堆满了数不清的储存鲸鱼油的木桶，还有像小麦一样捆成捆放在太阳下晾晒的鲸须。专门为富裕人家压制、定型和包装鲸脑油蜡烛的蜡烛商就有将近20家。堆得满满的各个仓库里的鲸鱼产品都是要送到美国各地，甚至是全世界的。临近水滨的街道和小巷两边是一家接一家的铁匠铺、制桶铺和各种为捕鲸船只提供物资的店铺；此外还有雇用船员的船运代理商的办公室和捕鲸商人计算盈亏的账房。向高处走一些，在玉米饼山（Johnny Cake Hill）上忙碌的是保险业人员，他们的工作是尽量降低捕鲸行业的财务风险；除了保险人员，这里还有很多银行家，他们能够为捕鲸航行筹措资金。附近不远处有一个海员礼拜堂，捕鲸人出海之前会到那里去祈求上帝的原谅和保护。不过礼拜堂墙壁上的字迹往往让这些人受到的精神安慰黯然失色。因为就在墙上与人们视线水平的位置有一圈大理石纪念

214

碑，每一块都代表着一个葬身于海洋的捕鲸人的悲剧故事。

> 谨以此碑纪念斯温船长
>
> 他是楠塔基特岛捕鲸船克里斯托弗·米切尔号的副
> 船长
>
> 这个值得信赖的人被系在鲸鱼身上的绳索拖下水
>
> 最终淹死在了海里
>
> 1844 年 5 月 19 日
>
> 享年 49 岁
>
> 所以，你们也应该随时准备好：
>
> 因为人子要在你们料想不到的时间忽然来临。[34]

水手们在这里祷告的间隙看到这些对逝去之人的纪念，恐怕要忍不住担忧自己会不会就是下一个葬身大海的人。

距离水边最远的地方是捕鲸船船长和船只所有者们的宏伟大宅。梅尔维尔就曾写道："你在美国任何地方也找不到比在新贝德福德见到的更有贵族气派、更富丽堂皇的房子、庭院和花园……所有这些豪华的建筑、繁花似锦的庭院都是用大西洋、太平洋和印度洋里的鲸鱼换来的，每一头都是被捕鲸叉插住，从大洋深处被拖上来的。"[35]梅尔维尔说的一点都不夸张。19 世纪 30 年代，新贝德福德的人口还只有 3000人，到 50 年代已经迅速增长到 20000 人。这里还有可能是全美国人均收入最高的城市。[36]罗齐家族、拉塞尔家族、罗德曼家族、摩根家族、德拉诺家族和伯恩家族通过捕鲸获得的财富与经济的发展是相辅相成的，这些依靠海中的利维坦

265

而变得富有的人不再仅仅将自己的财富投资到捕鲸上，而是投入其他行业，也包括慈善事业。通过捕鲸致富的人并不仅限于男性。赫蒂·格林（Hetty Green）在 20 世纪初成了整个美国最富有的女性（她的诋毁者称她为"华尔街女巫"），她最初就是作为新贝德福德的豪兰家族捕鲸财富的主要继承人而发展起来的。[37] 不过，新贝德福德也有脏污、阴暗的穷街陋巷存在，在捕鲸船上干活的水手们就住在这样的地方。历史学家称这些地方为"污秽之地"，连这里的街名也恰如其分地叫作"干水沟"，街道两边"都是酒馆，就是兜售狂乱和死亡的地方；［还有］旅馆、舞厅和鹰身女妖控制的房子，都是恶习和暴力泛滥的地方"。位于镇上穷人居住的地段里有一个最臭名昭著的目的地叫"方舟"（*Ark*）。它本来是一艘捕鲸船，后来被改造成漂浮在水上的房子一样的构造，里面有房间可供出租，实际上就是一个"最下流的妓院"。[38]

新贝德福德成了发展迅速的捕鲸行业的中心城市，所以第一份也是唯一一份专门报道捕鲸相关内容的报纸会出现在这里也就不足为奇了。1843 年 3 月 17 日《捕鲸人装运单和商人清单》（*Whalemen's Shipping List and Merchant's Transcript*）周报发行了创刊号。该报编辑宣称："我们的目的是向读者提供一份依据最新消息仔细核准过的周报，内容包括美国各个港口所有涉足捕鲸行业的船只的情况，还包括主要商品的实时价格及其他有意义的商业情报。"有了这份报纸，捕鲸人再也不用到传统的报纸上费力地搜寻关于本行业的重要信息了，这一份报纸就可以解答他们所有的问题。

除此之外,《捕鲸人装运单和商人清单》还能提供更加个性化的服务。编辑说:"我们有理由相信这样一份报纸对于大批捕鲸人的……父母、妻子、姐妹、情人、朋友同样具有吸引力,因为他们的亲人是到遥远的深海上谋生的,不得不常年与他们分隔两地。"[39]

楠塔基特岛和新贝德福德是黄金时期美国最大的捕鲸港口,不过进行捕鲸活动的港口绝对不止这两个。在19世纪20年代至50年代之间,超过60个沿海岸地区定居群体都参与过捕鲸活动。[40]新伦敦和萨格港就是其中的代表,在最繁荣的时候也曾拥有60~70艘捕鲸船。[41]19世纪40年代末是这些地方捕鲸业发展的顶峰时期,当时的新伦敦拥有规模仅次于新贝德福德的第二大捕鲸船队。[42]新伦敦还出现过很多著名的捕鲸船船长,比如史密斯家的五兄弟。兄弟五人各自带领自己的船,总共完成了至少35次航行,收入合计超过100万美元。[43]不过,最著名的新伦敦捕鲸船船长恐怕还要数詹姆斯·门罗·巴丁顿(James Monroe Buddington),也就是那个发现了英国皇家海军果决号(Resolute)的人。

1845年5月,著名的英国探险家约翰·富兰克林(John Franklin)率领着两艘船到北极地区探险,为的是寻找仍然未被发现的联通大西洋和太平洋的西北通路。然而仅仅过了几个月,富兰克林和他的船员,以及他们驾驶的船就彻底失去了音信。人们后来组织过一些援救活动,重达600吨的果决号就是在执行援救行动的过程中被困在了冰面上。1854年5月,人们不得不弃船逃生。下面就轮到巴丁顿船长出场了。1855年5月,巴丁顿作为乔治·亨利号(George

216

Henry）的船长，驾驶船只从新伦敦起航前往戴维斯海峡捕鲸。9 月 10 日，他发现远处有一艘严重向一侧倾斜的船，那正是已经在冰面上漂流了 16 个月，漂流距离超过 1000 英里的果决号。巴丁顿很清楚果决号的历史，于是决定将其打捞上来，并带回港口，这可比捕杀鲸鱼的收获丰厚多了。巴丁顿和他的船员先是想办法将果决号从冰冻中解放出来，将下层船舱里的水抽干，让它能够重新航行。这之后，巴丁顿将他的船员分配到两艘船上，并亲自指挥果决号返航。巴丁顿和他人数不足的船员战胜了波涛汹涌的大海和猛烈的狂风暴雨，历时两个月终于将破旧不堪、受损严重的果决号成功驶回了新伦敦。

英国政府为表彰巴丁顿的英雄事迹，宣布放弃对果决号的所有权，许可巴丁顿以任何他认为适当的方式处置这艘船。不过，美国国会却有一个更好的主意，它花了 4 万美元从乔治·亨利号船主的手中买下了果决号，将它返还给了原本的所有者，以此作为一种改进英美之间一直不稳定的关系的外交努力。当果决号于 1856 年 12 月返回英格兰时，维多利亚女王带头出席了欢迎活动。在果决号的甲板上，美国海军上校亨利·J. 哈特斯坦（Capt. Henry J. Hartstene）转达了来自美国总统富兰克林·皮尔斯（Franklin Pierce）和美国人民的问候，称返还船只是"对贵国充满友好情谊的证据……［也是］对女王陛下本人的喜爱、崇敬和尊重的象征"。对此女王回答："我感谢你，先生。"[44]虽然这个故事对于英美两国人民来说是皆大欢喜的结局，但巴丁顿没能从中获得任何好处。虽然他会作为果决号的拯救者而永远为人们所铭记，但他宣称政府支付给乔治·亨利号所有者的 4 万元购船费他一个子儿也没见着，而这笔财富完全是由于他的作为才得来的。[45]

萨格港的位置在长岛南部顶端。1847 年是这里作为捕鲸中心的鼎盛时期，当年有 32 艘捕鲸船带回了大约 4000 桶抹香鲸鲸鱼油，64000 桶普通鲸鱼油及 60 万磅鲸须。[46]詹姆斯·费尼莫尔·库珀（James Fenimore Cooper）就是参与了这场萨格港捕鲸热的众人之中的一员。1818 年库珀前往纽约的谢尔特岛（Shelter Island）探望查尔斯·T. 迪林（Charles T. Dering），此人不仅是他妻子的亲属，还是一名船运商人。一番交谈之后，手里有大把闲钱正愁没地方可花的库珀决定和迪林及另外几个投资者一起组建一个捕鲸公司。鉴于近几年捕鲸行业的快速发展，他们认为这个公司不仅有可能带来收入，还可以让库珀维持自己与海洋相关事业的联系。接下来的三年里，库珀的捕鲸公司出资进行了三次从萨格港起航的捕鲸航行，但获得的收益都非常令人失望。按照这个趋势看，库珀恐怕没法再在这个行业里混了，然而后来的事证明，他根本不需要靠捕鲸挣钱。当他的捕鲸船在海上一无所获时，库珀本人则在进行写作。1821 年他出版了作品《间谍》（The Spy）并获得了第一次商业上的成功，自那之后他就一心投入了文学创作，后来又陆续出版了《最后的莫西干人》（The Last of the Mohicans）和《拓荒者》（The Pioneers）等经典作品。他在 1849 年出版的小说《海狮》中描写的就是萨格港的捕鲸遗产。库珀满怀崇敬地宣称长岛上的这个小小的捕鲸人群体"比楠塔基特岛人……

更拥有真正的团队精神（*esprit de corps*）"。[47]

与上述这些地方相比，黄金时期其他捕鲸港口的船只数量和航行次数就少得多了。比如马萨诸塞州的费尔黑文、普罗温斯敦和韦斯特波特，康涅狄格州的斯托宁顿和罗德岛的沃伦等，所有这些港口在最高峰时顶多各有 22～50 艘捕鲸船。除了这些捕鲸港口，再往下数就是一批城市和乡镇，包括纽约州的冷泉港、缅因州的巴克斯波特、新罕布什尔州的朴次茅斯、马萨诸塞州的格洛斯特、康涅狄格州的米斯蒂克、新泽西州的纽瓦克、宾夕法尼亚州的费城和北卡罗来纳州的伊登顿。这些地方最多只拥有几艘，有的甚至仅有一艘捕鲸船。[48]整条海岸线上出现这样快速的爆炸式发展，背后的动力无非是金钱。有些小一点的港口城市甚至还举办了公关宣传活动来鼓励捕鲸商人到此定居。1833 年 5 月 4 日，听说楠塔基特岛人因为缅因州的威斯卡西特（Wiscasset）有几乎常年不结冰的深水港而考虑移民到那里之后，《格洛斯特电讯报》（*Gloucester Telegraph*）的编辑感到十分嫉妒，并刊登文章说："如果楠塔基特岛人真的想要寻找一个位置优越的地方移民的话，我们奉劝他们一定要到格洛斯特来看看。再没有什么港口比这里更适合进行大规模的商业活动了。这个港口全年任何时候都可用，面积巨大，安全可靠……保守估计也能轻松地容纳 1000 艘捕鲸船在这里避风躲雨。"[49]

和格洛斯特一样，特拉华州的威尔明顿（Wilmington）也希望从零开始，打造一支属于这里的捕鲸船队。[50]1832 年 1 月，威尔明顿的一位商人通过《特拉华报》（*Delaware*

第十三章　黄金时期

Journal）敦促自己的同行们投身捕鲸行业，因为这是一项能赚大钱的买卖。"东部的城镇进行捕鲸活动已经有大约一个世纪之久了，只要是加入这项事业的人，没有一个撒手不干了的，没有！他们的发展很迅速，如今干这行的人……都大富大贵了。"[51]1833 年年末，赞成捕鲸的力量已经在威尔明顿获得了巨大的支持。10 月 24 日，一大批当地居民聚集到了市政厅探讨组建捕鲸公司的可能性，并且任命了一个委员会来进一步研究这个议题。委员会仅仅进行了 11 天的评估就确信在威尔明顿进行捕鲸绝对能获得成功，同时还热情地敦促人们尽快组建威尔明顿捕鲸公司。于是，威尔明顿的商人们开始争相认购这个新公司的股份，很快就凑够了 10 万美元的运营资本。如历史学家肯尼斯·R. 马丁（Kenneth R. Martin）指出的那样，在有点过于天真和热切的威尔明顿人看来，捕鲸似乎是一项简单明了的事。他们先要购买或自行制造一艘船，然后从新英格兰的捕鲸群体中雇用一些船长和有经验的水手作为船上的核心骨干，由他们来领导大批血气方刚、迫切地想要投入捕鲸事业的特拉华州本地年轻人，这样就可以把捕鲸船派到捕鲸点去捕鲸了，剩下的就是坐等捕鲸船满载而归。威尔明顿人是这么想的，也确实是这么做的。

威尔明顿船队中的第一艘捕鲸船谷神星号（*Ceres*）是从新贝德福德买回来的一艘老旧破败的船，不过再用几年还是没问题的。掌控谷神星号的是理查德·威登船长（Capt. Richard Weeden），一位经验丰富的新贝德福德船长，他还留用了几位船上的副手和舵手。剩下的船员中包括一些富有

219 的威尔明顿人，他们根本不知道捕鲸航行是怎么回事，反而把这次出海当作一次充满乐趣的大冒险。这类人被有经验的捕鲸人称作"生手"，也就是完全没有航海经历的新人。1834 年 5 月 6 日船即将出港时，这样的现实再清楚不过地摆在了人们眼前。谷神星号解缆开船之后不到几分钟，完全不懂如何应对潮汐的水手们就将船搁浅在了淤泥中。那些前来欢送自己的船出海的镇上居民们目睹了视线范围内发生的这一幕，不少人难免会感到既好笑又担忧。谷神星号在泥泞中受困了数小时，直到一艘蒸汽船将它拖拽出来。然而谷神星号随即又搁浅了一次，之后才最终踏上了前往太平洋捕杀抹香鲸的航程。

这次航行最终以失败告终。1837 年秋天船返回港口时，船上只载了不到 1000 桶抹香鲸鲸鱼油。距离终点还有几周的航程时，威登船长就已经开始担忧威尔明顿人看到这样彻底的失败会做出什么样的反应，毕竟人们最初对此次航行的期望值可是相当高的。为了不让当地居民直接面对失望的结果，船长决定想办法蒙混一下。他让船员们在 100 多个空木桶里装满海水，这样船就会像满载着鲸鱼油一样吃水更深一些。等船出现在地平线上并最终停靠在港口的时候，前来迎接捕鲸船的人们也许就会认为自己祈祷的满载而归终于实现了。这样的欺诈行为引得一位船员忍不住评论道："这种做法毫无意义，只能让威尔明顿人误以为出海 30 个月的船是满载而归的。"[52] 就算真有人被这种愚蠢的把戏蒙骗了，也不过是暂时的。这次航行的结果是赔本 5228 美元的消息足以让任何人清醒。那些满怀热情地加入谷神星号航行的威尔明顿年轻人们如今已经对捕鲸活动的严酷和频繁的徒劳无功有了清醒的认识，他们之中大多数人觉得能活着回来就很不错了。

当谷神星号在海上航行的时候，威尔明顿捕鲸公司则在继续推进自己的业务计划，即筹集更多资金再购买三艘捕鲸船：露西·安号（*Lucy Ann*）、优越号（*Superior*）和北美号（*North America*）。后来，公司在1839年时又购置了第五艘也是最后一艘捕鲸船杰斐逊号（*Jefferson*）。抛开谷神星号失败的第一次不谈，威尔明顿捕鲸公司的船队在19世纪30年代晚期进行的航行还算比较成功，即便不是出类拔萃的，至少也算利润丰厚。但是到了19世纪40年代初，公司经历了一次突然而沉重的打击，北美号在澳大利亚触礁沉没，船员几乎全部丧生，船上的货物也全部丢失。因为这次重创和另外几次收获不佳的航行，再加上鲸鱼油价格的走低和全国性的经济萧条，股东们在1842年经投票决定清算公司资产，这项工作一直持续到1846年才彻底完成。讽刺的是，威尔明顿的捕鲸船最终还是被卖到了北方的捕鲸港口，就是那些他们曾经迫切想要效仿的榜样城市。威尔明顿绝对不是唯一一个在捕鲸行业上失败的地方。在黄金时期令人满怀憧憬的那些日子里，虽然不会是全部，但可以肯定地说，绝大部分参与捕鲸活动的小型港口最终都没有获得成功。像威尔明顿一样，这些港口过于乐观地投入其中，结果只能发现捕鲸其实是一项更依靠技巧而非运气的艰难工作。

虽然大部分小规模的港口表现都不尽如人意，但美国捕鲸行业在黄金时期还是遥遥领先于其他地方。带来这一结果

220

的部分原因在于美国捕鲸人是最擅长这份工作的。1843 年的《商人杂志和商业评论》(*Merchants' Magazine and Commercial Review*) 就自豪地宣称："美国捕鲸船在这项事业上的成功让其他国家无力与它竞争。"[53] 在这些失去了竞争力的国家中，受冲击最大的莫过于英国。英美两国之间由来已久的较量也随着英国捕鲸船的消失而自然地终结了。在美国独立战争和 1812 年战争期间曾经成为捕鲸行业主力军的英国捕鲸船队此时已经渐渐淡出了人们的视野。英国捕鲸船需要的船员人数多，花费的成本高，船上又没有什么捕鲸能手，自然无法与他们的美国同行相抗衡。美国人能在更短的时间内捕杀更多的鲸鱼，所以能够承受更低廉的售价，英国的产品则在国际市场上失去了销路。美国人在寻找新的捕鲸点上也比别人做得都好。到 1824 年，英国政府最终决定停止长期以来向捕鲸船队提供补贴的政策，这无疑更让船队加速走向终结。[54] 1846 年，有人给《伦敦时报》(*London Times*) 写了一封信。写信的这位英国人曾经在一艘美国捕鲸船上工作了 6 年，他毫不掩饰地向自己的同胞们解释了为什么美国人是比英国人好得多的捕鲸人。"几句话就能说明症结所在——捕鲸船装配成本高，船员中酒鬼多、无能的人多，精力充沛的船长和船员却总是匮乏的"——他认为这些缺点在美国人身上是不存在的。"我对美国人并没有什么好感，"书信的作者继续写道，"因为作为一个群体来说，我相信再也找不到比他们更不诚信的人了，但是为了将这项贸易推上它如今发展到的高度，他们所付出的努力和贡献确实是值得赞颂的。"[55]

221

第十三章　黄金时期

美国捕鲸行业的爆炸式发展还催生了劳动力需求的爆炸式增长。到19世纪50年代中期，仅新贝德福德的捕鲸船上雇用的水手就达到了10000名，其他各个港口雇用水手的人数总和也达到了10000名。养活这么多人可不是什么容易的事。船长和一些高级船员通常是由船只所有者或船运代理商直接雇用的。此外，代理商还要负责雇用船员，他们通常会采取在报纸上刊登广告，或到公共建筑甚至是大街上散发传单的方式来招揽船员。广告语通常都如下面这条一样乐观：

> 招募新水手！！
>
> 现招聘1000名身强力壮的年轻美国人加入捕鲸船队。捕鲸船已在进行起航前的装备，航行的目的地是太平洋北部和南部。另招聘一些箍桶匠、木匠和铁匠。我们只接受持有推荐信的能吃苦耐劳的年轻人。受雇人员将享受优厚的待遇。出海前每人将获得75美元的装备费。渴望抓住这个既能见世面又能赚到钱的好机会的人，请尽快向此广告的署名人提交申请。[56]

这些振奋人心的言辞掩饰了一个不怎么"美好"的现实。捕鲸船的所有者们迫切地需要满足船上劳动力的需求，以至于根本无暇顾及应征人员有没有推荐信，或者人品好坏等问题。19世纪中期的那些"能吃苦耐劳的年轻人"拥有很多在岸上工作的机会，不仅比成为一名捕鲸人更安全，获得的报酬也更丰厚。所以船主们根本没有机会挑三拣四，肯来应征的往往是一些穷困潦倒、犯过罪、嗜酒成性或同时兼具以上多项的人，而且还都没有什么航海经验。[57]最终的结果就是船员素质低下，甚至可以说是完全没有什么素质可言，这已经成了长期困扰捕鲸行业的顽疾。1836 年，一份楠塔基特岛上的报纸发文章说："太多不受管教的年轻人，太多不顾父母权威离家出走的孩子，太多应当被送去接受改造的对象，太多欧洲和美国城市里从警察手下逃脱的流浪汉——太多被判有罪的人……都应召成了船员……捕鲸行业不应当被当成一个人重塑名声的工具，也不该是那些连监狱都关不住的人受惩戒的地方。"[58]正如一份杂志所说的那样，捕鲸人中当然也有一些是"吃苦耐劳、聪明智慧的本地青年"，他们有良好的家庭，接受过正规的甚至是良好的教育，他们选择加入船队只是因为相信这是一次冒险经历，是一次塑造人格的机会，或者最起码是一项可能回报丰厚的工作，不过这样的人毕竟只占极少数。[59]另外，加入船队时支付的 75 美元装备费听起来是一种慷慨的表示，但实际上这不过是预支的部分工资，以后是要从水手的最终收入中扣除的，再说水手们的衣物、食物和补给也都是要从这笔钱里出的。至于出去见世面的问题更是看你怎么理解，如果你觉得所谓世面就是无穷无尽的大海的话，那么捕鲸人还真能看到世界上大部分的海洋。不过你要是想到坚实的陆地上体验什么刺激的冒险，那么捕鲸航行绝对算得上最不好的选择。

为了诱使他人前来应征船员，船运代理商们通常会在广告里着重描述捕鲸活动中积极的一面，哪怕这样的说法是片面的，甚至是虚假的。历史学家埃尔莫·保罗·霍曼（Elmo Paul Hohman）观察到："如果关于当时的船运代理商的描述是真实的话，那么他们不愧是虚假宣传的高手，其恬不知耻的程度令人震惊，他们的话里充斥着虚假的承诺和张口就来的谎言。"[60]一位捕鲸人在 19 世纪 40 年代晚期写到了一个"离家出走的乡下年轻人如何［被船运代理商］哄骗的事；他因为缺乏对这方面问题的了解，容易轻信别人的话，所以成了那些无良奸商所使诡计的牺牲品。那些人就是靠哄骗他人加入船队长年出海而获益的，每哄骗一个人上当，他们就可以获得 5 美元的报酬"。[61]塞缪尔·埃利奥特·莫里森就讲过波士顿代理商哄骗一个缅因州农家男孩儿的故事。在大肆吹嘘了捕鲸行业能给人带来的"凭空编造的喜悦"之后，代理商总结道："听着，海拉姆，我实话跟你说，等你到了海上捕杀鲸鱼的时候，难免有时吃不上热菜热饭！"[62]另一个奸诈的纽约代理商发明了一个特别高明的诡计来哄骗他人应征。他先是雇用一个骗子去和那些刚进城的年轻人交朋友，然后用一份非常有说服力的广告来鼓动他们去应征水手。起初，这个骗子会说他打算参加从新贝德福德出发的捕鲸船，第二天就要登上蒸汽船前往那个港口。然后，骗子会请求那些新来的人与他同行，一起去参加冒险。最后，为确保对方上钩，骗子会向他的新朋友们许诺捕鲸能赚大钱，出海 3 年至少能挣"1000 美元"。没有经验的乡下人当然都会上当，于是在这个所谓新朋友的陪同下高高兴兴地前往代理商处应征并签下合同。鉴于只有签订合同的船员届时真正登船出海了，代理商们才能拿到回扣，所以这个纽约代理商接下来还要确保新招募的船员都能登船。为此，签订合同后，他雇用的骗子也会和新招募的船员们继续待在一

223

起，畅谈对即将来临的航行的美好憧憬。直到第二天早上，新船员一登上前往新贝德福德的蒸汽船，很快就会发现被自己当成朋友的人已经消失得无影无踪了。至此，他们才会意识到自己"被骗了"。[63]代理商们都会使用各种花招来防止新招募的船员逃跑，有些代理商会采取监视的方法，有些更极端的代理商则干脆强行将准船员们赶上船，哪怕是那些深思熟虑后改变了主意不想出海的人也难逃这样的结果。就算是使用了各种手段，代理商依然不是总能看住这些准船员。可能是惧怕即将到来的远行，也可能是了解了捕鲸生活的真实面目，有些签了合同的船员会选择临阵退缩；也有一些新船员会在最后时刻被亲属拦住，大人们总会阻止满心好奇、冲动鲁莽的年轻人犯下这种会影响自己一生的大错。[64]

大部分船长和副手仍然是从美国北方白人群体里提拔上来的，不过在他们手下听命的人可就来自五湖四海了：有美国白人和黑人，也有太平洋岛屿上的岛民、葡萄牙人、亚速尔群岛上的岛民、克利奥尔人、佛得角人、秘鲁人、新西兰人、西印度地区的印第安人、哥伦比亚人，偶尔还有欧洲人。根据一位 19 世纪观察者的说法："没有哪个不大的空间里能聚集起像一艘新贝德福德捕鲸船的艏楼里聚集的水手们一样各不相同的人。"[65]有些船员是在前往捕鲸点途中登船的，船长会让船停泊在外国港口，好在当地招募一些水手，很多情况下，捕鲸船就是这么计划的；而在另一些情况下，则是因为船长不得不在中途停船去招募水手以补充船员逃跑、受伤甚至死亡所造成的人手不足。很多这样被招募来的水手后来都选择在美国的捕鲸港口定居而不是返回自己的家

224

乡，这样就在港口城市里形成了各种各样的文化飞地，生活在其中的人只将英语作为第二语言，甚至几乎不讲英语。

对于黑人来说，捕鲸航行是非常特别的机会。在一个仍然许可奴隶制存在的国家里，作为一位捕鲸船上的船员出海能够让黑人感受到他们很少有机会体验到的尊严和价值。[66]在海上，一个人的皮肤颜色远不如他拥有的技能，以及他为航行成功做出的贡献重要。如一位黑人水手说的那样："在捕鲸船上工作与在海军或商船上工作是不一样的。在这里，有色人种也会被当作人来看待，而且还能像白人一样凭借自己的能力和技巧获得升职。"[67]对于捕鲸的黑人来说，与自豪感同样重要的是他们能够与白人同工同酬。[68]这并不是说捕鲸船就是人人平等或兄弟友爱的捍卫者，船上也有很多看不起与自己同行的黑人的白人水手，虽然他们可能都要依靠其他有色人种才能保住自己的性命和生计。一个来自肯塔基州的、坚定支持奴隶制的捕鲸人就表示："被迫与野蛮的黑奴一起生活在艏楼里让我感到……非常难受，尤其是那些人知道自己被当作和别人一样的水手对待之后，就把这种平等发挥到了让人忍无可忍的地步。"[69]

不管怎么说，至少有一些黑人当上了捕鲸船上的高级船员，更有一些当上了船长，比如在 1830 年洛佩尔号满载而归的欢迎会上发表了感人肺腑的祝酒词的阿布萨隆·波士顿就是一个例子。波士顿 1785 年出生在楠塔基特岛上，是他的家族在此定居以后的第三代人。波士顿从小生活在岛上一片被称作"新几内亚"的区域里，这个名字就能反映出生活在这里的人们来自非洲的根源。[70]波士顿的祖父母很可能是在 18 世纪中期来到楠塔基特岛的，他们曾经是奴隶，但是后来被他们的主人授予了自由身份。阿布萨隆的叔叔普林斯·波士顿参加了友谊号单桅帆船捕鲸航行，后来威廉·罗齐将工钱直接付给他本人而非他所谓的主人这件事还曾闹得沸沸扬扬。阿布萨隆·波士顿一直也是靠出卖劳力和做水手养活自己的。到 1822 年他 37 岁的时候，阿布萨隆已经成了勤奋号（Industry）的船长，这是一艘完全归黑人所有，且全部船员均为黑人的捕鲸船。一位船员评论说这艘满载着

225   "沥青一样颜色的船员"的船"很是特别"。[71] 就捕鲸活动而言，勤奋号航行的结果非常糟糕，它出海 6 个月后返回楠塔基特岛，只收获了 70 桶鲸鱼油。不过这样的失败似乎并没有影响船员的心情，他们之中甚至还有一个人写了一首满怀敬意的小诗来赞颂他们的领袖：

> 祝愿波士顿船长，他的副手和船员们
>
> 身体健康
>
> 改日他若再率领一艘船
>
> 我定会继续追随他一起出海。[72]

波士顿没有再出过海，而是成了一名成功的商人和地产主，他是楠塔基特岛上最受人尊敬，也是最富有的黑人之一。

黑人与捕鲸行业之间还存在另外一个层面的问题。对于一部分，很可能还是大部分奴隶而言，参加捕鲸是一种脱离被奴役状态的途径。约翰·汤普森（John Thompson）就是这样一个例子。在 1840 年前后，当汤普森所在捕鲸船的船

长询问他的出身背景时，汤普森回答说："我是一个从马里兰逃跑的奴隶，我的家人都在费城，但是我不敢留在那里太久，我想着参加捕鲸航行是个好出路，至少奴隶猎人不会到海上来抓我。"[73]对于其他一些奴隶来说，捕鲸船却成了囚禁他们的监狱。1844 年从新伦敦出发照惯例前往太平洋捕鲸的声望号（Fame）就是这样一艘囚禁之船。出海两年之后，声望号的船长和大副相继去世，于是二副安东尼·马克斯（Anthony Marks）接管了捕鲸船。表面上这艘船是在捕鲸，实际上马克斯航行到了非洲东海岸，从那里搭载了 530 名奴隶。5 个月后，马克斯把这些奴隶送到巴西的弗里乌角（Cape Frio），由此获得了 4 万美元的报酬。[74]捕鲸船尤其适合被转变为进行野蛮贩奴活动的贩奴船。因为船体里的空间很大，可以囚禁很多人；鲸脂提炼间可以被用作厨房，能够满足数量庞大的人类货物的吃饭需求。更方便他们参与这项即便是在当时也被认为是不道德的行业的因素是，捕鲸船可以将奴隶囚禁在甲板之下，从外表看不出任何异样，因为捕鲸船本来就是将货物储藏在下层货舱里的。面对着这种恶劣行径可能带来的横财的诱惑，少数捕鲸船所有者和船长选择打着捕鲸的旗号进行贩奴的勾当。历史学家凯文·赖利称这些船为"有伪装的贩奴船"。虽然有些贩奴者蒙混过关了，但也有一些被成功抓获，并因参与这种非法贸易的行为而受到了起诉。[75]

　　无论从哪个港口出发，黄金时期的捕鲸船都拥有一些相似之处。恐怕没有哪艘船比重 314 吨的查尔斯·W. 摩根号

226

（*Charles W. Morgan*）更具代表性了。这艘船是在新贝德福德制造出来的，于 1841 年 7 月 21 日举行了正式的命名仪式。[76]摩根号首次下水那天，船的主要所有者，也是以其名字命名这艘船的查尔斯·沃恩·摩根（Charles Waln Morgan）在自己的日记中提到了"他优美的新船"，以及"半个镇子的居民和众多女士"如何亲临现场见证了这一盛事。[77]摩根号有一个宽阔的船头和方形的船尾，全长 105 英尺。船身很宽，达到 28 英尺，满载后的吃水深度到达 18 英尺。船身大部分采用了新砍伐的橡木，这种树的生长范围很广，从弗吉尼亚州到得克萨斯州均有分布。这种树的木材以其出众的强度而闻名，在当时是建造最好的船才会使用的。[78]摩根号的三根主桅杆上缠满了多到令人晕头转向的绳索，还钉了密集的横桅杆，上面挂着白色的船帆，有风的时候都会被拉得很紧。主桅杆高出甲板足足 100 英尺，顶部有一个无任何遮挡的木质瞭望台，四周没有任何挡板，只在齐腰高的地方钉了几个铁圈。水手们要在这上面度过无数个小时，眺望着远处的海平面，最远能看到 8 英里外喷水的鲸鱼。如果航行时间很长的话，水手在桅杆顶眺望的时间加起来能够长达几个月。在摩根号的船身两侧，主甲板栏杆之外各有一排长长的弧形木质吊架，称为吊艇柱，上面总共架了 5 条捕鲸小艇，清楚地显示了摩根号是一艘捕鲸船。

在主甲板之下的一层是甲板舱，这里有船长的舱房、高级船员的舱房、餐厅、鲸脂提炼间和统舱——捕鲸小艇舵手、箍桶匠、厨师、侍从、木匠、制帆匠和铁匠睡觉的地方。在船头有弧度的地方是空间狭小的前甲板舱，也被简称

为艉楼，里面沿舱房边界摆着一些上下铺，至少能睡 24 名
水手。生活区和鲸脂提炼间下面是船的货舱，那里储存着食
物、淡水等物资，以及装进桶里的鲸鱼油和鲸须。[79]摩根号
的货舱里最多能容纳 3000 个木桶，能够储存相当于 9 万加
仑的鲸鱼油。

大多数商人对于船身宽阔、船头圆钝、船尾见方的捕鲸 227
船颇为不屑，不但充满优越感地将捕鲸船戏称为"鲸脂搜
寻者"、"喷水船"或"恶臭船"，还说这些船"都是粗制
滥造的，随意砍一段任意长度的木头就可以做成"。[80]不过持
这种观点的人其实并不理解捕鲸船的设计是完全符合其用途
的，就好像捕鲸船上配备的捕鲸小艇完全是为猎杀鲸鱼这项
工作而设计的一样。霍曼指出，捕鲸船"作为一艘船来看，
完全没有飞剪船所拥有的优雅、高速和纤细的美感，但无论
是从在艰难环境中的适航性来看，从抵抗狂风、海浪和鲸鱼
攻击的安全性来看，还是从捕鲸航行的长期性来看，这样设
计的捕鲸船绝对是所有船中的最佳选择"。[81]商人对于捕鲸人
也从来都是吝于夸赞的。一位曾经登上过捕鲸船的批评者就
注意到"这艘船的船长是一位瘦高个、腿脚不灵的贵格会教
徒，穿着一身棕色套装，头戴一顶宽边帽，悄无声息地突然
出现在甲板上，像一只羊一样低着头四处巡视；至于他的那
些船员看起来则更像渔夫或农民，没有一点水手的样子"。[82]这
样的评论未免过于严苛。商船总是在固定的航线上航行，熟
悉情况也是他们取得成功的部分原因；而捕鲸人则总是在改
变航线去追寻行踪不定的鲸鱼。虽然捕鲸船没有商船速度快，
但是捕鲸人也要能够控制船只按照地理方向而非磁极方向航

行，而且捕鲸船一次出海就要连续航行几年，天气忽好忽坏，有时顺流，有时逆流，甚至还要进入没有任何海图可作参考的未知海域，经过充满潜在危险的浅滩，或是进入狭窄的港湾停靠，这些都要求船员掌握过硬的航行技能。虽然捕鲸船上的船员可能衣衫褴褛、邋遢落魄，但他们都能很快适应船上的生活和工作。捕鲸船上的船长和他们的副手一般都是出色的水手，通常比那些嘲笑他们的商船水手强多了。

捕鲸船船长总喜欢返回曾经取得过成功的捕鲸点，然而随着捕鲸航行次数和被捕杀鲸鱼数量的不断增多，很多曾经盛产鲸鱼的水域里都没有鲸鱼可捕了。这种一时性繁荣的循环往复对于这个行业来说一点也不陌生，所以捕鲸人总是不得不去寻找新的捕鲸点。黄金时期里发现的第一个新捕鲸点就是传说中位于秘鲁海岸 1000 英里之外的深海捕鲸点，它是在 1818 年由埃德蒙·加德纳船长（Capt. Edmund Gardner）驾驶楠塔基特岛捕鲸船地球号（*Globe*）发现的。

228 加德纳并不是碰巧发现这个捕鲸点的。当时他在南美洲近海已经被捕鲸人大肆捕杀多年的水域里搜寻了几个月仍一无所获，所以决定向西航行，这个赌博式的决定给他带来了丰厚的回报。远离海岸的水域里游弋着大量的抹香鲸，在接下来的很多年里，来这里的捕鲸人都会满载而归。加德纳 1820 年返回楠塔基特岛时满载了 2090 桶抹香鲸鲸鱼油。岛上的居民为他的成功感到既惊讶又振奋，因为仅比他早一年返航的独立号（*Independence*）捕鲸船就是在近海水域的捕鲸点里捕鲸的，最终只带回了 1388 桶抹香鲸鲸鱼油，独立号的

第十三章 黄金时期

船长乔治·斯温（George Swain）还确信地宣称前往太平洋的捕鲸船再也不可能收获能填满自己船舱的鲸鱼油了。[83] 接下来几年里，美国捕鲸人还发现了其他一些高产的捕鲸点，包括 1820 年发现的日本附近海域，1828 年发现的桑给巴尔岛（Zanzibar），1835 年发现的科迪亚克（Kodiak），1843 年发现的堪察加半岛和 1847 年发现的鄂霍次克海（Sea of Okhotsk）。[84] 不过，在所有新发现中最重要的莫过于那些位于北冰洋的捕鲸点，第一位驾驶捕鲸船驶入这片令人生畏的冰雪区域的船长是托马斯·韦尔科姆·罗伊斯（Thomas Welcome Roys）。

1847 年，罗伊斯受雇带领优越号从萨格港起航出海，这是一艘体型相对较小的捕鲸船。捕鲸船所有者对罗伊斯的指示是到南大西洋捕鲸，争取 10 个月之内满载而归，不过罗伊斯心中其实已经另有打算。早在 1845 年，罗伊斯所在的捕鲸船因为受到露脊鲸尾鳍的暴力攻击而不得不在一个西伯利亚小镇停靠并接受检修，其间他从一个俄国海军军官那里听说白令海峡以北的水域里有一种特别的鲸鱼，而且数量非常多。对这个说法很感兴趣的罗伊斯买了几张俄国的海图，等他返回萨格港之后，他研读了很多北极地区探险家的记录，发现他们也在那里见到过很多鲸鱼，并且称它们为"北极鲸"。如今，罗伊斯成了优越号的船长，他已经决定去弄清楚传说的真假。不过他并没有将自己的想法告诉优越号的船主们，因为他知道后者一定会否决他的提议。在南大西洋捕鲸的时候，他也没让自己的船员意识到这次航行会有什么不同寻常之处。最终，经过大半年无谓的搜寻，捕鲸的成果与他们的辛劳根本不成正比,于是罗伊斯决定执行自己的计划。船停靠在塔斯马尼亚岛的霍巴特(Hobart,Tasmania)时,罗伊斯给船主发了一封信,通知他们自己要穿过白令海峡,前往北冰洋捕鲸,还说要是自己从此杳无音信了,至少"船主们能知道[他]去了哪里"。[85]

229　　当船员们终于弄清楚自己的目的地时,所有人都感到惊慌失措。从来没有捕鲸船前往过北冰洋,他们也不想成为开辟这条道路的人。面对船上的骚乱,罗伊斯决定暂时停止向北冰洋进发,而是驶入白令海峡南部的白令海,在那里搜寻露脊鲸。这样过了几个星期之后,罗伊斯再次调转船头,不顾船员们的满心恐惧,继续向北朝海峡驶去。罗伊斯很清楚如果这次赌博失败了自己会落得怎样的结果。他后来写道:"那些敢于离开已知的安全水域探索新航线的船长们身上都承担着巨大的压力,探索失败不仅意味着死路一条,连他手下的高级船员和普通水手们也会联合起来反对他,甚至罢免他。"[86]

　　罗伊斯的无畏精神和他对自己能力及直觉的自信都是他自己辛苦打拼的成果,他很快就成了捕鲸人圈子里的传奇人物。这次带领优越号航行时,罗伊斯只有 32 岁,却已经拥有 15 年之久的从业经历,参加过无数次航行,而且每次都能取得经济上的成功。人们甚至还广为传颂着一个其实可能并不足以为信的罗伊斯骑在鲸鱼背上的故事。故事讲的是有一次罗伊斯在北太平洋上追捕露脊鲸时被缠绕的绳子拖下了水。在他刚刚挣脱了绳子的束缚之后,一头露脊鲸就从他下面游上来,罗伊斯发现自己刚好跨坐在了鲸鱼湿滑的脊背上。于是他站起来想要跳到另一头鲸鱼背上，结果又掉进了水里。这时第三头鲸鱼用尾鳍狠狠地拍打水面，巨大的冲击力使得罗伊斯从水里飞起来，刚好稳稳地落回了船上。然后他马上就举起长矛，把这三头鲸鱼杀死了。[87]一个经历过如此大风大浪的人肯定是不惧怕挑战的，尤其是当挑战背后还存在巨大回报的可能性的时候。

优越号于 1848 年 7 月 15 日进入了海峡，当船上的大副吉姆·埃尔德雷奇（Jim Eldredge）看到磁针的方位信息时还以为罗伊斯的计算有误，因为他们不可能已经到了那么靠北的地方。罗伊斯向埃尔德雷奇保证说数据没有错，他们确实已经进入北冰洋了。埃尔德雷奇惊叫道："我的天哪，你到底要带这艘船去哪里？我从没听说有捕鲸船来过这么高纬度的地方！我们会迷路的！"[88]受到惊吓的埃尔德雷奇跑回了自己的舱房，躲在里面哭了起来。船所处位置的消息迅速在船员之间传播开来，所有人都祈求罗伊斯掉头，但罗伊斯的立场非常坚定，而且他很快就发现船四周出现了大量的鲸鱼。船上的高级船员们认为这些是座头鲸，不值得费力气捕杀，不过罗伊斯并不认可这个说法。这些鲸鱼与罗伊斯之前听到的对它们的描述是相符的，他认为这就是所谓的北极鲸，所以他下令放下捕鲸小艇。依据罗伊斯的说法，虽然他的船员们"并不愿意贸然招惹这些'新品种的怪物'——他们就是这么称呼这些鲸鱼的"，但是最终他们还是战胜了自己的恐惧，并且没过多长时间就用捕鲸叉插到了一头。受伤的鲸鱼立即潜水，"在深水中游了足足 50 分钟"，连罗伊斯都忍不住开始担心被绳子拴住的"是不是什么可以在水

230

中呼吸的东西，也许只要它愿意，在水里待一个礼拜也不用上来换气"。[89]不过最终死掉的鲸鱼还是浮出了水面。船员们把尸体拖回大船旁边时，还有很多人坚持认为这就是座头鲸。然而，随后的切割和提炼鲸脂的结果证明了他们的想法是错误的。这种鲸鱼的鲸须有 12 英尺长，从它的鲸脂里提炼出了 120 桶鲸鱼油。虽然存在一些相似之处，但这绝对不是座头鲸，也不是露脊鲸。罗伊斯的直觉是对的，这是传说中的北极鲸，实际上就是弓头鲸。罗伊斯和他的船员杀死了这头鲸，也成了第一批在北冰洋里获得成功的商业捕鲸人。[90]

罗伊斯驾驶优越号穿过海峡后行驶了 250 英里，"经过了一片又一片陆地"，最终于 8 月 27 日重新穿过白令海峡返航。在这段时间里，罗伊斯的船员仍旧胆战心惊，害怕灾难可能随时发生。不过这并不影响他们成功捕杀 11 头鲸鱼，并在货舱里存储 1600 桶鲸鱼油。在纬度那么高的地方，夏天的白昼非常长，太阳光几乎从不会彻底消失，所以罗伊斯的捕鲸小艇可以不分日夜连续捕鲸，实际上，第一头鲸就是在午夜时分被杀死的。被送上船的鲸脂太多了，提炼间的炉火被点燃之后就没再熄灭过，直到最后一头鲸鱼也被加工完毕为止。虽然这次捕鲸活动收获颇丰，但是过程并不轻松。罗伊斯写道："鉴于这里有强劲的洋流、不散的浓雾，船距离陆地和浮冰太近，海图的内容并不完善，关于这片地区的有用信息还很缺乏，所以我认为在这里捕鲸是非常困难和危险的，虽然这里的确有大批的鲸鱼。"有一些鲸鱼的体型很大，能够产出将近 200 桶鲸鱼油。还有一些鲸鱼实在"太过庞大"，所以罗伊斯根本没有尝试捕杀，因为他认为优越号本身太小，没有办法切割和处理那么大的鲸鱼。水手们估计，这种比他们见过的任何鲸鱼都更加巨大的"北冰洋之王"至少能产出 300 桶鲸鱼油。[91]

当优越号于 1848 年停靠到火奴鲁鲁的码头时，关于它　231
成功航行的消息迅速传开了。如捕鲸人们常做的那样，立刻就有人冲向新捕鲸点打算大捞一笔。在接下来的一年里，至少有 50 艘捕鲸船向北驶去，从马萨诸塞州马撒葡萄园岛上的霍姆斯霍尔（Holmes Hole）出发的奥克马尔吉号（*Ocmulgee*）的航海日志中的一些内容，我们能够对当年前往北极的船队获得的丰收有一个大致的了解。

7 月 25 日：看到很多鲸鱼，但是忙不过来，没空去捕更多。

7 月 26 日：忙着处理鲸脂，还能看到好多鲸鱼。

7 月 27 日：和昨天一样。

7 月 28 日：太多鲸脂需要处理，但是不得不暂停 6 小时，因为木桶都用完了，等着做新的。还能看到很多鲸鱼。

7 月 29 日：忙着处理鲸脂，各个方向都能看到鲸鱼。[92]

出现这样令人欣喜的结果的一部分原因是弓头鲸体型巨大。如罗伊斯和他的水手们估计的那样，最大的弓头鲸能够产出超过 300 桶鲸鱼油，平均值也能达到 150 桶，比抹香鲸和露脊鲸都多得多，后者的平均值分别是 25 桶和 60 桶。[93]此外，弓头鲸的嘴里还有好几千磅重的鲸须，它的鲸须非常长，价值也很高。[94]仅 1850 年一年就有超过 130 艘捕鲸船前往北极地区捕鲸，但是这些捕鲸船的收获比起它们的先行者来说已经差多了。鲸鱼的数量明显减少了，这样的情况迫使一位自称"北极鲸"的作者给《火奴鲁鲁朋友》（*Honolulu Friend*）写了一封信，呼吁人们停止无节制的捕杀。编辑认为自己的报纸"为捕鲸人群体中竟然有人愿意屈尊通过我们的专栏做出呼吁而感到惊讶"，但仍然"为这样的认可感到光荣"。在这封长长的信中，作者提出了一些虽然是从自身利益出发，但至少有理有据的论点，这是非常少见的情况，因为在那个时期里，几乎没有任何人敢于站出来指责捕鲸行业带来的严重损害。

这封信的内容是这样的："生活在这片海洋里最见多识广的老居民们刚刚举行了一次会议，目的是探讨我们的安全问题，有可能的话，要找出些办法来躲避这场似乎已经降临到全世界所有鲸类头上的厄运。"文中的"北极鲸"本以为自己和自己的同类生活在北冰洋中是安全的，因为这里远离人类，没想到捕鲸船还是追到了这里，并"残忍地杀死了"大量的北极鲸。"北极鲸"接着说，它的种族不是"诺顿家族、泰伯家族、科芬家族、考克斯家族、史密斯家族、哈尔西家族和其他那些捕鲸家族的对手"，它还担心如果这样的杀戮不停止的话，北极鲸很快就会被杀得一头不剩。"我代表我正被杀戮且即将灭绝的物种写信给您，"信件的最后这样总结道，"我向所有鲸类的朋友发出呼吁……我们就应当全部被杀死……我们就应当彻底灭绝吗？没有朋友或同盟者愿意站出来为我们遭受的不公复仇吗？……我被我的敌人们称为'弓头鲸'，我属于古老的格陵兰科。永远爱你们的北极鲸。"[95]

尽管"北极鲸"发出了呼吁，捕鲸人依然没有停止捕杀弓头鲸、露脊鲸、抹香鲸或任何鲸鱼的行动，鲸鱼的数量也在继续下降。鉴于此，一些捕鲸人开始担忧他们的谋生方式还能持续多久，有一个捕鲸人就写道："可怜的鲸鱼注定要彻底灭绝了，或者是减少到不至于再引发人们贪婪追逐的数目。"[96]不过，无论捕鲸人对自己的未来有多少担忧，他们依然抱着一贯的干劲和决心将捕杀进行到底。

捕鲸人要去的捕鲸点越来越远，所需的航行时间也越来越长，到后来平均一次捕鲸活动的时间就接近 4 年。[97]有些捕鲸人甚至拿这个问题开玩笑。其中非常流行的一个笑话，讲的是一艘加利福尼亚州的飞剪船在合恩角附近遇到一艘捕鲸船，船上的船员看起来都很苍老、憔悴，脸上布满皱纹，胡子也蓬乱不堪。飞剪船上的一个水手朝他们喊道："你们离港多久了？"看起来完全是老年人模样的捕鲸人回答说："记不清了，不过我们出发的时候还都是小伙子！"[98]说笑归说笑，捕鲸人本身也并不喜欢这样漫长的航行，他们往往都是迫于无奈。先驾船横穿半个地球，然后在捕鲸点里四处搜寻喷水的信号，希望借此追踪到数量日益稀少的鲸鱼。这个过程是需要花费大量时间的，但许多船长还是宁愿在海上停留尽可能长的时间，也不愿意仅仅捕到一点可怜的收获就返航，更别说是空手而归了。[99]希望号（*Hope*）捕鲸船的船长伦纳德·吉福德（Capt. Leonard Gifford）就是抱有这种心理的一个典型。1853 年，已经在太平洋里徘徊了两年的吉福德给自己的未婚妻写信说："运气不好的话，我恐怕还得在海上再待一年，因为我绝不能这样两手空空地回去，我不能让别人指着我的鼻子说这就是那个出海捕鲸却一无所获的人。"对于吉福德和他的未婚妻来说，吉福德的估计过于乐观了，吉福德在海上又航行了三年半才终于实现了满载而归的目标，最终于 1857 年 4 月回到新贝德福德。吉福德想要避免空手而归的愿望如此强烈是因为他知道，那些空手而归的船长很可能再也找不到率船出海的工作了，这不仅仅是因为船只所有人会对船长的能力产生怀疑，更是因为船员都不想在这样的船长手下工作，因为他们的名声已经受损，往往被认为是技术不精、运气不佳或两项兼备的。[100]

有一个能够大幅度缩减捕鲸航行时间的想法一直没有被付诸实践，那就是在达连地峡（Isthmus of Darien，今天的巴拿马）上开凿一条运河。1822 年 11 月，《楠塔基特岛问询报》的编辑塞缪尔·海恩斯·詹克斯（Samuel Haynes Jenks）注意到"在达连地峡上开凿一条运河的可行性似乎一天比一天大了"。詹克斯还说这样一个项目将在很大程度上造福捕鲸人："只要挖掘一条 20 英里宽的运河，就可以将前往南太平洋的行程缩短几千英里，这对于捕鲸行业相关人员来说无疑是头等重要的大事——它不仅能缩短至少一半的航行时间和航行成本，而且能避免往返绕航合恩角面临的危险。"在指出其他商业活动也会因为运河的开凿而获益之后，詹克斯敦促"地球上所有的政府"都应当联合起来促成这个项目，尤其是美国政府更应当立即着手进行衡量这个项目的可行性所必需的"地形条件"测评。[101]可惜的是，没有任何人开展任何行动，所以这个计划一直只是个计划。虽然詹克斯和其他运河计划的支持者为此感到失望，但是《新贝德福德水星周报》的编辑并不是他们当中的一员。后者对开凿运河持反对意见，担心运河通行会增加捕鲸船的数量，那样的话，太平洋里很快就会"无鲸可捕"[102]。将近100 年之后，巴拿马运河终于还是开通了，不过对于美国捕鲸人来说，一切为时已晚。

很多捕鲸人在海上的时间比在家的时间还要多，所以他们对于时间的感受与一般人是不同的。楠塔基特岛上流传着一个关于捕鲸船船长和他的妻子之间通信的故事，虽然不足为信，但是也算能够为上述观点提供一些证据。

"亲爱的埃兹拉：

你把斧子放在哪里了？

爱你的玛莎。"

234

14 个月之后妻子收到了回信：

"亲爱的玛莎：

你要斧子做什么？

爱你的埃兹拉。"

又过了一年，丈夫收到了另一封信：

"亲爱的埃兹拉：

不用担心斧子的事了。你把锤子放在哪里了？

293

爱你的玛莎。"[103]

纳撒尼尔·霍桑（Nathaniel Hawthorne）创作的短篇小说集《老故事》（*Twice-Told Tales*）也涉及了这个主题。他讲的是一个马撒葡萄园岛的捕鲸船船长奇怪的婚姻生活。这位船长雇用了一位雕塑家给自己去世的妻子雕刻了一座墓碑。"这位历尽了狂风暴雨的鳏夫一生中绝大部分的时间都漂泊在遥远的海洋上，"霍桑写道，"在长达 20 年的婚姻中，他在自己家中生活的时间总共不过 3 年，每次之间的间隔还特别长。因此，虽然妻子去世时，他们都已经到了迟暮之年，但在船长的记忆中，妻子还是刚刚被迎娶过门时年轻美貌的模样。"[104]

漫长的分别意味着随船出海的捕鲸人会错过人生中很多有重要意义的时刻，包括亲朋好友的出生或去世，长时间离家之后返回的捕鲸人头一次见到自己的儿子或女儿也不是什么稀奇的事。捕鲸人和亲属之间往往通过写信来进行所谓的交流。不过就如故事中的埃兹拉和玛莎一样，等待书信到来的过程漫长得令人痛苦，更不用说中途丢失的风险有多大。讽刺的是，书信通常还会加剧人们因分隔两地而感到的压力和焦虑。收信人在打开信件前的心情往往是既喜悦又恐惧的。如果收到了好消息，收信人当然会心情愉悦，但是也会更加思念亲人；如果收到了坏消息，收信人不但会伤心欲绝，还会因为自己漂泊在外，不能为家人提供一点帮助、安慰或默哀而格外懊丧。

有一首名叫《楠塔基特姑娘之歌》（*The Nantucket Girls*

235

Song）的歌曲创作于 1855 年，仅从歌词来看的话，捕鲸人
妻子的生活似乎并没有那么糟糕：

> 如今我下定决心要嫁给一名水手，
>
> 那样我就会荷包满满衣食无忧，
>
> 因为一个能干的水手丈夫总是出海不在家，
>
> 所有钱留给妻子随便花，
>
> 因此我要赶快嫁给一个水手，然后早早送他出海，
>
> 因为独立的日子才是最合我意的日子。
>
> ……当他说：再见爱人，我即将穿越一望无际的
> 大海
>
> 起初我会为与他分离而伤心哭泣；随后我就会为自
> 由而笑开怀……
>
> 他是一位可爱的丈夫，虽然他过着漂泊的生活
>
> 只有我最清楚，做一个水手的妻子多快活。[105]

当然，我们并不能认定歌词字面的意思就是作者的真实思
想，因为如历史学家莉萨·诺灵（Lisa Norling）指出的那
样，写这段歌词的人其实是有一些口是心非的。[106]几乎没有
哪个捕鲸人的妻子认为和丈夫分离的日子是衣食无忧、自由
愉悦的。相反，无论是必将分离的前景还是已经分离的现实
都会令她们伤心难过。一位妻子给她出海在外的丈夫写信说
自己感到"非常寂寞"，并询问他能不能找个别的工作。
"我们为什么要分隔这么久呢？我们为什么要拒绝触手可及
的幸福？钱财能弥补我们分开时那些漫长而难熬的时间吗？

起码在我看来是不能的……你的离去让我越来越不能承受。我只想要你陪伴在我身边。"[107]

不仅是妻子会思念丈夫，丈夫当然也会思念妻子。1860年3月，查尔斯·皮尔斯（Charles Pierce）给他的妻子伊莉莎（Eliza）写信说："让一个男人与自己的妻子分别4年，甚至都不知道她过得好不好真是一件可怕的事。"[108]正是因为这种糟糕的感受，所以在黄金时期里，越来越多的捕鲸人夫妻抛弃了曾经长期作为他们主要生活状态的两地分居的方式。捕鲸人的妻子成了"水手姐妹"，可以跟着自己的丈夫一起出海，无论天堂还是地狱，都可以共同面对。[109]当然，这样登上丈夫的捕鲸船共同出海的特权——如果你有勇气称其为特权的话——也不是所有捕鲸人的妻子都能享受的。只有船长们的妻子才有这样的机会：这不仅是由于船长的职级和社会地位，更是因为只有船长的舱房是唯一宽敞到足够容下一位异性同行者居住的地方。

在《穿衬裙的捕鲸人》（Petticoat Whalers）中，海洋历史学家和小说家琼·德鲁特（Joan Druett）记录了这些和自己的丈夫一起生活在捕鲸船上的妇女们的事迹。她们足智多谋、意志坚定，而且充满献身精神；她们经历过考验和磨难，也体会过幸福和喜悦。她还指出在19世纪20年代，这种海上同居的生活方式刚刚流行起来时，一想到妇女在捕鲸船上生活，甚至参与一些日常捕鲸活动，还是会有很多人皱眉表示反对，认为这样的做法"有失淑女风范"。[110]当时的社会认为女性的职责就是料理家务，所以女性就应该待在家里。早期抗争故事中最振奋人心的代表莫过于康涅狄格州斯托宁顿的艾比·简·莫雷尔（Abby Jane Morrell），这位不屈不挠的女性无论如何不肯向反对势力妥协。

1829 年，当艾比的丈夫本杰明准备出海时，艾比恳请丈夫带自己一起上船。她说自己不惧怕航行中的艰苦，但无论如何"忍受不了再一次的分离"。她还发誓说自己"愿意忍受任何匮乏——按照船上最低标准的待遇都可以，只要你是健康、安全的，我就会感到幸福……我宁愿和你一起葬身大海，也不愿离开我唯一的朋友和守护者，独自一人活在这个充满不公和侮辱的冷酷世界里"。[111]

本杰明觉得捕鲸船的所有者未必能同意这样的安排，具体说来就是他们可能会担心本杰明"耽误本职工作"，将更多的注意力放在艾比的需求而不是捕鲸船的利益上。更重要的是，本杰明担心带妻子上船会给别人"落下口实"，有损他的"职业声望"，从而影响今后的事业发展。但是任何理由都不能让艾比气馁——无论是她丈夫的反对还是她自己的家人让她留在陆地上的请求。本杰明抵挡不住妻子的情感攻势，他提到的所有阻碍艾比同行的理由也都被艾比一一驳斥，并给出了应对办法。最终本杰明还是妥协了。出发两天前，他答应了妻子的要求，后来他回忆说，听到这个消息的艾比"冲到了我的怀里，只能用喜悦的泪水来表达自己的感激之情"。[112]

随着时间的推移，捕鲸船上出现捕鲸人妻子的景象已经不再是什么新鲜事了，很多妻子甚至还带着孩子。到 19 世纪中期，这样拖家带口的情况就更是屡见不鲜了。1858 年，在火奴鲁鲁岛上传教的牧师塞缪尔·C. 戴蒙（Reverend

237

297

Samuel C. Damon）评论说："几年前，捕鲸船船长带着妻子儿女出海的事还极为鲜见，如今却不足为奇了。"牧师还补充说，在太平洋上至少有 42 艘这样的捕鲸船，其中一半"正停靠在火奴鲁鲁。这么多女士出现在此带来的愉悦气氛是连最愚钝的观察者也无法忽略的"。[113] 尽管捕鲸人的妻子们不参与船上与捕鲸相关的日常例行活动，但她们的生活也并不轻松。妇女们和其他男性船员一样也要经历恶劣的天气，也会为糟糕的捕鲸成果而犯愁，还要忍受无聊和孤独。一位捕鲸人妻子在给亲属的信中写道："如果让你在 7 个多月的时间里连一位妇女都看不到，你会有什么感受？……在捕鲸季节里，我大部分时间都只能待在这个小小的舱房里，要不是因为我喜欢读书或做针线，我一定会感到非常孤独。"[114] 即便如此，这些妻子们至少是获得了一个非常难得的能够跳出日常家务，从一个全新的角度看看世界，也重新认识一下自己的丈夫的机会。"我们……生活在一个属于我们自己的小王国里，"登上从新贝德福德出发的艾迪生号（Addison）捕鲸船的玛丽·奇普曼·劳伦斯（Mary Chipman Lawrence）写道，"塞缪尔是王国的统治者。如果我没有陪同他一起航行，我永远不会知道他是一个多么出色的男人。"[115]

很多船员对船长夫人同行这件事持欢迎态度，或者至少表示是可以接受的。这些妇女有时会帮助照顾生病的船员，更重要的是她们的存在让船员们感受到了一点家的温暖，对这些饱经风霜的灵魂来说这是种很好的慰藉。至于孩子们偶尔的滑稽行为和天真的问题更能为单调乏味的船上生活提供不少轻松的调剂。不过，船长的家人，尤其是妻子也并不总被看作对航行有益的人。有些船员相信船上有女人会带来厄运，更何况当别人都心力交瘁的时候，只有船长有妻子陪伴也难免让有些船员觉得不公平。还有相当数量的船员不满是因为他们认为船长的妻子是一个多余的，却要分享他们有限的食物储备的人。

捕鲸船上的妇女也不必然是船长的妻子或女儿。妇女假扮成男子登上捕鲸船的情况也是有的。虽然人们似乎很难相信无论一个女人的外表有多么男性化或者她有多么小心谨慎，都不可能在捕鲸船上参与捕鲸工作，还要和其他船员一起挤在狭小的艏楼里长达几个月而不被发现。实际上，这样神奇的隐秘壮举确实成功过，据估计，每 1000 次捕鲸航行中就会有至少 1 次女扮男装的情况出现，而且这个数目还只包括了那些最终被识破的案例。[116]关于这类隐瞒真实性别的事件的最详细的记录出自 1848 年 12 月从楠塔基特岛出发前往太平洋的克里斯托弗·米切尔号。出发 7 个月之后，捕鲸的收获还算可以，托马斯·沙利文船长（Capt. Thomas Sullivan）本来打算向科隆群岛继续航行，但是突然调转船头驶向了秘鲁的派塔（Paita），并于 1849 年 7 月 6 日抵达那里。他这么做的原因正是他惊讶地发现新手船员"乔治·约翰逊"的真实身份其实是 19 岁的安·约翰逊，而她的父亲，也就是真正的乔治·约翰逊则生活在纽约州的罗切斯特（Rochester）。安被留在了派塔的美国领事馆里，之后又被安排作为乘客搭上了一艘返回美国的捕鲸船。

人们对于约翰逊女士的身份背景，她为什么要参加这次航行，以及她是如何成功隐藏自己的真实性别长达 7 个月之久等问题说法不一。流传最广，但也最不可信的一种说法是约翰逊成为"捕鲸人"是为了找到挚爱的男人，后者刚刚拒绝了和她结婚，反而选择到太平洋上去捕鲸。[117]约翰逊于是剪短了头发，穿着自制的紧身衣和肥大的上衣来遮掩胸部，成功地骗过了船运代理商，成为克里斯托弗·米切尔号的船员。她在航行过程中不但完全胜任这份工作，还展现出了无与伦比的勇气。有一次在别的船员都被合恩角的狂风暴雨吓得不敢动弹的时候，正是约翰逊爬上桅杆系好了船帆。船长这样称赞她的所作所为："当其他人只会想尽办法保住自己性命的时候，只有这个人挺身而出了。"因为约翰逊的胆识和勇气，无论是船长还是其他高级船员都对她非常友好，至少两次"制止了一些船员因'他'〔约翰逊〕女性化的外貌而取笑他的行为"。

当克里斯托弗·米切尔号在秘鲁水域中航行的时候，约翰逊因为生病被送回自己的床上休息。到第三天的时候，一位船员在半夜里下到艒楼里想借灯火点燃自己的烟斗，却看到了解开外套和紧身衣的约翰逊。这名船员带着他的重大发现跑回甲板上大喊起来："那个生病的年轻人是个女人！"对这个可怜的年轻姑娘充满同情的船长把约翰逊安排到了一间空闲的舱房中，还对她说："只要〔你在〕这条船上，你就是我的妹妹。"在接下来的谈话中，船长了解到约翰逊出身于富有的家庭，还受过良好的教育，是一位标准的大家闺秀。当船长询问如果她找到了昔日的恋人会怎么做的时候，约翰逊回答说："我会像杀死一条毒蛇一样杀死他！"[118]美国领事馆官员的家人热情地接待了约翰逊。"她是一位优秀的年轻女士,"领事馆官员说,"有良好的出身,也没有受到水手们常有的言谈举止的影响。"[119]

　　这个故事的另一个简短得多的版本里就没有这么多添枝加叶的丰富情节,约翰逊出海的原因并不是寻找什么遗弃了她的爱人,而是为了挣钱。这个版本宣称约翰逊作为捕鲸人并不合格,"她不怎么会使桨,所以我们干脆不让她上小艇了"。[120]还有一个版本来自 1850 年 1 月 16 日的《纽约先驱报》(*New York Herald*) 上刊登的一篇文章,内容是本地的治安官在"五街顶(Five Points)[纽约城中一片臭名昭著、充满危险的区域] 抓到一位被戏称为'矮子'的"年轻姑娘,"她很富有,花钱也大手大脚"。她告诉治安官自己因为卖淫进过监狱,大约一年前被释放。之后她不想重操旧业,但是也得想办法养活自己,于是就乔装打扮成一名水手,登上了一艘预计要航行 3 年的楠塔基特岛捕鲸船。不过仅仅过了 7 个月,在一次短暂停靠时她的身份被识破了,所以她被留在了派塔的领事馆里,之后又从那里乘船返回了纽约。警察发现她在五街顶这个地方狂欢作乐,就怀疑她的钱是偷来的,所以把她抓回警察局加以讯问。根据警察的说法,这个姑娘"长相标致,个子不高,略胖,头发剪得很短;既会抽烟也能嚼烟叶,还可以流利地使用水手的行话……她的走路姿势和行为举止确实会被别人当成一个穿着女装的年轻男子"。经调查,她身上的 60 美元确实是她在捕鲸航行中挣到的,于是治安法官就将她释放了。在这之后,女扮男装的捕鲸人安·约翰逊就没再出现在历史学家的

240

视线里了。[121]

捕鲸人的航行让他们有机会前往其他美国人，甚至任何西方人都不曾到过的地方。如 19 世纪法国历史学家朱尔·米舍莱（Jules Michelet）观察到的那样，捕鲸人是世界上最棒的探险家之一。"是谁为人类开启了远洋航行的大门?"米舍莱问道，"是谁揭示了海洋的真容，描绘出它们的范围，找到通行的航道? ……又是谁探索了整个世界? ……是鲸鱼和捕鲸船! 连伟大的哥伦布和著名的淘金人都要排在他们之后。"[122]有 200 多个岛屿是由美国捕鲸人在全球航行的过程中发现的，捕鲸船船长仔细观察和记录的航海日志上的内容，也为既有的海图提供了有益的更正和补充。[123]

美国捕鲸人为捕鲸而航行得越远，就越需要获得更多协助以躲避航海中的危险，所以他们向联邦政府寻求帮助。1828 年，楠塔基特岛人向国会递交请愿书说明情况，称"如今，贸易活动和捕鲸船前往的范围不断扩大，那些水域都是未经探索的，那些地方是我们以前不曾知道其存在的，这使得人们对此愈发感到担忧，因为我们的商人和水手们面临的危险及可能出现的损失都增大了"。为了改善这样的状况，楠塔基特岛人要求立法者组织探险队伍去"探索和勘测太平洋的海岸和岛屿情况"。[124]新贝德福德的捕鲸人也提出了类似的要求。[125]这些请愿发表得恰是时候。国会本来就在积极地考虑发起此类探索行动，然而，虽然各方都有此意向，但实际行动迟迟没有开展。最终又过了 10 年，类似的探索活动才真正得以开展。

由海军上尉查尔斯·威尔克斯（Lt. Charles Wilkes）带领的 1838～1842 年美国探险活动是地理学、人种学和科学探索历史上最成功的事件之一。[126] 在这一过程中，威尔克斯始终没有忘记自己的首要任务之一是为捕鲸人寻找"更加安全的航线"。[127] 除了对既有海图进行补充和更正之外，此次探险还帮助人们理解了洋流与鲸鱼迁徙规律之间的紧密联系。在他记录此次探险的作品的第五卷中，威尔克斯用了一整章的篇幅来说明这种关系，同时还制作了一张标注了哪里能找到更多鲸鱼的详细海图。另外，他也赞美了美国的捕鲸行业："如今，我们的捕鲸船队遍布太平洋，白色的船帆连成一片，甚至盖住了蓝色的海水。捕鲸业的成果让无数的美国公民感到欣慰和幸福。受这项行业带动的商贸活动涉及整个合众国的方方面面，考虑到它能产生的直接或间接的影响，政府理应对这个行业加以特殊的保护和关照。"[128]

还真有一个地方是美国捕鲸人需要获得政府的保护和关照才敢前往的，这个地方就是日本。这个神秘的王国在过去很多个世纪里是将西方人拒之门外的，每年只有一两艘荷兰船被许可进入进行贸易活动。其他任何船只无论是过于靠近日本海岸线，还是搁浅在海岸上，都会面临巨大的危险。许多遇险的船上的船员流落到这里后遭到了恶劣的对待，甚至被仇恨外国人的日本人施以酷刑并杀死。当美国捕鲸人开始在日本的海域里捕鲸之后，他们也会遇到日本人，这样的接触为美国海军准将马修·卡尔布莱斯·佩里（Commodore

Matthew Calbraith Perry) 1853 ~ 1854 年的日本之行打下了基础。最终两国之间签订了日本对西方开放的和平条约，该条约还规定要确保在日本落难的美国捕鲸人的安全。虽然梅尔维尔过于强调捕鲸人为实现这一外交胜利而扮演的角色，但是他在 1851 年写的下面这段话是有一定道理的："如果那个闭关锁国的日本有朝一日能变得热情好客的话，那只能是捕鲸人的功劳，因为捕鲸船都已经航行到它的家门口了。"[129]

最先与日本有接触的捕鲸船之一是萨格港的曼哈顿号（*Manhattan*），船长名叫墨卡托·库珀（Mercator Cooper），该船于 1845 年抵达了首都江户（今东京）。[130]这艘船于 1843 年 11 月 8 日从萨格港起航时的目标是到太平洋上捕鲸，根本没有人想到这次航行会把他们带到日本的核心城市。1845 年 4 月，库珀在距离日本海岸不远的圣彼得岛附近抛锚停船，并派遣了一支侦查小队上岸抓乌龟。沿着海岸前行的队员们先是发现了一个奇怪的船的残骸，再往前走又遇到几个人，那些人一看到美国人就迅速跑进了森林。接着这支小队又发现了几个草草搭建起来的小棚屋，屋里共有 11 个衣衫褴褛、满面惊恐的男人，他们一看到美国人就吓得趴在了地上。原来这些人都是日本水手，他们的船几个月以前遭遇了事故。得知此事之后，库珀做了一个大胆的决定，他要把这些人送回江户城，借他们的手敲开这个封闭王国的大门。库珀很清楚日本人的名声，也知道除了荷兰船以外，没有任何外国船被许可进入日本水域。不过库珀认为把这些日本水手送回国绝不会是一件没有回报的差事，反而可能是一个天大的好机会。他不仅可以帮助这 11 个人返回家乡，还能借这样一个高贵而善良的义举给日本人留下一个好印象，让他们认识到美国人并不可怕，因而应该受到他们的欢迎。库珀的营救行动的范围在离开圣彼得岛几天之后进一步扩大了，因为他们又发现了一艘正在缓缓沉没的日本帆船，于是库珀把这艘帆船上的 11 名船员也救了下来，带着他们一起驶向江户城。

曼哈顿号还在江户城以北的时候就提前两次靠岸，每一次都派出一名被救的日本船员作为信使前往都城去通知他们的君主：库珀船长希望获得进城的许可，好将船员们送上岸。在收到君主的回复之前，曼哈顿号就已经行驶至距离江户城很近的浦贺水道（Uraga Bay）入海口了。一条驳船载着一位衣着华丽、职位很高的日本官员在那里迎接了库珀船长，官员通知他君主收到了他的信息，许可他在城外停靠。接下来 4 天的安排真可谓丰富多彩。被救船员们向恩人表达了诚挚的谢意之后就上岸去了。君主认为库珀把船员送回来是出自"一片好心"，于是命令他的下属为曼哈顿号免费提供任何他们需要的食物和补给，还向库珀赠送了他的亲笔签名以示"敬意和回报"。[131]包括地方政要和君主特使在内的无数官员纷纷到曼哈顿号上拜访，并通过一个虽然英语很糟糕，但是善于用丰富的肢体语言比画的翻译人员和库珀进行沟通，后者不但礼貌地回答了各种各样的问题，还多次带领客人们参观了他的船。

日本人对一切都充满了兴趣，不过曼哈顿号上的 8 名黑人船员绝对是最让他们惊讶的，这无疑是他们第一次见到黑人。令库珀意外的是，接待他的主人们并不像他曾经以为的

243

那么闭塞。库珀后来发现，他们"似乎对外面的世界很了解，起码远超过我们对他们的了解，翻译还跟我提到了华盛顿、拿破仑、威灵顿公爵等多位杰出的伟人"。[132]日本翻译还为库珀翻译了君主的旨意，内容是库珀和他的船员在任何条件下都不可以离开他们的船，否则就会被杀死。为了强调这个意思，日本人还画了一幅一个人脖子上架着一把出鞘的宝剑的图画作为说明。为了确保曼哈顿号与城市间的隔绝，君主还派了一队士兵驻扎在捕鲸船上，同时安排了超过1000艘满载着全副武装的士兵的日本船组成三层同心圆包围圈将曼哈顿号围在中心。唯一一次紧张气氛出现在曼哈顿号的船员想要放下一条捕鲸小艇的时候，日本守卫立即拔出了他们的宝剑，他们的队长明确表示如果船员继续放下小艇，就可能被杀死。不过，当库珀向队长解释了他们放下小艇只是为了维修而不是登陆之后，日本守卫们立刻大松了一口气，收起了武器并许可船员们进行维修。

虽然曼哈顿号受到了不错的对待，但君主还是明确表示这一次的友好不代表国家政策会有什么改变。外国人仍然是被禁止进入日本的，库珀还被告知不要返回此地，如果他再来的话，"君主会感到非常不快"。[133]曼哈顿号起航离开的那天，风向偏偏和他们作对，库珀无法将船驶出港湾。不愿意让美国人继续逗留的日本人立刻组织了一支500条小船组成的船队，拖着曼哈顿号越过陆岬又行驶了20英里进入海洋。这些日本小船都是船尾挂橹的，每条船上有数名船员轮流摇橹，这么多小船组成的队伍对于库珀而言绝对是"一个壮观的景象……几乎是奇迹一般"。[134]待日本小船都离开以后，

《杀抹香鲸》（*Cachalot Fishery*），基于安布鲁瓦兹－路易·加纳雷（Ambroise-Louis Garneray）的油
作的印刷品的细节图，1834 年。

《鲸》（*Pêche de la Baleine*），

安布鲁瓦兹－路易·加纳雷的油画制作的印刷品。

威廉·爱德华·诺顿（William Edward Norton）创作的油画，
画中描绘的是"康科迪亚"号（Concordia）捕鲸船从马萨诸塞湾殖民地巴泽兹湾起航，进入波涛汹涌
大海的场景。

这幅由科内利斯·克拉佐·范·维里根（Cornelis Claeszoon van Wieringen）在 1620 年完成的画
绘的是荷兰人在北冰洋的海湾沿岸进行捕鲸活动的情景，说明在清教徒登陆美洲之时，捕鲸活动已
发展到了相当大的规模。画中的人们驾驶捕鲸小艇将鲸鱼拖回岸边，然后在这里切割鲸脂并放入炼
锅里进行加工。

《捕杀抹香鲸》（*Capturing a Sperm Whale*），

威廉·佩奇（William Page）依据科内利厄斯·B. 赫尔萨特（Cornelius B.Hulsart）的草图创作。后者曾
在随"优越"号捕鲸船出海时失去了一条胳膊。本图创作于 1835 年，被认为是第一幅美国捕鲸印刷品。

1598 年在荷兰的卡特韦克附近搁浅了一头抹香鲸，这是一件轰动一时的大事。

雅各布·马森（Jacob Matham）根据亨德利克·霍尔齐厄斯的画作制作的雕版印刷品。

Fig.1. BALÆNA MYS

The Mouth being· op

セビ鯨 七尋ヨリ 十三尋マテ

潮次穴

タツハ

英国捕鲸人威廉·斯克斯比在1820年创作的弓头鲸画像。

这幅画被收录在他的经典著作《北极地区记录及北方捕鲸活动历史》中。

描绘日本太地町捕鲸活动的卷轴中关于露脊鲸及其幼鲸的画作，约1850年。

COMMON WHALE.

on of the Whalebone.

上图：长矛，单头捕鲸叉，双头捕鲸叉，坦普尔捕鲸叉，改进型坦普尔套索捕鲸叉（捕鲸叉为铁头）。

安东·奥托·费舍尔（Anton Otto Fischer）的画作，
描绘了捕鲸人摆好姿势，准备投掷捕鲸叉。

克利福德·W. 阿什利（Clifford W. Ashley）创作的《航海者》（*The Navigator*），画面中的捕鲸船船长正在考虑自己的航行路线。

这两幅画由查尔斯·西德尼·罗利（Charles Sidney Raleigh）创作，描绘的是捕杀抹香鲸活动面临的危险，以及说抹香鲸身体两头都很危险的原因。

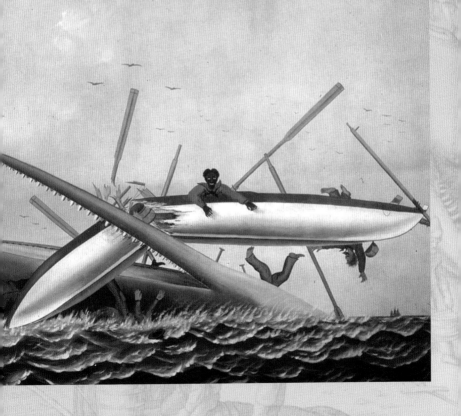

将一头体型不大的抹香鲸的炼
油器拉上主甲板，照片由克利
福德·W. 阿什利拍摄。

捕鲸人开始切割抹香鲸并抬起
第一段鲸脂带，照片由克利福
德·W. 阿什利拍摄。

吊起还带着鲸须的弓头鲸的下巴，

照片由赫伯特·L. 阿尔德里奇（Herbert L. Aldrich）拍摄。

切割人将领航鲸的鲸脂切成圣经书页的样子，这样处理完的鲸脂就可以放进炼锅里进行提炼加工了。
由艾伯特·库克·丘奇（Albert Cook Church）拍摄。

18世纪的雕版印刷品，描绘的是捕鲸船上的提炼工具。透过捕鲸人脚边的炉膛口能够看到炼锅下面的火焰，画面正中的捕鲸人手中挥舞着一柄鲸脂叉。

新贝德福德捕鲸船"爱丽丝·诺尔斯"号（*Alice Knowles*）截面图。

约 1845 年创作的《水手的道别》（*The Sailor's Adieu*）。
画中这个令人感伤的场景在捕鲸时期的美国上演过成千上万次。

很多航海日志里都有草图甚至画作，但鲜有作品能达到约翰·F. 马丁（John F. Martin）作品那样的艺术水
这是 19 世纪 40 年代早期他在"露西·安"号航海日志上画的露脊鲸跃出水面的景象。

三艘捕鲸船联欢，基于查尔斯·西德尼·罗利画作制作的印刷品。

它展现了盛饭的木桶被抬上来之后，船员们争抢食物的场景。

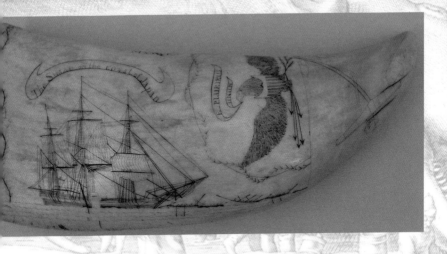

基特岛的弗雷德里克·迈里克在1829年前后创作的雕刻作品。他被普遍认为是最杰出的鲸鱼牙雕艺
，他最著名的作品是随"苏珊"号航行期间（1826～1829年）雕刻的30枚牙雕。这些作品被统
"苏珊的牙"，本图展示的就是其中一枚。

拉塞尔和普林顿共同创作的全景图中的一幅，描绘的是捕鲸船在亚速尔群岛停靠时补充物资和招募新的情景。

爱德华·S. 达沃尔船长的
尔银版照片，拍摄于 18
前后。

18 岁的詹姆斯·麦肯齐（
McKenzie）在 1856 年
了这张达盖尔版照片。
成了第一次捕鲸航行并返
但是他的好运气没能持续
1862 年他再次出海的时
冲下船，消失不见了。

德福德船长们的妻子，拍摄于约 1865 年。

MASTERS
OF
VESSELS!

And all others interested, are hereby publicly cautioned against shipping the following officers of the "LANCASTER," of New Bedford, as it was through their ignorance, inefficiency and utter incompetency that the "Lancaster" was "SKUNKED!"

WILLIAM HENRY ROYCE,
SECOND OFFICER,

Was 3d mate and boatsteerer of the Bark "Black Eagle" for the season of '55, during which time he distinguished himself as an excellent **DO-NOTHING**, whilst as 2d officer of the "Lancaster" he won for himself the reputation of an extensive **KNOW-NOTHING!** Too ignorant to catch a bow-head, and afraid as death of a right whale. Would make a good deck walloper.

CHAS. BUSHNELL,
THIRD OFFICER,

Is equally incompetent and worthless. Was boat-steerer in the "Washington" when lost--no oil! Then 4th mate of the "Wm. Badger--no oil! Again 4th mate of the "Huntsville," brought no oil to the ship! And finally 3d dickey of the "Lancaster!"--SKUNKED! Was fast six hours to a ripsack which drove him out of the head of the boat and from which he finally cut. Would make a good blubber room hand,

Of the mate we will say nothing, preferring to consign him to the tender mercies of Captain Carver.

Before shipping any of the above worthies, Masters of Vessels are requested to ascertain their true characters.

(Signed by the entire Crew.)

19 世纪中期刊登的揭露真相的广告。

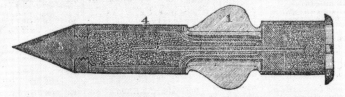
1876 年《捕鲸人装运单和商人清单》上刊登的广告，
介绍了各式威力巨大、能够杀死鲸鱼的武器中的少数几种。

箍桶匠推倒装满鲸鱼油的木桶，好让它能够滚动。

'0 年前后的新贝德福德的码头，堆满了装有鲸鱼油的木桶。

旧金山太平洋蒸汽捕鲸公司的院子里晾晒的大批鲸须。

HARPER'S WEEKLY.

A JOURNAL OF CIVILIZATION.

Vol. VI.—No. 263.]
NEW YORK, SATURDAY, JANUARY 11, 1862.
[SINGLE COPIES SIX CENTS.
$2.50 PER YEAR IN ADVANCE.

Entered according to Act of Congress, in the Year 1862, by Harper & Brothers, in the Clerk's Office of the District Court for the Southern District of New York.

SINKING THE STONE FLEET IN CHARLESTON HARBOR.—[SEE PAGE 34.]

《哈珀斯周刊》的封面，描绘的是在查尔斯顿港沉没的石头舰队。

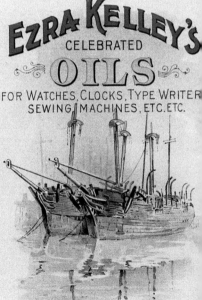

鲸鱼相关产品的四则广告。

为露天游乐会招揽顾客的人诱惑游客买票观看"货真价实的鲸鱼"。鲸鱼被放在火车的平板拖车上进行展示（注意鲸鱼身上还插着标枪）。19世纪晚期，有一些游乐活动赞助商会把死去的鲸鱼或血淋淋的鲸鱼尸体运到乡村地区供人们付费参观。画作由理查德·胡克（Richard Hook）创作。

无声电影《乘船出海》中的部分演员在"查尔斯·W.摩根"号的艏楼里。电影中的英雄，由雷蒙德·麦基扮演的托马斯·艾伦·德克斯特坐在画面的最右侧。

FLEET AIR·ARM
AMPHIBIAN WALRUS

"FLOATING
WHALE FACTORY" →

WHALES ABOUT
TO BE HAULED UP
THROUGH SLIP·WAY

1946 年在南极捕鲸的这艘大型英国捕鱼加工船"北极露脊鲸"号（*Balaena*）代表了 20 世纪捕鲸行业
作业方式。一头鲸鱼已经通过滑台被拉到了船上，还有两头鲸鱼漂在船身后面等待被拖上船。

WHALE SPOTTING PLANE
KEEPS CONSTANT TOUCH
WITH SHIP

500 TON
CATCHER

A Whale Female and the Windlais whereby the Whales are brought on shore

1704 年的一幅雕版印刷品，用来说明约翰·蒙克（John Monck）1620 年前往斯匹次卑尔根的航行上是"一头雌性鲸鱼及用来将鲸鱼拖拽上岸的绞盘"。

欠艰难的航行》。

为 J.S. 瑞得（J.S.Ryder）。画中描绘的场景是捕鲸小艇的队长正要用短柄斧头把拖拽着鲸鱼的绳子以免小艇被鲸鱼拖离母船太远。

这幅印刷品的原作是威廉·艾伦·沃尔（William Allen Wall）创作的一幅油画，它描绘了1763年新贝德福德（当时叫达特茅斯）的一场捕鲸活动。画面正中是一艘捕鲸船，右侧是一个鲸鱼油提炼点，画面○部是人们在将鲸脂切成小块，以及将鲸鱼油储存到木桶里的情景。画面左侧一个背对观者坐着的人就是约瑟夫·拉塞尔，他是一个贵格教商人，也是新贝德福德捕鲸事业的开创者。画面右侧提炼点棚屋房顶○○是一个抹香鲸的V字形下颌骨。

老威廉·罗齐（约瑟夫·罗齐之子）的肖像画，他是这个新建立的国家里声名
显赫的捕鲸商人。

威廉·艾伦·沃尔在1852～1857年创作了这幅《1807年的新贝德福德》。画中白杨树后面的房于老威廉·罗齐。街道中央处，罗齐本人正在乘坐一辆轻便马车。

19世纪的印刷品《慈善家》（*A Picture For Philanthropists*）描绘了一种残忍、可怕，且对于受罚人极其痛苦的处罚。画中的人物正在用一根九尾鞭鞭打受罚人，受罚人被抽得皮开肉绽，但不总会弓起背。

《太平洋里的抹香鲸》，

依据威廉·约翰·哈金斯（William John Huggins）的作品绘制，1834 年。

《遗留物品的记忆》(*Memories of Things Left Behind*)。
"谷神星"号捕鲸船上的手工艺者在抹香鲸牙齿上雕刻的作品。

石头舰队的船长们在 1861 年召开会议，会议记录了他们参与的将装满石头的捕鲸船沉入南卡罗来纳州查尔斯顿港的行动。照片由比尔施塔特兄弟（Bierstadt Brothers）拍摄。

《(浮)利场》杂志（1861年4月）上一幅漫画的细节："鲸鱼为宾夕法尼亚州发现油井举办盛大的庆祝舞会。"

这幅画是根据本杰明·拉塞尔（Benjamin Russell）的原作绘制的，题目是《遗弃在北冰洋上的捕鲸船（*Abandonment of the Whalers in the Arctic Ocean*）》，画中描绘的是 1871 年 9 月在冰角以南，载满着舢的捕鲸小艇在波涛汹涌的海面上艰难航行，努力想要接近前来营救他们的船只。

……·贝尔通奇尼（John Bertonccini）的画作，展示了北极捕鲸船队在加拿大赫舍尔岛以外的宝琳湾（Pauline …e）过冬的情景。这七艘蒸汽动力捕鲸船都被埋在了冰雪里，画面前方的船员们则在雪地上踢足球或……球。

人们聚集在卡提纽克岛上围观搁浅在浅滩上的"流浪者"号。
照片由威廉·H. 特里普（William H.Tripp）拍摄。

"鲸鱼挺起它们巨大的肚子（露出水面）时，就会被各种各样的武器和导弹击中。"（*Corpora dum gaudent immania tollere Cetae, Sic varijs tells varijs feriuntur aristis.*）
基于汉斯·波尔（Hans Bol）画作制作的印刷品，菲利普·盖尔1852年于安特卫普印制。

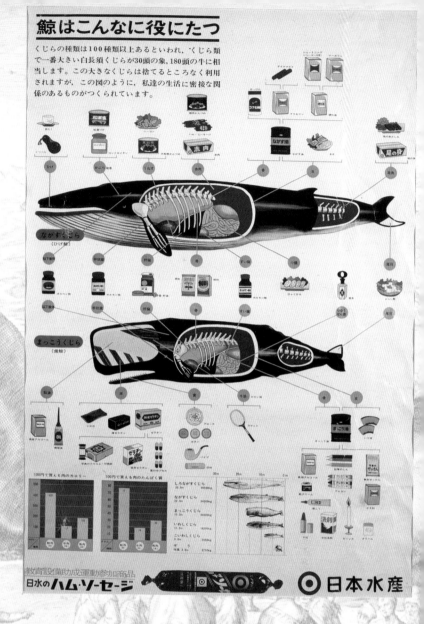

20世纪60年代日本水产公司印制的海报《鲸鱼是非常有用的》
（鯨はこんなに役にたつ）。

库珀就驾驶曼哈顿号朝堪察加半岛和西北海岸方向航行，继续自己的捕鲸活动去了。

与曼哈顿号受到的谨慎友好的对待相比，3 年之后新贝 244 德福德的捕鲸船拉戈达号（*Lagoda*）的船员们受到的待遇可就差得太多了。1848 年 6 月，拉戈达号上的 15 名船员受够了艰苦的捕鲸生活和暴虐的船长，偷偷驾驶船上的 3 条捕鲸小艇登上了日本的海岸。后来发生的事很快就说明这些人无非是才出龙潭，又入虎穴，而且后者甚至比前者还要危险得多。这些叛逃的船员刚刚在一个小乡村附近登陆，就立刻被一群挥舞着长剑的士兵包围了。他们要求叛逃者从哪里来还回哪里去，叛逃者们不听，选择了逃跑，结果很快都被抓住并囚禁了起来。这些捕鲸人一直被囚禁了 10 个月，之后被转移到了长崎。虽然他们多次尝试逃跑，但每次都会被抓回来，而且会受到严酷的惩罚。大多数时间里他们都处于求生不能，求死不得的状态，衣不蔽体地被关在室外的笼子里，睡在长满虫子的草垫上。一位捕鲸人上吊自杀了，他的尸体吊在那里两天才被处理。另一位船员则死得缓慢而痛苦，他的嗓子发黑，舌头肿胀，口吐白沫，这一系列奇怪的症状使得其他船员忍不住怀疑他是不是被日本人下了毒。日本人本来告诉这些囚徒他们都会被砍头，但不知为什么处决的日期被延后了。另一次他们甚至被强行要求践踏圣母和圣子的图像。最终，在 1849 年 4 月 17 日，长崎港外响起了炮声，宣告了美国军舰普雷布尔号（*Preble*）的到来，它要接拉戈达号的船员回家。[135]

普雷布尔号的船长是詹姆斯·格林（James Glynn），他的军舰被派往长崎的目的很简单。在从荷兰人口中听说了美国人在日本的遭遇之后，格林就接到了一个明确的命令。他的上司要求他采取"友好协商，但立场坚定"的态度要求日本人释放所有美国捕鲸人，还说"保护我们宝贵的捕鲸船队、促进捕鲸活动关系到政府的核心利益……必须立即前去解救受困国民"。[136]格林和日本人之间的协商持续了一周多的时间，最终格林带着所有的捕鲸人离开并驶向了上海。[137]拉戈达号船员在日本受到虐待的消息传回美国之后引发了民众的怒火，并最终促使政府将本就已经开始进行讨论的计划转变为了实际行动，那就是派遣远征军强行打开这个封闭国家的大门。如普雷布尔号最终的行动报告中指出的那样：

245　　"对水手们被囚禁生活的描述显示了日本政府的残忍无情，也显示了我们要与之就今后在那里登陆的美国人的待遇达成协议的必要性。"[138]不过，保证遇难船只上的捕鲸人受到人道的对待并不是美国政府寻求改善与日本关系的唯一原因，更重要的是美国政府想要与欧洲强国竞争，所以它迫切地想要获得进入日本港口的许可，这样才能利用那里的煤炭资源为自己迅速扩大的蒸汽动力船队提供燃料，届时前往远东的船只就不用再从美国携带大量的燃料了。

　　4年后的1853年7月，当海军准将佩里的舰队抵达江户城的时候，他向日本天皇转交了一封美国总统米勒德·菲尔莫尔（Millard Fillmore）的书信，信中称天皇为"伟大的好朋友"，并提出了美国想与日本建立商贸、外交和人道主义联系的愿望。[139]佩里在为此次行动做准备期间曾经与包括库珀在内的许多捕鲸人进行过沟通，以便收集一些关于日本的信息。他了解到的信息为他提供了与日本进行后续谈判的先机，谈判的结果是双方于 1854 年 3 月 31 日签订了《神奈川条约》（Treaty of Kanagawa，又称《日美和亲条约》）。这份"和平友好的商业条约"使美国获得了它想要的一切。美国船只可以进入多个港口进行包括食物和煤炭等物资的补给；日本有义务向遇难船只的船员提供帮助并将他们交给美国人。与此同时，在日本的水手应当"享有像在其他任何国家一样的自由权利，水手不得被监禁，但应当遵循公正的法律"。[140]

美国的探险航行和佩里的远征体现了太平洋对美国捕鲸行业的重要性。在如此漫长的航行里，捕鲸人越来越依赖太平洋上作为运营基地的港口。自 1819 年美国捕鲸人第一次来到风景如画的夏威夷岛之后，这里很快就成了捕鲸船只在这片水域里最主要的中途停靠点。到 19 世纪中期，火奴鲁鲁和拉海纳的港口每年要接待数以百计的捕鲸船，最高纪录是 1846 年的 600 艘。捕鲸船的船长们会在这些港口卸下货物，由其他向东航行的船只运回美国，腾出空间的捕鲸船则会补充物资，并雇用上千名被称作"卡纳卡人"（Kanakas）的夏威夷原住民作为船员继续捕鲸。[141] 捕鲸人在这里进行个 246 人消费或为捕鲸船购买物资成了夏威夷经济迅猛发展的支柱。不过经济上的繁荣也伴随着不小的代价。捕鲸船经常光顾的海滨区域逐渐失去了本地的特征和美景，变得越来越像美国本土那些破旧的港口；这里还出现了旅馆、赌场、台球厅和敞开供应的小酒馆，卖淫也成了广泛现象。当时的一位观察者说："真相就是，这个地方已经腐化到了内心。男人们可以毫不犹豫地把妻子和女儿租借出去换钱。根据医生的估算，捕鲸季来临的时候，在拉海纳的水手每天会发生 400 次以上的性行为……还有［一个］地方更是罪恶集中的深渊，那里长期有赤身裸体的女孩为客人跳舞助兴——这些客人无疑也都是捕鲸人。"[142] 根据历史学家欧内斯特·S. 道奇（Ernest S. Dodge）的观点，夏威夷和其他太平洋岛屿上存在的"捕鲸元素对于原住民人口来说是灾难性的"。[143] 性病、烈酒，还有其他各种各样大量的外国影响越来越快地毁掉了这些地方的本地文化。

无论是夏威夷人，还是当地的传教士们，都对这些总是伴随美国捕鲸船只的到来一起出现的恶劣行为感到不满。传教士们是岛上掌握着实权的人，所以越来越多的本地法规得以通过，它们都是专门用来规范捕鲸人的行为的。[144] 举例来说，"夜间在街上大喊大叫或制造噪音的"，罚款 1~5 美元；在斗殴中或醉酒后打人的，罚款 6 美元；"男子有引诱、猥亵等下流行为的"，罚款 10 美元；强奸的，罚款 50 美元。[145] 虽然多年来违法行为时有发生，但最严重的一次还要数 1852 年 11 月的捕鲸人暴动。当月 8 日晚间，来自新贝德福德的三桅捕鲸船祖母绿号（Emerald）上一位名叫亨利·伯恩斯（Henry Burns）的船员在被当地警方以醉酒和扰乱治安的罪名关进监狱之后死亡，多位验尸官组成的小组检验后得出的结论是当值警官重击其头部导致其死亡，但这个击打行为很快被认定为并没有"致其死亡的主观恶意，只是为了制止混乱"。伯恩斯的死讯很快传到了停靠在港口

第十三章　黄金时期

里和抛锚在海岸边的百余艘捕鲸船上，街上随处可见愤愤不平的捕鲸人。到 11 月 10 号伯恩斯的遗体被安葬在本地的公墓中时，事态本来还在可控范围之内。但是葬礼结束后，愤怒的捕鲸人都到酒馆里喝酒去了。包括领事在内的美国官员试图给船员们讲道理，缓和一下他们的情绪，但是没能成功，于是事态迅速恶化。一群有四五百人之多的捕鲸人发起了暴动，不仅砸了警察总部，在城镇里作恶，还点燃了海滨的建筑，差点连停靠在港湾中的捕鲸船也烧了。暴动持续了几天，最终是在捕鲸船船长和当地官员的联合努力下才得以平息。令人惊讶的是竟无一人在混乱中丧命。[146]

与火奴鲁鲁一样，旧金山也是在 19 世纪中期作为港口城市而发展起来的。捕鲸人从那里出发到太平洋里捕杀抹香鲸、露脊鲸和座头鲸，或者到北冰洋里寻找弓头鲸。捕鲸人还创立了一项血腥但有利可图的、专门捕杀加利福尼亚灰鲸的行动。这种鲸产出的鲸鱼油和鲸须都远不及露脊鲸和弓头鲸，但是也完全可以找到市场，所以还是有很多人会去捕杀加利福尼亚灰鲸。这些人之中有一个叫查尔斯·梅尔维尔·斯卡蒙（Charles Melville Scammon）的捕鲸人最有名气，但是从长远的美国捕鲸历史来看，他留下的是难以洗刷的恶名。

斯卡蒙本来是缅因州人，1850 年来到旧金山，并在接下来的 7 年里靠捕鲸和捕海象为生。海象和鲸鱼一样，也是因为有丰富的脂肪才成了被人们猎捕的目标。[147]1857 年，作为双桅帆船波士顿号船长的时候，斯卡蒙做出了一个改变命运的重大决定。为了提升这次很不成功的捕鲸航程的收获，斯卡蒙决定向下加利福尼亚半岛的塞瓦斯蒂安·比斯卡伊诺湾（Sebastian Vizcaino Bay）附近的一个环礁湖驶去，因为他听说那里可能有很多加利福尼亚灰鲸。斯卡蒙费了好大的力气才带领波士顿号和另一艘略小一些的纵帆船来到这个环礁湖，结果发现这里俨然是一个灰鲸的育儿天堂。数以百计的、身上带着白色斑点的雌性灰鲸正带着她们刚出生的幼鲸在这里随意游动。捕鲸小艇被放下水，捕鲸人很快就成功杀死了两头雌性成年灰鲸。然而当他们第二次放下小艇再去捕鲸的时候，灾难降临了。鲸鱼们开始反击，挥舞着巨大的尾鳍，很快就将两条捕鲸小艇都拍成了碎片。捕鲸人被巨大的冲击力震得飞了起来，第三条捕鲸小艇迅速赶过来营救这些

248 船员，斯卡蒙将其比喻为"载满了伤员的漂浮救护车——没有受伤的人都在全力帮助有需要的人"，有些人伤势较重，断了几根骨头。[148]鲸鱼会进行激烈的反抗并不是完全出人意料的。加利福尼亚灰鲸曾经被一些捕鲸人形容为"海蛇和鳄鱼的结合体"，它在捕鲸行业里早就获得了一个"恶魔之鱼"的名声。[149]

休整了几天之后，斯卡蒙下令放下剩余的小艇，让船员摇着桨再去捕鲸。不过当小艇划近到可以投掷捕鲸叉的距离之内时，大多数船员因为心里太过恐惧而纷纷跳进了水里。斯卡蒙意识到："当船员完全被恐慌情绪控制的时候，他们根本无法捕鲸……眼下让这些船员依然采取常规的方式捕鲸是绝对不可能有什么收获了，在这个捕鲸季结束前也不可能招到新的船员。"然而，斯卡蒙并没有就此放弃，反而是搬

第十三章 黄金时期

出了重型武器。原来他的船上还携带了一些带火药长矛，这种长矛的长度接近两英尺，需要使用外形有点像火箭炮的长矛枪才能射出，可以深深地扎进鲸鱼的侧面。待长矛上的导火线燃尽之后，长矛中的火药就会爆炸，瞬间杀死鲸鱼或致其重伤。斯卡蒙把捕鲸小艇安排在一条较深的海峡边的浅水区里，每当有鲸鱼从这里游过，船员就会向其发射带火药长矛。这种新的捕鲸方法效率极高，但是水里的鲸鱼可就遭殃了，只能任由捕鲸人屠杀。"自从使用了新武器，"斯卡蒙写道，"捕鲸活动就顺利多了。"[150]

斯卡蒙的成功吸引了很多人竞相效仿，经过了几个捕鲸季，这个被称为"斯卡蒙环礁湖"的地方就被彻底破坏了。不仅这个地方曾经活跃着的大量灰鲸都被杀光了，连类似的环礁湖也都难逃厄运，没过多久环礁湖里就没有鲸鱼可捕了，环礁湖捕鲸的形式也渐渐退出了历史舞台。斯卡蒙本人在 19 世纪 60 年代初离开了捕鲸行业，在内战期间当上了一艘海关缉私船的船长。1874 年，他出版了自己唯一的一本著作《北美洲西北海岸的海洋哺乳动物》（*The Marine Mammals of the North-Western Coast of North America*）。在关于加利福尼亚灰鲸的章节中，斯卡蒙写道："巨大的海湾和环礁湖里曾经有许多这种鲸鱼，它们自在地游来游去，照顾年幼的个体，不过现在这些地方都没有鲸鱼了。加利福尼亚灰鲸的巨型骨架零星地散落在有银色海水的海岸上，从西伯利亚到加利福尼亚湾都有分布；过不了多久就会有人询问这种动物是否要被归入太平洋中的灭绝物种行列。"[151]如历史学家丹尼尔·弗朗西斯（Daniel Francis）指出的那样："由查尔

249

313

斯·斯卡蒙来为灰鲸写祭文这件事有些讽刺，毕竟他正是造成这一物种几近灭绝的始作俑者。"[152]

斯卡蒙使用的带火药长矛并不常见的一部分原因是这种武器才问世不久，但是更主要的原因其实是美国捕鲸人在捕鲸方法上总是不愿做出改变，因为从美国人开始捕鲸起，或者说从最初的欧洲人开始捕鲸起，捕鲸人几乎就使用全凭人力投掷的简单捕鲸叉。[153]法国捕鲸人曾经想出了一个更加迅速地杀死鲸鱼的办法，他们在捕鲸叉尖部嵌入一个小瓶，里面装的是氢氰酸。他们的计划是：捕鲸叉击中鲸鱼后小瓶碎裂，里面的有毒物质会扩散到鲸鱼的全身。这样的方式显然奏效了，问题是当捕鲸人开始切割鲸鱼时，他们自己也因为接触到了鲸鱼体内的有毒物质而丧命了。还有至少一位发明家曾提议用包裹着橡胶绝缘皮的铜线将捕鲸叉连接到一个"电磁转轮机"上，捕鲸叉插入鲸鱼身体时可以对其进行电击。这项取得了专利的装置从来没有被商业捕鲸人使用过，后者很可能是怀疑在有水的地方用电似乎不够安全。还有一个曾经被短暂考虑过的做法是在投掷捕鲸叉之前先把叉头烧热。这个有缺陷的理论认为烧热的捕鲸叉头会让鲸鱼的血液升温甚至沸腾，致其立即死亡。这样那样的创意最终都不了了之，不过到了19世纪中期，当带火药的长矛和带发射器的捕鲸叉这样巧妙且实用的武器出现在捕鲸人的装备库中时，像斯卡蒙一样的很多捕鲸人终于开始接受新事物并获得了不错的效果。虽然这些新武器杀伤力巨大，还是有不少美国捕鲸人坚持使用他们已经使惯了的捕鲸叉。不过，也有一项对捕鲸叉做出的改进是几乎被所有人认可的，提出这个改进的人就是19

世纪的非洲裔美国人刘易斯·坦普尔（Lewis Temple）。

人们对坦普尔早年的经历知之甚少，只知道他1800年出生在弗吉尼亚州的里士满，大约在19世纪20年代末迁居到新贝德福德，并在那里做了一名铁匠。[154] 1848年，他推出了他的第一款套索捕鲸叉。和传统捕鲸叉不同的是，这款捕 250
鲸叉的铁头是不可拆卸的，捕鲸叉尖部有一个倒钩，能够沿固定轴心旋转90°。当捕鲸人将捕鲸叉插进鲸鱼的身体时，倒钩是被一个木制别针牵住的，此时它和捕鲸叉手柄平行，不会产生多少阻力，便于捕鲸叉插得更深。但是当捕鲸人开始拉起捕鲸叉上的绳子想要收回捕鲸叉时，扎在鲸脂里的倒钩就会自动挣断别针弹出，与手柄形成90°的直角。这样的捕鲸叉头更能够牢牢地嵌在鲸鱼的皮肉里，大大地减少了捕鲸叉被挣脱的可能性。坦普尔并不是第一个在捕鲸叉上采用套索设计的人，美国西北地区和欧亚大陆上的居民在过去几百年，甚至几千年来都在利用这样的原理。美国人从1835年开始到科迪亚克岛附近捕鲸，并从那里带回了爱斯基摩人使用的带套索铁头的长矛，本地的铁匠们领会了这个设计的原理并开始模仿制作。不过坦普尔的套索捕鲸叉被证明是最好用的，而且很快就成了行业里的标准用具，甚至如一位历史学家评价的那样，是"整个捕鲸历史上最重要的一项发明"。[155] 可惜，坦普尔并没有为自己的新捕鲸叉申请专利，因此也没能从它的广泛应用中获得什么好处。

历史上很多特定的时代会启发艺术家的灵感，让他们创作出最能够反应这个时代精髓的艺术作品，捕鲸行业的黄金时期自然也不例外。最杰出的文学作品无疑要数赫尔曼·梅尔维尔的《白鲸》，甚至有人评价它为美国历史上最伟大的小说。这本书出版于 1851 年，用今天的术语来讲它是一本具有分裂人格的作品。小说中的大部分笔墨都被用来生动详实地描述鲸类学和捕鲸活动，梅尔维尔把他最出色的描述天分都用在了对黄金时期的刻画上，他在 19 世纪 40 年代登上阿卡什号（Acushnet）捕鲸船捕鲸的经历自然成了他取之不尽用之不竭的素材库。梅尔维尔就是用这本书为 19 世纪中期的捕鲸行业塑造了一个不可磨灭的形象，也说明了为什么捕鲸是最能代表内战前的美国的行业。书中其余部分则讲述了亚哈船长对于白鲸的憎恨与执迷，这是一个具有警示意味的故事，说明疯狂最终会导致自己的毁灭，无论是精神、情感、肉体，还是自身存在，最终都会化为虚无。

251　　《白鲸》出版之时，梅尔维尔已经是一位在文学界崭露头角的知名作者了，他已经出版的几部作品都获得了不错的反响，包括《泰比》（Typee）和《奥姆》（Omoo）。但是与梅尔维尔的期望正相反，《白鲸》不但没有为他带来任何成功，还成了他慢慢被人遗忘的衰落的开始。虽然也存在一些积极的评价，但大部分对该书的反馈都是负面的。《波士顿邮报》的评论人认可伦敦一位评论家说《白鲸》是"混杂着幻想与现实的胡乱拼凑"的看法，并补充说这本书"疯疯癫癫的，充斥各种奇思怪想"。[156]《美国民主评论》（United States Democratic Review）认为梅尔维尔"毁掉了自己的名声……如果任何读者想要阅读蹩脚的修辞、糅杂的句式、不连贯的英语和生硬的抒情，那么我们向您推荐这本书".[157]《白鲸》的销量极差，虽然后来梅尔维尔还在继续出版他的作品，但是到 1891 年他逝世之时，已经没有什么人记得他了，这一点从《哈泼斯杂志》（*Harper's Magazine*）上刊登的仅有一行的讣告上不难看出。[158]

很多年后，当梅尔维尔被普遍视为美国历史上最具有深远影响的作者之一时，人们可能觉得当初的公众对于《白鲸》的批判很奇怪——更何况当时的读者对于有关美国人捕鲸活动的故事明明兴趣浓厚，甚至到了如饥似渴的地步，仅凭捕鲸相关的书籍和文章的数量就足以证明这一点。[159]但是话说回来，《白鲸》也确实并非一本公众喜欢的那种把捕鲸故事浪漫化的休闲读物。这本书以捕鲸为主题，读起来费力，内容深刻阴郁，是一部天马行空的作品。而捕鲸这一主题正是让这个作品沉静下来的锚。这样的作品并不是那个时代的读者所喜欢的。直到 20 世纪初期，当评论家和公众重新认识了《白鲸》的时候，梅尔维尔和莫比·迪克才终于得到了他们理应享有的尊重。

黄金时期也是不少画家的灵感来源，他们其中没有任何人能比本杰明·拉塞尔（Benjamin Russell）和凯莱布·普林顿（Caleb Purrington）更精妙地传达出捕鲸活动的美感、惊险和血腥，他们的作品壮丽宏大，同时又充满细节。他们创作的全景图《环球捕鲸航行》（*A Whaling Voyage Round the World*）被莫里森评价为"油画界的……《白鲸》"。[160]这幅全景图长 1295 英尺，在为这幅画作进行宣传时，拉塞尔和普林顿声称他们的画布长达 3 英里。创作这幅全景图是拉塞尔提议的。拉塞尔出身于新贝德福德最重要的船只所有者家族，在 19 世纪 40 年代初，他陷入了严重的财政危机。[161]
于是在 1841 年的时候，他作为一名箍桶匠随卡图索夫号
（*Kutusoff*）出海捕鲸，把自己的妻子和三个孩子留在家中面
对一堆还未付清的账单。虽然最终他挣回了 894.51 美元的
高工资，但依然不够偿还他欠下的"高得出奇的'旧债'"，
据说他出海三年的收入拿去还债之后，就只剩下了 1 美分的
盈余。[162]即便如此，拉塞尔还是想尽办法要利用这次航行致
富。作为一名颇有才华的业余艺术家，拉塞尔后来因为其创
作的描绘捕鲸场景的画作而闻名于世。他当时的想法是用自
己在卡图索夫号上创作的素描作为基础，创作一幅全景图。
为此，拉塞尔找到了普林顿，后者是当地的一位油漆工，他
负责把拉塞尔的草图分别临摹到每张 8.5 英尺宽的棉质画布
上，再将所有的画布一张接一张缝在一起，最后从画布两端
各用一根长轴卷起。

　　从 1848 年 12 月起，拉塞尔带着他的全景图到美国的各
个城市进行展出，对成人收取 25～50 美分不等的票价，儿
童则根据大人的标准执行半价。随着画卷的展开，参观者能
够看到一个个捕鲸故事被鲜活地展现在他们眼前。看完全部
画卷要花两个多小时，还伴有拉塞尔的讲解，参观者有如亲
身经历了一次卡图索夫号捕鲸航行。他们看到了船从新贝德
福德繁忙的港口起航，战胜了海上的狂风暴雨，捕到了鲸鱼
并进行加工，开除了不称职的船员，在亚速尔群岛上补充了
人手，进入各个港口，见到了太平洋岛屿上各具特色的原住
民，包括只穿着很少衣服的塔希提女孩儿，在作者的想象
中，她们正为了结交捕鲸人而拼命游向捕鲸船。画卷中也有

第十三章 黄金时期

小艇被撞破的戏剧性场面，还有充满异域风情的景色：直插云霄的高山，猛烈喷发的火山，郁郁葱葱的山坡和随风摇摆的棕榈树。公众对于全景图的反响非常热烈，尤其是那些曾经出海捕过鲸的人都被勾起了深深的怀旧情结，他们认为这些画面非常真实。一份波士顿的报纸称这幅全景图是一幅"高贵而翔实的艺术作品"，还有人说全景图"内容准确，画面优美"。[163]

抛开它带来的杀戮和灾难不谈，从宏观角度看，黄金时期的确是一段像黄金一般耀眼的美好时光。美国主导了捕鲸行业，发现了新的捕鲸点，美国人生产的鲸鱼油照亮了全世界，他们获得的利益也一飞冲天。但是如果你肯深究一下，你就会发现，真实的景象要比表面上的阴沉晦暗得多。

第十四章
"一个丑陋的弥天大谎"

253   对于黄金时期的捕鲸活动，一直存在两种相互对立的观点。一方认为捕鲸是一项激动人心，甚至具有浪漫色彩的事业。这样想的大多是那些坐在自己安逸舒适的家中，从未体

254   验过捕鲸活动的严苛，也不认识任何捕鲸人的空想者。另一方对于这个职业的印象则要黑暗得多。下面这段话写于1835 年，写这段话的人显然是属于前一个阵营的："现在是时候认清，几乎没有什么航海活动……能比'捕鲸航行'更诱人了，它能满足那些喜欢海上悠闲时光、渴望新鲜事物、热衷于惊险刺激的人们的所有愿望——简言之，只要你是像昔日的威尼斯总督一样，多多少少想要'投身于帝国海洋事业'的话，你就能找到你想要的。"[1]另一位同时期的作者也将捕鲸视为一项高贵的事业，能够让加入其中的男人们抛开近代社会的压迫和桎梏，他们可以不再为了生计而被迫接受那些卑贱的工作，而是可以恢复自己的本性，释放自己野性的一面，"在风险和危难中获得财富，从吞噬生命的鲸鱼口中抢夺生机"。[2]

与此对立的那些观点大多是由曾经的捕鲸人提出的，尤

其是那些作为普通水手参加过捕鲸的人们描述的捕鲸生活可远没有这么光鲜亮丽。对于他们而言，捕鲸是一种卑贱艰苦且收益很低的工作。回顾了自己在海上漂泊的四年时光之后，小威廉·B. 华特卡尔（William B. Whitecar, Jr.）礼貌地总结道："我奉劝所有能在陆地上找到工作养活自己的年轻人还是留在家中为好。"本－埃兹拉·斯泰尔斯·埃利（Ben-Ezra Stiles Ely）写给那些正在考虑参加捕鲸活动的人的建议是："在海上生活要经历各种艰辛，优点却找不出几个。这项活动会令参与其中的人意志消沉、道德败坏，只有很少的人能在航海事业上获得声望、荣誉、财富。大多数在海上谋生的人都活不长，1000 个水手里有 999 个到死也还是穷困潦倒的状态。"查尔斯·诺德霍夫（Charles Nordhoff）就没有这么婉转了，他言简意赅地指出捕鲸"就是一个丑陋的弥天大谎"。乔治·怀特菲尔德·布朗森（George Whitefield Bronson）的评价尤其严厉，他说："捕鲸人这个团体一直是被忽视的，众多在海上航行的捕鲸船其实就是名副其实的奴隶船。船员在海上的时候就是彻底的奴隶。在阿尔及尔（Algiers）白人也能成为奴隶。有权力存在的地方就有压迫，比如路易斯安那州的甘蔗种植园里就有无数勒格雷一家（Legrees）的化身。汤姆叔叔在海上的侄子们正经历着和他类似的命运。我们希望有识之士能尽早真诚并彻底地禁止此类海上奴役行为，不要让这个国家里再出现'杰克船长'的小屋。"[3]

要确认究竟哪一种说法更接近事实，就不能简单地将不同的观点割裂开来。捕鲸过程中肯定会出现惊心动魄的激动

255 　时刻，但是仅有的光辉无法照亮那些无可争议的黯淡事实，那就是在黄金时期的大部分时间里，捕鲸是种充满艰难困苦的事业，大多数普通捕鲸人的运气也是令人沮丧的。

　　对于新水手而言，从船离港的那一刻起，挑战就开始了。无论是晃动的船身还是带着咸味的空气，抑或是为接下来可能发生的情况而产生的紧张甚至恐惧总会让他们感到阵阵眩晕，甚至弯下腰呕吐不止。新水手们此时已经远离了一切自己熟悉的陆上生活，他们一定会在心里咒骂自己成为捕鲸人的决定，迫切地希望时间能够倒流。19 岁的罗伯特·韦尔（Robert Weir）就是一个抱有这样想法的新水手，他因为赌博成性而让家族蒙羞，作为对自己的惩罚，他报名参加了捕鲸航行。韦尔先从自己位于纽约州冷泉港的家乡来到马萨诸塞州的马拉波伊西（Mattapoisett），1855 年 8 月 20 日从那里登上了前往大西洋和印度洋的克拉拉·贝尔号（*Clara Bell*），成了一名船员。他在航行初期的日记里写满了自己的苦闷，足以显示这个年轻人已经清楚自己犯下了一个天大的错误。离港之后的第二天，他就开始为自己的处境而哀叹了。"开始感到晕船和恶心……我们要像牛马一样拼命干活，受的待遇却和猪差不多。"接下来的一天里，韦尔在负责瞭望时看到有鲨鱼围着捕鲸船游来游去，他甚至"忍不住想要"跳进海里，成为"鲨鱼的盘中餐"。不到一周之后，当"亲切的美洲"彻底从视线范围中消失之后，韦尔说自己"对活着或任何其他事情都感到恶心和厌烦"。[4]

　　无论他们的心理和身体状况如何，新水手都必须工作，否则马上就会有一位副手吼叫着向他发号施令，或者是警告他不工作的人将会受到什么更严重的惩罚。船员必须要进行的工作内容之一就是爬上高高的桅杆收起或放下船帆。这项工作哪怕是在白天进行都足够令人胆怯了，到了夜间就更会让人吓破胆。在接下来的几周或几个月里，这些新手都要经历地狱般的考验，只有这样他们才能成为受人尊敬的，或者起码是能够胜任自己工作的合格水手。

最令人气馁的一项任务其实是如何熟练地掌握航海术语。船的每个部分都有自己的名字，新水手们不仅要知道船头斜桁、第二斜桅、锚架、下层三眼滑轮、前上桅、后帆、小舱口、系索栏杆、锚链筒和后桅桁等都是什么，还要知道它们是做什么用的。系帆锁具上的绳子像蜘蛛网的蛛丝一样复杂，每一根绳子都有自己的名字和作用，船上载着的各种不同样式的船帆也是一样。新水手还必须熟悉各种指令，这样当高级船员们下达了命令之后，他们才能马上去执行。所有这些内容对于母语是英语的水手来说都很难，更不用说那些外国水手要面临多么大的挑战了。

即便是最搞不清楚状况的新人至少也知道掌控整艘船的人是船长，不过直到船长第一次召集所有船员发表介绍词之后，他们才能真正意识到船长的权力究竟有多大，这场演讲通常是在第一个完整的航行日结束之后才会进行。每个船长演讲的风格都不相同，但是所有人传达的核心信息都是一致的，那就是：我是船上的最高权威，我给了什么命令，你们就要执行什么命令。我会很公正，但是任何不服从命令的行为、顶嘴，或对于我及其他高级船员们下达的命令执行不到

256

位的行为都会立即受到惩罚。船上不准打架、不准偷懒。如果你看到了鲸鱼，大声喊。我们的工作就是给这艘船装满鲸鱼油，然后尽早返回港口。我希望我们能实现这样的目标。虽然大多数船长的讲话都是即兴的，但是也有个别船长会把演讲内容写下来读给船员听，比如爱德华·S. 达沃尔（Edward S. Davoll）就是其中之一。达沃尔的演讲内容也遵循着一贯的主线，不过其中有一些对普通水手的具体要求还是值得在这里介绍一下的。其中包括：

> 日出到日落期间……不准大声喧哗［以免吓跑鲸鱼］。不准唱歌或吹口哨……在甲板上轮值时不准以拿东西为借口溜回艏楼，我很清楚你们的这些把戏。［此外］轮值时不许睡觉……如果发现凶险水域，大喊："进入凶险水域了！"……如果看到鲸鱼喷水，大喊："鲸鱼喷水了！"……如果看到鲸鱼尾鳍，大喊："鲸鱼尾鳍！"……每次叫喊都要用尽全力，喊出韵律来。

达沃尔知道捕鲸过程中人们总是充满抱怨，所以他警告自己的船员，"不要让我听到任何人发牢骚。我和高级船员们说什么都可以，但是你们如果抱怨就一定会受到惩罚"。达沃尔另外还给船上的乘务人员、厨师、舵手和高级船员们做了单独的讲话。他尤其强调了舵手必须对他尽忠，因为这些人虽然在船尾部分工作和居住，但是从层级上来说，也只是比普通船员高一点而已，船长想要知道如果出现什么麻烦，他们会选择和谁同一战线。"如果你们希望获得我的尊

257

重，"达沃尔对舵手们说，"你们就要服从我的命令。如果你们不这么做，就不能住在舱房里。我指望着所有居住在船尾的人能够成为我的帮手，包括高级船员。如果你们不支持我，现在就说出来，因为不支持我就意味着反对我……我的船上没有骑墙中立这一说。要么在船尾，要么去船头。你们现在就要做出决定，这样我才能知道我的处境。"此外，达沃尔还向他的高级船员们提出劝告："我不希望你们都是暴君或残忍的人，但是我希望你们能够让手下的船员明白，你们的命令必须得到执行，否则就要准备好承担后果。"[5]

关于美国捕鲸船的船长们一直有这样一个说法："绕过合恩角之前，我听从于船主和万能的上帝，绕过合恩角之后，我就是万能的上帝。"[6]一艘捕鲸船其实就是一个"迷你的君主国"，被戏称为"老爹"的船长就是这个君主国里的君主，他的高级船员就是他的将军。[7]大多数船长是比较仁慈的专制者，对待自己的下属严格但公正，不过也有少数满口污言秽语，恶毒残忍，依靠威吓而非领导力来管理船的船长。船长的讲话听起来也许有点难以接受，尤其是对于那些第一次听到这些的人来说；但是捕鲸活动要求船长们必须有这样的铁腕。没有严格的组织纪律性往往会导致航行失败，更糟糕的还可能会让船陷入混乱无序的状态。船长要维持船上的组织纪律性最重要的手段就是树立自己的威信和层级体系。如果船员们都尊重他，就不会出现什么麻烦。如果他得不到这样的尊重，或是出于某些原因有人破坏了组织纪律，那么船长还可以使用其他惩罚措施来维持船上的秩序。惩罚措施从轻到重包括训斥、增加额外工作任务、囚禁、拴着拇指吊起或鞭打。最后一种是所有惩罚措施中最受忌惮的。所谓九尾鞭就是九根一头拴在一起，固定在把手上的绳子或皮绳，每根绳子上都打着几个绳结。这种鞭子几下就能把一个人的后背抽打得血肉模糊。1850 年美国政府立法规定商船上不得对船员施鞭刑，但是在这个时间点前后，一小部分捕鲸船的船长确实采取过这样的处罚，因为他们相信九尾鞭是能够让船员听话的最终办法。[8]

回应那些认为船长的行为过于严苛的人时，辩护者无疑会说，因为那些无法无天的船员反抗船长权威，船长才不得不使出这最后的办法。为了应对水手们的无礼甚至谩骂，尤其是当那些缺乏对于级别的固有尊重和组织纪律性的新水手犯错时，船长必须及时对他们做出处理。[9]但是，强调纪律和虐待船员之间毕竟还是有界限的，有些船长的行为显然已经越线了。阿拉伯号（*Arab*）的船长本杰明·库什曼（Benjamin Cushman）就是一个典型。阿拉伯号是 19 世纪 30 年代晚期从费尔黑文出发前往印度洋的捕鲸船。航行期间，库什曼曾多次对乘务员迈克尔·瑞安（Michael Ryan）进行惩罚，因为后者向船员们提供了本不应向船员提供的烈酒。有一次库什曼对瑞安拳打脚踢之后又用绳子抽得他遍体鳞伤。另一次库什曼先是揍了瑞安一顿，接着又命人将他捆在拉帆的绳索上，拽下他的裤子，在他赤裸的臀部、胳膊和腿上抽打了 15 下，不仅留下了可怕的鞭痕，还导致瑞安在甲板上失禁。这样的处罚还不够库什曼解气，他命令瑞安用铲子清理自己的污物，然而已经神志不清且伤口上还流着血的乘务员清理的速度没能让船长满意，结果瑞安又遭到了一次

258

鞭打，还被迫赤身裸体地爬上桅顶，在小雨中站了两个小时。这个案子后来被上诉到马萨诸塞州巡回法院，法官支持了下级法院判决瑞安获得 150 美元赔偿的结果，认定"这样的惩罚……在形式上和程度上都明显过当"，且"与受惩罚人的过失不成比例"。法官还补充说"这样的惩罚本身及施加惩罚的方式显示了令人作呕的丑恶和不正当性"。[10]

除了这些惩罚措施之外，在船上生活可能要忍受的不适还有很多，其中最糟糕的莫过于居住环境。船长当然要住在船上最好的房间里，但即便是最好的房间也绝对说不上讲究或宽敞，在他之下的人的条件就更是急转直下。级别越低，居住环境就越拥挤，条件最差的地方自然就是艏楼，凡是在这里生活过的人，没有不对其厌恶至极的。最好的艏楼对人类来说也是很差的环境了，不好的艏楼就完全可以用糟糕透顶来形容。这样一个狭小低矮的空间里要塞进 25 个床位，人们没有一点私密空间，只有一点儿或完全照不到自然光，所有东西上都腻着一层鲸鱼油污渍。水手们就睡在稻草或玉米壳填充的不舒服的床垫上，这种垫子被戏称为"毛驴的早餐"。[11]更糟糕的是，当提炼间开始点火加工鲸脂的时候，怕热的老鼠和蟑螂就会匆匆逃往船头，每每这时，就能看到这些害虫像来自地狱的大军一样从睡觉的船员身上爬过的景象。一个捕鲸人曾经形容他所在船的艏楼"阴暗肮脏、狭小拥挤，热得像个炉子，充满着难闻的气味，这种气味里混合了各种东西，包括烟草、水手的储物箱、肥皂、沾满油污的平底锅、腐烂的肉类、葡萄牙流氓和晕船的美国人"。随后他还补充道："要说地狱一般的艏楼还不及我见过的肯塔

259

基州的猪圈一半干净和适宜居住，你也许会觉得我夸大其词，然而，事实就是如此。"[12]

船上的层级体系还体现在一日三餐上。船长和高级船员们总是最先吃饭，吃的也是最好最充足的。级别低的船员吃到的食物无论在质量还是数量上都会下降很多。运上船的食物需要的是易于保存而不是鲜美可口，更不会追求品种丰富。[13]有一位船长就略带玩笑成分地对船上的新船员们说，船上的伙食每天都会变换花样，"第一天是牛肉就面包，第二天就换成面包夹牛肉"。[14]因为供应食物的可预见性太强了，捕鲸人甚至可以通过当天吃什么来判断这一天是星期几。常见的食物中包括一种"腌马肉"，但实际上就是用盐腌制的牛肉或猪肉，极罕见有用马肉的。腌制的方法能使食物易于保存，所以这些肉类总是咸得让人无法下咽，将它们先在海水里浸泡一会儿反而能使其变淡些。另一种重要的主食是被称作饼干的低水分面包，这种面包硬得像石头一样，咬过一次的人一辈子都不会再犯同一个错误。要吃它只有两种办法，要么是把它砸碎成小块含在嘴里，要么将其放在水或炖菜里泡软了再吃。捕鲸人还能吃到大米、豆子、土豆、脱水蔬菜、淡水和咖啡，也许还能有一点糖浆作调味。周日的伙食偶尔能有些"改善"，船员能吃到饼干炖菜和达夫布丁：前者是将切好的肉、蔬菜和饼干加上动物油脂和香料一起炖出来的，后者则是用面粉、猪油、酵母加上 1∶1 的淡水和海水做成的。[15]对于普通船员来说，吃饭时间也并不是什么令人愉悦的放松时光，因为食物都是放到大木桶里抬上来的，所有人一拥而上你争我抢，抢不到的就只能挨饿。

第十四章 "一个丑陋的弥天大谎"

航行开始初期，就算食物不诱人，但至少还是相对新鲜的。然而过几周甚至几个月之后，无论是食材还是做饭用的淡水都开始变质，赶上天气炎热时变质得更快更严重。所有食物，甚至是看起来坚不可摧的硬面包上也会爬满蛆虫和蟑螂，同时散发出腐坏的气味。厨师的工作经常会让情况更加恶化，因为很多船上的所谓厨师都不是什么专业人士，他们做出来的东西往往既不好看也不好吃。诺德霍夫就发现自己所在的船上的厨师虽然看起来值得尊敬，总是把厨房器具刷洗得干干净净、光彩照人，但他根本就不会做饭。用诺德霍夫的话来说，他是个"糟透了的"厨师。"他做的豆子汤半生不熟，他做的米饭就像一坨没有味道的果冻，他做的布丁——让拥有铜肠铁胃的水手吃了都会感到胃灼热和消化不良。"[16]

捕鲸人的饮食只有在捕到了新鲜的鱼类或中途短暂停靠时补充了新鲜的菜肉等物资时才能偶尔得到改善。不过运上船的新鲜物资的数量会因为船长的自觉性及友好港口的补给能力不同而出现巨大的差距。捕鲸人的日记里总是充满了对于船上食物的诅咒和抱怨。一位捕鲸人写道："今天中午我们吃的布丁制作粗糙，像被水泡了一样，馅料就是土和蟑螂。"另一个人则认为他们吃的肉"让人恶心"，糖浆尝起来像"沥青"一般，总体来说他们的伙食还不如"一桶泔水"[17]。还有一个人抱怨说："只要打开存放我们吃的牛肉和猪肉的木桶，那里面发出的恶臭能从船头一直飘到船尾。"[18]唯一比吃腐坏的食物更糟糕的事就是没有足够的食物可吃。不知是为了遵循节俭的船主的命令，还是觉得减少配给量是降低成本的唯一办法，有一些船长会限制船员的食物供应，让他们不至于饿死就行了。有些捕鲸人可以依靠尽情使用烟草来减轻饥饿的感觉。无论白天夜晚，捕鲸人不是在抽烟就是在嚼烟叶。据推算，在 1844 年这一年，将近 18000 名美国捕鲸人消耗了超过 50 万磅的烟草，平均每人约合30 磅。[19]

261　　捕鲸人还要时刻面临生病或受伤的风险。最严重的疾病就是坏血病，这是一种因为长期吃不到新鲜蔬菜水果导致维生素 C 不足而引发的病症。最初的症状是牙龈酸疼、出血，极度疲乏，如果长期得不到治疗，最终会导致死亡。热带病、痢疾、性病、风湿病、破伤风、结核病、肺炎及普通的感冒都是不可避免的。除此之外还有抑郁症，虽然它在当时还不被认定为一种疾病，但是抑郁情况持续恶化最终就可能升级为自杀。新贝德福德的摩里亚号（*Morea*）捕鲸船船长托马斯·B. 皮博迪（Capt. Thomas B. Peabody）就是一个这样的例子。1854 年 6 月 3 日，当摩里亚号航行在海上的时候，皮博迪询问自己的一些高级船员："要是一个人因为没有任何希望，也看不到幸福的可能而自杀，那么他到另一个世界会不会受到惩罚？"大副很担心船长的精神状态，所以特意对他多加留心，第二天就发现他"看起来非常忧愁"。上午晚些时候，皮博迪叫大副到自己的舱房里，并告诉他说"自己马上就要实现自己的目标了"。警觉的大副又召唤另外两名高级船员来到船长的舱房，并当着他们的面询问皮博迪是否吃了什么药。皮博迪先说"他只喝了一勺白兰地"，然后又想了一会儿才说"自己不应该带着谎言走，其实他已经吃了鸦片酊"。高级船员们感到非常担忧，其中一个人后来写道："但是我们猜想他可能并没有服下足以致命的剂量，［所以］我们也没有采取什么措施。"第二天，船长果然如往常一样出现在了甲板上。可是到了第三天，当水手们正准备去追鲸鱼的时候，他们"听到了一声枪响，还看到一发毛瑟枪的子弹从下往上穿透了甲板"。高级水手们冲到皮博迪的舱房时发现他已经躺在了甲板上，"从下巴到眼睛的地方都被炸开了花……他喘息了几下，然后就死了"。[20]

在捕鲸活动的编年史里，人们恐怕再也找不到比富兰克林号（Franklin）受到更多疾病与伤亡困扰的船了。这艘船是 1831 年 6 月 27 日从楠塔基特岛出发的，它在太平洋上的航行自始至终都在经历各种厄运，其数不胜数的程度几乎让人无法相信这些事真的发生了。举例来说，在 1831 年剩下的时间里，有一名水手死于肺结核，两名船员在桅杆顶上作业的时候摔了下来，结果一人双腿骨折，另一人内脏受损，休息了两个月。到了 1832 年，灾祸发生得更加频繁。又有一个人从桅杆顶上摔下来直接送了命，有三名水手捕鲸时被连着捕鲸叉的绳子缠住拖进水里淹死了，另有一人患了疟疾。[21]进入 1833 年，一个之前在从科隆群岛往捕鲸船上搬运陆龟时受伤的水手最终死于这次伤病，有五人死于坏血病，其中包括这艘船的船长。到 1833 年 7 月 3 日，富兰克林号在阿根廷拉普拉塔河河口处的马尔多纳多港（Maldonado）外抛锚停船。仅剩的船员们已经虚弱得连船帆都卷不起来

262

了，多亏一些友善的法国水手帮了他们。后来也是在这些法国人的帮助下，富兰克林号才向北航行至乌拉圭的蒙得维的亚（Montevideo），并在那里补充了一些新船员。8 月 12 日，略微恢复了一些的船员们打起精神起航返回家乡，他们真心希望这会是此次航行中的最后一段旅程。然而仅仅过了两个月，富兰克林号在巴西触礁，虽然所有船员和船上 1/3 的货物被救了上来，但富兰克林号的船体不到十天就彻底散架了，也算是给这次灾难不断的航行提前画上了句号。[22]

然而，生病或受伤的捕鲸人连决定自己如何调养休息的自由都没有。法律规定每艘捕鲸船都要携带药箱，船长同时兼任船上的医生一职。[23] 药箱里有一份医疗指南，是向船长说明什么物质可以用来应对哪些疾病的，比如说，蓖麻油可以治疗痢疾和胆相关的病症，鸦片类药物可以止疼或治疗肠激惹综合征，甘汞泻剂则可以治疗梅毒。[24]

也有一些船长并不遵循这份指南，而是更相信那些经受过时间考验的偏方。比如翻车鱼的鱼油可以治疗风湿病；连续几天把病人脖子以下的部分都埋到沙子里或是给他全身敷上加热过的鲸鱼肉片都被当作治疗坏血病的办法；芒硝在陆地上是给马匹用的，但是某些"老派的"大夫则认为它是包治百病的灵丹妙药。[25] 要是有人装病逃避工作，聪明的船长也有迅速且有效的应对方法，这个办法是一个楠塔基特岛船长倡导的：切一点烟草浸在领航鲸的鲸鱼油里，然后将其作为一种灌肠剂。这个船长发誓说这个方法绝对能治好病人的病![26]

船长医生可能经历的最大的考验是需要进行外科手术的

严重创伤。给自己的船员开刀并修复伤处需要很大的勇气和毅力。幸好吉姆·亨廷（Jim Hunting）恰恰拥有这些可贵的品质。这位萨格港捕鲸船的船长体格健硕，身高 6 英尺 6 英寸，体重 250 磅，这样的身材出现在 19 世纪是会让人非常惊讶的。当时他的一条捕鲸小艇上的船员被绳子缠住，巨大的拉力不仅扯掉了他一只手上的四根手指，还几乎沿着一只脚的脚踝将这只脚彻底切断。虽然别的船员都快吓晕了，但是亨廷异常冷静，他把受伤的船员绑到一块木板上，拿出自己的切肉餐刀、一把木工使用的锯和一个鱼钩给这名船员进行了截肢，然后又给他受伤的手进行了包扎。正是他及时的处理稳定了伤者的情况，让捕鲸船有足够的时间将伤者送到夏威夷岛上的医院里接受救治。[27]

有一些船长准备得比亨廷还要充分，他们在药箱里携带了进行外科手术的工具。不过，准备了工具和有勇气使用工具之间还是有天壤之别的。在很多情况下，无论有没有工具，船长都不愿意进行手术，而是希望船员能够坚持到船抵达港口。1849 年 3 月 4 日，新贝德福德的农夫号（*Ploughboy*）捕鲸船正在深海捕鲸点中搜寻抹香鲸的踪迹，船上的一条捕鲸小艇靠近了一个七头抹香鲸组成的鲸群。小艇舵手向其中最大的一头投掷了几支捕鲸叉，抹香鲸翻腾了一阵之后开始潜水。当鲸鱼再度露出水面时，船上的副手之一艾伯特·伍德（Albert Wood）用长矛插了鲸鱼几次都没能将其杀死，同一条小艇上的舵手还评论说"我们遇到了一个不好对付的家伙"。事实也确实如此。虽然鲸鱼已经开始喷血，但它还是张开大嘴咬住了小艇，在水中迅速摇晃，还将其整个掀翻，仍在船上的伍德正好骑坐在鲸鱼的下巴上动弹不得。之后鲸鱼又狠狠地拍打尾鳍，被击中的舵手当场毙命。与此同时，鲸鱼松了嘴，还紧紧抓着已经倾覆的小艇的伍德借机得以逃脱。不过鲸鱼的攻击还没有结束，它又追着伍德咬了几次之后才终于放弃，船上的人此时才有机会将受伤的伍德拉上前来营救他的另一条捕鲸小艇。伍德身体一侧被咬穿了一个洞，"皮肉都翻了出来"，大腿内侧的伤口也深得露出了骨头，背上还有一条 4 英寸长的口子。一个看了伍德的伤势的船员在自己的日记里写道："我担心他活不了了，他的伤太重了。"[28]伍德撑了 13 天，直到农夫号抵达塔希提，才由一位法国外科医生为他进行了手术。至于那头几乎将他置于死地的鲸鱼最终产出了 80 桶油。伍德还留下了鲸鱼的一颗牙齿作为纪念。

　　虽然伍德与鲸鱼的这次接触堪称恐怖，不过追捕鲸鱼的过程确实是捕鲸人能够体验的少有的振奋人心的时刻。沃尔特·惠特曼（Walt Whitman）试图通过诗句来捕捉这样的感觉，这首诗的名字就叫"欢愉之歌"：

264　　　　哦，捕鲸人的欢愉！哦，我沿着曾经的航线再次航行！

　　　　我能感到脚下的船随波摇摆，我能感到大西洋上的清风吹拂着我，

　　　　我又听到了桅杆顶上瞭望者的大喊，鲸——鱼——喷——水——了！

　　　　我再一次和所有人一起爬上系帆的绳索向远处眺

望——然后心情激动地从绳索上爬下，准备出发，

我跳上正要放下水的小艇，我们朝着猎物停留的地方使劲地划，

我们悄无声息地接近了，我看到了巨大的鲸鱼群，它们懒洋洋地晒着太阳，

我看到捕鲸叉手站了起来，我看到他有力的臂膀投掷出的武器……[29]

另一位作者认为："如果抛开捕鲸的商业性质不说，只将其看作一种充满男子汉气概的狩猎或追捕的话，我们反而会认为它更激动人心，因为捕鲸需要比猎杀其他任何动物都多的精力、耐力、勇气和决心——无论是狮子、老虎还是大象都不能跟鲸鱼相比。"[30]19 世纪的记者 J. 罗斯·布朗（J. Ross Browne）在 40 年代早期跟随捕鲸船一起出海，他也描述了这样一幅令人心潮澎湃的捕鲸画面。"小艇被放下水时激起一片水花。船员们纵身翻过栏杆，转眼间小艇的左舷、右舷和中部就坐满了人"，然后他们就出发了。划桨人拼尽全力划动船桨，都想让自己的小艇第一个向鲸鱼发动攻击。"'加油划呀！加油！'小艇上的领头人大喊着，'长长地划，稳稳地划！这才是正确的划船方法！'……船员们也会应和地喊道：'用力划！用尽全部的力量！'"捕鲸小艇"被海浪高高托起，仿佛根本没有碰到水面一般"。离开母船划了 2 英里多之后，第一条小艇发现了一头巨大的成年雄性抹香鲸就在距自己不到 1/4 英里的地方，小艇上的领头人又开始给船员们鼓劲打气。"'朋友们，加油干！抓紧你们的船桨，

加倍用力！用尽所有的力气，划呀！不要说话；向后仰，最关键的时刻到了！'"然而，鲸鱼却在这时又潜进水里游走了，再次露出水面时已经在将近 1 英里之外，接着它又开始朝迎风的方向迅速游去。虽然看起来小艇似乎不可能追上鲸鱼，但是船员们"振作精神"，打算"最后拼尽全力再试一次"。迎着狂风和海浪，小艇设法追上了鲸鱼，与它并驾齐驱。舵手下令"投掷捕鲸叉，然后就把捕鲸叉深深插进它的身体"。当鲸鱼"将它巨大的尾鳍高高竖向天空时"，捕鲸小艇迅速地后撤了一些，但还是被尾鳍"拍起的水花"淋了个透。之后，鲸鱼又消失在了海浪中，等它再度浮出水面时，水手们"纷纷将长矛插进它的身体"。因为之前的追赶已经精疲力竭的船员们"暂时"放下船桨，"看着［鲸鱼］……在临死前痛苦挣扎，直到最终在水里翻了个，所有人口中同时爆发出巨大的欢呼声"。[31]

布朗的描述中唯一缺少的要素就是恐惧。说自己在捕杀抹香鲸或任何鲸鱼时不害怕的捕鲸人要么是傻瓜，要么就是骗子。在一个至少有捕鲸小艇两倍长的庞然大物后面划着船追赶，还要向它投掷捕鲸叉，同时心里明知鲸鱼随时可以拍碎自己的小艇或将其拖进水里，捕鲸人怎么可能不感到忐忑不安呢？不过这就是捕鲸人的工作，恐惧反而经常会起到催化剂一样的作用。如一个捕鲸人说到的那样，追击鲸鱼时面临的危险是"受到欢迎的"，因为它能够给海上"一成不变的乏味时光"提供一点调味剂。[32]

捕鲸得手后的成就感往往很快就会散去，因为接下来船员们还要拖着鲸鱼划回母船，然后对鲸鱼进行切割和加工，一个捕鲸人形容这些工作就像是"超大规模的外科手术或标本解剖"。[33]最初，鲸鱼会被拖到母船的右舷外，尾鳍在船头一侧，鲸鱼头朝着船尾，由结实的铁链拴住尾鳍将其固定。接着，船员们会将舷梯位置的舷墙拉开，并从那里降下一个由三条窄木板组成的脚手架，一直垂到鲸鱼尸体的高度，这就是进行切割的工作台。船长、大副和二副可以沿着工作台任何一边的木板走10英尺来到与它们成直角的第三块木板上，第三块木板和前两块木板被固定在一起组成一个平台，旁边还加装了扶手，这样他们就可以站在这上面切割鲸鱼了。切割的工具是铲子，铲子头是钢制的，非常锋利，铲子手柄有16英尺长。切割工作正式开始，通常是船长和大副负责将鲸鱼头从鲸鱼身上切下来，用结实的链子固定在船尾，稍后再做处理；接着是二副负责剥鲸脂的工作。他会先从鲸鱼眼睛和胸鳍的位置切开一个环形刀口，为的是能插入吊鲸脂用的100多磅重的铁质大钩，钩子后面连着铁链，铁链的另一头通过滑轮组固定在船上。要把钩子勾好位置，就得把挂钩子的人从船上往下放到鲸鱼尸体上。在小艇舵手腰间系一条被恰如其分地称为"猴索"的安全绳，绳子的另一头系在甲板上负责拽紧安全绳的人身上。挂钩子的工作不是一般人能胜任的，若是绳子荡起来人撞到鲸脂钩上，可能会造成骨折甚至死亡。即便是在风平浪静的时候，要在湿滑、油腻和鲜血淋漓的鲸鱼尸体上站稳也是相当困难的，波涛汹涌的时候就更不可能了。如果舵手脚下打滑，掉进了鲸鱼和船身之间的缝隙，又没有被安全绳拽住的话，他很可能会被鲸鱼尸体和船身碾压；如果他是滑向尸体的另一边并落

266

入水中的话，那么他就会成为鲨鱼的腹中餐，因为切割鲸鱼的时候，总会有大批的鲨鱼围在尸体四周大快朵颐，水手们形象地称这些鲨鱼为海狼。[34]

插好了鲸脂钩以后，就可以开始剥鲸脂了。水手们用力转动绞车，鲸脂就被慢慢地从鲸鱼身上剥下并提起，挂在主桅上的滑轮也会因为巨大的重量而吱嘎作响。切割的轨迹总是形成一个角度，"就像螺纹一样"，所以被剥下的鲸脂也总是连成一条旋转的带子，从头到尾，就像人们用水果刀削苹果时留下的不断开的苹果皮一样。[35]慢慢地，一条 4~6 英尺宽的鲸脂带就越升越高，被剥了皮的鲸鱼则缓缓降低落入水中。当鲸脂带被滑轮提升到高出甲板 20~30 英尺的地方时，舵手就会握着一把 2 英尺长的专门在船上用的长刀，走到堆成山一样的鲸鱼皮肉跟前，在鲸脂带中间挖一个洞，再插进一个巨大的连着绳子的钩子，这是为将鲸鱼身上的鲸脂进一步刮下来做准备。等听到船长向他们喊"送鲸脂带来！"的时候，舵手就会再次走上前来，在刚才挖洞的位置上方将鲸脂带斩断，前一段长长的厚皮肉就会落在甲板上，随着船摇晃的角度滑动，水手们要是不赶紧躲开，完全有可能被这随意摆荡的沉重皮肉砸得不省人事，甚至会被撞下船去。[36]

甲板上厚厚的鲸脂带随后会从主舱口送到提炼间里，那里会有一名船员用一根带长柄的大鱼钩尽量固定住巨大的鲸脂带，同时由另一名船员负责使用锋利的大铲子将长长的鲸脂带切成每块 1 平方英尺大小的鲸脂块。鲸脂提炼间里也充满了各种潜在危险，尽管举着大鱼钩的船员已经费尽力气地钩住鲸脂带，不让它乱跑，但是只要船身一摇晃，鲸脂带还是会不可避免地在地上滑动，弄得到处都是油、血、水和泥。切好的鲸脂块会被送到主甲板上的切割人那里，他们会用一种非常锋利的双刀柄切肉刀将鲸脂块切成细条，但一端还保留一点连着鱼皮的地方不彻底割断。这样处理过的鲸脂块被称作"书"，连在上面的一条条鲸脂被称作"《圣经》书页"，因为它看起来就像被翻开的《圣经》。这样切割鲸脂是为了增加鲸脂接触到热油部分的面积，当它们被用鲸脂叉插着扔进炼油锅时，提炼工作也能更有效率。剥鲸脂、切块和切条的全套处理过程要持续到整条鲸鱼都被剥光为止，剩下的鲸鱼尸体就会被扔进海里，为盘桓在船周围的水鸟和在水中等待掠食的动物提供一顿也许有些意外，但绝对丰盛美味的大餐。

接下来，船员们就要把注意力转移到抹香鲸的大头上了。本来挂在船尾外侧的鲸鱼头要被拉高到靠近舷梯的位置接受加工。要处理长须鲸的头，水手们可以干脆把头拉上船或分割成几份放到甲板上。从鲸鱼上颌切割下来的鲸须要被擦干净晾在一边，等干了之后再捆成捆储存起来。还有鲸鱼那巨大的，含有很多油脂的舌头和上下唇也都要被割下来送去提炼。要处理抹香鲸的头，还要先切下鲸鱼的下颌，放到甲板一边任其腐烂，只有这样才能最终将牢牢地嵌在牙龈里的牙齿拔出来。这些牙齿可以被用来制作雕刻作品，也可以直接拿去卖。剩下的鱼头部分如果不是太大，就可以把它拉到甲板上，这样可以最大限度地减少宝贵的鲸脑油的流失。如果鲸鱼头太大，甲板上放不下，那就只能将它吊到船身之

267

外，但是要尽可能地高出水面。要取得鲸脑油，水手们就得从鲸鱼头上开个洞，把鲸脑油一点点舀出来。最常见的办法是把小桶拴在长杆上，形成一个长柄勺，伸进抹香鲸脑油器里把鲸脑油舀出来。但是有些时候，船员会干脆爬到抹香鲸脑油器里直接舀，这时候的船员就相当于在洗一个鲸脑油澡。虽然这听起来似乎是一种十分恶心的工作，不过捕鲸人并不这么想。鲸脑油本身有很好的滋润功效，而且余温尚存，对于长时间暴露在刺骨的寒风中的水手来说，这份工作其实不失为一份美差。梅尔维尔在描述将结块的鲸脑油再捏成液体形态的经历时，充满诗意地描述了将双手浸在这种不同寻常的物质中时体验到的极致的享受：

268　　　　这真是一桩又香又滑的差事！难怪在过去，鲸脑油是最讨人喜欢的化妆品。它真是一种了不起的清凉剂！了不起的滋润剂！了不起的溶解剂！了不起的镇静剂！我的双手只在里面浸了几分钟，我已经觉得手指像一条条鳝鱼般滑腻，还能像蛇一般弯曲盘绕起来似的……要是我能够一直这样捏鲸脑油多好啊！……我仿佛看到了夜晚的景象，看到了天堂里的天使站成一排排，每个人手上都捧着一罐鲸脑油。[37]

切割工作完成之后，提炼工作就要开始了。如果是体型巨大的鲸鱼的话，提炼工作可能要日夜不停地持续三天，船员们会定时轮班，相互替换。因为提炼工作又脏又累，所以捕鲸人称其为"迷你地狱"。[38]有捕鲸人就此做出过详细且情绪化的描述。根据记者布朗的观察："炼油的场景给人一种野蛮且血腥的感觉；有一种让人难以描述的粗鄙……沾满血迹的甲板看起来就像凶案现场一样，鲸鱼皮肉和鲸脂散乱地摊在各处，水手们的脸都被熊熊火光映红了，看起来格外残暴，这样的景象难免会让新船员感到一种混杂了厌恶和敬畏的奇特感受……我实在想不出捕鲸行业中还有哪一样工作比炼油这个部分更适合用来诠释但丁描述的地狱。"[39]1858 年随费尔黑文的阿特金斯·亚当斯号（*Atkins Adams*）出海的威廉·阿贝（William Abbe）做出的描述就没有这么虚幻了，他毫不粉饰地写道："船员在午夜时分被叫醒，穿上浸满了油渍的脏衣服，到甲板上进行连续 18 个小时的提炼工作，内容还包括在凌乱肮脏的甲板上摔倒、爬起、再摔倒，直到从头到脚都沾满了油脂……你连做梦都会梦到自己躺在厚厚的鲸脂下面，鲸脂越摞越多，将你彻底埋了起来，直到你被吓醒，那种恐惧和痛苦足以让你感到窒息……工作让你精疲力竭、肮脏油腻，你觉得困倦、难受。任何人、任何事，甚至连你自己都让你觉得恶心……我得说，即便只是回想一下这样的经历，我都已经要吐了。"[40]

　　提炼工作将近结束之时，船员们还要想尽办法榨干鲸鱼身上任何一点能够转化为利益的资源。本来为了防止鲸鱼油漏走而用来堵住甲板上的排水口的小块鲸脂，和甲板上散落的油脂都要被收集起来扔进炼油锅。先前从鲸脂块上粗略削下来的、连着肌肉一侧的鲸脂当时来不及处理，所以都被放进木桶里暂时储存起来。这些所谓的肌肉脂肪此时已经开始变质，看起来非常恶心。然而船员们还是会忍着难闻的恶

269

臭，把"不再适宜放进炼油锅里的小部分废料"挑拣出来。[41]废料会被扔进海里，剩下能用的则投进炼油锅。等到鲸鱼身上的最后一滴油也被榨出来，并倒进木桶里进行冷却的时候，船员们就可以开始清理捕鲸船了。最先打扫的地方是提炼间，就算到了这时候，死去的鲸鱼也还能为捕鲸人再做出最后一点贡献。炼油锅下面燃烧殆尽的、碳化了的鲸脂和鲸鱼皮灰烬中含有碱，这是一种最好的清洁剂，溶在水里用来擦洗甲板或清洗船员们沾满污垢的衣物再好不过了，洗过的东西能够"白得像粉笔一样"。[42]等鲸鱼油彻底凉下来之后，船员们就可以把装油的木桶搬进货舱，或是通过帆布或皮质输油管将鲸鱼油灌进放在下面的木桶。为了封紧木桶防止渗漏，船员们会定期给木桶泼水，最多每周泼四次。

捕鲸是一个总体平静的过程，这种平静偶尔会被追击鲸鱼的刺激，以及切割与提炼的忙碌打断，但这些都只占航行中很少的一部分时间。按照捕杀和加工一条鲸鱼平均需要3~5天的时间，一次成功的航行能够捕杀 20~70 头鲸鱼（取决于鲸鱼的种类）计算，捕鲸人在平均长达四年的航行中绝对会有大把的空闲时间。不过，这些空闲时间并不等同于自由时间，船上需要做的工作很多，包括驾驶航船、打扫船只、维护捕鲸小艇、练习放小艇、把长矛和刀打磨锋利、到瞭望台上搜寻鲸鱼的踪迹，还有修缮工作等。

航行时间的漫长，与家人长久的分离，捕鲸活动的危险性，以及船上生活的单调乏味让所有捕鲸人都期盼着返家的航程。"天知道航行结束时我会有多高兴，"一位 1844 年出海捕鲸的船员写道："就算让我抓到西北海岸所有的鲸鱼我也不会再来受过去三个月里我所受的罪了。"同一年，另一个捕鲸人抱怨道："在过去三四个月里，我拼命地搜寻鲸鱼，拼命地划小艇，拼命地在船上工作，但是一头鲸鱼也没捕到，这太糟糕了。此时我非常想家却回不去，这更糟糕。哦，天啊——哦，天啊！哦，天啊！"[43]

船员们多久能回家取决于多种多样的因素。很多时候，货舱装满了鲸鱼油就可以回家了，越快装满就可以越早回家。不过货舱装满意味着返航并不绝对。船长还可以选择将货物卸到捕鲸点附近的港口上，由其他船将货物运回家，他自己的捕鲸船还可以继续捕鲸。另一种情况是捕鲸的收获很差，船长可能会选择延长航行期限，而不是颜面尽失地空手而归，到时迎接他的会是捕鲸船所有者比冰还冷的鄙视眼神。除非万不得已，没有任何捕鲸人愿意为了任何原因而在海上多待一天。比如说，1834 年 5 月 29 日，当理查德·博延顿（Richard Boyenton）听说自己所在的萨勒姆捕鲸船孟加拉号（*Bengal*）的行程要被延长时，他将自己的满腔愤恨全都倾泻到了当天的日记里："我今天听说船长决定将航程延长 16 个月，如果是那样的话，我希望他不得不在三伏天骑着蜗牛前往迪斯默尔沼泽，最好鞋里有硬豆子硌着，只能嚼海绵充饥，还应该患牙疼解解闷，再有一个号啕大哭的孩子等他哄着睡觉。"[44]

即便一艘捕鲸船是满载而归的，航行的经济回报也不一定有保障。一艘船的利润几何要经过复杂的账目计算，销售货物的货款中要扣除销售代理的劳务费、保险费、引航费、

270

码头费、运输费等。最终的利润计算出来之后，船主和船员才能进行分配，前者最多会拿走 70% 的利润，剩下才是船员们的。虽然拆账体系仍然保证了捕鲸人能够直接分得利润，但是船长、高级船员和普通船员之间拆账比例的差距随着时间的推移越来越大了。1800 年，船长的比例是 1/15 或 1/18，到了 19 世纪中期升高到了 1/12，最高甚至可以达到 1/8；高级船员的比例也从 1/27 或 1/37 升高到 1/25 或 1/20；在同一时期内，资历相对较浅的普通船员的比例从 1/75 或 1/100 下降到了 1/175 或 1/200。各艘船会根据自己的情况在这个范围内波动，但是可以确认的一个基本事实是：职衔高的人挣得越来越多，位于最底层的人则挣得越来越少。[45]

271　　不过，拆账比例计算出的钱数仍不是捕鲸人的最终收入。按照这个比例计算出的基数里还有一大堆款项要被扣除。报名登船时领取的预支工资是最先要扣除的，而且这笔钱从捕鲸船离港那天就开始计算利息了。接着是船主要收取的 5～10 美元的装船费或卸货费，再下来是数额更少一些的医药储备费。航行期间船上还有小卖部，那里就像一个漂浮的杂货铺，船员在那里购买衣物或其他私人物品的费用也要被扣除。但是这个小卖部和陆地上多数商店最大的区别在于，它是一个供货者垄断的市场，不存在任何竞争，所以价格完全由它说了算。在各个港口上消费时，船员向船长借过钱的，现在也到了要偿还的时候，这种借款的利息往往高得离谱。除这些之外，还有其他要考虑的费用。向出海前的捕鲸人兜售捕鲸工具的用品店和向返航的捕鲸人出售商品的商店也总是漫天要价，几乎和船上的小卖部一样贪婪；旅店老板也不例外；更不能忘了那些船运代理商，他们帮助招收船员的提成也是从船员的收入里扣的。捕鲸人总是嘲讽地将用品店老板、小卖部老板、旅店老板和船运代理商这群人统称为"码头骗子"。

最终的结果就是，捕鲸人只能挣到很少，甚至完全挣不到钱，平均下来约合日工资20美分，甚至还有不在少数的捕鲸人航行归来时是背着欠债的。霍曼观察到："陆地上地位最卑微、毫无技能的人出卖劳力获得的收入也是住在艏楼里的普通水手的两到三倍。"[46]对比之下，船长和高级船员们的待遇却优厚得多。即便是保守估计，他们的收入也要比商船上同等职位的人高出不少。[47]虽然失败航行的比例并不低，但是黄金时期的船主们还是盈利最多的人，通常能够收获两位数的投资回报率。拉戈达号在1841~1860年的记录尤其令人羡慕，6次航行的平均利润率是98%。[48]使节号（Envoy）1848年出发前往西北海岸的航行更是利润丰厚。出发前一年，W. T. 沃克船长（Capt. W. T. Walker）冒着巨大的风险花325美元买下了受诅咒的使节号，然后在找不到任何代理商为其担保的情况下，毅然投资8000美元装备好船出海捕鲸。1851年使节号返回旧金山的时候，沃克和他的船员为自己挣来了得意的资本。在过去3年的航行中，使节号收获了5300桶鲸鱼油和43500磅鲸须，最终卖出了138450美元。航行结束后，沃克以6000美元的价格出售了使节号，又为这次投资增加了额外的收获。[49]

船长和高级船员的工作虽然很辛苦，可是经济回报高，

272

在没什么有吸引力的岸上工作机会的情况下，他们之中很多人都成了职业的捕鲸人。不过，也并不是所有人都对这种船只所有者占据大部分收益，为产生收益而卖命的人却只能得到少得可怜的回报的体系感到满意。19 世纪 50 年代新贝德福德捕鲸船凯瑟琳号（*Kathleen*）上的一位副手就这个问题提出了自己的观点：

> 对于坐在家中的船主们，我想说几句话
> 我们做了所有的工作，他们得了所有的钱财
> 你可能会觉得这封信有点奇怪
> 但是不要发怒，因为说不定有一天你也会驾驶一艘
> 小艇
>
> 当你冒着生命危险拽住一头鲸鱼
> 当你站在齐腰深的油脂里劳作的时候
> 你应当明白
> 你是在为他的豪宅添砖加瓦，为他的妻子添置衣裳
> 你是在供养他的女儿读高中
> 你真是个大傻瓜。[50]

至于其他船员，尤其是普通船员，几乎没什么人能像博延顿那样有闲心拿自己的经济状况开玩笑。当博延顿计算出自己出海捕鲸最初 5 个月里的日均收入只有区区 6.25 美分的时候，他开始好笑地思考起了自己应该拿这笔"巨款"做何种慈善。"我还没有最终决定是该将这笔钱捐献给主日

学校，还是资助去国外传教的活动，又或者是送给戒酒社团。"[51]比起幽默和无可奈何，当水手们发现自己浪费4年的时光才挣了一点点甚至是一无所获的时候，更多人的反应是诅咒船长、高级船员、船只拥有者和捕鲸行业本身，而且他们大多会发誓再也不去捕鲸了。事实也是如此，很少有普通船员会再次登船出海，而那些不得不再次出海的，往往是因为欠着船主的债，或者有轻微的受虐倾向，或者是找不到其他的工作，也有可能是以上几种原因兼而有之。船主、船长和高级船员一方与其他普通船员之间收入的巨大差异凸显了一个事实，那就是在美国前镀金时代（pre – Gilded Age），捕鲸行业中存在与其他任何行业一样严重的社会等级和阶层分化。

捕鲸船上的恶劣生存环境和普通捕鲸人低得过分的收入 273 在19世纪中期催生了一种新的出版体裁——捕鲸揭秘。受益于新闻界的民主化发展，曾经的捕鲸人可以发表各种严厉批判捕鲸生活的文章，其中充满了对船上生活条件及个人收入畸低的抱怨。最全面、最极端的攻击来自布朗，他希望自己描述的捕鲸活动的恐怖情形能够鼓动公众对捕鲸行业施压，从而推动该行业的内部改革，然而事实证明他的希望落空了。[52]"［布朗观察到］慈善家们的努力是值得赞美的，并且为促进［商船水手的］福祉发挥了作用……在这样一个道德改革的时代，法律的武器竟然还没有被用来保护［捕鲸人］，这不能不说是美国人民的失误……历史上恐怕再没有能够与捕鲸人在漫长而危险的捕鲸航行中所遭受的残酷对待相提并论的恶行了。"[53]从时间上说，此类揭露行业内幕的捕鲸回忆录的出版先于后来厄普顿·辛克莱（Upton Sinclair）创作的《屠宰场》（*The Jungle*）和艾达·塔贝尔（Ida Tarbell）创作的《标准石油公司史》（*The History of the Standard Oil Company*）半个世纪，但其知名度远不如后出版的作品。捕鲸回忆录可能比同时期其他任何书籍都更清晰地记录了，在接下来的一个世纪里让美国的劳动力两极化的巨大的社会差异。这些作品也为了解当时的劳动力市场是如何变本加厉地剥削穷人和无产者提供了具有历史意义的精彩证据。

这些捕鲸回忆录中流露的情感引起了很多捕鲸人的共鸣，有的人虽然没有出版什么作品，但是也在航行日记中记录了自己的想法。克里斯托弗·斯洛克姆（Christopher Slocum）就是一名随新贝德福德捕鲸船奥贝德·米切尔号（*Obed Mitchell*）出海的水手。斯洛克姆专门针对那些从捕鲸活动中获利最多的男人女人们发表了自己的看法。"你们这些腰缠万贯、受人尊敬的新贝德福德市民们，捕鲸生意让你们发了大财，如今你们仍在通过建造和装备更多捕鲸船来继续增加自己的财富，可是你们根本不关心那些捕鲸船上的船员们经历了怎样的艰难和虐待。"[54]

考虑到这些状况，会有捕鲸人在航行期间跳海自杀的事例就不令人意外了。黄金时期里几乎从来没有一艘船是载着出海时就登船的同一批船员返回港口的。船员弃船逃跑的比例超过 50%，有些航行中，一艘船上的船员能全部更换好几批。[55]美国在秘鲁派塔的领事宣称，"低收入和恶劣的对待"造成很多捕鲸人变得"邋遢、潦倒、无依无靠，出于羞耻或道德败坏而再无颜面返回家乡"。[56]逃跑的加上因为不

274

服管理而被开除的船员数量极多造成了捕鲸船上的人员变动率居高不下,以蒙特利尔号(*Montreal*)为例,为期 5 年的航行最开始时是 39 名船员,到结束时,逃跑的船员的人数是 30 名,被开除的达到了 79 名。[57]

弃船逃跑是一个重大的决定,尤其是在逃跑者并不确定离开捕鲸船以后的处境一定能比以前有所改善的情况下。不过许多逃跑者最终还是辗转返回了家乡,一般是通过在其他船上当水手的办法。还有一些人逃到哪里就在哪里定居了,也有些被不友好的原住民杀死,或彻底失踪了。[58]1846 年 3 月,《火奴鲁鲁朋友》上刊登了一封书信,讲述了三个从新伦敦捕鲸船莫里森号(*Morrison*)上逃跑的船员,想要划着偷来的捕鲸小艇上岸,却淹死在西北海岸的格雷斯港(Gray's Harbor)的事。这封信结尾处的落款是"捕鲸人的朋友",写信之人无疑是某个船长或船主,信中最后得出的结论是:"希望这件事能给想要采取类似行动的人敲响警钟,好让他们避免同样的命运,并激励他们无论面对怎样的艰难与考验,也要恪守诚信地履行自己的职责。"[59]

无论是这个号召还是其他任何请求都没有起到一点作用。随着捕鲸行业的衰落,船员的境况一天不如一天,逃跑的情况更是层出不穷。但是,无论捕鲸活动有多么糟糕,它至少为数量越来越多的穷人——无论是美国人还是新涌入的移民——提供了一份有报酬的工作,或者说至少表面上是这样的。城市里面的人口不断增多,形成了越来越庞大的城市穷人群体,这也反映了美国从农业社会向城市社会转变的进程。

第十五章

故事、歌曲、性和雕刻作品

275　　除了航行、睡觉、吃饭、捕鲸和提炼鲸脂之外，捕鲸人总要给自己找点事做来打发时间。船上的工作日程总是一成不变的，有人利用间歇的自由时间休息或做做白日梦，其他人则选择交际、阅读、写作、唱歌、制作雕刻作品，如果有

276　机会的话，还会喝酒和追女人。这些娱乐形式就算不能把捕鲸航行变得美好，也至少能让船上的日子不那么难挨。

　　关于捕鲸和美好记忆的故事成了船上生活中不可或缺的一部分。故事的内容包括勇敢的捕鲸人、悲剧性的死亡、大海怪、暴动，甚至是人吃人的传说。这些故事从一艘船传到下一艘船，往往越传越夸张，越传越神奇。除此之外还有人们对往日生活的追忆和怀念，他们思念的对象往往都是情人和妻儿等捕鲸人最想再见到的人。航行中最激动人心和令人期待的社交活动莫过于海上联欢，也就是当两艘甚至多艘捕鲸船在海上相遇时，船长们就会提出进行联欢。[1]当两艘船相互靠近之后，船长们会聚集到其中一艘船上，大副们到另一艘上，其余船员们混合在一起分散在两艘船上。被一位参与者戏称为"深海闲话会"的联欢活动通常要持续好几天，

船员们有充分的时间讲故事，"吹牛吹破天"都可以，还能讲笑话，交换看过的书籍或其他什么有用的物件。[2]如果相遇的船恰巧是从同一个港口出发的，那么联欢就变成了和老熟人叙旧并分享一些关于家乡消息的机会，如果其中一艘船是在返航途中，那它还可以为另一艘捕鲸船的船员捎带书信送回美国。

对后世影响最为深远的一次海上联欢出现在太平洋上一个靠近赤道的深海捕鲸点，参加了这次联欢的人员包括一位名叫赫尔曼·梅尔维尔的新手船员。1840 年 12 月，梅尔维尔 21 岁，他曾经做过教师、工人和商船水手，这次他作为一位普通水手报名参加了从费尔黑文出发的阿卡什号捕鲸航行，将来能获得 1/175 的拆账。[3]7 个月之后的 1841 年 7 月 23 日，阿卡什号遇到了楠塔基特岛捕鲸船利马号，于是两艘船进行了联欢。登上利马号之后，梅尔维尔遇到了威廉·亨利·蔡斯（William Henry Chase），这位年仅十几岁的少年是欧文·蔡斯（Owen Chase）的儿子，后者曾经是埃塞克斯号捕鲸船的大副。和几乎所有捕鲸人及大部分美国民众一样，梅尔维尔也知道 1820 年 11 月埃塞克斯号在太平洋捕鲸点被一头暴怒的抹香鲸撞沉的悲剧故事，船上的船长、高级船员和普通船员们随后划着捕鲸小艇航行了几千英里，历时 3 个多月才获救，其间他们不得不依靠分食其他去世船员的尸体活下去。[4]这样可怕的事件激发了梅尔维尔强烈的兴趣，他向蔡斯提出了许多关于埃塞克斯号和船上人员经历的噩梦的问题。蔡斯和梅尔维尔的谈话一直持续到了第二天早上。后来，两艘船的船长决定共同航行几天，这让蔡斯有时间从自己的储物柜里翻出一本他父亲写的《埃塞克斯号捕鲸船沉船事件记述》（*Narrative of the Wreck of the Whaleship Essex*），并把这本书借给了梅尔维尔。"这本书是我见到的第一份关于……［这场灾难］的印刷作品，"梅尔维尔后来写道，"在望不到陆地的大海上临近沉船事件发生地的地方阅读这个惊险的故事，让我有一种特殊的感觉。"[5] 梅尔维尔对于埃塞克斯号的着迷从未减退，在创作《白鲸》的时候还使用了船被撞沉这样的情节作为令人难忘的结尾：似乎着了魔的白鲸撞沉了裴廓德号，击败了亚哈船长，只留下一位幸存者向人们讲述这个故事。

另一种船上的娱乐形式就是吟唱捕鲸歌曲。这些歌曲不同于水手们用来协调动作和踏准节拍的充满韵律的号子，而是可以高声吟唱的充满感情色彩的民谣叙事歌，时而满怀感伤，时而充斥着诅咒，时而用来表达对捕鲸生活的嘲讽，偶尔还会有乐器伴奏。捕鲸歌曲中最广为人知的一首名叫《海风吹拂》（*Blow Ye Winds*），它的歌词里有对捕鲸人群体最全面的描写。全曲共 21 段，内容涵盖了从招收新船员、装备船只出海，到捕鲸和提炼，再到返航的整个过程。歌曲的结尾是对船长、高级船员和捕鲸行业本身一段慷慨激昂的控诉。

> 致敬所有的船长和所有的副手
> 我祝你们一切如愿
> 也祝你们死后

都被撒旦踢下地狱

现在我们终于返航回家
我们熬过了航行
我们再也不会去捕鲸了
诅咒以获得鲸脂为目标的航行。[6]

捕鲸人总是会把这样的歌词写到自己的日记里，除此之外也记录一些他们觉得有意思或值得记录的内容。记日记是捕鲸人很喜欢的一种打发时间的办法，如哥伦布号上的三副埃德温·普尔弗（Edwin Pulver）在这次航行中的最后一篇日记里写明的那样： 278

再见了我的老日记本，我非常享受你的陪伴
因为你记录了过往的故事
但我喜欢你还有别的原因
其中之一就是你总能让我有事可做。[7]

还有一些捕鲸人选择阅读，这在 19 世纪的时候是最流行的一种休闲方式。有个别捕鲸船上甚至建立了藏书过百本的图书馆，不过更多的船还是只携带一些最广为人知的作品。[8]宗教和禁酒组织通常会为捕鲸船提供《圣经》或其他经文，试图借此将捕鲸人都改造为圣人。伍拉斯顿山号（Mt. Wollaston）上的一位捕鲸人对于书籍作用的看法则实际得多，他记录说他"读了莎士比亚的《第十二夜》，觉得自己带的几本书给自己带来很多欢乐。这些书籍赶走了忧郁的情绪"。[9]

　　也有一些捕鲸人会通过制作雕刻作品来消磨时间，就是在鲸鱼骨、鲸须和鲸鱼牙齿上雕刻图像。很多人说这种艺术是美洲本地的艺术形式，不过这种说法并不正确，欧洲捕鲸人在美国人之前就开始在鲸鱼骨和鲸须上进行雕刻了，至于最著名的也是被收藏最多的抹香鲸牙雕这种形式也是由英国人首创的，虽然只比美国人早几年而已。不过，无论究竟是哪国捕鲸人最先发明了这项艺术，我们都可以确定地说：美国捕鲸人将这项艺术推向了顶峰，他们创作的作品数量也是最多的。[10]

　　在抹香鲸的牙齿上进行雕刻是一个费时费力，但是一旦做好，会非常有成就感的创作过程。天然的牙齿是粗糙而有沟痕的，所以雕刻前的第一项工作是要对牙齿进行打磨和抛光，捕鲸人可以用锉刀或晾干的鲸鱼皮来作为打磨工具，在处理过后的牙齿上雕刻能够让图像更加平整均匀。有时候，捕鲸人会在雕刻之前将鲸鱼牙齿泡在盐水里，这样可以让牙齿坚硬的外层变软，易于雕刻。折叠刀是最常见的雕刻工具，不过只要足够锋利，其他工具也是可以的。梅尔维尔形容技术精湛的手艺人携带的各种工具像"牙医使用的器械一般"，通过这些工具，他们能够雕刻出各种令人震惊的线条和图形。雕刻者们会在牙齿上先浅浅地划出图像的大致线条，待他对画面感到满意之后，就开始一刀一刀地往深里刻，慢慢地将自己的想法转化为现实。那些缺乏创造力，或是技术不够精湛的雕刻者如果没有手绘图像的能力，也可以

279

采取针刺法的捷径。他们可以把报纸或杂志上的图片剪下来裹在牙齿表面，然后用针头沿着图片在牙齿上标记出轮廓，之后再依着这些标记进行雕刻。雕刻完成之后，雕刻者还要在牙齿上涂抹墨汁、木炭，或是油灯、炼油炉灶里烧剩下的煤烟灰，也可以用其他颜料对牙齿进行染色，最后洗掉多余的部分，再反复擦拭成品，直到它闪闪发光就算完成了。

捕鲸人的雕刻作品很少是为了售卖而制作的，更多的是作为返家之后送给心爱之人的礼物或小饰物。[11]虽然带图像的抹香鲸牙齿是最有代表性的雕刻作品，但是捕鲸人也制作过其他的物品，包括给馅饼轧边的锯齿轮，或是束腰胸衣，还有绕毛线用的毛线架等。雕刻作品上描绘的图像有船只、著名人物、家乡的景色，甚至还有极少的一些关于性交的场景。很多雕刻作品上还会有名言警句，楠塔基特岛人弗雷德里克·迈里克（Frederick Myrick）在苏珊号（Susan）上雕刻的大多数作品里就刻上了一句当时常见的捕鲸格言：

> 活着的鲸鱼会被捕杀
>
> 杀死鲸鱼的人长命百岁
>
> 水手的妻子诸事顺利
>
> 捕鲸人丰收好运。[12]

对于大多数捕鲸航行来说，最美好的时光往往是停靠在各个港口的时候。通常情况下，捕鲸人一踏上陆地最先想要满足的无疑是性欲。除了能够带伴侣出海的船长和同性恋者之外，大多数捕鲸人在海上的时候只能靠自慰来解决生理需求。考虑到船上的拥挤状况，及同性性交行为可能受到的严厉处罚，船员们自然是不敢表露欲望的。所以，捕鲸人一进入港口就要寻找发泄机会，这一点儿也不令人意外。在一些大型的港口，捕鲸人通常会付钱嫖娼。和其他很多大港口一样，火奴鲁鲁甚至有专门进行卖淫活动的区域，该区域被取名为合恩角；至于在其他小一些的港口和一些热带小岛上，捕鲸人甚至连钱都不用付，因为当地的妇女们会主动邀请捕鲸人，后者也几乎从不拒绝。[13]

280

塞缪尔·罗伯逊号（*Samuel Robertson*）航海日志里的记录能够让我们大概了解一下多数捕鲸船在太平洋上会受到怎样的接待。1843 年，这艘船停靠到马克萨斯群岛中的努库希瓦岛（Nuku Hiva）上时，船员们"惊讶地看到有 30～40 名少女几乎全裸地站在海岸上，她们用手拿着或脖子上搭着白色的衣服……［问我们］想不想找姑娘玩玩"。这本日志上还写道："我们的捕鲸船航行到这样的岛屿附近并停靠时，有 2/3 的船会在夜晚派出两三条小艇去岸上搭载足够数量的女孩返回捕鲸船，让每名船员，甚至年轻的乘务员都有纵欲的对象。天亮之后，女孩儿们会乘坐小艇返回陆地，但是到了晚上还会再来，只要船还停靠在这里，这样的荒淫无度就会每晚上演……很多年轻男子的健康就这么被毁了，他们都染上了某种［血液］疾病……年纪轻轻就已经苍老憔悴了。"[14]

维多利亚女王时代，无论是在欧洲还是在北美，人们对于性的充满羞耻感的观念与所谓的原始的岛屿居民的风俗之间存在巨大的差异。如历史学家布里顿·库珀·布施（Briton Cooper Busch）在谈及 19 世纪捕鲸历史时注意到的那样："西方评论者认为充满魅力的岛屿居民向捕鲸人提供的性方面的'帮助'令人震惊，但实际上在岛屿社会中这并没有什么特别的，有可能在那些地方，混交反而是比付钱购买性服务更常见的事。"[15]

　　捕鲸人上岸之后的另一个目标通常是酒精。从18世纪到19世纪初，几乎没有哪个捕鲸船船长不为自己的船员储备烈酒。但是到19世纪30年代，随着禁酒活动越来越深入美国人的生活，越来越多的捕鲸船也逐渐不再携带酒精，这可以被视作证明捕鲸船往往就是现实社会缩影的另一个证据。虽然禁酒活动支持者们赞赏这种改变，但大多数捕鲸人毫不令人意外地对这一举措感到不满。捕鲸活动中本来就没有什么享受可言，禁止捕鲸人在海上喝酒唯一的效果似乎就是刺激他们到陆地上之后喝得更多。比如1835年，一艘据说是"禁酒船"的捕鲸船停靠在塔希提岛，后来丹尼尔·惠勒牧师（Reverend Daniel Wheeler）得知"禁酒只限于船上"，这让他觉得既震惊又失望，因为这些在船上不能喝酒的捕鲸人上岸之后，反而更加拼命地痛饮起来。[16]

　　客观地说，肯定不是所有捕鲸人都如此沉迷于酒精和性交，无论是在船上还是船下。如布施提到的那样："很多捕鲸人都是作风正派、敬畏上帝的人。"[17]不过，认为梅尔维尔时期的美国捕鲸人是嗜酒成性、荒淫无度的堕落之人的观点显然也并非完全没有根据。

281

第十六章
暴动、谋杀、骚乱和怀着恶意的鲸

282　　　随着捕鲸航行时间的不断加长，很多船长和他们的高级船员都发现，要维持船上的纪律和秩序越来越难，尤其是考虑到船员的道德品质已经越来越败坏。在一些最糟糕的案例中，通常当残酷无情、满怀仇恨的高级船员和不服管教的普通船员针锋相对的时候，船员暴动就会一触即发。在捕鲸黄金时期接近结束，美国内战已经不可避免的那段时期，船员暴动成了经常性的事件，少数一些甚至发展成了轰动一时的

283　大新闻。1857 年 7 月 21 日从新贝德福德出发，打算前往鄂霍次克海的青年号（*Junior*）捕鲸船上就发生了这样的事。这次航行本来是被寄予厚望的，因为这艘船刚刚结束了一次长达 4 年，收获颇丰的北太平洋捕鲸航行，船主们都希望新的航行能够复制之前的成功。

　　船主们将青年号委托给了一位第一次出海、毫无经验的年轻船长——27 岁的楠塔基特岛人小阿奇博尔德·梅林（Archibald Mellen, Jr.），这实在是一个非常不明智的决定。梅林立即就对这个新职位感到手足无措，事实证明他是一个可悲的、不能胜任自己工作的领导者。他不敢行使自己的权

力，在需要做出决断的时候总是犹豫不决，在船员面前显露了软弱的本性。让情况更加糟糕的是，他过分依赖自己的大副纳尔逊·普罗沃斯特（Nelson Provost），特别是在整顿纪律方面给了他过大的权力。普罗沃斯特是一名满怀恶意、报复心强的高级船员，他看不起普通船员，总是通过咒骂和体罚的方式来强迫船员服从命令。他和船员说话的时候从不叫他们的名字，而是使用"可恶的酒鬼"、"可恶的印第安人"或"黑皮肤的阿拉伯人"之类的蔑称。有一次他用木棍将一名船员打得不省人事，另一次他威胁说航行结束前就要开枪打死一半船员。[1]

除了接连不断的虐待，船员们还不得不忍受糟糕透顶的伙食。为了省钱，船主将青年号上一次航行时剩下的三桶腌牛肉留在了船上。牛肉不仅已经发臭，而且极度腐坏，一加热就碎成渣，只剩一锅难闻的糊状物，叫人无法下咽。其他的食物还包括像石头一样硬的蔬菜和生虫的面包，也都是没法吃的。除此之外，航行最初的 6 个月里，青年号没有任何捕鲸收获，虽然船员看到的鲸鱼并不少，但就是一头也抓不到。这样糟糕的纪录导致高级船员和普通船员相互指责对方无能，而船长则通过增加船员的工作，并限制他们在港口时的自由和活动时间来迫使他们尽快抓到鲸鱼。这些措施让船上的普通船员们一天比一天不满，积怨之深已经到了随便一个理由就可以引爆他们怒火的地步。最终，24 岁的鱼叉手赛勒斯·普卢默（Cyrus Plumer）成了那个点燃导火索的人。

普卢默曾经参与过两次捕鲸航行，已经证明了自己是一位经验丰富的捕鲸人，但同时也是一位积习难改的麻烦制造者。1854 年 12 月，丹尼尔·伍德号（*Daniel Wood*）捕鲸船船长约瑟夫·托尔曼（Joseph Tallman）基于"双方协商一致"，在火奴鲁鲁开除了作为船员的普卢默。托尔曼后来评价普卢默"非常不安分，不知足，总想下船去享受自由，这样的人留在船上早晚要出事"。[2] 1855 年，普卢默又登上了新贝德福德的戈尔孔达号（*Golconda*），船长是菲利普·豪兰（Philip Howland）。第二年，普卢默和另外 6 名船员在智利海岸上弃船逃跑了。豪兰后来从一名舵手那里得知，还有更糟糕的事情差一点就发生了。原来普卢默之前曾劝诱这名舵手加入他们除掉船长，将船据为己有的计划，因为没有动员到足够的支持者，普卢默只得弃船逃跑。鉴于之前的种种劣迹，普卢默竟然还能被雇用为船员简直是个小奇迹了。这足以证明他在应征过程中采取了欺诈行为。普卢默申请成为青年号船员的时候向船运代理商提供了一封满是溢美之词的推荐信，署名人正是豪兰船长——他的签字当然是伪造的。就算招聘者对推荐信的真实性有任何怀疑，他们也没有办法进行核实，因为豪兰船长此时还带领戈尔孔达号——也就是普卢默逃离的那艘船——在海上航行。[3]

青年号上的船员对这次航行普遍不满，所以普卢默想要寻找同谋几乎是毫不费力的。没过多久，普卢默、威廉·卡撒（William Cartha）①、查尔斯·法菲尔德（Charles

---

① 原文为威廉·卡撒，但是依据后文内容，多处均为理查德·卡撒，此处疑似笔误。——译者注

Fifield)、查尔斯·斯坦利（Charles Stanley）、威廉·赫伯特（William Herbert）和约翰·霍尔（John Hall）就开始暗中策划行动。他们最初的打算还是弃船逃跑，航行开始仅仅7周后，他们就想找机会逃到亚速尔群岛，结果却发现高级船员们为了防止船员逃跑早已有所准备，所以这个计划没能成功。随后，普卢默说服其他同谋相信发起暴动是他们唯一的选择。他们的计划是先以有损坏的船帆需要检查为理由将二副纳尔逊·洛德（Nelson Lord）引诱到甲板上，由法菲尔德负责将其打晕，同时其他隐藏在暗处的暴动参与者就可以到下层甲板去制服船长和其他高级船员。可是，当洛德上了钩，并爬上船艏斜桁修理船帆的时候，法菲尔德突然失去了勇气，因为他担心以洛德此刻所在的位置，受到击打后后者有可能直接落进水中丧命。法菲尔德后来回忆说，参加暴动是一回事，要杀死一个人可就是另一回事了。[4]这样的临场退缩让一些暴动者失去了决心，于是行动取消了。他们选择按兵不动，又坚持了几个月，到圣诞节这天时，船上的士气更加消沉了。青年号此时距离澳大利亚东南端约500英里，正向着东北方向航行，普卢默决定鼓动同伙们再次行动。

　　当天傍晚时分，为庆祝圣诞节这个喜庆的日子，梅林船长允许每位船员喝一杯白兰地，他自己则回到了舱房之中。没过多会儿，洛德又给了船员们一瓶杜松子酒作为"犒劳"，然后也返回下层甲板去了。[5]酒精让船员们打开了话匣子，很快他们就开始狠狠地抱怨起这次航行和他们糟糕的运气，还有那些高级船员，特别是普罗沃斯特对他们的虐待。午夜刚过，普卢默就走到一小拨聚集在甲板上的船员中间，

285

厉声说道："上帝啊，今天夜里我们必须有所行动！"那些不明所以的船员中有一个人问他是什么意思，普卢默回答说："我们必须夺下这艘船。"[6]之后，普卢默拿了一个装满杜松子酒的椰子壳让自己的同谋者们相互传递。他催促每人都喝一大口，然后就去做好行动的准备。

轮到法菲尔德和斯坦利在主甲板上站岗的时候，普卢默、卡撒、赫伯特、霍尔和科尼利厄斯·伯恩斯（Cornelius Burns）携带着 35 磅重的捕鲸枪、船上用的长刀、切鲸脂用的铲子和手枪一起走下甲板。其他人悄悄地守在高级船员的舱房门口时，普卢默偷偷地潜进了船长的舱房，把捕鲸枪的枪口对准船长，一边大喊"开火！"一边扣动了扳机。[7]三颗巨大的子弹射穿了梅林的胸膛，深深嵌进了船身一侧。

"上帝啊！发生了什么?"梅林大叫着从自己的床上蹦起来。"上帝诅咒你，是我要杀你！"普卢默吼叫着抓住梅林脑后的头发，开始用砍刀劈砍可怜的船长，划开了他的胸膛，并给出了最后的致命一击，这一刀几乎砍掉了梅林的脑袋。[8]枪声惊醒了统舱和艏楼里的人，但是等他们来到船尾查看究竟发生了什么的时候，一个暴动参与者朝他们大喊道："都回去，不然我砍死你们！"[9]

之后船上的暴力迅速升级，在普卢默的带领下，霍尔用捕鲸枪向三副史密斯射击，接着伯恩斯又在他胸前补了一刀以确保他必死无疑。卡撒朝洛德前胸开了一枪，普罗沃斯特被捕鲸枪击中了肩膀，巨大的冲击力将他震昏，使他向后倒回床上，他的床铺也被这一枪点燃了。当下层船舱里充满了浓烟之后，暴动者和其他在下面的人，也包括还没有被打死的洛德都爬到了主甲板上。恢复意识之后，普罗沃斯特穿过浓烟滚滚的舱房，打开船长的储物柜，找到了他的左轮手枪并装了三发子弹。甲板上的普卢默朝普罗沃斯特喊话，叫他到甲板上来。"我不会上去的，"普罗沃斯特回答道，"你们谁敢下来谁就死定了。我有左轮手枪，我会开枪的。"[10]伤口流着血，还被浓烟呛得半死的普罗沃斯特最终选择退到更下面一层的货舱里躲了起来。

暴动者自此控制了船，普卢默大权在握。"我希望你们都能明白，"他在甲板上对船员们说，"现在我是这艘船的船长了，如果你们听从我的命令，你们就会受到良好的对待；否则有你们受的。"[11]普卢默的第一项命令是灭火，船员们都乖乖地去浇水了。到 12 月 26 日早上太阳升起的时候，船上的火被熄灭了。普卢默决定进一步采取措施来巩固自己的位置。没有参加暴动的船员被要求交出他们的带鞘短刀或任何可能作为武器的东西。这些武器及所有的捕鲸叉、铲子、刀子都被扔下了船，所以现在只有 6 名暴动者身上有武器，而且他们一直在严密地监视着其他人的表现。下一步要做的就是处理船上的尸体。普卢默拒绝参与，说"他可以杀死一个人，但是受不了死尸"，所以他指派了另外 3 个人到下面进行这项令人毛骨悚然的工作。[12]

最初被拉上来的是船长的尸体，人们在尸体上拴了一根铁链，然后就把他扔进了海里。"下地狱吧，"普卢默大喊道，"告诉撒旦是我送你到他那儿的！"[13]接下来处理的是三副的尸体，人们给他绑了一块磨盘之后也把他从船边推了下去。又过了一会儿，猜想普罗沃斯特应该已经重伤不治的普卢默派一名荷兰船员安东·路德维希（Anton Ludwig）下去查看大副的情况。当路德维希在一片漆黑中摸索的时候，他突然碰到了什么东西并大喊道："有一具系着绳子的尸体！"普卢默在上面问："块头大不大？"路德维希回答说："不大。"普卢默于是让路德维希把尸体拉上来，不过等他拖着尸体出了船舱来到有光亮的地方之后，所有人都大笑起来，并且开始"嘲弄荷兰人"，因为路德维希拖上来的并不是普罗沃斯特的尸体，而是前任船长的被浓烟呛死的大狗。[14]

　　普卢默在之前的航行中来到过这个地方，他知道澳大利亚不仅地域广阔，而且有丰富的金矿。如果他和其他船员能够上岸，也许他们就可以从此销声匿迹，并最终过上好日子。不过他首先要做的是想办法上岸，而且他很快就意识到这个问题并不好解决，因为船只此时已经距海岸 500 英里远，但暴动者当中没有一个人懂得任何航海知识。如果他们选错了方向，很可能几周甚至几个月都到不了陆地。船上唯一具有航海知识的人就是普罗沃斯特，所以普卢默命令船员们去把普罗沃斯特给他找来，然而经过多次反复搜查后，仍不见普罗沃斯特的踪影，这让暴动者们开始担心他会不会驾驶小艇逃跑了。到了暴动之后的第五天，普罗沃斯特的藏身之地还是被发现了。已经无法站立，处于濒死状态下的普罗沃斯特早已经丢下了左轮手枪，毫无反抗能力地被拖上了主甲板。据一位目击者说，普罗沃斯特的"样子很可怜，让人感到震惊"。他的身体因为缺水而皱皱巴巴的，身上的血迹都凝成了黑色，油腻的头发一根根立着，眼睛也深陷进眼窝里。[15]为了获得普罗沃斯特的帮助，普卢默承诺饶他一命，条件是他要把青年号开到豪角（Cape Howe）去，这样普卢默和其他暴动者就可以从那里逃脱了。普罗沃斯特同意了，于是在 1 月 4 日这一天，船上的人终于看到陆地出现在他们的视线范围内了。

暴动者中有 5 名决定下船，他们在进行准备的过程中又拉拢了另外 5 名船员加入。这些人在两条小艇上装满了物资、值钱的东西和武器。[16]普卢默知道普罗沃斯特是个笃信上帝的人，所以他让后者以《圣经》起誓会将青年号驶向新西兰，这样就能够让暴动者们有机会开始新生活。作为回报，普罗沃斯特要求普卢默写一份书面证明来证明他和其他留在船上的人的清白，以免他们将来被牵连其中。普卢默只好口述了一份认罪书，由赫伯特将他说的写进了青年号的航海日志，每个暴动者都在上面签了字。这绝对算得上捕鲸历史上最不同寻常且令人意外的文件了：

特此声明，赛勒斯·普卢默，约翰·霍尔，理查德·卡撒，科尼利厄斯·伯恩斯和威廉·赫伯特在去年 12 月 25 日夜晚夺取了青年号捕鲸船的控制权，船上其他人员与我们的行为无关……

我们同意……将剩下大部分船员留给［普罗沃斯特］，我们已经要求普罗沃斯特发誓不跟踪我们，直接返航，不再找我们的麻烦。我们会停在这里观察一段时间，如果发现他试图跟踪我们或留在附近水域，我们会回来将他的船弄沉……[17]

1 月 4 日，当捕鲸小艇载着暴动者们离开后，普罗沃斯特遵守了他的誓言，设定了前往新西兰的航向，不过小艇刚一离开他的视线范围，他立刻掉转了青年号的船头，改为向悉尼驶去。无论有没有发誓，普罗沃斯特都不认为自己应该受对这些杀人凶手做出的承诺约束。青年号在 1 月 10 号这一天抵达了悉尼，两天之后，普罗沃斯特口述了一封给捕鲸船所有者的信件，向他们汇报了船遇到的情况。[18]

等到青年号消失在海平线上之后，暴动者们就向着距离自己仅剩 20 英里的陆地划去。普卢默乘坐的小艇在前，艇上共有 4 个人，虽然海面风浪很大，但他们的船速并不慢；相反，后面一艘坐了 6 个人的小艇因为漏水，再加上人多物资重，所以很快就落在了后面。天色渐暗之后，普卢默希望自己的人不要分散开，所以停下来等着第二条小艇追上他们，然后两条小艇一起停在波涛汹涌的海面上漂浮到天明。夜里的时候，第二条小艇上的阿朗佐·D. 桑普森（Alonzo D. Sampson）害怕自己这条小艇会不堪重负，最终说服普卢默许可他将所有的东西都扔掉，只留下"一桶面粉和一点点硬面包"。[19]

天边出现第一缕光亮的时候，两条小艇就继续出发了，很快普卢默的小艇又领先了好多。据桑普森说，他和与自己同船的约瑟夫·布鲁克斯（Joseph Brooks）就是从这时候起决定不再追随普卢默的。他们两个人都没有参加最初的暴动，所以他们认为就此各谋出路也许是更好的选择。不过，要想实现这个愿望，他们得先说服同船上的另外 4 个人接受他们的提议，这 4 个人分别是赫伯特、伯恩斯、霍尔和亚当·卡纳尔（Adam Canel）。桑普森后来回忆说，"我们很快就说服他们相信普卢默这样的安排就是想淹死我们"，所以普卢默才让他们乘坐一条根本不能在海上航行的小艇，而他们唯一的活路就是想办法尽快上岸。达成了这样的共识之后，第二条小艇上的人们开始划船，虽然船有损坏，每个人都浑身湿漉漉的，但是没过多久他们还是成功征服了岸边的碎浪，在豪角以南不远的地方登陆了。[20]

普卢默很快就发现自己的跟班们不见了，于是他掉转船头回去想弄清楚发生了什么。当他看到那 6 个人已经划着船抵达岸边之后，普卢默要求对方解释为什么他们要"见鬼地"在这里登陆。[21]桑普森回答说是因为他们的小艇快沉了，不过普卢默并不接受这个说辞，后者一边摆手一边说等自己上了岸就要朝他们"开枪"。不过此时的海浪比刚才那几个人登陆的时候更猛烈了，所以普卢默放弃了登岸，而是极不情愿地继续向前航行，直到抵达了图福尔德湾（Twofold Bay）才上岸，这里距离桑普森等人登陆的地方有 50 ~ 70 英里。

如今普卢默这支运气不佳的小队里还剩下他自己、斯坦利、卡撒和雅各布·赖克（Jacob Rike）4 个人。他们步行来到了临近的一个城镇，企图装成从墨尔本到悉尼去的美国人蒙混过关。《悉尼先驱晨报》是这样报道的："驾驶一条捕鲸小艇进行这样的旅程未免太奇怪了，再考虑到他们随身携带的武器及财物，实在没法不让人对他们产生怀疑。"当地的官员立即将这 4 个人逮捕了，不过很快又因为缺乏证据而将他们释放了。即便如此，地方官还是不知道该怎么对待

289

这支怪异的小队，于是干脆随他们去了。在镇上停留的这段时间里，这几个人过得相当滋润，不仅购买了精致的衣物，还把大把的钱财花在到酒馆喝酒上。普卢默自称威尔逊船长，不仅给当地人讲了好多在波涛汹涌的大海上历险的故事，还深受当地女士们的青睐，甚至有传言说他已经和一位当地的姑娘订了婚。[22]不过当暴动的消息传到这里之后，几名暴动者最终还是于 2 月初被抓起来并押送到了悉尼。

另外 6 个人短暂的自由时光过得更有意思。他们登陆之后先是顶着烈日沿着似乎没有尽头的海岸走了几天，不但很难找到淡水，更找不到食物。当他们就快要被饿死的时候，终于看到远处的河边有一个人影。桑普森大喊道："伙计们，那边有一个印第安人，或者是别的什么人形的东西，我们去找他吧，反正已经没有别的办法了。再没有什么能比现在更糟的情况了。"那个原住民看见他们靠近吓了一跳并迅速逃走了。桑普森等人跟在他后面，很快就发现河对岸有一个小村庄。这些原住民并不会讲英语，但是他们比画着示意这几个人过河，并派出了一条独木舟来接他们。暴动者们被一个一个地摆渡到了河对岸之后，原住民抢走了他们大部分的财物。"他们随心所欲地将我们的财物据为己有，还把我们带到了他们的首领面前，"桑普森说，"首领住在最好的棚屋里，不过在我们看来，即便是在不刮风不下雨的日子，这最好的棚屋也顶多能当个说得过去的猪圈。"虽然头发灰白的首领几乎完全瞎了，但他还是仔细审视了每个俘虏，从头到脚把他们检查了个遍，甚至还让他们张开嘴检查了一下口腔。首领不时还会说些什么他们根本听不懂的话，但是周围的原住民听了都爆发出大笑。检查结束后，这些人被带到了一个空着的棚屋里，原住民还给他们送来了新鲜的鱼作为食物。

担心这些原住民是食人族的暴动者们"轮流站岗放哨，以防止自己被偷偷杀了吃掉"。同时，他们也在寻找逃跑的机会。最终，在他们来到这里大约一周之后，机会终于来了。守卫刚一睡着，这几个人就偷偷地从棚屋里爬出来，一直跑到了河边。他们打算从这边游到对岸，走一段再游回来，再走一段再游过去，最终慢慢返回上游地区，从而凭借这样的策略甩掉追击者。不过，在游了 6 个来回之后，暴动者们已经精疲力竭，所以决定暂时藏身在灌木丛里。

第二天，他们遇到了另一批原住民，其中一个人能说一些断断续续的英语词句，他告诉暴动者附近住着两个白人牧民，如果暴动者答应送给他一件上衣，他愿意给他们带路。暴动者接受了他的要求，在这个向导的带领下出发了。走了不到一天，他们果然发现了两名牧民，后者给他们提供了食物，并告诉他们要如何前往下一个定居点。不过，6 名暴动者决定就此分道扬镳，伯恩斯和霍尔一起走，桑普森、布鲁克斯、赫伯特和卡纳尔 4 个人则选择了另一条路。四人组于 1858 年 1 月底找到了工作，在维多利亚州南部艾伯特港的一家爱尔兰人开的酒馆里干活。他们在那里停留了一个月左右才继续行进，没过多久又找到了一份伐木的工作，不过还没干几天就被抓住了。据桑普森回忆，有一天他们正走在一条土路上，几名警察骑着马来到他们面前，询问他们是干什么的。

290

369

"我们要到史密斯先生那里去上班",桑普森回答说。

"真的?"

"是的。"

"你们各自的名字是什么?"

几个人一一做了回答。

"你们曾经随青年号航行吗?"

没有借口辩驳的几个人只好回答是。

"你们就是我们要找的逃犯",说着,警察们掏出了左轮手枪。

桑普森紧张地干笑了两声,问警察拿枪干什么,警察回答说:"不干什么,就是要把你们抓起来关进监狱。"[23]回到警察局之后,警察们又询问了伯恩斯和霍尔的下落,但是桑普森和其他人都回答说不知道。实际上,再也没有人听到过伯恩斯和霍尔的音讯,他们也许被原住民杀死了,也可能融入了当地的居民。[24]被捕之后没多久,桑普森、布鲁克斯、赫伯特和卡纳尔也依照规定被送往悉尼,并于 3 月初和普卢默等人一起被关进了达令赫斯特(Darlinghurst)监狱。[25]

美国法院举行了一个商议管辖权的听证会,认定这些暴动者都应当被送回新贝德福德接受审判。讽刺的是,这些人返回美国时搭乘的依然是青年号。在悉尼的美国领事自然非常担心犯人逃跑的问题,于是他下令在青年号上安装 8 个特制的牢房,每个牢房的面积是 6 平方英尺,用厚木板钉成,还加装了铁栏杆以确保万无一失。普罗沃斯特和洛德不得不被另行安排船只送回美国,因为青年号上剩下的船员们无论如何不肯再与这两位曾经的高级船员同船。青年号的回国航

291

行最终安全平稳地完成了，不过在航行过程中也并不是完全没有风波的。赫伯特写了一个纸条，想办法从牢房木板的缝隙里塞给了普卢默。后者读了字条，撕下了写到自己名字的那一部分之后，打算将剩下的部分通过一个守卫传给理查德·卡撒。而普卢默用自己的一缕头发将纸条缠起来，希望守卫不会留意，直接将纸条传给了卡撒。但是这个奇怪的物品难免让守卫感到好奇，他立即将纸条交给了加德纳船长，后者读了之后才发现，这些暴动者们竟然打算贿赂一名守卫放他们出去，这样他们就可以再次夺取这艘船的控制权。发现了这个阴谋之后，加德纳下令对普卢默、赫伯特和卡撒的牢房再次进行加固。[26]

在新贝德福德的码头上，戴着手铐的暴动者受到了大批好奇且愤怒的群众的围观。几周来，人们都在密切地关注着报纸上的消息。成千上万的民众专程前来见识青年号和船上的牢房，还有许多人到当地保险公司的大玻璃窗前观看那里展示的 8 名暴动者的达盖尔银版照片。《新贝德福德水星周报》在报道这场堪比狄更斯笔下小说情节的重大事件时称："没有哪艘从这个港口出发的捕鲸船受到过比青年号更多的关注。"[27]观看了暴动者银版照片的另一份本地报纸的记者生动地写道："照片上的人无论从任何角度看都是'一群会不惜任何代铤而走险的人'。然而他们的所作所为比他们的样子还要加倍恶劣。"[28]

在位于波士顿的美国地区法院进行的审判持续了 3 个星期，其间控辩双方都发表了慷慨激昂的陈述，多名高级船员和普通船员对被告提出了控诉，被告们则声明自己是清白

292

的，甚至就青年号上发生的事情提出了反诉。波士顿、纽约、新贝德福德和楠塔基特岛的多家报纸全程追踪了事态的发展，报道之密集达到了史无前例的程度，即便如此都不能满足读者对于这个案子的好奇与关注。1858 年 11 月 9 日是审判活动的第一天，代表政府方面的律师之一陈述道："今天在这里审判的案件不是过失杀人，也不是其他什么轻罪，而是彻头彻尾的谋杀，如果政府不能为此提供充分的证明，那就是政府的失败。"[29] 从这个角度来说，政府确实失败了。虽然陪审团认定普卢默谋杀罪名成立，但是卡撒、赫伯特和斯坦利这 3 个共犯都只被认定为过失杀人，[30] 至于另外 4 个没有参加杀人行动的被告则被认定为无罪。

大约 5 个月之后的 1859 年 4 月 21 日，暴动者来到法庭上听取最终的刑罚判定。法庭上座无虚席，只要是能站下的地方全都挤满了人，还有无数的群众聚集在入口和过道上。根据当地一份报纸的说法："普卢默比较平静地接受了对自己的宣判，不过表情非常哀伤；卡撒表现出来的是极度的不在乎；而赫伯特和斯坦利则面带微笑。"[31] 参与审判的两位法官之一内森·克利福德（Nathan Clifford）询问普卢默有没有什么要说的，比如"为什么自己不该被判处死刑"。普卢默回答"我有很多话要说"，然后就让现场的书记员当庭宣读了他事先写好的声明，法庭上的所有人都安静地听着。

> 我反对判处我死刑。首先，不应当由我为小阿奇博尔德·梅林船长的死负责。他不是我杀的……是另一个用斧头砍他的人把他杀死的。那个人也进入了船长的舱

房，返回甲板上以后还对另一个人说我"没能杀死船长，但是他把船长解决了"，这个人还自豪地展示了自己穿的根西油布罩衫上的血迹，并声称"那是船长的血，是他杀死了船长"。

　　这个人的名字是查尔斯·L. 法菲尔德。我大意地 293
忽视了他的嫌疑，还要替他承担罪名。法菲尔德可能留在了船上，因为他曾经哭着跟我说他不敢和与他有过争吵的人一起弃船上岸，因为那些人厌恶他和他的行为。我就是因为这个人做的伪证才被判定有罪的。

普卢默在声明中还宣称青年号上的高级船员之一纳尔逊·普罗沃斯特才是"真正的罪魁祸首，正是他的工于心计引发了这场阴谋和暴动"。普卢默提出的第三个反对判处他死刑的原因是他"根本没有夺走任何人的生命"，实际上，正是他保住了洛德和普罗沃斯特的性命。

　　鉴于以上事实，我坚称我是清白的，我不是法院认定的那种嗜血之人，法院判处我死刑并不是伸张正义，这不但不能保卫生命的安全和类似环境下商业航行的财产，相反，还会使它们受到危害。[32]

然而无论是普卢默的抗辩，还是他宣称自己是"谦虚而有忏悔心的耶稣基督的信徒"的说法，或者他提交给法院的多份证明他人格和他陈述的事实的宣誓书都没能说服法官。克利福德法官最终宣读了对普卢默的量刑："法院认定被告犯有重罪，应被［收监至 1859 年 6 月 24 日执行死刑］……死刑的执行方式是绞刑，被告会被勒住脖子吊死。愿上帝宽恕你的灵魂。"[33]

接下来，克利福德法官又宣读了普卢默的各个共犯的服刑期限和罚金数额。一位记者称普卢默在聆听法官的宣判时眼中蓄满了泪水。不过《新贝德福德水星周报》对于普卢默的下场可没有任何同情之心，该报发表了一份社论，将普卢默描述为卑鄙无耻的失败者。

294
　　赛勒斯·普卢默对于那些登上船，到遥远的海上进行长时间的艰难航行的年轻人来说是一个值得警惕的可悲的教训。这个人的经历证明了一个人必须忠于自己的职责，必须有纪律性。航行中的艰险、危难、乏味和闭塞要求船员保持积极的心态，抵制黑暗阴险的想法。赛勒斯·普卢默在面对诱惑时显然并不具备一个船员应该拥有的自制力。[34]

《新贝德福德水星周报》给出的严厉谴责几乎受到了新贝德福德所有报纸和民众的认同。暴动发生得越频繁，捕鲸船所有者、船长、船员和那些靠他们养活的人的生计就面临越大的威胁，也就是说新贝德福德的经济稳定将受到威胁。所以，新贝德福德的居民赞成判处普卢默死刑并不令人意外，因为这对于那些想要密谋类似行动的人来说，无疑是一种严正的警告。

然而最终，民意被证明是比法院判决更有力的东西。普卢默被囚禁在监狱中等待执行死刑期间，他的律师一直在试图推翻这个判决。普卢默实际上成了一个广受关注的具有争议的案件的主角，他的案子被日益壮大的北部基督教福音派群体视为一个典型案例，因为这些人都是坚决反对死刑的。[35]新的证人被不断发掘出来，他们回忆当时情形的证言被用来证明普卢默的清白，据说还有新的"事实"不断浮出水面，也都能证明同一个观点。[36]以普卢默名义提出的请愿在民众中广为流传，其中一份甚至获得了包括爱默生在内的21146个签名，不过签名的人大多数来自波士顿地区，只有很少一部分来自新贝德福德。[37]普卢默本人也没闲着，无论是出于信仰还是算计，他决定在死刑执行前夕接受监狱牧师为他施洗礼，以此来拉近自己与上帝的关系。关于普卢默是否应当被执行死刑的争论愈演愈烈，很多报社评论员都旗帜鲜明地选边站队。《波士顿信使报》（*Boston Courier*）和《波士顿报》（*Boston Journal*）之间就为此展开了论战，其言辞激烈程度在当时的相关报道中格外突出。

《波士顿信使报》认为：

> 杀害青年号捕鲸船上高级船员的行为像我们听说过的此类行为一样残暴。普卢默放过了两名高级船员的举动就能抵消他杀死梅林船长和三副史密斯的罪责吗？在这个案件中，我们找不到一点能够为他开脱的疑点，我们应当把自己的怜悯之心留给更有意义的事业。让其他人去浪费感情吧。

295

迫切地想要吸引那些更富有同情心的读者的《波士顿报》刊文反击：

> 《波士顿信使报》似乎非要见到赛勒斯·普卢默血洒刑场才满意，为此甚至不惜采取嘲讽为维护普卢默的权益而行动的热心人士的卑劣手段……看起来似乎《波士顿信使报》的人会自告奋勇地去踹开绞刑犯人脚下的支撑物，好送他尽早归西……不要在意《波士顿信使报》及他们对慷慨和人性的憎恶。我们完全可以寄希望于总统叫停普卢默的死刑。[38]

当时的美国总统詹姆斯·布坎南（James Buchanan）在处理将这个国家引向内战的地区分歧问题上非常无能，但他有时间来关注这个案子，并最终屈服于支持普卢默的一方联合组织的公众运动，将普卢默的死刑改为终身监禁。在这份减刑决定书上，布坎南提出"参加审判这个案件的陪审员中，有10人真诚地恳请我减轻对被告的判罚"，连"代表政府起诉普卢默的地区检察官也经过官方程序'乐观地'提交了证言，认定'在这个案件中，普卢默采取某些行为的背景情况决定了他们应当对他采取宽容的态度'"。得知自己被免除死刑的普卢默通过一封公开信"对所有朋友和为他的利益而积极活动的报社编辑们，对所有在支持他的请愿书上签字的人，对华盛顿的朋友们，对内阁成员，特别是美国总统表示感谢"。他还向人们保证他会用"今后的行动来证明，人们的关切与仁慈没有被浪费在一个不配享有这些的人身上"。

　　布坎南的减刑决定必然又激起了媒体上新一轮的激烈争
论。对于总统的举动，有鼓掌叫好的，也有强烈谴责的。捕
鲸船所有者们尤其感到愤怒，他们担心一个被定了罪的谋杀
者居然逃脱了死刑惩罚的先例会加大将来暴动发生的可能
性。"如今的捕鲸船船长们不得不带好武器，"《捕鲸人装运
单和商人清单》的编辑在听到减刑的消息之后写道，"此
外，他们也不用指望祖国能够给他们提供什么保护了，他们
必须依靠自己的判断管理自己的船，这样才能维持船上的稳
定，保住船上人员的性命。"[39]

　　不过，这依然不是故事的最终结局，普卢默的律师本杰
明·F. 巴特勒（Benjamin F. Butler）后来成了尤里西斯·S.
格兰特（Ulysses S. Grant）手下一位颇具争议的将军，并且
在战后被选举为代表马萨诸塞州的国会议员。这些年来他一
直没有忘记普卢默，当格兰特成为美国总统之后，巴特勒向
自己曾经的指挥官陈述了自己曾经的委托人的案件，还补充
了多位马萨诸塞州政治家和普卢默服刑的监狱狱长的证明
信。最终，格兰特在案件审理将近 15 年之后特赦了普
卢默。[40]

　　船上人员的攻击还不是捕鲸船船长唯一需要担心的事，
充满敌意的原住民有时也会对捕鲸船造成重大的威胁。聪明
的船长总是会做好最坏的打算，尤其是当船航行到太平洋上
那些著名的危险岛屿附近时。举例来说，1835 年 10 月 5
日，从马萨诸塞州法尔茅斯出发的阿瓦申克号（*Awashonks*）

在太平洋上的纳莫里克岛（Namorik，Baring's island）附近抛锚停船，准备补充一些物资。他们抛锚不久，就有大约十几个看起来没有携带武器的原住民划着 3 条独木舟向他们靠近，独木舟上还满载着椰子和大蕉，似乎是要和船员们交换一些金属工具和抹香鲸的牙齿。普林斯·科芬船长（Capt. Prince Coffin）以为这是一个补充库存的好机会，就许可这些"健壮魁梧的男人们"登船了。[41]接着又有更多独木舟赶来，捕鲸船上的原住民人数逐渐增多到了近 30 人，但是至此还没有任何问题出现。一小拨原住民聚集在船中部堆放捕鲸叉、铲子和长矛的地方。科芬看出原住民对于这些钢铁工具非常着迷，就走过去抓起一把铲子，比画了个切鲸脂的动作后又放回架子上。这样的示范激发了原住民之间热烈的讨论。这时，三副赛拉斯·琼斯（Silas Jones）向科芬大喊说有一个手里提着战棍的原住民沿着舷梯上船了。发现事情不妙的科芬下令让大副迅速将船上的原住民都赶下去。琼斯则与沿着舷梯上来的原住民扭打在一起，夺下后者的棍子从船身侧面扔进了水里。不过他刚解决完这个问题，就有另一名同样提着战棍的原住民尝试翻过船上的围栏了。琼斯正要上前对付这第二个人的时候，却听到身后一阵骚乱，转身才发现其他原住民已经冲上前去抓起了铲子，正朝着一群惊慌失措且毫无防备的船员发起进攻。一名原住民一铲就切下了科芬的脑袋。二副和另外两名水手跳船逃生，不过也"很快就被干掉了"，剩下的船员四散奔逃，有的爬上了系帆绳索，有的从舱口跳下。仅仅几分钟之内，原住民们就占领了已经被弃守的主甲板。琼斯和另外 4 名船员聚集在主甲板下

297

考量眼下的形势，大副躺在他们脚下，伤得很重，他在跳下舱井之前就被刺中了要害。据说他临死之前最后的话语是："天啊，琼斯先生，我们该怎么办？我们的船长已经被杀死了，船也要被别人夺走了！"

琼斯和另外几名船员找到了几杆毛瑟枪，并装好子弹。与此同时，原住民们则聚集在舷梯顶部，不过在他们打算进入下层船舱解决掉剩下的船员之前，琼斯先朝聚集在一起的人群开了几枪。琼斯后来写道："枪声比被天上的闪电击中更让原住民意外，他们瞬间就没了动静。"不过受惊的原住民紧接着就又开始将手中的武器朝琼斯和其他船员扔过去，后者则继续不停地射击。突然之间，水手们意识到了一个更重要的情况，原住民正在尝试将阿瓦申克号驶向岸边。如果他们成功的话，船只一定会撞到大石头上损毁沉没，那样船员就没有任何保命的机会了，因为到时他们面对的就不仅是一伙登船的原住民，而是整个岛屿上的原住民了。琼斯和另一位船员于是反复地向舵轮附近的甲板射击，很快一切都安静了下来。不清楚头顶的甲板上发生了什么的琼斯和他的船员们认为自己唯一的选择只能是和原住民正面交锋，于是就沿着舱梯慢慢向上走去。他们听到甲板上有匆忙的脚步声，但琼斯还没来得及把头探出甲板之上一探究竟，他的毛瑟枪枪管就先被人抓住了。不过，琼斯的震惊很快就被喜悦之情取代了。抓住枪管的人是他们自己的一个船员，这个人之前爬上了桅杆顶，此时他激动地大喊道："天哪，琼斯先生，我没想到你还活着。那些人都跑了，都跑了。"原来，当琼斯向舵轮甲板射击的时候，碰巧打死了原住民的首领。没了

298

领头人，剩下的原住民纷纷跳下水，划着独木舟返回岸上去了。琼斯先生临危受命，变成了琼斯船长。为避免再度遭受原住民的攻击，他决定立即起航。6 个星期之后，阿瓦申克号成功地驶进了火奴鲁鲁的港口，船上最终的伤亡人数是 6 死 7 伤。[42]

另一艘船查尔斯·W. 摩根号遭遇怀有敌意的原住民的经过则与前面这个案例大不相同。[43]1850 年，约翰·D. 萨姆森船长（Capt. John D. Samson）发现有大批独木舟从太平洋中部的锡德纳姆岛（Sydenham）向着摩根号驶来。萨姆森于是下令船员准备好武器，并将所有可以被抓着爬上船的绳索都收回来。萨姆森当然希望自己能驾船一走了之，无奈当时海上没有一点风，而洋流还将船推向岛屿周围环绕的暗礁，那里的岛民们看起来可不像热情好客的样子。随着独木舟不断靠近，萨姆森让自己的船员们沿着船侧的栏杆站好，每个人都举着铲子或长矛，随时准备击退他人登船的尝试，但是情况许可的话，要尽量避免杀死原住民。

第一艘来到船边的独木舟上的原住民想要扒住船体爬上去，但是船员们挥舞着手中的武器连戳带刺，袭击者们"被吓得尖叫着落入水中，眼睛瞪得像螃蟹一样突出"。接下来一个小时甚至更长的时间里，赶来的独木舟越来越多，最终将摩根号团团围住，包围圈的范围"至少有船的长度的两倍，宽度的五倍到六倍"。约有 500 名原住民聚集在这里"连说带比画，所有的喧闹都汇聚成了一种嗡嗡声"。原住民最激烈的比画都是针对萨姆森的，后者举着毛瑟枪在甲板上来来回回踱着步，冷静地观察着事态的发展，不时向船员下达一些命令。虽然萨姆森表面上一副镇定自若的样子，他心里其实已经越来越担忧。他的船还在慢慢地向着距离船头只剩 3/4 英里的暗礁漂去。船长和船员们的心里都很清楚，如果船在那里搁浅，或者就算是能越过暗礁，最终停到岸边，等待他们的结果都是必死无疑。想要放下小艇，靠人力将摩根号向反方向拖走也是不可能的，因为他们周围都是原住民，任何傻到要从大船上下去的人都会被他们杀死。

原住民们当然也担心水流会让到手的战利品从他们眼前溜走，所以他们都冲到捕鲸船两侧又喊又叫，不停挑衅，如果看到船员要进行反击就立马撤退。有些幸灾乐祸的原住民甚至向捕鲸人露出自己的臀部作为对他们的羞辱，这样的举动终于让萨姆森忍无可忍，他下令让船员把他的猎枪拿来。当一个"身材高大、样貌端正的小伙子"反复做出这样的侮辱动作，甚至把自己的两只手放在自己的臀部上以加强挑衅意味的时候，萨姆森向着这个"闪亮的目标"连开数枪，让这个侮辱他的年轻人头朝下栽进了水中。这样的插曲只让原住民安静了一小会儿，很快他们就再度发起了比之前更猛烈的进攻。这一次很多独木舟从各个角度同时向捕鲸船发起了进攻，不惜一切代价地想要"徒手抓住舷侧的链板和边沿"好爬上船，因为船身从头到尾都包着铜包板，很多人都被割伤了，鲜血淋漓的原住民只好退回自己的独木舟上。多次尝试登船都不成功的教训让他们放弃了主动进攻的打算，改为等着看船最终漂向哪里。

摩根号慢慢地漂向了暗礁，船员们可以从船身两侧清晰地看到水面之下的珊瑚。当钉着铜包板的船体蹭着珊瑚礁顶部漂过，并撞掉了一些藻体的时候，原住民们开始兴奋地上蹿下跳，还挥舞起了他们手中的棍棒。如舵手纳尔逊·科尔·黑利（Nelson Cole Haley）观察到的那样，谁都看得出这些动作代表的含义，即"他们很快就要把我们的脑袋敲碎"。摩根号上的船员们陷入了一种可怕的沉默，他们现在唯一能做的就是祈祷捕鲸船能越过暗礁。然而眼前的海岸边上站满的围观者们则渴盼着一个完全相反的结局。经过了将近半个小时的紧张情绪累积之后，船上的副手大喊起来，着实吓了所有人一跳。他喊的是"船头前方水下很浅的地方有一大片珊瑚"，捕鲸船不可能躲过这次撞击了。感受到大结局即将来临的原住民们"高兴地跳起舞来"。可是，慢慢地，摩根号的航线改变了，水流的变化让船头的方向几乎调转了90°，完全躲开了刚刚还要撞上的珊瑚。仅仅10分钟之后，摩根号就奇迹般地通过了暗礁再次进入深水，向着远离危险的方向漂走了。这次换成摩根号上的捕鲸人欢呼庆祝了，看着极度失望的原住民们划着独木舟返回岸上，船员们兴奋地又是鸣枪又是叫好。

300　　关于好战的原住民袭击捕鲸船的事例还有很多，有时候他们会把船员当作奴隶，有时候甚至会将俘虏吃掉。有一些如阿瓦申克号和摩根号受到的袭击是由原住民毫无缘由地发起的，但是同样不可否认的是，很多情况下，原住民完全有理由感到愤怒，甚至行凶报复。造成这一结果的原因是一些船长会采取一种被称作"用前桅帆付账"的诡计，他们告诉原住民，自己第二天会支付与他们提供的物资相应的补偿，结果还没到第二天他们就扬帆起航，跑得无影无踪了。

有了这样的先例，再有捕鲸船停靠到这个岛屿时，首领们当然会认定白人是缺乏诚信的。J. 罗斯·布朗对此的评价一针见血：“印度洋和太平洋上的岛屿居民对美国人的友好感情已经被捕鲸船船长们卑劣无耻的行径消磨殆尽，恐怕不管美国派遣多少传教士和外交使节也弥补不回来了。”[44]

除了暴动者和充满敌意的原住民，鲸鱼本身也能够给捕鲸船造成巨大的损害。[45]1807 年 9 月 29 日晚上 10 点钟，从楠塔基特岛出发的联合号（Union）在巴塔哥尼亚附近快速航行时撞上了一头体型巨大的抹香鲸，重击造成船体剧烈晃动，船身被撞破了一个大洞。[46]船长爱德华·加德纳（Capt. Edward Gardner）意识到水泵抽水的速度根本赶不上海水汹涌地灌进货舱的速度，于是他向船员们下令弃船。仅仅几个小时之后，联合号就沉入了海中，加德纳本人和他的 16 名船员则乘坐着捕鲸小艇漂浮在海面上。小艇上装满了食物、航海工具、水、书籍和烟花。加德纳后来回忆说：“我们相信上天的眷顾，相信上帝会推着我们前行，保佑我们免受灾祸。没有任何时候比那一刻更让我深切地感受到‘只有那些来到大海上和浩瀚的海洋打交道的人，才能够见证万能的上帝在深海中创造的奇迹’。”[47]加德纳设定了前往亚速尔群岛的航线，经过为期 8 天，全长 600 英里的航行之后，船上人员抵达了佛罗里斯岛（Flores Island），后来又从那里获得了营救。

联合号与鲸鱼的碰撞很可能是一次意外，但是埃塞克斯号的情况就绝对不是这样了。1820 年 11 月 20 日，埃塞克

斯号正在太平洋上一个靠近赤道的捕鲸点航行，突然瞭望者
301 开始大喊："鲸鱼喷水了！"[48]船长小乔治·波拉德（George
Pollard，Jr.）下令放下捕鲸小艇，很快两条小艇就朝着鲸
鱼迅速靠近了。当埃塞克斯号去追赶捕鲸小艇的时候，被留
在船上掌舵的 15 岁男孩托马斯·尼克森（Thomas
Nickerson）看到一头大概有 85 英尺长的巨型鲸鱼出现在距
离左舷船头最远不超过 100 码的地方。鲸鱼当时是面向船头
的，在水中没有什么动作。之后它短暂地下潜了一会儿，再
露出水面时距离船就只剩 30 码了。尼克森写道："起初它
的样子和气势并没有让我们有所警觉。"[49]紧接着，鲸鱼就开
始朝船冲过来，它有力地摆动着巨型的尾鳍，速度大约是 3
节，几乎和向它迎面驶去的船速度相同。根据大副欧文·蔡
斯的回忆，在船上的人员能够采取任何躲避措施之前，鲸鱼
就已经撞上了"船头锚链前一点的位置"，船立刻停住了，
"就像撞上了石头一样"，船上的人几乎"都因为惯性而摔
在了甲板上"。海水立刻从破损的地方灌进了货舱，而鲸鱼
则仍在船下继续破坏龙骨。等到鲸鱼再次浮出水面的时候，
它已经游到了船身另一侧大约 600 码以外的地方。它不仅反
复开合有力的下巴，还在水里不停翻腾，"好像是为了发泄
自己的狂怒"。当船员们忙着用水泵排水的时候，鲸鱼却再
度发起了进攻。这一次它冲过来的速度是之前的两倍，并且
用蔡斯的话说，"还带着 10 倍的怒火和复仇心"，它游过来
的时候，头部"大约一半是露出水面的"。[50]这一次鲸鱼又撞
碎了左舷船头，撞击之后鲸鱼还在用力地摆动尾鳍，其力道
之大使得重量接近 240 吨的埃塞克斯号竟被鲸鱼顶着向后退

去。[51]终于感到满意的鲸鱼此时才离开了事发现场，已经严重向左倾斜的埃塞克斯号上的船员们唯一来得及做的就是放下小艇，尽快划走，远离渐渐沉入海中的大船。

在鲸鱼撞击埃塞克斯号的同时，两条捕鲸小艇都还在距离大船几英里之外的地方，其中一艘正是由埃塞克斯号的船长波拉德带领的。当小艇上的船员们发现母船渐渐从他们的视线中消失之后，所有人都感到十分疑惑和担心，于是他们迅速往回划，想看看究竟发生了什么。当他们和蔡斯的小艇接近到可以听清对方喊话的距离之内时，波拉德十分震惊地喊道："上帝啊，蔡斯先生，出什么事了?"仍然无法相信刚刚发生的一切的蔡斯回答说："我们被鲸鱼撞了。"[52]埃塞克斯号沉船事件为赫尔曼·梅尔维尔提供了他最需要的、可以作为《白鲸》中完美高潮的情节。不过要是他再晚一些才开始创作自己的代表作的话，他就可以从另一个事件上吸取更多灵感了——这次被撞的船变成了安·亚历山大号（*Ann Alexander*）。[53]

安·亚历山大号是 1850 年 6 月 1 日从新贝德福德起航
的，此时距离埃塞克号的遭遇已经过去了 30 年。这艘船在捕鲸航程的初期还是成功的，船员们在巴西海岸外捕杀了几头体积不小的鲸鱼。到 1851 年 3 月，安·亚历山大号开始向合恩角方向行驶，绕过那里进入太平洋，在 8 月进入了一片深海捕鲸点。8 月 20 日，船长约翰·斯科特·德布卢瓦（Capt. John Scott DeBlois）发现远处有一群抹香鲸。3 个小时后，一条捕鲸小艇上的船员用捕鲸叉插到了一头雄性成年抹香鲸，它看起来似乎是个"体型巨大的家伙"。德布卢瓦喊道："小伙子们,拼命拉呀!抓到这头鲸能让我们提前 5 个月回家。"不过,绳子刚一收紧,大鲸就转过头来,朝着捕鲸人的方向游去,张开嘴将小艇咬了个粉碎,吓坏的船员也全掉进了海里。这头鲸鱼"依然处在狂怒之中,之后又向小艇的残骸冲过来两三次,把较大的木板也都咬碎了。先前散落在水中,爬上小艇残骸保命的船员们则重新被撞进了水里"。[54]另外两条捕鲸小艇迅速赶来营救落水的同伴,同时还想继续追击这头向他们发起攻击的大鲸。不过,在他们开始行动之前,大鲸已经返回并故伎重施,把第二条小艇也"撞成了碎片",上面的船员也都落入水中。[55]失去信心的德布卢瓦船长担心鲸鱼会来将第三条小艇也毁掉,所以不得不放弃这次捕杀。将第二条小艇上的船员救上来之后,船长下令所有人划着仅剩的一条小艇返回大约 7 英里之外的安·亚历山大号上去。

在那样"风浪很大的海上"划船很艰难,更何况这一条小艇上共有 18 名船员。为了让小船不至于沉没,船员们"时不时"就得轮流"跳下水去"以减轻小艇的负重,剩下的人还得不停往外舀水,才能勉强让小艇漂在水上。德布卢瓦本以为最糟糕的时候已经过去了,因为他前几次回头观察的时候,看到鲸鱼浮在他们身后大约 1/4 英里至 1/2 英里之外的水面上。可是当他再一次回头的时候,却发现鲸鱼已经消失不见了。紧接着,"我突然听到小艇下面传来了一种像马鞭一样的声音,"德布卢瓦后来回忆说,"我看到那头鲸鱼已经追上我们了。不过它的第一次出击偏离了目标,它侧过身看着我们的小艇,显然是因为错失猎物而充满了愤怒。

如果它再向我们发动进攻，我们所有人都得送命；因为母船根本不知道我们现在的遭遇，我们也不可能从这里游回母船。小艇这次没有被咬碎真是不幸中的万幸。"

　　小艇上的船员终于返回安·亚历山大号之后，那头鲸鱼又出现在大约 2 英里之外的水面上。此时站在自己大船的指挥台上的德布卢瓦无疑不再那么畏惧鲸鱼了，他下令让安·亚历山大号向着鲸鱼驶去，同时准备好捕鲸叉，一旦距离足够靠近，就要重新开始捕杀。德布卢瓦说："我当时热血沸腾，下定决心一定要让这头鲸鱼付出代价。"当鲸鱼出现在攻击范围之内后，德布卢瓦先朝鲸鱼头部扔了一支长矛，几乎就在同时，鲸鱼也撞上了大船，发出了"沉闷的撞击声"，本来站在船头的德布卢瓦也被"撞得摔到了甲板上"。德布卢瓦下令让船员们再次放下小艇逼近鲸鱼继续追击，但是已经吓坏了的船员们都不肯听从他的命令。"如果我像你，你，还有你一样魁梧，"德布卢瓦指着几名船员嘶吼到，"我一定会把那头鲸鱼生吞活剥了!"即便如此，仍然没有一个船员改变主意。

　　太阳渐渐落下海平线的时候，德布卢瓦还能看到鲸鱼就在半英里外的地方，在他以为进攻终于结束的时候，鲸鱼却突然开始以令人担忧的高速向安·亚历山大号冲过来。这样的撞击让船"从船头到船尾"都剧烈地震动起来，船员们都摔倒在甲板上。海水从破损的地方灌进船舱，德布卢瓦下令让船员砍断船锚，将所有铁链都扔进水里来减轻船的重量，希望这样做能让安·亚历山大号继续浮在水面上。之后他又下令让船员们放下捕鲸小艇，同时自己返回舱房取航海工具。等他拿着六分仪和天文钟返回甲板的时候，德布卢瓦下令让船员分别登上两条捕鲸小艇，自己又返回舱房取天文年历和一些海图。可是他刚走下甲板，就有一个大浪袭来，船长室里顿时灌满了水，德布卢瓦不得不游回上层甲板逃命。但令他"震惊"的是"他一个人被抛在了这艘注定要沉没的船上"。德布卢瓦拼命呼救，恳求其他人回来救他，不过没有人响应。他朝着汹涌的海浪声嘶力竭地大喊："你们不知道这船沉得有多快！"好在终于有一条小艇还是回来了，这才让他"大大地松了一口气"。

接下来的这个夜晚，船员们坐在小艇上，在距离沉船不远的海面上度过了一段心惊胆战的时光。有些人指责德布卢瓦害所有人陷入这样的境地，但是后者反驳说："看在上帝的分上，不要把责任推给我！你们明明和我一样迫切地想要抓住那头鲸，我根本不可能知道会发生这样的事。"德布卢瓦试图安慰自己的船员，不过无论他说什么做什么都不足以减轻其他人对于眼下困境的担忧。德布卢瓦回忆说："我们挤在一条又小又不结实的小艇上，没有水，也没有面包。海上的风浪还是很大，小艇漏水很严重。"当时他们距离最近的陆地也有 2000 多英里。从夜晚到天明的大部分时间里，所有人都很沉默，偶尔睡一会儿，偶尔还能听到别人的抽泣或为保住性命而祈祷的声音。[56]

当天边出现了第一缕亮光的时候，德布卢瓦游回了还在他们旁边的安·亚历山大号。他用斧子砍断了一些桅杆，好让倾斜的船身能正过去一些。另一些小艇上的船员也纷纷登上大船，砍掉了前桅上的另一个锚，让船身再正过去一些，

304

这样他们就有机会在甲板上凿几个洞，看看能否下去挽救一些物资。最终，他们只找到了 2 夸脱的干玉米和 6 夸脱的醋，一点大麦和 1 蒲式耳的面包。在他们最终弃船离开之前，德布卢瓦用钉子在船尾栏杆上刻下了一段信息："请救救我们，我们这些可怜的人乘坐着两条小艇顺风向北去了。"谁都清楚埃塞克斯号的结局，所以船上的人都明白除非有什么惊天逆转发生，否则他们最终也难逃抽签决定谁先被吃掉的命运。不过，幸运的是事情并没有发展到那样的地步。这些船员们在海上仅仅漂流了两天就遇到了一艘楠塔基特号捕鲸船并成功获救。[57] 至于那头攻击他们的鲸鱼的结局则悲惨得多。5 个月后，新贝德福德的捕鲸船丽贝卡·西姆斯号（Rebecca Sims）成功杀死了那头鲸鱼，并从它身上获得了 80 桶鲸鱼油。确认鲸鱼的身份很容易，因为它身上还插着两根安·亚历山大号的捕鲸叉，连船体上的一些木头碎片也还深深地嵌在它的皮肉里。[58]

1851 年，《白鲸》即将出版之前，梅尔维尔得知了安·亚历山大号的遭遇。过于沉浸在自己创作的故事中的梅尔维尔在给一位朋友的书信中评论了这艘捕鲸船的命运，不过他显然是混淆了现实与传说。"我毫不怀疑，"梅尔维尔写道，"就是莫比·迪克撞了安·亚历山大号，在大约 14 年前裴廓德号遭遇劫难之后，从没有这头白鲸被捕杀的消息出现过——天啊！撞击安·亚历山大号的鲸鱼就像一位评论员，它用行动表达了言简意赅、一针见血的观点。我想知道会不会是我黑暗的艺术唤醒了个怪物。"[59]

安·亚历山大号的故事在媒体上引发了巨大的关注。捕鲸故事本来就非常流行，一头鲸鱼撞沉了一艘捕鲸船这样的故事更是不容错过。当然也不是所有报纸都很看重这件事。《尤蒂卡每日公报》（*Utica Daily Gazette*）就认为安·亚历山大号的故事不足为信，尤其是船员们从即将下沉的船上逃跑，以及他们随后返回船上搜寻能够找到的物资的部分。社论作者称，实际上，砍断桅杆或锚链这样的行为简直比"巨人杀手杰克或萨拉丁"的壮举更神乎其神。《尤蒂卡每日公报》不轻信的态度立刻招来了《捕鲸人装运单和商人清单》的尖锐反驳，后者的编辑们质疑一份总部位于远离海洋的纽约州中部的报纸，凭什么认为自己有资格就此问题发表评论。编辑们还说《尤蒂卡每日公报》那篇文章的作者"也许能够探讨一下在磨坊用的贮水池里航行，或'波涛汹涌的运河'上刮起的恐怖的狂风，但是我们认为质疑德布卢瓦船长叙述的，失去自己的捕鲸船的过程这种事，已经完全超出了他的能力范围"。[60]

　　暴动的船员、凶残的原住民，以及看起来满怀恶意的鲸鱼是捕鲸人能够遇到的最冷酷无情的敌人。不过当黄金时期趋于结束之时，海平线上已经浮现出了更加难对付的新敌人，它们比这个行业曾经面临过的任何敌人都更危险、更具有破坏力，正是它们最终彻底击败了美国捕鲸人。

第三部分

灾难与衰败
1861 ~ 1924

第十七章

港湾里的石头和海水中的火焰

到 19 世纪 50 年代末期，虽然捕鲸船所有者们还能挣到 309钱，但是他们之中很多人已经有了不好的预感，也看到了南北之间不可调和的矛盾正日益加剧。战争最终于 1861 年爆发，接下来的 4 年半时间里，整个国家都被卷入了格外血腥的动荡中。如之前发生的美国独立战争和 1812 年英美战争一样，内战对于美国捕鲸行业的打击也是毁灭性的。很多捕 310鲸船所有者都面临着为捕鲸航行买保险越来越难的问题，所以只能将捕鲸船闲置在那里，转为将资金投入其他陆上的生意。也有人选择了"改旗易帜"，将自己的船注册到其他国家去以规避内战的风险。随着煤油成为照明的首选材料，美国北部对于鲸鱼油的需求直线下降，向南方出售鲸鱼油的渠道则被彻底切断。实际上，在内战期间，美国捕鲸船队的规模缩减了大约 50%。[1]

从战争爆发之初，北方联邦就试图通过禁止与南方邦联的贸易交往来阻止南方各州获得物资供应。为了防止南方派遣私掠船侵扰北方的海运，北方联邦原本计划凭借其海上力量的巨大优势，将要前往南方及从南方出发的商业和军事舰

393

船全部扣押。不过，北方的军事战略家们认为还有另一个遏制南方邦联的办法：为什么不干脆在通向萨凡纳（Savannah）港口的运河里沉入大量的船，使之彻底无法通行？确定了这样的方案之后，1861 年秋，北方联邦海军部部长吉迪恩·韦尔斯（Gideon Welles）指示一些代理商代为购置"25 艘单船重量不低于 250 吨的旧船"作为实现这一计划的工具。这些船里都要装满巨大的花岗岩，船身里还要加装"管道及阀门"，这样等船行驶就位之后，就可以打开阀门，向船身里灌水使船只沉底。[2]代理商找到的能够以低价购得的最现成的对象就是北方的老旧捕鲸船。捕鲸船所有者们已经开始感受到人们对鲸鱼产品需求的急剧下降，所以无论是出于经济原因还是爱国热情，他们都迫切地想要出售这些船。最终双方约定按船重每吨 10 美元的价格成交。代理商很快就凑齐了 25 艘船，其中 24 艘是捕鲸船。新贝德福德和费尔黑文共 14 艘，新伦敦 5 艘，米斯蒂克 2 艘，还有楠塔基特岛、埃德加敦和萨格港各 1 艘，剩下唯一的 1 艘商船来自纽约。捕鲸船的重量为 250～600 吨，有一些是刚刚还进行过捕鲸航行的，另一些则已经相当陈旧，有 2 艘甚至有近百年历史了，但是它们无疑都曾见证过捕鲸活动的辉煌时代。这批最不同寻常的船作为将要献身给北方联邦伟大事业的待宰羔羊而被冠上了"石头舰队"这个称号，名称的来源正是它们打算装载的货物。[3]

311　　　船上任何有价值的东西都被卸下来拍卖了。虽然海军要求在船里装满花岗岩，不过花岗岩远不如田里的散石好找。按照 50 美分 1 吨的价格，农民们很快就把家里的石头院墙拆了并将石头运到港口，连街上铺路的鹅卵石也被撬了出来。最终，人们总共收集了 7500 吨石头，都被装进了每艘船的船舱。[4]石头舰队的船长们有很多曾经就是捕鲸船船长，每艘船上都只配备维持基本航行所必需的少数几名船员，他们的任务就是将船开到萨凡纳，交给"阻塞河道行动的指挥官"。[5]这次行动本来是计划暗中进行的，但是由于收集石头的过程声势浩大，行动变成了公开的秘密，尤其是那些迫切地想要尽己所能支持北方联邦，削弱南方邦联的新英格兰人对此都是心知肚明的。1861 年 11 月 20 日，石头舰队从新贝德福德出发这件事还成了一项群众的庆祝活动，海关缉私船瓦里纳号（Varina）引领着船队驶入了海湾，成千上万的围观者欢呼雀跃，信号枪的发射和塔伯堡（Fort Taber）的 34 响礼炮则拉开了行动的序幕。[6]《新贝德福德水星周报》认为以这样的方式阻塞港口是"一种非常和平的坚持斗争的方式，［而且］我们的人民都会联合起来祈祷行动的成功"。[7]11 月 22 日的《纽约时报》依照 19 世纪典型的气势汹汹但明显夸大其词的风格宣称："叛军只能惊恐沮丧地看着我们行动。他们拿不出一点抵抗的办法来，更不能阻止那些作为他们经济中心的城市沦为荒芜的空城。自从叛乱爆发以来，他们已经吞下了各种苦酒，眼下刚刚端到他们唇边的则是至今为止最要命的一杯。"[8]

对于这支由老旧船只组成的舰队来说，这趟从新贝德福德前往萨凡纳的航行并不轻松，他们经历了恶劣的天气条件，最终在 12 月初逐渐接近目的地。指挥阻塞萨凡纳港口行动的指挥官 J. S. 米斯隆（J. S. Misroon）向他的上级海

军将级军官塞缪尔·F. 杜邦（Samuel F. DuPont）抱怨说
"船队中几乎没有几艘像样的船，从任何方面说状况都很糟
糕"，他还指出"已经抵达的几艘看起来就快要沉了"。[9]无
论这些船是不是要沉了，单是它们的到来就对南方邦联军队
产生了巨大的威慑力，后者甚至以为这是北方联邦要发起入
侵的信号。南方邦联会产生这样的误解是很自然的。有些捕
鲸船的船身两侧有用油漆画出来的炮孔，这种假炮孔被称作
"斐济炮孔"，其实都是很多年前画上去的。捕鲸船会采用
这种方法迷惑可能向他们发动进攻的袭击者，好让对方误以
为他们是配备了加农炮的军舰，这样就不敢贸然挑衅了。[10]
此时的邦联军队也被这些图案迷惑了，他们担心受到力量比
自己强大的联邦海军的攻击，所以点燃了一个灯塔，从一些
防守阵地里撤走，同时派遣了增援来加强对萨凡纳河河口附
近的珀拉斯凯堡（Fort Pulaski）的防守。不过，邦联军队没
过多久就看清了真相。石头舰队抵达目的地没多久就开始名
副其实地分崩离析。流星号（*Meteor*）和刘易斯号（*Lewis*）
搁浅了，凤凰号"漏水严重"，所以这三艘船被有意识地沉
到了靠近岸边的地方，同样沉在岸边的还有哥萨克号
（*Cossack*）、南美人号（*South American*）和彼得·德米号
（*Peter Demill*），它们都被用来组成"防浪堤和桥梁"，这样
就可以向泰碧岛（Tybee Island）上运送物资并派遣联邦军
队了。[11]

　　后来的事证明，石头舰队的行动其实是多此一举。南方
邦联已经先于北方联邦在通向萨凡纳的水道里沉下了几艘旧
船，想要以此来阻止北方舰队出击。这样的策略正中北方联

312

邦的下怀，甚至给了杜邦嘲弄敌人的机会。在一封写给联邦海军部部长助理古斯塔夫斯·V. 福克斯（Gustavus V. Fox）的信件中，杜邦提到南方邦联海军将领乔赛亚·塔特诺尔（Josiah Tattnall）"把我们要做的事都替我们做好了……我派人传命给米斯隆，让他有机会的时候……告诉［塔特诺尔］我们愿意给他提供 6 艘船来帮助堵死珀拉斯凯堡"。[12] 南方邦联"协助"封堵萨凡纳河的行为使得石头舰队里富余的一些船可以被调用来堵塞下一个目标——查尔斯顿港。那里也是一个重要的南部港口，杜邦手下的参谋长查尔斯·亨利·戴维斯（Charles Henry Davis）正在那里随时准备展开行动。戴维斯是一位航海方面的专家，精通潮汐和洋流的效用。戴维斯本人是不赞成这次行动的，他评论说："福克斯先生的想法是堵塞一些南方的港口，我对于这样的方式……感到极其厌恶……我一直认为这样阻碍经济活动的行为应当受到人们的反对，也不一定能实现计划本身想要到达的效果。"另一次，戴维斯称福克斯要在南方港口设置障碍的打算是"脑袋里长蛆了"。[13]

　　尽管戴维斯的心中存有疑虑，但他还是履行着自己的义务，监督 16 艘石头舰队的船在 12 月 20 日之前沉入水中，堵住了查尔斯顿主要航行通道的河口（原本的 25 艘船里剩下几艘没有被沉掉，而是改造成了为联邦军队运送物资和煤炭的运输船）。戴维斯按照杜邦所说的，将这些船依照"棋盘或锯齿状布置好，让它们尽可能横向占据整个水道"，希望实现让沙洲堆积在船身四周的效果，从而让其成为一个阻挡通航的障碍。[14] 一旦船行驶到指定位置，船员就会将船上

313

任何可以被敌人利用的有价值的绳索或物资全撤走，然后砍掉桅杆，打开加装在船身上的阀门向船舱里灌水，从而让船沉入水底。所有的船都按计划沉了下去，只有罗宾汉号（*Robin Hood*）是个例外，它刚巧沉到了水中的一片沙洲上，主甲板还露在高出水面很多的地方。于是船员们正好利用了这一点，将从别的船上搬下来的物资都堆在罗宾汉号的甲板上，包括损坏的船帆，磨损的绳子，用旧了的滑轮组等。不过，他们还是不能任凭罗宾汉号这样显眼地停在那里，因为他们担心南方邦联有可能会以它为路标，指引船只进入港口。所以到了黄昏时分，船员们在罗宾汉号上点了一把火。北方联邦的指挥官本来希望创造出凶猛的火势，最好能出现映红整片天空的壮观景象，借此给南方邦联的观察者们造成巨大的心理震慑。可惜的是，火焰只是断断续续地燃烧着，产生了很多浓烟，却不见大的火苗，过了很久，露出水面以上的船体部分才被烧尽，火焰也随之熄灭了。

购置了最初 25 艘船以后没多久，韦尔斯就下令再购买 20 艘。命令好下，要执行起来可就难了。第一次大采购已经买光了大部分捕鲸港口里最老旧、最不适宜出海，也是最便宜的船。这一次，代理商不得不到更远的范围里寻找卖家，而且不得不花费比之前更高的价格才能凑够采购指标——14 艘捕鲸船和 6 艘商船。[15]这第二支预备沉入水中的石头舰队于 1861 年 12 月底被派往了南方，行动的形式与之前一模一样，行动的终极目标还是查尔斯顿。1862 年 1 月 25～26 日，舰队中的大部分船依照标志性的棋盘布局沉入了玛菲特运河（Maffitt's Channel）。

第十七章　港湾里的石头和海水中的火焰

《纽约时报》的一位记者观看了第一支石头舰队沉入水下的过程，那样的情景让他感到怀旧而感伤。

> 看着这些老旧的船只，谁能抑制得住惆怅之情呢？它们曾经在海上航行了成千上万英里，进行了无数次漫长、枯燥、乏味的捕鲸航行，载着人们平稳地穿越了宁静的太平洋和冰冷的大西洋。如今，它们就要被这样无情地毁掉了……短而宽的船身，方正的船尾，肥大的船头……样式古色古香的老船上还有各种奇怪的装备，连被用古雅的方式精心雕刻在木质底座上的船的名字也总是很奇怪。塔伯家族、豪兰家族、西姆家族、斯威夫特家族、科芬家族、斯塔巴克家族和其他许多新英格兰家族的财富无不是依靠这样的航行建立起来的。[16]

314

虽然将石头舰队沉入水中的行动为北方带来了心理上的提振，但是此举被南方视为联邦背信弃义的又一个实例。[17] 罗伯特·E. 李将军称"这种行动不是一个国家应有的行为……而是人们恶意和复仇心的失败表现"。[18] 很多英法两国的观察者也加入了声讨的行列。伦敦《泰晤士报》的攻击尤为尖锐，连续几期都刊登了相关文章，比如"在众多让历史和人类蒙羞的犯罪行为中，我们很难找到比这次行动更令人发指的"，"交战各方无权采取这样的攻击"，"采取这种行动的人敢把天上的太阳拽下来，好让他们的敌人看不到一丝光亮；或是把河里的水抽干，好让冒犯过他们的地方的土地上永远长不出一根草"。[19] 即便是那些坚定地支持北方联邦的友好人士也找不出什么可以为石头舰队辩解的理由，一位英国制造商约翰·科布登（John Cobden）写给马萨诸塞州参议员查尔斯·萨姆纳（Charles Sumner）的书信就是证明。

> 我对于你们装石头沉船来阻塞港口的行动表示不满！这样的行为是野蛮的。奴隶主们无缘由的侵略行为令你们感到愤怒，所以你们想要像将大黄蜂捂死在蜂巢里一样地对待南方人这点我可以理解，但是不要忘了外面还有一个世界，尤其是不要忘了还有数以百万计的欧洲人比他们的君主更迫切地想要维持和广大南方邦联地区的贸易未来。[20]

考虑到海外舆论的巨大压力，同时也担心人们的愤怒会招致英国人前来突破封锁，还可能导致两国间再度爆发战争，所以北方联邦不能对这些批评意见置之不理。鉴于此，北方联邦的国务卿威廉·H. 苏厄德（William H. Seward）通过正规外交渠道对外发表声明，石头舰队沉船行动从来不是"为了永久性地破坏港口。它只是为了加强封锁而采取的临时性措施，一旦战争结束，美国政府就会移除所有障碍物"。[21]为了消除外界对于美国将继续执行用装满石头的沉船阻塞南部港口的政策的担忧，苏厄德还补充说美国绝没有计划再次采用这样的战术。

所有的言辞讥讽其实并没有什么必要。因为石头舰队发挥的作用微乎其微，就算它真的堵塞了水路交通，也不过是维持了极短的一点时间，短到不能对最终的战争结果产生任何显著的影响，反而还可能刺激了南方邦联的战斗热情。强有力的水流绕过船只残骸，冲刷出了新的水道。大量的水生蛀虫很快就在船体上蛀出了无数的孔洞。再加上这些船的框架本来就已经老化，一块块的船板和肋拱没多久就七零八散，被流水冲上了附近的河岸。那些被好几吨重的石块压在下面的船体则深深地陷入河底的泥沙之中。1862 年 5 月进行的一次岸线测量显示，查尔顿港部分主水道的水深比起石头舰队到来之前反而更深了，接下来一年里再次进行岸线测量的结果则显示，任何与石头舰队行动有关的证据都已经被冲刷得无影无踪了。[22]对石头舰队的最后的追思来自梅尔维尔。他在 1866 年发表了一首诗，名为"石头舰队——致老水手的挽歌"（*The Stone Fleet*, *An Old Sailor's Lament*）。

> 我对那些船有一种感情，
>
> 每艘古旧的老船，
>
> 有肥大的船头，有宽阔的船身：
>
> 唉，老船的时代冷冰冰地终结了。
>
> 但是这些被淘汰的船还要贡献自己最后的力量——
>
> 即便如此，也要参加石头舰队！
>
> 你们也许会说我太怀旧；是又怎样？
>
> 想当初我就是乘坐着提涅多斯号飞驰过合恩角
>
> 那是一艘辉煌优良的老船
>
> 如今它也随着石头舰队一起
>
> 沉入了水中（这是多么可惜！）

……

然而一切都是徒劳的。水不停地流——

它们不随人的安排；

自然不是任何人的盟友；这是没有办法的事；

港湾还在那里，甚至比以前更好了。

是失败，也是终结，

这就是你们的老石头舰队。[23]

南方邦联也想把北方的捕鲸船沉到水底，但是他们采用的不是石头舰队的形式。邦联的目标是找到并摧毁海上的捕鲸船，以此作为更宏大的摧毁北方经济的海军策略中的一步，因为那样的话，北方联邦的军舰就不得不返回海上保护他们的资产，而无暇顾及封锁南部港口的行动了。不过要想执行这一策略，南方邦联先得有船可支配才行，然而他们并没有。战争爆发初期，北方联邦就控制了几乎整个美国海军和一支规模巨大的美国商船队，而南方则落得一个几乎要白手起家重建自己的海军的境地。虽然南方不缺木材，但是他们没有其他那些建造和装备船只必不可少的关键资源，包括钢铁、弹药和擅长这项工作的人才。这反映出过去的几十年里，北方已经大大地工业化了，而南方则仍然是农业为主的社会，它的经济在很大程度上依赖于奴隶劳动。

即便是找到了材料和工人，南方也没有设施来建造船只。整个邦联里只有一个能制造出"一级海船引擎"的制造商；南方最主要的造船厂在诺福克，但是那里已经基本被北方军队破坏了。[24]如果南方邦联想要在诺福克重建舰队下海航行，就得直面强大的北方联邦对该地进行的封锁，考虑到诺福克的入海口有多少北方联邦的大炮等在那里，这几乎是不可能完成的任务。但是南方邦联并没有就此放弃组建一支海军的愿望，他们选择到大洋彼岸去寻求支持。于是南方邦联的总统杰斐逊·戴维斯（Jefferson Davis）和他的海军部部长史蒂芬·R. 马洛里（Stephen R. Mallory）向欧洲派遣了一些特别代理人负责商讨组建海军的事宜。一位名叫詹姆斯·D. 布洛克（James D. Bulloch）的代理人总共为南方邦联筹集了 12 艘军舰，其中给捕鲸人造成损害最大的就是阿拉巴马号（*Alabama*）和谢南多厄号（*Shenandoah*）。

　　布洛克生于佐治亚州，曾在美国海军中服役多年，后来加入了商船队。从各个方面来看，他都是一个精明、老练、果决且对海军事务颇有见地的人。南方邦联代理人的身份决定了他要将自己的这些特长都发挥到极致。[25]布洛克于 1861 年夏天来到英格兰，并立即展开了为南方邦联海军定制船只的工作，不过他不得不十分小心地掩饰船只的真正用途。英国人在美国内战期间宣布中立，而且依据《1819 年国外服役法案》的规定，英国国民不得为外国交战团体提供武器或装备船只。因此，如果英国官方认定一个船厂是在为南方邦联提供战舰，就会以这样的行为违反该法案为由叫停建造活动，并没收涉案船只。为了避免出现这样的结果，布洛克利用了法案中的一个漏洞。他向一位英国律师咨询后确定，虽然一家英国造船厂不能单独进行为外国交战团体建造战船及装备设施和武器的全套流程，但是将以上各个环节分包给不同的服务提供商则完全合法。关键在于切断各个要素之间

317

的联系，布洛克恰好就是这么做的。实际上，他的计划进行得非常完美，以至于虽然北方联邦很快就看穿了他的诡计，并要求英国政府没收这些在建的船，但英国政府的回应是自己无权采取这样的行动，因为布洛克的做法没有违反任何法律。最终，南方邦联阿拉巴马号于 1862 年 7 月 29 日从利物浦的伯肯黑德钢铁厂正式下水了。

全长 210 英尺的阿拉巴马号样式美观，线条流畅，而且船速很快。"这艘船的样式是最完美的对称型，"被任命为该船指挥官的拉斐尔·塞姆斯船长（Capt. Raphael Semmes）观察到，"船在水中轻而稳，优雅得像一只天鹅。"[26]再加上辅助的蒸汽动力，即便是在海上无风，其他靠风帆动力行驶的船只能顺水漂流的情况下，阿拉巴马号也能够轻松地追赶上自己的目标或避开敌人的攻击。从利物浦出发后，阿拉巴马号驶向了亚速尔群岛，并在那里装备了武器和补给，这些物资当然也是布洛克派船送来的。此时的阿拉巴马号已经准备好去寻找并摧毁北方联邦的海运船了。塞姆斯"遵循了波特在太平洋上的先例……下定决心要给敌人在亚速尔群岛附近的捕鲸船造成重创"。[27]

9 月 5 日，阿拉巴马号发现远处有一艘船，于是升起了北方联邦旗帜过去查看情况。这艘船是从埃德加敦出发的奥克马尔吉号（Ocmulgee）捕鲸船，当时正忙着切割一头巨大的抹香鲸的鲸脂，完全没有在意阿拉巴马号的靠近，再说对方的桅杆上悬挂着联邦的旗帜，就更没有什么理由担心了。实际上塞姆斯还听说，奥克马尔吉号的船长以为阿拉巴马号是北方联邦海军派遣来保护美国捕鲸船不受袭击的。

318

第十七章　港湾里的石头和海水中的火焰

"我们的袭击非常完美且突然……"塞姆斯写道，"［奥克马尔吉号的船长亚伯拉罕·奥斯本（Abraham Osborne）］是一位标准的北方捕鲸船船长，又瘦又高，行动敏捷，就像他率领的这艘船一样。再没有什么比船长看到阿拉巴马号突然撤换旗帜时露出的震惊和茫然的表情更让人记忆深刻的了。"[28]奥斯本可不仅仅是震惊，他更感到无比的愤怒。"你挂着联邦的旗帜行驶到我的船旁边才突然换成邦联的旗帜，"奥斯本对塞姆斯说，"这样的行为真是无耻。"然而塞姆斯对此有不同看法，他告诉奥斯本："我知道你是什么意思，不过现在是战争期间，我的策略完全合法。"[29]

塞姆斯命令奥斯本将船的相关文件和天文钟送到自己的舱房里。他仔细地查看了这些文件之后，抬头看了看奥斯本船长。据称他当时是这么说的："你是从埃德加敦出发的，我猜就是。我们要找的正是你们这样的船，凡是从那个黑了心肝的共和党城镇里出发的船，一旦被我们抓住，就要被烧个精光。"[30]当塞姆斯说这些话的时候，奥斯本一直在仔细地观察他，因为他觉得对方有些眼熟，最后他终于想起来在战争爆发前，当时作为美国海军军官的塞姆斯曾经前往埃德加敦为政府购买鲸鱼油，奥斯本的父母还邀请他到家中赴宴。奥斯本提及了这件事，但是战前的友好情谊如今对于塞姆斯来说没有任何意义。北方人都是敌人，他必须执行自己接到的命令。所以塞姆斯还是将37名捕鲸人和所有的物资都转移到了阿拉巴马号上，然后放火烧毁了奥克马尔吉号。他并没打算伤害这些捕鲸人，因为他们都是非战斗人员。塞姆斯释放了这些捕鲸人并让他们划着捕鲸小艇登上了附近的岛屿，后来他们都在那里获救了。

在接下来的两周里，随着亚速尔群岛捕鲸季接近尾声，阿拉巴马号又成功烧毁了 8 艘捕鲸船。提到自己是如何轻松地将这些目标一网打尽的时候，塞姆斯写道："他们的政府竟然没有给这些捕鲸人提供保护这件事令人惊讶。捕鲸船与商船不同，他们总是聚集在众所周知的几个地点，只要捕鲸季没有结束，他们就会在那里停留几周的时间。"被塞姆斯

319 截获的船只中有一艘海洋漫游者号（*Ocean Rover*）。这艘新贝德福德捕鲸船已经在印度洋和大西洋上漂流了 3 年多，船长计划在返程途中顺道去一趟亚速尔群岛，最后再捕几头鲸鱼多装几桶油。海洋漫游者号被截获后不久，船长问塞姆斯，能否让自己的人像奥克马尔吉号的船员一样自己划船上岸。塞姆斯注意到此时阿拉巴马号距离岸边还有四五英里远，就大声反问船长，他和他的船员真能划这么远吗？"哎！一点也不远，"船长回答说，"我们捕鲸人在大海上追鲸鱼的时候，离开母船的距离远到只能看见它的桅杆都不算什么。早点放了我们，你省事我们也高兴。"于是塞姆斯同意了船长的请求，许可他们到海洋漫游者号上取回自己的财物，并给 6 条捕鲸小艇装备了一些补给。当小艇满载着几乎快装不下的"掠夺的财物"返回时，连塞姆斯都觉得这情景很好笑，他问道："船长，你的这些小艇似乎要不堪重负了，你不怕它们沉了吗？"笑呵呵的船长则回答说："哦！不会的，我的小艇能像鸭子一样浮在水面上，不会漏一滴水。"就这样，塞姆斯目送捕鲸人在银色的月光下划着小艇离开了。塞姆斯描述了这个场面，也许连梅尔维尔也会称赞

塞姆斯的文采："当晚那些捕鲸人划船登陆的情景美得如梦似幻……小艇迅速而神秘地向陆地的方向前进，待它们走远一些之后，船头和船尾有些翘起的小艇在我们眼中仿佛都变身成了威尼斯的贡多拉游船。"

后来北方的一些媒体报道说萨姆斯故意在夜间烧毁他截获的捕鲸船，为的就是以火焰为诱饵，吸引其他船自投罗网，因为水手们的天性和道德会促使他们赶来救助遇难的船只。类似报道大大地刺激了北方联邦人民的感情。不过这样的说法并不属实，只能被看作北方的一种政治宣传手段。塞姆斯才没有这么傻，他当然知道："在夜里燃起大火会吓跑……其余留在附近的船；而且我这把年纪的人才不会采取这么不谨慎的方法来追捕猎物。只要处理得当且多加小心，我完全可以在发现目标之后再展开行动，那样更加万无一失。"另外，北方媒体的报道还将塞姆斯妖魔化了，说他还不如一个海盗。其实从塞姆斯的角度来说，他的行为是非常合理的。他热爱的南方陷入了战争，他有责任以任何可能的方式攻击他的敌人。当船长们恳求塞姆斯不要放火烧船的时候，他会回答说："你们捕获的每一头鲸鱼都会为联邦的国库贡献财富，让你们有能力展开更持久的战斗。所以我必须烧掉你们的船。"[31]后来，塞姆斯评论说："新英格兰的北方狼号叫着想要尝尝南方人的血，我们能做的最起码的回应就是泼掉他们的一点油。"[32]塞姆斯的下属们也都和他一样对北方人充满不屑，特别是 1863 年 1 月 1 日亚伯拉罕·林肯总统的《解放黑人奴隶宣言》正式生效之后，他们之中有一些人甚至在阿拉巴马号到访的一个小岛上留下了一个 2 英尺

320

宽、4 英尺长的木牌，上面写着诸如"以此纪念亚伯拉罕·林肯总统，1863 年 1 月 1 日死于黑人侵入大脑"之类的内容。[33]

在将近两年的时间里，阿拉巴马号一直进行着自己的破坏任务，最终截获并烧毁了近 70 艘联邦船，其中 14 艘是捕鲸船，它的终结点出现在 1864 年 7 月 19 日。当时阿拉巴马号进入法国的瑟堡（Cherbourg）进行必要的维修，之后不得不离港迎战北方联邦的奇尔沙治号（*Kearsarge*），后者正是被派来消灭阿拉巴马号的。岸上有大批观众围观了这一场景，完全不是对手的阿拉巴马号被加农炮弹击中了船舵及船身吃水线略靠下的部分，最终沉入了水中。[34]阿拉巴马号失事仅几周之后，南方邦联的领袖们迫切地想要抓住任何可能将战争态势转向对他们有利的方向的计划，于是询问布洛克能否买到可以取代阿拉巴马号的船，好继续进行袭击联邦海运活动的任务。到了夏末，布洛克为他们买到了一艘停驻在一个英国船坞里的海洋国王号（*Sea King*）。这艘船本来是一艘东印度公司的商船，与阿拉巴马号十分相似，同样的大小，同样配备了辅助蒸汽动力，而且海洋国王号的船速甚至比阿拉巴马号还快，有过在 24 小时内行驶 330 英里的纪录。[35]北方联邦担心海洋王国号会成为又一艘阿拉巴马号，但是在联邦代表劝说英国政府阻止船离港之前，布洛克依靠其标志性的小心谨慎和瞒天过海，已经完成了这艘南方邦联新突袭船的装备工作。1864 年 10 月 8 日，海洋国王号离开了伦敦的港口，对外宣称自己是一艘前往孟买的商船，不过英属印度显然并不在这艘船的行程表里。

第十七章 港湾里的石头和海水中的火焰

海洋国王号用了一周多一点的时间抵达了摩洛哥西北海岸之外的马德拉群岛（Madeira），并在那里与劳蕾尔号（*Laurel*）会合，这艘蒸汽船上满载的自然又是布洛克为突袭船购置的必要装备。搭乘劳蕾尔号前来的还有将成为海洋国王号船长的詹姆斯·I. 沃德尔船长（Capt. James I. Waddell）。沃德尔是跛脚，这是他在一场决斗中受伤留下的后遗症。他出生在北卡罗来纳州，内战爆发前已经在海军中取得了相当的成就，并拥有上尉军衔。后来他热爱的北卡罗来纳退出了联邦，所以沃德尔也退出了联邦海军，改为南方邦联效忠。他在自己的辞职信中写道：“我希望您能理解，我不信奉什么分离权的学说，也不期盼国家的分裂，我这么做只是因为我的家也是我在南方所有同胞的家，我无论如何不会举起武器与南方或南方的人民作战。”当劳蕾尔号上的货物都被转移到海洋国王号上之后，沃德尔登上甲板，穿着他的邦联海军制服，向集合起来的两艘船上的全体船员发表讲话，告诉他们海洋国王号是被南方买下的，将被正式更名为南方邦联谢南多厄号。在目瞪口呆的船员们彻底消化这个令他们震惊的真相之前，沃德尔如他后来回忆的那样“要求船员们加入为南方邦联效力的事业，协助那些受压迫的勇敢的人民抵抗强大而傲慢的北方政府”。[36]

随同沃德尔一起搭乘劳蕾尔号前来的只有 18 名他亲自挑选的军官和船员。虽然他们都是优秀而可靠的手下，有些还曾经在阿拉巴马号上服役，但是光凭这么几个人是无法有效地控制谢南多厄号的。对自己的事业深信不疑的布洛克和沃德尔满以为曾经的海洋国王号和劳蕾尔号上的全部 80 名船员中至少会有 60 人愿意留下，结果只有 23 人。所以谢南多厄号最终的船员人数只有少得可怜的 42 人。这个尺寸的战舰通常需要 150 名船员，而谢南多厄号的船员数则远少于这个数目。[37]沃德尔虽然心里非常失望，但表面上还是冷硬而平静地接受了这样的现实，让那些拒绝了他的提议的人都转移到劳蕾尔号上返回英格兰去了。之后，沃德尔下令起航，不过事实证明这件事说起来容易，做起来就难了。船上甚至没有足够的船员来拉起锚，所以沃德尔和他的军官们也不得不脱掉自己的制服，跟水手们一起出力。固定好船锚之后，谢南多厄号作为南方邦联突袭船的使命就正式开始了。

沃德尔接受的命令很明确。布洛克给他的书信上是这么写的："你要到太平洋上，特别是大批的美国捕鲸船队经常去的地方进行搜寻，那里正是敌人财富的来源，也是他们水手的培训场。我们希望你能够给他们造成巨大的损失，就算不能彻底毁坏那些船队，至少也可以将它们驱离。"[38]虽然船只巡逻的终极目的是摧毁捕鲸船队，但是只要有机会，谢南多厄号也不会错过任何其他可以袭击的目标。离开马德拉群岛仅 6 周之内，沃德尔和他的船员们就截获了 6 艘商船，其中 5 艘都被凿沉或烧毁了，只剩下 1 艘被用来将所有俘虏送到巴西。

1864 年 12 月 4 日，也就是在联邦军队将领威廉·特库姆赛·谢尔曼（William Tecumseh Sherman）开始那场后世褒贬不一的从佐治亚到卡罗来纳的"向海洋进军"行动之后不久，谢南多厄号在南大西洋上的特里斯坦 – 达库尼亚群岛（Tristan da Cunha）以外 50 英里的水面上遇到了自己的

第十七章　港湾里的石头和海水中的火焰

第一艘捕鲸船目标——新贝德福德的爱德华号。当时，全名为爱德华·凯里号（Edward Carey）的捕鲸船上的船员正在忙着切割一头露脊鲸，所以直到谢南多厄号已经靠得很近之后，他们才意识到危险降临了。[39]爱德华·凯里号上装备了充足的物资，而谢南多厄号在捕鲸船旁边停了两天，抢走了所有他们急需的补给，包括棉质帆布、滑轮组、100 桶牛肉和猪肉，还有几千磅硬饼干，用沃德尔的话说："这是我们吃过的最好的硬饼干。"之后，爱德华·凯里号被付之一炬，沃德尔其实并不喜欢烧毁自己的战利品，但是这的确是最方便有效地处理掉这些船的办法。

爱德华·凯里号的船长和船员都被送到了特里斯坦－达库尼亚群岛，这个岛从 19 世纪初就被捕鲸人和捕海豹者作为一个中途的停靠点，此时这里的人口大约是 40 人，其中绝大部分是美国人或英国人的后裔。[40]谢南多厄号刚一靠近这个岛屿，就有岛民划着独木舟来以物易物。一个岛民看到桅杆上悬挂的南方邦联旗帜时问那是什么。谢南多厄号上的人告诉岛民这是一艘南方邦联的巡洋舰，打算把船上的俘虏留在这里。岛民于是反问道：

"你们从哪儿抓到的俘虏？"

"从离这儿不远的一艘捕鲸船上。"谢南多厄号上的军官回答说。

"难怪了。那捕鲸船呢？"

"我们把船烧了。"

"哎哟！你们遇到船都要这么处置吗？"

323

"只有属于北方联邦的船才会被处置；其他船不会。"

"哦，也许你们有你们的道理吧，不过我相信这样胡作非为一定会给你们招来麻烦的，到时候你想停止都来不及。我不知道你们跟北方联邦有什么仇，但是我发誓他们肯定不会对你们的行为坐视不理。"[41]

虽然岛上的居民为南方邦联感到担忧，但是岛上的管理者毕竟是北方人，他同意接收这些俘虏，让他们在岛屿上待了 3 个星期，直到北方联邦军舰易洛魁人号（*Iroquois*）前来营救他们。这艘军舰就是被派来追击谢南多厄号的。[42]

谢南多厄号离开特里斯坦 – 达库尼亚群岛之后不久，一位船员就发现船尾驱动轴上的连接箍出现了开裂的情况，不过谢南多厄号没有选择去最近的港口开普敦进行维修，相反，沃德尔决定冒险继续自己预定的航程，依靠风帆动力前往澳大利亚的墨尔本。谢南多厄号一到达目的地就成了轰动一时的明星。根据谢南多厄号的代理大副科尼利厄斯·亨特（Cornelius Hunt）的说法，"大批的群众从各处聚集到此，想要找到一些关于这艘奇特的船的真实信息，我们在港口停靠了一个小时，有大量的船从各个方向向着我们驶来"。[43]沃德尔正式向当地政府提出了要尽快维修船，并订购一大批煤炭运上船为后续航行所用的请求。当地的官员考虑到英国的官方立场是保持中立，所以开始对于是否该接纳这样一艘南方邦联的船还感到有点紧张，不过最终他还是批准了这一请求。谢南多厄号就这样开始了在墨尔本为期 4 周的停泊。当沃德尔同意访客上船之后，"这一消息就像野火一般迅速蔓延开来"，亨特描述说有好几千人上过船，"他们都迫切地想要对别人炫耀说自己见过著名的'叛乱海盗'"。[44]在墨尔本的美国领事对于这件事的看法则完全相反。为谢南多厄号受到如此礼遇而火冒三丈的领事官员反复敦促当地官员扣押这艘船，但是最终没有任何结果。

修好了船、装满了煤的谢南多厄号于1865年2月18日离开了墨尔本，同一天北方联邦重新夺取了萨姆特堡（Fort Sumter）。谢南多厄号在墨尔本停留的时候，有好几百名对于南方邦联事业满怀同情的澳大利亚人申请随同谢南多厄号一起出海，但是沃德尔和他的军官们不得不礼貌地拒绝了他们的请求，因为担心这样会触犯英国的《国外服役法案》。做出这样的决定对于他们来说是非常艰难的，尤其是当本就严重不足的船员中又有17人在船维修期间弃船逃跑之后。沃德尔称这些人显然是受到了北方联邦领事的唆使，后者还向他们提供了每人100美元的贿赂。[45]不过谢南多厄号刚一起航，就有很多人从船上各个隐蔽的地方跑出来。最终，总共有45名新船员通过在出发前一夜藏身于船上的方式加入了谢南多厄号的航行。他们之中有人藏在船头斜桁里，有人藏在空的贮水池里，还有的藏在下层货舱里。"这么多人究竟是如何在不被发现的情况下上了我们的船这件事对我来说是个谜，"亨特说，"但是他们已经上来了，现在的问题是我们该拿他们怎么办呢？"[46]尽管亨特感到吃惊，但是如一位候补上尉辩驳的那样，"在船员们知情后的默许下"，这些全都声称自己是"出生于南方邦联地区的"私自登船者还

324

真是给他们的航行帮了不少忙。[47]完全清楚自己有多么迫切地需要这些人手的沃德尔也决定，既然已经这样了，就允许他们留在船上吧。

谢南多厄号的下一个目的地是加罗林群岛（Caroline Islands），它在那里截获了 4 艘捕鲸船。这次沃德尔没有将船烧掉，而是将船都搁浅到附近的海岛上，让本地人随意取用船上的一切，作为交换条件，当地人的领袖同意收留沃德尔俘虏的 130 名捕鲸人，直到有联邦的船经过将他们接走为止。事实证明，俘虏这些捕鲸船对于谢南多厄号来说无异于上天的眷顾，因为他们在船上发现了捕鲸人使用的鲸鱼分布图。在沃德尔看来，"有了这些图表，我不仅掌握了太平洋上的群岛信息，还有鄂霍次克海和白令海以及大西洋上的关键航道，更重要的是了解了大批从新英格兰出发的北极捕鲸船队最可能前往的地点，可以省去很多漫无目的地寻找的时间"。[48]有了图表的帮助，迫切地想要抓到这些捕鲸船的谢南多厄号顶着狂风暴雨一路向北，最终在 5 月底航行到了堪察加半岛，并在这里截获和烧毁了新贝德福德的捕鲸船阿比盖尔号（*Abigail*）。[49]

没有人比阿比盖尔号的船长埃比尼泽·奈（Ebenezer Nye）更为这整件事的经过感到震惊。起初他以为谢南多厄号是一艘俄国船，得知它的真实身份之后，奈惊讶地询问一艘突袭船跑到这片水域里干什么？谢南多厄号上的一位军官告诉他："实际的情况是这样的，船长……我们已经和鲸鱼达成了一项进攻和防御的条约，我们是依照具体的规定前来驱赶它们的天敌的。"想想自己这次到目前为止还没有多少

325

收获的航行，奈回答道："鲸鱼跟我可没有多大仇，有上帝为证，我这趟航行根本没给鲸鱼带来什么困扰，不过这么多年来，我在捕鲸这件事上得到的也不少了。"[50]实际上，奈的运气可真够差的，这已经不是他第一次碰到南方邦联的突袭船了。他曾经效力的一艘捕鲸船此前就被阿拉巴马号截获并烧毁了。难怪他手下一个绝望的水手忍不住抱怨："你碰到邦联巡洋舰的概率比碰到鲸鱼的还高。我再也不想跟你一起出海了，因为只要海上有巡洋舰，你就一定能碰到。"[51]奈虽然缺少运气，但是他绝不缺少勇气。看着自己的船被付之一炬时，他告诉沃德尔："你这样做并不会击垮我；我家里有1万美元，我出海之前已经把钱都借给政府去和你们这样的人战斗了。"[52]

如对待自己之前截获的船一样，沃德尔询问阿比盖尔号上的船员有谁愿意加入谢南多厄号，为南方邦联的事业出力。唯一愿意投靠南方的人是二副托马斯·S. 曼宁（Thomas S. Manning），这个人出生在巴尔的摩，他很快就因为谎话连篇、令人厌恶而遭到了谢南多厄号船员的鄙视。[53]但是曼宁的到来也不是完全没有好处的，他提供的最有价值的服务就是依靠他对北方捕鲸船队行动的了解来指引谢南多厄号更有效地找到猎物。6 月 21 日，谢南多厄号在白令海的纳瓦林角（Cape Navarin）发现了一条线索，他们看到水面上漂浮着鲸脂，这说明附近一定有捕鲸船存在。果不其然，谢南多厄号很快就发现了目标，没费太大力气就截获并烧毁了两艘从新贝德福德出发的捕鲸船威廉·汤普森号（*John Thompson*）和幼发拉底河号（*Euphrates*）。第二天，谢南多厄号又截获了三艘新贝德福德的捕鲸船，分别是米洛号（*Milo*）、索菲娅·索顿号（*Sophia Thornton*）和以勒·斯威夫特号（*Jireh Swift*）。后两艘船尤其让谢南多厄号的船员们感到激动，因为和之前截获其他捕鲸船的情况都不一样的是，这两艘船都看到了谢南多厄号正在仔细检查米洛号，所以双双拉下船帆向着冰原附近逃去。[54]谢南多厄号凭借蒸汽动力的推动，在两艘船后面紧紧追赶，先是靠近了索菲娅·索顿号，并使用 32 磅重的惠特沃斯步枪进行警示，一发子弹正好打穿了索菲娅·索顿号的上桅帆，船长被迫决定投降。与此同时，另一艘船速快一些的以勒·斯威夫特号已经穿过了冰原，向西伯利亚海岸驶去。谢南多厄号打开了两个蒸汽机，同时使用风帆动力，以超过 11 节的速度全速追赶目标。即便如此，谢南多厄号也足足花了 3 个小时的时间才追到炮击射程之内。此时据沃德尔的观察，"威廉姆斯船长尽了一切努力想要拯救自己的船，但是意识到自己的全体船员都将面临灭顶的炮火时，他带着有男子气概的尊严，识时务地向糟糕的运气低头了"。[55]

326

沃德尔的成功带来了一个问题，每截获一艘船，俘虏的数目就会增多，甚至多到了谢南多厄号船员已经无法保证自己船的安全的地步。沃德尔不想把这些人丢在浮冰上不管，那样等于判处了他们死刑，所以他必须想出一个应对的办法。最终，他决定允许捕鲸人缴纳赎金赎回一艘船。沃德尔邀请米洛号的船长乔纳森·C. 霍斯（Jonathan C. Hawes）到谢南多厄号船上来，并向他开出了价码：如果霍斯承诺支付 46000 美元赎金，并将所有俘虏送回旧金山，沃德尔就可以不烧毁他的船。[56]这笔赎金将被视为米洛号船主对南方邦联的欠款，付款时间是战争结束之时。这个数目涵盖了这艘船及船上物品的价值。霍斯立即接受了对方的条件，驾驶米洛号载着所有人向南驶去，索菲娅·索顿号和以勒·斯威夫特号则都被烧毁了。最终，米洛号的船主并没有支付任何赎金，直到很多年后，当亨特将他在谢南多厄号上的经历创作成书的时候，他还对这件事耿耿于怀：

> 我们在巡航的过程中接受过多个类似于这笔钱的支付保证，但是至今都没有兑现。如果他们打算履行自己的承诺的话，现在就是最好的时机。战争的结局对于我们的事业来说是灾难性的，所以我们更需要收齐任何拖欠我们的款项。因此，以上提到的这些债务人可以将欠款寄给我的出版商，我在此授权他们代理此事，付给他们和付给我具有相同的法律效力。[57]

自从离开澳大利亚之后，谢南多厄号几乎就与外部世界失去了联系，沃德尔和他的船员们都很想知道战争的进展。因此，当米洛号离开之前，沃德尔向霍斯船长询问了他会向所有被自己截获船只的船长们询问的同一个问题：你有没有关于祖国的消息？霍斯的回答是战争已经结束了，这让沃德尔非常愤怒。他不愿相信船长的一面之词，所以让他提供证据，当船长无法提供的时候，沃德尔感到如释重负，更加认定船长的情报是不准确的。不过沃德尔的自信很快就会被动摇。两天之后，谢南多厄号截获并烧毁了一艘刚刚从旧金山

327

出发的商船苏珊·阿比盖尔号（*Susan Abigail*）。这艘船上有在加利福尼亚州发行的报纸，上面刊登着关于南方告急的各种消息，有格兰特将军在里士满的大胜，还有李在阿波马托克斯投降，以及杰斐逊·戴维斯总统及南方邦联政府都被转移到了弗吉尼亚州的丹维尔（Danville）等。沃德尔还怀着极大的关注阅读了林肯遇刺的相关报道，以及戴维斯发表的号召南方人将战争进行到底的宣言："希望南方人民重整旗鼓，英勇无畏地坚持抗敌。"

沃德尔向苏珊·阿比盖尔号的船长询问加利福尼亚州人民是如何看待战争结果的。船长回答说："支持哪一方的都有，眼下是北方占据了优势，不过谁也不知道最后的结局会是怎样，因为报纸上的消息并不可靠。"[58]这正是沃德尔最想听到的答案。他不能接受南方已经战败的结果，所以他选择相信船长的说法。再加上戴维斯鼓舞人心的宣言，以及有几名苏珊·阿比盖尔号上的船员自愿加入谢南多厄号的事实，都让沃德尔坚信战争还没有结束。苏珊·阿比盖尔号上的报纸都是 3 个月之前的了，船长也只能提供一些他启程之前知道的信息。在没有绝对的证据证明战争已经结束之前，就算沃德尔可能已经对继续进行他一直以来从事的事业是否明智存在疑虑，但是支撑他走到今天的坚定与决心还是促使他将自己的行动坚持到底。这对于在北冰洋附近的捕鲸船队来说绝对是个灾难。

谢南多厄号继续向北航行，1865 年 6 月 25 日烧毁了新伦敦的威廉姆斯将军号（*General Williams*）。两天之后，谢南多厄号又充分利用了当天晴朗无风的特点，凭借自己的蒸汽动力截获了威廉·C. 奈号（*William C. Nye*）、尼姆罗德号（*Nimrod*）和凯瑟琳号（*Catherine*）3 艘捕鲸船，这些船都是因为没有风而几乎失去了行动能力。如阿比盖尔号的船长埃比尼泽·奈一样，尼姆罗德号船长詹姆斯·M. 克拉克船长（Capt. James M. Clark）也不是第一次遇到南方邦联的巡洋舰了。两年前，他曾经是海洋漫游者号的船长，当时他的船是被阿拉巴马号截获并烧毁的。那次第一个登上他捕鲸船的邦联军官是海军上尉史密斯·李（Lt. S. Smith Lee），这次，第一个登上尼姆罗德号的竟然又是李，连他本人都觉得这样的巧合是一个"无比精彩的笑话"，不过克拉克船长对此肯定是没有同感的。[59]

328

截至此时，"船上已经聚集了一大批北方佬，远超过我们能控制的数量"，据亨特看来，"他们唯一做的事就是聚在一起密谋造反"。所以，谢南多厄号放下了一些捕鲸小艇拴在船尾，把 150 名捕鲸人都分散到了各条小艇上面去。烧毁最新截获的这 3 艘船之后不久，沃德尔和他的船员就发现远处还有 5 艘。"当时从船上望过去的场面很奇特，"亨特回忆说，"我们背后是 3 艘漂浮在巨大的浮冰中间熊熊燃烧着的船；船尾不远处拖着 12 条坐满了捕鲸人的小艇；我们前面还有另外 5 艘捕鲸船，显然已经感受到了危险即将来临，却没有任何办法逃避。"谢南多厄号躲避着海上的浮冰，渐渐靠近了那 5 艘船。沃德尔小心地避开了其中 1 艘，因为有传言说那艘船上爆发了天花疫情，不过另外 4 艘船他是都不会放过的，最终谢南多厄号追上了其中的吉普赛人号（*Gypsy*）、伊莎贝拉号（*Isabella*）和派克将军号（*General*

Pike）这 3 艘。吉普赛人号的船长被抓住时已经吓得浑身发抖，据亨特说，他甚至无法"口齿清楚地回答任何问他的问题，显然是以为自己要陪着船一起被活活烧死，或是被吊死在船帆桁端上，直到我向他保证没有任何人要伤及他的性命或尊严之后，他依然表现出一副不敢置信的样子"。[60]烧毁了吉普赛人号和伊莎贝拉号之后，沃德尔向派克将军号的船长提出了 45000 美元赎金的条件，并要求他将谢南多厄号上的全部 222 名俘虏都送回美国。派克将军号的船长大声质疑道，返回旧金山的航程那么漫长，自己要怎么养活这些俘虏以及原本的 30 名船员？沃德尔却回答他可以把船上的"卡纳卡人（夏威夷人）煮了吃掉"，反正船上"有很多"这样的人。[61]

6 月 27 日，谢南多厄号又发现远处有 11 艘捕鲸船。沃德尔想要截获所有捕鲸船，但是必须要谨慎地行动。当天风势不弱，哪怕有一艘船对谢南多厄号起了疑心，所有船都会立即尝试逃跑，到时谢南多厄号成功的概率就要大大降低了。所以，沃德尔决定耐心地等待时机，他下令将蒸汽引擎熄火，降下烟筒，提起助推螺旋桨，让谢南多厄号缓缓地落在那一群船后面，以免引起任何怀疑。到了第二天，海上的风完全停了，谢南多厄号的船员重新发动了蒸汽引擎。上午10 点，它先是追上了新贝德福德的捕鲸船韦弗利号（*Waverly*），因为这艘船是落在其他捕鲸船后面有一段距离的。将船上的俘虏转移并烧毁了船之后，谢南多厄号在下午1 点 30 分追上了另外 10 艘捕鲸船。按照沃德尔的回忆，"收集猎物的工作是在东岬湾（East Cape Bay）进行的，谢南多厄号悬挂着联邦旗帜，开着引擎进入了海湾"。捕鲸船

第十七章　港湾里的石头和海水中的火焰

上都飘着联邦旗帜，此时它们正聚集在一起，向其中一艘布朗斯维克号（Brunswick）提供帮助。几小时前，这艘船刚刚撞上了一块巨大的浮冰。此时布朗斯维克号的船身已经严重倾斜，而且灌进了大量的海水。谢南多厄号一进入海湾，就有一条不知道它真实身份的小艇划过来向他们求助。沃德尔回答说："我们现在很忙，但是我们会马上去处理你的问题的。"后来他们也真的去了。[62]

　　沃德尔把谢南多厄号调整到最佳的战略位置之后，立即升起了南方邦联的旗帜，并鸣放了空包弹来正式宣布袭击的开始。"当时所有人都非常恐慌，"亨特写道，"每艘船的甲板上都有焦灼地聚集在一起的人，担忧地看着不可相信的陌生人，然后又无奈地抬头看看桅杆顶上挂着的一动不动的船帆。可是再怎么看，他们也依然没有逃跑的办法。风一直是他们最忠诚的助手，此时却背叛了他们，不见一丝踪影。捕鲸船就像搁浅的鲸鱼一样，只能期盼敌人的慈悲。"[63]所有的捕鲸船很快都降下旗帜投降了，唯独费尔黑文的宠儿号（Favorite）是一个例外。当谢南多厄号的一条小艇靠近之后，小艇上的人立刻明白了这艘船为什么拒不投降。站在甲板上的是举着捕鲸枪和左轮手枪的宠儿号船长托马斯·G.杨（Thomas G. Young），他身边的几名船员也都拿着武器。这样做未必明智，但杨所展现出的英勇无疑是酒精刺激的结果。当谢南多厄号的小艇来到近前时，杨用一种奇怪的质询声调大声喊道：

　　"喂，小艇？"

"喂!"

"你们是什么人,想干什么?"

"我们来通知你,你们的船已经被南方邦联蒸汽船谢南多厄号俘虏了。"

"我的船不可能被俘虏,至少现在还没有,你们最好躲远点,不然我就开枪了。"[64]

谢南多厄号小艇上的人向沃德尔汇报了这个情况,于是他命令小艇返回,然后让船员驾驶谢南多厄号朝宠儿号开去,他要亲自会会这个杨船长。与此同时,杨的船员们想到和谢南多厄号较量的下场,大多"已经吓得膝盖开始打战",他们除下了船长枪支上的火药装置,拿走了他的子弹,然后放下小艇划走了,只留杨一个人在甲板上。已经60多岁的杨看着谢南多厄号越驶越近,反而展现出了一副斯多葛学派顺应天命的气节,对于自己可能要和船同生共死的结局泰然处之。"我这么大岁数了,顶多还能活个四五年,"他暗自思忖,"现在死和过两天死又有什么区别?更何况我把所有的钱都投到这艘船上了,如果我的船没了,我就要身无分文地回家,早晚也会像个乞丐一样饿死街头。"[65]当谢南多厄号终于来到了能够与宠儿号进行喊话的范围之内时,船上的军官向杨大喊:

"降下你的旗帜!"

"有本事你自己来降!上帝诅咒你!你良心何在?"

"如果你不降下旗帜,我们会在5分钟之内把你炸上天。"

　　"尽管炸吧，军官。我要是为了任何水上漂着的可憎的南方邦联海盗降下旗帜，那我的灵魂就要永世受折磨了。"[66]

　　这样逞强的表现让沃德尔觉得挺有意思，再说他也敬佩杨的大胆无畏，所以他并没有近距离向宠儿号开炮，而是派遣了一支登船小队登上宠儿号。杨本来想使用捕鲸枪射击，却发现火药装置不知在哪里，所以只好放下武器投降。据亨特回忆，当杨被带到谢南多厄号上的时候，"他已经醉得厉害，显然是之前喝酒壮胆来着，不过我们大多数人还是认可他为整段巡逻期间遇到的最勇敢、最坚定的人"。[67]

　　被堵在东岬湾里的 10 艘船中，最终有 8 艘被烧毁，包括希尔曼号（*Hillman*）、纳索号（*Nassau*）、艾萨克·豪兰号、布朗斯维克号、玛莎 2 号（*Martha 2d*）、国会 2 号（*Congress 2d*）、宠儿号和卡温顿号（*Covington*）。大火燃烧的场面被亨特描述为"任何目睹过这一场景的人都会对此永生难忘。船燃烧发出的红色火焰……在这片荒凉海面的浮冰之上连成一片；最终每一艘在劫难逃的船都被火焰吞噬了，木头燃烧时发出的噼啪声萦绕在似乎停滞的空气中，仿佛是在为自己的结局抗议"。[68]得以幸免的两艘船分别是尼罗河号（*Nile*）和詹姆斯·莫里号（*James Maury*），沃德尔给它们规定了赎金的数额，并要求它们运送所有俘虏返回旧金山。不过，詹姆斯·莫里号上有一个特殊的乘客，严格意义上说不能被算作俘虏。在谢南多厄号出现之前，詹姆斯·莫

331

里号原本的船长就已经去世了，随他一同出海的还有他的妻子和3个孩子，因为不愿意把丈夫永远地留在海上，船长夫人选择把他的尸体泡在一桶威士忌酒里带回家乡。

沃德尔此时决定继续向北航行，穿过白令海峡。他知道那个方向有更多的捕鲸船，还想尽己所能地截获更多的船。不过航行了仅仅一天之后，他就掉转船头向南去了。后来他写道，这个突然的改变出于两个原因。首先，因为天气越来越冷了，海面上有太多浮冰，他担心自己的船"会连续几个月被困在北冰洋上"。其次，他担心如果关于他的行动的消息已经传开的话，敌人的军舰很快就会到这里追击他，"到时他们会很容易地将谢南多厄号封堵起来，并迫使它进行反击"。[69]不过，捕鲸历史学家约翰·博克斯托斯（John Bockstoce）却认为："这两个理由……都不太有说服力。"[70]实际上，博克斯托斯认为从被截获的船上发现的报纸发挥的作用实际上比沃德尔在自己的日记里肯承认的要大得多，结果就是，沃德尔心里清楚战争实际上已经结束了。因此，他决定向南航行的原因并不是躲避浮冰或敌人的巡洋舰，而是为了有机会了解更多战争局势的消息。无论哪个解释更接近真相，总之8月2日，谢南多厄号已经抵达了加利福尼亚海岸外，它发现远处有一艘船，于是开始进行追击。

332　　这艘小型船是英国的蛇鲭鱼号（*Barracouta*），它从旧金山出发，打算前往利物浦。沃德尔派出了一条小艇前去打听消息，得到的回答正是他们能想到的最糟糕的结果。北方联邦已经毫无争议地获得了胜利。亨特写道："南方人的事业失败了，毫无希望、无可挽回地失败了，战争已经结束了。我们那些英勇的将领们已经一个接一个投降，被迫交出了他们曾经带领着取得无数胜利的军队。一个接一个的州被不计其数的敌人占领，我们旗帜上的星星一个接一个地熄灭了。南方邦联已经不复存在。"[71]沃德尔感到无比震惊，他写道："从我加入海军那天起，我遇到过无数起起伏伏，我相信自己已经学会了不被任何失望击倒，但是输掉这场充满血腥的斗争是最难下咽的一颗苦果。"[72]

　　谢南多厄号作为南方邦联突袭船的使命已经结束了。沃德尔和他的船员总共截获了 38 艘船，俘虏船员 1053 人。被谢南多厄号毁掉的 32 艘船的价值总计 140 万美元，其中有 25 艘都是捕鲸船。然而这一切都是徒劳的。除了一些心理震慑之外，谢南多厄号的行动对于战争的进程没有产生一星半点的影响。实际上，早在谢南多厄号进入打击效果最好的航行阶段之前，战争就已经结束了。如今，沃德尔必须决定自己接下来要怎么做。他从蛇鲭鱼号那里得知的不仅是战争已经结束的消息，还有他和他的船员已经被安德鲁·约翰逊总统（Andrew Johnson）的政府确定为海盗团体，美国海军的军舰正在海上搜捕他们。沃德尔很清楚自己的船到了美国港口会受到怎样严厉的制裁，所以他设定了前往英国的航线。如布洛克后来写到的那样，沃德尔认为自己能够在英国政府那里"接受不带偏见的考量和公平公正的审讯"。[73]为了避免引起怀疑，在前往英国的漫长航行里，沃德尔将谢南多厄号甲板上和船员们的武器全藏到了下层船舱，还用硬木板堵住了炮孔，降下了蒸汽引擎的烟囱，总之就是尽一切可能让谢南多厄号看起来跟其他做生意的商船没有什么两样。[74]

与此同时，北方船队遭受悲惨结局的消息已经传开了。[75]北方的报纸上登满了引人眼球的大胆标题，还有各种从谢南多厄号俘虏那里获得的一手材料，无不在向人们宣告着这场重大的灾难：

> *谢南多厄号海盗船*
>
> *它在北冰洋上的巡逻——*
>
> *是对美国捕鲸船的大规模毁灭*[76]

忠诚的北方港口新贝德福德对于这些消息感到的愤怒和伤痛是最强烈的，因为被烧毁的船大多数都属于这里。当地报纸《共和党旗帜报》（*Republican Standard*）的编辑们指责美国政府没有在捕鲸船队面临这样可怕灾难的时候为它们提供保护。编辑抱怨道："看起来，政府方面出现了严重的疏忽，才会使得如此重要的一项民族产业及如此巨大的财产得不到应有的保护。从我们有理由抓捕南方邦联劫掠船的那天起，就应该派一两艘强大的蒸汽动力军舰到北太平洋上巡逻。"[77]

在不停船补给的情况下航行了 17000 英里的谢南多厄号于 11 月 5 日抵达了英格兰，迎接他们的是极端的冷遇。如一份伦敦报刊上的文章指出的那样："谢南多厄号此时出现在英国水域里是一起意外且不受欢迎的事件。人们最后一次听到关于这艘臭名昭著的巡洋舰的消息就是它在北太平洋上无情地袭击了美国捕鲸船……很遗憾……没有联邦军舰能够在谢南多厄号来英国寻求我们的怜悯之前抓住它。"[78]谢南多厄号返回英国再度激起了美国人对于英国两面派行径的怒火，因为当初这些南方邦联的突袭船就是在英国建造和装备的。谢南多厄号的返回也令英国的政治家和选民们惊恐万分，因为他们都知道美国人的愤怒完全是，或者至少可以说在某种程度上是有道理的。接下来的几天，局势非常紧张，谢南多厄号上的船员们焦急地等待着事关自己命运的决定。最后，让他们感到既意外又欣慰的是，所有人都被认定是自由的。英国政府的结论是自己没有理由也没有愿望对这些船员进行任何形式的追责。谢南多厄号被移交给了美国领事，船上的人则各奔东西。然而，谢南多厄号的投降还不是这个故事的结局。美国人没有忘记英国人在阿拉巴马号、谢南多厄号及第三艘突袭船佛罗里达号（*Florida*）下水这一系列事件中扮演的角色，美国政府要求英国人赔偿战时及战后这些船给北方航运造成的损失。最终一个国际特别法庭对这件"阿拉巴马索赔案"进行了仲裁，判定美国获赔价值1550万美元的黄金。[79]

334

　　沃德尔在英格兰居住了10年，后来迁居到了夏威夷，成了一艘往返横滨和旧金山之间的邮政船的船长。他最终定居安纳波利斯，做了很短一段时间的牡蛎养殖人之后，于1886年逝世。[80]直到生命终结之时，沃德尔仍然坚信谢南多厄号以一种崇高的形式进行了一项崇高的事业。如他在自己的回忆录中写到的那样："谢南多厄号是唯一悬挂着南方邦联的旗帜在全球航行的船……捍卫南方邦联的最后一炮是在谢南多厄号的甲板上打响的……它在13个月里总计航行了

58000 英里，其间没有出现任何严重伤亡……它有 8 个月是在海上航行，没有一次追击半途而废，在速度上没有被任何其他巡洋舰超越过，即便是著名的阿拉巴马号也比不上它。我代表船上的军官和船员们宣布，谢南多厄号是一艘胜利的军舰，它战胜了所有的敌人，也战胜了它遇到的任何艰难险阻。"[81]

谢南多厄号返回英国为美国捕鲸史上最具戏剧性的一个历史章节画上了句号。沉没的石头舰队和邦联突袭船的劫掠加在一起毁掉了超过 80 艘捕鲸船，内战本身也给这一行业造成了严重的破坏，使它完全陷入了困境。如果历史能够重演，那么捕鲸行业还能东山再起，就如美国独立战争和 1812 年英美战争之后一样，美国捕鲸人也从几乎毁灭的绝境中重新发展为一股国内和国际的重要贸易力量。然而工业革命对美国的改造太彻底、太不可逆转了，所以历史上发生过的事并不能给此时的人们提供任何有用的指导。美国捕鲸行业的瓦解随后还会因为另一种替代能源的发展而进一步加速，美国北方人的捕鲸船很快就会彻底退出历史的舞台。

第十八章
由地上来

1861 年，《名利场》杂志刊登了一组漫画，画的是一屋 335
子盛装的鲸鱼正在举办舞会，它们有的跳舞，有的喝酒，看
起来格外兴奋。背景里悬挂的条幅说明了鲸鱼们如此欢乐的
原因。有一条写的是："愿我们陆地上的油井永远不会枯
竭。"另一条写的是："我们再也不用为身上的鲸脂而恸哭
哀号了。"鲸鱼们为刚刚在宾夕法尼亚州发现的油井而大肆
庆祝，这样的发现预告了捕鲸行业的迅速衰败。在石油革命
之前，鲸鱼油被广泛运用到各种生产过程中。当时的鲸鱼油 336
商人们团结在一起共同抵抗各种竞争者。但是这种从地里冒
出来的、黏稠的黑油带来了一种无法被规避的挑战。石油的
供应量如此丰富，用途如此广泛，价格如此低廉，很快就在
很多地方取代了鲸鱼油的位置。所以漫画里的鲸鱼们会如此
开心真是一点也不令人意外。

早在 19 世纪 40 年代，鲸鱼油作为照明材料的统治地位
就开始遭受连续不断的挑战。经过对产品的精炼及对油灯设
计的改进，从猪的脂肪里提炼出的猪油已经成了越来越受欢
迎的照明材料，尤其是对于那些生活在远离海洋的内陆地区

的人或生活在农场四周，养了很多猪的人们来说更是如此，所以猪也被人们称为"陆上鲸鱼"。[1]除此之外，还有另一种全新的叫作莰烯（camphene）的照明材料，是松节油和酒精的混合物经蒸馏后提炼出来的。这种材料一出现，很快就成了对鲸鱼油市场份额的潜在威胁。这样或那样的竞争者的不断涌现总会让宣称鲸鱼油的末日即将到来的报道现诸报端。1842 年的《纽约商业日报》（*New York Journal of Commerce*）上刊登的一篇文章就是最典型的代表：

> 今年春天，内陆地区的人们对于抹香鲸鲸鱼油几乎没有任何需求，其他城市的需求也很少，因为莰烯和猪油满足了他们的需求，而且二者价格更低。未经提炼的抹香鲸鲸鱼油价格下降了 1/3，但依然鲜有人问津。除非鲸鱼油商人能够想出什么降低产品价格的方法，否则猪就会逐渐稳住自己的份额，眼看就要把鲸鱼挤出市场了。西部森林里跑的四条腿的猪比任何海洋里游的带鳍的鲸鱼都多。再说猎捕野猪可比捕鲸鱼容易多了。[2]

这样的文章总是会引起捕鲸人以及在经济上依靠他们的各个群体的热烈且通常充满幽默的反驳。[3]《楠塔基特岛问询报》在 1843 年时就提醒自己的读者们不要相信鲸鱼油产业即将走向终结的谣言。

> 很多报纸，以及成千上万做猪油、化学油、莰烯等

各种照明材料生意的商人和骗子们鼓捣出了很大的动
静；还有不少精明的预言家说抹香鲸鲸鱼油贸易很快就
要消失了，鲸鱼将不再受到人类的侵扰，可以在海洋中
自由地生活了……甚至有人恶毒地宣告楠塔基特岛很快
就会从现在这样一个地位重要、有人居住的海上岛屿变
成一个土里只能长出沙虱，居民靠玩套圈打发时间的贫
困而悲惨的地方，人们要被迫靠堆积如山的抹香鲸鲸鱼
油和蜡烛过活！但是，奉劝那些对我们充满嫉妒的人和
偏好猪油的人，也就是我们所说的像猪一样贪婪的竞争
者们，还是不要沉迷于你们的美梦了。[4]

捕鲸人和他们的支持者们很快就列举了竞争产品的缺点
作为回应。比如说，很多回应者指出，人们把猪肉作为食物
还不错，但是猪油永远不可能成为好的照明产品，它遇冷会
凝固，燃烧时会发出难闻的气味，产生的光亮也阴暗浑浊。[5]
至于莰烯，虽然捕鲸人不情愿地承认它的价格比鲸鱼油低，
发出的光也足够明亮，但是他们也提醒人们不要忘记这种新
型液体燃料非常不稳定。关于莰烯油灯爆炸的报道让捕鲸群
体忍不住幸灾乐祸，更让他们获得了一种"我就知道会这
样"的满足感。[6]《楠塔基特岛问询报》听说费城一家旅馆
里发生了此类爆炸事件之后，言辞苛刻地发表了自己的评
论："人们一定要付出代价才能记住教训！如果他们还要使
用这样的物质，那么他们就活该被'炸飞'。"[7]《捕鲸人装
运单和商人清单》建议政府采取措施防止人们受到这种危
险物质的伤害。[8]很多评论者争辩说，如果将莰烯可能造成的

损失计算在内的话，那么它在价格上的那点优势就被抵消得一干二净了。除了易燃，茨烯的燃烧速度也比鲸鱼油快，在氧气不充分的情况下，还会产生大量油烟。《楠塔基特岛问询报》的编辑写道："如果人们购买 1 加仑照明材料时省了 6 便士或 1 先令，结果衣领都被油灯里产生的物质弄脏了，那么他省下的那个先令就得用来买肥皂；他还有可能因为过度吸入空气中的有害残余成分而得了肺病……［或者］他的视力可能受到影响，他的孩子可能在大量廉价的'便携煤气'引发的爆炸中丧命。"既然如此，为什么还要使用茨烯或其他可燃烧的化学液体呢?9

鲸鱼油商人们大可以驳斥或嘲弄猪油和茨烯，但这依然无法改变各种竞争产品已经开始瓜分原本属于他们的利润的事实。这些商人能在这样激烈的竞争中还保有一席之地的原因之一就是美国城市人口突飞猛进的增长，这使得对各种照明形式的需求都增加了。即便如此，到了 19 世纪中期，鲸鱼油商人的处境还是每况愈下，因为他们的竞争对手都在不断改进和发展。比如在美国少数一些城市里，从煤炭里提取的氢气作为照明材料已经有几十年的历史了，只是由于生产氢气的成本高昂，又没有传输气体所需要的管道设施，它的适用范围才受到局限。10可是到 19 世纪 50 年代，随着价格的下降和管道网线的不断延伸，使用煤气（通常被称为"城市煤气"）的范围大大增加了，甚至连新贝德福德也不例外。人们难免会以为，任何影响鲸鱼油主导地位的替代品在这个地方都会被拒之门外，然而现实是，这里的居民也开始使用煤气了。1852 年 6 月，《捕鲸人装运单和商人清单》的编辑失望地发现："我们见证了……煤气被引入新贝德福德这个古老的捕鲸城镇！……反思这种令人难堪的时代变迁，我们仿佛听到了鲸鱼嘲笑的声音……鲸脑油先生此时也许正摆动着笨重的身体，轻推自己的多位妻子，悄悄地告诉她们：'亲爱的，从今往后我们可以放心地喷水了！尽情享受美味的乌贼吧！再没有什么捕鲸叉、切割或提炼了！新贝德福德这个鲸鱼的受难地也用上煤气了！我不知道煤气是什么——我只知道它不是鲸脂就行了。'"[11]

　　1853 年，新贝德福德建起了第一个煤气厂，很快就让不少鲸鱼油支持者也转变了阵营。比如威廉·豪（William How）就在 1853 年 2 月 5 日的日记里写道："今天是标志着这个城市进入新时代的日子，这里的路灯和商店第一次使用了煤气。大批的民众追随在'点灯人'后面，看着他点燃了城里的各个煤气灯。各条街道都被煤气灯照亮了，商店也比使用'旧方法'的时候明亮得多。街上挤满了来看这种新式照明材料效果的人，所有人似乎都很满意。但愿这里的居民不会同意重新使用过去的［鲸鱼］油灯，否则他们就又要走在一片昏暗中，连前面的路通向哪里都不知道。"[12]

　　事实证明，对鲸鱼油影响更大的一种替代品是煤油。这种物质是在 19 世纪 40 年代末由加拿大地质学家亚伯拉罕·格斯纳博士（Dr. Abraham Gesner）最早提炼出来的。煤油是从沥青焦油，或称"沥青岩"里蒸馏出来的。它燃烧时无烟无味，还能产生比市场上任何其他照明材料都明亮的光，所以平均到每个光单位上的单价就比其他材料便宜得多。[13]短短 10 年之内，煤油就成了照亮上百万美国家庭的照

339

明材料。到 19 世纪 50 年代末，全美国共有 33 家煤油工厂。人们还发现用煤油替换鲸鱼油很方便，只要把油灯里的灯头换成专为烧煤油而设计的那种就可以了。[14]

使捕鲸人面临的困境更加复杂化的是，鲸鱼油的价格在 19 世纪 50 年代时出现了大幅上涨，特别是抹香鲸鲸鱼油。这在一定程度上是由于捕杀抹香鲸需要的成本和时间提高了，捕鲸人不得不到更远的地方捕杀数量日渐稀少的抹香鲸。1848 年，1 加仑抹香鲸鲸鱼油的平均价格是 1 美元，仅仅 7 年之后就上涨到了 1.77 美元。类似的，普通鲸鱼油在 1848 年的价格是 33 美分，到 1856 年则翻了一番还多，上涨到 79 美分。[15] 在鲸鱼油产业最需要提升自己竞争力的时候，它却因为无法控制成本而渐渐失去了市场，其他竞争者们正好利用了这个机会，一哄而上，抢占了原本属于鲸鱼油的份额。1858 年 3 月，《纽约晚邮报》（*New York Evening Post*）上刊登了一篇文章，重点关注了这个问题。在注意到未经提炼的抹香鲸鲸鱼油价格再次上升之后，文章指出："东部那些智慧的北方佬捕鲸人朋友们以为自己这么做很精明，好吧，我同意，可是他们难道没发现原料价格越高，制造商的利益就越少，最终谁都挣不到钱吗？这些年来，猪油和其他替代品不正是因为鲸鱼油价格居高不下而渐渐取而代之的吗？"[16]

到 19 世纪 50 年代末，美国人购买煤气和煤油的花费已经远超过了购买鲸鱼油的花费。[17] 最终，毁灭性打击出现在 1859 年，外号"上校"的埃德温·L. 德雷克（Edwin L. Drake）在宾夕法尼亚州一个名叫泰特斯维尔（Titusville）

的小镇上钻出了第一口 70 英尺深的油井并采出了石油。那之后不久，鲸鱼油产业就一蹶不振了。[18]

发现原油这件事被证明是给鲸鱼油行业带来最大损害的事，因为它为人们提供了储量丰富的新原料来提炼煤油。[19] 在德雷克采到石油之前，提炼煤油的主要原料是煤炭。虽然用煤炭生产煤油的工作进行得还算顺利，但是运营中的煤油厂仅有能力供应数量有限的产品，远远满足不了消费者对照明材料的需求。德雷克发现石油之后，这种供不应求的问题被彻底解决了。1860 年，宾夕法尼亚州从地下开采的原油产量大约是 50 万桶，到 1862 年已经猛增至 300 万桶，其中大部分都被提炼成了廉价煤油。充足的供应涌入了整个国家的各个市场，在很大程度上取代了鲸鱼油，也取代了其他各种照明材料。[20] 新的石油行业不仅让鲸鱼油成为照明材料中的边缘产品，还逐渐动摇了它在润滑油市场上的地位，因为包括煤油在内的从原油里提炼出的大量产品实际上也是绝佳的润滑产品。随着美国经济的工业化，人们对于此类产品的需求也越来越大。

捕鲸行业终于认清了这些情况给鲸鱼油生意带来的影响。数字摆在那里，容不得他们再视而不见了。1847 年是鲸鱼油产品产量最高的一年，包括普通鲸鱼油和抹香鲸鲸鱼油在内，美国捕鲸行业总共加工了超过 43 万桶鲸鱼油。然而这个数字在 1860 年，也就是石油产业运行的第一个完整年度里就被超越了。仅仅两年之后，当宾夕法尼亚的油井已经能够产出 300 万桶原油的时候，全美国的捕鲸船船队才生产出了区区 155000 桶鲸鱼油。在接下来的几年里，随着新

340

的石油储备被发现，新的油井被钻出，这个差距以惊人的速度被拉大。[21]1860 年，尼姆罗德号捕鲸船船长威利斯·豪斯（Capt. Willis Howes）在自己的日记中评价了捕鲸人在这个新时代之初面临的困局，他写道："洛船长……来到甲板上，提到……钻井每天产油的速度是 90［桶］。实际上煤炭及由它提炼的煤油是如今最令人振奋的话题，很可能也将成为将来各个总统候选人的政治纲领中必然提及的一条。换句话说，这种从地下抽取原油的行为已经成了自加利福尼亚最光辉的淘金时代之后最兴旺的行业。"[22]向着油田进军的不仅仅是矿工们，很多捕鲸人也扔下船到宾夕法尼亚州去了。等待他们的是一个欣欣向荣的产业，谁还愿意死守着一个每况愈下的衰败生意呢？一个作者称"大批捕鲸人和曾经的鲸鱼油商人如今都改做石油生意了……其数量之大令人感到有些惊讶"。[23]

341　　　19 世纪 60 年代初期，鲸鱼油商人一直在与蒸蒸日上的石油及其他鲸鱼油替代产品进行一场必败无疑的战斗。但是当 1865 年内战结束之后，这个国家打算重振在战争中受到破坏的经济时，人们对于鲸脑油和普通鲸鱼油的需求又上升了，由于当时这些产品的供应量相对已经很少，鲸脑油的价格一度猛增至历史新高的 2.55 美元，普通鲸鱼油也升高到 1.45 美元。[24]不过在那之后，鲸鱼油产品的价格像猛增时一样又迅速地暴跌，鲸鱼油商人们最终还是一点点地失去了市场份额。1870 年，《捕鲸人装运单和商人清单》发布年度贸易回顾时，能够提供给读者的只有一条令人沮丧的消息："鉴于捕鲸获得的收成极差，鲸鱼油产品的价格极低，再加上装备船只出海的成本太高，很多人都不再组织捕鲸活动了。新一年度留在港口的船的数量大大超过前一年。我们的商人们对于捕鲸行业的未来已经失去了信心，对于获得金钱方面的回报也不抱任何希望了。"[25]在写下这些内容不久之后，捕鲸行业就又接到了令人沮丧，甚至是充满悲剧性的消息。这一次，坏消息是从遥远的北方传来的。

第十九章
撞击坚冰

342　　1871 年的弓头鲸捕杀季来临时，人们一如既往地开始了捕鲸活动。40 艘捕鲸船在早春时节出发，向北朝着北冰洋中的巴罗角（Point Barrow）附近的冰冷水域去了。这些船的船长大多是拥有丰富北冰洋航行经验的老船长，他们都清楚自己可能遇到各种潜在的风险。无论在哪里进行，捕鲸活动都是一种艰辛困难的工作，而在遥远的北方捕鲸则是所有捕鲸活动中最危险的。引发最多问题的不是鲸鱼，虽然弓头鲸也造成过不小的破坏，但是它们远没有抹香鲸或露脊鲸

343　那么具有攻击性。其实，最令捕鲸人恐惧的是北极地区的天气。浮冰、严寒、冰冷的海水及随时可能刮起的狂风等因素加在一起，使得生与死之间的界限有时候模糊得令人胆战心惊。每一个捕鲸季里，船长们都必须在想要捕杀更多鲸鱼的愿望和尊重自然规则之间做好权衡，这样才能在陷入危险境地之前及时返航。1871 年，北方船队刚开始慢慢向北航行的时候，各种令人担忧的迹象就层出不穷，但是船长们还是执意前往。人们想要和天气打赌，结果输得很惨，这次灾难也成了美国捕鲸历史上单次损失最惨重的事故。

第十九章　撞击坚冰

自从 1848 年托马斯·韦尔科姆·罗伊斯船长带领自己焦虑不安的船员们穿越白令海峡之后，捕鲸船就开始到遥远的北方去搜捕弓头鲸了。起初几年的成功吸引了很多人前往。那时的天气相对温和，捕杀收益惊人地丰厚。1850 年，火奴鲁鲁的一份报纸就为人们描绘了一幅在北极地区捕鲸的美好画面："我们怀疑历史上从没有过同样数量的船能够在同样短的时间里收获同样丰厚的鲸鱼油的事件，更不用说他们遭受的伤亡也非常少。实际上，在北冰洋里搜寻鲸鱼已经成了一种夏日里的休闲活动。在前一次捕鲸航行中，有至少6 名船长的妻子陪同船长一起出海，她们对于这个目的地非常满意，就像是要前往萨拉托加（Saratoga）或纽波特一样兴致勃勃。"[1]不过，这幅美好的画面在接下来一年就被彻底粉碎了：不仅捕杀鲸鱼的收获骤减，还有 7 艘捕鲸船由于恶劣的天气和堆积的冰层受损。从此之后，再也没有任何人，尤其不会有任何自尊自重的捕鲸人认为在北极地区捕鲸是什么闲散舒适的差事了。1852 年，一位新贝德福德的捕鲸船船长就人们究竟是否应该到北极地区捕鲸发表了自己的见解，他是这么写的："当我亲眼看到广阔的冰原一直延伸至海平线的时候，我觉得这就是上帝为我们设置的障碍，他是在以此斥责人类迫切而过度的对财富的追求。"[2]虽然危险天气有可能带来致命的危险，甚至有激怒上帝的可能，但人们依然没有停下寻找财富的脚步，每年都会有捕鲸船来这里捕鲸。1871 年，几十艘北方捕鲸船就是遵循着这样的传统起航的，所有人都憧憬着迎来一个丰收的捕鲸季。

5 月初，船队抵达白令海南部边缘搜寻露脊鲸，却发现这里已经有很多浮冰紧密地堆积在一起，这比他们预计的范围向南扩大了很多。船队继续小心地向北前行，6 月抵达了西伯利亚海岸上的纳瓦林角附近，并在这里捕到了 6 头鲸鱼。然而，在体积巨大、四处漂移的浮冰中间穿行本就是一件非常艰险的事，变化无常的洋流、强风和浓雾更让捕鲸人的处境难上加难。船长和船员们必须全天候轮流值班来防止发生撞击。可是任凭人们再怎么小心，撞击还是不可避免地发生了。黄鹂号（*Oriole*）的船员就得到了这样的教训。接近 6 月底的时候，黄鹂号被浮冰撞出了一个大洞，虽然船长立刻下令使用水泵排水，但是大家很快就意识到，船已经损坏到了无法修复的程度。抽水的速度根本比不上冰冷刺骨的海水涌进船身的速度。船员们勉强将黄鹂号驶进了普洛弗湾（Plover Bay），并在那里把从船上拆卸下的零件卖给了埃米莉·摩根号（*Emily Morgan*）的船长。1871 年捕鲸季才开始，第一个受害者就出现了。

之后不久，浮冰的范围向北退去了一些，船队得以通过了白令海峡，到 7 月初，所有船都进入了北冰洋。然而挡在他们面前的是已经厚得无法通过的冰层，大批的鲸鱼还在冰层后面几百英里以外的地方。无计可施的船员们只好开始捕杀海象。这不是什么休闲活动，而是另一种挣钱的途径。海象油和鲸鱼油的价格差不多，有时甚至收益还要高些，而且海象如象牙一般的长牙也可以卖出不错的价钱。鉴于此，很多年来，在等待浮冰融化好开始捕鲸的时间里，捕鲸人都会用捕鲸叉或猎枪捕杀海象。这些长着长牙的鳍足动物对此毫无抵抗能力。它们性情温顺，容易接近，冰面上和水下都能发现它们的踪影，所以有成千上万头海象就这么被杀死了。即便是在那个对待动物冷酷无情不会引发任何意见的年代里，一位捕鲸船船长都忍不住称，捕杀海象的行为是"他见过的最残忍的工作之一"，他还说"很多有怜悯心的捕鲸人都曾对此感到歉疚，在杀死海象的时候会忍不住别过头去"。虽然丰富的海象油和海象牙对于捕鲸人来说是好消息，但是对于在当地生活，靠海象肉和油脂为生的原住民来说，这种打击是毁灭性的。捕鲸人实际上是杀光了爱斯基摩人的食物来源，迫使他们不得不到更远的地方捕杀海象，否则就有被饿死的可能。很多捕鲸人知道这件事，但是只有极少数人提出过反对意见。一位捕鲸船船长曾在一封正式的书信中提及："我想对新贝德福德及任何地方的船运代理商和捕鲸船主说，每个捕鲸季初期，几乎所有捕鲸船都会进行的捕杀海象的活动最终将会导致当地人种的灭绝……如果这样的情况持续下去的话，原住民的死亡是不可避免的，就如已经在他们的整片海岸上被野蛮杀害的海象一样。"[3] 1871 年捕鲸季的捕海象活动虽不似往年一般成功，但是也算说得过去。蒙蒂塞洛号（Monticello）派出了 4 条捕鲸小艇，在不到一个月的时间里就杀死了 500 头海象，产出了 300 桶海象油和好几百磅重的象牙。[4]

到了 7 月底，风向开始有利于捕鲸人，将浮冰吹向了远离阿拉斯加海岸的地方，捕鲸船队利用这个机会向巴罗角驶去，那里位于北纬 70° 更靠北一点的地方，是阿拉斯加的最北点。在早年间的北极捕鲸活动中，也就是罗伊斯船长那代人还在进行活动的年代，捕鲸人并不需要到这么远的地方

345

来，因为那时的弓头鲸还很多，在白令海峡甚至是更南一些的地方都有分布。但是接下来的几十年里，弓头鲸的数量越来越少，捕鲸人不得不到更靠北的地方才能找到聚集的鲸群。此时各种条件都很适宜，北方船队沿着海岸行驶在一条仅有几英里宽的狭窄水道上，右舷以外是陆地，左舷之外就是大片的浮冰，能捕鲸的时候就捕鲸，同时还要万分小心地避免搁浅在沙洲上。到了 8 月 11 号，风向又发生了改变，将浮冰向海岸的方向吹来，迫使很多捕鲸船慌乱地躲避，生怕被撞坏或困在冰里。已经派出去捕鲸的小艇就被困在了浮冰中，有些还被撞坏了，所以小艇上的船员不得不费力地拖着小艇，从边缘如锯齿一般且漂浮不定的浮冰上走回几英里之外的母船。到了 8 月 13 日，风终于停了，浮冰群也终于不再靠近了。可是仅仅几天之后，另一场大风又刮了起来，继续将浮冰推向岸边。捕鲸船被困在了贝尔彻角（Point Belcher）附近，分散在一条 20 英里长，不到 1 英里宽，仅有 14 ~ 24 英尺深的尚未被冰冻住的水面上。

虽然捕鲸船的处境越来越危险，但是捕鲸人并没有惊慌失措。多年来，猛烈的东北风总是会前来解救他们，将浮冰吹向远离海岸的地方，让他们有机会捕鲸，并且在所有开放水域都被冰封之前返航。捕鲸人这次也是抱着同样的期望继续捕鲸，只是捕鲸的方法略有不同。因为被浅滩和浮冰困住，所以捕鲸船无法航行到鲸鱼聚集的地方了，只能派出捕鲸小艇独自行动。带足了补给和工具的船员们驾着小艇到距母船很多英里远的水域里寻找鲸鱼，在浮冰上搭建帐篷作为临时的基地。如果捕到了鲸鱼，他们会先把鲸鱼拖回帐篷，

346

第十九章　撞击坚冰

把浮冰当作切割台进行切割，然后由一条小艇拖着切成厚片的鲸脂返回母船进行加工，其他小艇则继续捕鲸。有时，捕鲸人这种高强度的工作会持续好几天，累了他们就睡在浮冰上，把船帆撑起来抵挡刺骨的寒冷和强风。[5]

捕鲸人天天都在祈祷东北风的到来。8 月 25 日，风终于来了，他们眼看着浮冰被吹到了距离海岸 4～8 英里远的地方，所有人都感到欢欣鼓舞。人们马上恢复了正常的捕鲸方式，并且收获了不错的成果。人们甚至觉得，说不定今年会成为一个可以救市的捕鲸季。唯一表现出担忧的是到船上来交换一些物品的爱斯基摩人，他们警告捕鲸人应当尽快返航，因为这个冬天会格外寒冷，一旦结冰，所有的捕鲸船都会被困住。但是捕鲸人大多不懂得尊重原住民的智慧和知识，对于后者的建议更是完全不放在心上。他们已经在这片水域里捕鲸多年了，他们自信地认定最坏的情况已经过去，尤其是在此时这样天气晴好、鲸鱼数量又很多的状况下，他们更不会因为别人的建议而打包回家。[6]

不过，捕鲸人的自信很快就受到了打击。8 月 29 日风云突变，天上不仅刮起了西南风，还下起了雪，浮冰渐渐接近了海岸，未结冰水面的面积迅速缩小，很多捕鲸船都要想尽办法才能避免撞上坚冰或搁浅，还有一些船不得不用锚索砸开前方的冰面才能继续前行。8 月 31 日，亨利·泰伯号（*Henry Taber*）的船长蒂莫西·帕卡德（Timothy Packard）看着这幅不祥的画面，在自己的日记中写道："只有上帝知道这些船上的人里有多少能活到下一个 8 月，我将自己的命运托付给全知的上帝。"[7]第二天，尤金妮亚号（*Eugenia*）的副手观察到："视线可及范围之内有 26 艘船，都被浮冰逼到了靠近海岸的地方挤作一团，目前的状况非常糟糕。"[8]

9 月 1 日，当罗马人号（*Roman*）上的船员还在忙着切割鲸鱼的时候，他们的船被困在了河床底冰和一块从海岸外漂来的巨大的浮冰之间。浮冰撞击罗马人号的船体就像"撞碎鸡蛋壳一样容易"，几乎将船半托举出了水面。[9] 木材破裂的声音在空中回荡，罗马人号的船员们设法放下了三条小艇，尽可能地把人员带到远离大船的地方，心惊胆战的船员们眼看着漂浮的坚冰继续向罗马人号施压，在三番五次的碰撞和挤压下，这艘曾经让他们引以为傲的大船最终四分五裂，仅在 48 分钟后就彻底沉入水下看不见了。失去了母船的船员们一半靠步行，一半靠小艇继续前进，直到发现别的船为止。船队里的其他船热情地接收了他们。接下来一天，类似的事情又发生了，这次被撞沉的船是彗星号（*Comet*），船上的船员也成了没有母船的孤儿。令人震惊的是，在已经出现了两次灾难事件的情况下，仍然有很多捕鲸船坚持继续捕鲸。船长们仍然笃信天气会转好，浮冰会退去。到了 9 月 8 日，阿瓦申克号也被撞沉了，需要被营救的船员又多了一批。时至此时，人们最关切的终于从捕鲸变成了活命。[10]

9 月 9 日，船队的各个船长聚集在一起讨论下一步该怎么做。他们的境况已经非常艰难，东南风和西南风不断地将浮冰吹向岸边，持续吞噬本就已经很狭窄的未结冰水道，那里正是各条船唯一的避难所。"岸上就是无穷无尽的冰面，"埃米莉·摩根号上的副手威廉·厄尔（William Earle）写道，"朝那个方向望去，连一个小水坑都看不见。有 3 艘北方船队的船航行到了我们附近抛锚停船。我们总共有 20 艘船聚集在一起，但是保住任何一艘船的希望都很渺茫。"[11] 船长们此时肩负的责任是极为重大的。他们商议的结果将决定所有的船和船员的命运。盖伊头号（*Gay Head*）船长威廉·H. 凯利（Capt. William H. Kelley）写道："我们深切地体会到了自己的责任有多重，船上价值 300 万美元的货物和 1200 条人命面临着危险。每天夜里冰面的面积都在扩大，陆地上全是雪，一切都表明冬天已经来临了。"[12]

　　船长们知道自己和船员们是不可能熬过冬季的严寒的。船上的补给也只够维持几个月。他们唯一的希望就是联系到那些他们估计此时还停留在南方未结冰水域里的捕鲸船。为了实现这个目标，船长们决定将船队中体积最小的柯哈拉号（*Kohola*）和维多利亚号（*Victoria*）上的货物转移到别的船上，这样它们的吃水深度可以变浅，也许能沿着海岸小心地航行出去，找到其他捕鲸船。不过，在尝试了将所有可能移除的东西都移除之后，这两艘船依然无法上浮到足够通过附近浅滩的高度。幸运的是，船长们还有一个备选计划。在人们想办法减轻这两艘船重量的同时，有三条捕鲸小艇在佛罗里达号船长 D. R. 弗雷泽（Capt. D. R. Frazer）的带领下向南出发了。到 9 月 12 号，这几条往返了 141 英里的小艇带回了好消息。有 7 艘捕鲸船仍然停留在冰角（Icy Cape）以南，都已经准备好等在那里协助营救。进步号（*Progress*）船长詹姆斯·道登（Capt. James Dowden）当时给出的令人印象深刻的回答后来被传为了佳话，他对前来求助的捕鲸人说："回去告诉他们所有人，只要我的船还剩一个锚，或还

348

445

有一根桅杆能挂帆，我就一定会等在这里。"[13]

当弗雷泽将这个消息分享给其他船长时，所有人都认定，抛弃这些捕鲸船，向南返回的时候到了。为了在其他可能质疑这个决定的人们面前为自己辩护，船长们于 9 月 12 日起草了一份文件："特此公告……我们，以下签名的各艘此时停泊在贝尔彻角的捕鲸船船长们一致认为，我们的船今年不可能驶出这片水域了……我们没有足够的补给……周围的环境一片荒芜，既没有食物也没有燃料，我们十分痛心地决定抛弃船只，驾驶小艇向南航行，寻找其他还在浮冰以南且没有被困的船以获得救助。"船长们简略地描述了最近几艘捕鲸船失事的情况，并称如果他们迫不得已要在这里过冬，那么"春天到来之前，10 个船员里得有 9 个死于饥饿或坏血病"。[14]

早在弗雷泽返回之前，船长们就已经开始安排捕鲸小艇将物资分送到撤退线路的沿途，而且这个工作的速度马上就被加快了。此外，船长们还派遣一条捕鲸小艇带着他们的信件向南去寻找"还在冰角以南未结冰水域里的船长们"，通知他们关于船队弃船南下的决定，并恳请其他船长"放弃捕鲸计划，牺牲一些他们自己和船只所有者的利益，接收我们的船员并把我们送到合适的港口去"。[15]

最终，到 9 月 14 日，船长们下达了弃船出走的命令，到下午 4 点钟，超过 100 条捕鲸小艇满载着船员和补给向南出发了。这幅画面一定是捕鲸历史上最戏剧性的场面了。厄尔写道："正午 12 点，我们把所有的船锚都投入了水中，到下午 1 点 30 分，我们怀着沉重的心情让所有船员登上小

349

艇，最后看了一眼甲板，然后就只能祈祷大自然仁慈地对待这些船了。今天就写到这里吧，我已经尽我所能，相信别人也都一样。"[16]

当晚，有些小艇上的人选择到岸上搭帐篷过夜，有些则选择继续航行。船员们要频繁地确认水深，防止小艇搁浅，在漆黑的夜里也要全神贯注地防止撞上浮冰。上岸休息的人也并没有多舒服，他们只能在呼啸的狂风和冰冷的雨水中过夜。到了第二天，大部分小艇都抵达了冰角，船员们已经能看到停在海上准备营救他们的船只。然而，要靠近大船并不是那么容易的事。强风吹过海面，掀起波峰上带着白色浪花的巨浪，能够将大块浮冰托到"桅杆顶一样的高度"，已经有 3 艘营救船为了在波涛汹涌的海面上保持位置而丢了船锚。[17]但是，岸边的人已经无法等待风浪停歇了，如果他们再等下去，可能就要失去这唯一的获救机会了。因此，他们还是登上了装满了物资的小艇向大船划去，如后来一位捕鲸船船长回忆的那样："我们遭遇了猛烈的西南风，汹涌的巨浪足以令最结实的船摇摆不定。"每个大浪袭来，捕鲸小艇都会像"一个木塞子一样被抛向空中……需要船上所有船员竭尽全力才能让它不被掀翻"。[18]起初他们是向外舀水，接着又把宝贵的财物都扔出去才避免了沉没。他们最终划到了救援船旁边并被拉了上去。连这些救援船都因为恶劣天气而受到了损坏，外表已经结了一层冰。到 9 月 16 日，所有捕鲸小艇上的人都克服了这样的艰难险阻，成功获救，包括少数几名妇女和儿童在内，共计 1219 名乘客分别登上了 7 艘营救船。此时已经载满了获救人员的营救船立刻收起船锚，向火奴鲁鲁驶去，并最终于10月底抵达那里。10月24日的《火奴鲁鲁公报》（*Honolulu Gazette*）报道说："大约有1000～1200名水手在一天之内抵达，整个城市立刻充满了活力。"不过，考虑到这一批人刚刚经历了多么可怕的生死考验，水手们几乎全都失去了船和生计来源，所以这个场景其实是充满忧郁色彩的，每个获救者脸上都带着明显的哀伤。[19]

350　　在美国，北极地区捕鲸灾难的消息既是重大的悲剧，又不失为一个奇迹——因为虽然有价值共计160万美元的33艘船遇难，但船上人员无一人丧命。新贝德福德受损最为严重，33艘被弃的船中有24艘来自这里。[20]《纽约时报》写道："根据来自那个城市的报道，这次灾难对于那里的打击不亚于芝加哥大火给芝加哥造成的损失。灾难令城市最重要的捕鲸行业一蹶不振，也让城里几家主要的保险公司严重受损，甚至可能被彻底拖垮。"[21]被弃船只的船主、船长、船员和保险者还不是唯一遭受经济损失的人。参与营救的船队为了将意外接收的乘客们送到安全地带而耽误了部分捕鲸时间。营救船中有5艘是美国捕鲸船，船主们为了弥补损失，向美国政府申请赔偿。然而国会花了20年的时间才对此做出回应，最终向船主们做出了每营救一名乘客支付140美元左右的补偿。[22]

　　1871年9月中旬，营救船队离开北极地区之后不久，爱斯基摩人就登上了被遗弃的船只，拿走了船上所有有价值的东西，包括桅杆圆木、绳索、鲸须、钉子、枪支和其他工具。爱斯基摩人最想找的是酒，不过没有找到，因为捕鲸人在弃船之前就把船上所有的酒都倒掉了，"这样原住民就不会在这里痛饮之后，肆意破坏船只了"。[23]不过捕鲸人们忘了清空他们的药箱，爱斯基摩人喝了药箱里的东西之后都得了重病，据说还有一些人因此而丧命。到 9 月底又刮起了强风，就是捕鲸人们曾经无比渴盼的东北风，于是浮冰又被吹得远离了岸边。虽然几年之后有些人得知了这一情况，并争论说船长们应该再坚持一下，那样就可以驾驶着他们的船全身而退了，但是谁也无法确定，如果他们当初真的采取了这样的策略就一定能获得好的结果。如历史学家埃弗里特·S.艾伦（Everett S. Allen）指出的那样："不久之后北边是刮来了一阵大风，但任何假设都只能是纯理论性的。"[24]

1871 年的北极灾难仍没有终结北极地区的捕鲸活动，就在第二年，又有一支规模略小于前一年的捕鲸船队向北起航了，他们还派出了一些搜救船到前一年的船只残骸上搜寻有价值的物品，不过并没有找到多少值得取回的东西。撞毁和损坏的船只停在海岸边，周围满是残片，还有几艘船是被爱斯基摩人烧毁的，这显然是因为被药箱里的东西害得生病而做出的报复。被抛弃的船队里只有一艘密涅瓦号最终被带回了美国，船上还有数量不多的一点鲸鱼油和鲸须。[25]然而，1872 年捕鲸船队还收获了一个更加不同寻常的发现。原来1871 年 9 月，并不是所有人都弃船逃命了，一个捕鲸人留了下来，他本想成为第一个到被弃船只上搜罗物资的人，这样就可以将各条船上的鲸须囤积起来，等待来年捕鲸船返回之后再拿出来销售。不过，事情的进展并不如他期待的那样

351

顺利。据他自己说，他到马萨诸塞号上避风的时候，发现船上有大量的鲸须，但是后来爱斯基摩人前来把所有东西都偷走了。这个捕鲸人还宣称，之后"他们还要来杀我，但是一个女人救了我的命，再后来一位老首领收留了我。就算给我15万美元我也不想再在北极过一个冬天了"。[26]

接下来几年里，捕鲸人继续前往北极捕鲸。他们难免会想起1871年的大灾难，但是往往将其视为一次意外事件，是不需要考虑的特殊情况。1871年11月两位捕鲸船船长在接受采访时称："这次灾难不过是自然法则中出现的一次偏差，对于这种情况，任何预防措施都是徒劳的。一个人很可能一辈子也不会遇到一次这样的事。"[27]船长们说对了一部分，1871年确实是气候反常的一年，如果你愿意称之为"自然法则中的偏差"也可以。当时北极出现了罕见的低温，浮冰比通常情况下更厚，而且主要风向也不像往常一样将浮冰吹离海岸，反而是吹向海岸。[28]但是说类似事件是一辈子都不会再出现一次的预测并不准确。很遗憾的是，历史在1876年就重演了，而且这一次的结果更加悲惨。捕鲸船船长们又想要和浮冰打赌，结果当然还是输了。[29]《波士顿环球报》（*Boston Globe*）上刊登了超大字号标题的文章来报道这次灾难，无疑会让读者，特别是捕鲸行业里的那些读者们重新拾起昔日的伤痛记忆。

352　　　困在冰上

　　　　捕鲸船队在北冰洋上遇难

　　　　可怕的经历

部分船员被活活冻死

灾难的经过是这样的：1876 年 8 月底，一些北方船队的捕鲸船在巴罗角附近捕鲸时被浮冰困住。到 8 月 29 日，船已经在水上漂流了不短的距离。船长们担心天气不会向有利于他们的方向发展，认为"不可能保住船了"，所以决定弃船。并不是所有船员都认可这是最好的办法，最终，有超过 50 人决定留在船上。他们可能是相信天气会转好，或者就算不转好，他们也可以熬过这个冬天，并从其他船上搜集有价值的货物。于是，在 9 月 5 日，几乎就是上一次大逃亡发生整整 5 年之后，又有 300 多名船员抛弃了船，开始了向着海岸总共 20 英里的长途跋涉，他们在带褶皱的浮冰上行走，身后还拖着自己的捕鲸小艇。第二天，他们发现了一条狭窄的未结冰水道，于是就登上小艇向巴罗角划去，并于 9 月 9 日抵达那里，结果却发现那里的三兄弟号（Three Brothers）和彩虹号（Rainbow）两艘捕鲸船也已经被结结实实地冻住了，人们于是制作了一些雪橇继续前行。再次出发几天后，他们看到了另一艘同样被困在冰上的捕鲸船佛罗伦萨号（Florence）。船长们认为继续前行"是疯狂的行为"，于是决定准备留在此地过冬。但是到了 9 月 13 日，浮冰开始移动，不到一天的工夫，佛罗伦萨号就可以自由航行了。所有人都上了船，向南驶去。船长仔细地躲避着浮冰航行，很快又遇到了同样重获自由的三兄弟号和彩虹号。彩虹号的船长决定继续捕鲸，但另外两艘船的船长都已经受够了北极的恶劣天气，他们分别接收了一部分失去了船的船员，然后启程返回港口了。[30]最终，共有 12 艘捕鲸船在 1876 年北极灾难中失事，损失总计约 100 万美元。接下来一个捕鲸季，当捕鲸人再度返回北极时，只发现了 3 名幸存者，其余的人全都消失不见了。

第二十章

消逝

在 19 世纪中期，捕鲸还是一个令人骄傲并充满活力的
行业，但是到了 70 年代末，它已经沦为了往日辉煌剩下的
一点痕迹，只能供人们怀旧和回忆了。石油行业的飞速发
展、南方邦联巡逻船的攻击、石头舰队毫无意义的沉没、在
北极遭受的灾难，再加上海洋中鲸鱼数量的骤减，这些因素
全部凑在一起，造成了美国捕鲸行业的严重衰退。当时一位
作家观察到："二三十年前，如果你到东部的大型捕鲸港口
去……会发现码头上的生意非常红火，人们都在忙着给返回
的捕鲸船卸货……但是，如果你现在再到这些地方去，你会
发现它们几乎彻底被废弃了。"[1]捕鲸船队船的数量一度达到
过 700 艘，如今只剩不到 200 艘。[2]曾经有超过 60 个港口向
外派遣捕鲸船，如今只剩 12 个左右，其中一些港口只能勉
强维持。那些捕鲸行业的贵族们，也就是那些靠鲸鱼油、鲸
须和珍贵的龙涎香发家的人们越来越多地把自己的财富投资
到其他行业上。《捕鲸人航运消息报》（*Whalemen's Shipping
News*）上曾经满是关于捕鲸人捕杀了大批鲸鱼或是发现了
新的捕鲸点之类令人振奋的消息，如今则只剩一些枯燥乏味

的文章，描绘的也是一个充满悲观色彩的未来。不过，此时就给这个行业写讣告还为时过早，距离最后一艘木质捕鲸船从美国港口出发还要再过半个世纪。

每挖出一个油井，每延长一英里的煤气管道，就意味着鲸鱼油作为主要照明材料的日子又离人们远去了一点。到19世纪末，只有教堂和灯塔还在以鲸鱼油为主要照明材料，圣坛上也还能看到鲸脑油蜡烛。另外还有一些机器润滑、几种纺织品生产和其他一些有限的场合用得到鲸鱼油。鲸鱼油价格的下降加剧了这个行业的困境。19世纪50年代中期，抹香鲸鲸鱼油的价格一度达到将近2美元1加仑，普通鲸鱼油的价格也逼近80美分，不过那段捕鲸业的幸福时光早就结束了。到1888年，抹香鲸鲸鱼油的价格下跌到了62美分1加仑，1896年，又跌到了40美分。那之后，这个价格一直没能回升到63美分以上，直到第一次世界大战爆发才出现了略微的上涨。[3]

即便如此，每当鲸鱼油的价格出现哪怕一丁点的上涨，捕鲸人都会自欺欺人地认为最坏的时候已经结束了，这个行业就要东山再起了，不过很快，价格又会无可避免地下跌。每年都有越来越多的捕鲸船船主决定放弃这个快要终结的行业。因为在过去几十年里捕鲸收获总是很丰厚，所以此时鲸鱼更难找到了。捕鲸人要获得像样的收获就要付出更多成本、更多时间到更远的地方搜寻。另外，要找到愿意为捕鲸活动承保的公司也很难。知道一旦有意外发生，保险公司会负责赔偿是人们愿意派遣捕鲸船出海，花几年时间去寻找不确定的收获的前提，但是派遣没有人担保的捕鲸船出海就完

355

全是另一码事了。愿意把赌注下在捕鲸行业上的保险业者越来越少，所以捕鲸船船主也越来越不愿意独自冒险。更何况，捕鲸船大多已经年代久远，比以往更需要维修和保养。难怪很多捕鲸船船主都退出了这个行业，把自己的注意力转移到其他生意上。早在1873年，《捕鲸人装运单和商人清单》就对这种现象发表过评论，一些编辑写道："持续不断地出售捕鲸船的意图显示出那些曾经在这项生意上获得过长久成功的人对于现状的判断……那就是这个行业已经危险了，继续进行捕鲸的结果充满了不确定性，更何况在陆地上有更安全、更有保障的生意可做。我们城里两家棉纺织厂生产出的产品的价值几乎相当于每年所有［捕鲸］活动收获的总和。"[4]继续进行捕鲸的商人们要想尽一切办法降低成本才能免于入不敷出，即便如此也顶多是勉强维持。

讽刺的是，到了1911年，在鲸鱼油市场已经进入彻底瓦解前的最后一段不稳定时期，约翰·D. 洛克菲勒（John D. Rockefeller）的标准石油公司却拉了曾经的竞争对手一把。[5]此前一年，标准石油公司预定了一批还在旧金山海岸外捕鲸的捕鲸船队该次航行的全部收获。1911年捕鲸季结束后，捕鲸船返回港口，指望着标准石油的代理商会按照惯例以50美分1加仑的价格购买他们的产品。结果代理商只肯按照30美分的价格购买。捕鲸船船主们既震惊又气愤，拒绝低价出售鲸鱼油，他们抱怨说这样的价格甚至连收回成本都不够，更不用说盈利了。可是代理商的回答竟然是爱卖不卖。就这样，捕鲸人最终放弃了这份交易，驾驶着载满货物的船驶向了附近的一个河湾，徒劳地期盼着标准石油公司能够良心发现提高价格，或是有新的买家突然出现。过了不久，船主们只好开始将自己的鲸鱼油卖给当地的公司或家庭主妇。曾经点亮这个世界的抹香鲸鲸鱼油，如今已经沦落成了需要挨家挨户敲门推销的零售商品。

356　　在抹香鲸和鲸鱼油渐渐失去商业价值的时候，鲸须却突然重新流行起来。这种用途多样的材料可以被用来制造各种产品，包括"鞭子、遮阳伞、雨伞……遮阳帽、礼帽、背带、领结、拐杖、花环、台球桌内侧边缘的弹性衬里、钓鱼竿、占卜杖……刮舌器、笔架、文件夹和裁纸刀、画家用的木纹梳、靴子鞋底上的足弓支撑、鞋拔、刷子、床垫"，甚至还有西点军校学员练习用的刺刀。[6]不过，所有这些用途都不是鲸须获得市场青睐的最主要原因。鲸须突然成为一种价值高昂的商品的原因其实是女性时尚的变幻莫测。在 19 世纪后半叶，沙漏型身材恢复了往日的辉煌，女士们不得不忍痛追随潮流。鲸须一直是塑身胸衣制造商眼中最完美的材质，既能够随意弯折，又有足够的硬度，能将女士的身体塑造成当时的审美观念规定的那种不自然的形态。因为那个时代里引领潮流的人说女人要有不盈一握的细腰和高耸的胸部，鲸须的销量就一飞冲天了。这个情况促使很多人跑到北极地区捕鲸，因为生活在那里的鲸鱼品种是弓头鲸，它们嘴里的鲸须长度最长，价值也最高。

　　19 世纪中期，第一批捕杀弓头鲸的捕鲸人带回了大量的鲸须，虽然销路不错，但销售价格始终保持在低位。所以有些捕鲸人会将全部注意力放在加工鲸鱼油上，剥完鲸脂的鲸鱼尸体就带着未被切割的鲸须一起被直接沉到水中。不过，仅仅几十年后，行情已经彻底逆转。鲸须成了最值钱的东西，很多时候，一旦鲸须都被切割下来，反而是没人要的鲸脂和尸体一起被沉入水中。1870 年，鲸须的价格是 85 美分 1 磅；10 年之后上涨到 2 美元 1 磅；再到 1891 年，更是疯涨到 5.38 美元 1 磅，到 1904 年达到了历史最高的 5.8 美元 1 磅。[7]促使鲸须价格急速攀升的原因还包括因为大量捕杀，弓头鲸的数量不可避免地锐减，几乎接近了灭绝的边缘。如《波士顿环球报》在 1889 年报道的那样，鲸须"变得极为稀少和珍贵，很多老捕鲸人都被巨大的利益所吸引，他们离开家中温暖的炉火去寻找猎物，希望能借此发一大笔财。上周，都装不满一辆牛车的一小批鲸须就卖出了 1800 美元的高价"。[8]此时连捕鲸航行都被改称为鲸须巡游了。一头大型弓头鲸最多能产出 3000 磅的鲸须，所以一次成功的巡游能够获得的利益是相当惊人的。1898 年就有这样一个例子，4 艘捕鲸船满载着鲸须返航，它们总共卖出了 75 万美元。[9]

　　人们对于鲸须的狂热需求迫使捕鲸人成为更加有创造力的猎手。在杀死弓头鲸之前必须先找到弓头鲸，而这已经成了越来越棘手的问题。到 19 世纪末期，捕鲸人远航到巴罗角以东的波弗特海（Beaufort Sea）寻找新的捕鲸点已经成了惯例。要向东或向北行驶到足够遥远的地区，再赶在水面被冻结之前返回南方，这对于风帆动力的捕鲸船来说几乎是不可能完成的任务。为了解决这个问题，捕鲸人也开始依赖于辅助的蒸汽引擎。有了这些消耗煤炭、吐出浓烟的机器在船上，捕鲸人就不再非要等待合适的风向才能航行了。如今他们想往哪个方向去就能往哪个方向去，想什么时候去就能什么时候去，所以才能有足够的时间找到鲸鱼，杀死鲸鱼，然后及时离开北极地区。浮冰和洋流这些对于传统的捕鲸人来说不可跨越的障碍，对于此时的蒸汽动力船来说已经不再是大问题了。此时的捕鲸人还学会利用天时来帮助自己找到弓头鲸。既然问题出在一个捕鲸季里往返北极时间太紧，那为什么不干脆留在这里过冬，等到来年夏天冰面解冻时再恢复捕鲸？这样的想法并不是此时才有的。早在 19 世纪 60 年代，美国捕鲸人就曾经尝试在哈德孙湾过冬，此时，前往北极的捕鲸人也开始效仿他们的先例。[10]

　　冬天留在北极地区生活是一项艰巨的任务。出发之前，船上要装满食物和物资，包括煤炭和各种修船可能需要用到的材料。在前往目的地的航行过程中，捕鲸人会和爱斯基摩人交换皮毛衣物，还会雇用他们作为捕鲸季的船员。捕鲸人抵达捕鲸点以后，只要天气状况允许，捕鲸活动就会全天候不间断地开展起来。到温度降低，水面上结的冰开始向海岸地区无可阻挡地蔓延之时，捕鲸人就停止捕鲸了。此时最重要的工作变成了小心地控制捕鲸船的位置，防止它撞上坚冰。船头要指向盛行风的方向，大部分的帆和桁都要收起来，船缝也都要堵严，水管里的水都要清空，引擎舱或某个舱房里要搭起锅炉供暖。此外，人们还要在船身周围堆起一层厚厚的积雪将船身托住，这样可以防止雪堆以上的部分结冰，等冰面再扩大之后，船身还会被向上托起一些。捕鲸人会在甲板上建造能抵御自然因素侵袭的庇护空间，他们收集

358

木材，从陆上的池塘里切割大冰块运回船上融化作为饮用水。他们从爱斯基摩人那里购买驯鹿、驼鹿、北极熊、野鸭和其他猎物，有时也会亲自出去打猎。捕鲸船上还有一些作为工作犬的哈士奇。捕鲸人会把鲸鱼的尸体扔到船外的冰天雪地上，需要的时候就切鲸鱼肉喂狗。[11]

在北极过冬的捕鲸人及少数船长的妻子和孩子们组成了一个活跃的群体，经常会把家乡的一些娱乐照搬到这里的冰天雪地中。捕鲸人会踢足球，打棒球，相互拜访，举办正式的舞会和宴会，甚至还要编排戏剧。一位刚刚从北极地区返回的船长妻子就以经典的维多利亚时期腔调描述自己经历了一次"令人愉悦的旅行。船上的条件很舒适，我们的船员非常优秀。无论是高级船员还是普通船员都很友好，互相关照，就像是一个人数众多的大家族"。[12] 不过，也有一些问题是一直无法解决的。在漫长、严寒、黑暗的冬天里，无聊和孤独的情绪不断加深，有时会引发抑郁症或自杀行为。还有很多捕鲸人和爱斯基摩人喝醉之后会捣乱闹事，容易引发打架斗殴，甚至有几次还出了人命。还有捕鲸人会离开船只四处游荡，无论是出于探索还是逃跑的目的，最终的结果往往是被冻伤甚至冻死。就像在太平洋捕鲸的捕鲸人会和当地的原住民发生性关系一样，很多捕鲸人也会把本地的原住民当作情妇，甚至生下混血的孩子。

蒸汽动力捕鲸船的普及和在北极过冬这两件事发生的同时，捕鲸行业中另一个巨大的转变也刚好出现了。这就是旧金山取代夏威夷成为太平洋上最重要的捕鲸港口。这一系列情况显然令马克·吐温兴奋不已。1866 年，30 岁的马克·

吐温被《沙里缅度联邦报》（*Sacramento Union*）派遣到火奴鲁鲁做记者。此时还没有获得任何重要文学声誉的吐温通过电报发回了一篇文章，其中他敦促旧金山商会"为将捕鲸贸易［从火奴鲁鲁］引向旧金山而做出努力"。吐温指出火奴鲁鲁"装备并供给了当年全年 96 艘捕鲸船中的绝大部分，获得了相当丰厚的收益"。他还争辩说："旧金山如果能够将捕鲸行业攥在自己手中，那么它每年也许能从中收获几十万，如果捕鲸行业能够恢复它往日的辉煌，收益上百万也不是不可能的。"[13]

359

　　写这篇文章之前，吐温花了几周的时间研究数据、采访相关人员，为的就是弄明白："［为什么］这样一个偏远的外国港口会成为捕鲸船队的热门聚集地？为什么看起来更加适宜的、位于我们本土的旧金山却不行？"调查中，吐温听到了很多理由，人们抱怨说在旧金山很难招到船员；如果船员想要弃船逃跑，在大陆上可比在岛屿上方便多了；旧金山的港口太小，船多了一定会撞到一起；在夏威夷，捕鲸人是"池塘里最大的青蛙"，在旧金山，他们却总是被各种人敲竹杠。不过，在所有问题中，被提到次数最多的还要数法律问题。吐温嘲弄地说："他们说起决定作用的因素其实是（然后这些老水手就忍不住恶狠狠地发出了一连串的咒骂）：'旧金山的地上鲨鱼（律师）比地狱里的琴师还多，我敢说，捕鲸船的船锚还没放下，你就要被他们拉走了！'如果说捕鲸人抵触旧金山有什么最核心的原因的话，那就是这个了。"

　　针对这些问题，吐温也提出了认为旧金山应当是更好选择的辩驳理由，其中最主要的一个就是劳动力成本。停靠在夏威夷的捕鲸船船长通常不仅仅购买物资，还要雇用当地人加入捕鲸船队，补充船员人数。19 世纪中期，蔗糖经济开始发展起来，夏威夷的种植园主们需要更多的劳动力，他们和其他想要刺激本地经济发展的夏威夷人都把渴望的目光投向了捕鲸人的方向。那些驾驶船只的夏威夷人难道不应该留在陆地上收甘蔗吗？为了鼓励劳动力流向自己这里，种植园主和他们的支持者一起说服夏威夷政府，要求捕鲸人雇用夏威夷人做船员时需缴纳一定数额的保证金，否则就无权雇用本地的劳动力。如吐温注意到的那样，起初保证金的数额是100 美元，后来涨到了 300 美元，再加上各个夏威夷港口征收的其他费用，一个夏威夷水手的成本就要 600 美元。鉴于每艘船上通常都要有 20 名甚至更多的夏威夷水手，这笔额外的费用可是个不小的数字。[14]

吐温写了前面说到的那篇文章的 3 年之后，旧金山的优势变得更加明显了。1869 年 5 月 10 日，美国大陆横断铁路连通了犹他州的普罗蒙特里角（Promontory Point），创造了东西海岸之间最有效率的贸易通路。从那时起，捕鲸船船主们就可以采用铁路运输的方式运送他们的鲸鱼油和鲸须了，这个新方式比传统的绕过合恩角的海路运输，或经巴拿马地峡的陆上运输都更加便宜快捷。[15]所以到 19 世纪 60 年代晚期，捕鲸船所有者们都开始改为将船驶到旧金山了，在接下来的几十年里，旧金山就如一位历史学家说的那样，成了"太平洋上的新贝德福德"。[16]

360

虽然有鲸须大热及旧金山成为主要的捕鲸中转港这样的

情况出现，但随着 19 世纪渐渐走向完结，捕鲸行业的发展也一天不如一天。当时的文章总是混合着人们对这个行业往日辉煌的浪漫回忆及对于它眼下衰败状态的惋惜遗憾。[17]再没有人建造新的捕鲸船了，旧船也被越来越多地改作他用，还有的被废弃在码头上或直接被拆掉了。捕鲸行业的没落却成了另一种生意牟利的机遇，有人专门出售老旧捕鲸船上的"船板"，称之为"适合于开放式壁炉的浮木"。这些商人专门挑选那些从船身上有铜包板的船上拆下来的木材，因为这些木材可以确定是"与铜板一起彻底浸泡在……海水中的"。因为木材里渗入了铜，所以燃烧的时候能够"闪耀出不断变换的明亮色泽……集美感、魔力和神秘感于一身"。[18]

即使是在捕鲸行业这样逐渐消亡的情况下，人们偶尔还是会看到出现转机的希望。1902 年 9 月 14 日的《纽约时报》上刊登了一篇名为"捕鲸迎来新发展"的文章，其中为捕鲸行业的未来描绘了一幅相当乐观的景象，其依据就是抹香鲸鲸鱼油的一次价格上涨和鲸须的持续热销。"当前的市场状况有利于捕鲸行业，"《纽约时报》称，"之前，捕鲸行业似乎已经濒临终结，但是如今它又开始盈利了，而且可能重新成为持久盈利的行业，甚至出现某种繁荣和暴涨……只要捕鲸还能带来巨额的利益，人们就会继续打造捕鲸船并派遣船只出海，那么这项在海盗消亡之后发展起来的另一个靠海洋吃饭，同时也可能是世上最浪漫的职业就有望被延续下去。"[19]3 个月后，仿佛是为了应和《纽约时报》的预言，广州号（*Canton*）捕鲸船满载着 2200 桶抹香鲸鲸鱼油返回了新贝德福德，这些货物的总价可以达到 44000 美元。不过无论是报纸上的预言还是广州号的丰收都没能让捕鲸人傻傻地相信他们的行业还有机会触底反弹。如《波士顿环球报》报道广东号的凯旋时说的那样："这次偶然的成功是个例外，[在新贝德福德]没有人将其视为……什么具有重要意义的事件，这不过是壁炉里即将熄灭的灰烬上偶尔蹿出来的一点余火。"[20]确实，《纽约时报》预测的那种繁荣随着鲸鱼油价格的再次下跌而失去了实现的可能，更重要的是，对于鲸须的市场需求也消失得无影无踪了。

实际上，鲸须在很多年之前就开始逐渐失去人们的青睐了。19世纪末，鲸须的高价迫使人们开始寻找便宜一些的材料来制作紧身胸衣。很快，钢条、假象牙（硝化纤维塑料）和其他替代产品接管了为女性塑形的工作。不过，这些替代品只能够用来制作便宜的普通胸衣，至于那些为出身高贵的上流社会女性制作的胸衣则依然采用鲸须为支撑物，也正是这一部分市场需求才让鲸须的价格居高不下。[21]替代材料的出现并不是鲸须支架市场份额缩减的唯一原因，医学角度的关注在这件事上也扮演了重要的角色。几十年来，医生们一直在警告女性需要警惕紧身胸衣的危害。1868年，英国的医学期刊《柳叶刀》（*The Lancet*）就提出："任何给自己或自己的孩子穿上又紧又硬的[紧身胸衣]支架或束带的英国女士将来都会后悔莫及。"[22]随着爱德华时代的结束，人们甚至开始采取法律手段限制紧身胸衣。比如在1902年，一位巴黎的医生就敦促自己的同胞们通过禁止30岁以下女性穿着紧身胸衣的法律，这样就可以避免年轻女性毁掉自己的身体健康。美国一份报纸刊登文章称这位医生是一个"勇敢的人",说他"有勇气坚持自己的观点",因为"巴黎是紧身胸衣的大本营;最好的紧身胸衣都是在那里制造出来的"。[23]

虽然医生们的努力最终使一些富有的女性抛弃了这种"鲸须监狱",让她们的身体重新恢复了自然的形态,但是要想让所有女性全部放弃紧身胸衣则还需要费很大的力气。[24]直到1907年前后,一位巴黎设计师保罗·普瓦雷(Paul Poiret)"推出了一个以苗条、活泼为特色的时装系列",如时尚历史学家伊丽莎白·尤因(Elizabeth Ewing)指出的那样,"该系列轻松地将S形曲线的审美观及随之产生的复杂内衣混战赶下了历史舞台"。[25]不仅全世界的女人终于可以大大地松一口气,连鲸鱼也得以免于死刑。虽然普瓦雷引领的时尚潮流没有让紧身胸衣彻底消失,但至少是极大地降低了它们的使用率,因而对鲸须支架的需求几乎彻底消失了。捕鲸商人们充满警惕地观望着事态的发展,当鲸须的价格开始大幅下跌之后,一些捕鲸人联合起来创建了一个"鲸须托拉斯",他们的目的是将所有的鲸须都买下来形成垄断,然后就可以重新将商品价格推高。不过,这最后的一次努力也以失败告终。到1913年,这个托拉斯组织就解散了。在美国曾经盛极一时的鲸须行业最后就剩下积压在新贝德福德仓库里的一捆捆扎得整整齐齐的鲸须,无声无息地等待着市场再次繁荣起来,但这个愿望再也没能实现。[26]

捕鲸行业真正寿终正寝的标志出现在第一次世界大战在欧洲爆发6个月之后。1914年12月29日,《捕鲸人装运单和商人清单》发行了自己的最后一期周刊。编辑在告别专栏中写道："一份优秀的报纸和那些结实的老船一样结束了自己的使命。它们都不再有用了，人们不再需要它们：订阅量持续下降，无法继续经营下去了。所以……［这份］报纸也该结束了。它所有的活动都将画上句号。"[27]《捕鲸人装运单和商人清单》1843 年首次发行，在长达 72 年的历史里满怀热情、充满文采地为美国捕鲸人提供了服务，它见证了这个行业充满戏剧性的起起伏伏，曾经被一位撰稿人恰当地称为"捕鲸市场中的《华尔街日报》"。[28]这份报纸记录了黄金时期里那些令人兴奋的美好时光，目睹了一个接一个的港口投入这个行业分享利益，直到最后渐渐衰落。《捕鲸人装运单和商人清单》还报道过石油行业的蓬勃发展、内战中的血雨腥风、北极地区的惊险危难，以及捕鲸行业如何在一个逐渐现代化的世界中挣扎求生。它看着美国捕鲸船队的规模从 675 艘增长到 1854 年最多时候的 735 艘，那之后捕鲸行业进入了漫长的衰退期，1870 年缩减到 321 艘，1880 年 178 艘，1890 年 97 艘，1900 年 48 艘，到这最后一期周刊发行之前，捕鲸船仅剩 32 艘。[29]报纸创刊初期，版面上总能登满各种关于捕鲸活动的信息和广告，几乎没有什么空间提及其他内容；随着这个行业的衰退，报道它的版面比例也一天少过一天。到 19 世纪末，《捕鲸人装运单和商人清单》转载其他出版物上跟捕鲸行业没有任何关系的内容已经成了常态，尤其是在最后几十年里，非捕鲸相关内容反而成了每期周刊上的主要内容。比如，读者会在 1912～1913 年的《捕鲸人装运单和商人清单》周刊上发现过量饮酒的危害、非洲蚂蚁的介绍及美国公民联合会（National Civic Federation）

363

计划鼓励有工作的妇女享受更多假期之类的内容。[30]遵循这样的趋势，最后一期《捕鲸人装运单和商人清单》在吟唱了给自己的安魂曲之后，还刊登了一个笑话专栏。当读者被关于捕鲸行业的悲惨消息惹得心烦意乱之后，他们至少还可以翻到这一版放松一下。

当美国的捕鲸行业渐渐淡出人们的视线之后，其他国家的捕鲸行业反而兴盛了起来，其中起到领军作用的是挪威。美国捕鲸人捕鲸时过分依赖于传统的捕鲸技巧，包括风帆动力、捕鲸小艇、人力投掷捕鲸叉等，而且他们只捕杀数量越来越少的露脊鲸、座头鲸和抹香鲸。相反，挪威人则充分利用了捕鲸行业中的技术创新，他们捕杀的品种范围也从那有限的几种扩大到数量还很丰富的蓝鲸、长须鲸和其他一些品种，这些品种都是美国捕鲸人不敢捕杀的，因为他们认为这些鲸鱼游得太快或力量太大。在所有捕鲸新技术中，挪威人使用的最多的是 19 世纪 60 年代时由他们的同胞斯文德·福因（Svend Foyn）改进完善而成的捕鲸炮。这种威力巨大的武器可以发射出一杆巨大的四叉头捕鲸叉，捕鲸叉后面连着粗绳索，还拴了炸弹，一旦受到撞击就会立刻爆炸。有了这种炮摆在船头，再加上易操控、速度快的蒸汽动力船，游得再快的鲸鱼也可以轻易被挪威人追上。如果大炮瞄得准，即使是世界上最大的鲸鱼，也可以一炮毙命。至于那些没有马上被杀死的鲸鱼，挪威人还有备用计划来确保它无法甩掉捕鲸叉逃走，同时避免在很多鲸鱼身上都存在的，被捕杀后沉入海中的问题。插在鲸鱼身上的捕鲸叉后面连着又粗又结实的绳索，绳索另一头连在捕鲸船上的一系列滑轮和弹簧设施上。如果鲸鱼游走，挪威人可以在必要时放出绳索，避免拉力过大造成绳索被挣断，等到鲸鱼累得游不动了之后，他们才开始往回收紧绳索。同时，挪威人则依靠绳索另一头连接的威力巨大的绞车来避免鲸鱼沉水这种情况的发生，有时他们还会使用长矛向尸体里注入气体以增加它的浮力。

除了捕杀鲸鱼的种类更多之外，挪威人加工鲸鱼的方式也比美国人更有效。后者仅从鲸脂里提炼鲸鱼油，前者则使用工业级尺寸的大锅炉对整头鲸鱼加以提炼，包括鲸脂、鱼肉和骨架。尸体的任何部分都不会被随便抛弃，挪威人可以食用鲸鱼肉，加工后残存的废料也会被磨成粉当肥料、骨粉或喂养牲畜。机智的挪威人还会使用鲸鱼来生产胶水、维生素和网球拍上的线绳。20 世纪早期引入的加氢反应的加工工艺使得鲸鱼油的刺激性气味和味道都能被降到最小，还可以将液体形态的油固化成脂肪，于是挪威人又为鲸鱼油找到了新的出路，就是将它加工为高质量的肥皂和人造黄油，后者在欧洲尤其受欢迎，市场需求也很大。[31]

挪威并不是唯一填补美国人留下的市场空白的国家。在 20 世纪初，日本和俄国也跻身捕鲸强国之列，随着时间的推移，又有包括德国、荷兰和英国在内的其他国家为捕鲸行业的发展设定了新的路线，其特点是打造效率更高的大规模捕鲸加工船船队，这样的船队一年内杀死的鲸鱼数量比美国捕鲸人在黄金时期最高峰的近 10 年内杀死的鲸鱼总和还要多。[32]

第一次世界大战为迅速消失的美国捕鲸人提供了一个短

暂的喘息机会。战争导致各种物资短缺，再加上能够承受高热和高压的鲸脑油确实是质量最好的战舰引擎润滑剂，所以抹香鲸鲸鱼油的价格突然开始攀升。规模已经很小的美国捕鲸船队抓住了市场需求变化的机会，进行了几次获利颇丰的航行。举例来说，新贝德福德的维奥拉号（*Viola*）从南美运回了 1300 桶抹香鲸鲸鱼油，每加仑售价 85 美分左右，共计卖出了 35000 美元。但维奥拉号的实际收获是这个数字的两倍多，因为它还非常幸运地找到了 121 磅龙涎香，其价值高达 37000 美元。[33] 这样的成功引发了关于捕鲸业将东山再起的说法。《纽瓦克新闻》（*Newark News*）的编辑写道："如果鲸鱼没有全被错当成潜水艇而炸出海面的话，那么战争结束后，甚至可能在战争结束前我们就能看到旧时捕鲸业的复兴。"[34]

365

美国捕鲸人也许能从这样的说法中受到一点鼓励，但是他们每次离开港口出海时还是会非常紧张。敌人的潜艇其实没有给鲸鱼带来多少伤害，但是它们对于美国人的捕鲸船来说，无疑是非常严重的威胁。1918 年 7 月初，也就是停战协议签署的 4 个月之前，两艘返回新贝德福德的捕鲸船就在哈特拉斯角（Cape Hatteras）附近的大西洋上与潜艇来了一次近距离接触。据 J. T. 贡萨尔维斯船长（Capt. J. T. Gonsalves）说，6 月 5 日，一艘潜水艇在他的 A. M. 尼科尔森号（*A. M. Nicholson*）捕鲸船附近浮上水面，并朝船鸣枪示警。贡萨尔维斯船长以为那是一艘美国潜艇，就升起了自己船上的星条旗，潜艇于是下沉了。可是不多一会儿，潜艇就再次浮出了水面，贡萨尔维斯船长于是再次升起美国国旗，然而潜艇上升起了一面德国国旗。潜艇甲板上的一个德国军官命令贡萨尔维斯"顶风停船"，并将尼科尔森号上全部 25 名船员分配到捕鲸小艇上划到潜水艇旁边来，贡萨尔维斯都照做了。

"你的船是干吗的？"德国军官朝他喊道。

"捕杀抹香鲸的"，贡萨尔维斯回答道。

"还捕其他鱼吗？"德国人又问道。

贡萨尔维斯向德国人保证自己没有捕捞其他品种的鱼，并恳求道："看在上帝的分上……不要击沉我的船。我很穷，船沉了我就要破产了，因为我是这艘船的大股东。"德国人笑了笑然后就将他们谈话的内容汇报给了自己的指挥官。这位指挥官听了之后很快也上来对贡萨尔维斯进行讯问："你难道不知道战时不应当买船吗？"当贡萨尔维斯正向这个德国人解释说自己是在"战争爆发之前买下船"的时候，另一艘新贝德福德的捕鲸船埃伦·A. 斯威夫特号（*Ellen A. Swift*）驶入了人们的视线。德国人问贡萨尔维斯知不知道那是什么船，来这里干什么。贡萨尔维斯认出那也是一艘美国捕鲸船之后，那个德国人才终于满意了。他不耐烦地挥挥手说："你可以回到自己的船上去了，但是你必须马上返航，告诉那艘捕鲸船跟你一起走，别再让我抓到你们。"[35]于是，这两艘捕鲸船都中止了自己的行程，提前返回港口去了。虽然忍不住咒骂自己的坏运气，但是两艘船上的人都为自己没有被德国人炸沉而谢天谢地。

366

469

战争还使得人们对鲸鱼肉有了新的认识。一个从来没有考虑过吃这种东西的国家此时不得不把它作为一种重要的肉食。牛肉、猪肉和羊肉等物资的短缺促使政府开始宣传鲸鱼肉的好处，甚至声称吃鲸鱼肉可以帮助国家赢得这场战争。[36]1918 年 2 月，纽约市的美国自然历史博物馆在举行一次"环境保护午餐会"时提供了鲸鱼肉为原料的菜肴，这些食物是由德尔莫尼科餐厅的主厨为那些"在科学、商业和其他方面声名显赫的专业人士"特别制作的。菜单上的招牌菜包括"法式鲸鱼肉炖锅"和"温哥华厚鲸鱼排"。至于菜肴的味道，联邦食品管理局的亚瑟·威廉姆斯（Arthur Williams）评价说，鲸鱼肉被很多客人比作鹿肉或烤牛肉，"'每一小块都味道鲜美'，哪怕是最有品位、最挑剔的味蕾也找不到比这更美味的菜肴了"。还有记者说午餐会上的演讲者们"几乎一致支持用鲸鱼肉替代牛肉，并敦促立即执行这项措施，将鲸鱼肉作为国家战时节俭饮食的重要食材"。[37]吃鲸鱼肉不仅被视为支持战争的途径，更被一些人鼓吹成解决饥荒问题的好办法。著名博物学家罗伊·查普曼·安得思（Roy Chapman Andrews）在日本的时候得知日本人一直在大量食用鲸鱼肉，所以回国之后他立刻敦促西方人效仿这个做法。安得思写道："如果美国人和欧洲人都能被说服食用易拉罐装的新鲜鲸鱼肉该多好，一头鲸鱼就能产出 8 万磅重的肉食，这对于大城市里就在我们身边的穷人们来说是多么充足的食物供应啊。"[38]虽然各种各样的请求很多，也有很多人担保鲸鱼肉的味道极佳，但美国人还是没有急着把牛肉、羊肉或猪肉换成鲸鱼肉。[39]

第二十章　消逝

战争的结束终结了所有关于捕鲸行业会卷土重来的说法。新贝德福德此时已经成了美国仅剩的捕鲸港口。这里还剩不到 12 艘捕鲸船，它们偶尔会短暂地到大西洋上捕鲸。[40]这样的航行赚不到什么钱，鲸鱼油的价格在战争期间被短暂抬高之后又跌了下来，所以老捕鲸船一艘接一艘地停止了工作。长久以来被称为捕鲸之城的新贝德福德如今已经名不副实。这里的码头上曾经停靠着几千艘捕鲸船，如今却空无一人。同样情况的还有那些船坞与河岸，那里曾经堆满了闪着油光的木桶和堆积如山的鲸须，它们几乎占据了每一寸可用的空间。箍桶匠、填船缝的工人、铁匠，还有装备船只的人如今几乎消失不见。然而之后，在很短的一段时间里，新贝德福德捕鲸活动的光辉时刻又像海市蜃楼一般重新出现在了人们眼前，只不过这一次是在大银幕上。

1922 年 9 月 25 日，艾尔玛·克里夫顿（Elmer Clifton）的无声电影《乘船出海》（*Down to the Sea in Ships*）在新贝德福德的奥林匹亚剧场全球首映，它讲述的是一个以 1850年前后的捕鲸黄金时期为时代背景的爱情故事。[41]电影开头，新贝德福德的贵格会教徒兼捕鲸船船主查尔斯·W. 摩根正在哀悼自己丧命于海上的唯一的儿子。伤心的父亲转向自己的女儿佩兴丝（Patience），要求她保证"一定要嫁给捕鲸人为妻"。在佩兴丝坚守自己诺言的同时，摩根那艘业绩辉煌的查尔斯·W. 摩根号上的副手杰克·芬纳（Jake Finner）和与他"共谋险恶诡计的同伙"塞缪尔·西格斯（Samuel Siggs）策划了一个阴谋：芬纳夺取船的控制权，然后驾驶它驶向加利福尼亚淘金；西格斯则遵循默片戏剧化的优良传统，向美丽的佩兴丝求婚。西格斯声称自己是一名贵格会教徒，还使用伪造的介绍信来证明自己用捕鲸叉插死过鲸鱼并被获准加入捕鲸人兄弟会。摩根于是雇用西格斯在自己的账房工作，没过多久，西格斯就请求摩根许可自己迎娶他的女儿。摩根同意了，但当西格斯向佩兴丝求婚时，佩兴丝拒绝了。在西格斯继续向自己的猎物发起追求之前，佩兴丝从小就爱慕的"邻家男孩儿"托马斯·艾伦·德克斯特（Thomas Allen Dexter）大学毕业返回家乡，他和佩兴丝之间的爱情之火也被重新点燃了。

不想让佩兴丝和德克斯特结婚的芬纳和西格斯绑架了德克斯特，并将他扔进了摩根号的货舱，等他苏醒并被解绑的时候，摩根号已经航行出了很远的距离。当芬纳夺取了船的控制权并告诉船员，他们将驶向加利福尼亚之后，船上的情况急转直下。一半船员想要回家，另一半则愿意追随芬纳。最后，在德克斯特的带领之下，渴望返航的船员们重新夺回了船的控制权。不过，在返回新贝德福德之前，船员们打算先去捕鲸，此时已经被升职为舵手的德克斯特用捕鲸叉插死了一头抹香鲸，成了真正的捕鲸人。

368　　　　与此同时，在新贝德福德，因为自己的爱人突然离去而伤心失望的佩兴丝最终答应嫁给西格斯。婚礼当天，佩兴丝和西格斯一起进入了贵格会教徒的礼拜堂，在教堂会众面前举行结婚仪式。在难掩悲伤之情的佩兴丝即将念完自己的婚姻誓言之前，刚刚乘船进港的德克斯特及时赶到，他打破礼拜堂的窗户冲了进来，痛打了西格斯，然后和自己失而复得的真爱紧紧地拥抱在一起。电影的结尾是佩兴丝和德克斯特正在逗弄自己出生不久的儿子，在一旁看着他们的老摩根脸上则充满了骄傲之情。

观看了《乘船出海》的观众们对于这部电影的喜爱之情溢于言表，他们其中很多人还为电影的制作发挥了重要的作用。当导演艾尔玛·克里夫顿决定制作这部影片的时候，他就知道自己必须进行实地拍摄。他来到新贝德福德，这里的市民们——其中大部分都是曾经的"捕鲸贵族"的后代——不仅组建了捕鲸电影公司来帮助电影筹集资金，还有很多人在电影里扮演了角色，或是将自己拥有的那个年代的房屋和衣物借给剧组作为道具，好让电影效果更加真实。当时的一个记者报道说："人们扮演角色，甚至为电影担保部分资金的原因就是为了维护新贝德福德的荣耀，好让今天的年轻人有机会看到这里曾经的浪漫和光辉。"[42]

除了演员、历史建筑和服装之外，电影里还需要捕鲸船和捕鲸人。对于新贝德福德来说这当然也不是什么难事。查尔斯·W. 摩根号和流浪者号（Wanderer）被最终选定为拍摄用船，前者用来拍摄甲板和船舱内部的场景，后者用来在巴泽兹湾拍摄航行场景。[43]不过，光有这两艘捕鲸船还不够。一部着重于捕鲸主题的电影必须要展现捕鲸和加工活动的场景。这个重担最终落在了加斯佩号（Gaspe）纵帆船的身上。这艘帆船当时被租用到了格洛斯特，为了拍摄被送回新贝德福德，并在这里进行装备，加装了不少新的吊艇柱来悬挂捕鲸小艇。经验丰富的捕鲸船船长弗雷德·蒂尔顿（Fred Tilton）驾驶加斯佩号航行到海地的海岸边，船上的船员主要是一些从来没在捕鲸船上工作过的"身材魁梧的新贝德福德年轻人",但是蒂尔顿称赞他们很快就都成了"出色的捕鲸人"。[44]

捕鲸船向海地航行期间,蒂尔顿船长教会了扮演德克斯特的演员雷蒙德·麦基(Raymond McKee)如何投掷捕鲸叉,后者一路上都是以海豚为攻击目标进行练习的,到他们抵达捕鲸点的时候,麦基已经成了一名优秀的鱼叉手,甚至都不需要替身来替他投掷捕鲸叉了。当地的鲸鱼很多,加斯佩号上的船员们很快就杀死了一头抹香鲸并进行了加工,还产出了100桶抹香鲸鲸鱼油。蒂尔顿说这是自己亲眼见过的最大的抹香鲸。[45]

在电影开头处,屏幕上有字幕向观众说明:"捕鲸人仍然在继续从新贝德福德出发,进行与电影情节中类似的捕鲸航行。身材健硕的舵手们仍然在徒手投掷捕鲸叉。"很多坐在黑暗的奥林匹亚剧场里观看电影的新贝德福德人看到这段字幕时无疑会想到,虽然此话不假,但是这种情况肯定维持不了多久了。他们都知道自己即将观看的电影就是对这个几乎已经绝迹的行业最后的悼念,毕竟,电影只是艺术上的鲜活创作,而不是当下现实生活的真实还原。

尾声　渐游渐远

在《乘船出海》中亮相之后，流浪者号就一直停泊在港口中，直到船主们决定给它安排一次新的航程。1924 年 8 月 24 日，好几百人聚集在新贝德福德港口岸边欢送流浪者号再次远航。[1]码头上和流浪者号的主甲板上都站满了人，一些身手敏捷的人甚至直接沿着船的系帆绳索爬到高处，好获得一个观看仪式的最佳视角。历史久远的捕鲸人送行仪式的内容之一就是祈祷造物主的保佑。《圣经·诗篇》104：26 的内容是："船只往来航行，你所造的海兽戏游其中。"海员礼拜堂的牧师查尔斯·S. 瑟伯（Charles S. Thurber）就选择了这一段作为自己此次布道的基本内容。他缓慢而庄重地吟诵道："这些水手离开之后，我们会一直祈祷，无论他们遇到危险还是喜悦，愿上帝保佑他们平安。"[2]礼拜堂的风琴手亨丽埃塔·汉弗莱小姐（Miss Henrietta Humphrey）的乐器也被用独轮小推车送到了码头上，在她的伴奏下，那些身穿着新英格兰礼拜日华丽服饰的群众一起吟唱了那些最为人们所熟悉的赞美诗，比如《抛出救生索》《划向岸边》和《海上救生船》等。

当时的场景是庄严神圣且具有历史意义的。安东·T. 爱德华兹船长（Capt. Antone T. Edwards）已经宣布了这将是流浪者号的最后一次航行，他也不认为新贝德福德会再安排其他捕鲸船出海。因此，包括一支庞大的观光者队伍在内的很多到码头上围观的人都认为，自己见证的不仅是流浪者号的最后一次航行，更是一个历史时代的终结。如《纽约先驱论坛报》注意到的那样："捕鲸船出海已经成了……极为少见的事情；等到一年左右之后，当流浪者号的中桅帆重新出现在巴泽兹湾人们的视线中时，那很可能就是美国历史上此类活动的终结了，然而人们对于这段历史的研究还非常不足。"[3]流浪者号并不是被当作一艘捕鲸船看待的，而是意外地被视为了"过去的一部分"，如《新贝德福德水星周报》认为的那样，它是"一个看起来与当下现实格格不入的历史遗留物"。[4]

流浪者号是 1878 年在马萨诸塞州的马拉波伊西建造完成的，拥有一份卓越的出海经历。它到 3 个海洋中捕过鲸，最成功的一次收获了 6200 桶鲸鱼油。[5]已经有 46 年历史的流浪者号保养得很好。有些人说捕鲸船使用寿命都很长是因为它们的甲板上总沾满了鲸鱼油。油脂延长了木材的寿命，让它们变得更加耐用。如果这是真的，那么流浪者号每一次满载而归的航行无疑都为它的长寿做出了贡献。如今，经过重新维修、装备齐全且满载着补给的流浪者号已经为自己的最后一次航行做好了准备。

周一早上，J. T. 谢尔曼号（J. T. Sherman）拖船将流浪者号拖出了新贝德福德的港口。鉴于当天风向不利，再加

372

上爱德华兹船长迫切地需要再雇用一些船员来解决船上人手严重不足的问题，他将流浪者号抛锚停泊在巴泽兹湾的饺子岩（Dumpling Rocks）附近，命令大副约瑟夫·A. 戈梅斯（Joseph A. Gomes）暂时管理船，他本人则乘坐拖船谢尔曼号返回了新贝德福德。当天晚上，一股强劲的东北风吹向大西洋沿岸，风向的转变和风力的突然加强让人们猝不及防。到了第二天，强风的速度达到了 80 英里每小时，流浪者号在波涛汹涌的海面上晃来晃去。在这样恶劣的狂风暴雨之下，虽然已经抛了锚，但流浪者号仍然无法停留在原地不动，它巨大的船锚抵挡不住强风，被拖着在海底移动起来。戈梅斯于是放下第二个船锚想要阻止船被风吹跑，可是没过多久第一个船锚的链子就彻底绷断了，流浪者号继续被强风吹着穿过了海湾，向海上漂去。戈梅斯试图控制船的走向但没有成功，强风吹坏了船帆，连"舵杆头也因为承受不住巨大的压力而咔嚓一声折断了"。[6]戈梅斯和船上的 15 名船员只好弃船，分别登上了两条捕鲸小艇，在海上经历了一段恐怖的航行之后，最终成功上岸。之后不久，运气不佳的捕鲸船撞上了卡提绉克岛西部顶端 1 英里以外的浅滩。之后，狂风和海浪还在不断地袭击着流浪者号，推着它在浅滩的沙石上继续一路颠簸，最终搁浅在了距离海岸边大约 100 多英尺远的地方。[7]

　　周二早上，爱德华兹船长醒来时发现狂风暴雨仍在肆虐，虽然他很想返回流浪者号上，但是他唯一的航行工具——拖船谢尔曼号要到下午晚些时候才能出港，等他到达卡提绉克岛时，他发现那里就如当地一位记者报道的："浪特别大，重重地拍在岸边的悬崖上，溅起的水雾仿佛是黑色的烟气。"爱德华兹和其他船上的人都看得出来，流浪者号已经被暴风雨摧毁了。[8]意识到自己已经无计可施的爱德华兹返回了新贝德福德过夜，第二天早上又返回卡提纽克岛评估损失。船被损毁得非常彻底，龙骨和船头都已经碎裂。船舵完全脱离船体，被甩到了1/4英里以外的海滩上。爱德华兹正站在那里看着自己损毁严重的船时，大副戈梅斯一边向他跑来一边大喊道："船长，我就算下地狱也救不回这艘船了!"虽然戈梅斯这样说，但确实有人将这次灾难归咎于他和他缺乏经验的船员，不过很多懂行的观察者都认为在当时的环境下，这些船员确实已经做了一切他们可以做的事，因此不应受到指责。还有一位纽约的记者竟然厚着脸皮宣称船的失事是"明显的自杀事件，流浪者号是因为伤心欲绝才自寻终结的"![9]

接下来几天里，碧蓝的天空晴朗无云，船员们和少数一些卡提纽克岛居民在船的残骸上寻找可以挽回的东西。[10]货舱里全是水，还漂浮着许多垃圾和碎片，一个进入其中搜寻的人说自己好像站在"齐腰深的意大利面里"。[11]一桶桶的牛肉、系索栓、旗帜、捕鲸小艇、捕鲸叉和其他捕鲸工具被带回了岸上，好奇的人群纷纷前来围观，看着沮丧地忙碌着的水手们，好像在为船吟唱最后的挽歌。

流浪者号耻辱的结局还给很多人带来了痛苦，其中就包括一名来自佛得角的船员。流浪者号本来计划在亚速尔群岛停靠，一些顺路搭船的乘客要在那里下船，船本身也可以从那里补充物资和招募新船员，然后再驶向阿根廷进行捕鲸。

这名佛得角船员几个月来一直在节衣缩食地攒钱，为的就是把钱交给自己在亚速尔群岛的家人。但是，当他和其他船员一起弃船的时候，除了身上穿的衣服，谁也没来得及收拾任何财物。如今船被损毁，这位船员辛辛苦苦攒下的财物和让家人过上好一点的日子的希望也全都被暴风雨吹跑了。虽然这位船员几乎失去了一切，却有其他人借这场灾难牟利。当人们忙着从残骸中挽救损失的时候，船上的捕鲸枪被找到并拖上了岸，可是之后神奇地消失不见了。[12]

流浪者号最终没能流浪多远这一点不能不说充满了讽刺意味。这艘取了一个运气不佳的名字的船如果真的是美国最后一艘出海捕鲸的木质捕鲸船，那它还真是具有足够的诗意和象征意义。即便它不是，这艘在海浪的侵袭中渐渐解体的流浪者号也足以为美国捕鲸时代提供一幅恰如其分的最终影像。至于这个伟大的时代本身，如今已经成了美国传奇过往的一部分。[13]

注　释

脚注中使用到的缩写

BLHBS　哈佛商学院贝克图书馆（Baker Library, Harvard Business School）

KWM　肯德尔捕鲸博物馆（新贝德福德捕鲸博物馆的一部分）　［Kendall Whaling Museum（part of NBWM）］

MHS　马萨诸塞州历史学会（Massachusetts Historical Society）

MSM　神秘港博物馆，G. W. 布朗特·怀特图书馆（Mystic Seaport Museum, G. W. Blunt White Library）

NA　楠塔基特图书馆（Nantucket Atheneum）

NBFPL　新贝德福德免费公共图书馆（New Bedford Free Public Library）

NHA　楠塔基特历史协会（Nantucket Historical Association）

NBWM　新贝德福德捕鲸博物馆（New Bedford Whaling Museum）

ODHS　老达特茅斯历史协会（新贝德福德捕鲸博物馆的上级机构）［Old Dartmouth Historical Association（parent organization of NBWM）］

PEM　皮博迪埃塞克斯博物馆（Peabody Essex Museum）

PPL　普罗维登斯公共图书馆（Providence Public Library）

引言

1. Herman Melville, *Moby-Dick*（1851；reprint, New York：Bantam Books, 1986），419. 美国总统富兰克林·德拉诺·罗斯福曾评价说："就像草原上

使用的篷盖马车一样，捕鲸船永远是美国伟大的象征。"Franklin D. Roosevelt, introduction to Clifford W. Ashley, *Whaleships of New Bedford* (Boston: Houghton Mifflin Company, 1929), vi.

第一章　约翰·史密斯出海捕鲸

1. John Smith, *The Complete Works of Captain John Smith* (*1580 – 1631*), vol. 1, edited by Philip L. Barbour (Chapel Hill: University of North Carolina Press, 1986), lv – lx; John A. Garraty, *The American Nation: A History of the United States* (New York: Harper & Row, 1966), 25; Bradford Smith, *Captain John Smith, His Life & Legend* (Philadelphia: J. B. Lippincott Company, 1953), 46, 48, 52 – 53, 58, 61 – 64, 115 – 116; E. Keble Chatterton, *Captain John Smith* (New York: Harper & Brothers Publishers, 1927), 16 – 17, 35 – 38, 65. 141 – 148; Thomas Hutchinson, *The History of the Colony and Province of Massachusetts-Bay*, vol. 1, edited by Lawrence Shaw Mayo, 2nd ed. (1765; reprint, Cambridge: Harvard University Press, 1936), 2; Harry M. Ward, *Colonial America 1607 – 1763* (Engelwood Cliffs, NJ: Prentice Hall, 1991), 20. 约翰·史密斯是历史上最有个性的人物之一，有无数作家以他为主题进行过创作。关于他的众多传记作品把他描绘成了各种不同的形象，很难确定究竟哪一个才是最真实的他。如 Bradford Smith 写到的那样："美国历史上再没有哪个人物能像约翰·史密斯船长一样引起学者这么广泛的兴趣了。" Smith, *Captain John Smith*, 11.

2. John Smith, *The General Historie of Virginia, New-England, and the* 376 *Summer Isles*, in John Smith, *The Complete Works of Captain John Smith* (*1580 – 1631*), vol. 2, edited by Philip L. Barbour (Chapel Hill: University of North Carolina Press, 1986), 400.

3. John Smith, *A Description of New England*, in Smith, *The Complete Works of Captain John Smith*, vol. 1, 324. 书中多次提到罗伊敦（Roydon）这个姓氏的正确拼法也许应为"Rawdon"。Ibid., John Smith, 323 n1.

4. Smith, *The General Historie of Virginia, New-England, and the Summer*

Isles, in Smith, *The Complete Works of Captain John Smith*, vol. 2, 403.

5. Benjamin F. DeCosta, "Norumbega and Its English Explorers," in *Narrative and Critical History of America*, edited by Justin Winsor, vol. 3 (Boston: Houghton, Mifflin and Company, 1884), 180 – 181; Neal Salisbury, *Manitou and Providence, Indians, Europeans, and the Making of New England, 1500 – 1643* (New York: Oxford University Press, 1982), 95; and Smith, *The Complete Works of Captain John Smith*, vol. 1, 293 – 295.

6. Smith, *A Description of New England*, in Smith, *The Complete Works of Captain John Smith*, vol. 1, 323. 另一个让史密斯质疑存在黄金的说法的原因是，国王在给弗吉尼亚殖民地定居者的特许授权中已经授予了他们挖掘黄金和其他贵重金属的权利。然而人们寻找之后并没有发现此类资源。Garraty, *The American Nation*, 24 – 25.

7. John Brereton, *Discoverie of the North Part of Virginia*, March of American Facsimile Series 16 (1602; reprint, Ann Arbor, MI: University Microfilms, Inc., 1966), 15; Henry C. Kittredge, *Cape Cod: Its People and Their History* (1930; reprint, Boston: Houghton Mifflin Company, 1968), 14.

8. Brereton, *Discoverie of the North Part of Virginia*, 6.

9. James Rosier, *Prosperous Voyage*, March of America Facsimile Series 17 (1605; reprint, Ann Arbor, MI: University Microfilms, 1966).

10. Brereton, *Discoverie of the North Part of Virginia*, 13; and Rosier, *Prosperous Voyage*.

11. 史密斯对于这些事情的了解可能是因为他阅读了相关的记录，也可能来自与曾经参加过这些航行的船员，或者是撰写了这些记录的作者的直接对话，其中就包括巴塞洛缪·戈斯诺尔德。Warner F. Gookin, *Bartholomew Gosnold Discoverer and Planter* (Hamden, CT: Archon Books, 1963), 51. See also Charles Knowles Bolton, *The Real Founders of New England, Stories of Their Life Along the Coast, 1602 – 1628* (Boston: F. W. Faxon Company, 1929), 7 – 8; and William P. Cumming, "The Colonial Charting of the

Masschusetts Coast," in *Seafaring in Colonial Massachusetts* (Boston： Colonial Society of Massachusetts, distributed by University Press of Virginia, 1980), 79.

12. 截至史密斯起航的时候，"蒙希根岛已经是英国水手们非常熟悉的一个停泊点了。每到捕鱼季节，都会有大概200艘船停靠在这里"。Smith, *Captain John Smith*, 191. 根据莫里森的说法，渔民们唯一记录下来的内容都是"对于错待了自己的野蛮人的满腔怒火和怨恨"。Samuel Eliot Morison, *Builders of the Bay Colony* (Boston： Houghton Mifflin Company, 1930), 6. 根据Barck 和 Lefler 的说法："早在1500年，西欧各个国家的渔民就到纽芬兰大浅滩附近捕鱼了，该水域中聚集着大量的鱼群，渔民总能满载而归。" Oscar Theodore Barck, Jr., and Hugh Talmage Lefler, *Colonial America*, 2nd ed. (London： Macmillan Company, 1969), 356. 另见 Donald S. Johnson, *Charting the Sea of Darkness： The Four Voyages of Henry Hudson* (New York： Kodansha International, 1993), 140 – 141。

377

13. Gordon Jackson, *The British Whaling Trade* (Hamden, CT： Archon Books, 1978), 3. 根据布朗的说法："我发现要找到绝对准确或真实可信的关于捕鲸起源的史实非常困难。我能找到的一些文献都涉及了对于此问题的最早记录，但这些内容都是相互矛盾的。在阅读了大量混杂了其他各种题材的文献之后，我对于哪个内容最可信感到更加困惑了。" J. Ross Browne, *Etchings of a Whaling Cruise*, edited by John Seelye (1846； reprint, Cambridge： Belknap Press of Harvard University Press, 1968), 511.

14. Mark Kurlansky, *The Basque History of the World* (New York： Penguin, 1999), 48 – 50； Richard Ellis, *Men and Whales* (New York： Alfred A. Knopf, 1991), 42； and Ronald M. Lockley, *Whales, Dolphins & Porpoises* (New York： W. W. Norton & Co. Inc., 1979), 107. 人们对露脊鲸有很多叫法，曾经有人称之为比斯开露脊鲸，这是出于对巴斯克人的致敬及对于这种鲸最初被猎捕的地点的说明；也有人称之为黑露脊鲸，显然是因为这种鲸自身的颜色；还有人将其划分为北露脊鲸和南露脊鲸两种，这是将这一物种划分为了不同的群类和（或）亚种；此外，还有德语中的叫法是"Nordkaper"。

A. B. C. Whipple, *The Whalers* (Alexandria, VA: Time-Life Books, 1979), 43; F. D. Ommanney, *Lost Leviathan* (New York: Dodd, Mead & Company, 1971), 70 – 71; William A. Douglass and Jon Bilbao, *Amerikanuak: Basques in the New World* (Reno: University of Nevada Press, 1975), 51 – 52; Richard Ellis, *The Book of Whales* (New York: Alfred A. Knopf, 1980), 70, 73; and Ellis, *Men and Whales*, 7.

15. Phil Clapham, *Whales of the World* (Stillwater, MN: Voyageur Press, 1997), 73; Ellis, *Men and Whales*, 4 – 5; and L. Harrison Mathews, *The Natural History of the Whale* (New York: Columbia University Press, 1978), 43. 一位观察过1658年搁浅在泰晤士河岸边的露脊鲸的英国作家对鲸鱼的巨胃感到十分惊讶。他写道："鲸鱼的嘴特别宽，足够几个人在里面站直身体。" Quoted in *The Whale* (New York: Simon & Schuster, 1968), 35, 38. 露脊鲸的捕食习惯并不是从一开始就为人所知的，甚至曾经还引发过各种胡乱的猜想。13世纪在冰岛流传的一份小册子上面写着，露脊鲸"不吃任何东西，它们靠吞噬黑暗而生，还会喝落在海上的雨水。当人们给被捉到的露脊鲸开膛破肚的时候，不会像在其他需要捕食的鱼类腹中发现污物一样找到任何不干净的东西，因为露脊鲸的胃里干干净净，什么也没有。露脊鲸很难张嘴，因为它嘴里长着鲸须，一张嘴就会翘起来，合不上嘴经常会导致露脊鲸的死亡"。Quoted in Ellis, *Men and Whales*, 39 – 40.

16. Melville, *Moby-Dick*, 258.

17. John R. Spears, *The Story of New England Whalers* (New York: Macmillan Company, 1922), 22 – 23. 拉迪亚德·吉卜林专门就鲸鱼的喉咙为什么这么细给出了一种天马行空的解释。在他的作品集《原来如此的故事》(*Just So Stories*) 中有一篇名为《鲸鱼的喉咙为什么这么细》("How the Whale Got His Tiny Throat") 的文章，吉卜林说鲸鱼的这种解剖学特征应当归功于，或者说归咎于一个沉船之后乘坐筏子逃生的水手，他本来坐在筏子上想自己的事，除了身上穿的蓝裤子、一条条裤子的背带和一把折叠刀之外，他什么都没有了。故事开头有一头极度饥饿的鲸鱼吃掉了海里所有

注　释

的鱼，仅剩最后一条精明的小鱼。当鲸鱼打算把这最后一条鱼也吞入腹中的时候，这条精明的小鱼问道："尊贵而慷慨的鲸鱼啊，你尝过人类是什么味道吗？"鲸鱼回答说没有，并问小鱼说人吃起来是什么味道的？狡猾的小鱼看到了保住自己性命的机会，就迫切地告诉鲸鱼人类吃起来"很美味，但是有点疙疙瘩瘩"，小鱼还说如果鲸鱼想要吃人，就应该游到失事船只幸存的水手身边把他吃掉。狡猾的小鱼秉持着全面披露的精神，还体贴地提醒鲸鱼靠近船员时要格外小心，因为他是"足智多谋、精明睿智的"。不过受到自己永远不知餍足的贪欲的影响，再加上精明的小鱼完美的引导，不听劝的鲸鱼游到了水手身边，一口就将水手和他乘坐的筏子整个吞了下去。发现自己被鲸鱼吞入腹中的水手于是在鲸鱼肚子里大闹起来，又唱又跳又跺脚，让鲸鱼难受得不停打嗝。郁闷的鲸鱼问精明的小鱼自己应该怎么办。小鱼说："跟他说让他出来。"鲸鱼照做了，但是水手对于鲸鱼的要求不予理睬，反而要求鲸鱼把他送回他"家乡的海岸……就在阿尔滨的白色悬崖，〔到时候〕我才会考虑要不要出去"。当水手又开始跳舞时，鲸鱼不得不拼命向着水手的家乡游去。到达目的地之后，鲸鱼只能暂时处于搁浅的状态，这样才能张开嘴让水手发发善心快点跳出去。但是水手还是不愿放过鲸鱼。他充分利用了自己在鲸鱼肚子里的时间，把自己的筏子拆成许多细条，然后用自己系裤子的背带把这些细条扎成了一个栅栏。在跳出鲸鱼的大嘴之前，水手把栅栏卡在的鲸鱼的喉咙上。临走前还不忘告诉鲸鱼，"我给你装了个栅栏，以后你就不能吃那么多了"。按照吉卜林的说法，从那以后，鲸鱼就只能吃"很小很小的鱼了"。Rudyard Kipling, "How the Whale Got His Tiny Throat," in *Just So Stories* (1902; reprint, New York: Airmont Books, 1966), 11 – 15.

18. E. J. Slijper, *Whales* (New York: Basic Books, Inc., 1962), 18; Charles Sumner, *The Works of Charles Sumner*, vol. 11 (Boston: Lee and Shepard, 1877), 332 – 333; Paul Schneider, *The Enduring Shore* (New York: Henry Holt and Company, 2000), 162; and John Steele Gordon, *Empire of Wealth: The Epic History of American Economic Power* (New York: HarperCollins,

2005), 168.

19. Randall R. Reeves and Robert D. Kenney, "Baleen Whales: Right Whales and Allies," in *Wild Mammals of North America*, 2nd ed. , edited by George A. Feldhamer, Bruce C. Thompson, and Joseph A. Chapman (Baltimore: Johns Hopkins University Press, 2003), 425; Alexander Hyde, A. C. Baldwin, and W. L. Gage, *The Frozen Zone and Its Explorers* (Hartford: Columbian Book Company, 1876), 122; Francis T. Buckland, *Curiosities of Natural History*, 2nd series (New York: Rudd & Carleton, 1860), 397; Melville, *Moby-Dick*, 131; 此外还有作者与新贝德福德捕鲸博物馆图书馆馆长和海洋史专家迈克尔·P. 戴尔于 2006 年 3 月 3 日进行的私人交流。有必要指出的是，有人也把"真正的鲸"（"true" whale）这个称呼授予了弓头鲸（bowhead）。John Leslie, Robert Jameson, and Hugh Murray, *Narrative of Discovery and Adventure in the Polar Seas and Regions* (New York: Harper & Brothers, 1836), 298.

20. 500 多年前，一位威尼斯历史学家写道："每年都有很多人死于鲸鱼挣扎求生的对抗中……这种怪物感觉到［捕鲸人的］攻击后，就会激烈地冲向船，用自己的尾鳍将其拍碎。" Quoted in Whipple, *The Whalers*, 43 – 44.

21. Kurlansky, *The Basque History*, 48 – 49, and Jean-Pierre Proulx, *Whaling in the North Atlantic From the Earliest Times to the Mid-19th Century* (Ottawa: Parks Canada, 1986), 16.

22. William Scoresby, *An Account of the Arctic Regions with a Description of the Northern Whale Fishery*, *The Whale-Fishery*, vol. 2 (1820; reprint, Devon, England: David & Charles Reprints, 1969), 14; Proulx, *Whaling in the North Atlantic*, 16; Kurlansky, *The Basque History*, 49; Selma Huxley Barkham, "The Basque Whaling Establishments in Labrador 1536 – 1632 – A Summary," *Arctic* 37 (Dec. 1984), 518; Jackson, *The British Whaling Trade*, 55 – 56; and Paul LaCroix and Sir Robert Naunton, *Manners*, *Custom and Dress During the Middle Ages and During the Renaisance Period* (Whitefish, MT: Kessinger Publishing, 2004), 96. 对于巴斯克人而言，捕鲸的重要性从他们用来代表自己城镇的

379

图像上就能看出来。很多巴斯克港口都展示着以捕鲸场景为图案的盾徽。举例来说，代表 Lequeitio 的徽章上的图案就是该镇捕鲸人驾驶一条船出海捕鲸的情景，人们用行动一次又一次实践着徽章上雕刻的铭文——"统治可怕的鲸鱼"（*Horrenda cette sujecit*）。Quoted in Douglass and Bilbao, *Amerikanuak*, 53.

23. Scoresby, *An Account of the Arctic Regions*, vol. 2, 11 – 16. 中世纪最著名的捕鲸故事要数 890 年佛兰德探险家欧特雷（Othere）的出海经历。这个故事是英格兰国王阿尔弗雷德大帝（King Alfred the Great）听了探险家本人的讲述之后亲自写下来的。在这个故事中，欧特雷沿挪威海岸线向北航行进入了白海，用他自己的话说是"来到了捕鲸人通常会前往的北部水域"。他到这里是要捕杀"马鲸"的，但这个词语其实指的是海象，无论是海象的獠牙还是皮毛都很有市场，海象皮晾干之后可以用来制作船上的锚索。不过，欧特雷也想要猎捕一些更大的巨型动物，不像被错误地命名为"马鲸"的海象，这次他指的可是真正的鲸。欧特雷估摸鲸鱼的个头应该在 48 ~ 50 艾尔长，还说自己和 6 个手下在短短两天内杀死了 60 头这样的鲸鱼。

很多历史学家对这样的叙述表示难以置信，导致困惑的主要原因是"艾尔"这个单位如何计算的问题和捕杀鲸鱼的确切数量问题。因为人们对于 1 艾尔究竟是多长没有统一的意见，所以对于欧特雷的鲸鱼到底多大就无法有一个定论。12 英寸、27 英寸和 45 英寸是有人引用过的三种说法。以数值最大的 1 艾尔等于 45 英寸计算，鲸鱼的总长将达到 187 英尺，这显然是不可能的事情，除非你相信自己进入了什么童话王国或是认为存在某种绝迹多年的始祖巨型鲸。第二大的数值是 1 艾尔等于 27 英寸，这样算下来的鲸鱼总长也超过了 110 英尺，唯一符合这一标准的只有蓝鲸，而且得是蓝鲸里面的大块头。不过这样的情况也不可能出现，不仅是因为蓝鲸游速快，极其强壮，欧特雷和他的手下根本没能力捕杀蓝鲸，而且因为从捕鲸人的角度来看，蓝鲸有一个最大的缺点：它们死掉之后会沉入海中。就算欧特雷和他的船员真的能杀死一头蓝鲸，也根本无法将死鲸鱼拖上岸。最后一种数值是 1 艾尔等于 12 英寸，那么鲸鱼的总长就是 50 英尺，也只有这个大小才算说得通，露脊鲸或弓头鲸差不多都是这个尺寸，而且也是欧特雷在那片水域里完全有可能遇到的鲸鱼种类。不过，就算我们假设欧特雷说的就是这种鲸鱼，这个故事里依然存在许多问题。他说自己和手下在两天时间里杀死了60头鲸鱼，这个数目对于配备了马达和射击式捕鲸叉的当代捕鲸人来说也绝对是个了不得的壮举；9世纪的一群船员，驾驶着一条小船，使用徒手抛掷的捕鲸叉完成了这样的任务，这是绝不可能的。有些人解释说这种明显不合常理的描写源于翻译错误，也许阿尔弗雷德大帝当时写的是6头而不是60头；这个说法稍微合理了一些，不过就算是6头鲸鱼也不是那么轻易就能被拖拽上岸的。另一些人猜想，欧特雷捕杀的其实是领航鲸或海豚，只有这些体型较小的物种才有可能被如此大量的捕杀。可是这样的想法又与欧特雷声称的48～50艾尔的长度相矛盾，因为就算按最小的12英寸计算，一头大个儿的领航鲸的长度也只能达到20艾尔左右。Scoresby, *An Account of the Arctic Regions*, vol. 2, 8 – 16; Proulx, *Whaling in the North Atlantic*, 11 – 12; and Ellis, *Men and Whales*, 39.

另一个中世纪捕鲸故事是由马可·波罗讲述的。马可·波罗是一位威尼斯商人，因为去过中国并在中国统治者忽必烈手下担任过官员而闻名，他的经历都被写入了13世纪末创作的《马可·波罗游记》（*A Description of the World*）。在这本书中，马可·波罗描述了人们在阿拉伯海上捕鲸的情形："我要给你们讲讲在这些地方人们是怎么捕杀鲸鱼的。捕鲸人会为捕鲸而准备大量的金枪鱼，这种鱼非常肥美，人们把鱼剁成小块放在罐子里，用盐腌制。"之后，捕鲸人会把破布条浸在腌鱼里，然后拿出来系在绳子上扔下船。布条会在水面上留下一条气味强烈的油膜，一旦鲸鱼闻到了这种气味，就会一直追着渔船，"因为它们太想吃到金枪鱼了"，所以最远甚至能跟游100英里。当鲸鱼靠近船的时候，人们会继续向水中投掷小块的金枪鱼引诱鲸鱼靠得更近，鲸鱼吃了腌制的鱼，就会像"人喝了葡萄酒一样醉醺醺的"。等鲸鱼沉浸在晕乎乎的陶醉状态下之后，捕鲸人就会跳到鲸鱼背上，把捕鲸叉插进鲸鱼的身体，之后还要用"木槌"猛敲，好让捕鲸叉扎得更深。你们一定会想，受到如此对待的鲸鱼必然会马上逃离，或者至少是剧烈反抗。然而马可·波罗说，那些鲸鱼的"沉醉程度"太深了，以至于"根本感觉不到背上有人，所以他们做什么都行"。待鲸鱼终于意识到自己陷入了危险的境地时，它还是会游走，它背上的人也会落入水中，然后被附近的船救起。不过，这时的鲸鱼已经游不远了。它背上的捕鲸叉连着绳子，绳子的另一端系在船上，绳子中间还拴着很多空木桶和木板来减缓鲸鱼逃走的速度。如果鲸鱼"向下扯动绳子的力量太猛"，人们就会往绳子上拴更多的木桶，让绳子的浮力更大。最后当鲸鱼因为伤重而死去之后，渔船就会拖着它的尸体上岸并将之变卖，马可·波罗说卖鲸鱼的收益多达"1000 里弗尔（livres）。这就是当地人捕杀鲸鱼的过程"。在该书的序言中，马可·波罗声称自己的作品"确切地记录了真实的事件"。不过这个捕鲸的故事实在太神奇了，让人无法相信。再说我们完全有理由拒绝接受这样的说法，这本书其实是由马可·波罗与比萨的一位名叫鲁斯蒂谦（Rustichello of Pisa）的爱情小说作家共同创作的。这个作者的作品更倾向于戏剧性而非历史性，所以此书一经出版就受到了很多人对其真实性的质疑。Marco Polo and Rustichello of Pisa, *The Travels of Marco Polo*, translated and with an introduction by Ronald Latham（New York：Penguin Books，1958），33，296 – 297；Manuel Komroff, *Marco Polo*（New York：Julian Messner，Inc.，1952），164；Richard Humble, *Marco Polo*（New York：G. P. Putnam's Sons，1975），7；and Frances Wood, *Did Marco Polo Go to China*?（Boulder，CO：Westview Press，1995）.

24. 很多人都在猜测驱动巴斯克人穿越大西洋寻找鲸鱼的原因是什么。有人认为巴斯克人离开比斯开湾是因为该水域中露脊鲸的数量减少，这可能是捕杀过度造成的结果，也可能虽然还有露脊鲸，但是它们都迁移到了离海岸更远的或其他什么地方生活，以此躲避捕鲸人的袭击。持有这种理论的人接着推论说，随着鲸鱼离开该水域，巴斯克人开始到越来越靠北的方向去捕鲸，最终一路穿越了大西洋，抵达了北美洲。仔细地研究了相关记录的历史学家并不认同这种假设。事实上，比斯开湾当地的鲸鱼并没有出现绝迹的现象，在海岸附近的捕鲸活动到 17 世纪也还在进行。另外，巴斯克人也不是从一片捕鲸水域换到下一个捕鲸水域，再换到下一个，以此

381

方式才穿过大西洋的。相反，巴斯克人很可能是因为听到了打捞鳕鱼的巴斯克渔民说见到了大量鲸鱼的汇报而驾船直奔北美洲的。Selma Barkham, "The Basques: Filling a Gap in Our History Between Jacques Cartier and Champlain," *Canadian Geographic* 96（Feb. -Mar. 1978），8；Barkham, "The Basque Whaling Establishments in Labrador," 515；Stephen L. Cumbaa, "Archaeological Evidence of the 16th Century Basque Right Whale Fishery in Labrador," in *Right Whales: Past and Present Status*, edited by Robert L. Brownell, Jr. , Peter B. Best, and John H. Prescott, Reports of the International Whaling Commission, Special Issue 10（Cambridge, England: International Whaling Commission, 1986），187 – 190；and James A. Tuck, "The World's First Oil Boom," *Archaeology* 40（Jan. -Feb. , 1987），50 – 55. 20 世纪 70 年代中期之前，关于巴斯克人在北美捕鲸的证据还非常稀少，而且仅限于文字叙述。比如，在 1587 年，有一位英国探险家约翰·戴维斯（John Davis）就在纽芬兰大浅滩附近的水面上看到了船："依我们的判断……那是一艘比斯开来的船：我们猜想它是来捕鲸的，我们看到北纬 52°左右的地方有很多鲸鱼。"在 1594 年，一艘英国捕鲸船——布里斯托尔的格雷斯号汇报说自己在纽芬兰海岸的圣乔治湾发现了"两艘比斯开大船的残骸，应该是已经被抛弃在那里三年了；船上还有七八百根鲸须，一些系帆用的铁质螺栓和锁链；所有的［鲸鱼油］都已经干了，但是桶还在"。Frederick W. True, *The Whalebone Whales of the Western North Atlantic*（1904；reprint, Washington, DC: Smithsonian Institution Press, 1983），15 – 16. 在 1602 年 5 月 14 日，戈斯诺尔德和他的船员在缅因南部海岸抛锚停靠后看到了一幅非常意想不到的景象，大约是当天正午时分，"6 个印第安人乘坐着一条巴斯克人的捕鲸小艇大胆地来到我们的船边，船上有桅杆和船帆，还有小铁锚和铜水壶"。亲身经历了这次航行的约翰·布里尔顿（John Brereton）这样记录道："一个［印第安人］穿着马甲和一条黑色的哔叽料裤子，它们都是水手风格的，他脚上还穿着长袜和鞋子；其他人则还是赤身裸体的（有一个穿了一条蓝布裤子）。" See Brereton, *A Briefe and True Relation*, 4.

　　同时期最具体的关于在北美的巴斯克捕鲸人的描述来自伟大的法国探险家萨米埃尔·德·尚普兰（Samuel de Champlain），他在 17 世纪早期曾多次前往北美大陆，为的是巩固自己祖国宣称的对于加拿大东部的所有权，当时那片地区还被称为新法兰西。在尚普兰访问那里的时候，他饶有兴致地观察了巴斯克人的捕鲸活动。后来在他对自己在 1603～1616 年多次航行经历的描述中，他回忆了自己看到的一切，为的是纠正一个似乎非常常见的错误认识。尚普兰写道：“我认为自己可以简略描述一下［新法兰西的］捕鲸活动，很多人没有亲眼见过这种事，还以为鲸鱼是被加农炮击中的，因为有一些胆大妄为的骗子就是这么糊弄那些不了解真相的群众的，于是不少人就固执地坚信了这些虚假的消息。”为了终结这样的谣言，尚普兰描述了被自己称为“技巧最娴熟的渔民”的巴斯克人是如何捕杀鲸鱼的：“每条小船上都有一名鱼叉手，他是所有船员之中最敏捷和最熟练的捕鲸人，工资也仅次于船长，因为他的工作内容是最危险的……一旦鱼叉手发现了下手机会，他就会对准鲸鱼的正面将捕鲸叉掷向目标。感觉到受伤的鲸鱼会潜入水中，但有时也会返回用巨大的尾鳍拍击小船或捕鲸人，并能够像打破玻璃一样轻而易举地拍碎小船，杀死捕鲸人。”还有时候，鲸鱼会选择在接近水面的地方游动，它可以“游得像马匹一样快，能把小船拖出去八九里格远”，在这种情况下，有的船员不得不砍断绳子，否则就可能被拖入水中。如果鲸鱼被拖进了捕鲸人够得着的范围，多条捕鲸船会聚拢过来将鲸鱼围在当中，并向它“投掷更多捕鲸叉”，如果鲸鱼潜入水中，捕鲸人就等着它上来换气时再发起攻击，直到杀死鲸鱼。最后，他们会用绳子把鲸鱼拖上岸，在那里割下鲸脂并加热熔成油。尚普兰驳斥说：“鲸鱼就是这么被杀死的，不是如很多人以为的那样是被加农炮打到的。”Samuel de Champlain, *Algonquians, Hurons and Iroquois Champlain Explores America 1603 – 1616* (Dartmouth, Nova Scotia: Brook House Press, 2000), 111 – 112. 尚普兰本人就有一次与鲸鱼的不同寻常的巧遇。在 1610 年 8 月 18 日，他乘船驶出圣劳伦斯河河口时，他的船“遇到了一只正在睡觉的鲸鱼。船只从鲸鱼身边一过就把它吵醒了，还在鱼身上靠近尾部的地方撞出了一个洞，我们的

382

船没事，但是鲸鱼流了好多血"。Quoted in George Francis Dow, *Whale Ships and Whaling*, *A Pictorial History* (New York: Dover Publications, 1985), 3.

25. Scoresby, *An Account of the Arctic Regions*, vol. 2, 18.

26. Russell Shorto, *The Island at the Center of the World* (New York: Doubleday, 2004), 21; and Johnson, *Charting the Sea of Darkness*, 34 – 36.

27. 露脊鲸和弓头鲸具有很多相似的特点，外形上也极为相似，所以很多人都认为它们是同一种鲸。即便是在描述自己身边的世界时非常具有洞察力的梅尔维尔也曾嘲笑过那些认为这两种鲸实际上属于不同种的人。"有些人假装自己看到了什么区别，"他写道，"但其实这两种鲸在所有重要特征上都是一致的，还没有发现任何具有决定性的本质上的区别。就是由于人们喜欢因为一些无关紧要的区别而进行无限度的分类，动植物研究的一些学科才变得烦冗庞杂。"不过科学家并不认可梅尔维尔的这种评价。Melville, *Moby-Dick*, 131 – 132.

28. 弓头鲸的名字很多，它也被称为北极露脊鲸、大北极鲸或格陵兰鲸。Stanley M. Minasian, Kenneth C. Balcomb Ⅲ, and Larry Foster, *The World's Whales*: *The Complete Illustrated Guide* (Washington, DC: Smithsonian Books, 1984), 76; and Ellis, *The Book of Whales*, 80. 根据斯克斯比的说法："［弓头鲸］这种经济价值极高又很有趣的动物因为名声显赫而被广泛地简称为'鲸'，是极地水域里最重要的贸易内容——它能产出比其他任何鲸类都丰富的鲸鱼油，而且生性喜静，行动迟缓，也比其他种类都胆小。就相同或接近大小的个体而言，捕杀弓头鲸相对容易得多。"Scoresby, *An Account of the Arctic Regions*, vol. 1, 449 – 450.

383　　29. Jackson, *The British Whaling Trade*, 7, 11 – 14; Scoresby, *An Account of the Arctic Regions*, vol. 2, 20 – 25; J. T. Jenkins, *A History of the Whale Fisheries* (1921; reprint, Port Washington, NY: Kennikat Press, 1971), 79. 莫斯科公司给捕鲸船的船长们列出了一张长得惊人的鲸类目录，详述了每种鲸的特点，这样船长和他的水手们就可以"选择适当的品种［进行捕杀］，以免在不好的品种上浪费精力"。在适当品种这一栏中高居榜首的就是弓头鲸（bearded whale），因为据说它能产出"至少 400 根鲸须，有时甚至有 500 根鲸须，还有 100 ~ 120 猪头桶（hohshead）鲸鱼油"。一个猪头桶相当于两个木桶（barrel）的容量。第二适当的品种是露脊鲸（Sarda）和抹香鲸（Trumpa）。其他进入名单的品种还包括白鲸（Sewira）以及当时被称为"Sedeva"、"Sedeva Negro"和"Otta Sotta"的几个品种，仅凭目录中描述的特点，还无法确定这些名词具体对应的是哪些品种，其中最后一个神秘品种号称能够产出最好的鲸鱼油。没进入名单的其他所有鲸鱼都被认为只能产出很少，甚至完全不能产出鲸鱼油和鲸须，所以不值得抓捕。Quoted in Jenkins, *A History of the Whale Fisheries*, 83 – 86.

30. Scoresby, *An Account of the Arctic Regions*, vol. 2, 25 – 29; Daniel Francis, *A History of World Whaling* (New York: Viking, 1990), 29; and Jackson, *The British Whaling Trade*, 14.

31. Smith, *A Description of New England*, in Smith, *The Complete Works of Captain John Smith*, vol. 1, 323; and Smith, *The General Historie of Virginia, New-England, and the Summer Isles*, in Smith, *The Complete Works of Captain John Smith*, vol. 2, 400.

32. True, *The Whalebone Whales*, 46; and Scoresby, *An Account of the Arctic Regions*, vol. 1, 484.

33. Slijper, *Whales*, 112; and Ellis, *Men and Whales*, 21.

34. 这次行程的收益是 1500 英镑。Smith, *A Description of New England*, in Smith, *The Complete Works of Captain John Smith*, vol. 1, 323 – 324.

35. Smith, *The General Historie of Virginia, New-England, and the Summer Isles*, in Smith, *The Complete Works of Captain John Smith*, vol. 2, 400 – 401.

36. Smith, *A Description of New England*, in Smith, *The Complete Works of Captain John Smith*, vol. 1, 340.

37. Smith, *New England Trials* (1622), in Smith, *The Complete Works of Captain John Smith*, vol. 1, 425. 在 1631 年，也就是史密斯生命的最后一年中，他出版了一本讲述他在弗吉尼亚和新英格兰探险经历的作品，他在书

中重申了自己的观点，称"如果捕鲸的事业如我们期望的那样顺利的话……［我本打算］就留在那里生活了"。Smith, *Advertisements for the Unexperienced Planters of New England, or Any Where*, in John Smith, *The Complete Works of Captain John Smith (1580 – 1631)*, vol. 3, edited by Philip L. Barbour (Chapel Hill: University of North Carolina Press, 1986), 278.

38. Smith, *A Description of New England*, in Smith, *The Complete Works of Captain John Smith*, vol. 1, 330.

39. Noel B. Gerson, *The Glorious Scoundrel, A Biography of Captain John Smith* (New York: Dodd, Mead & Company, 1978), 194 – 197; and *Sir Ferdinando Gorges and His Province of Maine*, vol. 1 edited by James Phinney Baxter (Boston: Prince Society, 1890), 96 – 99.

40. Smith, *A Description of New England*, in Smith, *The Complete Works of Captain John Smith*, vol. 1, 357.

41. Gerson, *The Glorious Scoundrel*, 198 – 203.

384   42. 关于自己航行时携带的六七张地图，史密斯评价说地图之间"出入很大，而且几乎没有哪一张能够准确地反映当地的情况。它们的作用就跟废纸差不多，但是比废纸贵多了"。Quoted in Chatterton, *Captain John Smith*, 240. 根据 Lemay 的说法，地图上的史密斯画像是"唯一一份准确展示了他样貌的资料"。J. A. Leo Lemay, *The American Dream of Captain John Smith* (Charlottesville: University of Virginia Press, 1991), 47.

43. Smith, *The General Historie of Virginia, New-England, and the Summer Isles*, in Smith, *The Complete Works of Captain John Smith*, vol. 2, 401 – 402; and Smith, *A Description of New England*, in Smith, *The Complete Works of Captain John Smith*, vol. 1, 319.

44. Samuel Eliot Morison, *The Story of the "Old Colony" of New Plymouth [1620 – 1692]* (New York: Alfred A. Knopf, 1960), 4, 8 – 9, 14.

45. Gerson, *The Glorious Scoundrel*, 220; and *A Journal of the Pilgrims at Plymouth*, *Mourt's Relation*, with an introduction and notes by Dwight B. Heath

（1622；reprint，New York：Corinth Books，1963），xxiii.

46. 关于清教徒移民，莫里森这样写道："在从英格兰海岸出发前往殖民地的航行中，再没有比这一次更让人绝望的了。"Morison，*The Story of the "Old Colony,"* 24.

47. Smith，*The True Travels，Adventures，and Observations of Captaine John Smith*，in Smith，*The Complete Works of Captain John Smith*，vol. 3，221. 不过，其他作家提出过不同的解释史密斯为什么没能得到这份工作的原因，包括他飞扬跋扈的性格，以及他对新殖民地机构的不同看法很可能与清教徒们的观点相抵触。Bradford，*Captain John Smith*，244；Gerson，*The Glorious Scoundrel*，221；Morison，*The Story of the "Old Colony,"* 22. 史密斯再也没能返回新英格兰，但是直到1631年去世之时，他一直都是殖民活动的坚定支持者。Henry F. Howe，*Prologue to New England*（New York：Farrar & Rinehart，1943），236.

48. 五月花号帆船上共有102名乘客，其中大约半数是清教徒，其余不是清教徒的人被统称为"陌生人"。

第二章　"海洋之王，把大海扛在肩上的鲸鱼"

1. *The Journal of the Pilgrims at Plymouth，in New England，in 1620：Reprinted from the Original Volume*，compiled by George B. Cheever（New York：John Wiley，1848），29，30 – 31.

2. Ibid.，30，40.

3. 在14世纪初，英格兰国王爱德华二世颁发了法令，规定凡是在其王国范围内抓到的鲸鱼，无论是搁浅在岸边的，还是从海里捕杀的，都属于国王的财产，所以从那时起，鲸就被称为"皇室之鱼"——关键字是"鱼"。亚里士多德在1000多年前就提出鲸鱼身上存在许多足以将它们与鱼类区分开来的特点，比如需要到水面上换气、胎生和恒温。卡尔·林奈在1758年正式将鲸定义为哺乳动物，而非鱼类。但这种重要的依据系统法分析而得出的结论直到19世纪初期才获得广泛的接受。在那之前，包括捕鲸人在内的大多数人都认为鲸鱼是鱼，在提到它们的时候也是将其当作鱼来论的。Scoresby, *An Account of the Arctic Regions*, vol. 2, 15; Ephraim Chambers, *Chambers' Cyclopædia* (Philadelphia: J. B. Lippincott & Co., 1870), 154; Melville, *Moby-Dick*, 6, 371; Ernst Mayr, *The Growth of Biological Thought* (Cambridge: Belknap Press of Harvard University Press, 1982), 152; and Wilfrid Blunt, *The Compleat Naturalist* (New York: Viking Press, 1971), 219.

385 有讽刺意味的是，如果鲸鱼是鱼，世上就永远不会有捕鲸行业出现了。因为人类想要袭击并杀死鲸鱼，就必须先接近鲸鱼并向它投掷捕鲸叉，而且还要插得足够深。那时划着小木船的人能够做到这一点的唯一原因就是：鲸鱼受限于自己陆栖和哺乳动物的根源，不得不露出水面换气。它们换气时要向空中喷出大量的水雾，所以暴露了自己的位置。如果鲸鱼像鱼一样用鳃呼吸，它们就不用到水面上来，那样捕鲸人就看不到它们，更不用说捕杀了。如果鲸鱼不是像其他哺乳动物一样的恒温动物，它们也就不需要一层厚厚的鲸脂来抵御冰冷的深海海水，那样它们对于人类的价值也会大大降低。因此，捕鲸人当然可以把鲸鱼当成鱼来谈论，不过如果鲸鱼真是鱼的话，他们恐怕就都要另寻他法来养活自己了。

  对于那些有兴趣从捕鲸活动的角度进一步研究这个问题的人来说，1818 年纽约市出现过一个有意思的案例，探索的就是下面这个问题："鲸鱼是鱼吗？"这个案例需要判定的是贾德先生是否需要因为没有遵守该州关于鱼肝油必须经专门质检员察验、认证和计量，以确定其中没有掺入水之类的其他物质的法律规定而向莫里斯先生支付罚款。依照该法律规定，质检员进行查验后有权收取每桶 25 美分的检验费；如果有人逃避检查，则要支付每桶 25 美元的罚款。贾德先生从一位拉塞尔先生那里购买了三桶没有经过察验、认证或计量的抹香鲸鲸鱼油。这让当地的鱼肝油质检员莫里斯先生义愤填膺，于是他将贾德告上了法庭，要求被告支付 75 美元的罚款，因为抹香鲸是鱼，所以抹香鲸的油也是一种鱼肝油，贾德没有遵循查验鱼肝油的法律规定就应当缴纳罚款。控辩双方都请了许多专家出庭作证，最终陪审团仅讨论了 15 分钟就认定鲸鱼是鱼，所以贾德应向莫里斯支付 75 美元。之后被告上诉，但是在开庭之前，立法机构就修订了原来的法律，需要进行检验的对象变为了"肝油"。立法机构还认定鲸鱼不是鱼，或者起码说鲸鱼的油不应当被当作鱼肝油看待。William Sampson, *Is a Whale a Fish?*, *An Accurate Report of the Case of James Maurice Against Samuel Judd Tried in The Mayor's Court of the City of New York on December 30th and 31st of December, 1818, Wherein the Above Problem is Discussed Theologically, Scholastically, and Historically* (New York：C. S. Van Winkle, 1819)；and Charles Boardman Hawes, *Whaling* (Garden City, NY：Doubleday, Page & Company, 1924), 120 – 126.

4. *The Journal of the Pilgrims at Plymouth*, 30.

5. 斯匹次卑尔根在当时被认为是格陵兰岛的一部分，这两个名字经常被拿来指称同一个地方。John Monck, *An Account of a Most Dangerous Voyage Performed by the Famous Capt. John Monck in the years 1619 and 1620* (Frankfurt, 1650), 564.

6. *The Journal of the Pilgrims at Plymouth*, 30, 40 – 42.

7. Ibid. , 43.

8. John Braginton-Smith and Duncan Oliver, *Cape Cod Shore Whaling, America's First Whalemen* (Yarmouth, MA：Historical Society of Old Yarmouth, 2004), 23；and Paula A. Olson and Stephen B. Reilly, "Pilot Whales," in the *Encyclopedia of Marine Mammals*, edited by William F. Perrin, Bernd Würsig, and J. G. M. Thewissen (Burlington, MA：Academic Press, 2002), 898. 在大西洋西部海域中发现过两种领航鲸。一种是短肢领航鲸（*Globicephala macrorhynchus*），另一种是长肢领航鲸（*Globicephala melas*）。清教徒们遇到的很可能是长肢领航鲸，因为短肢领航鲸通常出现在新泽西州海岸附近或更靠南的地方。清教徒们既使用"灰海豚"这个名字指代领航鲸，又将它作为虎鲸的一种别称。Ommanney, *Lost Leviathan*, 481；and Frederick D. Bennett, *Narrative of a Whaling Voyage Round the Globe From the Year 1833 – 1836*, vol. 2 (New York：Da Capo Press, 1970), 238 – 239.

9. Henry David Thoreau, *Cape Cod* (1864；reprint, Orleans, MA：Parnassus

Imprints, Inc. , 1984）, 166.

10. Bennett, *Narrative of a Whaling Voyage*, vol. 2, 233. 虽然 Bennett 描述的是生活在南部的鲸鱼品种, 也就是短肢领航鲸, 但是这些描述对于生活在北方的长肢领航鲸也同样适用。

11. *The Journal of the Pilgrims at Plymouth*, 43.

12. 即便是只有几只鲸鱼自行搁浅在海岸上, 也足以引起人们对这个问题的关注, 更不用说在浅水区发现大批濒临死亡的鲸鱼甚至是鲸鱼尸体的情况了, 那完全可以称得上巨大的悲剧。1982 年在韦尔弗利特（Wellfleet）的科德角镇就发生过这样的事件, 当时总共有 59 头领航鲸搁浅。距离今天更近的案例还有 2005 年 1 月在北卡罗来纳州的外滩岛上, 一段仅 5 英里长的海岸上就搁浅了超过 30 头领航鲸。*Associated Press*, "Scientists Hoping Beached Whales Give Clues to Deaths," *Wilmington Morning Star*, Jan. 19, 2005; and Peter Tyack, "Stranded on the Cape," *New York Times*, Aug. 3, 2002.

13. Tyack, "Stranded on the Cape"; Olson, "Pilot Whales"; Clapham, *Whales of the World*, 33; Johann Sigurjonsson and Gisli Vikingsson, "Mass Strandings of Pilot Whales （*Globicephala melas*) on the Coast of Iceland," in *Biology of Northern Hemisphere Pilot Whales*, *Report of the International Whaling Commission*, special issue 14, edited by G. P. Donovan, C. H. Lockyer, and A. R. Martin （Cambridge, England: International Whaling Commission, 1993）, 407; and Ommanney, *Lost Leviathan*, 248 – 249.

14. *The Journal of the Pilgrims at Plymouth*, 43.

15. Ibid. , 46 – 47. 根据莫里森的说法, 科平提到的 "窃贼港" 很可能指的是安角（Cape Ann）的格洛斯特湾（Gloucester Harbor）, 那里其实还在普利茅斯以北很远的地方。Morison, *The Story of the "Old Colony,"* 50.

16. 有证据可以证明, 生活在缅因的佩马奎德定居点（Pemaquid settlement）的殖民地定居者可能早在 1625 年就开始在岸边寻找鲸鱼了。根据 Kenneth Martin 的说法, 已发现的鲸鱼骨碎片暗示人们从那时候就在进行这种活动。参见 Kenneth R. Martin, *Whalemen and Whaleships of Maine*

(Brunswick, ME: Harpswell Press, 1975), 13 – 14。

17. Reverend Francis Higginson, *New-England's Plantation*, *with The Sea Journal and Other Writings* (1608; reprint, Salem: Essex Book and Print Club, 1908), 102 – 103. See also Carl Bridenbaugh, *Cities in the Wilderness*, *The First Century of Urban Life in America*, *1625 – 1742* (London: Oxford University Press, 1938), 12; and Alice Morse Earle, *Home Life in Colonial Days* (1898; reprint, Middle Village, NY: Jonathan David Publishers, 1975), 32.

18. John Josselyn, *Colonial Traveler*, *A Critical Edition of Two Voyages to New England*, edited by Paul J. Lindholdt (1674; reprint, Hanover, NH: University Press of New England, 1988), 48.

19. Arthur H. Hayward, *Colonial and Early American Lighting* (New York: Dover Publications, 1962), 3, 11, 15; F. W. Robbins, *The Story of the Lamp* (*and the Candle*) (London: Oxford University Press, 1939), 91; and Francis Russell Hart, *The New England Whale-Fisheries* (Cambridge, England: John Wilson and Son, University Press, 1924), 66 – 67. 根据希金森的说法，"虽然新英格兰的移民没有动物脂肪制作的蜡烛，但是他们能抓很多鱼，因此也可以获得很多油来点灯"。Higginson, *New-England's Plantation*, 102 – 103.

20. John Winthrop, *The Journal of John Winthrop*, *1630 – 1649*, edited by Richard S. Dunn, James Savage, and Laetitia Yeandle (Cambridge: Belknap Press of Harvard University Press, 1996), 143.

21. Council for New England, *A Brief Relation of the Discovery and Plantation of New England*: *And of Sundry Accidents Therein occurring*, *from the Year of our Lord M. D. C. VII to the present M. D. C. XXII* (London: John Haviland, 1622), in *Collections of the MHS*, vol. 9 of the second series (Boston, 1832), 1, 20; Herbert L. Osgood, *The American Colonies in the Seventeenth Century*, vol. 1 (1904; reprint, Gloucester, MA: Peter Smith, 1957), 103; and Ida Sedgwick Proper, *Monhegan*: *The Cradle of New England* (Portland, ME: Southworth Press, 1930), 148 – 149.

387

22. *Select Charters and Other Documents Illustrative of American History*, *1606 – 1775*, edited, with notes, by William Macdonald (London: Macmillan & Co., 1904), 39.

23. Elizabeth A. Little, *Indian Whalemen of Nantucket: The Documentary Evidence*, *Nantucket Algonquian Study* #13 (Nantucket: NHA, 1992), 1. 移民到来后，印第安人也没有停止利用鲸鱼。罗德岛一位殖民地总督 Roger Williams 就注意到"原住民会把它们［鲸鱼］切成一块儿一块儿的，然后送到各处，既可以作为礼物，也可以作为食材"。Roger Williams, *A Key into the Language of America* (London: George Dexter, 1643), 115.

24. See, for example, Charles Henry Robbins, *The Gam: Being a Group of Whaling Stories* (Salem, MA: Newcomb & Gauss, 1913), xii; Robert Coarse, *The Seafarers: A History of Maritime America 1620 – 1820* (New York: Harper & Row, 1964), 31; Everett J. Edwards and Jeannette Edwards Rattray, " *Whale Off!*" *The Story of American Shore Whaling* (New York: Coward McCann, Inc., 1932), 195 – 196; Ommanney, *Lost Leviathan*, 80; Foster Rhea Dulles, *Lowered Boats: A Chronicle of American Whaling* (New York: Harcourt, Brace and Company, 1933), 29; Douglas Liversidge, *The Whale Killers* (Chicago: Rand McNally & Company, 1963), 76; Howard S. Russell, *Indian New England Before the Mayflower* (Hanover, NH: University of New England Press, 1980), 124; and Charles Edward Banks, *The History of Martha's Vineyard Dukes County Massachusetts*, *General History*, vol. 1 (Edgartown: Dukes County Historical Society, 1966), 430.

25. Spears, *The Story of the New England Whalers*, 20.

26. Thomas Beale, *The Natural History of the Sperm Whale* (1839; reprint, London: New Holland Press, 1973), 138.

27. Little, *Indian Whalemen of Nantucket*, 2.

28. William S. Fowler, "Contributions to the Advance of New England Archaeology," *Bulletin of the Massachusetts Archaeological Society* 25 (1964),

60 – 61；and Little，*Indian Whalemen of Nantucket*，1.

29. Quoted in True，*Whalebone Whales*，27，44.

30. Marianne S. V. Douglas，John P. Smol，James M. Savelle，and Jules M. Blais，"Prehistoric Inuit Whalers Affected Arctic Freshwater Ecosystems，" in *Proceedings of the National Academy of Science* 101（Feb. 10，2004）：1613.

31. Rosier，*Prosperous Voyage*.

32. Kugler 提出，除了 Rosier 在对韦茅斯探险的记录中写到的这个段落外，"没有其他文献或考古学证据支持美洲原住民进行过独立的捕鲸活动。在这样缺乏佐证的情况下，若要使用关于韦茅斯探险的记述，应当小心处理"。Richard C. Kugler，"The Whale Oil Trade，1750 – 1775，" in *Seafaring in Colonial Massachusetts*，156n.

33. 这一部分关于早期荷兰人在特拉华捕鲸的内容主要参考了两个信息来源：Edwards and Rattray，"*Whale Off！*" 185 – 190；and Charles McKew Parr，*The Voyages of David de Vries*，*Navigator and Adventurer*（New York，Thomas Y. Crowell Company，1969）。

34. Quoted in Edwards and Rattray，"*Whale Off！*" 189.

35. Quoted in Thomas Wentworth Higginson，*Life of Francis Higginson*，*First Minister in the Massachusetts Bay Colony*，*and Author of* "*New England's Plantation*"（1630）（New York：Dodd，Mead & Company，1891），62 – 63.

36. Higginson，*New – England's Plantation*，19.

37. Richard Mather，*The Journal of Richard Mather*，*1635*；*His Life and Death*，*1670*（Boston：David Clapp，1850），21.

38. William Morell，"Morell's Poem on New-England，" *Collections of the MHS for the Year 1792*，vol. 1（Boston：MHS，1895），125；and Bolton，*The Real Founders*，3.

39. Morell，"Morell's Poem，" 130.

40. William Wood，*New England's Prospect*，edited by Alden T. Vaughan（Amherst：University of Massachusetts Press，1977），53 – 57.

388

第三章 整条海岸边

1. Braginton-Smith and Oliver, *Cape Cod Shore Whaling*, 58.

2. *The Laws and Liberties of Massachusetts, 1641 – 1691: A Facsimile Edition, Containing Also Council Orders and Executive Proclamations*, vol. 1, compiled and with an introduction by John D. Cushing (Wilmington, DE: Scholarly Resources, Inc., 1976), 61.

3. Quoted in William R. Palmer, *The Whaling Port of Sag Harbor* (PhD diss. Columbia University, 1959), 5 – 6.

4. Edwards and Rattray, " *Whale Off!* " 193 – 194, 204; Alexander Starbuck, *History of the American Whale Fishery* (1878; reprint, Secaucus, NJ: Castle Books), 9; James Truslow Adams, *History of the Town of Southampton* (1918; reprint, Port Washington, NY: Ira J. Friedman, Inc., 1962), 229; and Jacqueline Overton, *Long Island's Story* (Garden City, NY: Doubleday Doran & Company, 1929), 1.

5. 17 世纪 50 年代初，马撒葡萄园岛上的人们先后尝试过这两种方式。1652 年，镇上先是指定了威廉·威克斯（William Weeks）和托马斯·达格特（Thomas Daggett）作为鲸鱼的"切割人"。到了第二年，镇上颁布的新法令中设立了一种轮流体系："依照镇上的规定，人们可以自行切割鲸鱼，一次 4 个人，从镇东头的居民开始轮流担任，每头鲸鱼都要以这样的方式进行处理。"Banks, *The History of Martha's Vineyard*, vol. 1, 431.

6. Quoted in Edwards and Rattray, " *Whale Off!* " 205 – 206.

7. Adams, *History of the Town of Southampton*, 229; Braginton-Smith and Oliver, *Cape Cod Shore Whaling*, 64; and H. Roger King, *Cape Cod and Plymouth Colony in the Seventeenth Century* (Lanham, MD: University Press of America, 1994), 206. 对漂上岸的鲸鱼进行加工在一些比较贫困的地方是一件特别受欢迎的事，Thomas Hinckley 在其 1687 年写给国王詹姆斯二世的书信中明确提到了这一点："冬天偶尔会漂上来一些体型不大，或者是只剩部分尸体的鲸鱼——这样的鲸鱼更难处理，加工之后也只能产出七八桶鲸鱼

389

油，最多不超过 20 桶——但是对于那些生活在岬角上的贫困城镇中的穷人家庭来说，这也是很宝贵的，因为他们所在的地方是这个地区里最贫困的。" "Address and Petition from the Colony of New Plymouth to King James Ⅱ," October 1687, in *The Hinckley Papers*; *Being Letters and Papers of Thomas Hinckley*, *Governor of the Colony of New Plymouth*, *1676 - 1699*, *Collections of the MHS*, *vol.* 5, *fourth series* (Boston: Printed for the Society, 1861), 178.

8. 比如 1659 年，一位长岛上的酋长 "Wyandanch 和他的儿子向莱恩·加德纳出售了 '从 Kitchaminfchock 到 Enoughquanck 之间，所有被冲上海岸的鲸鱼的身体和骨架，但所有鲸鱼的鲸须和尾鳍仍归属印第安人所有，有效期 21 年 '"。Quoted in Adams, *History of Southampton*, 230.

9. Quoted in Banks, *History of Martha's Vineyard*, vol. 1, 432.

10. King, *Cape Cod and Plymouth Colony*, 206.

11. *Records of the Colony of New Plymouth in New England*, vol. 9, *Laws 1623 - 1682*, edited by David Pulsifer (Boston: Press of William White, 1861), 114 - 115; and Braginton-Smith and Oliver, *Cape Cod Shore Whaling*, 77.

12. *Records of the Colony of New Plymouth in New England*, *Laws 1623 - 1682*, 139; and King, *Cape Cod and Plymouth Colony*, 207 - 208. 索斯沃斯的信件全文内容如下：

1661 年 10 月 1 日

亲爱的朋友们：大法院已就漂上岸的鱼类或鲸鱼的问题向你们提出了一些主张，在下不才，承蒙法院授权，在该提议遭到你们拒绝的时候负责解决各方应享有权利的问题，鉴于提议截止日期将近但仍未收到你们的认可，那么这件事现在就将由我来处理。在法院的建议下，我决定如此回应你们的抗议：如果你们愿意就每一头鲸鱼按时按量交付殖民地政府一个猪头桶的鲸鱼油，送到位于波士顿的指定地点，并保证这些鲸鱼油是新鲜的、符合销售条件的，且不向政府索取任何费用或提出任何要求——那么我认为，本着和平顺利地处理此问题的宗旨，眼下这个时节，我们可以就此达成一致。你们可以到选举法院签署符合我们双方利益的协议。如果你们不接受我的提议，请在此信日期 14 日内做出回复，否则即视为接受。我期待贵方遵守协议。

殖民地财政部部长康斯坦特·索斯沃斯

Records of the Colony of New Plymouth in New England, *Court Orders*, vol. 4, 1661 – 1668, edited by Nathaniel B. Shurtleff（Boston：Press of William White, 1855）, 6 – 7.

13. *Records of the Colony of New Plymouth in New England*, vol. 9, *Laws 1623 – 1682*, 139. 好几十年之后，包括雅茅斯和桑威奇在内的一些科德角地区城镇也以伊斯特姆为榜样，为牧师提供了类似的补助。See Braginton – Smith and Oliver, *Cape Cod Shore Whaling*, 77 – 79. 举例来说，1702 年，雅茅斯的约翰·科顿牧师（Reverend John Cotton）可以从每头被冲上岸的鲸鱼身上获得大约 40 英镑的收益。Glover M. Allen, "Whales and Whaling in New England," *Scientific Monthly* 27（Oct. 1928）, 340.

390

14. Thoreau, *Cape Cod*, 51 – 52.

15. Bernard Bailyn, *The New England Merchants in the Seventeenth Century*（Cambridge：Harvard University Press, 1955）, 83; and Bolton, *The Real Founders*, 129. 根据马萨诸塞州伊普斯威奇（Ipswich）的历史记录，当时镇上"富有一些的人们如果不是经常，也至少是偶尔"点鲸鱼油照明了。商店里通常都会有鲸须出售。罗克斯伯里的约瑟夫·韦尔德（Joseph Weld）在自己商店 1646 年 2 月 4 日的一份库存清单上写着，店里有 20 磅鲸须，价值约 $10\frac{3}{4}$ 便士。Joseph B. Felt, *History of Ipswich, Essex, and Hamilton*（1834; reprint, Ipswich：Clamshell Press, 1966）, 26; and George Francis Dow, *Every Day Life in the Massachusetts Bay Colony*（Boston：Society for the Preservation of New England Antiquities, 1935）, 242.

16. 当沿海岸水域捕鲸的捕鲸人划着小船出发时，他们很清楚自己追逐的目标是什么。但至少有一次，事情的发展显然出乎了他们的预料。1719年 9 月 28 日，一位名叫本杰明·富兰克林的人写下了一篇日记。这个本杰明·富兰克林正是日后大名鼎鼎的美国总统本杰明·富兰克林的叔叔。日记的内容是这样的：“本月 17 日，科德角港口［普罗温斯敦港］出现了一个奇怪的生物，它的头像狮子一样，牙齿很大，耳朵向下垂着，有长而浓密的胡子，头上还有卷曲的毛发，身长大约 16 英尺，臀部圆滚滚的，有一条短短的黄色尾巴。捕鲸小艇追逐了一会儿，这个怪物很凶猛，捕鲸人攻击它的时候，它会气势汹汹地露出牙齿向袭击者示威。捕鲸人的武器三次击中了它，它肯定是受伤了，每次从水中跃出的时候都对捕鲸船充满愤怒。鱼叉手一直试图攻击它，但是没有什么效果，追逐了 5 个小时之后，它沉入海中不见了踪影。此前从来没人见过类似的怪物。”至今依然也没有人再见到过！Benjamin Franklin, "The Provincetown Sea Monster," quoted in *Cape Cod Stories*, edited by John Miller and Tim Smith (San Francisco: Chronicle Books, 1996), 147–148.

17. 有一个简短的故事说的是一位名叫威廉·汉密尔顿（William Hamilton）的人是第一个在科德角外杀死鲸鱼的人，时间是 1643 年。如果真是这样的话，那么他自然可以被认定是第一个杀死鲸鱼的殖民定居者。但是唯一支持这一说法的证据是他本人的讣告（享年 103 岁）。在没有其他有力线索支持的情况下，这个说法的可靠性非常值得怀疑。"Longevity," *New Bedford Daily Mercury*, June 12, 1831; and Starbuck, *History of the American Whale Fishery*, 7–8.

18. 该决议的原文是：“普通法院于 1647 年（5 月 25 日）在康涅狄格殖民地哈特福德召开会议，并通过了以下决议：‘如果怀廷先生及其他人要自行尝试继续进行捕杀鲸鱼的计划，并且如果在两年的试验期之后他们仍想继续，那么他们有权在不受干扰的情况下继续，期限为 7 年。’”Quoted in Starbuck, *History of the American Whale Fishery*, 9.

19. Quoted in Palmer, *The Whaling Port of Sag Harbor*, 6.

20. Quoted in Adams, *History of Southampton*, 231.

21. Henry P. Hedges, *A History of the Town of East Hampton, N. Y.* (Sag

Harbor, NY: J. H. Hunt, 1897), 11; and Frederick P. Schmitt, *Mark Well the Whale* (*Cold Spring Harbor, NY: Whaling Museum Society, Inc.*, 1971), 8. 虽然沿岸水域捕鲸也和深海捕鲸一样是几乎由男性垄断的行业, 但是至少有一位女士组织起了自己的捕鲸活动。玛莎·滕斯托尔·史密斯原本没有这样的打算, 是她的丈夫威廉·史密斯上校 (Col. William Smith) 于 1700 年前后在长岛创建了一家捕鲸公司。威廉去世之后, 玛莎决定接管丈夫的事业。她的船都是由印第安人驾驶的。在连续很多年中, 她的船员们每个冬天都能捕到 20 头鲸鱼, 产出的鲸鱼油和鲸须都被运回了英格兰。玛莎的日志上记录了公司运营的流水账。比如, 1707 年 1 月 16 日她写道: "我的公司杀死了一头一岁多的鲸鱼, 产出了 27 桶鲸鱼油。" 同年 2 月 4 日, 她又写道: "印第安人哈里带领他的船员攻击了一头非常难以制服的鲸鱼〔两岁的露脊鲸〕, 他们无法杀死它, 所以召唤我的船前去帮忙。我分得了 1/3 的鲸鱼油, 共计 4 桶。" Quoted in Edwards and Rattray, "*Whale Off!*" 232–233.

22. Kugler 认为: "与人们普遍相信的情况正相反, 印第安人并没有为捕鲸活动提供任何属于他们自己的传统或经验。反而是捕鲸人教会了印第安人如何捕鲸, 不过他们学得很快, 而且广受认可, 不仅仅是因为他们的技能, 更是因为雇用印第安人的价格很便宜。" Kugler, "The Whale Oil Trade," 156.

23. T. H. Breen, *Imagining the Past* (Reading, MA: Addison-Wesley Publishing, 1989), 168.

24. *An Act for the Encouragement of Whaling*, *Acts Passed by the General Assembly of the Colony of New-York*, *in September and October*, *anno. Dom.* 1708, *being the 7th year of Her Majesties reign* (New York: William Bradford, 1708).

25. Quoted in Edwards and Rattray, "*Whale Off!*" 199.

26. Quoted in Palmer, *The Whaling Port of Sag Harbor*, 8.

27. 这样的经济性奴役条款通常会出现在印第安人签订的劳动合同上。有一份于 1681 年 1 月 6 日签署的这类合同上就写着: "本人, 哈里, 又名款夸海德, 是来自蒙托克的印第安人, 在此确认受雇于东汉普顿的约翰·施特顿先生。鉴于我此前欠他的欠款及他目前支付我的生活保障性工资，我自愿参加捕鲸活动。" Quoted in Breen, *Imagining the Past*, 175.

28. Thomas G. Lytle, *Harpoons and Other Whalecraft* (New Bedford：Old Dartmouth Historical Society Whaling Museum, 1984), 5. 根据 Lytle 的观点，捕鲸叉的抗拉强度至少要达到 6000 磅左右。Lytle, ibid. , 7.

29. "楠塔基特岛雪橇"这个比喻的来源很难确定。最早提到这个说法的文献是 page 311 of Francis Warriner's *Cruise of the United States Frigate Potomac Round the World, During the Years 1831 - 1834, Embracing the Attack on Quallah Battoo, with Notices of Scenes, Manners, etc. , in Different parts of Asia, South America, and the Islands of the Pacific* (New York：Leavitt, Lord & Co. ; Boston：Crocker & Brewster, 1835)。笔者于 2007 年 9 月 20 日在德国科隆与捕鲸研究项目 (Whaling Research Project) 的克劳斯·巴特尔梅斯 (Klaus Barthelmess) 的私人交流。

30. Clifford W. Ashley, *The Yankee Whaler* (1926; reprint, New York：Dover Publications, 1991), 87. 有的捕鲸人也会把这血腥的一刻称为"打开了红色的水龙头"。

31. Paul Dudley, "An Essay Upon the Natural History of Whales, with a Particular Account of the Ambergris Found in the Sperma Ceti Whale, in a Letter to the Publisher, from the Honourable Paul Dudley, Esq; F. R. S. ," *Philisophical Transactions* 33 (1683 - 1775), 263. 对于美洲出现的沿海岸水域捕鲸活动最早也最令人着迷的描述是由一位荷兰人费利克斯·克里斯琴·斯波利博士 (Dr. Felix Christian Spörri) 于 1662 年 3 月写下的。当时他目睹了一小拨罗德岛居民在纳拉甘西特湾 (Narragansett Bay) 湾口处攻击一头露脊鲸的情景：

　　　　当时有 2 艘小型的捕鱼船出动，每条船上有 6 名船员。他们紧紧地追随着一个猎物的踪迹，当它的头露出水面时……船员们就划到它的身边并把捕鲸叉狠狠地插进了它的身体……捕鲸叉上还系着手指粗的绳子，鲸鱼把绳子拖出老长，水手们放出了四五十英寻长的绳子之后就不再放了，改为紧紧牵制住猎物，而鲸鱼则还在努力向深处游去，想要挣脱身上的捕鲸叉。

392　　发现自己无法挣脱之后，鲸鱼又游了上来。船员们感觉到绳子松劲了就开始迅速往回拉。另一条小船此时也靠了过来并准备好捕鲸叉。鲸鱼一露面，船员们立刻将捕鲸叉插进了它的身体。感觉到自己又受了伤的鲸鱼一头扎进水中，扬起自己的尾巴，以惊人的力道拍打水面，这样的场面让人感觉惊心动魄。渔民们已经做好了准备避免被击中。当攻击无效之后，鲸鱼又想要游走，它拖着两条船游动的速度如此之快，以至于它身后扬起的水花都喷溅到了船上。不过鲸鱼并没能坚持多长时间，因为它此时已经很虚弱了，所以很快就不得不再次浮出水面。渔民们见此又划到它身边，用一种长矛或长枪之类的工具在它身上留下了更多伤口，直到鲸鱼变得更加虚弱，喷气孔喷出来的也不再是水而是鲜血。这大大鼓舞了渔民们的精神，他们大声欢呼，因为鲸鱼显然就要死了。最后他们把战利品拖上岸，所有人都喜笑颜开，因为这一头鲸鱼能带给他们的利益比一个农场一年带给我们的收获还多。这头鲸鱼足有 55 英尺长，16 英尺高……鲸脂的厚度足有 2 英尺。

Quoted in Carl Bridenbaugh, *Fat Mutton and Liberty of Conscience* (Providence：Brown University Press, 1974), 144 - 145.

　　有时鲸鱼看起来已经死了，但实际上可能还没有。至少有过几次船在拖拽"已经死了的"鲸鱼上岸的过程中，突然被焕发了生命力的鲸鱼弄个措手不及的事情发生，甚至还有船被猛烈挣扎的鲸鱼击毁或击沉的情况。为了避免这种不幸的发生，捕鲸人往往会把长矛刺进鲸鱼的眼睛，如果它不动，那应该就是真死了。James Templeman Brown, "The Whalemen, Vessels and Boats, Apparatus, and Methods of the Whale Fishery," in George Brown Goode, *The Fisheries and Fishery Industries of the United States*, Section V, *History and Methods of the Fisheries* (Washington, DC：Government Printing

Office, 1887), 269.

32. Kathleen J. Bragdon, *Native People of Southern New England, 1500 – 1650*（Norman：University of Oklahoma Press, 1996), 122. Dulles 认为一头鲸鱼身上可以切出 12 万块大鱼排。Dulles, *Lowered Boats*, 12. 关于美洲人食用鲸鱼肉的优秀文献综述可参考 Nancy Shoemaker, "Whale Meat in American History," *Environmental History*, 10（Apr. 2005), 269 – 294。

33. 根据斯克斯比的说法，一头年轻的弓头鲸身上的肉是"红色的，去除脂肪，撒上胡椒和盐烤熟之后，尝起来和老一些的牛肉没有什么区别……年老的鲸鱼身上的肉则趋近于黑色，肉质也会更加粗糙"。Scoresby, *An Account of the Arctic*, vol. 1, 463. 在美洲，有时候人们会把领航鲸的脑子制成"精致的蛋糕"，鲸鱼的肝脏也经常会被食用。Braginton-Smith and Oliver, *Cape Cod Shore Whaling*, 23. Bennett 提到"［座头鲸］幼兽的肉是非常鲜美的食材，吃起来和小牛肉没有区别"。Bennett, *Narrative of a Whaling Voyage Round the Globe from the Year 1833 – 1836*, vol. 2, 232. 根据 Brandt 的说法："抹香鲸和喙鲸的肉被认为是无法食用的，航行中的船员们食用海豚肉已经有几个世纪的历史了。所有须鲸的肉都可以食用，尝起来和牛肉差不多，只是肉质粗糙一些。"Karl Brandt, *Whale Oil, An Economic Analysis*（Palo Alto, CA：Food Research Institute at Stanford University, 1940), 30. 梅里韦瑟·刘易斯（Meriwether Lewis）和威廉·克拉克（William Clark）进行探险之旅时来到过俄勒冈海岸，他们就在那里吃了一些鲸鱼肉。那头鲸鱼是被海水冲上岸的，当地的印第安人已经对它进行了切割。刘易斯在"1806年1月5日星期日"的日记中写道："鲸脂……是白色的，和猪油看起来没什么区别。鲸鱼肉的质地有些松散粗糙，我们弄熟一些吃了，发现它其实美味鲜嫩，有点像河狸或狗肉。"*The Journals of the Lewis and Clark Expedition*, compiled by Gary E. Moulton, University of Nebraska, accessed on April 8, 2006, via the Web site http：//lewisandclarkjournals. unl. edu/index. html. See also Sandra L. Oliver, *Saltwater Foodways*（Mystic, CT：MSM, 1995), 180.

393

34. Scoresby, *An Account of the Arctic*, vol. 1, 475.

35. 有关霍顿的描述依据 *The Acts and Resolves*, *Public and Private of the Province of Massachusetts Bay*, vol. 8, *Resolves*, *Etc.*, *1703 – 1707*（Boston：Wright & Potter Printing Company, 1895）, 658 – 660。

36. 海岸之上曾经遍布着沿海岸水域捕鲸活动的印记，如今几乎没有什么证据能够证明它们曾经存在。那些提炼点、储物棚、捕鲸人宿舍和一些相当简易的设施等一旦失去了用处，都不会被当作什么具有保留价值的东西，要么是被人为拆毁了，要么是在自然环境中渐渐消失了。不过历史总归还是会留下一点痕迹的，其中最令人着迷的一些就来自马萨诸塞州韦尔弗利特的捕鲸人酒馆。考古学家在 20 世纪后半叶发现，根据酒馆的遗迹，能够断定这里曾经是一栋巨大的斜边壁板建筑，可能有两层楼，带窗户和烟囱，有多个房间，还有两个地窖。这个建筑很可能是在 17 世纪晚期建造的。考古学家们还在这里发现了 24000 件文物，能够证明酒馆与捕鲸历史相关的那些文物都是在地窖里发现的，有捕鲸叉或长矛的手柄，还有一块鲸鱼的脊椎骨，从上面的痕迹来看，它似乎是被当作砧板用了，除此之外还有很多鲸须。这栋建筑似乎是一个进行沿海岸水域捕鲸活动的捕鲸人解决吃喝、进行交际和过夜的地方。James Deetz and Patricia Scott Deetz, *The Times of Their Lives*: *Life*, *Love*, *and Death in the Plymouth Colony*（New York：W. H. Freeman and Company）, 249 – 252.

37. 根据 Edwards and Rattray 的说法："提炼鲸脂和提炼猪油的过程很相似。"

人们先只放一点点鲸脂，然后慢慢往里加。加入新的鲸脂以前要把之前产生的废渣捞出去。热油中的废渣会变得非常干，一碰就会发出咔咔声的时候就可以被捞出去了；之后火力也可以减小一点。确认油够不够热的方式是朝里面吐口水，如果热油遇到口水会发出噼里啪啦的响声，这就说明油温足够，可以加入更多鲸脂了。最好是让会嚼烟叶的人做这样的测试。如果放入新的鲸脂时油温过高，锅里的水分

注　释

会喷溅而出……在油冷却下来之前也不能灌进木桶，否则木桶会受热变形导致渗漏。

Quoted in Edwards and Rattray, "*Whale Off!*" 95. 提炼过程对木柴的消耗非常大，是造成海岸地区滥砍滥伐现象的罪魁祸首之一。有的城镇为了保护自己的森林不被过度砍伐，会要求捕鲸人支付特许费才能获得木材作燃料。这些措施针对的对象主要是那些在沿海岸水域里捕鲸，然后到他们自己所属城镇之外的其他城镇的公有土地上随意搭建提炼点的捕鲸人。本镇人滥用公共资源的现象已经很严重了，对陌生人再不加限制，情况就会更加恶化，因为那些人由此获得的利益最终都会被转移到别处，对受损地区没有一点贡献。通过收取费用来监管捕鲸人伐木活动的措施在科德角尤其常见。那里的树木对于水土保持具有至关重要的作用，当地人都很担心一旦没有了这些树木，地上的沙土就要被吹散，甚至积存到水中，对航行造成威胁。比如 1711 年，巴恩斯特布尔就意识到外来捕鲸人在当地建立的加工点太多了，他们为获取燃料而砍倒的树木也太多了。为此，该镇通过了一项法令，规定"无论是英国人还是印第安人，只要不是本镇居民，要到本镇沙洲地区设立提炼点并开展捕鲸活动的……必须先支付每人 3 个先令的柴火费"。Quoted in Braginton-Smith and Oliver, *Cape Cod Shore Whaling*, 126 – 130; and Kittredge, *Cape Cod*, 170.

394

38. 照看熔化鲸脂的锅是一件需要十分小心的工作。添加鲸脂的时间间隔必须有规律，锅里的油既要热得足以融化鲸脂，又不能热到沸腾，否则会发生喷溅。此外还要防止沙子或水分进到锅里，前者会造成浑浊变色，影响鲸鱼油的价值，后者则会引起热油冒泡。被剧烈喷溅的热油烫伤的风险无时不在。在特鲁罗就发生过这样的事，一个可怜人在照管油锅时睡着了，结果可不仅仅是被溅到那么简单了，据当时其他人描述说，那个人一头扎进了"一大锅滚烫的热油里，引起了极为严重的烫伤"。"Truro," July 14, *Boston News-Letter*, July 16 – 23, 1741.

39. "Lord Cornbury to the Board of Trade," in *Documents Relative to the*

Colonial History of the State of New York, vol. 5, edited by E. B. O'Callaghan (Albany: Weed, Parsons and Company, 1855), 60.

40. 法令的内容还包括："鉴于在街道和房舍附近提炼鲸鱼油的人给过往行人,特别是对于那些不习惯于这样的气味的人们造成了极大的不便和困扰,也给人们的健康带来了很大伤害,(如果鲸鱼油引发了火灾)对于房屋和干草堆也都非常危险。法院就此下令:自明年起,任何人不得在距离镇上主干道 25 波尔①以内的地方加工鲸鱼油。违者罚款 5 英镑。"Quoted in Edwards and Rattray, "*Whale Off!*" 207.

41. Ibid.

42. Palmer, *The Whaling Port of Sag Harbor*, 9.

43. 约翰·撒切尔在 1694 年 12 月 22 日写给威廉·斯托顿总督的信件,in MHS, *Proceedings, October 1909 – June 1910*, vol. 43 (Boston: MHS, 1910), 507 – 508.

44. Randall R. Reeves and Edward Mitchell, "The Long Island, New York, Right Whale Fishery: 1650 – 1924," in *Right Whales: Past and Present Status, in the Proceedings of the Workshop on the Status of Right Whales, New England Aquarium, June 15 – 23*, 1983, *International Whaling Commission, Special Report* 10, edited by Robert L. Brownell, Jr., Peter B. Best, and John H. Prescott (Cambridge, England: International Whaling Commission, 1986), 201; and "Lord Cornbury to the Board of Trade," in *Documents Relative to the Colonial History of the State of New York*, vol. 5, 59.

45. Quoted in John F. Watson, *Annals of Philadelphia and Pennsylvania in the Olden Time*, vol. 2 (Philadelphia: J. B. Lippincott & Co., 1870), 428.

46. Quoted in Dow, *Whale Ships and Whaling*, 16 – 17.

47. Quoted in Joseph B. Felt, *Annals of Salem*, vol. 2, second edition (Salem: W. & S. B. Ives, 1849), 223. 将伦道夫提到的河狸皮毛贸易的消失

① 旧制长度单位,1 波尔约合 16.5 英尺。——译者注

拿来与捕鲸作对比再合适不过了。常年猎捕河狸已经让殖民地的河狸变得非常稀少。这样无情的逻辑也会在鲸鱼身上得到验证。在伦道夫评论之后更加如火如荼地开展起来的沿海岸水域捕鲸最终也会使沿海岸水域中的鲸鱼变得稀少，于是捕鲸人只好向更遥远的深海进发。伦道夫将鲸鱼视为衰落了的河狸皮毛生意的暂时替代品这点不无讽刺，因为鲸鱼最终并没能逃脱和那些毛茸茸的河狸一样的悲剧命运。

48. 荷兰在 17 世纪中后期曾经占据着捕鲸活动的主导地位，但是那不是本书要讨论的问题，正因为如此，这一点只有在为了突出殖民地捕鲸事业如何因为荷兰捕鲸事业的兴起和英格兰捕鲸事业的衰落而获益的时候才会被提及。对于 17 ~ 18 世纪荷兰捕鲸事业发展状况感兴趣的读者可以参考以下文献：Scoresby, *An Account of the Arctic Regions with a Description of the Northern Whale-Fishery*, vol. 2, 138 – 60; and Ivan T. Sanderson, *A History of Whaling* (New York: Barnes & Noble Books, 1993), 157 – 172。

49. Jackson, *The British Whaling Trade*, 51.

50. Cotton Mather, *Magnalia Christi Americana*, books 1 and 2, edited by Kenneth B. Murdock (1702; reprint, Cambridge: Belknap Press of Harvard University Press, 1977), 141 – 142.

51. Cotton Mather, *Diary of Cotton Mather*, vol. 2, 1709 – 1724 (New York: Frederick Ungar Publishing Co., 1957), 379.

52. Cotton Mather, *The Thankful Christian* (Boston: B. Green for Samuel Gerrish, 1717), 25, 31, 35, 42 – 43. 肯定还有其他针对捕鲸人的布道，但是具体数量不详，其中一次是由牧师 Nathaniel Stone 于 1719 年 2 月 10 日对哈威奇的会众们做出的。 "Feb. 10, 1719, 20," Nathaniel Stone, *A Lecture Sermon Asserting GOD's Right Sovereignly to dispose of his own Gifts and Favours Both preached (Feb. 10, 1719, 20) and printed, at the Desire, and for the Use of the People of Harwich; WHO go on the Whaling Employment in the Winter Season* (Boston: James Franklin, 1720).

53. 萨勒姆的约翰·希格森 (John Higginson) 和蒂莫西·林达尔

（Timothy Lindall）在 1691 年 3 月 18 日给科德角的一位律师写了一封信，信中提及了一个非常有意思的例子：

> 先生：我们都对在科德角进行的一些捕鲸活动深表关切，因为当地一些居民的行为侵害了我们的利益，给我们造成了巨大的损失，有两个例子尤为突出。第一个是在 1690 年冬，我们船队中的伍德伯里等人在科德角港口杀死了一头大鲸鱼，鲸鱼的尸体起初沉入了水中，后来又漂了起来，身上还带着我们的捕鲸叉和麻绳等证据，但是后来我们发现这些东西都落入了尼古拉斯·埃尔德里奇（Nicholas Eldridge）手中。第二个是在 1691 年冬，我们船队中的威廉·埃德斯（William Edds）等插中了一头鲸鱼，后来鲸鱼漂上了岸，而且已经死了，科德角的人有证据能证明这头鲸鱼就是我们袭击并杀死的那头。结果这头鲸鱼却被东汉普顿的托马斯·史密斯（Thomas Smith）非法扣押了。

Quoted in Frances Diane Robotti, *Whaling and Old Salem*（New York：Bonanza Books, 1962），16.

54. Quoted in Starbuck, *History of the American Whale Fishery*, 8.

55. *Records of the Colony of New Plymouth in New England*, *Court Orders*, vol. 6, 1678 – 1691, edited by Nathaniel B. Shurtleff（Boston：Press of William White, 1856），251 – 253. 当出现了鲸鱼检查员无法解决的纠纷的时候，有些地区会许可争议各方向海事法院提起诉讼，有时问题可以获得圆满的解决，有时也会产生令人懊恼的结果。在 1706 年 2 月 1 日，马萨诸塞湾殖民地总督达德利给贸易委员会去信，说明自己关于适用此类管辖权的决定："我已经通知海事法院的法官们无论何时都将受理并裁决捕鲸人之间的纠纷，此类案件时有发生，因为受伤的鲸鱼经常会挣脱逃跑，所以人们总会就其最终的所有权问题产生争议。"各地方的报纸也会被用来发布公告，让人们知道什么时候又有受伤的鲸鱼被冲上海岸了，这样认为自己对该鲸鱼享有权利的潜在所有者就可以尽快提出主张。1722 年 9 月 3 日，一份波士

396

顿的报纸上就刊登了下面这份告示：

> 在布鲁斯特附近发现了一头漂浮的、已经严重腐坏的鲸鱼尸体，
> 这头鲸鱼是上个月被拖上岸的，切割者在鲸鱼体内发现了子弹［证明
> 之前有人朝这头鲸鱼射击］。如果有人打算主张对这头鲸鱼的所有权并
> 获得相关的财产权益，就请于本月最后一个周三下午 3 点前往波士顿
> 霍尔登的海事法院提出自己的主张，否则前面提到的这头鲸鱼（或其
> 产生的产品）将被视为归海事法院所有。

Charles M. Andrews, *The Colonial Period of American History*, *England's Commercial and Colonial Policy*, vol. 4 (New Haven: Yale University Press, 1938), 234n; "Advertisements," *Boston News-Letter* (Aug. 27 – Sept. 3, 1722); and Albert Bushnell Hart, *Commonwealth History of Massachusetts*, vol. 2 (New York: States History Company, 1928), 230 – 231.

56. Marcus B. Simpson, Jr., and Sallie W. Simpson, *Whaling on the North Carolina Coast* (Raleigh: Division of Archives and History, North Carolina Department of Cultural Resources, 1990), 6; Palmer, *The Whaling Port of Sag Harbor*, 12 – 13; and Barbara Lipton, "Whaling Days in New Jersey," *Newark Museum Quarterly* (Spring/Summer 1975), 5.

57. Breen, *Imagining the Past*, 187; Starbuck, *History of the American Whale Fishery*, 14; and Edwards and Rattray, "*Whale Off!*" 213.

58. Edwards and Rattray, "*Whale Off!*" 217; and Breen, *Imagining the Past*, 191 – 193. 科恩伯里并不是仅仅针对长岛捕鲸人采取了行动。1704 年，他授予了（同样由他管辖的）新泽西的劳伦斯一家一份捕鲸许可，规定科恩伯里和英国皇室有权获得 1/20 的鲸鱼油和鲸须。不过仅仅 3 年之后，科恩伯里就改变了主意，在 1707 年 4 月 11 日重新授予了劳伦斯一份新的许可，这次的条件变成了科恩伯里要享有所有收入的一半。不过科恩伯里也不是完全不讲人情的，他至少许可了劳伦斯一家从总收入中扣除获得鲸鱼

油和鲸须的成本之后再计算他应得的利益。Lipton, *Whaling Days in New Jersey*, 21.

59. Benjamin F. Thompson, *The History of Long Island from its Discovery and Settlement to the Present Time*, vol. 1 (New York: Gould, Banks & Co., 1843), 174.

60. "Lord Cornbury to the Lords of Trade," in *Documents Relative to the Colonial History of the State of New York*, vol. 4, 1058.

61. 塞缪尔出生那年，他的父亲约翰被分配到南安普敦捕鲸委员会，负责在镇上一个区里寻找漂上岸的鲸鱼。到 1648 年，约翰举家搬到了东汉普顿，他也是这个镇子最初的创建者之一。*Lineal Ancestors of Susan (Mulford) Cory, Wife of Captain James Cory, Genealogical Historical and Biographical*, vol. 3, part 1 (1937), 4, 14 – 18, 47, 51, 73 – 75. See also David E. Mulford, "The Captain and the King," in *Awakening the Past*, *The East Hampton 350th Anniversary Lecture Series*, 1998 (New York: Newmarket Press, 1999), 83; Robert C. Ritchie, "East Hampton versus New York, A Very Old Story," in *Awakening the Past*, 168; Breen, *Imagining the Past*, 189 – 190; and Noel Gish, "Pirates," in *Awakening the Past*, 254.

62. Ritchie, "East Hampton versus New York," 169.

63. Quoted in Edwards and Rattray, "*Whale Off!*" 217.

64. Starbuck, *History of the American Whale Fishery*, 27 – 28; and Edwards and Rattray, "*Whale Off!*" 224.

65. "Governor Hunter to the Lords of Trade," in *Documents Relative to the Colonial History of the State of New York*, vol. 5, 499.

66. Palmer, *The Whaling Port of Sag Harbor*, 19; Starbuck, *History of the American Whale Fishery*, 28; and Breen, *Imagining the Past*, 195.

67. "The Humble Address of the General Assembly of New – York," in Samuel Mulford, *An Information, Samuel Mulford's Defence for his Whale – Fishing* (New York: William Bradford, 1716).

397

68. Breen, *Imagining the Past*, 197.

69. Quoted in *Lineal Ancestors of Susan (Mulford) Cory*, 76 – 77. See also Mulford, "The Captain and the King," 85.

70. Quoted in Starbuck, *History of the American Whale Fishery*, 26 – 27.

71. "Governor Hunter to Secretary Popple, November 22, 1717," in *Documents Relative to the Colonial History of the State of New York*, vol. 5, 494; and "Governor Hunter to the Lords of Trade," in ibid. 498.

72. "Governor Hunter to the Lords of Trade," in ibid.

73. Quoted in Starbuck, *History of the American Whale Fishery*, 29.

74. Breen, *Imagining the Past*, 196.

75. "Lords of Trade to Governor Hunter, February 25, 1718," in *Documents Relative to the Colonial History of the State of New York*, vol. 5, 501.

76. Quoted in Breen, *Imagining the Past*, 197.

77. "Governor Burnet to the Lords of Trade, November 26, 1720," in *Documents Relative to the Colonial History of the State of New York*, vol. 5, 576.

第四章　楠塔基特岛——边远之地

1. Nathaniel Philbrick, *Away Off Shore, Nantucket Island and Its People, 1602 – 1890* (Nantucket: Mill Hill Press, 1994), 13; Nathaniel Philbrick, *Abram's Eyes: The Native American Legacy of Nantucket Island* (Nantucket: Mill Hill Press, 1998), 15; and R. A. Douglas-Lithgow, *Nantucket: A History* (New York: G. P. Putnam & Sons, 1914), 25.

2. Melville, *Moby-Dick*, 66.

3. Douglas-Lithgow, *Nantucket: A History*, 17.

4. Robert N. Oldale, *Cape Cod and the Islands: The Geologic Story* (East Orleans, MA: Parnassus Imprints, 1992), 37 – 41; and Beth Schwarzman, *The Nature of Cape Cod* (Hanover, NH: University Press of New England, 2002), 7 – 16.

5. Edward Byers, *The Nation of Nantucket: Society and Politics in an Early American Commercial Center, 1660 – 1820* (Boston: Northeastern University Press,

1987), 34 – 36.

6. Lydia S. Hinchman, *Early Settlers of Nantucket* (1896; reprint, Rutland, VT: Charles E. Tuttle Company, 1980, 5; and *Nantucket in a Nutshell* (Nantucket: Inquirer and Mirror Steam Press, 1889), 9.

7. Obed Macy, *The History of Nantucket* (1835; reprint, Clifton, NJ: Augustus M. Kelley, 1972, 27 – 30; and Hinchman, *Early Settlers of Nantucket*, 17.

8. Philbrick, *Away Off Shore*, 21 – 22.

9. William F. Macy, *The Nantucket Scrap Basket* (Boston: Houghton Mifflin Company, 1916), 6. 传说中关于梅西命令自己妻子"下去"（go below）的说法难免令人疑惑。如威廉·F. 梅西（William F. Macy）指出的那样，人们普遍认同当时托马斯·梅西和其他同行者乘坐的是一艘无甲板敞舱船，所以没有地方可"下去"。所以威廉·梅西认为这里所谓的"下去"也许只是一种象征性的表达。William F. Macy, *The Story of Old Nantucket* (Boston: Houghton Mifflin Company, 1915), 27.

10. Elizabeth A. Little, "Drift Whales at Nantucket: The Kindness of Moshup," *Man in the Northeast*, 23 (1982), 17 – 18; Philbrick, *Abram's Eyes*, 62 – 63; and Little, *Indian Whalemen of Nantucket*, 2.

11. 菲尔布里克称那是一头大西洋灰鲸，但埃利斯指出"排骨鲸"是对"瘦弱的"露脊鲸的专有称谓。Philbrick, *Away Off Shore*, 68; and Ellis, *The Book of Whales*, 70.

12. Macy, *The History of Nantucket*, 41.

13. "洛佩尔"（Loper）的姓氏在某些文献里被拼写为"Lopar"。本书采用了"Loper"的拼法，因为这是大多数作者采用的拼法。See, for example, Philbrick, *Abram's Eyes*, 144; Starbuck, *A History of the American Whale Fishery*, 16; Byers, *The Nation of Nantucket*, 43; and Daniel Vickers, "The First Whalemen of Nantucket," *William and Mary Quarterly* 40 (1983), 562.

398

14. Breen, *Imagining the Past*, 158 – 159; and Edwards and Rattray, *"Whale Off!"* 177 – 178.

15. Macy, *The History of Nantucket*, 41.

16. Quoted in Alexander Starbuck, *The History of Nantucket, County, Island and Town* (Boston: C. E. Goodspeed, 1924), 19; and Byers, *The Nation of Nantucket*, 29.

17. Macy, *The History of Nantucket*, 42.

18. Ibid., 45.

19. Ruth Whipple Kapphahn and James Grafton Carter, *Genealogy of Whipple, Paddock, Bull Families in America 1620 – 1970* (Columbus, OH: self-published, 1969), 28 – 29; and Philbrick, *Away Off Shore*, 65.

20. 关于伊卡博德·帕多克的传说依据了这个故事的两个版本：Jeremiah Digges, *Cape Cod Pilot* (Provincetown: Modern Pilgrim Press, 1937), 81 – 84; and Philbrick, *Away Off Shore*, 66 – 68。至少还有人创作过一本关于这个故事的儿童读物，依据的也是 Digges 的版本。Anne Malcolmson, *Captain Ichabod Paddock, Whaler of Nantucket* (New York: Walker and Company, 1970).

21. Digges, *Cape Cod Pilot*, 81, 82, 84.

22. Philbrick, *Away Off Shore*, 70.

23. Quoted in Elizabeth A. Little, *Nantucket Algonquian Studies #6, Essay on Nantucket Timber* (Nantucket, MA: NHA, 1981), 6; and Edouard A. Stackpole, *The Sea-Hunters* (Philadelphia: J. B. Lippincott Company, 1953), 21.

24. Philbrick, *Abram's Eyes*, 151.

25. Winthrop, *The Journal of John Winthrop*, 133.

26. Macy, *The History of Nantucket*, 42 – 43.

27. Vickers, "The First Whalemen of Nantucket." 569.

28. Philbrick, *Abram's Eyes*, 151.

29. Zaccheus Macy, "A Short Journal of the First Settlement of the Island of Nantucket, With Some of the Most Remarkable Things That Have Happened Since,

to the Present Time（May 15，1792），" in *Collections of the MHS for the Year 1794*, vol. 3（Boston：Johnson Reprint Corporation，1968），157.

30. Philbrick，*Abram's Eyes*，163 – 164.

31. Philbrick，*Away Off Shore*，72.

32. Vickers，"The First Whalemen of Nantucket，" 564.

399   33. *The Boston News-Letter*，Oct. 4，1744.

34. Macy，*The History of Nantucket*，44.

35. Ibid. ，48.

36. Little，*Indian Whalemen of Nantucket*，5 – 6.

37. Ellis，*Men and Whales*，141.

38. 托马斯·杰斐逊暗示美洲定居者发现抹香鲸的经过可能是另外一种样子的。他在一份关于渔业问题的报告中写道："美洲定居者从 1715 年开始捕鲸……因为鲸鱼受到了侵扰，所以它们都远离了海岸，于是人类就追随鲸鱼来到了越来越远的深海上……他们一直追到西部群岛［亚速尔群岛］时，就碰巧发现了抹香鲸。" Thomas Jefferson，"Report on the Fisheries，February 1，1791，" in Thomas Jefferson，*The Papers of Thomas Jefferson*，vol. 19，edited by Julian P. Boyd（Princeton：Princeton University Press，1974），212.

39. 楠塔基特岛并不是唯一一个有死去的抹香鲸漂上岸的殖民地。整个海岸地区偶尔都会有搁浅的抹香鲸出现。在 1666 年，伦敦皇家学会就接到了一份关于抹香鲸漂上新英格兰海岸的报道，当地居民称之为"喇叭"。它有磨粉机一样的牙齿，嘴巴在鼻子下面，距离很远，鼻子的地方也可能是躯干。1668 年，又有一头抹香鲸在新泽西西北部海岸搁浅，那个地方从此被命名为"鲸脑油湾"（Spermaceti Cove）。同年，既是作家也是科学家的约翰·乔斯林（John Josselyn）到缅因探望自己的兄弟时发现一头抹香鲸"被冲上岸，躺在冬港（Winter-harbour）和海豚角（Cape-porpus）之间的地方，距离我住的地方只有 8 英里。那头鲸有 55 英尺长"。*A Further Relation of the Whale-Fishing about the Bermudas，and on the Coast of New-England and New-*

Netherland, *Philosophical Transactions* 1 (1665 – 1666), 132; Harry B. Weiss, *Whaling in New Jersey* (Trenton: New Jersey Agricultural Society, 1974), 103; and Josselyn, *Colonial Traveler*, 75.

40. Macy, *The History of Nantucket*, 44 – 45.

41. Obed Macy, *A Short Memorial of Richard Macy*, *Grandfather of Obed Macy*. The Diary of Obed Macy When an Old Man, NHA, NHARL MS 96 (Macy Family Papers, 1729 – 1959), Folder 20, 21, 23.

42. Macy, *The History of Nantucket*, 45.

43. Ommanney, *Lost Leviathan*, 70.

44. Polo and Rustichello of Pisa, *The Travels of Marco Polo*, 299.

45. Jenkins, *A History of the Whale Fisheries*, 83 – 86.

第五章　鲸鱼中的鲸鱼

1. Jonathan Gordon, *Sperm Whales* (Stillwater, MN: Voyageur Press, 1998), 7, 14, 29; Hal Whitehead, "Sperm Whale," in the *Encyclopedia of Marine Mammals*, 1165; Ellis, *Book of Whales*, 114; Lockley, *Whales*, *Dolphins and Porpoises*, 60; Melville, *Moby-Dick*, 347; and Roger S. Payne and Scott McVay, "Songs of the Humpback Whales," *Science* 173 (Aug. 13, 1971), 585.

2. A. A. Berzin, *The Sperm Whale* (Washington, DC: National Marine Fisheries Service, 1971), 7 – 10; Bennett, *Narrative of a Whaling Voyage*, vol. 2, 153; Ellis, *Men and Whales*, 100 – 101; Whitehead, "Sperm Whale" and Bennett, *Narrative of a Whaling Voyage*, vol. 2, 153.

3. Beale, *The Natural History of the Sperm Whale*, 25.

4. Dale W. Rice, "Spermaceti," in the *Encyclopedia of Marine Mammals*, 1163; Ommanney, *Lost Leviathan*, 46; and William M. Davis, *Nimrod of the Sea or the American Whaleman* (1874; reprint, North Quincy: Christopher Publishing House, 1972), 86.

5. Berzin, *The Sperm Whale*, 112 – 113. 隔间（junk）的英文直译是"垃圾"的意思，这个身体结构会得到这么一个"不受待见的"名字是因为捕

400

鲸人认为这里不如抹香鲸脑油器有价值，但实际上，隔间也是存储鲸脑油的部位。Gordon, *Sperm Whales*, 50.

6. Smith, *The True Travels*, in Smith, *The Complete Works of Captain John Smith*, vol. 3, 219.

7. Berzin, *The Sperm Whale*, 113 – 115; Ellis, *Book of Whales*, 113; and Adam Summers, "Fat Heads Sink Ships," *Natural History* 3 (Sept. 2002), 40. 一项最近的科学研究显示，不同于人们一直以为的那样，压力的变化其实也会给抹香鲸造成某种程度的伤害。Michael J. Moore and Greg A. Early, "Cumulative Sperm Whale Bone Damage and the Bends," *Science* 306 (Dec. 24, 2004), 2215.

8. Roger Payne, *Among Whales* (New York: Delta, 1995), 21; and Melville, *Moby-Dick*, 128.

9. Berzin, *The Sperm Whale*, 45; and Ellis, *Book of Whales*, 114.

10. Bennett, *Narrative of a Whaling Voyage*, vol. 2, 163; Gordon, *Sperm Whales*, 11; and N. S. Shaler, "Notes on the Right and Sperm Whales," *American Naturalist* 7 (Jan. 1873), 2. 只要是长牙的动物就都可能受到牙痛的困扰，抹香鲸当然也不例外。有时捕鲸人会发现抹香鲸表现得十分焦躁不安，后来才发现出现这种情况的原因是牙痛。1852 年，一条捕鲸船接近并杀死了一头雄性抹香鲸，他们发现这头鲸鱼的时候，它正在水里猛烈地翻滚，还反复跃出水面。后来当人们取出鲸鱼口中的牙齿时，才终于找到了鲸鱼行为如此怪异的原因："好几颗牙齿都已经被虫蛀了，有的蛀虫长达1/8英寸。"虽然牙齿表面看不出异样，但内部已经完全被蛀虫侵蚀了。"Extract from a Whaleman's Journal," *Whalemen's Shipping List and Merchants' Transcript*, Sept. 28, 1852.

11. Berzin, *The Sperm Whale*, 37 – 44.

12. Davis, *Nimrod of the Sea*, 182. 欣赏鲸鱼尾部之美的最佳方式是观察即将潜水的抹香鲸。准备向深处潜去的鲸鱼会先略微抬起头，然后向前一扑，顺势高高扬起尾部，露出水面至少 20 英尺或更高。这样的景象每次都会让捕鲸人忍不住大喊："尾巴来了!"又大又重的尾巴能够给鲸鱼潜水提供最初的助推力,很快鲸鱼就会向深处游去。如果有人能够将鲸鱼开始下潜的那一刻定格,然后仔细观察这个画面,就会发现除了壮观的尾鳍之外,鲸鱼身上还有另一个引人注目的特征,就是支撑着尾部的一条条健壮的肌肉。想要知道这些肌肉有多么大的威力,可以看看英国捕鲸船皇室恩惠号(*Royal Bounty*)航行日志中的记录。这艘船在 1817 年 5 月曾经与一头抹香鲸进行过激烈的搏斗。第一轮交手持续了长达 16 个小时,其间鲸鱼被捕鲸叉刺中了很多次,还被 1600 英寻长的绳子拽着,但仍然能拖着 6 条捕鲸小艇在风口浪尖上飞驰。在这个过程中,皇室恩惠号一直紧追着其他捕鲸小艇,当它的船员试图将其中一条绳子拉上大捕鲸船,好凭借船体的巨大重量阻止鲸鱼再次游走时,第二轮对峙又开始了。因为被皇室恩惠号拉起来的那根绳子所连接的捕鲸叉被鲸鱼挣脱了,所以没能起到任何牵制作用,鲸鱼再一次拖着捕鲸小艇及艇上那些已经精疲力竭、胆战心惊的船员们游了 20 个小时。在第三轮对峙中,皇室恩惠号又拉起了两条绳子,这两条绳子总算是系牢了。即便如此,鲸鱼仍然没有就范,反而拖着皇室恩惠号和其他小艇一起又游了 4 个半小时,逆风速度接近两节。最终,到第二天傍晚,也就是捕杀行动持续了 40 个小时之后,这头"难以击败,且强壮得令人震惊"的鲸鱼才终于被自己"几乎是持续不断但大部分时间里都毫无成果的反抗"耗尽了精力,咽下了最后一口气。Scoresby, *An Account of the Arctic Regions*, vol. 2, 289 – 292.

401

13. Ellis, *Men and Whales*, 39.

14. MSNBC, "Thar she blows! Dead whale explodes," MSNBC News (Jan. 29, 2004), accessed from the following Website on February 4, 2005: http://www.msnbc.msn.com/id/4096586/; Jason Pan, "Sperm Whale Explodes in Tainan City," *Taiwan News*, Jan. 27, 2004; and *Taipei Times*, "Taiwan Quick Takes," Jan. 29, 2004.

15. Melville, *Moby-Dick*, 387 – 388.

16. Ibid. , 174; and Ellis, *Book of Whales*, 101.

17. J. N. Reynolds, "Mocha Dick: or the White Whale of the Pacific: A Leaf from a Manuscript Journal," *Knickerbocker* 13 (May 1839), 379, 390; and Frank B. Goodrich, *Man Upon the Sea: Or, A History of Maritime Adventure, Exploration, and Discovery, From the Earliest Ages to the Present Time* (Philadelphia: J. B. Lippincott & Co., 1858), 504.

18. Quoted in A. B. C. Whipple, *Yankee Whalers in the South Seas* (Rutland, VT: Charles E. Tuttle Co., 1973), 61.

19. Gordon, *Sperm Whales*, 17; Ellis, *Book of Whales*, 105; and Beale, *The Natural History of the Sperm Whale*, 51.

20. Bennett, *Narrative of a Whaling Voyage*, vol. 2, 173.

21. Gordon, *Sperm Whales*, 12, 18, 45. Bennett 观察到的下面这种行为很可能就是由鲸鱼之间的沟通引发的："如许多南部捕鲸人惊讶地发现的那样，我们可以确认，当某一头抹香鲸被捕鲸船攻击时，距离它几英里之外的抹香鲸几乎立即就会以行动做出反应，表明它们已经意识到别处发生了什么，或者至少是意识到有不好的事发生了。它们要么会发出警报并逃离，要么会前去支援自己受伤的同伴。"Bennett, *Narrative of a Whaling Voyage*, vol. 2, 178.

22. Charles Darwin, *Charles Darwin's Diary of the Voyage of the H. M. S. "Beagle,"* edited from the manuscript by Nora Barlow (New York: Macmillan Company, 1933), 211. 每当人们谈及鲸鱼跃出海面的景象时，他们总会想到座头鲸，因为座头鲸跃出海面的景象最为出名，已经有无数幸运的观察者们有幸目睹过这一壮观的画面。不过座头鲸和抹香鲸并不是仅有的会跃出海面的鲸鱼。比如说，后来因为创作了福尔摩斯这个角色而闻名于世的阿瑟·柯南·道尔爵士曾在 1880 年到北极圈附近捕鲸，他有幸看到了露脊鲸跃出水面的景象。"我永远不会忘记我第一次亲眼看到露脊鲸的画面，"道尔写道，"最初是瞭望者先看到有露脊鲸出现在一小片冰原的另一面，但是当我们全都冲上甲板之后，它却潜到水中去了。我们等了 10 分钟还没有看到它重新露出水面，于是我就移开了目光，直到人群中突然响起一片惊叫，我才赶快抬眼望去，发现露脊鲸已经跃到了空中。它跳起来的时候，尾部像鳟鱼跳起时一样弯曲着，整个铅黑色的身体都离开了水面，在阳光下闪闪发光。我为这个小小的奇迹感到震撼，因为连我们已经有 30 次航行经历的船长都从未见识过这样的景象。" Sir Arthur Conan Doyle, *Memories and Adventures* (Boston: Little, Brown and Company, 1924), 40.

23. Ellis, *The Book of Whales*, 111.

24. Davis, *Nimrod of the Sea*, 187.

402

25. Ellis, *Book of Whales*, 109.

26. Frank T. Bullen, *The Cruise of the Cachalot* (New York: D. Appleton and Company, 1899), 143 – 144.

27. Mathews, *The Natural History of the Whale*, 70.

28. Gordon, *Sperm Whales*, 37; Beale, *The Natural History of the Sperm Whale*, 35; Ellis, *Book of Whales*, 109; and Shaler, " Notes on the Right and Sperm Whales," 3.

29. Berzin, *The Sperm Whale*, 207 – 208.

30. Ommanney, *Lost Leviathan*, 70; and Thomas Beale, *The Natural History of the Sperm Whale*, 7. 相较于抹香鲸的食道宽度，蓝鲸的食道实在太窄了，据测量，其直径只有 4 ~ 5 英寸。" Sea Secrets," *Sea Frontiers*, 32 (Mar. – Apr. 1986), 139.

31. William Kastner, " Man in Whale," *Natural History* 56 (Apr. 1947), 145.

32. Robert Cushman Murphy, *Logbook for Grace* (New York: Time Incorporated, 1947).

33. Robert Cushman Murphy, " Response to Kastner, Man in Whale," *Natural History* 56 (Apr. 1947), 190. See also, " Was James Bartley Swallowed by a Whale?" *Mariner's Mirror* 79 (Feb. 1993), 87 – 88. 不过，这并不是这件事的最终结局。原本的读者来信和墨菲对此进行的回复促使一位名叫小埃杰顿·Y. 戴维斯 (Dr. Egerton Y. Davis, Jr.) 的医生也给杂志社写了一封

信，信中他回顾了自己于 19 世纪 90 年代中期在一艘沿纽芬兰海岸猎捕海豹的船上当外科医生的经历。戴维斯称在一次追捕海豹的过程中，有一个人意外落了单，趴在一小片浮冰上越漂越远。之后别人眼睁睁地看着他滑进水中，立刻就被一头巨大的抹香鲸吞了下去。接着，鲸鱼又朝另一头猎捕海豹的小船游去，显然是想把船撞翻。甲板上的人于是立刻开炮，给了抹香鲸致命一击。第二天，他们发现这头抹香鲸肚皮朝天漂在不远处的水面上。船员们迫切地想看看那个被吞下去的队友变成什么样了，于是就剖开了鲸鱼的肚子。经过几个小时的努力之后，他们终于取出了鲸鱼"胃的前半部分"，赶紧送回船上交给了戴维斯医生。后者割开了胃，里面散发出了"让人难以忍受的难闻气味"并展现出一幅"令人毛骨悚然的景象"。死去船员的胸骨已经被压碎了，显然是鲸鱼下巴用力的结果；另外"鲸鱼胃部的黏膜都裹在尸体之上……他看起来就像一个巨大的蜗牛足"。当黏膜被剥离之后，人们发现死者已经"被胃液浸透并部分消化掉了"。从这最后的观察中戴维斯发现，"令人不解的是，死者头上的一些虱子看起来仍然活着"。戴维斯的版本自然是比以巴特利为主角的故事可信，但是其真实性最终也要靠读者自行定夺。Egerton Y. Davis, Jr., "Man in Whale," *Natural History* 56 (June 1947), 241.

34. William Shakespeare, *The Works of William Shakespeare*, vol. 5 (Boston: Little Brown and Company, 1892), 293.

35. Ephraim Chambers, *Cyclopædia, or an Universal Dictionary of Arts and Sciences Containing the Definitions of the Terms and Accounts of the Things signify'd thereby, in the Several Arts both Liberal and Mences Human and Divine... Compiled from the best Authors, Dictionaries, Journals, Memoirs, Transactions, Ephemerides &c. in Several Languages... by E. Chambers Gent... vol. the Second, MDCCXXVIII* (London: J. and J. Knapton, 1728), 106. "鲸脑油"似乎还可以缓解衰老带来的行动不便。根据 Mawer 的说法，乔治·里普利（George Ripley）在其1471 年创作的《炼金术的构成》（*Compound of Alchemy*）中建议"上了年纪的人可以使用鲸脑油和饮用葡萄酒"。Quoted in Granville Allen Mawer, *Ahab's*

注　释

Trade, *The Saga of South Seas Whaling* (New York: St. Martin's Press, 1999),
6.

36. Clapham, *Whales of the World*, 98.

37. Howard Clark, "The Whale-Fishery, History and Present Condition of the
Fishery," in George Brown Goode, *The Fisheries and Fishery Industries of the
United States*, *Section V*, *History and Methods of the Fisheries* (Washington, DC:
Government Printing Office, 1887), 5.

38. Ommanney, *Lost Leviathan*, 65; and Andrew Dalby, *Dangerous Tastes*
(Berkeley: University of California Press, 2000), 68.

39. Thomas Babington Macaulay, *The Works of Lord Macaulay Complete*,
edited by Hannah More Macaulay Trevelyan, vol. 1 (London: Longmans, Green,
and Company, 1866), 345; Dalby, *Dangerous Tastes*, 68, 146; and Melville,
Moby-Dick, 378.

40. Karl H. Dannenfeldt, "Ambergris: The Search for Its Origin," *Isis* 73
(Sept. 1982), 392.

41. Quoted in Beale, *The Natural History of the Sperm Whale*, 130.

42. M. I., "An Account of a Strange Sort of Bees in the West-Indies,
Communicated by M. I.," *Philosophical Transactions* 15 (1683 – 1775), 1030 –
1031.

43. Charles Gould, *Mythical Monsters* (London: W. H. Allen & Co.,
1886), 306 – 307.

44. Polo and Rustichello of Pisa, *The Travels of Marco Polo*, 296 – 297.

45. Quoted in Jenkins, *A History of the Whale Fisheries*, 83 – 85.

46. Dr. Boyslton, "Ambergris Found in Whales. Communicated by Dr.
Boylston of Boston in New-England," *Philosophical Transactions* 33 (1683 –
1775), 193. 这期《哲学学报》上还刊登了美洲殖民地定居者保罗·达德利
的一篇来信，其主题也是龙涎香及龙涎香与抹香鲸的关系。为了论证抹香
鲸应当被改名为龙涎香鲸，达德利描述了龙涎香的来源，虽然他的描述中

存在不少错误，但整体来看其描述是全面和深刻的。他不但如博伊尔斯顿一样讨论了龙涎香的成因，还为自己的家乡提出了申请。他说："事实是时间的女儿，现在人们终于发现，龙涎香（Occultum Natura）是一种动物产品，是在抹香鲸的身体里产生的……我猜想随着时间的推移，我们还能够发现龙涎香更多的特性，我会荣幸地将我获得的信息传播给大家；与此同时，我希望协会能够接受这篇论文为就此主题的第一篇论文，并承认我的家乡是发现或者至少是第一个弄清龙涎香来源和本质的地方。"尽管达德利心中充满了爱国热忱，但是如前文所示，他提出的要求已经晚了一步。Paul Dudley, "An Essay Upon the Natural History of Whales," 266, 269.

47. Dr. Schwediawer and Joseph Banks, "An Account of Ambergrise, by Dr. Schwediawer; Presented by Sir Joseph Banks, P. R. S.," *Philisophical Transactions of the Royal Society of London* 73（1783）, 226 – 241.

48. Starbuck, *History of the American Whale Fishery*, 148.

49. Thomas Jefferson, "Observations on the Whale Fishery"（1788）, in Merrill D. Peterson, ed., *Thomas Jefferson's Writings*（New York: Library of America, 1984）, 388.

50. Quoted in Gordon, *Sperm Whales*, 18.

51. Frederick D. Bennett, *Narrative of a Whaling Voyage*, 217.

404 第六章 向"深海"进发

1. Macy, "A Short Journal of the First Settlement of the Island of Nantucket," 161.

2. Walter Folger, "A Topographical Description of Nantucket, May 21, 1791," in *Collections of the MHS, for the Year 1794*, vol. 3（New York: Johnson Reprint Corporation, 1968）, 154.

3. Melville, *Moby-Dick*, 76.

4. Thomas Chalkley, *Journal or Historical Account of the Life, Travels, and Christian Experiences, of that Antient Faithful Servant of Jesus Christ, Thomas Chalkley*, 3rd ed.（London: Luke Hind, 1751）, 294. 关于这段引言的现代释

义可见于 William Root Bliss, *Quaint Nantucket* (Boston: Houghton Mifflin and Company, 1897), 98。

5. Nathaniel Philbrick, "'Every Wave Is a Fortune': Nantucket Island and the Making of an American Icon," *New England Quarterly* 66 (Sept. 1993), 442 – 443.

6. Melville, *Moby-Dick*, 77.

7. Folger, "A Topographical Description of Nantucket," 154. 有一个经常被人们讲起的故事是这么说的,一个年轻男孩儿把他妈妈的一团"织补用棉线"的一头拴在自己吃饭的叉子上,然后试图用叉子插猫。受到折磨的猫匆忙逃窜之时,男孩儿的母亲走进来查看发生了什么。然而此时的男孩儿满脑子想的都是要抓紧他的"鲸鱼",于是他对自己的母亲大喊:"妈妈,放绳子!放绳子!它要通过窗子'游走'了!" Macy, *Nantucket Scrap Basket*, 23.

8. J. Hector St. John de Crèvecoeur, *Letters from an American Farmer* (1782; reprint, New York: E. P. Dutton & Company, 1957), 109 – 110.

9. 举例来说,在 1737 年,一个名叫 Robin Mesrick 的科德角印第安人与自己的债权人之一 Gideon Holway 达成协议,因为自己欠对方 9 英镑的债务,所以 Mesrick 承诺以"参与岸上工作及进行海上捕鲸,为期三年"来抵销自己的债务。作为债权人的 Holway 承诺,Mesrick 在岸上工作的工资是每月 11 先令;到"春季进行[深海]捕鲸时,Mesrick 可以作为船员随船出海……[并]有权获取每次航行收获利益的 1/18 的一半",当然,计算之前还要先扣掉船主的分成以及食物酒水的成本。如果 Mesrick 参加的是沿海岸水域捕鲸,他既可以自己承担食物、住宿和柴火费,最后获得"1/8"的分成;也可以由 Holway 承担这些成本,那么 Mesrick 将"依照传统获得 1/8 的一半"。如果 Mesrick 能够幸运地在三年期满之前就还清欠款,他可以提早获得自由。Quoted in Vickers, "The First Whalemen of Nantucket," 579.

10. Elizabeth A. Little, "Nantucket Whaling in the Early 18th Century," in *Papers of the Nineteenth Algonquian Conference*, edited by William Cowan (Ottawa:

Carleton University, 1988), 116.

11. Quoted in Starbuck, *History of the American Whale Fishery*, 31.

12. Patricia C. McKissack and Frederick L. McKissack, *Black Hands, White Sails: The Story of African-American Whalers* (New York: Scholastic Press, 1999), 2 – 16.

13. "Advertisements," *Boston News-Letter* (Nov. 29 to Dec. 5, 1723).

14. Quoted in Durand Echeverria, *A History of Billingsgate* (Wellfleet: Wellfleet Historical Society, 1991), 94 – 95.

15. Felt, *Annals of Salem*, vol. 2, 224 – 225. 达德利观察到捕鲸小艇是"使用雪松木木板制造的, 非常轻, 两个人就能抬着走, 长度大约为 20 英尺, 能载 6 名水手, 也就是说鱼叉手在船身靠前部分, 4 名划桨人在中间, 最后还有 1 名掌舵人。这些捕鲸小艇速度很快, 因为轻便, 也可以随时被拉上母船或放入海中, 从而避免遭遇危险"。Dudley, "An Essay Upon the Natural History of Whales," 262 – 263.

16. 关于这种转变何时开始出现存在不同观点。Braginton-Smith and Oliver 声称有一系列"描述证实最晚从 1696 年起, 捕鲸船就已经是艏艉同形的双头船了"。Braginton-Smith, *Cape Cod Shore Whaling*, 37. 然而, Kugler 称"1750 年使用的船只还处于发展初期阶段……大约 25 英尺长, 船头是尖的, 船底是圆的, 船身是叠接的, 船尾是平的"。Kugler, "The Whale Oil Trade," 157.

17. Reginald B. Hegarty, *Birth of a Whaleship* (New Bedford: NBFPL, 1964), 135.

18. 波士顿的一份报纸在 1737 年评论这一现象时说: "[普罗温斯敦]已经有 12 艘船完成了装备工作……这些船将要前往戴维斯海峡捕鲸, 随时可以出发; 镇上大多数人都加入了航行, 留在镇上的男性只有 12 人或 14 人。""Province-Town, April 5," *New England Weekly Journal*, Apr. 19, 1737.

19. 我们并不能确定这样的传统是从什么时候或为什么兴起的, 不过人们通常认为这是为了"让最有经验的人承担责任最大的职务"。Ashley, *The*

Yankee Whaler, 6.

20. 奥贝德·梅西称截至 1760 年，"［楠塔基特］没有一个白人在捕鲸过程中丧命"，参考这个说法的上下文，他指的应该只是沿海岸水域捕鲸活动，不包括深海捕鲸。Macy, *The History of Nantucket*, 44. 但是，即便是局限于沿海岸水域捕鲸的范围，这个说法仍然不免令人怀疑，因为沿海岸水域捕鲸也是非常危险的，在其他地区进行类似活动的捕鲸人也出现过伤亡。

21. Starbuck, *History of Nantucket*, 356 – 357n. 1724 年，黛娜向普通法院提出再婚申请，并获得许可。之后她成为威廉姆斯夫人（Mrs. Williams）。

22. Starbuck, *History of Nantucket*, 358 – 359; and Starbuck, *History of the American Whale Fishery*, 34. 来自同一时期的另一份相关报道可见于 "Newport Rhode Island, July 27," *American Weekly Mercury*（Aug. 2 – Aug. 9, 1744）。

23. Benjamin Bangs Diary, MHS（4 vols. , 1742 – 1765）. 除非另有标注，否则本书中引用的内容和有关班斯的信息都来源于其日记的第一卷。班斯家是最早在殖民地定居的家族之一，可以追溯到 1623 年。当时班斯的曾曾祖父爱德华·班斯（Edward Bangs）乘坐清教徒的安妮号（Anne）来到殖民地并定居于普利茅斯。本杰明于 1721 年 6 月 24 日出生在马萨诸塞的科德角上大约是今天的布鲁斯特的地方，在他生活的年代那里还属于哈威奇的一部分。一位宗谱学家在 1896 年写了一本关于班斯家族的书，其中提到本杰明"是一位活跃、有进取心的商人和船长，无论做什么事业都很成功。他为人正直，有很高的文学素养"。不过，在本杰明开始记日记的时候，这些成功还都是后来的事。Dean Dudley, *History and Genealogy of the Bangs Family in America*（Montrose, MA: Published by the author, 1896）, 4, 65.

24. 在班斯的日记中存在一些混乱的地方。第一卷中日期较早的那些日记中，有一些 1742 ~ 1743 年之间的日期出现了前后颠倒的情况。不过，根据日记的内容本身和事件的发展，不难判断出是哪个日期出现了错误。需要更正的地方笔者已经做出了修改，与此处所讲的故事相关的部分只有两处这样的情况出现。

406

25. Levi Whitman, "A Topographical Description of Wellfleet," in *Collections of the MHS for the Year 1794*, vol. 3 (New York: Johnson Reprint Corporation, 1968), 121.

26. "Boston," *Boston Weekly News-Letter* (Nov. 19 – Nov. 26, 1741).

27. Schneider, *The Enduring Shore*, 151.

28. Josiah Paine, *A History of Harwich, Barnstable County, Massachusetts: 1620 – 1800* (Rutland, VT: Tuttle, 1937), 436.

29. Ibid., 419, 422, 424, 430, 434, 436, 438.

30. Macy, *Whale Fishery at Nantucket*, 161; Hutchinson, *The History of the Colony and Province of Massachusetts-Bay*, vol. 2, 341; and Arthur M. Schlesinger, *The Birth of the Nation* (New York: Alfred A. Knopf, 1969), 48. 在 1728 年，Thomas Amory 先生向英格兰人发出了一封信件："你们会发现捕鲸行业是一项令人振奋的事业——我们这里还有楠塔基特岛上的很多人都加入了这个行业，并且赚取了丰厚的收益。"William B. Weeden, *Economic and Social History of New England, 1620 – 1789*, vol. 1 (Williamstown, MA: Corner House Publishers, 1978), 441. 通过以下数据可以大致了解跨大西洋贸易的规模，在 1730 年 7 月，从美洲殖民地运往伦敦的鲸鱼油是 154 吨，鲸须是 9200 磅。Abiel Holmes, *American Annals or A Chronological History of America*, vol. 2 (Cambridge, MA: W. Hilliard, 1805), 125.

31. 以下关于英国捕鲸人尝试复兴这个行业的讨论主要参考 David Macpherson, *Annals of Commerce, Manufactures, Fisheries, and Navigation*, vol. 3 (London: Mundell and Son, 1805), 130 – 135, 141, 155 – 156, 160, 167, 178 – 180。

32. Scoresby, *An Account of the Arctic Regions*, vol. 2, 104.

33. MacPherson, *Annals of Commerce*, vol. 3, 198 – 199; and Scoresby, *An Account of the Arctic Regions*, vol. 2, 105 – 106, 108.

34. 杰斐逊在比较楠塔基特岛捕鲸人和荷兰人时注意到"前者比后者更加节俭。楠塔基特岛水手不领工资，而是从捕鲸收益中提成。这样可以激励他们以更少的人手完成更多的工作，最终每个人分到的份额就能更多一些。这还能让他们在寻找鲸鱼时更加机警，抓捕鲸鱼时更加勇敢，分成的时候对成本更加斤斤计较［原文如此］"。Jefferson，"Observations on the Whale Fishery," 380.

35. William Edward Hartpole Lecky, *A History of England in the Eighteenth Century*, vol. 2 (New York: D. Appleton and Company, 1892), 110; Alfred W. Crosby, *Children of the Sun: A History of Humanity's Unappeasable Appetite for Energy* (New York: W. W. Norton, 2006), 87; and Gerald S. Graham, "The Migrations of the Nantucket Whale Fishery: An Episode in British Colonial Policy," *New England Quarterly* 8 (June 1935), 179.

36. Lecky, *A History of England in the Eighteenth Century*, vol. 2, 105.

37. Graham, "The Migrations of the Nantucket Whale Fishery," 179; Lecky, *A History of England in the Eighteenth Century*, vol. 2, 110 – 111; Edouard A. Stackpole, "Nantucket Whale Oil and Lighting," *Rushlight* 48 (Sept. 1982), 3.

38. Macy, *History of Nantucket*, 62 – 63. 应当指出的是，在不同地方都有关于楠塔基特岛人在 1720 年通过汉诺威号（*Hanover*）向英格兰出口少量鲸鱼油的记录。其中之一可见于 *Nantucket Argument Settlers: Island History at a Glance, 1602 – 1993* (Nantucket: *Inquirer and Mirror*, 1994), 13 – 14。

39. 以下关于托马斯·汉考克第一次涉足捕鲸行业的讨论主要参考 W. T. Baxter, *The House of Hancock, Business in Boston 1724 – 1775* (Cambridge: Harvard University Press, 1945), 48 – 51。 407

40. Thomas Hancock to Francis Wilkes, November 4, 1737, Hancock Family Collection, BLHBS.

41. 有些作者声称是一位名叫弗朗西斯·索比特（François Sopite）的巴斯克船长于 16 世纪末最先在船上提炼了鲸鱼油。然而，即便是最坚定支持这一说法的 Sanderson 也承认"我们没有找到任何书面记录来证明这一点"。如果索比特真的这样做了，那么其他巴斯克捕鲸人或别的捕鲸人为什么不照做，反而是到 18 世纪中期才开始由美洲的殖民地定居者采用这种办法呢？

更有可能的情况是如埃利斯辩驳的那样，索比特的"'发明'其实是由某些自作聪明的作者发明的"。Sanderson, *A History of Whaling*, 129; and Ellis, *Men and Whales*, 46.

第七章 蜡烛战争

1. Quoted in James B. Hedges, *The Browns of Providence Plantations* (Cambridge: Harvard University Press, 1952), 89; and Kugler, "The Whale Oil Trade," 155.

2. "An Act for Granting Unto Benjamin Crabb the Sole Priviledge [*sic*] of Making Candles of Coarse Spermaceti Oyl," in *The Acts and Resolves*, *Public and Private*, *of the Province of the Massachusetts Bay*, vol. 3 (Boston: Albert Wright, 1878), 546 – 547.

3. Quoted in Kugler, "The Whale Oil Trade," 160 – 161.

4. Quoted in Dow, *Every Day Life in the Massachusetts Bay Colony*, 127 – 128. 5: Ephraim Chambers, *Cyclopædia or an Universal Dictionary of Arts and Sciences Containing an Explication of the Terms*, *and an Account of the Things Signified Thereby*, *in the Several Arts*, *Both Liberal and Mechanical and the Several Sciences*, *Human and Divine... extracted from the best Authors*, *Dictionaries*, *Journals*, *Memoirs*, *Transactions*, *Ephemerides &c. in Several Languages... by E. Chambers F. R. S... In Two vols. MDCCXL III* (London: 1743).

6. Quoted in Hedges, *The Browns of Providence Plantations*, 89.

7. 关于鲸脑油蜡烛制作过程的详细描述可见于 Elmo Paul Hohman, *The American Whalemen* (New York: Longmans, Green and Co., 1928), 334 – 335; Patty Jo Rice, "Beginning with Candle Making, A History of the Whaling Museum," *Historic Nantucket* 47 (Winter 1988); and Kugler, "Whale Oil Trade," 164。关于从鲸鱼身上提取的各种油和蜡的名字及用途的深度精辟论述可见于 David Littlefield and Edward Baker, "Oil from Whales," in Wilson Helflin, *Herman Melville's Whaling Years*, edited by Mary K. Bercaw Edwards and Thomas Farel Heffernan (Nashville: Vanderbilt University Press, 2004), 231 –

240。

8. Hedges, *The Browns of Providence Plantations*, 76 - 77, 90.

9. Benjamin Franklin to Susanna Wright, November 21, 1751, in *The Papers of Benjamin Franklin*, vol. 4, edited by Leonard W. Labaree (New Haven: Yale University Press, 1959), 211. 富兰克林写下此信很久之后，鲸脑油蜡烛超乎寻常的照明能力被用来创造了"烛光度"的定义。根据一本 19 世纪物理书上的内容，"烛光度是指鲸脑油蜡烛以每分钟 2 格令的速度燃烧时产生的光亮。蜡烛的大小标准是每根 1/6 磅重"。Fred J. Brockway, *Essentials of Physics*, *Saunders Question-Compends*, *No. 22* (Philadelphia: W. B. Saunders, 1892), 144.

10. Quoted in Hedges, *The Browns of Providence Plantations*, 90.

11. Ibid., 93.

12. Ibid., 96. See also Kugler, "The Whale Oil Trade," 168.

13. Hedges, *The Browns of Providence Plantations*, 97; Peter Tertzakian, *A Thousand Barrels a Second: The Coming Oil Break Point and the Challenges Facing an Energy Dependent World* (New York: McGraw-Hill, 2006), 11.

14. Hedges, *The Browns of Providence Plantations*, 98 - 100, 103.

15. 托拉斯提出的防止脑物质价格上涨过快的计划是一次引人注目的失败。1761 年，脑物质的最高价格被限定在吨价高于"棕色油"6 英镑。到 1774 年，这个数字已经蹿升到了每吨高 40 英镑。与此同时，蜡烛的价格却几乎没有增长。以波士顿为例，鲸脑油蜡烛在 1774 年的价格与 10 年前相比，只增长了不到 20%。Ibid., 112, 114 - 115.

16. Joseph Lawrence McDevitt, Jr., *The House of Rotch: Whaling Merchants of Massachusetts*, *1734 - 1828* (University Microfilms International, PhD diss. American University, Washington, DC, 1978), 1 - 2, 41 - 42.

17. Kugler, "The Whale Oil Trade," 172; and Leonard Ellis Bolles, *History of New Bedford and its Vicinity*, *1602 - 1892* (Syracuse: D. Mason & Co., 1892), 57 - 59; Daniel Ricketson, *The History of New Bedford* (New Bedford,

408

1858)，58；and McDevitt, *The House of Rotch*, 137 – 138.

18. 抹香鲸的鲸鱼油被分成了三个级别。由最新鲜的鲸脂制作的最清澈、洁白且香气甜美的鲸鱼油价格最昂贵。用在木桶中储存了一段时间，不那么新鲜的鲸脂为原料，或是因提炼工艺不够精进而生产出的色泽偏黄、气味略重、品质略差的鲸鱼油是第二等。第三等抹香鲸鲸鱼油是棕色油，这种油是用时间最长，变质最严重的鲸脂提炼的。这些鲸脂都是由在夏季前往北方或是前往南方温暖水域的捕鲸船带回港口的，在漫长的航行过程中，鲸脂在湿热阴暗的环境里腐败变质，逐渐变成臭气熏天的黏稠物质，由此提炼出的油品质最差。通过对比，我们就可以清楚地看到抹香鲸鲸鱼油的价格到底有多高。即便是品质最差的棕色油的价格通常还是会比从露脊鲸身上提炼的露脊鲸鱼油价格高。McDevitt, *The House of Rotch*, 55 – 69；Kugler, "The Whale Oil Trade," 159；and Hedges, *The Browns of Providence Plantations*, 88.

19. 1776 年 7 月 28 日 Henry Cruger 写给 Aaron Lopez 的书信，in *Commerce of Rhode Island, 1726 – 1800*, vol. 1, edited by Worthington Ford, *MHS Collections*, 7th Series, vols. 9 – 10（Boston：Published for the Society, 1914 – 15），165. 20：Quoted in Hedges, *The Browns of Providence Plantations*, 112 – 113。

第八章　光辉时代

1. 这种时尚并非受到所有人的欢迎。到 18 世纪中期，有些衬裙的比例在很多时候被制作得过于庞大，以至于在 1745 年，一位对此感到无比厌烦的男士写了一份题目为《令人无比厌恶的带裙撑衬裙》（*The Enormous Abomination of the Hoop-Petticoat*）的小册子，他在其中抱怨："最近……这些〔带裙撑衬裙〕已经扩大到了一种让人再也无法容忍的程度……光是看见那些该死的裙撑就足以让人倒胃口。" "Crinoline and Whales," *Eclectic Magazine*（Feb. 1859），230；and Elizabeth Ewing, *Dress and Undress：A History of Women's Underwear*（New York：Drama Book Specialists, 1978），41 – 45. 关于该时期的捕鲸和照明情况的背景知识可参考 William T. O'Dea, *The Social History of Lighting*（London：Routledge and Kegan Paul, 1958），200。

409

注　释

2. John J. McCusker and Russell R. Menard, *The Economy of British America*, *1607 – 1789* (Chapel Hill: University of North Carolina Press, 1985), 108. McCusker 和 Menard 提出的观点认为, 人们对美国独立战争之前捕鲸与经济之间的联系缺乏了解: "对于渔民来说, 鳕鱼也许是他们的王牌产品, 但是捕鲸才是各个行业中的明星……以新英格兰南部和长岛东部尽头为中心的捕鲸行业为推动该地区的发展提供了动力, 不仅刺激了多种多样的相关产业的发展, 还直接吸收了该地区的资本、劳动力和技术人员。捕鲸绝对称得上是一个庞大的行业, 但是我们对它的了解还很有限。" Ibid., 312. 区别于殖民地与英格兰之间的贸易, 另一个被我们忽视的捕鲸与经济之间联系的领域是殖民地范围内各地区之间的贸易。如 Shepherd 和 Williamson 注意到的那样: "英属北美殖民地海岸地区之间的贸易及美国独立战争之后, 甚至是进入 19 世纪以后, 美国各州与残留的英属殖民地之间的贸易一直都是北美洲经济历史上我们知之甚少的一个领域。" James F. Shepherd and Samuel H. Williamson, "The Coastal Trade of the British North American Colonies, 1768 – 1772," *The Journal of Economic History* 32 (Dec. 1972), 783.

3. 捕捞鳕鱼和捕杀鲸鱼的效益一直是托马斯·杰斐逊非常感兴趣的一个问题。他注意到, 在 18 世纪 70 年代初期, 捕鳕鱼每年能产生 25 万英镑的收入, 捕鲸收入则比这还要再多 10 万英镑。Thomas Jefferson, "Report on Cod and Whale Fisheries, February 1, 1791," in Saul K. Padover, *The Complete Jefferson* (New York: Duell, Sloan & Pearce, Inc., 1943), 330.

4. "Newbern in North Carolina," *Boston Chronicle* (July 11 – 18, 1768), 286.

5. Warren Barton Blake, in the introduction to Crèvecoeur's *Letters from an American Farmer*, viii.

6. Crèvecoeur, *Letters from an American Farmer*, 86 – 88, 124, 126 – 127, 141 – 142.

7. Joseph C. Hart, *Miriam Coffin or The Whale-Fishermen* (1834; reprint, San Francisco: H. R. Coleman, 1872), 58.

8. Macy, *The History of Nantucket*, 57 – 58; Philbrick, *Abram's Eyes*, 196 – 198; and Elizabeth A. Little, "The Nantucket Indian Sickness," in *Papers of the Twenty-First Algonquian Conference*, edited by William Cowen (Ottawa: Carleton University, 1990), 181 – 196.

9. 虽然拆账比例已经一再升高,但对于船长来说,想找到优秀的船员仍然是非常困难的。多乐号 (*Doler*) 捕鲸船的船长在 1763 年连续几次的短期出海中,都遇到了人手不足的情况。他在自己的日志中记录说,有一次返回港口时,"4 名船员偷偷逃跑了,我们不得不到马撒葡萄园岛上补充人手。到 7 月 30 日,我们只好带着一些没什么经验的船员出海了"。这本航海日志的保存状况不太好,字迹模糊,所以也有人认为捕鲸船名字的拼法可能是"*Dolen*"或"*Dollar*"。Log of the *Doler* of Dartmouth, Massachusetts, International Marine Archives Log #880B.

10. Daniel Vickers, "Nantucket Whalemen in the Deep-Sea Fishery: The Changing Anatomy of an Early American Labor Force," in *Journal of American History* 72 (Sept. 1985), 291.

11. Ibid., 295.

12. *Free Negroes and Mullatoes*, *Massachusetts General Court House of Representatives* (Boston: True & Green Printers, 1822), 11 – 12; George H. Moore, *Notes on the History of Slavery in Massachusetts* (New York: Negro Universities Press, 1968), 117; and McKissack and McKissack, *Black Hands, White Sails*, 18 – 19.

13. Quoted in Nathaniel Philbrick, "'I Will Take to the Water': Frederick Douglass, the Sea, and the Nantucket Whale Fishery," *Historic Nantucket* 40 (Fall 1992), 50.

14. Jackson, *The British Whaling Trade*, 55; and MacPherson, *Annals of Commerce*, 511 – 512.

15. Jackson, *The British Whaling Trade*, 55 – 64.

16. Quoted in ibid., 65. See also George Bancroft, *A History of the United*

410

States, vol. 7, 12th ed. (Boston: Little, Brown and Company, 1875), 185.

17. "Accounts; Whaling; Vessels; Labrador Coast; Difficulties; Consequences; Orders," *Boston Evening Post* (Aug. 26, 1765); and Starbuck, *History of the American Whale Fishery*, 45.

18. William H. Whiteley, "Governor Hugh Palliser and the Newfoundland and Labrador Fishery, 1764 – 1768," *Canadian Historical Review* 50, no. 2 (June 1969): 142.

19. "Boston, August 21," *Connecticut Courant* (Sept. 1, 1766), 1; and Spears, *The Story of The New England Whalers*, 80 – 81.

20. "By Order of His Excellency the Governor," *Massachusetts Gazette and Boston News-Letter* (Jan. 8, 1767).

21. "Boston, August 25," *Georgia Gazette* (Oct. 15, 1766); and Scoresby, *An Account of the Arctic Regions*, vol. 2, 135.

22. Starbuck, *History of the American Whale Fishery*, 53 – 54. 殖民地捕鲸人遇到敌人的时候也不永远是输家。举例来说，1771 年，有两艘从楠塔基特岛出发的单桅帆船在西印度群岛的阿巴科港口（Abaco Harbor）停泊时，看到另一艘船逐渐驶进了他们的视线范围并发出了求助信号。其中一艘楠塔基特岛船的船长带领一小组船员划着小艇前去援助。可是他们刚一爬上甲板，求助船上的领头人就用一把手枪顶住了楠塔基特岛船长的太阳穴并要求他将船驶入港口。楠塔基特岛的船长称自己不了解港口地区的水下地形，但是说他的船员中有一个人能堪此重任。他说的这个人于是被召唤了过来，并且成功地将船驶入了港口，之后这个驾船的人、楠塔基特岛的船长和他带来的其他船员被许可返回他们的单桅帆船。

当这些楠塔基特岛人在那艘"遇难"船的甲板上时，他们注意到船上的人都佩戴了武器，还有一个人在船舱里来回踱步。楠塔基特岛单桅帆船的两个船长分析了这些信息之后，他们认定这艘船是被海盗劫持了，船舱里那个人才是被罢免的船长。楠塔基特岛的人们于是立即研究出了一个夺回船并解救船员的计划。首先，他们邀请海盗的领袖到自己的单桅帆船上用餐。海盗应邀前来时还带着自己的水手长和原本的船长同行，但是在介绍时把他说成是船上的一位乘客。楠塔基特岛人并没有奉上美食，反而将海盗领袖和他的水手长捆了起来，然后听真正的船长给他们讲述了事情的经过。他说他的船是从罗德岛的布里斯托尔到非洲海岸附近运输奴隶的。当他们行驶到西印度群岛时，船上的一些水手发动了叛乱，打算劫了船去做海盗，所以现在的海盗首领其实也是原本的船员之一。楠塔基特岛人于是同水手长达成了一项协议，他要返回船上去释放大副，并把他带到单桅帆船上来，然后再协助解放那艘被劫的船，作为回报，楠塔基特岛人会尽力帮助他免除最终一定会落到他头上的叛乱罪名的指控。为了促使水手长积极配合，楠塔基特岛人还谎称只要自己发出一个特殊信号，附近不远处就有一艘英国军舰会应召赶来解救被劫的船。

411

不过水手长并没有履行这个协议。楠塔基特岛人一看出他有反悔的迹象就立刻采取了行动。其中一艘楠塔基特岛单桅帆船拉起了锚，调转船头和海盗船并行。那些叛乱的船员于是将船上的大炮对准了单桅帆船的方向，打算等单桅帆船进入大炮的射程之内就开火。但是楠塔基特岛的船长非常聪明，没有自投罗网。最后，他带领自己的船迎风行驶来到了海盗船的另一侧。叛乱者们于是又把大炮都布置到船的这一侧，但是单桅帆船还是在他们的射程外。当单桅帆船驶出海盗船的视线范围之后，船上人就向高空释放了之前跟水手长提到的信号。等单桅帆船重新回到视线之内以后，水手长看到了信号并警告其他叛乱者很快会有英国军舰来袭击他们了。海盗们没有坐以待毙，而是纷纷向岸上逃去，但是他们一上岸就被逮捕了。楠塔基特岛的捕鲸人们登上了这艘船，解救了大副，载着所有被用铁链锁起来的叛乱者航行到了普罗维登斯。捕鲸人们不仅亲眼见证了叛乱首领被处以绞刑，还获得了"大约 2500 美元的奖励……以表彰他们的善行和勇气"。"Newport, April 15, 1771," *Boston Evening Post*, Apr. 22, 1771.

23. *Massachusetts Gazette and Boston News-Letter*, July 26, 1764.

24. "Boston, October 2," *Boston News-Letter and New-England Chronicle*, Oct. 2, 1766, 3; and *Boston Post Boy*, Sept. 29, 1766.

注　释

25. Banks, *The History of Martha's Vineyard*, vol. 1, 445; Emma Mayhew Whiting and Henry Beetle Hough, *Whaling Wives* (Boston: Houghton Mifflin Company, 1953), 1.

26. Peleg Folger, *Journal of the Ship* Seaflower *of Nantucket*, entry for July 25, 1752 (bound with journal of the ships *Grampas*, *Mary*, *Seaflower*, *Greyhound*, *Phebe* of Nantucket, NA Special Collection, NA).

27. *Massachusetts Gazette and Boston Post Boy and the Advertiser*, Oct. 14, 1771.

28. Henry T. Cheever, *The Whale and his Captors; or, The Whalemen's Adventures, and the Whale Biography, as gathered on the homeward cruise of the* "Commodore Preble" (1850; reprint, Fairfield, WA: Ye Galleon Press, 1991), 175 – 180; and Gustav Kobbe, "The Perils and Romance of Whaling," *The Century* 40 (Aug. 1890), 515.

29. 当时有一首捕鲸歌曲生动地展示了这种深色烈酒的重要性。

要去北方捕鲸的人准备好，

我们灵巧的小艇上有工具和朗姆酒（这才最紧要），

大批的储备不能少。

John Osborne 的《捕鲸之歌》（whaling song）中的一段，quoted in Frederick Freeman, *The History of Cape Cod: The Annals of the Thirteen Towns of Barnstable County*, vol. 2 (Boston: Printed for the Author by Geo. C. Rand & Avery, 1862), 89。

30. Peleg Folger, *Journal of the Ship* Grampas *of Nantucket*, entry for May 11, 1751 (bound with journal of the ships *Grampas*, *Mary*, *Seaflower*, *Greyhound*, *Phebe* of Nantucket, NA Special Collection, NA)

31. Peleg Folger, *Journal of the Sloop* Phebe *of Nantucket*, entry for Aug. 18, 1754 (bound with journal of the ships *Grampas*, *Mary Seaflower*, *Greyhound*,

Phebe of Nantucket, NA Special Collection, NA）. 将福格勒与他的同伴们区别开来的另一点是他会在记录自己的思绪时使用拉丁文谚语，因为这个特点，他的一位水手同伴曾经在他的日记本页面边角处随意写了一句评语："老福格勒竟然写拉丁文，他肯定是个傻瓜。" Peleg Folger, *Journal of the Sloop Mary of Nantucket*, entry for May 16, 1752 (bound with journal of the ships *Grampas*, *Mary*, *Seaflower*, *Greyhound*, *Phebe* of Nantucket, NA Special Collection, NA.

32. Benjamin Franklin, "A Letter from Benjamin Franklin to Mr. Alphonsus le Roy, Member of Several Academies at Paris, Containing Sundry Maritime Observations," in *Transactions of the American Philosophical Society held at Philadelphia*, vol. 2 (Philadelphia: Robert Aitken, 1786), 314 – 317; Captain John Lacouture, "The Gulf Stream Charts of Benjamin Franklin and Timothy Folger," *Historic Nantucket* 3 (Fall 1995), 82 – 86; and H. A. Marmer, "The Gulf Stream and Its Problems," *Geographical Review* 19 (July 1929), 457 – 478. 庞塞·德·莱昂在 1513 年从波多黎各向卡纳维拉尔角（Cape Canaveral）航行时就遇到了墨西哥湾流，他当时感到非常困惑，不明白为什么自己的三条船总是被水流向后冲去。到 16 世纪初，西班牙船只利用了湾流的这个特点，在返回欧洲时选择这条航线，就可以沿海岸顺流而行。到 1612 年，Lescarbot 研究了墨西哥湾的问题，还注意到其中暖流和寒流的分界线："在 1606 年 6 月 18 日，我在北纬 45°，纽芬兰海岸以东 120 里格的地方发现了一个值得自然哲学家深思的奇观。虽然那里的气温很低，但是我们所处的水流是非常温暖的；然而到了 6 月 21 日，天空中突然飘起了大雾，就像 1 月份一样寒冷。我们下面的海水也变得冰冷。" Quoted in Henry Stommel, "The Gulf Stream, A Brief History of the Ideas Concerning its Cause," *Scientific Monthly* 70 (Apr. 1950), 242 – 243; and Henry Stommel, *The Gulf Stream*, *A Physical and Dynamical Description*, 2nd ed. (Berkeley: University of California Press, 1965), 1 – 4.

33. Quoted in Esmond Wright, *Franklin of Philadelphia* (Cambridge:

Belknap Press of Harvard University Press，1986），57.

34. Franklin，"A Letter from Benjamin Franklin to Mr. Alphonsus le Roy，"
315.

35. Ibid.；and Benjamin Franklin，*The Works of Benjamin Franklin*，vol. 6
（Louisville：C. Tappan，1844），497.

36. Franklin，"A Letter from Benjamin Franklin to Mr. Alphonsus le Roy，"
315；Ronald L. Clark，*Benjamin Franklin*，*A Biography*（New York：Random
House，1983），205 – 207；and Philip L. Richardson，"Benjamin Franklin and
Timothy Folger's First Printed Chart of the Gulf Stream，"*Science* 207（Feb.
1980），643. 如 Richardson 指出的那样，富兰克林印刷的海图是在 1769 年或
1770 年完成的，但是大多数人看到的其实是 1786 年版——是原版的"复制
品的复制品"。早期的版本一度"失传"，最终也是由 Richardson 在巴黎的
国家图书馆里重新发现的。

37. 这个故事主要依据 Baxter，*The House of Hancock*，168 – 176，223 –
231，243 – 246。

38. 1767 年 9 月 2 日约翰·汉考克写给 Harrison & Barnard 的书信，
Hancock Family Collection，BLHBS。

第九章　革命前夕 413

1. Starbuck，*History of the American Whale Fishery*，57.

2. Bruce Catton and William B. Catton，*The Bold and Magnificent Dream*，
America's Founding Years，*1492 – 1815*（New York：Doubleday & Company，
1978），236；and William Edward Hartpole Lecky，*The American Revolution*，
1763 – 1783（New York：D. Appleton and Company，1932），9 – 10.

3. Benjamin Franklin，*The Works of Benjamin Franklin*，edited by Jared
Sparks，vol. 4（Boston：Hilliard，Gray and Company，1840），42.

4. Samuel Eliot Morison，Henry Steele Commager，and William E.
Leuchtenburg，*A Concise History of the American Republic*，2nd ed.，vol. 1（to
1877）（New York：Oxford University Press，1983），68；James K. Hosmer，

American Statesman, *Samuel Adams* (Boston: Houghton Miffilin and Company, 1885), 78 – 79; and Lecky, *The American Revolution*, 105 – 106.

5. Thomas O'Connor, *The Hub*, *Boston Past and Present* (Boston: Northeastern University Press, 2001), 55; Garraty, *The American Nation*, 84; and George Bancroft, *The History of the United States of America*, *from the Discovery of the Continent*, abridged and edited by Russel B. Nye (Chicago: University of Chicago Press, 1966), 184 – 185.

6. Ward, *Colonial America*, 94, 366; Allan Nevins and Henry Steele Commager, *A Short History of the United States* (New York: Alfred A. Knopf, 1966), 37, 66 – 67; Catton and Catton, *The Bold and Magnificent Dream*, 249.

7. Quoted in Edmund S. Morgan, *The Birth of the Republic*, *1763 – 1789* (Chicago: University of Chicago Press, 1977), 46.

8. David McCullough, *John Adams* (New York: Simon & Schuster, 2001), 65; and Lecky, *The American Revolution*, 128.

9. Quoted in Hiller B. Zobel, *The Boston Massacre* (New York: W. W. Norton, 1970), 195.

10. Kwame Anthony Appiah and Henry Louis Gates, *Africana*: *The Encyclopedia of the African and the African-American Experience* (Philadelphia: Running Press, 2003), 48.

11. Quoted in McCullough, *John Adams*, 65 – 66. See also O'Connor, *The Hub*, 54 – 55; and Hutchinson, *The History of the Colony and Province of Massachusetts-Bay*, vol. 3, 194 – 196.

12. Quoted in Lecky, *The American Revolution*, 127 – 128.

13. O'Connor, *The Hub*, 56 – 67; and Morgan, *The Birth of the Republic*, 57 – 58.

14. Ibid. ; and Stackpole, *The Sea-Hunters*, 62 – 65.

15. Quoted in O'Connor, *The Hub*, 59.

16. Quoted in Bancroft, *A History of the United States*, vol. 7, 222, 239.

17. *The Annual Register or a View of the History*, *Politics*, *and Literature*, *for*

the Year 1775（London：Printed for J. Dodsley in Pall Mall, 1776）, 85.

18. Quoted in Bancroft, *A History of the United States*, vol. 7, 239.

19. *The Annual Register or a View of the History, Politics, and Literature, for the Year 1775*, 80, 87.

20. Starbuck, *The History of Nantucket*, 179n.

21. David Barclay, in *The Parliamenatary Register, or History of the Proceedings and Debates of the House of Commons*, vol. 1（London：J. Walker, R. Lea, and J. Nunn, 1802）, 284.

22. *The Annual Register or a View of the History, Politics, and Literature, for the Year 1775*, 85.

23. Stanley Ayling, *Edmund Burke, His Life and Opinions*（New York：St.　414
Martin's Press, 1988）, 80；and Edmund Burke, *Burke's Speech on Conciliation With America*, edited by Charles R. Morris（New York：Harper & Brothers, 1945）, 103.

24. Burke, *Burke's Speech on Conciliation*, 14, 21 – 23.

25. Bancroft, *History of the United States from the Discovery of the American Continent*, vol. 7, 270；and M. Garnier to Count de Vergennes, March 20, 1775, in *Naval Documents of the Revolution*, vol. 1（Washington, DC：Government Printing Office, 1968）, 438.

26. *The Parliamentary Register of History of the Proceedings and Debates of the House of Commons, During the First Session of the Fourteenth Parliament of Great Britain*, vol. 1（London：T. Gillet, 1802）, 423.

第十章　毁灭

1. Macy, *The History of Nantucket*, 88.

2. Starbuck, *History of Nantucket*, 182. 关于捕鲸小艇在推动战争发展方面作用的精彩论述可见于 John Gardner, "Whaleboat Warfare on the Sound," *Log of the Mystic Seaport* 28（July 1976）, 59 – 68；Overton, *Long Island's Story*, 136 – 139；and Richard Cranch to John Adams, in *Naval Documents of the*

Revolution, vol. 3 (Washington, DC: Government Printing Office, 1968), 958 – 960。

3. "Journal of the Continental Congress, May 29, 1775," in *Naval Documents of the Revolution*, vol. 1, 565 – 566.

4. *The Journals of Each Provincial Congress of Massachusetts in 1774 and 1775, and of the Committee of Saftey* (Boston: Dutton and Wentworth, 1838), 470.

5. 1775 年 5 月 23 日，凯齐娅·科芬·范宁日记中的内容，Kezia Coffin Fanning Papers, MS 2, folder 4, NHA。

6. Nevins and Commager, *A Short History of the United States*, 71; Schlesinger, *The Birth of the Nation*, 243；如 Lecky 注意到的那样："在各殖民地——即便是在新英格兰本地——都存在大批坚定地忠于英国政府的人。" Lecky, *The American Revolution*, 275.

7. 1775 年 5 月 30 日亨利·沃德写给塞缪尔·沃德的书信，in *Naval Documents of the Revolution*, vol. 1 (Washington, DC: Government Printing Office, 1964), 571; and Byers, *The Nation of Nantucket*, 211。

8. Quoted in Alexander Starbuck, "Nantucket in the Revolution," *Nantucket Inquirer*, July 18, 1874.

9. William Rotch, *Memorandum Written by William Rotch in the Eightieth Year of his Age* (Boston: Houghton Mifflin Company, 1916), 2 – 5.

10. 1775 年 9 月 1 日乔纳森·詹金斯写给 Dr. Nathaniel Freeman 的书信，in *Naval Documents of the Revolution*, vol. 3, 1283 – 1284。

11. "楠塔基特国" 的说法出自拉尔夫·沃尔多·爱默生在 1847 年 5 月 23 日的日记，quoted in Everett U. Crosby, *Nantucket in Print* (Nantucket: Tetaukimmo, 1946), 151。

12. Quoted in Starbuck, *The History of Nantucket*, 189n.

13. Rotch, *Memorandum*, 6.

14. McDevitt, *The House of Rotch*, 209, 205 – 218.

注　释

15. "Broadside," Massachusetts General Court, Watertown (Aug. 10, 1775), digital copy accessed Apr. 14, 2006, from Library of Congress, American Memory online collection of broadsides, leaflets, and pamphlets from America and Europe, portfolio 38, folder 27j, digital I. D., rbpe 0380270j http: // hdl. loc. gov/ loc. rbc/rbpe. 0380270j.

16. 关于此类押金的例子，可见于 Master's Bond for the Massachusetts 　415 Whaling Brig *Fox*, in *Naval Documents of the Revolution*, vol. 3, 765。

17. 1776 年 1 月 9 日弗朗西斯·罗齐写给诺思勋爵的书信, Rotch Family Papers, MHS; and Byers, *The Nation of Nantucket*, 212 – 213。

18. Rotch, *Memorandum*, 5.

19. "Boston, January 21," *Continental Journal and Weekly Advertiser*, Jan. 21, 1779.

20. *The Annual Register or a View of the History, Politics, and Literature, for the Year 1776* (London: Printed for J. Dodsley in Pall Mall, 1777), 118.

21. Quoted in Irwin Shapiro and Edouard Stackpole, *The Story of Yankee Whaling* (New York: Harper & Row, 1959), 82.

22. 1779 年 9 月 13 日约翰·亚当斯写给马萨诸塞州议会的书信, in *Papers of John Adams*, edited by Gregg L. Lint, Robert J. Taylor, Richard Alan Bryerson, Celeste Walker, and Joanna M. Revelas, vol. 8, March 1779-February 1780 (Cambridge: Belknap Press of Harvard University Press, 1989), 146。

23. McCullough, *John Adams*, 174, 187, 207.

24. 1778 年 10 月 9 日约翰·亚当斯写给丹尼尔·麦克尼尔（Daniel McNeill）的信。*Papers of John Adams*, edited by Robert J. Taylor, vol. 7, September 1778-February 1779 (Cambridge: Belknap Press of Harvard University Press, 1989), 121 – 122.

25. 1779 年 9 月 13 日约翰·亚当斯写给马萨诸塞州议会的书信, 145 – 147。

26. Quoted in Stackpole, *The Sea Hunters*, 82.

547

27. John M. Bullard, *The Rotches* (New Bedford: Self-published 1947), 19.

28. Banks, *The History of Martha's Vineyard*, vol. 1, 380 – 381.

29. Stackpole, *The Sea Hunters*, 85 – 86.

30. NHA Research Library, Kezia Coffin Fanning Papers, MS 2, folder 4, diary entry for May 23, 1775.

31. Quoted in McDevitt, *House of Rotch*, 248; and Starbuck, *History of Nantucket*, 210.

32. Stackpole, *The Sea Hunters*, 86; and Byers, *The Nation of Nantucket*, 219.

33. Starbuck, *The History of Nantucket*, 211n.

34. Quoted in McDevitt, *The House of Rotch*, 250; and Byers, *The Nation of Nantucket*, 219.

35. Rotch, *Memorandum*, 9 – 10.

36. Quoted in Macy, *The History of Nantucket*, 100.

37. Quoted in Edouard A. Stackpole, *Nantucket in the Revolution* (Nantucket: NHA, 1976), 68 – 70.

38. Nantucket Town Meeting Records, July 7, 1779, Office of the Town Clerk, Nantucket Town and County Building.

39. Quoted in Stackpole, *The Sea Hunters*, 86.

40. Quoted in Starbuck, *The History of Nantucket*, 215, 217.

41. Macy, *The History of Nantucket*, 112.

42. Rotch, *Memorandum*, 25.

43. Quoted in Starbuck, *The History of Nantucket*, 252 – 253.

44. Rotch, *Memorandum*, 33.

45. 很多历史学家引用过奥贝德·梅西的数据，称在战争期间共有134艘船被扣押，另有15艘船失踪。按照杰斐逊说的1775年楠塔基特岛拥有150艘捕鲸船的说法计算，到战争结束时，岛上应当只剩1艘船了。See Macy, *The History of Nantucket*, 122; and Starbuck, *History of the American Whale*

Fishery, 77.

但是，根据麦克德维特的说法，虽然几乎不可能查到有记录的准确数字，但楠塔基特岛在美国独立战争结束时所拥有的捕鲸船数量绝对不只 1 艘。实际上，就在战争即将结束时，楠塔基特岛的捕鲸商人还为 35 艘船申请了捕鲸许可证。如果他们只有 1 艘船，肯定不会这么做。McDevitt, *The House of Rotch*, 279 - 281. 另一位楠塔基特岛人扎凯厄斯·梅西在 1792 年写道，战争结束时，楠塔基特岛的捕鲸船队规模已经缩小到 "仅剩 30 艘破船"。此外还有两份文字记录分别写于 1785 年和 1790 年，称捕鲸船的数量是 19 艘。Macy, "A Short Journal of the First Settlement of the Island of Nantucket," 157; and Jefferson, *The Papers of Thomas Jefferson*, 173n, 231. 最后，丹尼尔·韦伯斯特在一次演讲中曾提到战争结束时，楠塔基特岛捕鲸船的数量是 15 艘。Daniel Webster, *Speeches and Forensic Arguments* (Philadelphia: Perkins & Marvin, 1835), 436. See also "The Whale Fishery, by a Citizen of Philadelphia - 1785" (from the American Museum, Philadelphia, 1789), quoted in Crosby, *Nantucket in Print*, 87.

46. Starbuck, *History of the American Whale Fisheries*, 77.

第十一章　在灰烬中重生

1. "The Whale Fishery," *North American Review*, 38 (Jan. 1834), 102; Stackpole, *The Sea Hunters*, 95; Starbuck, *History of the American Whale Fishery*, 77 - 78; Bullard, *The Rotches*, 35; and Zepheniah W. Pease, "The Brave Industry of Whaling," *Americana* 12 (Jan. - Dec. 1918), 83.

2. Derek Jarrett, *Pitt the Younger* (New York: Charles Scribner's Sons, 1974), 64; David Wallechinsky and Irving Wallace, *The People's Almanac #3* (New York: William Morrow & Company, 1981), 264; Douglas Southall Freeman, *George Washington: A Biography*, vol. 5 (New York: Charles Scribner's Sons, 1952); 388n; Arthur Shrader, " 'The World Turned Upside Down, ' A Yorktown March, or Music to Surrender By," *American Music* 16 (Summer 1998), 180 - 215; George Washington, *The Diaries of George Washington*, vol. 3, edited by Donald Jackson

and Dorothy Twohig (Charlottesville: University of Virginia Press, 1978), 432n; and the following Web sites, which were accessed on May 13, 2006: http://www.americanrevolution.org/upside.html; http://www.contemplator.com/england/worldtur.html; http://writersalmanac.publicradio.org/programs/2000/10/16/index.html; http://www.orionsociety.org/pages/oo/sidebars/America/Telleen.html.

3. 有一个很有趣但不足为信的传闻,说的是贝德福德号上一位驼背船员的故事,这个故事给人们展示了战争的结束如何戏剧性地改变了美国和英国之间的关系。当这位驼背船员上岸之后,一位英国水手走过来拍拍他的背并打招呼说:"你好呀,杰克。你带了什么好货来?"为作为一个美国人而格外自豪的驼背水手对这样的热情不怎么买账,于是回答道:"我带了邦克山,愿你倒霉!" Rotch, *Memorandum*, vi – vii.

4. Byers, *The Nation of Nantucket*, 232; and *The Annual Register or a View of the History, Politics, and Literature, for the Year 1775*, 113.

5. Rotch, *Memorandum*, 36.

6. Quoted in Edouard A. Stackpole, *Whales & Destiny, The Rivalry between America, France, and Britain for Control of the Southern Whale Fishery, 1785 – 1825* (Amherst: University of Massachusetts Press, 1972), 19.

7. 1785 年 8 月 25 日约翰·亚当斯写给约翰·杰伊的书信, in *The Works of John Adams, Second President of the United States*, compiled by Charles Francis Adams (1850 – 1856; reprint, Freeport, NY: Books for Libraries Press, 1969), 307 – 309。

8. Quoted in Macy, *The History of Nantucket*, 130.

9. Starbuck, *History of the American Whale Fishery*, 79.

10. Quoted in McDevitt, *The House of Rotch*, 311.

11. Quoted in Stephen B. Miller, *Historical Sketch of Hudson* (Hudson, NY: Byan & Webb, 1862), 103.

12. Margaret B. Schram, *Hudson's Merchants and Whalers: The Rise and Fall*

注　释

of a River Port 1783 – 1850（New York：Black Dome，2004），16 – 43，136 – 147.

13. 詹金斯家的塞思和托马斯兄弟是楠塔基特岛探路人中最爱国的。当议会在 1775 年就是否通过禁止美洲定居者到北大西洋水域捕鲸的《限制法案》而争论不休时，正是楠塔基特岛的塞思·詹金斯船长在立法委员们面前慷慨陈词，代表岛屿提出诉求。他争辩说如果禁止楠塔基特岛捕鲸，岛上人也会想尽办法活下去，很可能会"移民到大陆上"，但无论如何不会生活在哈利法克斯的"军事政府"统治下。See Seth Jenkins, in *The Parliamentary Register*, *or History of the Proceedings and Debates of the House of Commons*, vol. 1（London：J. Walker, R. Lea, and J. Nunn, 1802），283.

在战争期间，托马斯·詹金斯在乔治·伦纳德带领的臭名昭著的突袭楠塔基特岛行动中损失了大量财产。他勇敢地指控包括威廉·罗齐等岛上声望最显赫的 5 位居民暗中支持和教唆了伦纳德的行动，还称他们是"给美国各州和楠塔基特岛的自由和独立造成危害的危险人物"。Seth Jenkins, in *The Parliamentary Register*, *or History of the Proceedings and Debates of the House of Commons*, vol. 1（London：J. Walker, R. Lea, and J. Nunn, 1802），283.

14. Quoted in Graham, "The Migrations of the Nantucket Whale Fishery," 188；and Stackpole, *Sea Hunters*, 105.

15. Quoted in McDevitt, *The House of Rotch*, 305.

16. Quoted in Graham, "The Migrations of the Nantucket Whale Fishery," 193 – 194.

17. Quoted in Stackpole, *The Sea Hunters*, 115.

18. Quoted in McDevitt, *The House of Rotch*, 326. See also ibid. , 328.

19. Rotch, *Memorandum*, 40 – 41.

20. Byers, *The Nation of Nantucket*, 233.

21. Rotch, *Memorandum*, 42 – 43.

22. Ibid. , 42 – 43, 45；and McDevitt, *The House of Rotch*, 337 – 338.

23. 1785 年 9 月 1 日乔治·华盛顿写给拉法耶特侯爵的书信，in *The Writings of George Washington*，edited by Jared Sparks，vol. 9（Boston：Little，Brown and Company，1855），129 – 130。

24. Dumas Malone，*Jefferson and His Time：Jefferson and the Rights of Man*，vol. 2（Boston：Little，Brown and Company，1951），45；and William Cutter，*The Life of General Lafayette*（New York：George F. Cooledge & Brother，1849），161 – 162.

25. Macy，*The History of Nantucket*，249 – 250.

26. Jefferson，"Observations on the Whale Fishery，" 381 – 382.

27. Jefferson，"Report on the Fisheries，" 216.

28. Rotch，*Memorandum*，50.

29. Jefferson，"Observations on the Whale Fishery，" 383.

30. Jefferson，"Report on the Fisheries，" 214 – 215；Starbuck，*History of the American Whale Fishery*，88 – 91；托马斯·杰斐逊写给约翰·亚当斯的书信，in *Memoirs，Correspondence and Private Papers of Thomas Jefferson，Late President of the United States*，edited by Thomas Jefferson Randolph（London：Henry Colburn and Richard Bentley，1829），412 – 414；1788 年 11 月 19 日托马斯·杰斐逊写给约翰·杰伊的书信，in *The Writings of Thomas Jefferson*，edited by H. A. Washington，vol. 2（New York：Derby & Jackson，1859），511 – 513。

31. Jefferson，"Observations on the Whale Fishery，" 386. 杰斐逊的统计数字仅针对马萨诸塞州捕鱼业，而没有将长岛和罗德岛的捕鲸船包括在内，如果加上这一部分的话，美国独立战争前参加作业的捕鲸船总数可以达到 360 艘左右。Starbuck，*History of the American Whale Fishery*，89n.

32. Quoted in William John Dakin，*Whalemen Adventurers*（1934；reprint，Sydney：Sirius Books. 1963），1.

33. 1790 年 12 月 10 日 Christopher Gore 写给 Tobias Lear 的书信，cited in Jefferson，*The Papers of Thomas Jefferson*，200 – 204；and Graham，"The Migrations of the Nantucket Whale Fishery，" 197 – 199。

418

34. Quoted in McDevitt, *House of Rotch*, 376, 368, and 383; and Stackpole, *Whales & Destiny*, 211 – 212。

35. Quoted in McDevitt, *House of Rotch*, 386.

36. Crosby, *Children of the Sun*, 89; and Byers, *The Nation of Nantucket*, 247.

37. 美国人认为需要到太平洋等地寻找新的捕鲸点的原因之一是北大西洋里鲸鱼数量的锐减。按照 Edward Augustus Kendall 在 19 世纪初的观察：

> 大西洋里的鲸鱼几乎要被捕光了，这是一个毋庸置疑的事实，博物学家们可以将这种现象归因于这种动物的灭绝或逃离：他可以相信美国东海岸以北高纬度水域里的鲸鱼，在捕鲸人向太平洋的西部岛屿海域转移之前就被捕杀殆尽了；他也可以认为这些鲸鱼为了躲避捕鲸人而迁移到别处了。原本人们认为这里鲸鱼的数量与戴维斯海峡中的数量相当，但那很可能是被历史学家夸大了的说法，因为近代对这些捕鱼点的描述并不支持那些说法。

Edward Augustus Kendall, Esq. , *Travels Through the Northern Parts of the United States in the Years 1807 and 1808*, vol. 2 (New York: I. Riley, 1809), 206.

38. Rhys Richard, *Into the South Seas: The Southern Whale Fishery Comes of Age on the Brazil Banks, 1765 – 1812* (Parameta, New Zealand: self-published, 1993), 26; and Stackpole, *Whales & Destiny*, 130. 有些人宣称丽贝卡号是第一艘航行至合恩角的美国捕鲸船，但是实际情况并非如此。这项荣誉似乎应当属于楠塔基特岛的河狸号（"Who Sent the First American Whaler to the Pacific," *Nantucket Inquirer*, Nov. 21, 1874; and Daniel Ricketson, *New Bedford of the Past* (Boston: Houghton, Mifflin and Company, 1903), 113）。

39. 人们经常将"谨慎对待外国纷争"当作华盛顿的名言来引用，虽然他确实持有这样的看法，但这句话并不是他说的。William Safire, *Lend Me Your Ears: Great Speeches in History* (New York: W. W. Norton, 1997), 393.

40. Benjamin W. Labaree, William M. Fowler, Jr., John B. Hattendorf, Jeffrey J. Safford, Edward W. Sloan, and Andrew W. German, *America and the Sea: A Maritime History* (Mystic: Mystic Seaport, 1998), 182; and Robert W. Love, Jr., *The History of the U. S. Navy* (Mechanicsburg, PA: Stackpole Books, 1992), 57.

41. Quoted in McCullough, *John Adams*, 495.

42. Quoted in Richard B. Morris and Jeffrey B. Morris, *Great Presidential Decisions*, *State Papers that Changed the Course of History from Washington to Reagan* (New York: Richardson, Steirman & Black, Inc., 1988), 49.

43. Quoted in Mellen Chamberlain, *John Adams: The Statesman of the American Revolution*, *With Other Essays and Addresses Historical and Literary* (Boston: Houghton, Mifflin and Company, 1899), 241.

44. Labaree et al., *America and the Sea*, 184; and Macy, *The History of Nantucket*, 150.

45. Labaree et al., *America and the Sea*, 198; and Robert Leckie, *The Wars of America* (New York: Harper & Row, 1968), 230 – 231.

46. Leckie, *The Wars of America*, 231.

47. Labaree et al., *America and the Sea*, 207.

48. Quoted in Leckie, *The Wars of America*, 232.

49. Labaree et al., *America and the Sea*, 212; "Remarks (On Board the USF President, Commodore Rodgers) Made by M. C. Perry," in *Proceedings of the United States Naval Institute*, vol. 15 (Annapolis: United States Naval Institute, 1889), 339 – 342; and Samuel Maunder, *The History of the World*, vol. 2 (New York: Henry Bill, 1854), 474.

50. Quoted in Macy, *The History of Nantucket*, 163.

51. Labaree et al., *America and the Sea*, 213.

第十二章 一败涂地

1. Washington Irving, *The Works of Washington Irving*, vol. 1 (New York: J.

B. Lippincott & Co. , 1869）, 123, 230; and Frances Diane Robotti and James Vescovi, *The USS* Essex *and the Birth of the American Navy* （Holbrook, MA: Adams Media Corporation, 1999）, 141 – 149.

2. "The Salem Frigate," *Salem Gazette*, Nov. 23, 1798.

3. *Salem Gazette*, Oct. 1, 1799.

4. Labaree et al. , *America and the Sea*, 213; and Robotti and Vescovi, *The USS* Essex, 152 – 153, 158 – 162.

5. Captain David Porter, *Journal of a Cruise* （1815; reprint, Annapolis: Naval Institute Press, 1986）, 73.

6. Porter, *Journal of a Cruise*, 82.

7. 楠塔基特岛人有一句俗话说的是合恩角的风 "太大了，两个人一起才能抓住一个人不被吹跑"。Macy, *The Nantucket Scrap Basket*, 10.

8. Porter, *Journal of a Cruise*, 91 – 93.

9. Ibid. , 116, 126.

10. Ibid. , 134.

11. Ibid. , 136 – 137.

12. Ibid. , 163, 174 – 175.

13. Charles Haskins Townsend, "The Whaler and the Tortoise," *Scientific Monthly* 21 （Aug. 1925）, 166 – 172.

14. Porter, *Journal of a Cruise*, 176.

15. Ibid. , 200 – 201.

16. Ibid. , 201 – 202.

17. Ibid. , 230, 233.

18. Ibid. , 253 – 254.

19. Ibid. , 266 – 267, 452.

20. Ibid. , 300 – 446.

21. Ibid. , 452 – 462; and James Barnes, *Naval Actions of the War of 1812* （New York: Harper & Brothers, 1896）, 175 – 186.

420

555

22. Porter, *Journal of a Cruise*, 273 – 274.

23. Theodore Roosevelt, *The Naval War of 1812*, with new introduction by H. W. Brands (1882; reprint, New York: Da Capo Press, 1999), 166.

24. Washington Irving, quoted in David F. Long, "David Porter: Pacific Ocean Gadfly," in *Command Under Sail*, edited by James C. Bradford (Annapolis: Naval Institute Press, 1985), 179.

25. Thomas Hart Benton, *Thirty Years' View; or A History of the Working of the American Government for Thirty Years From 1820 to 1850*, vol. 2 (New York: D. Appleton and Company, 1857), 498.

26. Robotti and Vescovi, *The USS Essex*, 202.

27. J. Fred Rippy, *Joel R. Poinsett: Versatile American* (New York: Greenwood Press Publishers, 1968), 31.

28. *Inquirer and Mirror*, Sept. 14, 1872; *Inquirer and Mirror*, Sept. 7, 1872; and Starbuck, *History of the American Whale Fishieries*, 93 – 94.

29. Rippy, *Joel R. Poinsett*, 49.

30. JUSTICE, *The Nantucket Inquirer*, Aug. 9, 1824; and Ann Belser Asher, "The Talcahuano Incident" *Historic Nantucket* (Oct. 1989), 13 – 18. 波因塞特后来担任美国驻墨西哥公使,还成为代表南卡罗来纳州的国会议员及马丁·范布伦总统手下的作战部长。不过,波因塞特最著名的事迹还要数推广了以他名字命名的、颜色艳丽的观赏植物一品红 (the poinsettia)。

31. Quoted in Macy, *The History of Nantucket*, 170 – 171.

32. Ibid., 191 – 204; and Reginald Horseman, "Nantucket's Peace Treaty with England in 1814," *The New England Quarterly* 54 (June 1981), 186 – 197.

第十三章 黄金时期

1. Elmo Paul Hohman, *The American Whalemen*, 41; David Moment, "The Business of Whaling in America in the 1850s," *Business History Review* (Winter 1988), 263; William H. Seward, *The Works of William H. Seward*, edited by George E. Baker, vol. 1 (New York: Redfield, 1853), 242.

注　释

2. 关于捕鲸的话题里，没有什么比美国捕鲸人究竟杀死了多少头鲸鱼的答案更多种多样了。因为对每头鲸鱼能产生的鲸鱼油和鲸须数量的假设不同，再加上被捕鲸人袭击但是没能当即杀死的鲸鱼数量无从得知，所以不同的作者得出的数字也是不同的。最合理的推算是斯卡蒙做出的，他估计从 1835～1872 年的 38 年间，总共有 292714 头鲸鱼被"美国捕鲸人捕获或杀死"，平均到每一年是 7703 头。被杀死的数目包括那些受了致命伤，但是没有被捕鲸人控制住的——换句话说就是尸沉大海的鲸鱼。斯卡蒙估计大约 10% 的抹香鲸受伤之后没有被抓住；至于露脊鲸、弓头鲸、座头鲸和灰鲸的遗失比例更可高达 20%。Charles M. Scammon, *The Marine Mammals of the Northwestern Coast of North America*, *Together with an Account of the American Whale Fishery* (1874; reprint, New York: Dover Publications, 1968), 244. 关于其他各种估算的讨论可见于 Lance E. Davis, Robert E. Gallman, and Karin Gleiter, *In Pursuit of Leviathan: Technology, Institutions, Productivity, and Profits in American Whaling, 1816 – 1906* (Chicago: University of Chicago Press, 1997), 133 – 149。

3. Davis et al., *In Pursuit of Leviathan*, 4; Samuel Eliot Morison, *The Maritime History of Massachusetts* (Boston: Houghton Mifflin Company, 1921), 317 – 318; and Seward, *The Works of William H. Seward*, 244.

4. Clark, "The Whale-Fishery," 145; John G. B. Hutchins, *The American Maritime Industries and Public Policy, 1789 – 1914* (Cambridge: Harvard University Press, 1941), 269.

5. Scammon, *The Marine Mammals of the Northwestern Coast of North America*, 243 – 244.

6. Macy, *The History of Nantucket*, 205.

7. Quoted in the *New Bedford Mercury*, Nov. 10, 1815.

8. Macy, *The History of Nantucket*, 209, 211.

9. *Nile's Register*, Dec. 2, 1820, 212.

10. Jared Sparks, "A Visit to Nantucket in 1826," *Historic Nantucket* 24

421

（Apr. 1977），7.

11. "Greatest Voyage Ever Made," *Nantukcket Inquirer*, Sept. 11, 1830; and Starbuck, *History of the American Whale Fishery*, 270 – 271.

12. "Greatest Voyage Ever Made," *Nantucket Inquirer*.

13. "Festival," *Nantucket Inquirer*, Sept. 25, 1830.

14. Philbrick, *Away Off Shore*, 181.

15. "Festival," *Nantucket Inquirer*, Sept. 25, 1830.

16. A. Hyatt Verrill, *The Real Story of the Whaler* (New York：D. Appleton and Company, 1923), 217; Starbuck, *History of The American Whale Fishery*, 260 – 261（斯塔巴克说这次航行结束于 1827 年，但这个说法是错误的）; and Judith Navas Lund, *Whaling Masters and Whaling Voyages Sailing from American Ports, A Compilation of Sources* (New Bedford：NBWM, KWM, and Ten Pound Island Book Co., 2001), 652。

17. William Comstock, *Voyage to the Pacific Descriptive of the Customs, Usages, and Sufferings on Board of Nantucket Whale-Ships* (Boston：Oliver L. Perkins, 1838), 3 – 4.

18. Macy, *The History of Nantucket*, 153 – 155; Starbuck, *The History of Nantucket*, 324; Douglas-Lithgow, *Nantucket, A History*, 353 – 354; Edouard A. Stackpole, "Peter Folger Ewer：The Man Who Created the 'Camels,'" *Historic Nantucket* 33 (July 1985), 19 – 30; and Harry B. Turner, *The Story of the Island Steamers* (Nantucket：*Inquirer and Mirror* Press, 1910), 102 – 113.

19. 这封信的原件是楠塔基特历史协会手稿收藏品中的一件，原信是用打字机打出来的，落款处的签名是 "J. A. B."。The Camel Collection, 1842 – 1850, folder 317; *Boston Daily Advertiser*, quoted in "The Nantucket Camels," *New Bedford Mercury*, Oct. 21, 1842.

20. Hohman, *The American Whaleman*, 11; Nathaniel Philbrick, *In The Heart of the Sea* (New York：Viking, 2000), 221.

21. Starbuck, *The History of Nantucket*, 337 – 341.

注　释

22. James K. Polk, "Fourth Annual Message to Congress, December 5, 1848," in *A Compilation of the Messages and Papers of the Presidents*, *1789 – 1897*, vol. 4, edited by James D. Richardson (Washington, DC：Published by Authority of Congress, 1899), 636.

23. 仅南安普敦就在淘金热期间失去了大约 250 名水手。Adams, *History of the Town of Southampton*, 236.

24. 木匠要求的薪水是 12 ~ 14 美元，而普通苦力只能挣 5 ~ 8 美元。Hawes, *Whaling*, 192.

25. "Memoranda," *Whalemen's Shipping List and Merchants' Transcript*, Feb. 20, 1849. 另一位捕鲸船船长在给捕鲸船所有者们的汇报中说，捕鲸船停靠在蒙特雷之后，自己就被船员们抛弃了，"只剩两个人还留在我身边……至于这艘船，恐怕要在这里停泊很久了，因为我根本不可能招到人手……你大概已经听说了这里的情况。水手们为了自己的利益，可能会到矿场里干上两个月，每个月能挣 2000 ~ 3000 美元，那些组队前往的人挣得更多……我根本没法跟你形容这里的淘金热发展到了什么程度"。"Gold Hunting in California," *Whalemen's Shipping List*, Dec. 5, 1848.

26. 根据一份《已经到达加利福尼亚或正前往那里的楠塔基特岛名单（包括他们驾驶的船的名称，航行和到达的时间，以及返回人员）》来看，到 1850 年 1 月 1 日，已经有 650 名楠塔基特岛人去了加利福尼亚。(Nantucket：Jethro C. Brock, Jan. 1, 1850) 根据菲尔布里克的观点："1846 年大火之后不久，几乎所有身体健全的男人都离开了岛屿到大陆上淘金去了；仅仅 9 个月里，镇上 1/4 有投票权的居民都离开了。"Philbrick, "Every Wave a Fortune," 445. See also Macy, *The Story of Old Nantucket*, 136.

27. *Nantucket Inquirer*, Dec. 6, 1848.

28. "G. M. E.," *Whalemen's Shipping List*, June 15, 1852.

29. Macy, *The History of Nantucket*, 91, 293 – 294; Starbuck, *History of the American Whale Fishery*, 633. 橡树号于 1872 年在巴拿马被出售之前，还给楠塔基特岛发回了 60 桶抹香鲸鲸鱼油和 450 桶普通鲸鱼油。

30. Ellis, *History of New Bedford*, 227.

31. 更好地衡量这两个港口之间发展差距的标准是从每个港口起航的船的数量。在 19 世纪 20 年代，楠塔基特岛和新贝德福德都是捕鲸行业中的巨人，地位也旗鼓相当。前者总共进行了 280 次捕鲸航行，后者是 354 次。然而到了 19 世纪 50 年代，楠塔基特岛进行的 114 次航行就已经无法与新贝德福德的 915 次相提并论了。Davis et al., *In Pursuit of Leviathan*, 43. See also Clark, "The Whale-Fishery," 171 – 172; Hohman, *The American Whalemen*, 42; and Lance E. Davis, Robert E. Gallman, Teresa D. Hutchins, "Risk Sharing, Crew Quality, Labor Shares and Wages in the Nineteenth Century American Whaling Industry," *National Bureau of Economic Research*, *Inc.*, *Working Paper* 13 (May 1990), 3.

32. Quoted in Morison, *Maritime History of Massachusetts*, 315.

33. 托马斯·杰斐逊在一篇写于 1790 年的文章中提及了一种不用镀铜就能够防止木质船身腐烂生虫的方法。他说有一位工程师"发现捕鲸船船身除了刚好在水面上下位置的木头都被虫子蛀成了蜂窝，而这个不生虫的位置正好是鲸鱼和船身接触的地方，被捕到的鲸鱼在被切割之前就是被绑在那里的"。为了防止自己工厂里那些浸水的木头被蛀虫毁掉，这个工程师决定将这些木材都浸入油中——这里他用的是鳕鱼油，结果他发现处理过的木材真的没有长虫。不过，将整艘捕鲸船浸到鲸鱼油里是否现实，或者是否真的能够防虫就没人知道了。Jefferson, *The Writings of Thomas Jefferson*, 157 – 158.

34. 此内容是作者从新贝德福德的海员礼拜堂里抄录下来的。

35. Melville, *Moby-Dick*, 40.

36. 按照 Hayward 的说法："捕鲸行业被证明是一项利润丰厚的事业，新贝德福德被认为是在所有拥有与之相当的人口规模的城镇中最富有的地方。"John Hayward, *A Gazetteer of the United States of America* (Hartford: Case, Tiffany, and Company, 1853), 471. See also Charles Slack, *Hetty: The Genius and Madness of America's First Female Tycoon* (New York: Ecco, 2004), 5;

423

Percy Wells Bidwell, "Population Growth in Southern New England, 1810 –
1860," *American Statistical Association* 120 (Dec. 1917), 826; and Herbert L.
Aldrich, "New Bedford" *New England Magazine* 4 (May 1886), 440.

37. 1916 年格林去世时，她的财富约为 1 亿美元。Slack 认为这个数字在
2004 年应相当于 16 亿美元。Slack, *Hetty*, ix, 18.

38. Samuel Rodman, *The Diary of Samuel Rodman: A New Bedford Chronicle
of Thirty-Seven Years*, edited by Zephaniah W. Pease (New Bedford: Reynolds
Printing Company, 1927), 37, 39; and Kathryn Grover, *The Fugitive's Gibralter*
(Amherst: University of Massachusetts Press, 2001), 106.

39. "To the Public," *Whalemen's Shipping List*, March 17, 1843.

40. 关于在黄金时期进行过捕鲸（或有捕鲸船出发）的美国港口的数量
问题，不同人有不同的看法。很多资料认为大约有 38 个港口参与其中。
Walter S. Tower, *A History of the American Whale Fishery* (Philadelphia:
Publications of the University or Pennsylvania, 1907), 51. 不过最全面的统计结
论是，从 19 世纪 20 年代到 50 年代，总共有 63 个城市和乡镇至少派出过一
艘捕鲸船。See Davis et al., *In Pursuit of Leviathan*, 43 – 44.

如果再将范围扩大到美国整个捕鲸历史上任何时间里派出过捕鲸船的
城镇的话，这个数字将上升至 104 个。Lund, *Whaling Masters and Whaling
Voyages*, 723 – 724.

41. Clark, "The Whale-Fishery," 171 – 172.

42. 新伦敦的捕鲸历史可以追溯到 17 世纪晚期，当时这里的海岸线上
有不少人进行过小规模的沿海岸水域捕鲸活动，不过直到 18 世纪末，新伦
敦人才真正开始到深海捕鲸。1784 年，初升太阳号（*Rising Sun*）捕鲸船进
行了一次成功的捕鲸航行后满载而归，当地报纸的编辑于是开始在新闻里
鼓励读者们都去捕鲸："牧马人们，把你的马呀牛呀都卖了，买长矛和捕鲸
叉，还有其他捕鲸用具吧，让我们都出发去捕鲸吧；很多鲸鱼在那里喷水！
鲸鱼太多啦，足够你们捕杀的。"然而这样振奋人心的召唤并没能激励多少
人采取行动。从这时起到 19 世纪 20 年代初期，捕鲸行业真正开始兴盛起来

之前的这段时间里，从新伦敦出发的捕鲸船总共也就那么几艘而已。Quoted in Dulles, *Lowered Boats*, 202.

43. Robert Owen Decker, *The Whaling City* (Chester, CT: Pequot Press, 1976), 74 – 75, 82, 89; C. A. Williams, "Early Whaling Industry of New London," in *Records and Papers of the New London County Historical Society*, part 1, vol. 2 (New London: New London County Historical Society, 1895), 3 – 8; and Barnard L. Colby, *Whaling Captains of New London County for Oil and Buggy Whips* (Mystic: MSM, Inc. , 1990), 1.

44. Quoted in Henry Howe, *Adventures and Achievements of Americans* (New York: Geo. F. Tuttle, 1859), 645; and Sidney Withington, "The George Henry and the Salvage and Restoration of the H. M. S. Resolute," in *Two Dramatic Episodes of New England Whaling* (Mystic: Marine Historical Association, Inc. , July 1958), 29.

45. Barnard L. Colby, *New London Whaling Captains* (Mystic: Marine Historical Association, Inc. , Nov. 25, 1936), 18; and Decker, *The Whaling City*, 84.

46. Dorothy Ingersoll Zaykowski, *Sag Harbor: The Story of an American Beauty* (Sag Harbor: Sag Harbor Historical Society, 1991), 81 – 83. 萨格港从1760年开始派遣船只到公海上捕鲸，其中的代表有海豚号（*Dolphin*）、成功号（*Success*）和好运号（*Goodluck*）。自那之后，镇上的捕鲸船队一直在稳步壮大，直到1812年战争期间被迫停止作业，之后几年才又缓慢地复兴起来。

47. James Fenimore Cooper, *The Sea Lions: Or, The Lost Sealers*, vol. 1 (London: Richard Bentley, 1849), 7 – 9.

48. 关于此类小一些的港口之一（新罕布什尔州朴次茅斯）的出色研究可见于 Kenneth R. Martin, "*Heavy Weather and Hard Luck*," *Portsmouth Goes Whaling* (Portsmouth: Peter E. Randall, Portsmouth Marine Society, 1998)。

49. "Whaling," *Gloucester Telegraph*, May 4, 1833.

注 释

50. 除另有标注，以下关于特拉华州捕鲸问题的信息均来源于 Kenneth R. Martin, *Delaware Goes Whaling*, *1833 – 1845* (Greenville, DE: Hagley Museum, 1974)。

51. Quoted in ibid. , 12.

52. Quoted in Margaret S. Creighton, *Dogwatch & Liberty Days: Seafaring in the Nineteenth Century* (Peabody, MA: Peabody Museum of Salem, 1982), 44.

53. Freeman Hunt, " Progress of the Oil Trade and Whale Fishery," *Merchants' Magazine, and Commercial Review* 9 (July to Dec. 1843), 381.

54. *Hansard's Parliamentary Debates: Third Series, Commencing with the Accession of William IV*, vol. 99, fifth vol. of the session (London: G. Woodfall and Son, 1848), 57; Jackson, *The British Whaling Trade*, 119; and Lance E. Davis and Robert E. Gallman, "American Whaling, 1820 – 1900: Dominance and Decline," in *Whaling and History*, edited by Bjørn L. Basberg, Jan Erik Ringstad, and Einar Wexelsen (Sandefjord, Norway: Kommander Chr. Christensens Hvalfangstmusuem, 1993), 58 – 59.

55. Quoted in Robert W. Kenny, "Yankee Whalers at the Bay of Islands," *American Neptune* 12 (Jan. 1952), 32 – 33.

56. Charles Nordhoff, *Whaling and Fishing* (1856; reprint, New York: Dodd, Mead & Company, 1895), 11 – 12.

57. 根据 1840 年的一些材料，"成百上千的［酒鬼］被送上捕鲸船或其他船只出海，为的就是让他们远离诱惑——不过船舱并不是一个适合改过自新的地方，因为那些缺乏毅力的人总是很容易屈服于自己的欲望"。Ralph Barnes Grindrod, *Bacchus: An Essay on the Nature, Causes, Effects, and Cure, of Intemperance* (New York: J. & H. G. Langley, 1840), 496.

58. Stackpole, *The Sea Hunters*, 471.

59. "The Whale Fishery," *North American Review*, 108.

60. Hohman, *The American Whalemen*, 90.

61. Quoted in Hershel Parker, *Herman Melville: A Biography*, vol. 1, 1819 –

1851（Baltimore: Johns Hopkins University Press, 1996）, 182.

62. Morison, *The Maritime History of Massachusetts*, 322.

63. J. C. Mullett, *A Five Years' Whaling Voyage*, *1848 – 1853*（1859; reprint, Fairfield, CT: Ye Galleon Press, 1977）, 9 – 10.

64. 如莉萨·诺灵注意到的那样，大多数关于捕鲸代理商的描述都把重点放在"他们如何残酷地剥削水手上"，却"完全没有人关注这个行业和水手的亲人及家属间的关系"。就这种关系本书并不能提供任何看法，只是想指出，诺灵的作品对代理商及他们在捕鲸行业中扮演的角色有一个更细致入微的描述。Lisa Norling, " Contrary Dependencies, Whaling Agents and Whalemen's Families, 1830 – 1870," *The Log of Mystic Seaport* 42（Spring 1990）, 3 – 11.

65. Brown, "The Whalemen, Vessels and Boats," 218.

66. W. Jeffrey Bolster, " ' To Feel Like a Man ': Black Seaman in the Northern States, 1800 – 1860," *Journal of American History* 76（Mar. 1990）, 1173 – 1199.

67. Quoted in W. Jeffrey Bolster, *Black Jacks: African American Seamen in the Age of Sail*（Cambridge: Harvard University Press, 1997）, 176 – 177.

68. Bolster, *Black Jacks*, 161.

69. Browne, *Etchings of a Whaling Cruise*, 108.

70. Lorin Lee Cary and Francine C. Cary, "Absalom F. Boston, His Family, and Nantucket's Black Community," in *Historic Nantucket* 25（Summer 1977）, 15, 17; Frances Ruley Kartunnen, *The Other Islanders: People Who Pulled Nantucket's Oars*（New Bedford: Spinner Publications, 2005）, 65, 68.

71. Quoted in Bolster, *Black Tars*, 162 – 163.

72. Quoted in Cary and Cary, "Absalom F. Boston," 18.

73. John Thompson, *The Life of John Thompson: A Fugitive Slave*（Worcester: Published by the author, 1856）, 110.

74. Decker, *The Whaling City*, 86; Kevin S. Reilly, "Slavers in Disguise:

注　释

American Whaling and the African Slave Trade, 1845 – 1862," in *American Neptune* 53（Summer 1993）, 178.

75. Reilly, "Slavers in Disguise," 177 – 189; and Verrill, *The Real Story of the Whaler*, 236 – 239.

76. 查尔斯·W. 摩根号的航行寿命超过了80年，船的结构和布局曾经历过多次调整。这段描述主要涵盖了船的大致状况并特别强调了一些一直以来没有出现过大变动的特点。关于摩根号的精彩描述及其历史，可见于John F. Leavitt, *The Charles W. Morgan*（Mystic：Mystic Seaport, Marine Historical Association, 1973）, and Edouard A. Stackpole, *The* Charles W. Morgan, *The Last Wooden Whaleship*（New York：Meredith Press, 1967）。

77. Quoted in Stackpole, The Charles W. Morgan, 32.

78. Elizabeth A. Little, "Live Oak Whaleships," in *Historic Nantucket* 19（Oct. 1971）, 24.

79. 如果捕鲸航行很成功，杀死了很多鲸鱼的话，船上的货舱就会被用来储存越来越多的鲸鱼油和鲸须，随着食物储备的减少，那里空间也会越来越大。储存鲸鱼油的木桶是在大陆上制造的，但是并不组装成型。为了节省空间，出海时捕鲸人都是把成捆的组成木桶的木板带上船，到有需要的时候才由箍桶匠现场组装。木桶有各种尺寸，摆放时桶与桶之间会像拼图一样严丝合缝地紧挨在一起，为的就是能够充分利用有弧度的船体中的每一寸空间。一艘像摩根号这般规模的船出海前要携带的物资储备无论在数量上还是种类上都相当惊人。一份曾经的船主和高级船员在装备船只时使用的物资清单足有48页之长，涵盖了900多种物品，以备出海之后的不时之需。这些必需品包括但不限于衬衫、长裤、夹克、帽子、针线、毯子、烟草、烟斗、斧子、鲸脑油蜡烛、铁勺、锡罐、温度计、小型望远镜、航海图、铅笔、卖据、海运法律文件的副本、炼锅、最多可达9根的作为备用桅杆的圆木、10种尺寸不一的木桶、11种不同重量的铜包板、19种钉子、26张备用船帆、27种陶瓷餐具、58种食物和船舱用品、80多种捕鲸用具（捕鲸叉、长矛及类似物品），还有300多种木工用具和各式配件。几百艘捕鲸　426

# 利维坦

船出海时都是这样装备的，黄金时期捕鲸行业的真正规模可见一斑。1858年仅新贝德福德就有 65 艘捕鲸船起航。要为这些船提供的部分物资包括大约 14000 磅面粉、18000 磅咖啡、26000 磅土豆、10000 桶牛肉、10 万加仑糖浆、65000 英尺长的松木板、75 万磅绳索、33000 桶淡水、450 条捕鲸小艇、52000 磅铜钉，1000 吨铁桶箍、100 万根木桶板。当年购买所有这些补给的花费达到了 195 万美元。Hohman，*The American Whalemen*，331 – 332；and Starbuck，*History of the American Whale Fishery*，111n.

80. Quoted in Paul Giambarba，*Whales，Whaling，and Whalecraft*（Centerville，MA：Scrimshaw Publishing，1967），38. 捕鲸人都清楚商人们是瞧不起他们的。加利福尼亚号（*California*）捕鲸船上的 John Randall 就在他的日志中恨恨地记录了在海上遇到商船的事：“大约日落的时候，我们在右弦船头一侧发现了一艘大型商船，于是收起船帆放慢了速度。但是这艘商船经过时根本不屑于和我们这些鲸脂搜寻者打招呼，所以我们也升起船帆继续航行了。”John Randall 于 1849 年 11 月 30 日在加利福尼亚号捕鲸船的航海日志上记录的内容。ODHS log 698.

81. Hohman，*The American Whaleman*，vii.

82. Richard Henry Dana，Jr.，*Two Years Before the Mast*（1840；reprint，New York：Penguin Books，1981），281.

83. Starbuck，*History of the American Whale Fishery*，fn96，222 – 223.

84. Ashley，*The Yankee Whaler*，41.

85. Quoted in Frederick P. Schmidt，Cornelius de Jong，and Frank H. Winter，*Thomas Welcome Roys：America's Pioneer of Modern Whaling*（Charlottesville：University Press of Virginia，1980），23.

86. Quoted in John R. Bockstoce，*Whales，Ice & Men，The History of Whaling in the Western Arctic*（Seattle：University of Washington Press，1986），23.

87. Schmidt et al.，*Thomas Welcome Roys*，11 – 12.

88. Quoted in ibid.，24.

89. Quoted in Bockstoce，*Whales，Ice & Men*，23 – 24.

注　释

90. "From the Far North," *Whalemen's Shipping List*, May 14, 1849; Schmidt et al., *Thomas Welcome Roys*, 25; and Bockstoce, *Whales*, *Ice & Men*, 24.

91. "New Whaling Ground," *Whalemen's Shipping List*, Feb. 6, 1849.

92. 出自奥克马尔吉号的航海日志, ODHS logbook #204; and Arthur C. Watson, *The Long Harpoon: A Collection of Whaling Anecdotes* (New Bedford: George H. Reynolds, 1929), 49。

93. 不同种类的鲸鱼产出的鲸鱼油数量不同, 所以几乎不可能, 或者至少是很难得出一个确切的平均数。此处使用的估算结果是 Bockstoce and Scammon 得出的。不过每个人计算的方法不同, 得出的抹香鲸或露脊鲸平均产出的鲸鱼油数量也各不相同。Bockstoce, *Whales*, *Ice & Men*, 95; Scammon, *Marine Mammals*, 244; and Davis et al., *In Pursuit of Leviathan*, 135, 140.

94. 弓头鲸是鲸须之王的身份是在 1883 年获得确认的。当时一艘美国捕鲸船捕到的一头弓头鲸产出了 3100 磅鲸须, 创造了这个行业历史上的纪录。Brandt, *Whale Oil*, 28.

95. *The Friend*, Oct. 15, 1850.

96. Quoted in Robert Lloyd Webb, *On the Northwest: Commercial Whaling in the Pacific Northwest, 1790 – 1967* (Vancouver: University of British Columbia Press, 1988), 81.

97. 对于新贝德福德的捕鲸船船长 Daniel McKenzie 来说, 这个趋势是非常明显的。1849 年他写道:"半个世纪之前, 我们的船第一次进入太平洋寻找抹香鲸, 那时的智利和秘鲁海岸还有好多抹香鲸; 我们勤劳勇敢的先辈们在这样的探险中总能大有收获, 不必航行更远就能满载而归。不过随着捕鲸船队数量的大幅增加, 受到捕杀和追踪的鲸鱼们都不再出现在这些水域里了, 所以后来的捕鲸航行要想获得成果, 就不得不继续航行更远的距离, 到相对尚不为人所知的海域里去……如今已经几乎再也没有一片水域是没有被捕鲸船搜寻过的了, 对于坚韧耐劳的船员来说, 海洋永远不会贫瘠。" Quoted in M. F. Maury, *Explanations and Sailing Directions to Accompany*

the Wind and Current Charts, 6th ed. (Philadelphia: E. C. Biddle, 1854), 373 – 374.

98. Quoted in Ashley, *The Yankee Whaler*, 103.

99. 不过，也有一个故事说的是一个船长出海航行了 4 年也没带回什么值得炫耀的收获，可是他评价说他和他的船员虽然经历了一次失败的捕鲸，但是"进行了一次出色的航行"。Macy, *Nantucket Scrap Basket*, 21 – 22.

100. 1853 年 11 月 10 日 Leonard Gifford 写给 Lucy Roberts 的书信。Leonard S. and Lucy Gifford Papers, ODHS Mss. 98, Subgroup 1, Series A, Folder 2; Starbuck, *History of the American Whale Fishery*, 478 – 479; and Charles T. Congdon, *Reminiscences of a Journalist* (Boston: James R. Osgood and Company, 1880), 16.

101. "Noble Project," *Nantucket Inquirer*, Nov. 26, 1822.

102. Quoted in Stackpole, *The Sea Hunters*, 458.

103. A. B. C. Whipple, *Vintage Nantucket* (New York: Dodd, Mead & Company, 1978), 136.

104. Nathaniel Hawthorne, "Chippings With a Chisel," in Nathaniel Hawthorne, George Parsons Lathrop, Julian Hawthorne, *The Complete Works of Nathaniel Hawthorne* (Boston: Houghton Mifflin Company, 1887), 460.

105. Eliza Brock Diary, February 1855, Logbook 136, NHA.

106. Lisa Norling, *Captain Ahab Had a Wife: New England Women and the Whalefishery, 1720 – 1870* (Chapel Hill: University of North Carolina, 2000), 263. 这首诗创作于 1855 年 2 月，作者是 Martha Ford，她是新西兰一位医生的妻子，当时招待了一批捕鲸人的妻子们。这首诗后来被誊抄到 Eliza Brock 的日记上。Eliza 正是接受招待的捕鲸人妻子中的一位，她果断地决定与其在家幻想歌词中赞美的那种生活，不如跟随丈夫一起登上他的捕鲸船——楠塔基特岛的莱克星顿号。正因为如此，她才会在 2 月的一天里出现在 Martha Ford 的房子里接受款待。

107. Quoted in David Cordingly, *Women Sailors and Sailors' Women* (New

York: Random House, 2001), 122. 还有其他很多捕鲸人的妻子都表达过类似的感受。丈夫刚刚出海不久，Susan Snow Gifford 就在自己的日记中写道："你走了之后我觉得非常难受，也不知道该怎么过日子。我到楼上大哭了一场，哭到最后头都疼起来，觉得更难受了。"出自 Susan Snow Gifford 在 1859 年 11 月 13 日的日记，该日记的手稿被收藏在新贝德福德捕鲸博物馆。另一位妻子也给丈夫写信抱怨说："我们结婚 5 年了，一起生活的日子加在一起才 10 个月。这太糟糕了，太糟糕了！" Mary Chipman Lawrence, *The Captain's Best Mate: The Journal of Mary Chipman Lawrence on the* Whaler Addison, *1856 – 1860*, edited by Stanton Garner (Providence: Brown University Press, 1966), xvi.

108. 1860 年 3 月 30 日查尔斯·皮尔斯写给妻子伊莉莎·皮尔斯的信件，B85 – 411，NBWM。

109. Joan Druett, "*She Was a Sister Sailor*": *The Whaling Journals of Mary Brewster, 1845 – 1851* (Mystic: MSM, 1992).

110. Joan Druett, *Petticoat Whalers, Whaling Wives at Sea, 1820 – 1920* (Hanover, NH: University Press of New England, 2001), 19.

111. Benjamin Morrell, *A Narrative of Four Voyages to the South Sea, North and South Pacific Ocean, Chinese Sea, Ethiopic and Southern Atlantic Ocean, Indian and Antarctic Ocean, from the Year 1822 to 1831* (New York: J. & J. Harper, 1832), 337 – 338; and Abby Jane Morrell, *Narrative of a Voyage to the Ethiopic and South Atlantic Ocean, Indian Ocean, Chinese Sea, North and South Pacific Ocean, in the Years 1829, 1830, and 1831* (New York: J. & J. Harper, 1833), 16 – 18.

112. Morrell, *A Narrative of Four Voyages*, 338 – 339.

113. "Forty-two Wives of Whaling Captains in the Pacific," *The Friend*, Nov. 8, 1858; and "Lady Whalers," *Whalemen's Shipping List*, Feb. 1, 1853.

114. "A Journal of a Whaling Cruise," *Whalemen's Shipping List*, Mar. 27, 1855. 在捕鲸船上，无论男女都会感到寂寞。埃德温·普尔弗跟随哥伦布号

(*Columbus*) 航行的时候在自己的日记中写道:"今天晚上我觉得特别孤单。我只身一人,有几个原住民坐在我的舱房门前聊天,他们说什么我也听不懂。不过我甚至希望自己也成为他们当中的一员。我敢说他们都没什么烦心事。"1852 年 11 月 24 日在费尔黑文的哥伦布号捕鲸船航海日志上记录的内容。PPL log 167.

115. Lawrence, *The Captain's Best Mate*, xix.

116. Elizabeth A. Little, "The Female Sailor on the *Christopher Mitchell*: Fact and Fantasy," *American Neptune* 54 (Fall 1995), 252.

117. Nelson Cole Haley, *Whale Hunt: The Narrative of a Voyage by Nelson Cole Haley, Harpooner in the Ship Charles W. Morgan, 1849 – 1853* (New York: Ives Washburn, Inc. , 1948), 60 – 70; and Jacqueline Kolle Haring, "Captain, the Lad's a Girl!" *Historic Nantucket* 40 (Winter 1992), 72 – 73.

118. Haley, *Whale Hunt*, 61 – 62, 64, 67.

119. "A Story with a Touch of Romance in It," *Nantucket Inquirer*, Aug. 16, 1849.

120. Ibid.

121. "A Female Sailor", 这篇文章本来刊登在《纽约先驱报》上,后于 1850 年 1 月 25 日被《楠塔基特岛问询报》转载。关于另一位在 1862 年加入美洲号 (*America*) 捕鲸航行的女性捕鲸人的故事可见于 Suzanne J. Stark, "The Adventures of Two Women Whalers," *American Neptune* 44 (Winter 1984), 22 – 24。

122. Jules Michelet, *The Sea* (London: T. Nelson and Sons, 1875), 209.

123. S. Whitemore Boggs, "American Contributions to Geographical Knowledge of the Central Pacific Islands," *Geographical Review* 28 (Apr. 1938), 185; "Voyage of Exploration," *Nantucket Inquirer*, (Mar. 22, 1828); and "The Whale Fishery," *North American Review*, 113. 捕鲸人的航海日志对于捕鲸活动非常有帮助,海军上尉马修·方丹·莫里 (Matthew Fontaine Maury) 就是参考了这些内容才为他们绘制出了更好的捕鲸指南。被视为海洋学之父的莫

注　释

里也被称为"海上探路者"。在 19 世纪中期，他展开了一次测绘全球海洋情况的行动。他的主要目标是为贸易人员和海军找到前往目的地耗时最短的航线。当时身为海军航图与仪器站主管的莫里获取信息的主要途径不是政府资助的探索活动，反而是向航海者们分发一种专门设计的航海日志，要求他们每天记录自己所到之处的天气、风向、水流和水温情况，返航后再将这些日志交还给莫里。最终他和他的下属们就是依照这些数据绘制海图的。

　　愿意帮助莫里进行记录的那些航海者当然不是白做工的。莫里向他们承诺说，只要他们能提供翔实的数据，那么将来自己就可以给他们提供能够让他们的工作更加顺利的海图。莫里尤其迫切地想要拉拢捕鲸人协助记录信息，因为他知道捕鲸人前往的范围比普通航海者大得多，而且捕鲸人对于天气和海洋状况的每日记录也要详细得多。莫里还可以参考捕鲸人看到鲸鱼位置的记录，进一步收集水温的信息，因为抹香鲸喜欢在温暖的水域中生活，露脊鲸则喜欢冰冷一些的水域，这样的推理依据虽然简单，但是往往非常准确。作为对捕鲸人协助的回报，莫里承诺向他们提供一份能够让他们"一眼"得出各种信息的海图，包括"哪里最容易捕到鲸鱼，哪一年的哪一个月最容易找到鲸鱼，是能找到一群还是一头，是抹香鲸还是露脊鲸"，等等。

　　无数的航海者还有成百上千的捕鲸人都给莫里送来了他们的日志。依据这些资料，他和他的团队绘制出了超过 70 份图表，包括航线图、信风图、引航图、热分析图以及暴风雨分析图。不过最让捕鲸人激动的当然还是鲸鱼分布图。莫里骄傲地宣称这张图表"将被证明可以为这个国家的捕鲸行业带来重大利益——这种利益……每年定期从深海而来，其实际价值远超过加利福尼亚的金矿"。如他承诺的那样，莫里给帮助过自己的捕鲸人都送去了鲸鱼分布图，这让捕鲸人欣喜若狂。一位捕鲸船船长吐露了所有人的心声："这张鲸鱼分布图就是一件价值连城的珍宝；它似乎让商人和船长们都意识到了为他们而做出的研究发挥的实际作用；人们一致高度认可：所有对捕鲸感兴趣的人都需要这张图。"Charles Lee Lewis, *Matthew Fontaine*

429

571

Maury: *The Pathfinder of the Seas* (Annapolis: United States Naval Institute, 1927); and Edmund Blair Bolles, *The Ice Finders*: *How a Poet*, *a Professor*, *and a Politician Discovered the Ice Age* (Washington, DC: Counterpoint Press, 2000), 5; M. F. Maury, *Explanations and Sailing Directions to Accompany the Wind and Current Charts*, fifth edition (Washington: C. Alexander, 1853), 289, 291, 301, and 314; and Mawer, *Ahab's Trade*, 261.

124. "Voyage of Exploration," *Nantucket Inquirer*, Mar. 22, 1828.

125. Stackpole, *The Sea Hunters*, 460.

126. 关于美国探险活动的精彩作品，可参考 Nathaniel Philbrick, *Sea of Glory* (New York: Viking, 2003)。

127. Charles Wilkes, U. S. N., *Narrative of the United States Exploring Expedition During the Years 1838*, *1839*, *1840*, *1841*, *1842*, vol. 5 (Philadelphia: Lea and Blanchard, 1845), 485.

128. Ibid.

129. Melville, *Moby-Dick*, 108.

130. C. F. Winslow, "Some Account of Capt. Mercator Cooper's visit to Japan in the whale ship *Manhattan*, of Sag Harbor," *The Friend*, Feb. 2, 1846, 17 – 20; 1851 年 2 月 8 日莫卡特·库珀写给 Jospeh C. Delano 的书信, from Joseph C. Delano Papers, Mss. 64, Ser. D, S-S 19, folder 4, Old Dartmouth Historical Society; and Aaron Haight Palmer, *Documents and Facts Illustrating the Origin of the Mission to Japan*, *Authorized by the Government of the United States*, *May 10th*, 1854 (Washington, DC: Henry Polkinhorn, 1857), 15 – 16。

131. Winslow, "Some Account of Capt. Mercator," 18.

132. 1851 年 2 月 8 日莫卡特·库珀写给 Jospeh C. Delano 的书信。

133. Winslow, "Some Account of Capt. Mercator," 18.

134. Ibid., 20.

135. Peter Booth Wiley, *Yankees in the Land of the Gods*, *Commodore Perry and the Opening of Japan* (New York: Viking, 1990), 22 – 25; and "Japan,"

430

注　释

The Friend, Oct. 1, 1849.

136. Quoted in Jo Ann Roe, *Ranald MacDonald*, *Pacific Rim Adventurer* (Pullman: Washington State University Press, 1997), 102.

137. 普雷布尔号营救的最不同寻常的囚徒之一无疑就是 Ranald MacDonald。他曾经是一个美国捕鲸人，但不是拉戈达号的船员。MacDonald 曾经是普利茅斯号上的船员，1848 年 6 月来到日本海岸附近。他就是在那时提出了一个最不寻常的要求。他问船长自己能不能驾驶一条捕鲸小艇登陆日本海岸。MacDonald 年轻时就对日本极为着迷，他想借此机会接触一下日本人，哪怕是要承担可能面临的巨大风险也在所不惜。船长不太情愿地同意了，并目送他划着小艇远去，心里想的是恐怕再也不可能听到任何关于 MacDonald 的消息了。MacDonald 果然被抓住并囚禁了起来，在被关押的期间，他教授一些日本人英语，后来在 19 世纪 50 年代初美国海军准将佩里访问日本时，就是由这些人为他做翻译的。更多关于 MacDonald 的内容可见于 Roe, *Ranald MacDonald*; and Ranald MacDonald, *Ranald MacDonald: The Narrative of His Life, 1824 – 1894* edited by William S. Lewis and Naojiro Murakami (1923; reprint, Portland: Oregon Historical Society Press, 1990)。

138. Quoted in Wiley, *Yankees in the Land of the Gods*, 29.

139. Quoted in Samuel Eliot Morison, "*Old Bruin*": *Commodore Mathew Calbraith Perry* (Boston: Little, Brown and Company, 1967), 285; and George Lynn-Lachlan Davis, *A Paper Upon the Origin of the Japan Expedition* (Baltimore: John Murphy & Co., 1860), 9 – 10.

140. Henry L. Bryan, *Compilation of Treaties in Force* (Washington, DC: U. S. Government Printing Office, 1899), 326.

141. Rhys Richards, *Honolulu Centre of Trans – Pacific Trade* (Honolulu: Pacific Manuscripts Bureau and Hawaiian Historical Society, 2000), 9; Maxine Mrantz, *Whaling Days in Old Hawaii* (Honolulu: Aloha Graphics, 1976), 9; and Gavan Daws, *Shoal of Time: A History of the Hawaiian Islands* (New York: Macmillan Company, 1968), 169. 在 19 世纪 30 年代中期，大约有 3000 名夏

威夷人在美国捕鲸船上工作。Steven Roger Fischer, *A History of the Pacific Islands* (New York: Palgrave, 2002), 100 - 101.

142. Quoted in Chester S. Lyman, *Around the Horn to the Sandwich Islands and California, 1845 - 1850*, edited by Frederick J. Teggart (New Haven: Yale University Press, 1924), 179.

143. Ernest S. Dodge, "Early American Contacts in Polynesia and Fiji," *Proceedings of the American Philisophical Society* 107 (Apr. 15, 1963), 105.

144. "The Morality of Whaleship Captains," *Whalemen's Shipping List*, Jan. 5, 1858.

145. Quoted in Dulles, *Lowered Boats*, 243.

146. William C. Park, *Personal Reminiscences of William Cooper Park, Marshall of the Hawaiian Islands, From 1850 - 1884* (Cambridge: Harvard University Press, 1891), 36 - 44; Briton Cooper Busch, "*Whaling Will Never Do for Me*," *The American Whaleman in the Nineteenth Century* (Lexington: University Press of Kentucky, 1994), 177 - 183; and W. D. Alexander, *A Brief History of the Hawaiian People* (New York: American Book Company, 1899), 274.

147. Lyndall Baker Landauer, *Scammon: Beyond the Lagoon* (San Francisco: Associates of the J. Porter Shaw Library), 11 - 39.

148. Scammon, *Marine Mammals*, 263.

149. Quoted in Dick Russell, *Eye of the Whale* (New York: Island Press, 2001), 39; and John Dean Caton, "The California Gray Whale," *American Naturalist* 22 (June 1888), 511.

150. Scammon, *Marine Mammals*, 263 - 264.

151. Ibid. , 33.

152. Daniel Francis, *History of World Whaling* (New York: Viking, 1990), 116.

153. Lytle, *Harpoons and Other Whalecraft*, 14 - 59.

154. Sidney Kaplan, "Lewis Temple and the Hunting of the Whale," *New*

England Quarterly 26（Mar. 1953），79.

155. Ashley, *The Yankee Whaler*, 86.

156. Quoted in Hershel Parker, *Herman Melville*, *A Biography*, vol. 2, *1851 –
1891*（Baltimore：Johns Hopkins University Press，2002），18.

157. "Moby – Dick；or the Whale," *United States Democratic Review* 30
（Jan. 1852），93.

158. Andrew Delbanco, *Melville*：*His World and Work*（New York：Alfred A.
Knopf, 2005），320.

159. 当然不是所有人都喜欢《白鲸》这本书。Philip Roth 在他的虚构
作品《伟大的美国小说》（*The Great American Novel*）中就借一位书中人物之
口对该书做出了如下这段不怎么满意的评论："《白鲸》就是一本关于鲸脂
的书，就是一个疯子为了寻求刺激而不顾一切的故事。500 页在讲鲸脂，
100 页讲疯子，还有大约 20 页在讲黑人多么擅长使用捕鲸叉。" Philip Roth
（New York：Holt，Rinehart and Winston，1973），27.

160. Samuel Eliot Morison, *Whaler Out of New Bedford*（New Bedford：Old
Dartmouth Historical Society，1963），10；and Robert L. Carothers and John L.
Marsh, "The Whale and the Panorama," *Nineteenth Century Fiction* 26
（December 1971），319 – 328.

161. Elton W. Hall, *Panoramic Views of Whaling by Benjamin Russell*（New
Bedford：Old Dartmouth Historical Society，1981），1 – 2.

162. Quoted in Morison, *Whaler Out of New Bedford*, 8.

163. Quoted in Carothers and Marsh, "The Whale and the Panorama," 320.
See also, *New Bedford Mercury*, January 17, 1848.

第十四章　　"一个丑陋的弥天大谎"

1. W., "A Chapter on Whaling," *The New – England Magazine* 8（June
1835），445.

2. "The Story of the Whale," *Harper's New Monthly Magazine*, 12（Mar.
1856），466 – 467.

3. William B. Whitecar, *Four Years Aboard the Whaleship* (Philadelphia: J. B. Lippincott, 1860), 413; Ben – Ezra Stiles Ely, "*There She Blows*:" *A Narrative of a Whaling Voyage* (1849; reprint, Middletown, CT: Wesleyan University Press, 1971), 118; Nordhoff, *Whaling and Fishing*, 136; and George Whitefield Bronson, *Glimpses of the Whaleman's Cabin* (Boston: Damrell & Moore, Printers, 1855), 8, 12. 另一个想要打消弟弟追随自己去捕鲸的想法的捕鲸人给弟弟写信说:"把你全身刷成黑色,扮作黑奴卖到南方的种植园里……都好过困在捕鲸船的艏楼里。捕鲸并不是什么美好的工作,充满了变数和危险,会遇到各种恶劣天气。我们的生存条件极为艰难,有时还不得不做一些最下流污秽的勾当。总之,捕鲸就是作为人能选择的生存方式里最猪狗不如的一项。" 1844 年 11 月 29 日 Justin Martin 写给 Charles Martin 的书信。VFM 246, Manuscript Collection of the G. W. Blunt Library, MSM, Inc.

4. Robert Weir, log of the bark *Clara Bell*, of Mattapoisett, Massachusetts, for cited entries, log 164, Manuscripts Collection, G. W. Blunt White Library, MSM, Inc.; Tamara K. Hareven, "The Adventures of a Haunted Whaling Man," *American Heritage* 28 (Aug. 1977), 48; and Starbuck, *The American Whale Fishery*, 528 – 529.

5. Captain Edward S. Davoll, "The Captain's Specific Orders on the Commencement of a Whale Voyage to his Officers and Crew," *Old Dartmouth Historical Sketches Number* 81 (June 5, 1981), 5, 8 – 11.

6. Quoted in A. B. C. Whipple, *The Whalers* (Alexandria, VA: Time – Life Books, 1979), 64.

7. Quoted in Parker, Herman Melville, vol. 1, *1819 – 1851*, 183. 船长不仅在船员面前说一不二,有时还要控制那些被养在船上的动物。新贝德福德的捕鲸船塞缪尔·罗伯逊号上的船员 William Allen 就将自己的观察写进了日记里:

注 释

今天是在船上的所有日子中会一直被铭记的一天，今天船长的权威闪烁出了格外耀眼的光辉……［今天天气很好］我们的宠物……一头名叫水手杰克的公猪本来在甲板前方玩耍，后来突然跑到船尾并进入了后甲板。看到公猪的船长非常生气，直接将猪踢回了它的圈里，仍不解气的船长之后又叫来两名水手将猪拖回船尾，然后就开始对猪拳打脚踢，可怜的猪发出了惨叫，待船长终于停止之后，它已经无法站立，似乎已经昏厥……猪的嘴里还吐出了白沫，它躺了一会儿之后摇摇晃晃地走了两步……然后就又瘫倒了。之后船长又狠狠地踢了猪一脚，还说要是早饭之后它还不滚，自己就要亲手宰了它。结果可怜的公猪没一会儿就死了，倒是省去了船长的麻烦……对于前述内容我不想发表评论——但是一个会这样对待一只可怜的动物的人肯定也不是什么会关心船员的死活或感受的人。

出自 William Alfred Allen 在 1842 年 8 月 3 日的日记，ODHS 1039。

8. 如布施指出的那样："在商船上使用九尾鞭是在 1850 年就被禁止了的，法院认为，商船的范围应包括捕鲸船。" *Whaling Will Never Do for Me*，25. 关于 1820～1920 年美国捕鲸船上使用鞭刑的记录可见于 Busch，26 – 27。

9. 霍曼称黄金时期有些捕鲸人遭到的极为恶劣的对待完全是他们自找的。"不得不说，在某些层面上，是这些生活在艏楼里的水手的人品决定了船长应当，甚至是必须对他们采取严厉的措施。航行中的捕鲸船上可没有什么温言细语，更不允许有人露出胆怯。无条件遵守纪律和命令是确保航行成功和安全性的先决条件；但是组成 19 世纪中期捕鲸船水手的大部分成员其实都是社会上的渣滓，不采取一些铁腕是镇不住他们的。" Hohman，*The American Whalemen*，14.

10. Cushman v. Ryan，C. C. Mass. 1840，1 Story 91，6 F. Cas. 1070，No. 3515. 对捕鲸相关案件司法介入的详细描述可见于 Gaddis Smith，"Whaling History and the Courts，" *Log of the Mystic Seaport* 30（Oct. 1978），67 – 80。

11. Ashley，*The Yankee Whaler*，54.

433

12. Browne, *Etchings of a Whaling Cruise*, 24, 43.

13. 要了解易于储存的重要性，可以参考 1853 年 6 月 14 日的《捕鲸人装运单和商人清单》上刊登的一篇关于新产品的短文章，该报给这种产品取名为"永不腐烂的土豆"，称其是专门为"长时间的海上航行"而设计的。"Imperishable Potato," *Whalemen's Shipping List*, June 14, 1853.

14. Charles L. Newhall, *The Adventures of Jack: Or, A Life on the Wave*, edited by Kenneth R. Martin (1859; reprint, Fairfield, CT: Ye Galleon Press, 1981, 10.

15. Sandra L. Oliver, "What Is Lobscouse Anyway?" *Mystic Seaport Log* 43 (Spring 1991) 18 – 19; and Hohman, *The American Whalemen*, 131.

16. Nordhoff, *Whaling and Fishing*, 71.

17. Quoted in Margaret S. Creighton, *Rites & Passages: The Experience of American Whaling, 1830 – 1870* (Cambridge, England: Cambridge University Press, 1995), 2, 125.

18. Ely, "*There She Blows*," 9.

19. *Speech of Mr. Grinnell, of Massachusetts, on the Tarriff, with Statistical Tables of the Whale Fishery of the United States* (Washington, DC: Gales & Seaton, 1844), 5, 14.

20. 此处的这些内容出自 1854 年 6 月 3 至 5 日录入的，新贝德福德捕摩里亚号捕鲸船 1853 ~ 1856 年的航海日志上记录的内容。ODHS logbook # 135.

21. 因为四肢被缠到放出的绳子上而被拖下水并最终死亡的水手人数不少。人们可能会提出疑问，同船的人如果反应迅速的话，这些被拖进水的人应该是可以获救的。用斧子切断绳索也许就能放松盘绕在落水者身上的绳子，救他一命。但是，如阿瑟·柯南·道尔爵士观察到的那样，即便是反应最快的人在这样的情况下也做不了什么。"如果绳子缠到了船上任何一名船员的四肢，那么在船上其他人意识到身边少了一个人之前，这个人就走向了死亡。此时砍断绳子只能是平白放走猎物，因为落水者早已经被拖到

注　释

水下几百英寻深的地方，必死无疑了。" Doyle, *Memories and Adventures*, 37.

22. Macy, *The History of Nantucket*, 244 – 245.

23. Eleanora C. Gordon, "The Captain as Healer: Medical Care on Merchantmen and Whalers, 1790 – 1865," *American Neptune* 54 (Fall 1994), 265.

24. 有的时候，治疗方法本身似乎比它要治愈的疾病还可怕。根据 1854 年出版的《船长医疗指南》上的建议，患感冒的病人应接受一个为期两天的疗程：首先将病人的双脚泡在热水里，接着让他服下"三样有净化作用的药剂［来催吐］……包括一份泻盐……或蓖麻油，1/8 格令的吐酒石［继续催吐，然后］……10～15 滴含锑的葡萄酒［还是催吐］……一天反复几次，泡点热水……［如果船长认为有必要，］还可以再加一茶匙有神奇效果的樟脑阿片酊和锑……［这些］可以在夜间进行"。*The Shipmaster's medical directory: prepared and selected from the most approved medical works, for John G. Nichols by An Experienced Physician* (Boston: John G. Nichols, Ship and Family Medicine Chests, 1854), 42 – 43.

434

25. Whitecar, *Four Years Aboard the Whaleship*, 358; Hohman, *The American Whalemen*, 139; "Cure for Scurvy," *Whalemen's Shipping List*, Apr. 1, 1845; and Joan Druett, *Rough Medicine* (New York: Routledge, 2000), 144 – 145.

26. William F. Macy, *The Nantucket Scrap Basket* (Boston: Houghton Mifflin Company, 1930), 13.

27. Davis, *Nimrod of the Sea, or The American Whalemen*, 194 – 196.

28. *In a Sperm Whale's Jaws*, edited by George C. Wood (Hanover: Friends of the Dartmouth Library, 1954), 8 – 9, 15 – 16.

29. Walt Whitman, "Song of Joys," in *Leaves of Grass*, edited by Harold W. Blodgett and Sculley Bradley (New York: New York University Press, 1965), 180.

30. "Aboard a Sperm Whaler," *Harper's New Monthly Magazine* 8 (Apr. 1854), 673.

31. Browne, *Etchings of a Whaling Cruise*, 115 – 121.

32. Ely, "*There She Blows*," 48 – 49.

33. Davis, *Nimrod of the Sea*, 77. 关于切割流程是如何随着时间演变的精彩论述可见于 Michael P. Dyer, "The Historical Evolution of the Cutting – In Pattern, 1798 – 1967," *American Neptune* 59（Spring 1999）, 137 – 148。

34. 如 Bennett 注意到的那样："有一个事实难免令人觉得好奇，那就是当捕鲸人追击及切割抹香鲸的时候，总会有大批的鲨鱼被吸引而来，但是很少有捕鲸人受到鲨鱼攻击而受伤的案例。捕鲸人明明会经常掉进水里，而且围绕在周围的鲨鱼不仅数量繁多，更是处于非常兴奋和凶残的捕食状态。"Bennett, *Narrative of a Whaling Voyage*, vol. 2, 222.

35. Jacob A. Hazen, *Five Years Before the Mast*（Philadelphia: Wills P. Hazard, 1854）, 86.

36. Browne, *Etchings of a Whaling Cruise*, 129; and Davis, *Nimrod of the Sea*, 81.

37. Melville, *Moby – Dick*, 384 – 85.

38. Quoted in Dulles, *Lowered Boats*, 129.

39. Browne, *Etchings of a Whaling Cruise*, 63.

40. 出自 William A. Abbe 在 1859 年 7 月 17 日录入的内容，阿特金斯·亚当斯号 1858 年 10 月至 1859 年 9 月的航海日志，logbook 485，收藏于老达特茅斯历史协会新贝德福德捕鲸博物馆。对于捕鲸活动的惊心动魄一点也不陌生的查尔斯·狄更斯曾经写道："提炼鲸脂时的捕鲸船会展现出另一番怪异的景象。甲板上全是油……白色的船帆都被浓烟熏黑了，昨天还干净整洁的船只一夕之间就变成了一个被难闻的黑云笼罩着的污秽的漂浮物。"在 19 世纪初期，有一个广为流传的故事讲的是一艘英国军舰在南太平洋（South Sea）上遇到一艘正在提炼鲸脂的捕鲸船。军舰的船长看到甲板上的火焰和滚滚上升的浓烟之后很是担忧。当他的军舰靠近捕鲸船后，他询问捕鲸船上的人究竟发生了什么事。"我们在炼！"捕鲸船上的人简短地回答道。"炼!?"有点生气又迷惑不解的船长又问："炼什么，先生? 炼怎么点

注　释

着自己的船吗?" Charles Dickens, *Household Words: A Weekly Journal*, vol. 6 (New York: Dix & Edwards Publishers, 1853), 403; and Bennett, *Narrative of a Whaling Voyage*, vol. 2, 211 – 212n.

41. Nordhoff, *Whaling and Fishing*, 131.

42. Harry Morton, *The Whale's Wake* (Dunedin, NZ: University of Otago Press, 1982), 56; Brown, "The Whalemen, Vessels and Boats," 234.

43. Quoted in Stephen Currie, *Thar She Blows: American Whaling in the Nineteenth Century* (Minneapolis: Lerner Publications Company, 2001), 6; and *Meditations from Steerage: Two Whaling Journal Fragments*, edited by Stuart M. Frank (Sharon, MA: KWM, 1991), Introduction.

435

44. Richard Boyenton, Logbook of the *Bengal*, May 29, 1834, PEM.

45. 试图就黄金时期（或任何时期）捕鲸船的平均盈利能力给出一个确凿的结论是很难的，因为要考虑进去的因素太多，要提出一个恰当的结论所需的财会计算量是巨大的。霍曼是仔细研究过这一问题的人之一，而且他得出的大致结论也是相当值得借鉴的。"总体来说，捕鲸行动的财务结果从血本无归到盆满钵满都是有可能的。就可收集到的数据来说，我们虽然不能绝对准确地下结论，但是将盈亏两极的特例相互抵消之后，从长远来看，这个行业整体的利润率其实是不太大的。"Elmo P. Hohman, "Wages, Risks, and Profits in the Whaling Industy," *Quarterly Journal of Economics* 40 (Aug. 1925), 668. See also, Hohman, *The American Whalemen*, 217 – 243; Moment, "The Business of Whaling," 274; Norling, *Captain Ahab Had a Wife*, 135; "Notes on Nantucket, Aug. 1, 1807," in *Collections of the MHS*, vol. 3 of the second series (Boston, 1815), 30; and Davis et al., "Risk Sharing, Crew Quality," 7 – 11.

46. Hohman, *The American Whalemen*, 240.

47. Davis et al., *In Pursuit of Leviathan*, 177.

48. Morison, *The Maritime History of Massachusetts*, 319.

49. "Successful Shipping Adventure," *Boston Daily Advertiser* (Jan. 9,

1851）；Kobbe，"The Perils and Romance of Whaling," 523；and Starbuck，*History of the American Whale Fishery*，453.

50. John C. Sullivan，A Voyage on *New Holland*，Marble Family Papers，Kendall Collection，NBWM，2 – 3；and Mary Malloy，"Whalemen's Perceptions of the 'High & Mighty Business of Whaling,'" *Log of the Mystic Seaport* 41（Summer 1989），65.

51. Richard Boyenton，Logbook of the *Bengal*，Feb. 28，1834，PEM.

52. 布朗的作品效仿了之前 Richard Henry Dana 出版的 *Two Years Before the Mast*，该书细致地论述了商船上存在的问题，并为改进商船水手的生存状态发挥了积极的作用。

53. Browne，*Etchings of a Whaling Cruise*，iii – iv.

54. 出自克里斯托弗·斯洛克姆在新贝德福德捕鲸船奥贝德·米切尔号上的日记内容，日记日期不详，大约是在航行接近结束的时候。log 514，PPL.

55. Hohman，*The American Whalemen*，62；"Review of the Whale Fishery for 1850," *Whalemen's Shipping List*，Jan. 7，1851.

56. 1858 年 9 月 1 日 Fayette M. Ringgold 写给 John Appleton 的书信，in *State Department*，*Dispatches from United States Consuls in Paita*，*Peru*，*1833 – 1874*，vol. 3（June 30，1851 – Dec. 31，1864）。

57. Hohman，*The American Whalemen*，63.

58. 从船上逃跑后留在太平洋的热带岛屿上生活的水手总会受到其他捕鲸人的嘲笑。从威尔明顿出发的露西·安号上的水手约翰·马丁描述了他们的船只停靠在这样一个岛屿时的情形，其中出现的逃跑的捕鲸人的形象并不十分光辉。"当船只停靠在岸边后，很多白人都涌上甲板，我们将这些人戏称为'拍岸浪'，他们就是一群无赖，懒得不肯在祖国踏实工作，反而愿意留在这里等着天上掉馅饼。他们上船来的目的就是索要一些衣物，他们不能像当地人一样赤身裸体，因为他们的皮肤经不起这样的暴晒，无论是破旧的裤子还是其他什么当地人碰都不会碰的东西他们都抢着要。"出自

436

从威尔明顿出发的露西·安号的航海之日，录入时间是 1843 年 2 月 19 日。KWM, log 434.

59. A Friend to Whalemen, "Three young men drowned in Gray's Harbor, Northwest Coast," *The Friend*, Mar. 14, 1846.

第十五章　故事、歌曲、性和雕刻作品

1. 虽然大多数捕鲸人期待并且享受这样的海上联欢，但肯定也有少数一些捕鲸人对此没什么兴趣。他们要么是已经厌倦了这种活动，要么是厌倦了总是和同一艘船进行联欢。19 世纪中期，一位捕鲸人在日记中说："自己已经'受够了'联欢。'当有船员在艏楼里联欢的时候，你根本没法睡觉。'" Quoted in Creighton, *Dogwatch & Liberty Days*, 59.

另一位捕鲸人写道："又遇到了那艘讨厌的狮子号，我向上帝祈祷让它到别处去吧。唉，唉，我们必须想想办法了。" 1848 年 1 月 11 日加拿大号航海日志上的内容，Sylvanus Tallman, ODHS log 200。

2. Robbins, *The Gam*, xii; and John Frost, *The Panorama of Nations: comprising the characteristics of courage, perseverance, enterprise, cunning, shrewdness, vivacity, ingenuity, contempt of danger and of death exhibited by people of the principal nations of the world, as illustrated in narratives of peril and adventure* (Auburn, NY: Beardsley, 1852), 61. 在联欢活动期间，一位捕鲸人写道："大部分时间里，船长们都在吹嘘自己与鲸鱼交战的经历，说他们能够把长矛扔多远，说他们能杀死鲸鱼。而在艏楼里，［水手之间的谈话］……则是关于哪个自己认识的人又在捕鲸中丧生或致残……还有关于他们去过的各个岛屿和港口［的描述］，他们还会分享对女人、葡萄酒、妓女和开怀畅饮的［下流的回忆］。" 1842 年 9 月 18 日 William Alfred Allen 的日记上的内容，ODHS 1039。

3. Parker, *Herman Melville*, vol. 1, 184.

4. 关于埃克塞斯号沉船事件的精彩评述可参考 Nathaniel Philbrick, *In The Heart of the Sea*。

5. Quoted in Thomas Faral Heffernan, *Stove by a Whale* (Middletown, CT:

Wesleyan University Press, 1981), 190 – 191.

6. Quoted in Gale Huntington, *Songs the Whalemen Sang* (New York: Dover Publications, 1970), 42 – 46.

7. 出自 1852 年 10 月 15 日埃德温·普尔弗在费尔黑文的哥伦布号捕鲸船上写的日记。log 167, PPL.

8. Francis Allyn Olmsted 写到北美号捕鲸船上有一个"藏书超过 200 册的……图书馆"。Francis Allyn Olmsted, *Incidents of a Whaling Voyage* (1841; reprint, New York: Bell Publishing Company, 1969), 52.

9. 伍拉斯顿山号 1853 ~ 1856 年航行中保存的航海日志内容的转录，原件藏于新贝德福德免费公共图书馆。

10. Stuart M. Frank, *Dictionary of Scrimshaw Artists* (Mystic, CT: MSM, 437 1991), xxvii. 最早由美洲捕鲸人制作的手工艺品是一个胸衣的撑子（一种用来加固胸衣的僵硬支架）。这个作品是用鲸须制作的，上面标注的时间是 1766 年，由一艘哈威奇捕鲸船的船长 Alden Sears 制作，据推测这个撑子大概是他在新斯科舍生活 5 年之后，迁居回马萨诸塞时为自己的妻子制作的。这件已经焦枯的撑子是由 Stuart M. Frank 和 Don Ridley 发现的，当时他们正为将在新贝德福德捕鲸博物馆举行的世界上最大规模的捕鲸雕刻作品展览制作详细准确的目录。随着他们对馆藏展品的研究更深入，他们很可能还会发现时间更早的雕刻作品。已知的最早提到雕刻作品的美国人是 George Attwater，他是纽黑文亨利号捕鲸船上的船员。1823 年 5 月底一个大雾弥漫、没有一丝风的日子里，船员们不可能这种天气里去捕鲸，Attwater 在自己的日记里写道："舵手和大多数船员一有工夫就在雕刻骨头。雕刻过程都是断断续续的，但是我觉得雕刻从来没有像现在这么流行过。"就人们所知，第一个在抹香鲸牙齿上雕刻的美国人是纳塔基特岛人 Edward Burdett，他最初的作品上标注的日期大约是 1825 年。

如今人们还在继续发现捕鲸人的雕刻作品，完全有可能，甚至可以说人们必将发现其他能够对此处观点提出质疑的新证据。关于美国人日志的引用内容也是如此，也有可能将来人们会发现 Attwater 并不是第一个提及此事的人。Frank, *Dictionary of Scrimshaw Artists*, 23, 118; Charles H. Carpenter, Jr., "Early Dated Scrimshaw," *Antiques* 102 (Sept. 1972), 414; 笔者于 2006 年 6 月在新贝德福德捕鲸博物馆与图书馆馆长、航海时代历史学家迈克尔·P. 戴尔的私人交流; George Attwater 于 1823 年 5 月 30 日的日记内容, in George Attwater, *The Journal of George Attwater Before the Mast on the Whaleship Henry of New Haven, 1820 – 1823*, edited by Kevin S. Reilly (New Haven: New Haven Colony Historical Society, 2002), 405; 笔者于 2006 年 6 月 17 日在神秘港美洲和海洋博物馆与博物馆解说员、捕鲸历史学家大卫·利特菲尔德的私人交流; and Joshua Basseches and Stuart M. Frank, *Edward Burdett, 1805 – 1833, America's First Master Scrimshaw Artist*, KWM Monograph Series No. 5 (Sharon, MA: KWM, 1991)。

11. 捕鲸时代高质量的雕刻作品极为珍贵。鲸鱼牙雕作品的最高购买价格出现在 2005 年 8 月,当时在新英格兰举行的一场拍卖会上,一颗 8 英寸长的牙雕卖出了 303000 美元。牙雕的一面刻着一幅令人震撼的图像,包括 5 头抹香鲸、在天空中盘旋的信天翁,还有拉满帆的捕鲸船和捕鲸小艇,其中一条小艇刚刚被鲸鱼挥动的尾鳍掀翻。牙雕的另一面同样令人印象深刻,作者在这一面雕刻了一栋联邦风格的房子,周围有植物围绕,天上还有星星和月亮。牙齿尖端还有日光放射式的花纹。雕刻者的身份无人知晓,所以被标注为"佛塔/信天翁艺术家"。2005 年对于捕鲸雕刻作品来说是现象级的一年。成交价纪录连续 3 次被打破。第一次是 5 月,Edward Burdett 的牙雕卖出了 182250 美元; 8 月,Burdett 的另一件牙雕作品卖出了 193000 美元。不过后一个成交价纪录仅维持了几分钟就被超越了,超越它的就是前面说到的佛塔/信天翁艺术家的作品,一位"极有品位"的收藏者创下了这个新纪录。See David Hewett, "Northeast Auctions Completes the Season with a $9.7 million Harvest in Portsmouth," *Maine Antique Digest* 33 (Nov. 2005), 36C – 39C; and Jeanne Schinto, "Scrimshaw Record is Unexpectedly Smashed by a Burdett Tooth," *Maine Antique Digest* 33 (July 2005), 1 – 3B.

12. Quoted in Frank, *Dictionary of Scrimshaw Artists*, 96 – 97. 一位雄心勃

438

勃的捕鲸人将如下内容刻在了抹香鲸的一块下颌骨上，设想自己的礼物最终将被用在哪里一定能给他带来极大的乐趣。

> 亲爱的姑娘，接受我送给你的胸衣支架吧，
>
> 这是我用卑微的双手亲自为你雕刻的。
>
> 我在距离陆地 100 英里远的地方，
>
> 从一头抹香鲸的下巴里把它割下！
>
> 这头鲸鱼体型巨大，
>
> 这根鱼骨就属于这头鲸鱼，
>
> 如今它已经被杀死，
>
> 它的骨头最终将被用来支撑你的乳房。

Quoted in Ashley, *The Yankee Whaler*, 114.

13. A. B. C. Whipple, *Yankee Whaler in the South Seas*（Rutland, VT：Charles E. Tuttle Company, 1973），183. 如 Foster Rhea Dulles 写到的那样："美国人无法抗拒热带地区拥有深色皮肤的女人们的魅力……长时间以来被迫蜷缩在捕鲸船的艏楼里的普通船员们一有机会就要去寻欢作乐。" Dulles, *Lowered Boats*, 63.

14. 出自塞缪尔·罗伯逊号捕鲸船 1843 年 11 月 11 日的航海日志，ODHS 1039；and Busch, "*Whaling Will Never Do for Me*," 144。

15. Busch, "*Whaling Will Never Do for Me*," 136 – 137。

16. Ernest S. Dodge, *New England and the South Seas*（Cambridge：Harvard University Press, 1965），45. 对于捕鲸人及他们在港口喝酒行为的相对温和的观点可见于 "Judge Andrew's Address," *The Friend*, Jan. 1, 1848。

17. Busch, "*Whaling Will Never Do for Me*," 187.

第十六章　暴动、谋杀、骚乱和怀着恶意的鲸

1. "Trial of the Junior Mutineers," *Republican Standard*, Nov. 25, 1858；

注 释

"Trial of the Mutineers of the Ship Junior, for the Murder of Captain Archibald Mellen," *Boston Daily Journal*, Nov. 18, 1858; "Trial of the Junior Mutineers," *New Bedford Weekly Mercury*, Nov. 12, 1858; "Trial of the Junior Mutineers," *Republican Standard*, Nov. 16, 1858; and Sheldon H. Harris, "Mutiny on the Junior," *American Neptune* 21 (Apr. 1961), 112 – 113.

2. "The Junior Mutiny," *Republican Standard*, Jul. 1, 1859; "Trial of the Junior Mutineers," *Republican Standard*, Nov. 25, 1858; and "The Junior Mutiny," ibid., July 7, 1859. 虽然当时很多报纸上都将普卢默（Plumer）的姓氏拼成了"Plummer"，但是本书中使用的是一个"m"的拼法，因为青年号的航海日志上就是这么拼的。

3. "The Junior Mutiny," *Republican Standard*, July 1, 1859; "The Junior Mutiny," ibid., July 7, 1859.

4. "Trial of the Junior Mutineers," *New Bedford Weekly Mercury*, Nov. 12, 1858.

5. Ibid.

6. "United States Circuit Court," *Boston Daily Advertiser*, Nov. 10, 1858; "Trial of the Junior Mutineers," *Republican Standard*, Nov. 18, 1858.

7. "Mutiny and Murder on Board the Ship Junior of this Port," *Whalemen's Shipping List*, Apr. 6, 1858.

8. "United States Circuit Court," *Boston Daily Advertiser*, Nov. 10, 1858; "The Mutiny on Board the Ship Junior," *Republican Standard*, Apr. 29, 1858; and "Arrival of Ship Junior with Her Mutineers," ibid., Aug. 26, 1858.

9. Alonzo D. Sampson, *Three Times Around the World, Life and Adventures* (Buffalo: Express Printing Company, 1867), 122.

10. Sampson, *Three Times Around the World*, 123.

11. Ibid.

12. "Trial of the Junior Mutineers," *Republican Standard*, Nov. 18, 1858; "Trial of the Junior Mutineers," *New Bedford Weekly Mercury*, Nov. 12, 1858.

439

13. "Trial of the Junior Mutineers," *New Bedford Weekly Mercury*, Nov. 12, 1858.

14. "The Junior Mutineers," *Republican Standard*, Sept. 2, 1858.

15. Sampson, *Three Times Around the World*, 125.

16. "The Mutiny and Murder on Board the Whale – Ship Junior – Sydney News," *Republican Standard*, Apr. 8, 1858.

17. 这段文字节选自 William H. Tripp 转录的青年号航海日志。日志原件由新贝德福德免费公共图书馆收藏。这段文字也被引用在 "The Mutiny and Murder on Board the Junior," *New Bedford Weekly Mercury*, Apr. 23, 1858。

18. "Mutiny and Murder on Board Ship Junior, of This Port," *Whalemen's Shipping List*, Apr. 6, 1858.

19. Sampson, *Three Times Around the World*, 127.

20. Ibid.

21. Ibid., 128.

22. "Ship Junior," *Whalemen's Shipping List*, Apr. 20, 1858.

23. Sampson, *Three Times Around the World*, 131 – 133, 143.

24. 虽然桑普森宣称他的小艇上只有 4 个人而不是 6 个人，但是根据现存的大量当时的证据，我们可以断定他的说法并不正确（这也许是因为他是在事情过去 10 年之后才开始写书的）。几乎所有报纸的报道都认定普卢默、卡撒、斯坦利和赖克是 2 月初在新南威尔士南部的图福尔德湾附近被抓到的。但没有任何文章提及，或哪怕是暗示过当时还有另外 2 个人和他们在一起。类似的，报纸上的报道显示桑普森是在维多利亚州南部的艾伯特港和另外 3 个人——布鲁克斯、卡纳尔和赫伯特——一同被当地警察逮捕的。如果桑普森的船上只有 4 个人，且有 3 个人和他一起被警察逮捕，他为什么要说还有 2 个和自己一起逃跑的人离开了？那些提到桑普森和另外 3 人一同被关押起来的文章中也指出，在逮捕他们的同时，维多利亚州的警察仍在追踪伯恩斯和霍尔——这些都是发生在普卢默、卡撒、斯坦利和赖克被逮捕几周之后的事情。让这一问题愈发混乱的是，还有少数几份报纸报道说其实每条小艇上有 5 个人。总之，不管每条小艇上到底有几个人，各个报道中事件的大致过程还是一致的。For some of the articles alluded to see: "Ship Junior," *Whalemen's Shipping List*, Apr. 20, 1858 (which copies an article from the *Sydney Morning Herald*) ; "The Mutiny and Murder on Board the Junior," *New Bedford Weekly Mercury*, Apr. 23, 1858; "The Whaleship Junior," *Whalemen's Shipping List*, Apr. 27, 1858; "The Mutineers of the Ship Junior," *Republican Standard*, July 15, 1858; "Ship Junior," *Republican Standard*, May 20, 1858; "The Mutiny on Board Ship Junior," *Republican Standard*, May 27, 1858; "Eight of the Mutineers of the Ship Junior Captured," ibid. , Apr. 22, 1858; "Later. – Only Four Captured," *Republican Standard*, Apr. 22, 1858; "The Mutiny and Murder on Board the Whale – Ship Junior – Sydney News," ibid. , Apr. 8, 1858; and Harris, "Mutiny on the Junior," 120.

440

25. "The Mutiny on Board Ship Junior," *Republican Standard*, May 27, 1858; "The Mutineers of the Ship Junior," ibid. , July 15, 1858; and "Arrival of Ship Junior with her Mutineers," *Republican Standard*, Aug. 26, 1858.

26. "The Mutineers of the Junior," *New Bedford Daily Mercury*, Aug. 6, 1858; "The Mutineers of the Junior," *Republican Standard*, Aug. 5, 1858; "Arrival of the Ship Junior with the Mutineers," *New Bedford Daily Mercury*, Aug. 27, 1858; and "The Whaleship Junior," *Whalemen's Shipping List*, Jul. 13, 1858.

27. *New Bedford Daily Mercury*, Oct. 5, 1858.

28. "Arrival of Ship Junior With Her Mutineers," *Republican Standard*, Aug. 26, 1858.

29. "United States District Court," *Boston Daily Advertiser*, Nov. 10, 1858.

30. "Court Calendar," *Boston Daily Advertiser*, Dec. 1, 1858; and "The Junior Mutineer Case," *Boston Daily Advertiser*, Dec. 6, 1858.

31. "Conclusion of the Junior Trial," *New Bedford Evening Standard*, Dec. 1, 1858.

32. "Sentence of the Junior Mutineers," *Republican Standard*, Apr. 28, 1859.

33. Ibid; and "Sentence of Plummer for Murder," *Boston Courier*, Apr. 22, 1859.

34. Quoted in Chester Howland, *Thar She Blows!* (New York: Wilfred Funk, 1951), 223.

35. "The Junior Mutineer," *Whalemen's Shipping List*, July 12, 1859.

36. "Disclosure Concerning the Junior Mutiny," *Boston Journal*, May 4, 1859; "The Junior Mutiny," *Boston Journal*, May 23, 1859; "Cyrus W. Plumer," *Boston Journal*, June 25, 1859; and "The Plumer Case," *Boston Journal*, Jun. 30, 1859.

37. Howland, *Thar She Blows*, 216; "Plummer's Sentence Commuted," *Republican Standard*, July 14, 1859; *Republican Standard*, Mar. 31, 1859.

38. Quoted in Howland, *Thar She Blows*, 218.

39. "Plummer's Sentence Commuted," *Republican Standard*, July 14, 1859; "Plummer's Commutation," *Boston Daily Courier*, Jul. 9, 1859; "The Junior Mutineers," *Whalemen's Shipping List*, July 12, 1859; and Harris, "Mutiny on the Junior," 128.

40. 1874 年 7 月 16 日尤利西斯·格兰特总统特赦令，美国国家档案管理局东北地区档案，75 - 76: and Howland, *Thar She Blows!*, 223。

41. Silas Jones, "Narrative of Silas Jones, from the log of the *Awashonks*," *Atlantic Monthly* (Sept. 1917), 314.

42. Jones, "Narrative of Silas Jones," 316, 319.

43. 关于此次原住民袭击的背景信息和引文出自 Haley, *Whale Hunt*, 136 - 142。锡德纳姆是太平洋中部的吉尔伯特群岛（Gilbert Islands）中的一个岛。

44. Browne, *Etchings of a Whaling Cruise*, 263.

45. 除了接下来引用的联合号、埃塞克斯号和安·亚历山大号的三个例子之外，至少还有另一个美国捕鲸船被鲸鱼撞沉的事件。1902 年 3 月 17

日，新贝德福德的捕鲸船凯瑟琳号在巴西海岸外大约 1000 英里的海上被一头抹香鲸撞沉了。船长和他的妻子以及船员们都被路过的蒸汽船营救了上来。鲸鱼攻击捕鲸船当然是完全有理由的——毕竟是捕鲸船先袭击了它们，但捕鲸船并不是鲸鱼唯一攻击过的海上船只，无论是意外还是有意为之，确实还有其他船也被鲸鱼撞沉过。举例来说，后来成为美国独立战争英雄的弗朗西斯·马里昂（Francis Marion）15 岁时就搭乘一艘到西印度地区做生意的纵帆船出海了。从岛屿地区返回的航程中，这条帆船被"一头鲸鱼重重地撞掉了一块船板"，帆船很快就沉了，船员们仅有时间匆忙地转移到一条捕鲸小艇上逃生。1796 年 7 月 1 日的《新贝德福德综合报》（*New Bedford Medley*）报道了从纽约州的罗切斯特出发的和谐号（*Harmony*）捕鲸船"被一头鲸鱼撞毁……并沉没了"。除了美国人之外，其他国家的船也有过被鲸鱼撞沉的经历。比如 1855 年一艘英国船滑铁卢号（*Waterloo*）在北海被一头鲸鱼撞沉了。一份报纸在报道这次灾难事件时说："造成这一灾难的利维坦可能是一头正在巡游掠食的俄国鲸鱼"。另一艘英国船圣战士号（*Crusader*）被鲸鱼撞沉的事发生在 1852 年。Thomas H. Jenkins, *Bark Kathleen Sunk by a Whale* (New Bedford：H. S. Hutchinson & Co. , 1902)；Robert D. Bass, *Swamp Fox：The Life and Campaigns of General Francis Marion* (Orangeburg, SC：Sandlapper Publishing Co. , Inc. , 1959)，6；"New Bedford Marine Journal," *New Bedford Medley*, July 1, 1796；"A Vessel Sunk by a Whale," *Whalemen's Shipping List*, Apr. 24, 1855；and "A Ship Sunk at Sea by a Whale," *Whalemen's Shipping List*, July 20, 1852.

46. 如果美国捕鲸船采取的是马可·波罗描述的 13 世纪制造船的方法，那么被鲸鱼撞击及船身漏水的情况也许就不会必然导致沉船。马可·波罗曾经写道："有些大船修造了 13 个隔水舱，即用结实的木板拼接而成的严丝合缝的隔间。这种准备是为了应对船身撞上暗礁或被寻食的鲸鱼撞击而出现的船体损坏。这种情况并不罕见，夜晚航行的船会将海水搅动出泡沫，当鲸鱼从船旁边经过的时候，它可能会推断那些白色的闪光是有食物在游动，所以才会全力冲过来，结果就是撞上船，这通常会对船体造成一定程度的损坏。" Polo and Rustichello of Pisa, *The Travels of Marco Polo*, 241.

47. Edmund Gardner, *Captain Edmund Gardner of Nantucket and New Bedford, His Journal and His Family*, edited by John M. Bullard (New Bedford: Bullard, 1958), 11.

48. Owen Chase, *The Wreck of the Whaleship Essex* (1821; reprint, San Diego: Harcourt Brace & Company, 1965), 9.

49. Quoted in Philbrick, *In the Heart of the Sea*, 81.

50. Chase, *The Wreck of the Whaleship Essex*, 11 – 12.

51. Philbrick, *In the Heart of the Sea*, 83.

52. Chase, *The Wreck of the Whaleship Essex*, 16.

53. Clement Cleveland Satwell, *The Ship Ann Alexander of New Bedford, 1805 – 1851* (Mystic: Marine Historical Association, 1962); "Thrilling Account of the Destruction of a Whale Ship by a Sperm Whale – Sinking of the Ship – Loss of the two of the boats and miraculous Escape of the Crew," *Whalemen's Shipping List*, Nov. 4, 1851; and "A Ship Sunk by A Whale," *Living Age* 31 (Nov. 29, 1851), 415 – 416.

54. John Scott DeBlois, "A Fighting Whale's Triumph," *The Mercury*, Newport Rhode Island, February 5, 1881.

55. Ibid. ; and "Thrilling Account of the Destruction of a Whale Ship by a Sperm Whale," *Whalemen's Shipping List*, Nov. 4, 1851.

442   56. DeBlois, "A Fighting Whale's Triumph," *The Mercury*, Newport, Rhode Island, Feb. 5, 1881.

57. Ibid. , Feb. 12, 1881.

58. Ibid. , Feb. 19, 1881; ibid. , Feb. 26, 1881; and William Chambers, *Chambers' Home Book or Pocket Miscellany*, vol. 1 (Boston: Gould and Lincoln, 1853), 163 – 164.

59. Quoted in Parker, *Herman Melville*, vol. 1, 878.

60. "Decidedly Incredulous," *Whalemen's Shipping List*, Nov. 18, 1851.

第十七章　港湾里的石头和海水中的火焰

1. Tower, *A History of the American Whale Fishery*, 121.

2. 1861 年 10 月 17 日吉迪恩·韦尔斯写给乔治·D. 摩根的书信，in *Official Records of the Union and Confederate Navies in the War of the Rebellion*, series I, vol. 12, North Atlantic Blockading Squadron (February 2, 1865 - August 3, 1865); South Atlantic Blockading Squadron (October 29, 1861 - May 13, 1862) (Washington, D. C.: Government Printing Office, 1901), 416 - 417。

3. Sidney Withington, "The Sinking of Two 'Stone Fleets' at Charleston, S. C. during the Civil War," in *Two Dramatic Episodes of New England Whaling* (Mystic: Marine Historical Association, Inc., July 1958), 45; Arthur Gordon, "The Great Stone Fleet, Calculated Catastrophe," *United States Naval Institute Proceedings* 94 (Dec. 1968), 76; 1861 年 11 月 18 日乔治·D. 摩根写给 S. F. 杜邦的书信，in *United States Naval War Records Office*, *Official Records of the Union and Confederate Navies in the War of the Rebellion*, series I, vol. 12, 418。有些人称石头舰队为"耗子洞中队"，因为他们是被派去堵塞港口，让被戏称为"耗子"的南部联邦支持者无法通行的。"The Rat Hole Squadron," *New Bedford Evening Standard*, Dec. 10, 1861.

4. Frank P. McKibben, "The Stone Fleet of 1861," *New England Magazine* 24 (June 1898), 486; and John E. Woodman, Jr., "The Stone Fleet," *American Neptune* 21 (Oct. 1961), 236.

5. *United States Naval War Records Office*, *Official records of the Union and Confederate Navies in the War of the Rebellion*, Series I, vol. 12, 418 - 419.

6. Pardon B. Gifford, "The Story of the Stone Fleet," in *Famous Fleets in New Bedford's History* (New Bedford: Reynolds Printing, 1935), 7.

7. "The Stone Fleet," *New Bedford Mercury*, Nov. 25, 1861.

8. "The Great Stone Fleet," *New York Times*, Nov. 22, 1861.

9. 1861 年 12 月 5 日 J. S. 米斯隆写给杜邦的书信，in United States Naval War Records Office, *Official Records of the Union and Confederate Navies in the*

War of the Rebellion, series I, vol. 12, 419。

10. Gordon, "The Great Stone Fleet," 79.

11. 1861 年 12 月 5 日 J. S. 米斯隆写给杜邦的书信, 419; Gordon, "The Great Stone Fleet," 78; Withington, "The Sinking of Two 'Stone Fleets,'" 50 – 51; Woodman, "The Stone Fleet," 239; and "Arrival of the Stone Fleet," *New Bedford Evening Standard*, Dec. 20, 1861。

12. Quoted in Withington, "The Sinking of Two 'Stone Fleets,'" 51.

13. Quoted in ibid.; and Gordon, "The Great Stone Fleet," 80.

14. 1861 年 12 月 21 日查尔斯·亨利·戴维斯写给杜邦的书信, *United States Naval War Records Office*, *Official records of the Union and Confederate Navies in the War of the Rebellion*, series I, vol. 12, 422。

15. Howard P. Nash, Jr., "The Ignominious Stone Fleet," *Civil War Times Illustrated*, 3 (June 1964), 48; and *United States Naval War Records Office*, *Official records of the Union and Confederate Navies in the War of the Rebellion*, series I, vol. 12, 510 – 511.

16. "The Sunken Fleet," *New York Times*, Dec. 26, 1861.

17. See, for example, A. Dudley Mann to President Jefferson Davis, February 1, 1862, in *Official Records of the Union and Confederate Navies in the War of the Rebellion*, series 2, vol. 3 (Washington, D. C. : Government Printing Office, 1922), 323 – 325.

18. 1861 年 12 月 20 日罗伯特·E. 李写给朱达·P. 本杰明的书信, in *United States Naval War Records Office*, *Official records of the Union and Confederate Navies in the War of the Rebellion*, series I, vol. 12, 423。

19. Quoted in Withington, "The Sinking of Two 'Stone Fleets,'" 63; and *The Times* (of London), Dec. 19, 1861.

20. John Morley, *The Life of Richard Cobden* (Boston: Roberts Brothers, 1881), 574 – 575.

21. Quoted in Gordon, "The Great Stone Fleet," 82.

注　释

22. J. E. Hilgard, *On Tides and Tidal Action in Harbors* (Washington, DC: Government Printing Office, 1875), 17 – 18; Woodman, "The Stone Fleet," 254; letter from Thomas M. Wagner to Leo D. Walker, February 12, 1862, in *United States Naval War Records Office, Official records of the Union and Confederate Navies in the War of the Rebellion*, series I, vol. 12, 423 – 424; Withington, "The Sinking of Two ' Stone Fleets,'" 68; and McKibben, "The Stone Fleet," 488.

23. Herman Melville, *Battle Pieces and Aspects of War*, edited by Sidney Kaplan (Amherst: University of Massachusetts Press, 1972), 31 – 32.

24. James D. Bulloch, *The Secret Service of the Confederate States in Europe* (1883; reprint, New York: Modern Library, 2001), 17.

25. Charles M. Robinson Ⅲ, *Shark of the Confederacy* (Annapolis: Naval Institute Press, 1995), 16; and William M. Fowler, *Under Two Flags: The American Navy in the Civil War* (New York: W. W. Norton & Company, 1990), 282 – 283. 布洛克的外甥西奥多·罗斯福后来成了美国总统。

26. Quoted in Robinson, *Shark of the Confederacy*, 35.

27. Raphael Semmes, *Service Afloat or, The Remarkable Career of the Confederate Cruisers Sumter and Alabama* (1869; reprint, Baltimore: Baltimore Publishing Company, 1887), 421.

28. Ibid. , 423.

29. Quoted in Warren Armstrong, *Cruise of a Corsair* (London: Cassell, 1963), 42.

30. Quoted in Shapiro and Stackpole, *The Story of Yankee Whaling*, 85.

31. Semmes, *Service Alfoat*, 424, 432 – 433, 449.

32. Raphael Semmes, *Memoirs of Service Afloat, During the War Between the States* (Baltimore: Kelly Piet & Co. , 1869), 611.

33. Quoted in Robinson, *Shark of the Confederacy*, 69.

34. "The Sinking of the Alabama, Full Account of the Action," *Farmer's*

Cabinet, July 14, 1864, 2.

35. Bulloch, *The Secret Service*, 401.

36. James I. Waddell, *C. S. S. Shenandoah, The Memoirs of Lieutenant Commanding James I. Waddell*, edited by James D. Horan (New York: Crown Publishers, Inc. , 1960), 66, 94.

37. Bulloch, *The Secret Service*, 412; John Thomson Mason, "The Last of the Confederate Cruisers," *Century Magazine* 56 (Aug. 1898), 602; and James D. Bulloch to S. R. Mallory, in *Official Records of the Union and Confederate Navies in the War of the Rebellion*, series I, *vol. 3* (Washington, DC: Government Printing Office, 1896), 757 – 759.

38. 1864 年 10 月 5 日詹姆斯·D. 布洛克写给詹姆斯·I. 沃德尔的书信, in *Official Records of the Union and Confederate Navies in the War of the Rebellion*, series I, *vol. 3*, 749。

39. "Destruction of Bark Edward, of This Port, by a Rebel Pirate," *Whalemen's Shipping List*, Mar. 7, 1865.

40. Mason, "The Last of the Confederate Cruisers," 605.

41. Cornelius E. Hunt, *The Shenandoah or the Last Confederate Cruiser* (New York: G. W. Carleton & Company Publishers, 1867), 59 – 60.

42. "Destruction of Bark Edwards, of This Port, by a Rebel Pirate," *Whalemen's Shipping List*, Mar. 7, 1865.

43. Hunt, *The Shenandoah*, 95.

44. Ibid. , 97; and "William A. Temple, Affadavit," in *Correspondence Concerning Claims Against Great Britain Transmitted to the Senate of the United States*, vol. 3 (Washington, DC: Philip & Solomons, Booksellers, 1869), 481.

45. Waddell, *C. S. S. Shenandoah*, 140.

46. Burns, *The Shenandoah*, 114.

47. Mason, "The Last of the Confederate Cruisers," 607; and Burns, *The Shenandoah*, 115.

注　释

48. Waddell, *C. S. S. Shenandoah*, 145.

49. "E. V. Joice, Notary Public, testimony taken," *Correspondence Concerning Claims Against Great Britain*, vol. 3, 382 – 383.

50. Quoted in Bockstoce, *Whales, Ice & Men*, 111.

51. Waddell, *C. S. S. Shenandoah*, 158.

52. Spunky, *Republican Standard*, Aug. 24, 1865.

53. Burns, *The Shenandoah*, 164; and Temple, Affadavit, in *Correspondence Concerning Claims Against Great Britain*, vol. 3, 482.

54. "The Late Destruction of Whalers," *Whalemen's Shipping List*, Aug. 22, 1865.

55. Waddell, *C. S. S. Shenandoah*, 166.

56. "News from the Shenandoah: Wholesale Destruction of American Whalers," *The Friend*, Sept. 1, 1865.

57. Hunt, *The Shenandoah*, 175.

58. Waddell, *C. S. S. Shenandoah*, 167.

59. "The Pirate Shenandoah Still at Work," *Republican Standard*, Aug. 31, 1865.

60. Hunt, *The Shenandoah*, 191 – 192, 194.

61. "Further Destruction of Whaleships!" *Whalemen's Shipping List*, Aug. 29, 1865.

62. Waddell, *C. S. S. Shenandoah*, 168 – 169.

63. Hunt, *The Shenandoah*, 199.

64. Ibid. , 200.

65. "The Man Who Defied Waddell the Pirate," *Whalemen's Shipping List*, Sept. 26, 1865.

66. Hunt, *The Shenandoah*, 201 – 202.

67. Hunt, *The Shenandoah*, 202.

68. Ibid. , 204.

69. Waddell, *C. S. S. Shenandoah*, 171, 173.

70. Bockstoce, *Whales, Ice & Men*, 122.

71. Hunt, *The Shenandoah*, 217.

72. Waddell, *C. S. S. Shenandoah*, 176.

73. Bulloch, *The Secret Service*, 417, 427. 1865 年 6 月, 当沃德尔还在海
445 上的时候, 布洛克曾经试图联系他, 并给他寄去了书信, 这些书信都是交
由在太平洋上的英国领事帮助传递的。书信的内容是通知沃德尔战争已经
结束, 以及他接下来可以做何打算, 但是因为沃德尔在返回英国之前没有
停靠过任何港口, 所以根本没收到这些信。1865 年 6 月 19 日詹姆斯·D. 布
洛克写给詹姆斯·I. 沃德尔的书信, in *Official Records of the Union and
Confederate Navies in the War of the Rebellion*, series II, vol. 2, 811 – 812。

74. Mason, "The Last of the Confederate Cruisers," 609.

75. THE PIRATE SHENANDOAH! SHE STEERS IN THE TRACK OF
WHALERS, TERRIBLE

HAVOC EXPECTED, *Whalemen's Shipping List and Merchants' Transcript*,
July 25, 1865; DESTRUCTION OF WHALESHIPS BY THE PIRATE
SHENANDOAH! *Whalemen's Shipping List and Merchants' Transcript*, Aug. 1,
1865; "The Late Destruction of Whalers," ibid. , Aug. 22, 1865; FURTHER
DESTRUCTION OF WHALESHIPS! *Whalemen's Shipping List and Merchants'
Transcript*, Aug. 29, 1865; and "The Pirate Shenandoah Still at Work,"
Republican Standard, Aug. 31, 1865.

76. "The Pirate Shenandoah," *New York Times*, Aug. 27, 1865.

77. "Wholesale Piracy," *Republican Standard*, Aug. 31, 1865.

78. Quoted in Bockstoce, *Whales, Ice & Men*, 125; and *Papers Relating to the
Treaty of Washington*, *Geneva Arbitration*, vol. 1, (Washington, DC: Government
Printing Office, 1872), 178.

79. Bockstoce, *Whales, Ice & Men*, 126.

80. "Capt. Waddell Dead," *New York Times*, Mar. 17, 1886.

81. Waddell, *C. S. S. Shenandoah*, 184.

第十八章　由地上来

1. Leroy Thwing, *Flickering Flames*, *A History of Domestic Lighting Through the Ages* (Rutland, VT: Charles E. Tuttle Company, 1974), 55; and Charles Louis Flint, Charles Francis McCay, John C. Merriam, Thomas Prentice Kettell, and L. P. Brockett, *One Hundred Years' Progress of the United States* (Hartford: L. Stebbins, 1870), 163.

2. "Oil!" *New Bedford Mercury*, June 24, 1842; and "Hogs Superseding the Whale Fisheries!" *New Bedford Weekly Mercury*, Mar. 11, 1842.

3. "Spermaceti v. Lard," *New Bedford Weekly Mercury*, Sept. 23, 1842; "Hog vs. Whale" *New Bedford Weekly Mercury*, Oct. 7, 1842.

4. "Oil," *Whalemen's Shipping List and Merchants' Transcript*, May 2, 1843.

5. 很多贬低猪油的人写了打油诗来讽刺使用这种物质作为照明材料的行为。See, for example, "Oil Song," *New Bedford Weekly Mercury*, Oct. 28, 1842; and "Oil Song," ibid. , Nov. 4, 1842.

6. "Another Camphene Explosion!" ibid. , Oct. 7, 1842; and "Another Beauty of Camphene," *Whalemen's Shipping List and Merchants' Transcript*, July 13, 1852.

7. "Camphene Lamp Exploded," *Nantucket Inquirer*, Sept. 17, 1842.

8. 《捕鲸人装运单和商人清单》这样解释政府就茨烯进行干预的根本原因："我们的政府最近似乎特别关心我们吃什么、喝什么，所以我们一直认为它也应该干预一下茨烯的问题。我们已经有关于如何储存火药的法律，火药必须被放置在不会发生意外或造成危害的地方。但是我们仍然每天都会听到这家的房子着火了，那家的孩子丧命了之类的消息，原因就是这种被称作'茨烯'的物质发生了爆炸。看起来政府完全有理由就此立法了。""Camphene, Burning Fluid, Etc. ," *Whalemen's Shipping List*, May 25, 1852.

9. "Patent Oils, &c. ," *Nantucket Inquirer*, Apr. 14, 1841. 至少有一位捕　446
鲸行业观察者怀疑对那些使用茨烯的行为感到担忧也许是多余的。波士顿的一家报纸上刊登的一篇短文指出："《楠塔基特岛问询报》充满同情和仁爱地询问：'为什么人们要冒险使用茨烯这种危险的物质？'那些喜欢'冒险'去捕杀鲸鱼的人竟然会问这个问题真是再自然不过了，难道捕杀鲸鱼不是一种像使用茨烯一样危险的行动吗？""A Fellow Feeling Makes Us Wondrous Kind," *Morning News* (excerpting from the *Boston Daily Advertiser*), May 8, 1845.

10. 英格兰的城市在 19 世纪初开始使用煤气，这很可能正是人们对鲸鱼油的需求出现增长的原因。当他们发现街道和商店被煤气灯照亮的美好景象时，自然也希望点亮自己的家。对于普通人来说，最好的照明方式还是烧抹香鲸鲸鱼油。Bennett, *Narrative of a Whaling Voyage*, vol. 2, 188.

11. O. Fogy, "Gas in New Bedford," *Whalemen's Shipping List*, June 29, 1852.

12. "Diary of Rev. Moses How," no. 59 in *Series of Sketches of New Bedford's Early History* (1931), 28.

13. Kendall Beaton, "Dr. Gesner's Kerosene：The Start of American Oil Refining," *The Business History Review* 29 (Mar. 1955), 38, 43；Catherine M. V. Thuro, *Oil Lamps* (Paducah：Collector Books, 1976), 15 – 16. 虽然煤油的费用并没有低多少，甚至有时还比等量的其他照明材料贵些，但是煤油点燃后持续的时间比其他材料长得多，所以产生的光亮也多得多。因此每个光单位的单价还是便宜得多的。

14. Ibid. , 28；"Coal Oil Manufacture," *Republican Standard*, Feb. 2, 1860；and Tertzakian, *A Thousand Barrels a Second*, 18.

15. Tower, *A History of the American Whale Fishery*, 128.

16. "The Oil Market," *Republican Standard*, Mar. 25, 1858.

17. Amory B. Lovins, E. Kyle Datta, Odd – Even Bustnes, Jonathan G. Koomey, and Nathan J. Glasgow, *Winning the Oil Endgame*, *Innovation for Profits*, *Jobs*, *and Security* (Snowmass, CO：Rocky Mountain Institute, 2005), 4 – 5；and Davis et al. , *In Pursuit of Leviathan*, 352 – 354, 361 – 362.

18. 关于石油对鲸鱼油行业的影响，斯塔巴克观察到：

　　人口的增长会提高［鲸鱼油］的消耗量，然而这个增长是超出捕鲸行业能够提供的数量的。无论价格如何高，人们终归是要点灯的。此时就有其他替代物出现了。宾夕法尼亚州找到油田之后，石油产量逐年递增，从而成为供应量充足、价格便宜、效果好的新照明材料。石油危险的属性最初限制了它的广泛应用，然而这些缺点被解决之后，它立刻成了鲸鱼油最积极、最有对抗性的竞争对手。

Starbuck, History of the American Whale Fishery, 109 – 110.

19. Daniel Yergin, *The Prize*, *The Epic Quest for Oil*, *Money & Power* (New York: Simon & Schuster, 1991), 25.

20. 当时一位支持使用从石油中提取的煤油的人称其为"时代之光"，还无私地赞颂了它的各种美德。"那些没有点过煤油的人可以放心，它发出的光明亮、清澈、充足，像日光一样，完全可以赶走黑暗……［它］的光亮还很柔和；它是世上最明亮的，同时也是最便宜的；国王和贵族都用它，对共和党人与民主党人也再适合不过了。" Quoted in Yergin, *The Prize*, 28.

21. Ibid. , *The Prize*, 30; E. V. Smalley, "Striking Oil," *The Century* 26 (July 1883), 326; and Davis et al. , *In Pursuit of Leviathan*, 379 – 380.

22. Log of the *Nimrod*, July 13, 1860, ODHS Log 946.

23. Edmund Morris, *Derrick and Drill or An Insight Into the Discovery*, *Development*, *and Present Condition and Future Prospects of Petroleum* (New York: J. Miller, 1865), 124. 莫里斯称一位上了年纪的捕鲸船船长做出了如下的假设来说明宾夕法尼亚州的石油储量："一大群鲸鱼搁浅在宾夕法尼亚州西部，到潮水退去之后，钻井者就可以来收集鲸脂了。" 莫里斯补充说，"除了其他捕鲸人认可以外"，这个理论"并没有被广泛地接受"。(124) See also S. J. M. Eaton, *Petroleum: A History of the Oil Region of Venango County*, *Pennsylvania* (Philadelphia: J. P. Skelly & Co. , 1866), 284.

447

24. Tower, *A History of the American Whale Fishery*, 128.

25. "Year in Review," *Whalemen's Shipping List*, Jan. 31, 1871.

第十九章 撞击坚冰

1. "Honolulu Harbor," *The Polynesian*, Oct. 19, 1850.

2. "Letters About the Arctic, No. Ⅱ," *Whalemen's Shipping List and Merchants' Transcript*, May 10, 1853.

3. Quoted in Everett S. Allen, *Children of the Light, The Rise and Fall of New Bedford Whaling and the Death of the Arctic Fleet* (Orleans, MA: Parnassus Imprints, 1983), 202, 204 – 205.

4. William F. Williams, "Loss of the Arctic Fleet," in *Famous Fleets in New Bedford's History*, 3.

5. Bockstoce, *Whales, Ice & Men*, 152.

6. "Polar Sea Perils," *New York Times*, Nov. 14, 1871; and "Crushed Among Icebergs," *Harper's Weekly* (Dec. 2, 1871), 1130.

7. Timothy Packard, log of the *Henry Taber*, entry for Aug. 31, 1871, ODHS Log 455.

8. 1871 年 9 月 1 日尤金妮娅号航海日志上的内容，NBFPL。

9. "Polar Sea Perils," *New York Times*; and Bockstoce, *Whales, Ice & Men*, 154.

10. "Polar Sea Perils," *New York Times*; and Allen, *Children of the Light*, 226; and Bockstoce, *Whales, Ice & Men*, 154 – 55.

11. William Earle, 1871 年 9 月 9 日埃米莉·摩根号航海日志上的内容，NBFPL。

12. Quoted in Allen, *Children of the Light*, 231.

13. James Dowden, unidentified news clipping, scrapbook 2, NBWM, p. 77.

14. "Polar Sea Perils," *New York Times*.

15. Quoted in Frank P. McKibben, "The Whaling Disaster of 1871," *New England Magazine* 24 (June 1898), 492; and Allen, *Children of the Light*, 242.

16. William Earle，1871 年 9 月 14 日埃米莉·摩根号航海日志上的内容，NBFPL。根据盖伊头号的一位副手 Robert P. Gifford 的观点，几条捕鲸小艇上携带的补给能够支撑 "40 天"。1871 年 9 月 14 日盖伊头号航海日志上的内容，ODHS Log 962。

17. Williams，"Loss of the Arctic Fleet，" 10.

18. Quoted in Starbuck，*History of the American Whale Fishery*，108.

19. "Polar Sea Perils，" *New York Times*.

20. "Terrible Disaster to the Arctic Fleet, Thirty – Three Vessels Lost，" *Whalemen's Shipping List and Merchants' Transcript*，November 7，1871；and "The Arctic Disaster，" *Whalemen's Shipping List and Merchants' Transcript*，November 14，1871.

21. "Loss of the Arctic Fleet, from Our Own Correspondent，" *New York Times*，Nov. 7，1871.

22. Bockstoce，*Whales，Ice & Men*，161.

23. Williams，*Loss of the Arctic Fleet*，9.

24. Allen，*Children of the Light*，265.

25. Bockstoce，*Whales，Ice，& Men*，165.

26. Quoted in Allen，*Children of the Light*，266.

27. Quoted in ibid. ，272.

28. Bockstoce，*Whales，Ice & Men*，152；and Allen，*Children of the Light*，269.

29. "Disastrous News From the Whaling Fleet，" *Whalemen's Shipping List*，Oct. 24，1876；and "The Arctic Disaster，" *Whalemen's Shipping List and Merchants' Transcript*，Nov. 7，1876.

30. "Caught in the Ice，" *Boston Globe*，Oct. 23，1876.

第二十章　消逝

1. N. T. Hubbard，*Autobiography of N. T. Hubbard，with Personal Reminiscences of New York City from 1789 to 1875* (New York：J. F. Trow & Son，

1875），26 – 27.

2. Tower, *A History of the American Whale Fishery*, 121.

3. "Whaling Enjoys a New Life," *New York Times*, Sept. 14, 1902. 这些抹香鲸鲸鱼油和普通鲸鱼油价格的数据来自 Tower，数据截至 1905 年，从那时起至 1914 年的数据来自《捕鲸人装运单和商人清单》。See Tower, *A History of the American Whale Fishery*, 128; and Davis et al., *In Pursuit of Leviathan*, 368 – 375. 类似的鲸鱼油在 1888 年的售价是 35 美分，到 1895 降至 28 美分。从那以后一直停留在 40 美分以下。

4. "Review of the Whale Fishery for 1872," *Whalemen's Shipping List*, Feb. 4, 1873.

5. Lloyd C. M. Hare, *Salted Tories: The Story of the Whaling Fleets of San Franciscso* (Mystic, CT: Marine Historical Association, Inc., 1960), 105.

6. Starbuck, *History of the American Whale Fishery*, 155 – 156n; and Webb, *On the Northwest*, 47. 我能想到的鲸须最不同寻常的用途就是被制成给子宫内部涂抹碘的医疗器具，据说这是治疗子宫纤维瘤的手段之一。See Fleetwood Churchill, *On the Diseases of Women; Including Those of Pregnancy and Childhood* (Philadelphia: Blanchard and Lea, 1857), 251.

7. Tower, *A History of the American Whale Fishery*, 72, 128.

8. "To Cruise for Whalebone," *New York Times*, July 18, 1889.

9. Bockstoce, *Whales, Ice & Men*, 95; Webb, *On the Northwest*, 116; and "Great Catch of Whales," *New York Times*, Nov. 6, 1898.

10. Renny Stackpole, *American Whaling in Hudson Bay, 1861 – 1919* (Mystic, CT: Munson Institute of American Maritime History, 1969).

11. Stackpole, *American Whaling in Hudson Bay*, 20; and Bockstoce, *Whales, Ice & Men*, 271 – 272.

12. Quoted in Hare, *Salted Tories*, 93.

13. Mark Twain, "The Whaling Trade," in *Mark Twain, Letters From Honolulu* (Honolulu: Thomas Nickerson, 1939), 58 – 59.

14. 从吐温的立场来说劳动力成本是个关键，但是他指出其他一些因素也同样需要考虑。吐温继续说道："比如船员需要的设施，节省时间和距离的需要，保险问题，节省开支的需要，转运货物是否方便，租赁和装备船只的需要，与船只所有者沟通的需要等，从这些方面来看火奴鲁鲁都比不上旧金山。"Twain, "The Whaling Trade," 62 – 63, 65 – 67.

15. 笔者与新贝德福德捕鲸博物馆图书馆馆长和海洋史专家，迈克尔·P. 戴尔于 2006 年 6 月 9 日进行的私人交流。

16. Hare, *Salted Tories*, 56.

17. 1895 年《纽约时报》上刊登的一篇文章指出：

> 美国捕鲸行业的迅速衰败引起了仍然关注这个曾经极为重要的行业的人们的担忧。捕鲸行业的状况好比就要落山的太阳。这个行业究竟是能东山再起，还是就此退出历史舞台还不能确定。鲸鱼油和鲸须在目前还有一些用武之地，还能存续到完美的替代品能够以极低的价格被生产出来，捕鲸活动的利益完全抵消不了其成本的时候为止。没有多少人……还了解这个行业曾经的规模和重要性。

"Whaling Not What It Was," *New York Times*, Feb. 17, 1895.

18. Jenkins, *Bark Kathleen Sunk by a Whale*, 宣传册最后一页上刊登的广告。

19. "Whaling Enjoys a New Life" *New York Times*, Sept. 14, 1902.

20. "Made $40000 in 17 Months," *Boston Daily Globe*, Dec. 28, 1902.

21. Bockstoce, *Whales, Ice & Men*, 335.

22. Quoted in Ellis, *Men and Whales*, 138.

23. "The Anti-Corset Law," *Whalemen's Shipping List*, Apr. 1, 1902.

24. 1839 ~ 1840 年首次连载的《凯瑟琳的故事》（*Catherine：A Story*）中，作者 William Makepeace Thackeray 赋予了"鲸须监狱"这个词语一种色情的含义："了不起的加伦斯坦（Galgenstein）俯身靠近凯瑟琳夫人。她的双颊泛着红晕，故意摆出一副娇羞的姿态，她的心脏在鲸须胸衣围成的监狱里激烈地跳动。她的心中翻腾着对虚荣的甜美渴望！那令人着迷的声音激发了她压抑已久的记忆！" William Makepeace Thackerary, "The Adventures of Philip on his way Through the World, to which is now prefixed A Shabby Genteel Story, Catherine: A Story," in *Thackeray's Complete Works*, Cambridge edition, vol. 2 (Boston: Estes and Lauriat, 1881), 378.

25. Elizabeth Ewing, *Dress and Undress: A History of Women's Underwear* (New York: Drama Book Specialists, 1978), 113.

26. Bockstoce, *Whales, Ice & Men*, 337.

27. *Whalemen's Shipping List and Merchants' Transcript*, Dec. 29, 1914.

28. Judith Boss, *New Bedford, A Pictorial History* (Norfolk: Denning Company, 1983), 68.

29. Tower, *A History of the American Whale Fishery*, 121.

30. " Alcoholic Liquors," *Whalemen's Shipping List and Merchants' Transcript*, Jan. 30, 1912; "Vacations in the Country," ibid. , Apr. 16, 1912; and "African Ants," ibid. , July 29, 1913.

31. Elmo P. Hohman, "American and Norwegian Whaling: A Comparative Study of Labor and Industrial Organization," *Journal of Political Economy* 43 (Oct. 1935), 629; Davis et al. , *In Pursuit of Leviathan*, 502 – 503; Webb, *On the Northwest*, 143 – 144; and Jackson, *The British Whaling Trade*, 178 – 180.

32. 举例来说，在 1937 ~ 1938 年，全世界有接近 55000 头鲸鱼被杀死。Robert Cushman Murphy, "Lo, The Poor Whale," *Science* 91 (Apr. 19, 1940), 374. 根据一份估计数据，在整个 20 世纪里，仅南半球就有大约 200 万头鲸鱼被杀死。C. Scott Baker and Phillip J. Clapham, "Modeling the past and future of whales and whaling," *Trends in Ecology and Evolution* 19 (Jul. 2004), 366.

33. " Whaling Still Profitable," *New York Times*, Oct. 13, 1918; and "Whaler Has Cargo Valued at $ 72, 000," *Boston Daily Globe*, Aug. 1, 1917.

34. Quoted in "Whaling Still Profitable," *New York Times*, Oct. 13, 1918.

35. " Three Whalers Safe in Port," *New Bedford Evening Standard*, Jul. 10,

1918.

36. Frank G. Carpenter, "Whales and Sharks Help to Win the War," *Boston Daily Globe*, Jan. 20, 1918.

37. "Whale Meat Lunch to Boost New Food," *New York Times*, Feb. 9, 1918.

38. "Tons of Food Going to Waste," *Boston Daily Globe*, Feb. 22, 1914.

39. 战争期间, 大约有 160 万磅灰鲸肉被出售, 相当于 25000 头牛。大部分鲸鱼肉都是在加利福尼亚的市场上售出的。Ommanney, *Lost Leviathan*, 63; and Robotti, *Whaling and Old Salem*, 52 - 53.

40. E. Keble Chatterton, *Whalers and Whaling* (New York: William Farquhar Payson, 1931), 129.

41. "World Premiere, Elmer Clifton's 'Down To The Sea In Ships,'" Olympia, New Bedford, MA, Sept. 25, 1922, playbill.

42. Marjory Adams, "New Bedford's Aristocracy Goes in for Movie Acting," *Boston Daily Globe*, Aug. 27, 1922.

43. 1916 年, 查尔斯·W. 摩根号被一家电影公司租来充当一部无声电影中的道具, 电影的名字叫 *Miss Petticoats*, 出演这部电影的主角是那个时代冉冉升起的新星 Alice Brady。

44. Z. W. Pease, "Back From a Whale Hunt with a Whale!," *Boston Daily Globe*, Apr. 30, 1922.

45. Ibid.

尾声: 渐游渐远

1. "Wanderer Sails on Whaling Cruise," *New Bedford Mercury*, Aug. 26, 1924; "Last Old Whaler Fitting for Sea at New Bedford," *Boston Herald*, Aug. 24, 1924; and Ralph Woodward, Jr., "The Bark Wanderer Soon to Sail for Whales," *New Bedford Times*, Aug. 16, 1924.

2. "Picturesque Service on the Eve of Whaler's Departure," *New Bedford Mercury*, Aug. 25, 1924.

3. Reprinted in "Wanderer," ibid. , Aug. 26, 1924.

4. *New Bedford Mercury*, Aug. 26, 1924.

5. Alexander Crosby Brown, "Reminiscences of the Last Voyage of the Bark Wanderer," *American Neptune* 9 (Jan. 1949), 19.

6. Brown, "Reminiscences of the Last Voyage," 25.

7. "Whaling Bark Wanderer Lost on the Rocks at Cuttyhunk," *New Bedford Mercury*, Aug. 27, 1924; "Wanderer," *Republican Standard*, Aug. 27, 1924; "Wanderer's Lost Men Safe on Lightship," ibid. ; "Wanderer's Crew Safe," *New Bedford Mercury*, Aug. 28, 1924; and Brown, "Reminiscences of the Last Voyage of the Bark Wanderer," 26.

451   8. "Whaling Bark Wanderer Lost on the Rocks at Cuttyhunk," *New Bedford Mercury*, Aug. 27, 1924.

9. Quoted in Brown, "Reminiscences of the Last Voyage," 27 – 28.

10. "Wanderer's Crew Safe," *New Bedford Mercury*.

11. "Souvenir Hunters Raid the Wanderer," *New Bedford Mercury*, Sept. 3, 1924.

12. Ibid.

13. 然而，流浪者号并不是美国最后一艘出海的木质捕鲸船。真正符合这个描述的应当是约翰·R. 曼塔号（*John R. Manta*），这艘小纵帆船于1925 年和 1927 年两次从新贝德福德出海，第一次航行就带回了 300 桶抹香鲸鲸鱼油，但是第二次几乎是空手而归。虽然直到 20 世纪 70 年代初期，在美国，尤其是加利福尼亚地区，还出现过零星的小规模近海水域的捕鲸活动，但是流浪者号和约翰·R. 曼塔号的航行已经为伟大的美国捕鲸时代彻底画上了句号。William Henry Tripp, "*There Goes Flukes*"（New Bedford: Reynolds Printing, 1938）.

参考文献

This bibliography contains a fraction of the sources cited in this book. It is intended as a starting point for those who want to learn more about whaling in America, or whaling in general. For more information about specific topics covered in the text, please refer to the endnotes.

Adams, James Truslow. *History of the Town of Southampton*. Port Washington, NY: Ira J. Friedman, Inc., 1962.

Allen, Everett S. *Children of the Light: The Rise and Fall of New Bedford Whaling and the Death of the Arctic Fleet*. Orleans, MA: Parnassus Imprints, 1983.

Attwater, George. *The Journal of George Attwater Before the Mast on the Whaleship Henry of New Haven, 1820–1823*, edited by Kevin S. Reilly. New Haven: New Haven Colony Historical Society, 2002.

Banks, Charles Edward. *The History of Martha's Vineyard Dukes County Massachusetts*. 3 vols. Edgartown, MA: Dukes County Historical Society, 1966.

Beale, Thomas. *The Natural History of the Sperm Whale*. 1839. Reprint, London: Holland Press, 1973.

Bennett, Frederick D. *Narrative of a Whaling Voyage Round the Globe from the Year 1833–1836*. 2 vols. 1840. Reprint, New York: Da Capo Press, 1970.

Berzin, A. A. *The Sperm Whale*. Washington, DC: National Marine Fisheries Service, 1971.

Bockstoce, John R. *Whales, Ice & Men, The History of Whaling in the Western Arctic*. Seattle: University of Washington Press, 1986.

Bolster, W. Jeffrey. *Black Jacks: African American Seaman in the Age of Sail*. Cambridge: Harvard University Press, 1997.

Braginton-Smith, John, and Duncan Oliver. *Cape Cod Shore Whaling, America's First Whalemen*. Yarmouth, MA: Historical Society of Old Yarmouth, 2004.

Brandt, Karl. *Whale Oil, An Economic Analysis*. Palo Alto, CA: Food Research Institute at Stanford University, 1940.

Breen, T. H. *Imagining the Past*. Reading, MA: Addison-Wesley Publishing, 1989.

Bronson, George Whitefield. *Glimpses of the Whaleman's Cabin*. Boston: Damrell & Moore, Printers, 1855.

Browne, J. Ross. *Etchings of a Whaling Cruise*, edited by John Seelye. 1846. Reprint, Cambridge: Belknap Press of Harvard University Press, 1968.

Bullard, John M. *The Rotches*. New Bedford: self-published, 1947.

Bullen, Frank T. *The Cruise of the Cachalot*. New York: D. Appleton and Company, 1899.

Bulloch, James D. *The Secret Service of the Confederate States in Europe*. 1883. Reprint, New York: Modern Library, 2001.

Busch, Briton Cooper. *"Whaling Will Never Do for Me": The American Whaleman in the Nineteenth Century*. Lexington: University Press of Kentucky, 1994.

利维坦

Byers, Edward. *The Nation of Nantucket: Society and Politics in an Early American Commercial Center, 1660–1820.* Boston: Northeastern University Press, 1987.

Chase, Owen. *The Wreck of the Whaleship Essex.* 1821. Reprint, San Diego: Harcourt Brace & Company, 1965.

Chatterton, E. Keble. *Whalers and Whaling.* New York: William Farquhar Payson, 1931.

Cheever, Henry T. *The Whale and His Captors: Or, The Whalemen's Adventures, and the Whale Biography, as gathered on the homeward cruise of the "Commodore Preble."* 1850. Reprint, Fairfield: Ye Galleon Press, 1991.

Clapham, Phil. *Whales of the World.* Stillwater, MN: Voyageur Press, 1997.

Coarse, Robert. *The Seafarers: A History of Maritime America 1620–1820.* New York: Harper & Row, 1964.

Colby, Barnard L. *New London Whaling Captains.* Mystic: Marine Historical Association, Inc., 1936.

Creighton, Margaret S. *Dogwatch & Liberty Days: Seafaring in the Nineteenth Century.* Peabody: Peabody Museum of Salem, 1982.

———. *Rites & Passages: The Experience of American Whaling, 1830–1870.* Cambridge, England: Cambridge University Press, 1995.

Crèvecoeur, J. Hector St. John de. *Letters from an American Farmer.* 1782. Reprint, New York: E.P. Dutton & Co., Inc., 1957.

Dakin, William John. *Whalemen Adventurers.* 1934. Reprint, Sydney: Sirius Books, 1963.

Dannenfeldt, Karl H. "Ambergris: The Search for Its Origin." *Isis* 73 (Sept. 1982): 382–97.

Davis, Lance E., Robert E. Gallman, and Karin Gleiter. *In Pursuit of Leviathan: Technology, Institutions, Productivity, and Profits in American Whaling, 1816–1906.* Chicago: University of Chicago Press, 1997.

Davis, William M. *Nimrod of the Sea or the American Whaleman.* 1874. Reprint, North Quincy: The Christopher Publishing House, 1972.

Decker, Robert Owen. *The Whaling City.* Chester, CT: Pequot Press, 1976.

Dodge, Ernest S. *New England and the South Seas.* Cambridge: Harvard University Press, 1965.

Douglas-Lithgow, R. A. *Nantucket, A History.* New York: G.P. Putnam & Sons, 1914.

Dow, George Francis. *Whale Ships and Whaling: A Pictorial History.* New York: Dover Publications, 1985.

Druett, Joan. *Petticoat Whalers: Whaling Wives at Sea, 1820–1920.* Hanover, NH: University Press of New England, 2001.

Dulles, Foster Rhea. *Lowered Boats: A Chronicle of American Whaling.* New York: Harcourt, Brace and Company, 1933.

Dyer, Michael P. "The Historical Evolution of the Cutting-In Pattern, 1798–1967." *The American Neptune* 59 (Spring 1999): 137–48.

Edwards, Everett J., and Jeannette Edwards Rattray. *"Whale Off!" The Story of American Shore Whaling.* New York: Coward McCann, Inc., 1932.

Ellis, Leonard Bolles. *History of New Bedford and its Vicinity, 1602–1892.* Syracuse: D. Mason & Co., 1892.

Ellis, Richard. *The Book of Whales.* New York: Alfred A. Knopf, 1980.

———. *Men and Whales.* New York: Alfred A. Knopf, 1991.

Ely, Ben-Ezra Stiles. *"There She Blows": A Narrative of a Whaling Voyage.* 1849. Reprint, Middletown, CT: Wesleyan University Press, 1971.

Francis, Daniel. *A History of World Whaling.* New York: Viking, 1990.

Frank, Stuart M. *Dictionary of Scrimshaw Artists.* Mystic: Mystic Seaport Museum, 1991.

610

Kugler, Richard C. "The Whale Oil Trade, 1750–1775." In *Seafaring in Colonial Massachusetts*. Boston: Colonial Society of Massachusetts, 1980.

Kurlansky, Mark. *The Basque History of the World*. New York: Penguin, 1999.

Lawrence, Mary Chipman. *The Captain's Best Mate: The Journal of Mary Chipman Lawrence on the Whaler* Addison, *1856–1860*, edited by Stanton Garner. Providence: Brown University Press, 1966.

Leavitt, John F. *The Charles W. Morgan*. Mystic: Marine Historical Association, 1973.

Lipton, Barbara. "Whaling Days in New Jersey." *Newark Museum Quarterly* (Spring/Summer 1975).

Lockley, Ronald M. *Whales, Dolphins and Porpoises*. New York: W. W. Norton & Co. Inc., 1979.

Lovins, Amory B., E. Kyle Datta, Odd-Even Bustnes, Jonathan G. Koomey, and Nathan J. Glasgow. *Winning the Oil Endgame, Innovation for Profits, Jobs, and Security*. Snowmass, CO: Rocky Mountain Institute, 2005.

Lund, Judith Navas. *Whaling Masters and Whaling Voyages Sailing from American Ports: A Compilation of Sources*. New Bedford: New Bedford Whaling Museum, Kendall Whaling Museum, and Ten Pound Island Book Co., 2001.

Lytle, Thomas G. *Harpoons and Other Whalecraft*. New Bedford: Old Dartmouth Historical Society Whaling Museum, 1984.

Macy, Obed. *The History of Nantucket*. 1835. Reprint, Clifton, NJ: Augustus M. Kelley, 1972.

Martin, Kenneth R. *Delaware Goes Whaling, 1833–1845*. Greenville: Hagley Museum, 1974.

Matthews, Leonard Harrison. *The Whale*. New York: Simon & Schuster, 1968.

Mawer, Granville Allen. *Ahab's Trade: The Saga of South Seas Whaling*. New York: St. Martin's Press, 1999.

McDevitt, Joseph Lawrence Jr. *The House of Rotch: Whaling Merchants of Massachusetts, 1734–1828*. University Microfilms International: PhD diss. American University, Washington, DC, 1978.

McKissack, Patricia C., and Frederick L. McKissack. *Black Hands, White Sails: The Story of African-American Whalers*. New York: Scholastic Press, 1999.

Melville, Herman. *Moby-Dick*. 1851. Reprint, New York: Bantam Books, 1986.

Miller, Pamela A. *And the Whale Is Ours: Creative Writing of American Whalemen*. Boston: David R. Godine, 1979.

Morison, Samuel Eliot. *The Maritime History of Massachusetts*. Boston: Houghton Mifflin Company, 1921.

Morrell, Benjamin. *A Narrative of Four Voyages to the South Sea, North and South Pacific Ocean, Chinese Sea, Ethiopic and Southern Atlantic Ocean, Indian and Antarctic Ocean, from the Year 1822 to 1831*. New York: J. & J. Harper, 1832.

Mrantz, Maxine. *Whaling Days in Old Hawaii*. Honolulu: Aloha Graphics, 1976.

Mulford, David E. "The Captain and the King." *Awakening the Past, The East Hampton 350th Anniversary Lecture Series, 1998*. New York: Newmarket Press, 1999.

Mullett, J. C. *A Five Years' Whaling Voyage, 1848–1853*. 1859. Reprint, Fairfield, CT: Ye Galleon Press, 1977.

Murphy, Robert Cushman. "Floating Gold." *Natural History* 3 (March-April, 1933): 117–30.

———. "Lo, The Poor Whale." *Science* 91 (Apr. 19, 1940): 374.

———. *Logbook for Grace*. New York: Time Incorporated, 1947.

Newhall, Charles L. *The Adventures of Jack: Or, A Life on the Wave*, edited by Kenneth R. Martin. 1859. Reprint, Fairfield, CT: Ye Galleon Press, 1981.

Nordhoff, Charles. *Whaling and Fishing.* 1856. Reprint, New York: Dodd, Mead & Company, 1895.

Norling, Lisa. *Captain Ahab Had a Wife: New England Women and the Whalefishery, 1720–1870.* Chapel Hill: University of North Carolina, 2000.

Olmsted, Francis Allyn. *Incidents of a Whaling Voyage.* 1841. Reprint, New York: Bell Publishing Company, 1969.

Ommanney, F. D. *Lost Leviathan.* New York: Dodd, Mead & Company, 1971.

Palmer, William R. *The Whaling Port of Sag Harbor.* PhD diss. Columbia University, 1959.

Parker, Hershel. *Herman Melville: A Biography.* Vol. 1, *1819–1851*, Baltimore: Johns Hopkins University Press, 1996.

———. *Herman Melville: A Biography.* Vol. 2, *1851–1891.* Baltimore: Johns Hopkins University Press, 2002.

Parr, Charles McKew. *The Voyages of David de Vries, Navigator and Adventurer.* New York, Thomas Y. Crowell Company, 1969.

Philbrick, Nathaniel. "'Every Wave Is a Fortune': Nantucket Island and the Making of American Icon." *New England Quarterly* 66 (Sept. 1993): 434–47.

———. *Away Off Shore, Nantucket Island and Its People, 1602–1890.* Nantucket: Mill Hill Press, 1994.

———. *Abram's Eyes: The Native American Legacy of Nantucket Island.* Nantucket: Mill Hill Press, 1998.

———. *In the Heart of the Sea.* New York: Viking, 2000.

———. *Sea of Glory.* New York: Viking, 2003.

Porter, David. *Journal of a Cruise.* 1815. Reprint, Annapolis: Naval Institute Press, 1986.

Proulx, Jean-Pierre. *Whaling in the North Atlantic from the Earliest Times to the Mid-19th Century.* Ottawa: Parks Canada, 1986.

Reeves, Randall R., and Edward Mitchell. "The Long Island, New York, Right Whale Fishery: 1650–1924." In *Right Whales: Past and Present Status, in the Proceedings of the Workshop on the Status of Right Whales, New England Aquarium, June 15–23, 1983.* International Whaling Commission Special Report 10, edited by Robert L. Brownell, Jr., Peter B. Best, and John H. Prescott. Cambridge, England: International Whaling Commission, 1986: 201–20.

Reilly, Kevin S. "Slavers in Disguise: American Whaling and the African Slave Trade, 1845–1862." *American Neptune* 53 (Summer 1993): 177–89.

Reynolds, J. N. "Mocha Dick: or the White Whale of the Pacific: A Leaf from a Manuscript Journal." *Knickerbocker* 13 (May 1839): 377–92.

Robbins, Charles Henry. *The Gam, Being a Group of Whaling Stories.* Salem, MA: Newcomb & Gauss, 1913.

Robotti, Frances Diane. *Whaling and Old Salem.* New York: Bonanza Books, 1962.

Robotti, Frances Diane, and James Vescovi. *The USS Essex and the Birth of the American Navy.* Holbrook, MA: Adams Media Corporation, 1999.

Rotch, William. *Memorandum Written by William Rotch in the Eightieth Year of his Age.* Boston: Houghton Mifflin Company, 1916.

Sampson, Alonzo D. *Three Times Around the World: Life and Adventures.* Buffalo: Express Printing Company, 1867.

Scammon, Charles M. *The Marine Mammals of the Northwestern Coast of North America, Together with an Account of the American Whale Fishery.* 1874. Reprint, New York: Dover Publications, 1968.

参考文献

Schmidt, Frederick P., Cornelius De Jong, and Frank H. Winter. *Thomas Welcome Roys: America's Pioneer of Modern Whaling*. Charlottesville: University Press of Virginia, 1980.

Schneider, Paul. *The Enduring Shore*. New York: Henry Holt and Company, 2000.

Schram, Margaret B. *Hudson's Merchants and Whalers: The Rise and Fall of a River Port 1783–1850*. New York: Black Dome, 2004.

Scoresby, William. *An Account of the Arctic Regions with a History and Description of the Northern Whale-fishery*. Vol. 1 and 2, *The Arctic* and *The Whale-Fishery*. Devon, England: David & Charles Reprints, 1969.

Semmes, Raphael. *Service Alfoat or, The Remarkable Career of the Confederate Cruisers Sumter and Alabama*. Baltimore: Baltimore Publishing Company, 1887.

Shapiro, Irwin, and Edouard Stackpole. *The Story of Yankee Whaling*. New York: Harper & Row, 1959.

Sherman, Stuart. *The Voice of the Whaleman*. Providence: Providence Public Library, 1965.

Shoemaker, Nancy. "Whale Meat in American History." *Environmental History* 10 (Apr. 2005): 269–94.

Simpson, Marcus B. Jr., and Sallie W. Simpson. *Whaling on the North Carolina Coast*. Raleigh: Division of Archives and History, North Carolina Department of Cultural Resources, 1990.

Slijper, E. J. *Whales*. New York: Basic Books, Inc., 1962.

Smith, Bradford. *Captain John Smith: His Life & Legend*. Philadelphia: J. B. Lippincott Company, 1953.

Smith, Gaddis. "Whaling History and the Courts." *Log of the Mystic Seaport* 30 (Oct. 1978): 67–80.

Smith, John. *The Complete Works of Captain John Smith (1580–1631)*. 3 vols. edited by Philip L. Barbour. Chapel Hill: University of North Carolina Press, 1986.

Spears, John R. *The Story of New England Whalers*. New York: Macmillan Company, 1922.

Stackpole, Edouard A. *The Sea-Hunters*. Philadelphia: J. B. Lippincott Company, 1953.

————. *The Charles W. Morgan, The Last Wooden Whaleship*. New York: Meredith Press, 1967.

————. *Whales & Destiny, The Rivalry between America, France, and Britain for Control of the Southern Whale Fishery, 1785–1825*. Amherst: University of Massachusetts Press, 1972.

————. *Nantucket in the Revolution*. Nantucket: Nantucket Historical Association, 1976.

Starbuck, Alexander. *History of the American Whale Fishery*. 1878. Reprint, Secaucus, NJ: Castle Books, 1989.

————. *The History of Nantucket, County, Island and Town*. Boston: C. E. Goodspeed, 1924.

Stommel, Henry. "The Gulf Stream: A Brief History of the Ideas Concerning Its Cause." *Scientific Monthly* 70 (April 1950): 242–53.

Tower, Walter S. *A History of the American Whale Fishery*. Philadelphia: Publications of the University of Pennsylvania, Series on Political Economy and Public Law 20, 1907.

Tripp, William Henry. *"There Goes Flukes."* New Bedford: Reynolds Printing, 1938.

True, Frederick W. *The Whalebone Whales of the Western North Atlantic*. Washington, DC: Smithsonian Institution Press, 1983.

613

Twain, Mark. "The Whaling Trade." In *Mark Twain, Letters From Honolulu.* Honolulu: Thomas Nickerson, 1939.

Verrill, A. Hyatt. *The Real Story of the Whale.* New York: D. Appleton and Company, 1923.

Vickers, Daniel. "The First Whalemen of Nantucket." *William and Mary Quarterly* 40 (1983): 560–83.

————. "Nantucket Whalemen in the Deep-Sea Fishery: The Changing Anatomy of an Early American Labor Force." *Journal of American History* 72 (Sept. 1985): 277–96.

Waddell, James I. *C.S.S. Shenandoah, The Memoirs of Lieutenant Commanding James I. Waddell,* edited by James D. Horan. New York: Crown Publishers, Inc., 1960.

Webb, Robert Lloyd. *On the Northwest: Commercial Whaling in the Pacific Northwest, 1790–1967.* Vancouver: University of British Columbia Press, 1988.

Whipple, A. B. C. *Yankee Whalers in the South Seas.* Rutland, VT: Charles E. Tuttle Co., 1973.

————. *The Whalers.* Alexandria, VA: Time-Life Books, 1979.

Whitecar, William B. *Four Years Aboard the Whaleship.* Philadelphia: J. B. Lippincott & Co., 1860.

Wilkes, Charles. *Narrative of the United States Exploring Expedition During the Years 1838, 1839, 1840, 1841, 1842,* Vols. 1 and 5. Philadelphia: Lea and Blanchard, 1845.

Winslow, C. F. "Some Account of Capt. Mercator Cooper's visit to Japan in the Whale Ship *Manhattan,* of Sag Harbor." *The Friend,* Feb. 2, 1846.

Withington, Sidney. *Two Dramatic Episodes of New England Whaling.* Mystic: Marine Historical Association, Inc., July 1958.

Zaykowski, Dorothy Ingersoll. *Sag Harbor: The Story of An American Beauty.* Sag Harbor: Sag Harbor Historical Society, 1991.

致　谢

　　我很享受创作这本书的过程，主要原因就是有很多个人和机构一直帮助着我。我想对所有人表达诚挚的谢意，有一些尤其要在此特别提及。感谢楠塔基特历史协会授予我 E. 杰弗里和伊丽莎白·塞耶·弗尼成员资格，让我有机会在楠塔基特岛暂住两周，研究这个岛屿辉煌的捕鲸历史并撰写本书部分章节。我在楠塔基特岛上还受到了助理研究员伊丽莎白·奥尔德姆（Elizabeth Oldham）的大力协助，她带我充分利用了协会的图书馆；同样还有图片档案专员玛丽·亨克（Marie Henke），她协助我找到了许多图片。

　　新贝德福德捕鲸博物馆图书馆馆长和海洋史专家迈克尔·P. 戴尔（Michael P. Dyer）为我提供了宝贵的信息和支持，他不停地激励我挑战自己，帮助我找到了大量的材料，他还是一个非常有幽默感和冒险精神的人。对于他给我的书稿提出的积极评价和建议我深表感激。新贝德福德捕鲸博物馆的副馆长劳拉·佩雷拉（Laura Pereira）也阅读了我的书稿，同样对我给予了很大帮助。她总能准确而迅速地回答很多的，且经常很模糊的问题，让我非常敬佩。新贝德福德捕鲸博物馆图片馆馆长迈克尔·拉皮迪斯（Michael Lapides）精心地帮助我收集了大量的图片和艺术作品，很多都被收录到书中，为我的作品增色不少。

还有很多个人和机构也为我提供了重要的支持。神秘港美国海洋博物馆的口译员，同时也是捕鲸历史专家的大卫·利特菲尔德（David Littlefield）也审读了我的书稿，并提出了许多宝贵的建议和改进意见。新贝德福德免费公共图书馆特殊收藏馆馆长和捕鲸问题专家保罗·A. 西尔（Paul A. Cyr）与我分享了无数有趣的故事，并指引我找到了一些关键的文本。在我家乡马萨诸塞州马布尔黑德的安·康诺利（Ann Connolly）、苏哈·纽曼（Sudha Newman）及乔纳森·伦道夫（Jonathan Randolph）都是阿伯特公共图书馆的工作人员，他们一直都尽力帮助我寻找图书馆内的藏书或进行图书馆之间的借阅，为研究者提供了最方便地使用多个地区图书馆之间馆藏书目的体验。

与以下机构的工作人员共事也是一次非常愉悦的经历：美国古物学会，美国哲学学会，伯克希尔图书馆（马萨诸塞州皮茨菲尔德），波士顿图书馆，波士顿公共图书馆，东汉普顿公共图书馆，神秘港的 G. W. 布朗特·怀特图书馆，贝克图书馆历史收藏馆（哈佛商学院），亨廷顿图书馆，布朗大学约翰·卡特·布朗图书馆，马萨诸塞州历史学会，马萨诸塞州档案馆，楠塔基特图书馆，国家档案管理局（东北区），纽波特公共图书馆，普罗维登斯公共图书馆，萨格港捕鲸和历史博物馆，塞勒姆州立大学图书馆，旧金山海事国家历史公园图书馆和马萨诸塞州州立图书馆。

其他协助了我的人包括：帕特里夏·布洛斯（Patricia Boulos），若尔让·沙尔内斯（Georgen Charnes），大卫·科里（David Cory），道格·克里斯特尔（Doug Christel），詹姆斯·A. 克雷格（James A. Craig），苏珊·丹福斯（Susan Danforth），金伯利·德鲁克斯（Kimberly Drooks），艾伦·伊顿（Allan Eaton），利·福特（Leigh Fought），埃米·杰曼（Amy German），琼·吉尔林（Joan Gearin），弗朗西斯·戈耶（Francois Gohier），沃尔特·希基（Walter Hickey），弗朗西斯·卡顿恩（Frances Karttunen），彼得·凯利赫（Peter Kelliher），保罗·马耳他西亚（Paul Maltacea），金伯利·努斯科（Kimberly Nusco），休·帕克（Hugh Parker），尼尔斯·帕克（Niles Parker），保罗·佩拉（Paul Perra），纳撒尼尔·菲尔布里克（Nathaniel Philbrick），安迪·普莱斯（Andy Price），温蒂·施努尔（Wendy Schnur），道格和乔迪·斯密斯（Doug and Jodi Smith），扎卡里·N. 斯蒂德罗斯（Zachary N. Studenroth），林肯·J. 瑟伯三世（Lincoln J. Thurber Ⅲ），梅拉妮·托塞尔（Melanie Tossell），托马斯·沃伦（Thomas Warren），马西·瓦伊（Marci Vail），莉萨·沃林（Lisa Walling）和路易莎·沃特罗斯（Louisa Watrous）。我还想感谢美国国家海洋渔业局的乔治·达西（George Darcy）和汉娜·古德尔（Hannah Goodale）许可我使用有限但是非常宝贵的工作时间专注于本书的创作。

当我开始创作这部作品的时候，仅涉及捕鲸这一题材的书籍、期刊和文章的数量之多就让我感到不知所措，但经过了一段时间之后我发现，这些充足的材料成了我最好的帮手，为我提供了无数有价值的信息和见解。对于本书中作为注解引用了其作品或将其作品列入参考文献的这些作者我都深表感谢，同时我也希望我付出的努力能够得到未来的研究者和作家类似的认可。

我最信任的代理人拉塞尔·盖伦（Russell Galen）帮助我改进了选题方案，不断鼓励并指导我处理出版事业中的复杂事务。在我提交给拉塞尔的第一稿方案中，我计划将美国独立战争时期作为全书的结尾。但是拉塞尔提出那样视野过于狭窄，他认为这本书应当涵盖美国的整个捕鲸历史。起初这样的建议令我望而却步。我反驳说已经有很多人写过 19 世纪的黄金时期和捕鲸行业在 20 世纪初的衰落了，但是几乎没有什么人写到过殖民时代。此外，我觉得一本包括美国整个捕鲸历史的书会像一头鲸鱼一样过于庞大，让人难以接受。然而，进一步思考之后，我接受了拉塞尔的观点，考虑到最后完成的作品，我要感谢他激励我从更广阔的角度思考这一题材。

我与 W. W. 诺顿出版社的合作非常愉快。我的编辑鲍勃·韦尔（Bob Weil）是一位杰出的编辑，给我提供了中肯的建议，大大地改进了原稿，并赠送给我一份作者能收到的最好的礼物——提高写作能力的指导。鲍勃的助理汤姆·迈耶（Tom Mayer）耐心地给我解释了创作稿件的技巧，并帮助我成功地完成了出版流程。执行主编南希·帕尔姆吉斯特（Nancy Palmquist）监督了整个编校和索引制作过程，并选

致 谢

择了杰出的苏·卢埃林（Sue Llewellyn）作为本书的文稿编辑，她不仅文字技巧娴熟，还让稿件变得更具幽默感。生产经理茉莉亚·德鲁斯金（Julia Druskin）是最后印制出你手中拿着的这本书的人，她的工作也完成得非常出色。

　　我应当感谢的人之中最重要的莫过于我的家人。我的父亲斯坦利·多林（Stanley Dolin）阅读了我的书稿，并给我提供了有益的反馈，让我相信自己走在正确的创作方向上。我的母亲露丝（Ruth）同样支持我的创作，并对这一项目保持着浓厚的兴趣。我的妻子珍妮弗（Jennifer），我的孩子莉莉（Lily）和哈里（Harry）一直陪伴着我，他们从来不曾停止过对我的支持，还会逗我笑，只不过笑的对象往往是我自己。珍妮弗不仅能为我提供意见，还无数次阅读我的书稿，给我提出直率、值得深思、有见解的评论。我的孩子们也总是关心地询问我的进展，经常会到地下室里问我那本"鲸鱼的书"写得怎么样了，最后在创作将近结束的时候，他们问道："你什么时候才能写完那本书？"如果不是有珍妮弗、莉莉和哈里，我无法完成这本《利维坦》。

索 引

（以下页码为原书页码，即本书边码）

Page numbers in *italics* refer to illustrations. Page numbers beginning with 375 refer to notes.

索 引

作者简介

埃里克·杰·多林在纽约州和康涅狄格州的海岸边长大，毕业于布朗大学，专业是生物学和环境研究。后在耶鲁大学环境与森林学院获得环境管理硕士学位，在麻省理工学院获得环境政策和规划博士学位。他的博士论文研究的是法院在波士顿港湾清理工程中扮演的角色问题。

多林曾经在美国环境保护署担任项目经理，并先后在美国本土和伦敦担任环境顾问。他曾在国家野生动物联合会和美国国会实习，曾是美国科学促进会大众传媒科学和工程学驻《商业周刊》会员，哈佛比较动物学博物馆软体动物馆馆长助理，美国国家海洋渔业局渔业政策分析师。他现在是一名全职作家。

多林的作品大多反映了他对野生动物和环境历史的浓厚兴趣。他的作品包括《国家野生动物保护区的史密森尼图书》（*Smithsonian Book of National Wildlife Refuges*）、《蛇头：一种离水的鱼》（*Snakehead：A Fish Out of Water*）和关于波士顿环境退化和清理历史的《政治的浑水》（*Political Waters*）。他从小就对鲸鱼和捕鲸的历史特别痴迷。

多林和他的家人现居于马萨诸塞州的马布尔黑德，那里是一个拥有丰富航海历史的海岸社区。

图书在版编目（CIP）数据

利维坦：美国捕鲸史 /（美）埃里克·杰·多林著；
冯璇译. -- 北京：社会科学文献出版社，2019.3
　书名原文：Leviathan：The History of Whaling in
America
　ISBN 978 - 7 - 5201 - 1494 - 3

　Ⅰ.①利… 　Ⅱ.①埃… ②冯… 　Ⅲ.①捕鲸 - 历史 -
美国 　Ⅳ.①S978 - 097.12

中国版本图书馆 CIP 数据核字（2017）第 237417 号

利维坦
——美国捕鲸史

著　者 /〔美〕埃里克·杰·多林
译　者 / 冯　璇

出 版 人 / 谢寿光
项目统筹 / 董风云
责任编辑 / 沈　艺　张　骋

出　　版 / 社会科学文献出版社·甲骨文工作室（分社）（010）59366432
　　　　　　地址：北京市北三环中路甲 29 号院华龙大厦　邮编：100029
　　　　　　网址：www.ssap.com.cn
发　　行 / 市场营销中心（010）59367081　59367083
印　　装 / 北京盛通印刷股份有限公司

规　　格 / 开　本：889mm × 1194mm　1/32
　　　　　　印　张：21.875　插　页：1.5　字　数：452 千字
版　　次 / 2019 年 3 月第 1 版　2019 年 3 月第 1 次印刷
书　　号 / ISBN 978 - 7 - 5201 - 1494 - 3
著作权合同
登 记 号 / 图字 01 - 2016 - 7065 号
定　　价 / 95.00 元